わかる&使える 統計学用語

Statistics Glossary

大澤 光●著

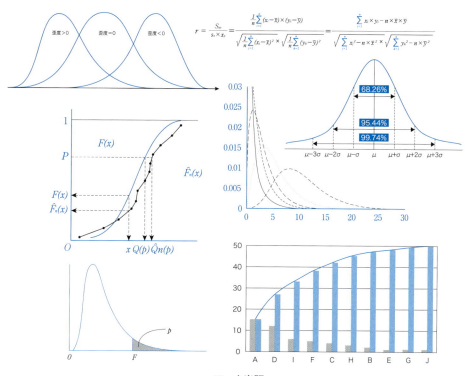

アーク出版

● この『統計学用語』について（「まえがき」に代えて）

●統計学を身に付けよう！

　いま、その必要性からなのか、「統計学」が"ブーム"になっているようだ。書店には、夥(おびただ)しい数の「統計学の本」が並べられ、それなりに売れているようだ。大学や企業などでも、多くの「統計学の授業」や「統計学の講習」が開講され、多くの人たちが時間と費用をかけて勉強しているようだ。また、「統計学」をキーワードに検索すれば分かるように、インターネットの上にも、「統計学」に関連したサイト（ホームページ）が本当に沢山設けられ(注1)、また、よくアクセスされているようだ。これらのことを考えると、この国では、「統計学」を学ぶ環境はとてもよく整えられ、このとてもよい環境を利用して、この国のみんなが「統計学」の知識と方法を身に付け、「統計学」を仕事に有効に使って、問題の発見や解決などをしているようにも思える。しかし、筆者は40年間を超える企業と大学の勤務を通じた経験から、この見方に対して、必ずしも"Yes！(イエス)"とはいえないのではないか、と思っている。

　　(注1)　とってもありがたいことに、多くの先生方がネットの上で**"無料で勉強できる"統計学サイト**を作ってくれている。例えば、早稲田大学の向後千春先生（1958-）の「ハンバーガー統計学」や「アイスクリーム統計学」、関西学院高等部の丹羽時彦先生（1957-）の「統計学のページ」は、初級・中級者にとってとてもよいお勧めサイトだ。☺　Google(グーグル)で検索すれば、これらを含めて沢山のサイトがどこにあるかが簡単に分かるはずだ。

　例えば、約1,000名の母集団（調査対象）に対して、自分の周りに"たまたま"いた20名にアンケート調査した結果の平均値を50倍して、母集団の平均値（母平均）は××だ！　20名のアンケート調査の結果の度数分布図を（恣意(しい)的に）描き、これが母集団の分布だ！　と主張する。また、約800の店舗を持つあるドラッグストアへの来店客は店舗のある地域や曜日や時間帯などで大きく異なるにも拘(かか)わらず、特定の地域の3店舗で土曜日"朝一"の購買客だけにアンケート調査して、このドラッグストア全体の「顧客拡大戦略」の検討のための十分な情報を集めた！　と主張する(注2)。これらはいずれも、筆者が勤務した大学で「統計学」を"履修済"の学生や「統計学」を使ってレポートを書いている教員たち(注3)との会話でしばしば経験したことだが、彼らは「統計学」の基本的な思考や方法というものが理解できていない（あるいは理解できるようには教えられていない）、また、科学的な思考と方法（手続き）が身に付いていない（あるいはそのように指導されていない）ためなのだろう。筆者はそう理解している。

　　(注2)　これらの教員たちの「アンケート調査」には、①結論を出すのに望ましくない回答の選択肢を設けずに"恣意的な"結論に誘導するもの、②特別な動機がないにも拘らず回答に1時間以上を必要とするもの、③とにかくアンケート調査をすれば何かが分かるハズだといった安易なものなどが少なくなかった。これらは、「統計学」の基礎となる「調査」や「情報収集」の基本的な思考と方法というものをまったく理解してい

ないためなのだろう、と筆者は思っている。☹

(注3) これらの話は、筆者が"ある"私立大学で経験したことで、その詳細は、おおさわみつる（著）『O教授、ビジネス学部マネジメント科で"驚く"！—"名ばかり"大学の学生と教員たち』（2013.05）の中に紹介してある。この原稿はhttp://yahoo.jp/box/FZzaq4においてあるので自由に読んでもらいたい。☺

　では、なぜそうなのか。そうなってしまったのか。その理由・原因はいろいろと考えられる。巷間いわれているように、学習時間と内容を大幅に減らした所謂「ゆとり教育」が2000年代から2010年代初めころまでこの国で行われ、この期間に初等中等教育（大学などの高等教育の前に行われる教育）を受けた若者たちの（基礎的な）学力と学習意欲が低下したからだ！といわれれば、確かにこれも大きな原因の1つだと思える。また、最近は、コンピューターと統計処理ソフトウェアが発達し広く普及したため、統計処理の細かい計算などは自分で（手順の検討・決定などを）しなくても、コンピューターを使って簡単に（というよりも、"機械的に"）統計処理ができるようになった結果、統計処理の中身（内容）は知らなくても（分からなくても）よい！といった風潮に流されている！といったことも理由の1つかもしれない。

　そういえば、読者は、1999（平成11）年6月、京都大学教授（当時）の西村和雄先生（1946〜）らが『**分数ができない大学生—21世紀の日本が危ない**』を発表して、この国の人たちに大きな衝撃を与えたことを覚えているであろう(注4)。これと同様に、「"脱"ゆとり教育」となった現在でも、（"大学全入"になった(注5)）この国の若者たち（あるいは、若者だけではなく、中年者たちも含んでいるかも知れない）の基礎学力や学習意欲の低下の実態を示す調査は本当に沢山報告されている。

(注4) 岡部恒治／西村和雄／戸瀬信之（編著）『分数ができない大学生—21世紀の日本が危ない』東洋経済新報社（1999）／ちくま文庫（2010）。この調査は、全国25大学の5000名の学生を対象にしたもので、"早慶レベル"の文系学生でも、大学受験時に数学を選択しなかった学生の$\frac{1}{5}=20\%$は「分数」の計算ができず、また、学生の70％が解の公式を用いる「二次方程式」が解けなかったそうだ。☹　なお、この本の"姉妹書"に、岡部恒治／西村和雄／戸瀬信之（編著）『小数ができない大学生—国公立大学も学力崩壊』東洋経済新報社（2000）がある。

(注5) この国では、所謂「少子化」で、大学進学の対象の18歳人口が減っているのに反して、なぜか大学の数および入学定員は増えている。その結果として、2000（平成12）年ころから、大学や学部・学科さえ選ばなければ、誰でもどこかの大学に入学できる所謂「大学全入」の時代になっている。ちなみに、文部科学省の「大学基本調査」によると、1990（平成2）年の18歳人口は201万人、うち大学への入学者は49.2万人だったのに対して、それから20年経った2010（平成22）年の18歳人口は122万人に減少したにもかかわらず、大学への入学者は61.9万人に増加している。大学への進学率（＝大学への入学者÷18歳人口）は24.5％から50.7％に倍増したことになる。☹　ちなみに、大学に"全入"した若者たちは、ほとんどの場合、大学卒業の能力・常識が付いていなくても、卒業させられてしまう。これは、留年させたりするとコストや手間がかかるなどの他、大学の"評判"が落ちるなどといった理由もあるようだ。いずれにしても、本当は、「大学全入」よりも、「大学全卒」の方がずーっと大きな問題なのだ！と筆者は思っている。☹

これに関連して、筆者が最後に勤務していた文系の"某"私立大学の「統計学入門」の（毎学期の）最初の授業で（子供たちの基礎的な算数・計算力の確認のために）行った「計算能力テスト」[注6]の結果は、これをはるかに下回る結果で、半分を超える子供たちは「ごくごく簡単な足し算や引き算」が、とくに「カッコつきの四則計算」が"できない"だった。そして、「分数」は$\frac{2}{3}$＝67％超の子供たちが"できない"、「平均値」と「Σ（数列の和）計算」はほぼ全員が"できない"だった。筆者は、このことにとても驚いた（というよりも、「打っ魂消た！」といった方が当たっている）ことをいまでも覚えている。☹

(注6) 20分間で行った「計算能力テスト」は、①$7×6×5-4+3×2=$　②$(8+5)×(7-4)-((2×4+3)-(1+2×5))$　③$\frac{1}{3}+\frac{1}{4}+\frac{1}{5}+\frac{1}{6}=$　④$\frac{2}{3}+\frac{3}{4}+\frac{4}{5}+\frac{5}{6}=$　⑤$1,2,\cdots,69$の平均値＝　⑥$\sum_{i=5}^{9}i=$　⑦$\sum_{i=3}^{5}i^2=$の7問だ！　分数や小数の計算ができないのは当たり前！　カッコの付いた足し算や引き算ができない！　掛け算や割り算の順序が分からない！　九九も全部は知らない！　そんな子供たちが沢〜山いたことに、筆者はとても驚いた。☹　このテストの"正解"は⇒この「まえがき」の最後の☞に！

●「統計学」はデータから情報を導く科学的な方法だ！

　さて（本題である！）、「統計学」は、仕事の"目的"に応じて集めた、適切な"データ"から必要な"情報"を導き出す論理的な思考とそれに基づく科学的な方法だ。そして、この論理的な思考と科学的な方法とその説明には、算数・計算や（簡単な）数学が使われる。なぜならば、「統計学」はマジック（魔法や手品）ではなく、論理つまりは理屈だからだ。だから、率直にいって、**論理的な思考と科学的な方法、また、算数・計算や（簡単な）数学が"分からない"まま、「統計学」の思考や方法などを学ぼうとするのは、何の武器も持たず素手で戦場に出かけていくようなもので、無謀なことなのではないか**。筆者はそう思っている。

　「統計学」、とくに"基礎的な"「統計学」に必要な算数・計算や（簡単な）数学は、誰でもが小学校から高校までに習うもののうちの本当に基礎的なもので、実際にやってみれば、やって慣れてしまえば、その考え方を理解すれば、それほどむずかしくない、いや簡単、実はとても簡単なものなのである。だから、「分かるまでやる！」とほんの少しだけ"覚悟"[注7]をして（あるいは、そういう"気持ち"を持って）、また、十分な"情熱"と"時間"をかけてやれば、本当に誰でも、本当に必ず分かる、そんなものなのである。だから、いまは"分からない"でも、そういう"覚悟"と"情熱"を持ち"時間"をかけて「統計学」に取り組めば、そして、少しずつ慣れていけば、誰でも必ず科学的な思考と方法と算数・計算や（簡単な）数学を身に付け、「統計学」の論理的な思考とそれに基づく科学的な方法が"分かる"ハズのものなのである[注8]。

(注7) 大学の学生（受講生）を例にとると、「覚悟」とは、単に履修した授業の単位を取る！テストにパスする！ためにといったことではなく、「統計学」の基本的な思考と方法を（自分の）身に付ける！そして、その思考と方法を実際に使えるようになるまでやる！という"覚悟"である。筆者は、勤務していた私立大学の他、（テレビ放送で授業している）放送大学で担当した授業（「計量心理学」と「心理統計法」）でも、最近の学生に足りないことの1つをそう感じている。☹

(注8) それでも、説明に算数・計算や（簡単な）数学を使われるとチンプンカンプンでまったく分からない！数式での説明はまるで暗号文だ！　数式は見ただけでぞっとする・

見たくもない！などと思う読者は、「統計学」のベースとなる論理的な思考と科学的な方法を理解し身に付けるのは相当にむずかしいのではないか、筆者はそう思っている。「統計学」を学び、その基礎的な思考と方法を身に付けようとするならば、やはり誰でもが小学校から高校までとはいわないまでも中学校までに習う算数・計算や（簡単な）数学、そして、数式で表現する理屈（論理）の意味が"ある程度"は理解できることが必要だと思う。後述するように、この本は、必ずしも算数・計算や（簡単な）数学に慣れていない読者に対しても、算数・計算や（簡単な）数学に関する用語の説明も含めて、できるだけ丁寧に説明しているつもりなのではあるが、やはり、上に述べたような読者については、この本は役に立たないであろう、と筆者は思っている。

●約900語の具体的な意味と使い方をわかりやすく解説！

さて、この『統計学用語』は、こういった読者を含めて、「統計学」を学びあるいは使い始めた"初級"の読者から現実の問題に取り組み始めた"中級"の読者を対象に、**基本的な「統計学用語」**(注9)**約900語**（実質は約550語）**の具体的な意味（内容と考え方）や使い方・注意点**などを、（すべてがそうだとはいわないが、説明の重複をも厭わず、）できるだけ"丁寧に＆分かりやすく！"を心がけて説明している（少なくとも、筆者はそのつもりだ☺）。読者は、この本で調べる統計学用語の説明を"丁寧に"読んでほしい(注10)。そして、できれば、その基本的な"概念"や形式的な"手続き"を覚えるだけでなく、それらの基となっている"考え方"を理解してほしい！（筆者はそう期待している。）

(注9) 「"基本的な"統計学の用語」とは、大学の授業でいえば1～2年生が対象の「統計学"入門"」や「統計学"概論"」などといった本や授業で取り上げている「統計学」の基本的な思考と方法だ！と考えればよい。なお、この「統計学用語」では、所謂「多変量解析」の用語については"常識"程度のことしか載せていないので、今後、読者の要望に応じて書き加えていきたい！と思っている。

(注10) いままでにこの国で発行された主な『統計学用語辞典』は、以下の通り。つまり、Graham Upton／Ian Cook（著）／白旗慎吾（監訳）／内田雅之／熊谷悦生／黒木学／阪本雄二／坂本亘（訳）『統計学辞典』共立出版（2010/10）532ページ、杉山高一／藤越康祝／杉浦成昭／国友直人（編）『統計データ科学事典』朝倉書店（2007/07）774ページ、岩崎学／時岡規夫／中西寛子（著）『実用統計用語事典』オーム社（2004/03）350ページ、涌井良幸／涌井貞美（著）『図解でわかる統計解析用語事典』日本実業出版社（2003/11）294ページ、鈴木義一郎（著）『現代統計学小事典』講談社ブルーバックス（1998/3）361ページ、石村貞夫／デズモンド・アレン（著）『すぐわかる統計用語』東京図書（1997/06）361ページ、竹内啓（編）『統計学辞典』東洋経済新報社（1989/11）1,185ページ、Maurice G. Kendall／William R. Buckland（著）／千葉大学統計グループ（訳）『ケンドール 統計学用語辞典』丸善（1987/11）303ページ、芝祐順／渡部洋／石塚智一（編）『統計用語辞典』新曜社（1984/05）386ページ、上田尚一（著）『統計用語辞典』東洋経済新報社（1981/05）287ページ、杠文吉（編）『統計用語辞典』統計の友社（1949）226ページ、など。しかし、筆者の印象として、"初級"の読者が"分かる"ように、"丁寧に"説明したものは見当たらないようだ。☺

●数式は同じ内容をいろいろな表現で書き示す！

　なお、説明には、「統計学」の思考と方法の"正確さ"を損なわないように、「数式」を使ったが、これらは、ごく²一部を除けば、決してむずかしくはないものだ[注11]。しかし、必ずしもむずかしくはない「数式」でも、やったことがない！ 理解がむずかしい！ という読者もいるであろうことから、説明が少しく冗長になるのを覚悟の上で、例えば、$\bar{x} = \frac{1}{n}\sum_{i=1}^{n} x_i = \frac{1}{n}(x_1 + \cdots + x_n)$（$\bar{x}$ は"エックスバー"と読む）や $\frac{x-\mu}{\frac{\sigma}{\sqrt{n}}} = (x-\mu) \div \frac{\sigma}{\sqrt{n}} = (x-\mu) \div (\sigma \div \sqrt{n})$（$\sqrt{\ }$ は"平方根"）などのように、同じ内容をいろいろな書き方（表現）で書いた。＝（等号）で結ばれた数式の内容はまったく同じものなので、徐々にでもよいから、「数式」の意味と書き方に慣れてほしい。また、いくつかの「用語」では、「数式」による説明に加えて、「数値例」を付けこれを追っていけば（そして、これを真似やってみれば）、実際にも使えるようにしてある。なお、読者が「統計学」を使うのに（直接は）必要のない数学的な証明などは（そのむずかしさもあり）省略した[注12]。

- [注11] "初心者"向けのいくつかの「統計学の本」は、数列の総和を意味する「Σ」は使わず！ あるいは、もっと進めて「数式」は使わずに説明する！ といったことを"売り"にしている。しかし、「統計学」の思考や方法は、文章だけでは正確つまり論理的に説明するのはとてもむずかしく、というよりほぼ不可能で、やはり論理的な言語である「数式」での説明が必要である。筆者はそう思っている。☹

- [注12] "文系"の学生を対象にした「統計学の授業」では、考え方と例の紹介が中心で、実際の計算はコンピューターに任せればよい！ コンピューターの出した結果を信じなさい！ というやり方が多いようだ。このやり方もそれなりの根拠があるのではあろうが、このやり方を採用せざるを得ないもっとも大きな理由は、読む人たちに、聞く人たちに、さらには、説明する人（つまり教員）たちに"数学力や計算力そして論理力がない"からなのではないか、筆者はそう思っている。☹

●基礎の基礎となる用語も「見出し語」に採用！

　また、"初級"の読者のために、必ずしも「統計学」の用語ではないのだが、「統計学の本」や「統計学の授業」などに出てくる、"**基礎的な**"**科学的な思考と方法や算数・計算や**（簡単な）**数学**などの用語も「見出し語」に採用し、その説明を付けた。「統計学」を学ぶときに、これらの用語の理解に少しでも不安を感じたら、迷うことなく、この『統計学用語』を引いてもらいたい。

データ、ビッグデータ、情報、有効数字、分数・小数、比率（比）、パーセント（百分率）、ソート（ソーティング）、GIGO（ガイゴー）、変数・変量、添字、配列・行列、関数・逆関数、方程式、モデル（模型）、感度分析、arg max（アーグ マックス）、積分・微分、線形（線型）・非線形・対数線形、極値（極大値・極小値）、$\sqrt{\ }$（平方根）、$n!$（階乗）、数列、Σ計算（数列の和）、Π計算（数列の積）、${}_mC_n = \binom{m}{n}$（m 個から n 個を選ぶ"組み合わせの数"）、指数・$\exp(x) = e^x$（指数関数）、log（ログ 対数）・log（ロギー 自然対数）、$|x|$（x の絶対値）、$[x]$（x を超えない最大の整数）、∞（比例）、比例配分（按分・案分）、補間・外挿・内挿、等号（＝≒）・不等号（＜≦＞≧≠）、lim（極限値）、π（円周率）、e（自然対数の底）、∞（無限大）、∀（全称記号）、乱数、表計算ソフト、Excel（エクセル）、帰納・演繹、見える化、五回のなぜ（なぜなぜ分析）、ブラックボックスなど。

　もし、この『統計学用語』の説明を読んでも十分に分からなければ、インターネットの検索サービスを利用して、他の説明を探してみるというのもとても有効な方法だ[注13]。しかし、そ

れでも分からない場合には、筆者が（著書の）読者とのコミュニケーションのために設けている「読者支援サイト」（http://goo.gl/TASbtP）に掲載されている、これまでの他の読者と筆者のやり取りを見て参考にしてほしい。しかし、ここでも知りたいやり取りが見つからなかった、あるいは、それでも、どうしても分からなければ、このサイトを通じて"公開"（なので、匿名や仮名で可！）のメールをいただければ、筆者は読者と必要なコミュニケーションをとるつもりだ。なお、この『統計学用語』で挙げたデータや計算例などの多くは、**インターネット上のストレージ** http://yahoo.jp/box/62P33M にアップロードしてあり、（この本の読者でなくても）誰でもダウンロードして使えるようにしてあるので、ぜひ利用してほしい。

(注13) インターネットの上で"無料で"サービスされている「統計学用語辞典」として、「総務省統計局＞統計学習サイト＞なるほど統計学園＞学ぶ知る＞統計用語辞典」「群馬大学・青木繁伸先生＞統計学用語辞典」「SSRI（㈱社会情報サービス）＞統計web＞統計用語辞典」「Weblio辞書＞統計学用語辞典」などがある。これらも便利に使ってほしい。☺ Googleで検索すれば、これらがどこにあるかは簡単に分かるだろう。

さらには、"知りたい"統計学用語の説明を読むとき、できればその前後あるいは近くに載っている他の統計学用語の説明にも興味を持ってほしい。そして、どんなことが書いてあるかを読んでもらいたい。それらは読者が"知りたい"統計学用語と直接に関連のある統計学用語であることもそうではないこともあるであろうが、そのどちらであるにせよ、読者の統計学の知識と問題の解決力や発見力などを増すことが期待できる。そのためにも、ぜひこの『統計学用語』を"読んで"もらいたい、筆者はそう期待している。

なお、この『統計学用語』をまとめるに当たっては、いろいろな「統計学の本」や「統計学の授業」あるいはインターネット上に掲載されている説明や計算例などを参考にさせていただいた。ここに記してその著者の方々に心からの感謝を申し上げる。

＊

最後に、「分かるまでやる！」という"覚悟"（あるいは、そういう"気持ち"）の下で、"情熱"と"時間"をかけて、「統計学の本」を読み、「統計学の授業・講習」を受けるなどして、「統計学」の思考と方法を身に付け、読者が抱えている（あるいは関係している）何かの"問題"を発見し理解し分析し解決することなどに役立てようとしている読者に、筆者は心からの「ありがとう！」と「頑張れ！」を申し上げたい。そして、私たちの世界、国、社会、産業、市場、会社、個人などが少しでもよりよいものになる！ 読者にはそういうことに役立ってもらいたい。そして、何よりも、読者自身の人生をよりよいものにしてもらいたい、筆者はそう期待している。(^_^)

📖 この本の原稿ができあがり出版社に渡したのは2015年1月だったが、出版社の都合によって、読者の手元にお届けするまでにとても²長い時間がかかってしまった。この本に大きな期待を寄せていただいた読者には、心よりお詫び申し上げたい。(≧≦)

☞【**計算能力テスト**】の"正解"は、①$7×6×5-4+3×2=210-4+6=212$　②$(8+5)×(7-4)-((2×4+3)-(1+2×5))=13×3-(11-11)=39$　③$\frac{1}{3}+\frac{1}{4}+\frac{1}{5}+\frac{1}{6}=\frac{20+15+12+10}{60}$

$= \dfrac{57}{60}$　④ $\dfrac{2}{3}+\dfrac{3}{4}+\dfrac{4}{5}+\dfrac{5}{6}=\dfrac{40+45+48+50}{60}=\dfrac{183}{60}=3\dfrac{1}{20}$　⑤ $1,2,\cdots,69$ の平均値 $=\dfrac{1+2+\cdots+69}{69}$
$=\dfrac{1+69}{2}=35$　⑥ $\sum_{i=5}^{9} i = 5+6+7+8+9 = 35$　⑦ $\sum_{i=3}^{5} i^2 = 3^2+4^2+5^2 = 9+16+25 = 50$　だ。
当然のことながら、"全〜部"できましたよね。☺

2016 年 3 月

　　　　　　　　　　　　　　　　　　　　大澤　光　Mitsuru OSAWA, Ph.D. ＼(^o^)／

◆ この辞典の使い方

(1) この辞典に掲載した「統計学の用語」つまり「見出し語」は、漢字・カナ・英字・ギリシャ文字・数字・記号・数式表現などを含めて、その読みの"五十音順"(アイウエオ順)に並べてある。この「使い方」の後に、「見出し語の一覧(リスト)」を用意したので、"調べたい"「用語」がそこに載っているか否かを確認してほしい。

(2) 数字・記号・ギリシャ文字・英字の統計学の用語は、その文字の名前をその通りに読めばよいことが多いが、読めない場合には、「見出し語の一覧」の後ろに、「数字・記号・ギリシャ文字・英字の用語・英字の人名などの読み方」を付けてあるので、ここを調べてから、その読みのところを見てほしい。

(3) この辞典に収録した「統計学の用語」は、その「見出し語」、その「読み」、対応する「英語」に続いて、その統計学用語の意味や使い方などの「説明」が書いてある。「説明」は、敢えて他の統計学用語の説明との重複を恐れず、その「説明」を読めば分かるように書いた(つもりだ)。

(4) 「説明」には、「統計学」の思考と方法を間違いなく説明するため、"数式"が含まれているが、**必ずしも算数・計算や(簡単な)数学に慣れていない読者にも理解しやすいように、**例えば、$\bar{x} = \frac{1}{n}\sum_{i=1}^{n} x_i = \frac{1}{n}(x_1 + \cdots + x_n)$ や $\frac{x - \mu}{\frac{\sigma}{\sqrt{n}}} = (x - \mu) \div \frac{\sigma}{\sqrt{n}} = (x - \mu) \div (\sigma \div \sqrt{n})$ などのように、いろいろな書き方(表現)で書いてある。=(等号)で結ばれた数式はすべて同じ意味である。ちなみに、数列 $a_1, \cdots, a_n$ の総和 $a_1 + \cdots + a_n$ を意味する $\sum_{i=1}^{n} a_i$ は(行送り方向に)多くのスペースが必要なため、より少ないスペースで済む $\sum_{i=1}^{n} a_i$ と書いたが、これは $\sum_{i=1}^{n} a_i$ とまったく同じである。

(5) いくつかの「統計学の用語」の「説明」の中に、説明に加えて、「計算例」を載せているが、これを丁寧に追ってみれば、「説明」の理解はさらに深まるであろう(筆者はそう期待している)。

(6) 「説明」の後に、⇒に続いて、その統計学の用語に密接に関係する「見出し語」を載せてある。「説明」の理解を深めるためにも、できるだけこれらの「見出し語」の説明文も読んでもらいたい。

(7) 「説明」の中の (注n) は「説明」の後に (注n) として、「説明」には盛り込めなかった注釈は「説明」の後の 📖 で書いてある。これもできるだけ読んでもらいたい。

(8) 「説明」の後の Excel には、「見出し語」に関連した(最も標準的で最も普及している表計算ソフトの) Excel(エクセル) の関数やツールなどを載せている。

(9) ✂【小演習】は、「説明」の理解をより確実なものとするための"練習問題"で、決してむずかしいものではないので、ぜひやってみてもらいたい。「正解」は、その"小演習"の近くの「見出し語」の説明文の後ろに、☞【小演習の正解】を目印に載せてある。

(10) さらには、"知りたい"統計学の用語の説明を読むとき、できればその前後あるいは近くに載っている他の統計学の用語の説明にも興味を持ってほしい。そして、どんなことが書いてあるかを読んでもらいたい。それらは読者が"知りたい"統計学の用語と直接に関連のある統計学用語であることもそうではないこともあるであろうが、そのどちらに

しても、読者の統計学の知識と問題の解決力や発見力などを増すことが期待できる。

⑾ この辞典の"巻末"と"ネット"に、**統計学を使うときに必要な「数表」を載せてある**ので、統計計算をするときにぜひ使ってもらいたい。

⑿ では、まず、読者が"すでに知っている・分かっている"統計学の用語、例えば、「平均値」「統計学」「確率」「標本調査」などの説明が載っているページを開いて、この『統計学用語』ではどんなことがどう説明されているか、を読んでもらいたい。これによって、読者は、この『統計学用語』にどの程度の説明が書いてあるか、それが読者が必要としている内容であるか否かを判断できよう。

⒀ この『統計学用語』が読者が必要としている本だと判断された場合、この『統計学用語』を日常的に持ち歩き、"分からないこと・確認したいこと"があったら、すぐに調べてみてほしい(注1)。そういうクセが付けば、徐々に「統計学」に慣れていくであろうし、「統計学」に慣れていけば「統計学」が分かってくる、と筆者は思う。

(注1) 筆者の主観かも知れないが、最近は、「辞書を引く」ということが少なくなったようだ。残念なことに、辞書は、"分からない"ときに引くと教えられているらしい。しかし、辞書の利用は、それだけではない。辞書は、"分かっている"ときには確認のため、"知らない"ときには知るために使うことができる。具体的には、常に辞書を持ち歩き、「辞書は"読む"」ことを心がけたい。

⒁ もしこの『統計学用語』の説明だけでは、十分に分からなければ、インターネットの検索サービスを利用して、他の説明を探してみるというのも有効な方法だ。パソコンやスマホなどを使って、実際にやってみてほしい(注2)。それでも、十分ではない場合には、**インターネットの上の「読者支援サイト」**(http://goo.gl/TASbtP)にこれまでの読者と筆者のやり取りが"公開"されているので、ここに読者が知りたいことが載っているかどうか探してみてほしい。もしここでも知りたいことが見つけられなかった場合には、このサイトを通じて、(匿名あるいは仮名で)筆者に"公開"メールで質問してもらいたい。筆者は、分かるまで読者とやりとりをしたいと思っている(注3)。

(注2) インターネットの検索サービスでは、日本語のキーワードを入れると日本語で書かれたサイトが見つかるが、この結果が不十分だと思う場合には、"英語"のキーワードを入れて、"英語"で書かれたサイトを探してみるとよい。多分、見つかる"英語"のサイトは、日本語のサイトよりも数が多く、その分だけ多様でもある(つまり、違った説明が載っている)ようだ。☹

(注3) 筆者の読者支援サイトへの連絡のためのメールの"タイトル"は《書名／××ページ／質問のキーワード》、"本文"は必要かつ十分にかつ簡潔に書くこと。真面目な質問にのみ対応する。☹

⒂ この『統計学用語』で挙げた**データや計算例や数表は、インターネット上のストレージ** http://yahoo.jp/box/62P33M にアップロードしてあり、誰でも(この本の読者でなくても)ダウンロードして使えるようにしてあるので、ぜひ利用してもらいたい。

◆「見出し語」の一覧(リスト)◆

あ　29

i.i.d.（アイアイディー）
IQR（アイキューアール）
アウトライアー
赤池情報量基準（あかいけじょうほうりょうきじゅん）
arg max（アーグマックス）
ANOVA（アノヴァ）
ARMA モデル（アーマモデル）
あやめのデータ
ARIMA モデル（アリマモデル）
RSS（アールエスエス）
R-estimator（アールエスティメーター）
R 言語（アールげんご）
R 推定量（アールすいていりょう）
RDD（アールディーディー）
α エラー（アルファエラー）
アンケート
アンケート調査（アンケートちょうさ）
ANCOVA（アンコヴァ）
暗数（あんすう）
アンダーソン・ダーリング検定（アンダーソン・ダーリングけんてい）
アンダーソンのあやめのデータ
按分（あんぶん）
案分（あんぶん）

い　35

e（イー）
$E(x)$（イーエックス）
イェーツの連続修正（イェーツのれんぞくしゅうせい）
EM アルゴリズム（イーエム・アルゴリズム）
＝（イコール）
イシカワダイアグラム
異常値（いじょうち）
e-Stat（イースタット）
一元配置分散分析（いちげんはいちぶんさんぶんせき）
位置パラメーター（いちパラメーター）
一要因分散分析（いちよういんぶんさんぶんせき）
一様最小分散不偏推定量（いちようさいしょうぶんさんふへんすいていりょう）
一様分布（いちようぶんぷ）
一様乱数（いちようらんすう）
一致推定量（いっちすいていりょう）
一致性（いっちせい）
一対比較法（いっついひかくほう）
一般化線形モデル（いっぱんかせんけいモデル）
一般線形モデル（いっぱんせんけいモデル）
EDA（イーディーエイ）
移動平均法（いどうへいきんほう）
移動平均モデル（いどうへいきんモデル）
ε（イプシロン）
因子（いんし）
因子分析（いんしぶんせき）
インターネット調査（インターネットちょうさ）
インタビュー
インデプスインタビュー

う　44

$var(x)$（ヴァーエックス）
$V(x)$（ヴィエックス）
ウィリアムズの多重比較（ウィリアムズのたじゅうひかく）
ウィルコクソンの順位和検定（ウィルコクソンのじゅんいわけんてい）
ウィルコクソンの符号順位検定（ウィルコクソンのふごうじゅんいけんてい）
ウィンソー化平均（ウィンソーかへいきん）
上側確率（うえがわかくりつ）
上側パーセント点（うえがわパーセントてん）
上側ヒンジ（うえがわヒンジ）
ウェルチの t 検定（ウェルチのティーけんてい）
ヴェン図（ヴェンず）

え　47

AIC（エイアイシー）
AR モデル（エイアールモデル）

H 検定 (エイチけんてい)
ABC 分析 (エイビーシーぶんせき)
$\exp(x)$ (エクスポネンシャル・エックス)
Excel (エクセル)
エコノメトリックス
S.E. (エスイー)
SAS システム (エスエイエスシステム)
SSE (エスエスイー)
SQC (エスキューシー)
S 言語 (エスげんご)
S.D. (エスディー)
SD 法 (エスディーほう)
estimator (エスティメーター)
SPSS (エスピーエスエス)
$\tilde{x}$ (エックスチルダー)
$|x|$ (エックスのぜったいち)
$\bar{x}$ (エックスバー)
$\hat{x}$ (エックスハット)
$NID(\mu, \sigma^2)$ (エヌアイディー・ミューシグマじじょう)
$n!$ (エヌのかいじょう)
$NB(k, p)$ (エヌビー・ケイピー)
$N(\mu, \sigma^2)$ (エヌ・ミューシグマじじょう)
F 検定 (エフけんてい)
FWE (エフダブリュイー)
FWER (エフダブリュイーアール)
F 分布 (エフぶんぷ)
F 分布表 (エフぶんぷひょう)
MA モデル (エムエイモデル)
M-estimator (エムエスティメーター)
MLE (エムエルイー)
ML 推定 (エムエルすいてい)
M 推定量 (エムすいていりょう)
MDS (エムディーエス)
LR 検定 (エルアールけんてい)
LSM (エルエスエム)
LSD 法 (エルエスディーほう)
L-estimator (エルエスティメーター)
$\ln x$ (エルエヌ・エックス)
LMS (エルエムエス)

LM 検定 (エルエムけんてい)
L 推定量 (エルすいていりょう)
LMedS (エルメッズ)
演繹 (えんえき)
円グラフ (えんグラフ)
円周率 (えんしゅうりつ)

お 62

オイラー図 (オイラーず)
オッズ
帯グラフ (おびグラフ)
オープンアンケート
おむつとビール
折れ線グラフ (おれせんグラフ)

か 64

回帰係数 (かいきけいすう)
回帰式 (かいきしき)
回帰診断 (かいきしんだん)
回帰直線 (かいきちょくせん)
回帰分析 (かいきぶんせき)
回帰方程式 (かいきほうていしき)
GIGO (ガイゴー)
カイ自乗検定 (カイじじょうけんてい)
χ^2 検定 (カイじじょうけんてい)
χ^2 分布 (カイじじょうぶんぷ)
χ^2 分布表 (カイじじょうぶんぷひょう)
階乗 (かいじょう)
外挿 (がいそう)
外的基準 (がいてききじゅん)
外的にスチューデント化された残差 (がいてきにスチューデントかされたざんさ)
開平変換 (かいへいへんかん)
ガウス記号 (ガウスきごう)
ガウス分布 (ガウスぶんぷ)
確認的因子分析 (かくにんてきいんしぶんせき)
確認的データ解析 (かくにんてきデータかいせき)
確率 (かくりつ)
確率過程 (かくりつかてい)
確率誤差 (かくりつごさ)

確率紙（かくりつし）
確率質量関数（かくりつしつりょうかんすう）
確率抽出法（かくりつちゅうしゅつほう）
確率標本（かくりつひょうほん）
確率プロット（かくりつプロット）
確率分布（かくりつぶんぷ）
確率変数（かくりつへんすう）
確率密度関数（かくりつみつどかんすう）
確率モデル（かくりつモデル）
加重平均（かじゅうへいきん）
仮説（かせつ）
仮説検定（かせつけんてい）
片側検定（かたがわけんてい）
$\binom{n}{k}$（かっこエヌケイ）
カテゴリーデータ
刈り込み平均（かりこみへいきん）
間隔尺度（かんかくしゃくど）
頑健性（がんけんせい）
観察データ（かんさつデータ）
関数（かんすう）
完全無作為化法（かんぜんむさくいかほう）
完全ランダム化法（かんぜんランダムかほう）
感度分析（かんどぶんせき）
ガンマ分布（ガンマぶんぷ）
管理図（かんりず）

き 82

幾何平均（きかへいきん）
基幹統計（きかんとうけい）
棄却（ききゃく）
棄却域（ききゃくいき）
棄却限界値（ききゃくげんかいち）
棄却検定（ききゃくけんてい）
危険率（きけんりつ）
擬似相関（ぎじそうかん）
記述統計学（きじゅつとうけいがく）
記述統計量（きじゅつとうけいりょう）
基準変数（きじゅんへんすう）
季節指数（きせつしすう）

季節調整（きせつちょうせい）
季節変動（きせつへんどう）
期待値（きたいち）
期待値最大化法（きたいちさいだいかほう）
帰納（きのう）
基本統計量（きほんとうけいりょう）
帰無仮説（きむかせつ）
逆関数（ぎゃくかんすう）
逆ガンマ分布（ぎゃくガンマぶんぷ）
逆相関（ぎゃくそうかん）
ギャンブラーの誤り（ギャンブラーのあやまり）
級（きゅう）
級間変動（きゅうかんへんどう）
95%CI（きゅうじゅうごパーセントシーアイ）
級内変動（きゅうないへんどう）
Q-Qプロット（キューキュープロット）
QC（キューシー）
QC七つ道具（キューシーななつどうぐ）
q 表（キューひょう）
q 分布表（キューぶんぷひょう）
共分散（きょうぶんさん）
共分散構造分析（きょうぶんさんこうぞうぶんせき）
共分散分析（きょうぶんさんぶんせき）
共変数（きょうへんすう）
共変量（きょうへんりょう）
極限値（きょくげんち）
極小値（きょくしょうち）
局所管理化（きょくしょかんりか）
極大値（きょくだいち）
極値（きょくち）
魚骨図（ぎょこつず）
距離尺度（きょりしゃくど）
寄与率（きよりつ）

く 91

偶然誤差（ぐうぜんごさ）
クォータ法（クォータほう）
区間推定（くかんすいてい）
組み合わせの数（くみあわせのかず）

クラス
クラスカル・ウォリス検定 (クラスカル・ウォリスけんてい)
クラスター分析 (クラスターぶんせき)
クラメールのV (クラメールのブイ)
クラメールの連関係数 (クラメールのれんかんけいすう)
クラメール・ラオの下限 (クラメール・ラオのかげん)
クラメール・ラオの不等式 (クラメール・ラオのふとうしき)
グランドトータル
繰り返しのある二元配置分散分析
　　(くりかえしのあるにげんはいちぶんさんぶんせき)
繰り返しのない二元配置分散分析
　　(くりかえしのないにげんはいちぶんさんぶんせき)
グループインタビュー
グループ間変動 (グループかんへんどう)
グループ内変動 (グループないへんどう)
クロス集計 (クロスしゅうけい)
クロス集計表 (クロスしゅうけいひょう)
クロスセクションデータ
クロスバリデーション
群 (ぐん)
群間変動 (ぐんかんへんどう)
群内変動 (ぐんないへんどう)

け　100

KS検定 (ケイエスけんてい)
経験的確率 (けいけんてきかくりつ)
経験分布関数 (けいけんぶんぷかんすう)
計算機統計学 (けいさんきとうけいがく)
系統誤差 (けいとうごさ)
系統抽出法 (けいとうちゅうしゅつほう)
計量経済学 (けいりょうけいざいがく)
計量経済分析 (けいりょうけいざいぶんせき)
計量経済モデル (けいりょうけいざいモデル)
系列相関 (けいれつそうかん)
結合分布 (けつごうぶんぷ)
欠測値 (けっそくち)
欠損値 (けっそんち)
決定係数 (けっていけいすう)
原因の確率 (げんいんのかくりつ)

検出力 (けんしゅつりょく)
検証的因子分析 (けんしょうてきいんしぶんせき)
検定 (けんてい)
検定統計量 (けんていとうけいりょう)
ケンドールの順位相関係数 (ケンドールのじゅんいそうかんけいすう)
ケンドールのτ (ケンドールのタウ)

こ　107

交互作用 (こうごさよう)
交差系列 (こうさけいれつ)
降順 (こうじゅん)
構造方程式モデリング (こうぞうほうていしきモデリング)
構造モデル (こうぞうモデル)
公的統計 (こうてきとうけい)
行動経済学 (こうどうけいざいがく)
交絡 (こうらく)
交絡因子 (こうらくいんし)
公理的確率 (こうりてきかくりつ)
五回のなぜ (ごかいのなぜ)
五件法 (ごけんほう)
誤差 (ごさ)
五数要約 (ごすうようやく)
古典的確率 (こてんてきかくりつ)
コホートデータ
コルモゴロフ・スミルノフ検定 (コルモゴロフ・スミルノフけんてい)
コレスポンデンス分析 (コレスポンデンスぶんせき)

さ　115

最小二乗法 (さいしょうじじょうほう)
最小自乗法 (さいしょうじじょうほう)
最小十分統計量 (さいしょうじゅうぶんとうけいりょう)
最小値 (さいしょうち)
最小メディアン法 (さいしょうメディアンほう)
最小有意差法 (さいしょうゆういさほう)
最大事後確率推定 (さいだいじごかくりつすいてい)
最大値 (さいだいち)
採択 (さいたく)
採択域 (さいたくいき)
最頻値 (さいひんち)

最尤推定値（さいゆうすいていち）
最尤推定法（さいゆうすいていほう）
最尤法（さいゆうほう）
魚の骨図（さかなのほねず）
錯誤相関（さくごそうかん）
SAS（サス）
サーストンの一対比較法（サーストンのいっついひかくほう）
三件法（さんけんほう）
残差（ざんさ）
残差自乗和（ざんさじじょうわ）
残差分析（ざんさぶんせき）
残差平方和（ざんさへいほうわ）
三囚人問題（さんしゅうじんもんだい）
算術平均（さんじゅつへいきん）
三ドア問題（さんドアもんだい）
散布図（さんぷず）
散布度（さんぷど）
サンプリング
サンプリング調査（サンプリングちょうさ）
サンプル
サンプルサイズ

し　　　122

C.I.（シーアイ）
シェッフェの一対比較法（シェッフェのいっついひかくほう）
シェッフェのs検定（シェッフェのエスけんてい）
シェッフェの多重比較（シェッフェのたじゅうひかく）
$_nC_k$（シーエヌケイ）
CFA（シーエフエイ）
GLM（ジーエルエム）
σ（シグマ）
Σ計算（シグマけいさん）
σ^2（シグマじじょう）
時系列データ（じけいれつデータ）
時系列分析（じけいれつぶんせき）
試行（しこう）
自己回帰移動平均モデル（じこかいきいどうへいきんモデル）
自己回帰モデル（じこかいきモデル）
事後確率（じこかくりつ）

自己相関（じこそうかん）
事後分布（じごぶんぷ）
事象（じしょう）
自乗平均平方根（じじょうへいきんへいほうこん）
指数（しすう）
指数型分布族（しすうがたぶんぷぞく）
指数関数（しすうかんすう）
指数分布（しすうぶんぷ）
指数平滑法（しすうへいかつほう）
事前確率（じぜんかくりつ）
自然対数（しぜんたいすう）
自然対数の底（しぜんたいすうのてい）
自然な共役分布（しぜんなきょうやくぶんぷ）
事前分布（じぜんぶんぷ）
下側確率（したがわかくりつ）
下側ヒンジ（したがわヒンジ）
悉皆調査（しっかいちょうさ）
シックスシグマ
実験計画法（じっけんけいかくほう）
質的調査（しつてきちょうさ）
質的データ（しつてきデータ）
GT（ジーティー）
指定統計（していとうけい）
ジニ係数（ジニけいすう）
四分位散布係数（しぶんいさんぷけいすう）
四分位数（しぶんいすう）
四分位相関係数（しぶんいそうかんけいすう）
四分位範囲（しぶんいはんい）
四分位偏差（しぶんいへんさ）
四分点相関係数（しぶんてんそうかんけいすう）
社会調査（しゃかいちょうさ）
尺度合わせ（しゃくどあわせ）
尺度基準（しゃくどきじゅん）
尺度水準（しゃくどすいじゅん）
尺度パラメーター（しゃくどパラメーター）
ジャックナイフ法（ジャックナイフほう）
シャピロ・ウィルク検定（シャピロ・ウィルクけんてい）
シャピロ・ウィルクのW検定（シャピロ・ウィルクのダブリュけんてい）
JMP（ジャンプ）

16

重回帰分析（じゅうかいきぶんせき）
周期的変動（しゅうきてきへんどう）
修正トンプソンの τ（しゅうせいトンプソンのタウ）
重相関係数（じゅうそうかんけいすう）
充足性（じゅうそくせい）
充足統計量（じゅうそくとうけいりょう）
従属変数（じゅうぞくへんすう）
自由度（じゆうど）
十分位範囲（じゅうぶんいはんい）
十分性（じゅうぶんせい）
十分統計量（じゅうぶんとうけいりょう）
集落抽出法（しゅうらくちゅうしゅつほう）
主観的確率（しゅかんてきかくりつ）
主効果（しゅこうか）
主成分分析（しゅせいぶんぶんせき）
樹葉図（じゅようず）
順位づけ（じゅんいづけ）
順位相関係数（じゅんそうかんけいすう）
順序尺度（じゅんじょしゃくど）
順序統計量（じゅんじょとうけいりょう）
準正規化（じゅんせいきか）
順相関（じゅんそうかん）
準標準化（じゅんひょうじゅんか）
条件付き確率（じょうけんつきかくりつ）
条件付き確率分布（じょうけんつきかくりつぶんぷ）
条件付き分布（じょうけんつきぶんぷ）
昇順（しょうじゅん）
小数（しょうすう）
少数の法則（しょうすうのほうそく）
＜（しょうなり）
≦（しょうなりイコール）
小標本（しょうひょうほん）
情報（じょうほう）
情報量不等式（じょうほうりょうふとうしき）
申告データ（しんこくデータ）
深層面接（しんそうめんせつ）
シンプソンのパラドックス
信頼区間（しんらいくかん）
信頼係数（しんらいけいすう）
信頼限界（しんらいげんかい）
信頼水準（しんらいすいじゅん）

す　149

推計学（すいけいがく）
水準（すいじゅん）
推測統計学（すいそくとうけいがく）
推定（すいてい）
推定値（すいていち）
推定量（すいていりょう）
数値要約（すうちようやく）
数量化理論（すうりょうかりろん）
数列（すうれつ）
スコア型検定（スコアがたけんてい）
スコア関数（スコアかんすう）
スコアリングモデル
スタージェスの式（スタージェスのしき）
Statistica（スタティスティカ）
スチューデント化（スチューデントか）
スチューデント化された残差（スチューデントかされたざんさ）
スチューデント化された範囲（スチューデントかされたはんい）
スチューデント化された範囲の分布（スチューデントかされたはんいのぶんぷ）
スチューデント化残差（スチューデントかざんさ）
スチューデント化範囲（スチューデントかはんい）
スチューデント化範囲分布（スチューデントかはんいぶんぷ）
スチューデントの t 分布（スチューデントのティーぶんぷ）
スティーブンスの尺度基準（スティーブンスのしゃくどきじゅん）
ステップダウン法（ステップダウンほう）
ステムアンドリーフ
スネデッカーの F 分布（スネデッカーのエフぶんぷ）
スノーボールサンプリング
スピアマンの順位相関係数（スピアマンのじゅんいそうかんけいすう）
スピアマンの ρ（スピアマンのロー）
スプリアス関係（スプリアスかんけい）
スミルノフ・グラブスの検定（スミルノフ・グラブスのけんてい）

せ　160

正規化（せいきか）
正規確率紙（せいきかくりつし）

正規確率プロット（せいきかくりつプロット）
正規性の検定（せいきせいのけんてい）
正規プロット（せいきプロット）
正規分布（せいきぶんぷ）
正規乱数（せいきらんすう）
正準相関係数（せいじゅんそうかんけいすう）
正準相関分析（せいじゅんそうかんぶんせき）
正準判別分析（せいじゅんはんべつぶんせき）
正の相関（せいのそうかん）
政府統計の総合窓口（せいふとうけいのそうごうまどぐち）
積分（せきぶん）
積率相関係数（せきりつそうかんけいすう）
絶対値（ぜったいち）
z 検定（ゼットけんてい）
z テスト（ゼットテスト）
z 得点（ゼットとくてん）
z 変換（ゼットへんかん）
説明変数（せつめいへんすう）
SEM（セム）（構造方程式モデリング）
SEM（セム）（標準誤差）
漸近的性質（ぜんきんてきせいしつ）
漸近的に（ぜんきんてきに）
線形（せんけい）
線型（せんけい）
線形比較（せんけいひかく）
先験確率（せんけんかくりつ）
前後即因果の誤謬（ぜんごそくいんがのごびゅう）
センサス
全称記号（ぜんしょうきごう）
全数調査（ぜんすうちょうさ）
尖度（せんど）
全平方和（ぜんへいほうわ）
全変動（ぜんへんどう）

そ 171

層化抽出法（そうかちゅうしゅつほう）
層化比例抽出法（そうかひれいちゅうしゅつほう）
相加平均（そうかへいきん）
相関係数（そうかんけいすう）

相関係数の信頼区間（そうかんけいすうのしんらいくかん）
相関係数の有意性の検定（そうかんけいすうのゆういせいのけんてい）
相関図（そうかんず）
相関比（そうかんひ）
相関分析（そうかんぶんせき）
総合的品質管理（そうごうてきひんしつかんり）
相乗平均（そうじょうへいきん）
層別（そうべつ）
層別相関（そうべつそうかん）
層別抽出法（そうべつちゅうしゅつほう）
層別無作為配置法（そうべつむさくいはいちほう）
添字（そえじ）
ソーティング
ソート

た 181

第1四分位数（だいいちしぶんいすう）
第1種の誤り（だいいっしゅのあやまり）
対応のある t 検定（たいおうのあるティーけんてい）
対応のあるデータ（たいおうのあるデータ）
対応のない t 検定（たいおうのないティーけんてい）
対応のないデータ（たいおうのないデータ）
第3四分位数（だいさんしぶんいすう）
対照群との比較（たいしょうぐんとのひかく）
対数（たいすう）
対数正規分布（たいすうせいきぶんぷ）
対数線形（たいすうせんけい）
大数の法則（たいすうのほうそく）
対数変換（たいすうへんかん）
＞（だいなり）
≧（だいなりイコール）
第2四分位数（だいにしぶんいすう）
第2種の誤り（だいにしゅのあやまり）
対比（たいひ）
代表値（だいひょうち）
対立仮説（たいりつかせつ）
タグチメソッド
多次元尺度構成法（たじげんしゃくどこうせいほう）
多重共線性（たじゅうきょうせんせい）

多重比較（たじゅうひかく）
多重比較法（たじゅうひかくほう）
多重ロジスティック回帰分析（たじゅうロジスティックかいきぶんせき）
多段階抽出法（ただんかいちゅうしゅつほう）
ダネットの多重比較（ダネットのたじゅうひかく）
ダネットの d 検定（ダネットのディーけんてい）
多変量解析（たへんりょうかいせき）
多峰分布（たほうぶんぷ）
ダミー変換（ダミーへんかん）
ダミー変数（ダミーへんすう）
単一回答（たんいつかいとう）
単回帰分析（たんかいきぶんせき）
単回答（たんかいとう）
探索的因子分析（たんさくてきいんしぶんせき）
探索的データ解析（たんさくてきデータかいせき）
単純集計（たんじゅんしゅうけい）
単純平均（たんじゅんへいきん）
単数回答（たんすうかいとう）
$\forall$（ターンドエイ）
単峰分布（たんぽうぶんぷ）

ち　194

『地域経済総覧』（ちいきけいざいそうらん）
中位数（ちゅういすう）
中央値（ちゅうおうち）
中央値検定（ちゅうおうちけんてい）
中央平均（ちゅうおうへいきん）
中心極限定理（ちゅうしんきょくげんていり）
調和平均（ちょうわへいきん）
直交配列表（ちょっこうはいれつひょう）
直交表（ちょっこうひょう）
散らばり（ちらばり）

つ　199

対比較（ついひかく）

て　200

df（ディーエフ）
TQC（ティーキューシー）

t 検定（ティーけんてい）
TCSI 分離法（ティーシーエスアイぶんりほう）
定性調査（ていせいちょうさ）
T 得点（ティーとくてん）
t 分布（ティーぶんぷ）
t 分布表（ティーぶんぷひょう）
定量調査（ていりょうちょうさ）
適合性の検定（てきごうせいのけんてい）
データ
データクリーニング
データクレンジング
データマイニング
デプスインタビュー
テューキー・クレーマーの多重比較
　（テューキー・クレーマーのたじゅうひかく）
テューキーの HSD 法（テューキーのエイチエスディーほう）
テューキーの q 検定（テューキーのキューけんてい）
テューキーの多重比較（テューキーのたじゅうひかく）
テューキーのトライミーン
テューキーの範囲検定（テューキーのはんいけんてい）
テューキーの方法（テューキーのほうほう）
テューキーの方法のための q 表
　（テューキーのほうほうのためのキューひょう）
点推定（てんすいてい）
デンドログラム
電話調査（でんわちょうさ）

と　211

等間隔抽出法（とうかんかくちゅうしゅつほう）
統計（とうけい）
統計学（とうけいがく）
統計学の学会（とうけいがくのがっかい）
統計協会（とうけいきょうかい）
「統計検定」（とうけいけんてい）
統計誤差（とうけいごさ）
統計数値表（とうけいすうちひょう）
統計的確率（とうけいてきかくりつ）
統計的仮説検定（とうけいてきかせつけんてい）
統計的推定（とうけいてきすいてい）

統計的品質管理 (とうけいてきひんしつかんり)
統計データ (とうけいデータ)
統計の日 (とうけいのひ)
統計パッケージソフト (とうけいパッケージソフト)
統計法 (とうけいほう)
統計モデル (とうけいモデル)
統計量 (とうけいりょう)
等号 (とうごう)
同時確率 (どうじかくりつ)
同時確率分布 (どうじかくりつぶんぷ)
同時分布 (どうじぶんぷ)
等分散の検定 (とうぶんさんのけんてい)
等平均の検定 (とうへいきんのけんてい)
尖り度 (とがりど)
特性要因図 (とくせいよういんず)
独立 (どくりつ)
独立試行 (どくりつしこう)
独立性の検定 (どくりつせいのけんてい)
独立同一分布 (どくりつどういつぶんぷ)
独立変数 (どくりつへんすう)
度数 (どすう)
度数分布 (どすうぶんぷ)
度数分布図 (どすうぶんぷず)
度数分布表 (どすうぶんぷひょう)
留め置き調査 (とめおきちょうさ)
トライミーン
トリム平均 (トリムへいきん)
トレンド
トンプソンの棄却検定 (トンプソンのききゃくけんてい)
トンプソンの τ (トンプソンのタウ)

な　　　229

内挿 (ないそう)
内的基準 (ないてきじゅん)
内的にスチューデント化された残差
　　(ないてきにスチューデントかされたざんさ)
なぜなぜ分析 (なぜなぜぶんせき)
生データ (なまデータ)
並み数 (なみすう)

に　　　230

≒ (ニアリーイコール)
2×2 分割表 (にかけるにぶんかつひょう)
二元配置分散分析 (にげんはいちぶんさんぶんせき)
二件法 (にけんほう)
二項係数 (にこうけいすう)
二項検定 (にこうけんてい)
二項選択モデル (にこうせんたくモデル)
二項分布 (にこうぶんぷ)
二項ロジスティック回帰分析 (にこうロジスティックかいきぶんせき)
二乗平均平方根 (にじょうへいきんへいほうこん)
二段階抽出法 (にだんかいちゅうしゅつほう)
二峰分布 (にほうぶんぷ)
二要因分散分析 (にょういんぶんさんぶんせき)

ぬ　　　236

抜取検査 (ぬきとりけんさ)

ね　　　237

ネイピア数 (ネイピアすう)
ネイマン配分法 (ネイマンはいぶんほう)
ネイマン・ピアソンの基準 (ネイマン・ピアソンのきじゅん)
ネイマン・ピアソンの補題 (ネイマン・ピアソンのほだい)
ネイマン・ピアソン流の仮説検定
　　(ネイマン・ピアソンりゅうのかせつけんてい)

の　　　239

≠ (ノットイコール)
ノンパラメトリックな手法 (ノンパラメトリックなしゅほう)

は　　　241

π (パイ)
Π 計算 (パイけいさん)
パイチャート
配列 (はいれつ)
var(x) (バーエックス)
箱ひげ図 (はこひげず)
パス解析 (パスかいせき)

パスカル分布 (パスカルぶんぷ)	歪み度 (ひずみど)
パス図 (パスず)	被説明変数 (ひせつめいへんすう)
外れ値 (はずれち)	非線形 (ひせんけい)
パーセンタイル	p 値 (ピーち)
パーセンタイル順位 (パーセンタイルじゅんい)	ビッグデータ
パーセント	P-P プロット (ピーピープロット)
パーセント点 (パーセントてん)	非復元抽出 (ひふくげんちゅうしゅつ)
80-20 の法則 (はちじゅうにじゅうのほうそく)	微分 (びぶん)
バートレットの検定 (バートレットのけんてい)	百分位数 (ひゃくぶんいすう)
パネル調査 (パネルちょうさ)	百分位数順位 (ひゃくぶんいすうじゅんい)
パネルデータ (パネルデータ)	百分率 (ひゃくぶんりつ)
林の数量化理論 (はやしのすうりょうかりろん)	表計算ソフト (ひょうけいさんソフト)
バラツキ	標準化 (ひょうじゅんか)
パラメーター	標準化残差 (ひょうじゅんかざんさ)
パラメトリックな手法 (パラメトリックなしゅほう)	標準誤差 (ひょうじゅんごさ)
パレート図 (パレートず)	標準正規分布 (ひょうじゅんせいきぶんぷ)
パレートの法則 (パレートのほうそく)	標準正規分布表 (ひょうじゅんせいきぶんぷひょう)
パレート分析 (パレートぶんせき)	標準得点 (ひょうじゅんとくてん)
範囲 (はんい)	標準偏差 (ひょうじゅんへんさ)
半四分位範囲 (はんしぶんいはんい)	標本 (ひょうほん)
半正規確率プロット (はんせいきかくりつプロット)	標本数 (ひょうほんすう)
半正規プロット (はんせいきプロット)	標本抽出 (ひょうほんちゅうしゅつ)
半正規分布 (はんせいきぶんぷ)	標本調査 (ひょうほんちょうさ)
判断 (による) 抽出法 (はんだん (による) ちゅうしゅつほう)	標本標準偏差 (ひょうほんひょうじゅんへんさ)
反復 (はんぷく)	標本分散 (ひょうほんぶんさん)
反復試行 (はんぷくしこう)	標本分布 (ひょうほんぶんぷ)
判別分析 (はんべつぶんせき)	標本平均 (ひょうほんへいきん)

ひ 253

比 (ひ)	比率 (ひりつ)
	比率尺度 (ひりつしゃくど)
ピアソンの χ^2 検定 (ピアソンのカイじじょうけんてい)	比率の差の検定 (ひりつのさのけんてい)
ピアソンの γ (ピアソンのガンマ)	比率の信頼区間 (ひりつのしんらいくかん)
ピアソンの積率相関係数 (ピアソンのせきりつそうかんけいすう)	比例 (ひれい)
ピアソンの変動係数 (ピアソンのへんどうけいすう)	∝ (ひれい)
$Be(p,q)$ (ビーイー・ピーキュー)	比例尺度 (ひれいしゃくど)
$B(n,p)$ (ビー・エヌピー)	比例配分 (ひれいはいぶん)
非確率抽出法 (ひかくりつちゅうしゅつほう)	比例割当法 (ひれいわりあてほう)
比尺度 (ひしゃくど)	ビン
ヒストグラム	ヒンジ
	品質管理 (ひんしつかんり)

品質工学（ひんしつこうがく）

ふ 269

ϕ 係数（ファイけいすう）
$V(x)$（ブイエックス）
フィッシャー情報量（フィッシャーじょうほうりょう）
フィッシャー・スネデッカー分布（フィッシャー・スネデッカーぶんぷ）
フィッシャーの ANOVA（フィッシャーのアノーヴァ）
フィッシャーのあやめのデータ
フィッシャーの LSD 法（フィッシャーのエルエスディーほう）
フィッシャーの三原則（フィッシャーのさんげんそく）
フィッシャーの正確確率検定（フィッシャーのせいかくかくりつけんてい）
フィッシャーの z 変換（フィッシャーのゼットへんかん）
フィッシャーの直接確率法（フィッシャーのちょくせつかくりつほう）
フィッシャーの分散分析（フィッシャーのぶんさんぶんせき）
フィッシャー変換（フィッシャーへんかん）
フィッシュボーンチャート
フェイスシート
フォン・ミーゼスの経験的確率（フォン・ミーゼスのけいけんてきかくりつ）
復元抽出（ふくげんちゅうしゅつ）
符号検定（ふごうけんてい）
不等号（ふとうごう）
ブートストラップ法（ブートストラップほう）
負の相関（ふのそうかん）
負の二項分布（ふのにこうぶんぷ）
不偏推定量（ふへんすいていりょう）
不偏性（ふへんせい）
不偏分散（ふへんぶんさん）
±（プラスマイナス）
$\pm 3\sigma$（プラスマイナスさんシグマ）
ブラックボックス
プールデータ
ブロック
ブロック因子（ブロックいんし）
ブロック化（ブロックか）
プロビット
プロビット分析（プロビットぶんせき）
プロビット変換（プロビットへんかん）
分位数（ぶんいすう）

分位値（ぶんいち）
分位点（ぶんいてん）
分割区法（ぶんかつくほう）
分割相関（ぶんかつそうかん）
分割表（ぶんかつひょう）
分割法（ぶんかつほう）
分散（ぶんさん）
分散共分散行列（ぶんさんきょうぶんさんぎょうれつ）
分散分析（ぶんさんぶんせき）
分散分析表（ぶんさんぶんせきひょう）
分数（ぶんすう）
分布によらない統計手法（ぶんぷによらないとうけいしゅほう）

へ 286

平均値（へいきんち）
平均値の標準偏差（へいきんちのひょうじゅんへんさ）
平均偏差（へいきんへんさ）
ベイズ統計学（ベイズとうけいがく）
ベイズの規則（ベイズのきそく）
ベイズの定理（ベイズのていり）
平方根（へいほうこん）
平方根変換（へいほうこんへんかん）
平方平均（へいほうへいきん）
平方和（へいほうわ）
β エラー（ベータエラー）
ベータ関数（ベータかんすう）
ベータ分布（ベータぶんぷ）
ベルカーブ
ベルヌーイ試行（ベルヌーイしこう）
ベルヌーイ事象（ベルヌーイじしょう）
ベルヌーイ分布（ベルヌーイぶんぷ）
偏回帰係数（へんかいきけいすう）
変換（へんかん）
偏差（へんさ）
偏差値（へんさち）
偏差平方和（へんさへいほうわ）
ベン図（ベンず）
変数（へんすう）
変数変換（へんすうへんかん）

偏相関係数 (へんそうかんけいすう)
変動 (へんどう)
変動係数 (へんどうけいすう)
偏微分 (へんびぶん)
変量 (へんりょう)
変量モデル (へんりょうモデル)

ほ 300

ポアソン分布 (ポアソンぶんぷ)
棒グラフ (ぼうグラフ)
方程式 (ほうていしき)
訪問留め置き調査 (ほうもんとめおきちょうさ)
補間 (ほかん)
母集団 (ぼしゅうだん)
母数 (ぼすう)
母数モデル (ぼすうモデル)
母相関係数 (ぼそうかんけいすう)
ボックス・ジェンキンスモデル
母比率の信頼区間 (ぼひりつのしんらいくかん)
母分散 (ぼぶんさん)
母平均 (ぼへいきん)
ホルムの修正 (ホルムのしゅうせい)
ホルム・ボンフェローニの修正 (ホルム・ボンフェローニのしゅうせい)
ボンフェローニの修正 (ボンフェローニのしゅうせい)
ボンフェローニの多重比較 (ボンフェローニのたじゅうひかく)

ま 306

増山の棄却限界 (ますやまのききゃくげんかい)
MAP 推定 (マップすいてい)
マルチコ
マン・ホイットニー・ウィルコクソン検定 (マン・ホイットニー・ウィルコクソンけんてい)
マン・ホイットニーのU検定 (マン・ホイットニーのユーけんてい)

み 309

見える化 (みえるか)
幹葉図 (みきはず)
みせかけの相関 (みせかけのそうかん)
ミッドヒンジ
ミッドミーン
ミッドレンジ
μ (ミュー)
『民力』 (みんりょく)

む 311

無限大 (むげんだい)
∞ (むげんだい)
無限母集団 (むげんぼしゅうだん)
無作為化 (むさくいか)
無作為抽出法 (むさくいちゅうしゅつほう)
無作為標本 (むさくいひょうほん)
無差別の原理 (むさべつのげんり)
無相関 (むそうかん)
無相関検定 (むそうかんけんてい)

め 313

名義尺度 (めいぎしゃくど)
メディアン
メディアン検定 (メディアンけんてい)

も 314

目的変数 (もくてきへんすう)
模型 (もけい)
モデル
モード
モンティー・ホールジレンマ (モンティー・ホールジレンマ)
モンティー・ホール問題 (モンティー・ホールもんだい)
モンテカルロ法 (モンテカルロほう)

や 319

ゆ 319

有意 (ゆうい)
有意差 (ゆういさ)
有意差検定 (ゆういさけんてい)
有意水準 (ゆういすいじゅん)
有意抽出法 (ゆういちゅうしゅつほう)
有限母集団 (ゆうげんぼしゅうだん)

有効推定量（ゆうこうすいていりょう）
有効数字（ゆうこうすうじ）
有効性（ゆうこうせい）
郵送調査（ゆうそうちょうさ）
尤度（ゆうど）
尤度比（ゆうどひ）
尤度比検定（ゆうどひけんてい）
雪だるま式サンプリング（ゆきだるましきサンプリング）
U 検定（ユーけんてい）
ユールの Q（ユールのキュー）
ユールの連関係数（ユールのれんかんけいすう）

よ　325

要約統計量（ようやくとうけいりょう）
四件法（よんけんほう）
四分位数（よんぶんいすう）
四分位範囲（よんぶんいはんい）

ら　326

ラオのスコア検定（ラオのスコアけんてい）
ラグランジュ乗数検定（ラグランジュじょうすうけんてい）
ラテン方格法（ラテンほうかくほう）
ラプラスの原理（ラプラスのげんり）
ラプラスの算術的確率（ラプラスのさんじゅつてきかくりつ）
ラプラスの定義（ラプラスのていぎ）
ラプラスの定理（ラプラスのていり）
乱塊法（らんかいほう）
乱数（らんすう）
ランダムサンプリング
ランダムプロセス

り　329

離散型分布（りさんがたぶんぷ）
$\lim_{t \to \infty}$（リミット）
流行値（りゅうこうち）
留置法（りゅうちほう）
理由不十分の原理（りゆうふじゅうぶんのげんり）
両側確率（りょうがわかくりつ）
両側検定（りょうがわけんてい）

両側パーセント点（りょうがわパーセントてん）
量的調査（りょうてきちょうさ）
量的データ（りょうてきデータ）
リリフォース検定（リリフォースけんてい）
理論的確率（りろんてきかくりつ）

る　331

累積確率密度関数（るいせきかくりつみつどかんすう）
累積度数分布（るいせきどすうぶんぷ）
ルート

れ　331

レーベンの検定（レーベンのけんてい）
連関（れんかん）
連関係数（れんかんけいすう）
連関表（れんかんひょう）
レンジ
連続型分布（れんぞくがたぶんぷ）

ろ　333

$\log_e x$（ログイー・エックス）
$\log x$（ログ・エックス）
$\log \text{nat}\, x$（ログナット・エックス）
ロジスティック回帰分析（ロジスティックかいきぶんせき）
ロジスティック曲線（ロジスティックきょくせん）
ロジット
ロジット分析（ロジットぶんせき）
ロジットモデル
ローデータ
ロバスト推定（ロバストすいてい）
ロバスト統計学（ロバストとうけいがく）
ロバストネス
ローレンツ曲線（ローレンツきょくせん）

わ　338

歪度（わいど）
ワインとソムリエ
割当法（わりあてほう）
ワルド型検定（ワルドがたけんてい）

◆ 参考：数字・記号・ギリシャ文字・英字の用語・英字の人名などの"読み方" ◆

数字の用語

2×2 分割表 （にかけるにぶんかつひょう）
80-20 の法則 （はちじゅうにじゅうのほうそく）

記号の用語

$=$ （イコール）
$\neq$ （ノットイコール）
$<$ （しょうなり）
$\leq$ （しょうなりイコール）
$>$ （だいなり）
$\geq$ （だいなりイコール）
$\forall$ （ターンドエイ）
$\propto$ （ひれい）
$\pm$ （プラスマイナス）
$\pm 3\sigma$ （プラスマイナスさんシグマ）
∞ （むげんだい）
$\binom{n}{k}$ （かっこエヌケイ）
$_nC_k$ （シーエヌケイ）

ギリシャ文字の用語

α エラー （アルファエラー）
β エラー （ベータエラー）
ε （イプシロン）
μ （ミュー）
π （パイ）
Π 計算 （パイけいさん）
σ （シグマ）
Σ 計算 （シグマけいさん）
σ^2 （シグマじじょう）
ϕ 係数 （ファイけいすう）
χ^2 検定 （カイじじょうけんてい）
χ^2 分布 （カイじじょうぶんぷ）
χ^2 分布表 （カイじじょうぶんぷひょう）

英字の用語

ABC 分析 （エイビーシーぶんせき）
AIC （エイアイシー）
ANCOVA （アンコヴァ）
ANOVA （アノーヴァ）
AR モデル （エイアールモデル）
arg max （アーグマックス）
ARIMA モデル （アリマモデル）
ARMA モデル （アーマモデル）
$Be(p, q)$ （ビーイー・ビーキュー）
$B(n, p)$ （ビー・エヌピー）
C.I. （シーアイ）
df （ディーエフ）
e （イー）
EDA （イーディーエイ）
EM アルゴリズム （イーエム・アルゴリズム）
e-Stat （イースタット）
estimator （エスティメーター）
$E(x)$ （イーエックス）
Excel （エクセル）
$\exp(x)$ （エクスポネンシャル・エックス）
F 検定 （エフけんてい）
F 分布 （エフぶんぷ）
F 分布表 （エフぶんぷひょう）
GIGO （ガイゴー）
GLM （ジーエルエム）
GT （ジーティー）
H 検定 （エイチけんてい）
i.i.d. （アイアイディー）
IQR （アイキューアール）
JMP （ジャンプ）
KS 検定 （ケイエスけんてい）
L 推定量 （エルすいていりょう）
L-estimator （エルエスティメーター）
$\lim_{x \to \infty}$ （リミット）

LMedS （エルメッズ）
LMS （エルエムエス）
$\log_e x$ （ロギイー・エックス）
log nat x （ログナット・エックス）
log x （ログ・エックス）
LSD 法 （エルエスディーほう）
LSM （エルエスエム）
M 推定量 （エムすいていりょう）
MA モデル （エムエイモデル）
MAP 推定 （マップすいてい）
M-estimator （エムエスティメーター）
NB(k, p) （エヌビー・ケイピー）
N(μ, σ^2) （エヌ・ミューシグマじじょう）
p 値 （ピーち）
q 表 （キューひょう）
q 分布表 （キューぶんぷひょう）
QC （キューシー）
QC 七つ道具 （キューシーななつどうぐ）
R 言語 （アールげんご）
R 推定量 （アールすいていりょう）
R-estimator （アールエスティメーター）
RDD （アールディーディー）
S 言語 （エスげんご）
SAS （サス）
SAS システム （エスエイエスシステム）
S.D. （エスディー）
SD 法 （エスディーほう）
S.E. （エスイー）
SEM （セム）
SPSS （エスピーエスエス）
SQC （エスキューシー）
t 検定 （ティーけんてい）
t 分布 （ティーぶんぷ）
t 分布表 （ティーぶんぷひょう）
TCSI 分離法 （ティーシーエスアイぶんりほう）
TQC （ティーキューシー）
U 検定 （ユーけんてい）
$var(x)$ （ヴァーエックス）
$V(x)$ （ヴイエックス）

$\tilde{x}$ （エックスチルダー）
$|x|$ （エックスのぜったいち）
$\bar{x}$ （エックスバー）
$\hat{x}$ （エックスハット）
z 検定 （ゼットけんてい）
z テスト （ゼットテスト）
z 得点 （ゼットとくてん）
z 変換 （ゼットへんかん）

英字の人名など

Anderson （アンダーソン）
Bartlett （バートレット）
Bayse （ベイズ）
Bernoulli （ベルヌーイ）
Bonferroni （ボンフェローニ）
Box （ボックス）
Cramer （クラメール）
Dunnett （ダネット）
Euler （オイラー）
Fisher （フィッシャー）
Gauss （ガウス）
Gini （ジニ）
Holm （ホルム）
Kendall （ケンドール）
Kolmogorov （コルモゴロフ）
Kruskal （クラスカル）
Lagrange （ラグランジュ）
Laplace （ラプラス）
Levene （レーベン）
Lilliefors （リリフォース）
Lorenz （ローレンツ）
Mann （マン）
Monte Carlo （モンテカルロ）
Monty Hall （モンティー・ホール）
Napier （ネイピア）
Neyman （ネイマン）
Pareto （パレート）
Pascal （パスカル）
Pearson （ピアソン）

Shapiro（シャピロ）
Scheffe（シェッフェ）
Simpson（シンプソン）
Smirnov（スミルノフ）
Spearman（スピアマン）
Stevens（スティーブンス）
Student（スチューデント）
Sturges（スタージェス）
Thompson（トンプソン）
Thurstone（サーストン）

Tukey（テューキー）
Venn（ベン）
von Mises（フォン・ミーゼス）
Wald（ワルド）
Welch（ウエルチ）
Wilcoxon（ウィルコクスン）
Williams（ウィリアムズ）
Winsor（ウィンソー）
Yates（イェーツ）
Yule（ユール）

◆ ギリシャ文字の一覧 ◆

大文字	小文字	読み方
A	α	alpha（アルファ）
B	β	beta（ベータ）
Γ	γ	gamma（ガンマ）
Δ	δ	delta（デルタ）
E	ε	epsilon（イプシロン）
Z	ζ	zeta（ゼータ）
H	η	eta（イータ）
Θ	θ	theta（シータ）
I	ι	iota（イオタ）
K	κ	kappa（カッパ）
Λ	λ	lambda（ラムダ）
M	μ	mu（ミュー）
N	ν	nu（ニュー）
Ξ	ξ	xi（グザイ）
O	o	omicron（オミクロン）
Π	π	pi（パイ）
P	ρ	rho（ロー）
Σ	σ	sigma（シグマ）
T	τ	tau（タウ）
Y	υ	upsilon（ウプシロン）
Φ	ϕ	phi（ファイ）
X	χ	chi（カイ）
Ψ	ψ	psi（プサイ）
Ω	ω	omega（オメガ）

◆ 付録 統計数表 ◆

1　標準正規分布表1 …………………… 341
2　χ^2 分布表 ………………………… 342
3　t 分布表 …………………………… 343
4　F 分布表 ………………………… 344
5　二項分布表 ………………………… 346
6　ポアソン分布表 …………………… 348
7　スミルノフ・グラブスの検定の有意点 … 350
8　コルモゴロフ・スミルノフ検定（一標本）の棄却限界値表 ……………………… 351
9　シャピロ・ウィルク検定の係数表 ……… 352
10　シャピロ・ウィルク検定の棄却限界値表… 354
11　クラスカル・ウォリスの棄却限界値表…… 355
12　マン・ホイットニーの棄却限界値表 …… 356
13　スチューデント化された範囲の分布の q 表／テューキーの方法のための q 表 … 357
14　ダネットの多重比較の数表 ……… 358
15　無相関検定表（相関係数の有意性の検定） …………………………………… 360
16　フィッシャーの z 変換表 ……… 361
17　相関係数の信頼区間 …………… 361
18　スピアマンの順位相関係数の計算表 … 363
19　ケンドールの順位相関係数の計算表 … 365

カバー装丁／小島トシノブ　本文DTP／ダーツ

あ

i.i.d.（アイアイディー）i.i.d., independent and identically distributed
　独立同一分布。例えば、3つ以上の群（グループ）の間で平均値が等しいか否かを検定する「分散分析」では、個人差や測定誤差などを含めた誤差の確率分布はすべて"互いに独立"で、"同じ確率分布"にしたがうと仮定されている。ここで、"互いに独立"とは、互いの結果に関係ない、つまり影響されないということ。"同じ確率分布"とは、例えば、正規分布ならば、平均値も分散も同じということだ。ピリオド (.) を省略して「iid」や「IID」と書くこともある。

IQR（アイキューアール）IQR, interquartile range ⇒ **四分位範囲**（しぶんいはんい）

アウトライアー outlier ⇒ **外れ値**（はずれち）

赤池情報量基準（あかいけじょうほうりょうきじゅん）Akaike's information criterion, AIC ⇒ **AIC**（エイアイシー）

arg max（アーグマックス）arg max or argmax, argument of maximum
　関数の値が最大となる、定義域の集合。つまり、x を変数、$f(x)$ をその関数としたとき、x の定義域の中で、$f(x)$ を最大にする x の値である。例えば、x の定義域を $-\infty < x < +\infty$（つまり全領域）（∞ は "無限大"）として、$f(x) = x - x^2 = x \times (1-x)$ の場合は、その微分係数（導関数）を 0 にする、つまり $\frac{df(x)}{dx} = 1 - 2x = 0$（$\frac{d}{dx}$ は "微分"）にするのは $x = 0.5$ のときなので、$\arg\max_x f(x) = 0.5$ である。つまり、$x = 0.5$ のとき、$f(x)$ は最大値の $f(0.5) = 0.5 - 0.5^2 = 0.5 - 0.25 = 0.25$ をとる。
　また、$f(x) = \sin(x)$（$\sin(x)$ は三角関数の一つの "正弦関数"）の場合は、その微分係数を 0 にする、つまり $\frac{df(x)}{dx} = \cos(x) = 0$（$\cos(x)$ は三角関数の一つの "余弦関数"）にするのは $x = \cdots, \frac{1}{2}\pi, \frac{3}{2}\pi, \frac{5}{2}\pi, \frac{7}{2}\pi, \cdots$（$\pi$ は "円周率"）のときだが、このときには（極大値か極小値かを表す二次微分が）$\frac{d^2 f(x)}{dx^2} = -\sin(x) = \cdots, -1, 1, -1, 1, \cdots$ となるので、（極小値を意味する $\frac{d^2 f(x)}{dx^2} = -\sin(x) = 1$ となる $x = \cdots, \frac{3}{2}\pi, \frac{7}{2}\pi, \cdots$ を除いて）$\arg\max_x f(x) = \cdots, \frac{1}{2}\pi, \frac{5}{2}\pi, \cdots$ となる。x の定義域に $0 \leq x \leq 2\pi$ という制約が付けば、$\arg\max_x f(x) = \frac{1}{2}\pi$ ということになる。⇒ **MAP 推定**（マップすいてい）

　📖【読み方】「π」は、英字の p に当たるギリシャ文字の小文字で "パイ" と読む。「円周率」を表すために使われることが多い。

　📖【英和辞典】「argument」（オーグメント）は、①（人との）議論、論争、②（米略）口論、口げんか、③（賛否の）主張、論点、理由、④（まれ）要旨、⑤独立変数、（複素数の）偏角。

ANOVA（アノヴァ）ANOVA, analysis of variance ⇒ **分散分析**（ぶんさんぶんせき）

ARMAモデル（アーマモデル）ARMA model, autoregressive moving average
　自己回帰移動平均モデル。時系列データは "定常的な" 確率過程であると考える時系列分析のモデルの1つである。ここで、"定常的な" とは、時間的にデータの平均値が変わらないことだ。もう少し説明すると、過去から現在までのデータの変化をその原因や構造（メカニズム）には直接は触れずに、データの変化の原因はデータの中にある！という立場から、データの変化をデータ同士の関係性から説明しようというものだ。自己回帰モデルの「AR

モデル」の$AR(p)$（pは"次数"）と、移動平均モデルの「MAモデル」の$MA(q)$（qも"次数"）を合わせたモデルで、$ARMA(p,q)$と書く。この方法の提案者の名前から「ボックス・ジェンキンスモデル」ともいう。

具体的には、（$AR(p)$に対応して、）時点tのデータの値をy_t、その前のp個の時点のデータの値の$y_{t-p},\cdots,y_{t-1}$と（$MA(q)$に対応して）q個の時点の誤差の$e_{t-q},\cdots,e_{t-1}$で説明しようとするモデルである。つまり、i時点前のデータy_{t-i}に"重み"のa_iを、j時点前の誤差e_{t-j}に"重み"のb_jを掛け算した値を足し算した値で、時点tのデータの値y_tを推定する。つまり、$y_t = \sum_{i=1}^{p} a_i \times y_{t-i} + \sum_{j=1}^{q} b_j \times e_{t-j} + e_t = (a_1 \times y_{t-1} + \cdots + a_p \times y_{t-p}) + (b_1 \times e_{t-1} + \cdots + b_q \times e_{t-q}) + e_t$ だ。ここで、e_tは誤差で"白色雑音[注1]"である。ちなみに、$q=0$のときは、「ARモデル」と同じであり、$p=0$のときは、「MAモデル」と同じだ。$p=1$かつ$q=1$のときは、$y_t = a \times y_{t-1} + b \times e_{t-1} + e_t$となり、1時点前のデータの$y_{t-1}$に定数の$a$を、1時点前の誤差の$e_{t-1}$に定数の$b$を掛け算し、これらを足し算したものに誤差$e_t$を加えたものと説明する。

実際のデータに適用する場合は、$AR(p)$部分のpと$MA(q)$部分のqを選択した後、「最小自乗法」を使って、誤差項を最小にするような"重み"のパラメーターの$a_1,\cdots,a_p$と$b_1,\cdots,b_q$を決める。実際のデータに適合する最小のpとqを見つけることで、よい結果が得られるようだ。⇒　**ARIMAモデル**（アリマモデル）、**ARモデル**（エイアールモデル）、**MAモデル**（エムエイモデル）

(注1)【白色雑音】は、不規則に振動する波のことで、厳密にいうと、パワースペクトラム（周波数ごとのエネルギー密度）がすべての周波数で同じ強度になる波である。すべての周波数を含んだ光が白色であることから、このようにいう。「ホワイトノイズ」ともいう。音でいえば、"ザー"は周波数成分が右肩下がりの「ピンクノイズ」で、"シャー"と聞こえる雑音が「白色雑音」だ。

【人】この方法は、英国の統計学者のジョージ・ボックス（George Edward Pelham Box, 1919-2013）とグウィリム・ジェンキンス（Gwilym Meirion Jenkins, 1932-82）による。

あやめのデータ iris flower data set ⇒　**フィッシャーのあやめのデータ**

ARIMAモデル（アリマモデル）ARIMA model, autoregressive integrated moving average

自己回帰和分移動平均モデル。例えば、時系列データに傾向変動が見られる場合には、時系列データは"定常的な"確率過程であると考える「ARモデル」、「MAモデル」、「ARMAモデル」をそのまま適用することができないので、このために開発された方法で、**時系列データは"非定常的な"確率過程であると考える時系列分析のモデルの1つ**である。ここで、"非定常的な"とは、時間的にデータの平均値が変わることだ。もう少し説明すると、過去から現在までのデータの変化をその原因や構造（メカニズム）には直接は触れずに、データの変化の原因はデータの中にある、という立場から、データの変化をデータ同士の関係性から説明しようというものだ。

このモデルでは、平均値の変動（揺動）を取り除くため、時系列データの"階差"をとる。つまり、時点tのデータy_tと、その前の時点のデータy_{t-1}の差分$x_t = y_t - y_{t-1}$をとり、この時系列データに平均値の変動が含まれていないと判定できたら、このデータに対して「ARMAモデル」を適用する。データに平均値の変動が含まれていないかどうかは、デー

タを"折れ線グラフ"にプロット（打点）してみれば、大体の感じはつかめるが、厳密には自己相関分析によって、周期成分を含んでいるかどうかを判定する。平均値の変動が含まれていると考えられる場合には、もう一度階差をとる、つまり、時点 t のデータ x_t と、その前の時点のデータ x_{t-1} の差分の $w_t = x_t - x_{t-1}$ をとり、このデータに平均値の変動が含まれていないと判定できたら、これに「ARMA モデル」を適用する。d 階の階差をとった場合には、$ARIMA(p,q,d)$ の ARIMA 過程と呼ばれる。

わが国の官庁統計では、実際のデータを最もよく説明できるモデルを導く方法として、米国商務省センサス局が開発した「**センサス局法 X-12-ARIMA**」が使われているが、これは基本的に「ARIMA モデル」をベースにしたもの。このプログラムは、米国商務省センサス局のホームページ（http://www.census.gov/）から無償でダウンロードできる。

【人】この方法は、1976年に英国の統計学者のジョージ・ボックス（George Edward Pelham Box, 1919-2013）とグウィリム・ジェンキンス（Gwilym Meirion Jenkins, 1932-82）が提案した。

RSS（アールエスエス）RSS, residual sum of square ⇒ **残差平方和**（ざんさへいほうわ）

R-estimator（アールエスティメーター）R-estimator, robust ⇒ **R 推定量**（アールすいていりょう）

R言語（アールげんご）R language

オープンソース（注1）&フリー（無償）ソフトの統計解析用のプログラミング言語とその開発実行環境。単純に「R」や「GNU R（グヌー）」ともいう。簡単にいえば、代表的な統計解析ソフト（つまり、データ解析とグラフィックスのプログラミング環境）である「S 言語」（含、商用版の「S-Plus（エスプラス）」）をフリーソフトとして"移植"したもので、統計機能は豊富に用意され、計算処理が速く、グラフィックス機能に優れているのが特長。もちろん日本語化されている。主要な OS（基本ソフト＝動作環境）（注2）である Windows（ウィンドウズ）、Mac OS X（マックオーエステン）、UNIX（ユニックス）、Linux（リナックス）のいずれの環境でも動作する。誰でも CRAN（クラン）（the comprehensive R archive network）のサイト（http://cran.r-project.org/）から無償でダウンロードし使うことができる。⇒ **S 言語**（エスげんご）

(注1)【オープンソース】とは、プログラム（ソフトウェア）のソースコードを"無償で"公開していることで、誰でもそのプログラムの改良や再配布を行うことができること、および、そういうプログラムのこと。また、「GNU」は、UNIX互換のオペレーティングシステム（OS）やこれに関連するソフトウェアを"無償で"開発・提供しているプロジェクトで、「あらゆるソフトウェアは自由に利用できるべきである！」という理念に基づいて、そのソースコードの公開を原則とし、使用者に対してソースコードを含めた再配布や改変の自由を認め、また、再配布や改変の自由を妨げる行為を禁じている。GNUは、GNU is not UNIXの頭文字を取ったネーミング。

(注2)【OS】（operating system（オペレーティング システム））は、コンピューターのハードウェアとソフトウェアの動作を総合的に管理・制御するためのソフトウェアで、「基本ソフト」と同じ。パソコン（PC）などのOSは、ユーザーインターフェイス（UI）の処理や多くのソフトウェア（アプリケーション）が共通に必要とする機能を含んでいる。

【人】正確にいうと、1991年にニュージーランドのオークランド大学のロス・イハカ（Ross Ihaka, 1955-）とロバート・ジェントルマン（Robert Clifford Gentleman, 1959-）が統計解析の部分は代表的な統計解析ソフト（データ解析とグラフィックスのプログラミング環境）である「S 言語」を参考に、データ処理の部分は（最も代表

的なリスト処理言語のLisp言語(リスプ)の方言の1つである)「Scheme(スキーム)」の影響を受けて開発し、1993年に公開した。現在は、「S言語」の開発者のジョン・チェンバース(John Mckinley Chambers, 1941-)も参加し、メンテナンスと拡張が続けられている。

R推定量 (アールすいていりょう) R-estimator, rank

　"**外れ値**"などの影響を少なくして安定した結果を推定する「**ロバスト推定**」の1つ。"順序統計量"を利用するもので、n件のデータ$x_1,\cdots,x_n$をその値の大きさの順序$x_{(1)}\leq\cdots\leq x_{(n)}$($x_{(i)}$は"$i$番目に小さいデータ")に並べ替え、そのデータの値$x_{(i)}$ではなく、その順序(順位)$i$に置き換える。例えば、データを順序に置き換えて計算する「スピアマンの順位相関係数」は、元のデータのまま計算する「(普通の)相関係数」(ピアソンの積率相関係数)に比べて、"外れ値"があってもその影響を受けにくい。また、データを順序に置き換えて計算する「ウィルコクソンの順位和検定」は、元のデータのまま計算する「t検定」に比べて、"外れ値"の影響を受けにくい。"R"は順序(rank)の頭文字をとったもので、英語のまま「R-estimator(エスティメーター)」ともいう。なお、「ロバスト推定」には、この他に、"最尤推定法"を拡張した「M推定量」や"順序統計量"を線形結合(一次結合)した「L推定量」などがある。

　⇒　**推定量** (すいていりょう)、**ロバスト推定** (ロバストすいてい)

RDD (アールディーディー) random digit dialing

　コンピューターで無作為(ランダム)に作り出した電話番号に(自動的に)電話をかけて、電話に出た相手に直接質問をする調査方法。人(調査担当者)が質問する方法、予め録音された音声で質問する方法、コンピューターの合成音で質問する方法などがあり、いずれも簡単かつ低コストで実行できるのがポイントである。普通、ケータイ(携帯電話)ではなく、"固定電話"を対象に行われており、これには電話帳に掲載されていない番号も含まれているようだ。また、対象にならない官庁や企業・団体などの事業用電話の番号は除くことができ、地域を指定することもできる。

　また、(通常は、日中に行うので、)日中では、電話を受けるのは、在宅の主婦や老人などで、(日中は在宅していない)勤労世代の人ではない可能性があることなど、標本抽出の無作為性(ランダムネス)には少なからず疑問がないではない。さらに、RDDでは、予告なくいきなり電話がかかってくる訳で、協力してくれる人は少なく(10%を超えることはないようだ)、その回答には偏りが可能性もあるようだ。テレビで、政党の支持・不支持や政策への賛否などの「世論調査」でよく使われている方法で、いろいろな"偏り"を取り除く努力はしているようだが、この調査の結果はその程度のものだ！と思っていた方がよいだろう[注1]。

　　(注1)【その他】例えば、NHKや産経新聞などの「RDD」には答えても、朝日新聞や毎日新聞などの「RDD」には答えないなどといった傾向もある。「RDD」の回答率は、回答者の調査主体に対する"好悪の感情"が強く影響する。

αエラー (アルファエラー) alpha error ⇒ **第1種の誤り** (だいいっしゅのあやまり)

アンケート questionnaire

　質問票、質問回答票。紙に印刷したものは「**アンケート用紙**」と同じ。「アンケート調査」で、同じ質問を複数の回答者に渡し、あるいは、その同じ内容を複数の回答者に伝えて回答してもらい、その回答を統計処理することで、目的とする情報つまり"知りたいこと"、例えば、平均的な回答や回答の散らばり具合などを導き出す。「アンケート」は、目的とする

情報が得られるように"的確に"設計・作成することが必要で、例えば、質問の内容や表現が回答者に分かるように、また、回答者が回答できるように、さらに、調査（分析）者が目的とする情報が導けるように、と考えることが重要である。訪問調査、集合調査、電話調査、郵送調査、インターネット調査などの方法で行われる。ちなみに、「アンケート」という言葉は、フランス語のenquêteが語源。⇒　**アンケート調査**（アンケートちょうさ）

📖 【アンケート】には、性別、年齢、婚姻、家族、学歴、居住地、職業、収入など、回答者の属性情報を答える質問群が用意されている。これが「フェイスシート」と呼ばれるもので、この回答つまり情報は、アンケートの回答と合わせて、クロスするなどして分析される。例えば、男性は、女性は、あるいは、東京では、大阪では、といったようにだ。以前は、アンケート用紙の"先頭"に置かれることが多かったが、フェイスシートに書かれる内容は"個人情報"に近く、回答者によっては回答を嫌がることもあるので、最近は、"最後"に置かれることが多くなっているようだ。

アンケート調査 (アンケートちょうさ) questionnaire or survey

「社会調査」の方法の1つ。質問調査のことである。複数の回答者に同じ内容の「アンケート」（質問回答票）を渡し、あるいは、その内容を伝えて回答してもらい、その回答の集中度やバラツキあるいは回答間や回答者の属性との関連性を分析して、目的とする情報つまり"知りたいこと"を導き出す。「アンケート調査」には、その「**対象**」が、特定か不特定か、全員か一部（の標本）か、「**内容**」が、一般的か専門的かの他に、「**方法**」も、インタビュー調査、アンケート用紙記入、集合調査、訪問調査、郵送調査、電話調査、インターネット調査などがあり、「**この他**」、事前の依頼の有無、説明の仕方、立会人の有無、記名か匿名か、回答時間、報酬などによっても、アンケートの回収率や回答の信頼性が異なり、また、必要な費用や時間・手間なども異なるので、よくよくの注意が必要である。

📖 【筆者の経験】"調査員が立ち会う"調査の結果は、そうではない場合に比べて、多少ホンネに近い。また、内容がむずかしいあるいは回答に時間がかかる調査の結果は、そうではない場合に比べて、いい加減な回答が増える。そして、金額にもよるが、調査の謝金を払うと、無償の場合に比べて、肯定的な回答が増える。小さなことだが、例えば、回答選択肢を並べる順序などによっても、回答が違ってくる。以下、いくつかの「アンケート調査」のやり方を挙げるが、やり方によってその回答にどんな違いがあるかをよ〜く考えてもらいたい。①調査員が回答者に質問して、調査員が調査票に回答を記入する。②調査員の立ち会いの下で、回答者に調査票に回答を記入してもらう。③調査員が回答者に電話で質問し、調査員が調査票に回答を記入する。④回答者に郵送した調査票に回答を記入して記名して返送してもらう。⑤回答者に郵送した調査票に回答を記入し記名せずに返送してもらう。⑥回答者に調査用のホームページの調査票を読んでもらうあるいはビデオを見てもらい、回答者に端末機のキーの押下によって回答してもらう。⑦コンピューターが事前に依頼した回答者に電話し（音声で）質問し、回答者に電話機のキーの押下によって回答してもらう。⑧コンピューターが（電話帳から無作為に抽出した）事前には依頼していない回答者に電話し（音声で）質問し、回答者に電話機のキーの押下によって回答してもらう、などなど。

📖 【きちんと回答しているか】最近のネットを利用した"選択肢選択回答型"の「アンケート調査」には、ときどき「この質問には一番右端の選択肢を選択して下さい！」

や「この質問には右から2番目の選択肢を選択して下さい！」などといった質問（指示）が入っていることがある。あるいは、例えば、全部の質問に"選択肢1"を選択すると、「全部の回答が選択肢1ですが、本当によろしいですか？」などといったメッセージが返ってくることがある。これらは、回答者が、アンケートの質問をまったく"読まずに（見ずに）"回答しているか否かをチェックしようとするものだ。☺

ANCOVA (アンコヴァ) ANCOVA, analysis of covariance ⇒ **共分散分析** (きょうぶんさんぶんせき)

暗数 (あんすう) dark number

　事故や事件などの件数の統計で、実際には発生しているのだが、調査が及ばないために、統計には表れていない件数。「調査が及ばない」とは、事故や事件などが発生していても、それを事故や事件などとは認識しない（気づかない、考えない）、あるいは、認識しても届出をしない、などといったことだ。主に犯罪統計で、実際の社会で発生している犯罪件数から、警察などの公的機関が認識・把握している犯罪件数を引き算した値、つまり、警察などが認識・把握していない犯罪件数をいう。⇒ **統計** (とうけい)

アンダーソン・ダーリング検定 (アンダーソン・ダーリングけんてい) Anderson-Darling test

　有限個のデータ（標本）が指定された確率分布の母集団から抽出されたものといってよいか否か（つまり「適性」）の統計的仮説検定（検定）の1つ。通常、指定された確率分布とは「正規分布」のことで、有限個のデータが正規分布の母集団から抽出されたものといってよいか否かを調べるために使われる。具体的には、値の小さい順に並べた（ソートした）n 件のデータを $x_{(1)} \leq \cdots \leq x_{(n)}$ とし、"帰無仮説"が与える分布（つまり正規分布）の累積分布関数を $F(x)$ としたとき、$A^2 = -n - \frac{1}{n}\sum_{j=1}^{n}(2 \times j - 1) \times (\log_e F(x_j) + \log_e(1 - F(x_{n+1-j})))$ つまり $A^2 = -n - \frac{1}{n}((2 \times 1 - 1) \times (\log_e F(x_1) + \log_e(1 - F(x_n))) + \cdots + (2 \times n - 1) \times (\log_e F(x_n) + \log_e(1 - F(x_1))))$（$\log_e$ は"自然対数"）を検定統計量として、この値が（表1の）基準値（臨界値）の CV を下回れば、帰無仮説は棄却されず、上回れば、帰無仮説は棄却されることになる。

　ちなみに、この基準値は、帰無仮説で与える分布の平均値と分散が分かっている否かで異なり、平均値も分散も分かっていない場合には、検定統計量を $A^{*2} = A^2 \times (1 + \frac{4}{n} - \frac{25}{n^2})$ に修正することが必要になる。この検定統計量は、帰無仮説が与える分布の累積分布関数 $F(x)$ とデータの分布のそれ $F_n(x)$ の間の距離を、重み関数を $w(x) = \frac{1}{F(x) \times (1 - F(x))}$ として、$n \times \int_{-\infty}^{+\infty}(F_n(x) - F(x))^2 \times w(x)dF(x)$（∫は"積分"）として測定する。この関数は、分布の裾（テール）の観測値により大きな重みがかけられるため、"外れ値"に対する検定の感度が高くなり、分布の裾の正規性の一致あるい逸脱を検出する点が優れている。このため、金融分野などのテールリスクが重要なモデルの検定に使われることが多いようだ。⇒ **適合性の検定** (てきごうせいのけんてい)

表1　基準値CVの値

a	case 1	case 2	case 3	case 4
15%	1.610	–	–	0.576
10%	1.933	0.908	1.760	0.656
5%	2.492	1.105	2.323	0.787
2.5%	3.070	1.304	2.323	0.918
1%	3.857	1.573	3.690	1.092

※case 1は平均・分散共に既知のとき。case 2は平均は既知・分散が未知のとき。
　case 3は平均は未知・分散が既知のとき。case 4は平均・分散共に未知のとき。

> 📖【人】この方法は、1952年に米国の統計学者の**セオドア・アンダーソン**（Theodore Wilbur Anderson, 1918-）と**ドナルド・ダーリング**（Donald Allan Darling, 1915-82）が開発した。

<u>アンダーソンのあやめのデータ</u> Anderson's iris data set ⇒ **フィッシャーのあやめのデータ**

<u>按分</u>（あんぶん）propotional division or distribution ⇒ **比例配分**（ひれいはいぶん）

<u>案分</u>（あんぶん）propotional division or distribution ⇒ **比例配分**（ひれいはいぶん）

い

<u>e</u>（イー）e

自然対数の底(注1)。自然対数 $\log_e x$ の底となる定数である。具体的には、$e = 2.718281828459045...$ と無限に続く"超越数"（有理数を係数とする代数方程式の解にならない数）である。定義としては、$e = \lim_{n \to \infty}\left(1 + \frac{1}{n}\right)^n$（$\lim$ は"n を無限に大きくしたとき"）や $\lim_{h \to 0}\frac{e^h - 1}{h} = 1$（$\lim$ は"h を無限に 0 に近づけたとき"）などがある。「**ネイピア数**」、「**ネイピアの定数**」、「**オイラー数**」とも呼ぶ。自然対数の微分には、$\frac{d \log_e x}{dx} = \frac{1}{x}$（$\frac{d}{dx}$ は"微分"）、この数の"指数関数"の e^x（e の x 乗）の微分には、$\frac{de^x}{dx} = e^x$ という性質がある。$exp(x)$ は「e^x」と同じだ（e^x と書くと、x の部分が小さくて見にくい！のでこう書く）。確率論や統計学では、正規分布の確率密度関数の $f(x) = \frac{1}{\sqrt{2\pi}\sigma}e^{-\frac{(x-\mu)^2}{2\sigma^2}} = \frac{1}{\sqrt{2\pi}\sigma}exp\left(-\frac{(x-\mu)^2}{2\sigma^2}\right)$（$\pi$ は"円周率"）の中に出てくる。ちなみに、e の値の覚え方として、「鮒（2.7）一鉢二鉢（1828）一鉢二鉢（1828）至極惜しい（459045）」が有名だ。☺ ⇒ **対数**（たいすう）

> （注1）【e】「自然対数の底」に"定数記号"を割り当てたのは、ドイツの哲学者・数学者のゴットフリート・ライプニッツ（Gottfried Wilhelm Leibniz, 1646-1716）で、1690～91年にオランダの数学者・物理学者のクリスティアーン・ホイヘンス（Christiaan Huygens, 1629-95）に宛てた手紙で「b」を用いたそうだ。「e」は、スイス生まれの数学者・物理学者で、18世紀の数学の中心でもあったレオンハルト・オイラー（Leonhard Euler, 1707-83）が1727年から使い始めたらしい。このため、e は（とくに、欧米で）「オイラー数」とも呼ばれている。

> 📖【人】ネイピアとは、スコットランドの貴族で数学者・天文学者で、「対数」を"発明"したジョン・ネイピア（John Napier, 1550-1617）のことだ。ちなみに、「ネイピアの対数」は、$\frac{1}{e}$ を底とする対数だった。

Excel【定数】EXP（自然対数の底）

<u>E(x)</u>（イーエックス）expected x ⇒ **期待値**（きたいち）

<u>イェーツの連続修正</u>（イェーツのれんぞくしゅうせい）Yates's correction for continuity

"標本数が少ない" 2×2 分割表（クロス表）の $\begin{pmatrix} x_{11} & x_{12} \\ x_{21} & x_{22} \end{pmatrix}$ について、行の因子と列の因子に"関連"があるか否か（つまり独立性）の統計的仮説検定（検定）の 1 つ。普通、こういった問題には「χ^2 検定(注1)」が適用されるが、この場合、$x_{1\times} = x_{11} + x_{12}$, $x_{2\times} = x_{21} + x_{22}$, $x_{\times 1} = x_{11} + x_{21}$, $x_{\times 2} = x_{12} + x_{22}$, $x_{\times\times} = x_{1\times} + x_{2\times} = x_{\times 1} + x_{\times 2} = x_{11} + x_{12} + x_{21} + x_{22}$ とすると、検定統計量は χ_0^2

$= \frac{(x_{11} \times x_{22} - x_{12} \times x_{21})^2 \times x_{\times\times}}{x_{1\times} \times x_{2\times} \times x_{\times 1} \times x_{\times 2}} = (x_{11} \times x_{22} - x_{12} \times x_{21})^2 \times x_{\times\times} \div (x_{1\times} \times x_{2\times} \times x_{\times 1} \times x_{\times 2})$ となる。しかし、χ^2 分布は "連続的" であるにも拘わらず、計算した検定統計量の χ_0^2 は "離散的" であるので少しずれてしまう。そこで、分子の $|x_{11} \times x_{22} - x_{12} \times x_{21}|$ ($|a|$ は "a の絶対値") の項から $\frac{x_{\times\times}}{2}$ を引き算する、具体的には、$\chi_0^2 = \frac{\left(|x_{11} \times x_{22} - x_{12} \times x_{21}| - \frac{x_{\times\times}}{2}\right)^2 \times x_{\times\times}}{x_{1\times} \times x_{2\times} \times x_{\times 1} \times x_{\times 2}} = \left(|x_{11} \times x_{22} - x_{12} \times x_{21}| - \frac{x_{\times\times}}{2}\right)^2 \times x_{\times\times} \div (x_{1\times} \times x_{2\times} \times x_{\times 1} \times x_{\times 2})$ とすると、そのズレは "補正" できる (この証明はむずかしいので "省略")。

標本数が 40 以下 (≤ 40) で、期待値の最小値が 5 未満 (<5) のものがある場合に適用する。単に「イェーツの補正」ともいい、「イェーツの χ^2 検定」ともいう。例として、表1のデータ (「フィッシャーの正確確率検定」の項のデータと同じ) では、χ_0^2

$= \frac{\left(|2 \times 5 - 11 \times 8| - \frac{26}{2}\right)^2 \times 26}{10 \times 16 \times 13 \times 13} = \frac{109850}{27040} = 4.0625$ となる。自由度は $(2-1) \times (2-1) = 1$ で、

有意水準 (つまり「第1種の誤り」を犯す確率＝危険率) を $0.05 = 5\%$ とすると、$\chi^2_{\alpha=0.05}(1)$ $=3.841$ で、$\chi^2_{\alpha=0.05}(1)=3.841<4.0625=\chi_0^2$ なので、帰無仮説は棄却できる。しかし、有意水準を $0.01=1\%$ とすると、$\chi^2_{\alpha=0.01}(1)=6.635$ で、$\chi^2_{\alpha=0.01}(1)=6.635>4.0625=\chi_0^2$ なので、帰無仮説は棄却できない！ ということになる。⇒ **χ^2 検定** (カイじじょうけんてい)、**フィッシャーの正確確率検定** (フィッシャーのせいかくかくりつけんてい)

表1 データ

×	B_1	B_2	計
A_1	2	8	10
A_2	11	5	16
計	13	13	26

- 📖 【読み方】「χ」は、ギリシャ文字の小文字で、"カイ" と読む。対応する英字はないので英語では chi と書く。「χ^2」は "カイ自乗" と読む。
- (注1) 【χ^2 検定】は、χ^2 分布という連続型の分布で "近似" をするため、(その目安として) 標本数は >20、どの期待値も >5 を満たすことなどが条件とされており、この条件が満たされていない場合は、適用しても妥当な結論は得られない可能性があるようだ。☹
- 📖 【人】この方法は、20世紀の統計学のパイオニアの1人で、英国のロザムステッド農事試験場でロナルド・フィッシャー (Ronald Aylmer Fisher, 1890-1962) の助手として、フィッシャーが去った後にも「実験計画法」での業績を上げた**フランク・イェーツ** (Frank Yates, 1902-94) による。

EMアルゴリズム (イーエム・アルゴリズム) EM algorithm, expectation-maximization

期待値最大化法。「EM法」と同じ。確率モデルのパラメーターの最尤推定値を求める「計算機統計学」の方法の1つで、不完全なデータの下で (データの欠陥があるとき)、そのときに指定されている潜在変数の分布に基づいてモデルの尤度の "期待値" (expectation) を求める「Eステップ」と、求められた尤度の期待値を "最大化" (maximization) する「Mステップ」を交互に繰り返すことによって計算を進める。前者では、現在推定されている潜在変数[注1]の分布に基づいて、確率モデルの尤度の "期待値" を計算する。そして、後者では、

計算された尤度の期待値を"最大化"するパラメーターを求める。このパラメーターは、次の繰り返しでの潜在変数の分布を決めるために使われる。なお、繰り返しによる解の"改善"なので、極大値（局所的な最大値）に到達してしまう可能性があるので注意が必要である。一般性の高さから、因子分析や音声認識などの他、いろいろな分野で使われている。⇒ **計算機統計学**（けいさんきとうけいがく）

(注1)【潜在変数】とは、観測される多くの現象（変数）の背後に潜み、それらの現象に影響を与えている要因で、"目に見えない"（観測できない）仮説的な変数である。実際に値が観測される「観測変数」に対比している。「潜在変数」を導入すると、内容の似通った「観測変数」をまとめて1つのものとして扱うことができる。「観測変数」をまとめあげ、「潜在変数」の間の因果関係を考えると、多数の変数間の因果関係も検討しやすくなる。

＝（イコール）equal sign ⇒ **等号**（とうごう）
イシカワダイアグラム Ishikawa diagram ⇒ **特性要因図**（とくせいよういんず）
異常値（いじょうち）abnormal value ⇒ **外れ値**（はずれち）
e-Stat（イースタット）e-Stat, electronic statistics ⇒ **政府統計の総合窓口**（せいふとうけいのそうごうまどぐち）
一元配置分散分析（いちげんはいちぶんさんぶんせき）one-way ANOVA, analysis of variance

1つの要因（因子）の3つ以上の水準の違った群（グループ）で平均値に違い（差）があるか否かの統計的仮説検定（検定）。「一要因分散分析」と同じ。3つ以上のやり方（これが「水準」）でやった結果（平均値）に違いがあるか否かの検定である。$n(\geq 3)$ 通りのやり方 $i\,(i=1,\cdots,n)$ の結果を a_i としたとき、それぞれのやり方の結果の分散が等しい！を前提条件にして、複数のやり方の効果に違いはない！（つまり $a_1=\cdots=a_n$ である！）が「帰無仮説」、複数のやり方のうち少なくとも1つ以上のやり方の効果に違いがある！（つまり $a_1=\cdots=a_n$ ではない！）が「対立仮説」である。それぞれの群の分散が等しいことが確認できない場合には、（それを前提条件としている）「分散分析」は適用できないので、代わりに、「ウェルチのt検定」や「クラスカル・ウォリス検定」などの方法を適用することになる。以下、例によって、具体的な分析の手順を説明するが、「分散分析」といっても「分散」の違いを検定するのではなく、「平均値」の違いを検定することに注意！

表1は、3種類の試験問題 A,B,C を作り、それぞれ5名の学生にやらせた結果である。3種類の問題のむずかしさ（難易度）に差があるか否かを検定する。全体の平均値は $\frac{1}{15}(10+7+5+7+8+6+4+5+6+7+3+2+1+2+2)=\frac{75}{15}=5$ なので、表1のデータからこの値を引き算したものが表2である。試験問題の間のバラツキは、試験問題ごとの結果の推定値はそれぞれの平均値なので、A,B,C それぞれの試験問題から $2.4,\,0.6,\,-3$ を引き算すると、表3のようになる。試験問題による変動の平方和は $(2.4^2+0.6^2+(-3)^2)\times 5=75.6$、自由度は $(3-1)=2$、残差の平方和は $(2.6^2+(-0.4)^2+(-2.4)^2+(-0.4)^2+0.6^2+0.4^2+(-1.6)^2+(-0.6)^2+0.4^2+1.4^2+1^2+0^2+(-1)^2+0^2+0^2)=20.4$、自由度は $3\times(5-1)=12$ となり、分散分析表は表4になり、$F=\dfrac{\frac{75.6}{2}}{\frac{20.4}{12}}=\dfrac{75.6}{2}\div\dfrac{20.4}{12}=\dfrac{37.8}{1.7}=22.235$ となる。有

意水準（つまり「第1種の誤り」を犯す確率＝危険率）$a=0.05=5\%$ とすると、F分布表から $F_{0.05}(2,12)=3.885$ となり、$F_{0.05}(2,12)=3.885<22.235=F$ なので、帰無仮説は棄却できる！ということになる。

　なお、やり方の数 n が多い場合は、違いが検出されにくい傾向があるので、注意！帰無仮説が棄却されたときも、どのやり方（水準）とどのやり方に違いがあったのかは分からない。どのやり方とどのやり方に違いがあったのかは「多重比較」を行うことになる。⇒ **ウェルチのt検定**（ウェルチのティーけんてい）、**F検定**（エフけんてい）、**クラスカル・ウォリス検定**（クラスカル・ウォリスけんてい）、**多重比較**（たじゅうひかく）、**分散分析**（ぶんさんぶんせき）

表1　3種類の試験問題の結果

	1	2	3	4	5
A	10	7	5	7	8
B	6	4	5	6	7
C	3	2	1	2	2

表2　全体の平均値を引く

	1	2	3	4	5	合計	平均
A	5	2	0	2	3	12	2.4
B	1	-1	0	1	2	3	0.6
C	-2	-3	-4	-3	-3	-15	-3

表3　群の平均値を引く

	1	2	3	4	5
A	2.6	-0.4	-2.4	-0.4	0.6
B	0.4	-1.6	-0.6	0.4	1.4
C	1	0	-1	0	0

表4　分散分析表

変動	平方和	自由度	平均平方	F
試験問題	75.6	2	37.8	22.235
残差	20.4	12	1.70	
全体	96.0	14	—	—

Excel【ツール】ツールバー⇒データ⇒分析⇒データ分析（分散分析：一元配置）

位置パラメーター（いちパラメーター）location parameter

　位置母数。データの分布の"中心"的な傾向を表す「代表値」とほぼ同じだが、データの分布が非対称、外れ値が含まれているなど、そうではない場合には、「算術平均」ではなく、「中央値」（メディアン）、「最頻値」（モード）、「トリム平均」などが用いられる。主に、ノンパラメトリックな手法で使われる言葉である。ちなみに、データの分布の"バラツキ"は「尺度パラメーター」という。⇒ **代表値**（だいひょうち）、**中央値**（ちゅうおうち）

　　Excel【関数】MEDIAN（中央値）、MODE or MODE.SNGL or MODE.MULTI（最頻値）、TRIMMEAN（トリム平均）

一要因分散分析（いちよういんぶんさんぶんせき）one-way ANOVA, analysis of variance ⇒ **一元配置分散分析**（いちげんはいちぶんさんぶんせき）

一様最小分散不偏推定量（いちようさいしょうぶんさんふへんすいていりょう）uniformly minimum variance unbiased estimator ⇒ **有効性**（ゆうこうせい）

一様分布（いちようぶんぷ）uniform distribution

　確率分布の1つ。確率変数が"連続的"な場合は、この分布にしたがう確率変数は、ある範囲の間にある値を等しい確率で均等にとる。例えば、$a<b$ として、$a\sim b$ の範囲で一様に分布する確率変数 x の確率密度関数 $f(x)$ は、$x<a$ のときには $f(x)=0$、$a\leq x\leq b$ のときには $f(x)=\frac{1}{b-a}=1\div(b-a)$、$b<x$ のときには $f(x)=0$ である。累積確率密度関数 $F(x)=\int_{-\infty}^{x}f(x)dx$（∫は"積分"）は、$x<a$ のとき $F(x)=0$、$a\leq x\leq b$ のとき $F(x)=\frac{x-a}{b-a}=(x-a)\div(b-a)$、$b<x$ のとき $F(x)=1$ である。平均値は $\frac{b+a}{2}=(b+a)\div 2$、分散は $\frac{(b-a)^2}{12}=(b-a)^2\div 12$、標準偏差は $\frac{b-a}{\sqrt{12}}=(b-a)\div\sqrt{12}$（√は"平方根"）だ。

確率変数が"離散的"な場合もほぼ同様で、例えば、コイン投げの結果の表と裏、あるいは、サイコロを振ったときに出る目の1〜6は、代表的な離散的な一様分布にしたがう確率変数だ。コイン投げの結果は、表が裏よりも多いあるいはその反対の理由がないので、表と裏の確率は同じ $\frac{1}{2}$ ずつであり、サイコロ振りの結果も、1〜6の目のどれかが多い少ないという理由がないので、1〜6の目の出る確率は同じ $\frac{1}{6}$ ずつである。これが有名な「理由不十分の原理」と呼ばれる考え方だ。

コイン投げでは、表を 1 に、裏を 2 に対応させると、その平均値は $\bar{x} = \frac{1+2}{2} = 1.5$、分散は $s^2 = \frac{(1-1.5)^2 + (2-1.5)^2}{2} = \frac{1}{4} = 0.25$、標準偏差は $s = \sqrt{\frac{1}{4}} = \sqrt{0.25} = 0.5$ である。サイコロの目では、平均値は $\bar{x} = \frac{1}{6}\sum_{i=1}^{6} i = \frac{1+2+3+4+5+6}{6} = \frac{1+6}{2} = 3.5$、分散は $s^2 = \frac{1}{6}\sum_{i=1}^{6}(i-3.5)^2 = \frac{(1-3.5)^2 + (2-3.5)^2 + (3-3.5)^2 + (4-3.5)^2 + (5-3.5)^2 + (6-3.5)^2}{6} = \frac{35}{12} \fallingdotseq 2.917$、標準偏差は $s = \sqrt{\frac{35}{12}} \fallingdotseq 1.708$ だ。⇒ **確率分布**（かくりつぶんぷ）、**理由不十分の原理**（りゆうふじゅうぶんのげんり）

一様乱数（いちようらんすう）uniform distributed random number ⇒ **乱数**（らんすう）

一致推定量（いっちすいていりょう）consistent estimator ⇒ **一致性**（いっちせい）

一致性（いっちせい）consistency

点推定量の望ましい性質の1つ。標本数が大きくなるにつれて、標本による"推定量"が母集団の母数（パラメーター）に近づいていくことである。標本数が無限大になれば、標本による"推定値"が母集団の"母数"に一致する、正確には"確率収束"することである。数式で書くと、未知の母数を θ、データの数を n、未知の母数の推定値を $\hat{\theta}$ とすると、$\lim_{n\to\infty} \hat{\theta} = \theta$（$\lim$ は "n を無限に大きくしたとき"）である。この性質を持つ推定量は「一致推定量」と呼ばれる。推定値の期待値が真の値に等しい「不偏性」や推定値の分散がより小さい「有効性」などと共に、「推定量」に必要な性質の1つだ。大標本の「漸近的性質」という言葉で表すこともある。⇒ **推定量**（すいていりょう）

📖【読み方】「θ」は、ギリシャ文字の小文字で"シータ"と読む。英字は対応がなく、音写は th だ。角度や無声歯摩擦音の音声記号としても使われている。「$\hat{\theta}$」は"シータハット"と読む。

一対比較法（いっついひかくほう）pairwise comparison

2つの対象を"一対"（つまり組）にして比較調査するとき、2つのうちのどちらがよいかあるいは指定した基準に合っているかを回答させる調査方法。1つの対象のよいか否か、指定した基準に合っているか否かを"絶対的"には判断できないときでも、2つの対象を"一対"に比較して、"相対的"にそのどちらがよいかあるいは指定した基準に合っているかならば回答しやすいことから、この方法が使われる。しかし、多くの対象から2つを選び出す組み合わせの数は多く、例えば、対象の数が10件の場合、この中から2つを選び出す組み合わせの数は $_{10}C_2 = \binom{10}{2} = \frac{10 \times 9}{2 \times 1} = \frac{10!}{2! \times 8!} = 45$（$_{10}C_2$ も $\binom{10}{2}$ も"組み合わせの数"）にもなるので、調査に手間と時間がかかるのが問題点だ。集計した結果は、（2次元の）行列の形でまとめられ分析される。

とはいえ、結果の妥当性が高いことから、市場調査、商品開発、広告評価などでよく使

われている。具体的な方法として、2つのうちのどちらがよいかあるいは基準に合っているかを"1か0か"で回答させる「**サーストンの一対比較法**」と、2つのうちのどちらがよいかあるいは基準に合っているかを"その程度"(つまり段階)で回答させる「**シェッフェの一対比較法**」の2つがある。

> 📖【人】「サーストンの一対比較法」は、米国の統計心理学者のルイス・サーストン(Louis Leon Thurstone, 1887-1955)に、「シェッフェの一対比較法」は、米国の統計学者のヘンリー・シェッフェ(Henry Scheffé, 1907-77)による。

一般化線形モデル (いっぱんかせんけいモデル) generalized linear model, GLM

「一般線形モデル」を結果(従属変数)が正規分布以外の分布にしたがっている場合や質的変数である場合などにも扱えるように"拡張"した統計モデル。"結果"が正規分布、二項分布、ポアソン分布など"指数型分布族"に含まれる分布にしたがっており、その"構造"として、結果の平均や確率をある関数で変換すれば、原因のパラメーター(独立変数)の線形結合つまり一次式で表される統計モデルである。あるいは、正規分布以外の分布を扱えるように「線形回帰モデル」を"拡張"したモデルといった方が分かりやすいかもしれない。英語の頭文字を取って「**GLM**」ともいう。

例えば、「ロジスティック回帰分析」では、対象者 i について事象が起こるか否かを $y_i=1$ あるいは $y_i=0$ で表し、それが起きる確率を $p_i(0 \leq p_i \leq 1)$ とすると、y_i は("離散型"確率分布の1つである)「ベルヌーイ分布」にしたがう(つまり $y_i \sim Be(p_i)$)。ここで、$h(x) = \dfrac{1}{1+e^{-x}} = 1 \div (1+e^{-x})$ (e は"自然対数の底"という定数)という関数を考えると、a,b を定数、x_i を原因の変数として、$p_i = h(a+b \times x_i) = \dfrac{1}{1+e^{-(a+b \times x_i)}} = 1 \div (1+e^{-(a+b \times x_i)})$ と表すことができる。つまり、関数 $h(x)$ の中身が線形結合つまり一次式である。$h(x)$ の"逆関数"(関数を $y=f(x)$ とすると、その x と y を入れ替えた $x=f(y)$ のこと)は「リンク関数」と呼ばれ、$h^{-1}(x) = \log_e \dfrac{x}{1-x}$ ($h^{-1}(x)$ は "$\dfrac{1}{h(x)}$ ではなく、h^{-1} という名前の関数")($\log_e$ は"自然対数")なので、$h^{-1}(p_i) = \log_e \dfrac{p_i}{1-p_i} = a+b \times x_i$ となる。これは「一般化線形モデル」の1つである。a,b は、観測されたデータを基に「最尤推定法」で導かれる。この他、「プロビット回帰分析」や「ポアソン回帰分析」なども「一般化線形モデル」である[注1]。⇒ **一般線形モデル**(いっぱんせんけいモデル)、**指数型分布族**(しすうがたぶんぷぞく)、**ロジスティック回帰分析**(ロジスティックかいきぶんせき)

(注1)【多くの統計手法】は、データが"正規分布"にしたがうことを前提としたものだ。そこで、"正規分布"にしたがわないデータに対しても、データを"正規分布"に近似させて、これらの手法を適用することも多かった。「一般化線形モデル」の登場によって、何が何でも"正規分布"に合わせるという縛りが解かれ、統計手法の応用範囲が一気に広くなった。1970年代のことだ。

> 📖【人】この方法は、(「実験計画法」、「分散分析」、「計算機統計学」などでも貢献した)英国の統計学者のジョン・ネルダー(John Ashworth Nelder, 1924-2010)とスコットランドの統計学者のロバート・ウェダーバーン(Robert William Maclagan Wedderburn, 1947-75)が提案したもの。

一般線形モデル (いっぱんせんけいモデル) general linear model

"結果"(従属変数)の分布が正規分布にしたがっており、また、その"構造"として、結

果の平均や確率が原因のパラメーター（独立変数）の線形結合つまり一次式で表される統計モデル。ここで、「構造」とは、共変量の値によって結果が決まるモデルということである。単純に「線形モデル」ということもある。例えば、「（対応のない）t検定」の統計モデルでは、原因の水準i、繰り返しjに対する結果のy_{ij}は正規分布にしたがっている（つまり$y_{ij} \sim N(\mu_i, \sigma^2)$である）。原因の水準$i$に対する結果の平均値を$\mu_i$、誤差を$\varepsilon_{ij}$として、これを書き換えると、$y_{ij} = \mu_i + \varepsilon_{ij}$で$\varepsilon_{ij} \sim N(0, \sigma^2)$となる。そして、$y_{ij}$の平均値は$\bar{y}_i = \mu_i$となる。この統計モデルは、「分散分析」でもまったく同じだ。

また、「回帰分析」の統計モデルは、a, bを定数、x_iを説明変数として、$y_i = a + bx_i + \varepsilon_i = a + b \times x_i + \varepsilon_i$で、誤差の$\varepsilon_i$は正規分布にしたがっている（つまり$\varepsilon_i \sim N(0, \sigma^2)$である）。そして、$y_i$の平均値は$\bar{y} = a + b \times \bar{x}$である。この統計モデルもまた、「一般線形モデル」の条件を満たしている。aとbは、観測されたデータを使って「最尤推定法」によって推定する。この他に「共分散分析」、「数量化理論第1類」、「F検定」などの統計モデルもまた、「一般線形モデル」の条件を満たしている。⇒ **一般化線形モデル**（いっぱんかせんけいモデル）

📖 【読み方】「μ」は、英字のmに当たるギリシャ文字の小文字で"ミュー"と読む。「σ」は、英字のsに当たり"シグマ"と、「σ^2」は"シグマ自乗"と読む。「ε」は、英字のeに当たり"イプシロン"と読む。

📖 【一般線形モデル】を、英語の頭文字を取って「GLM」と呼ぶこともあるが、普通は、「GLM」は「一般化線形モデル」を指すので、混同しないように"注意"！

EDA （イーディーエイ）EDA, exploratory data analysis ⇒ **探索的データ解析**（たんさくてきデータかいせき）

移動平均法 （いどうへいきんほう）moving average method, MA

時系列データの"平滑化"の方法の1つ。時系列データに対して、その前後の時点のデータと平均してランダムな変動成分（雑音）や短い周期の変動成分を取り除き、傾向を表す成分（トレンド）や長い周期の変動成分を分離する方法である。単純な変動のパターンを繰り返すデータに対して有効な分析手法である。最も単純な"単純 移動平均法"によると、時系列データを$x_t (t = 1, 2, 3, \cdots)$つまり$x_1, x_2, x_3, \cdots$とすると、これを基に計算した新しい時系列データ$y_t = \frac{x_{t-1} + x_t + x_{t+1}}{3}$は前後1時点の影響を平滑化したものとなる。また、日次データの前後合わせて7日間の合計を7で割った値$y_t = \frac{x_{t-3} + x_{t-2} + x_{t-1} + x_t + x_{t+1} + x_{t+2} + x_{t+3}}{7}$は、曜日に関わる変動が平滑化される。

この方法は、その範囲を広くとるほどランダムな成分や短い周期の変動成分を取り除くことができるが、同時に時系列データの傾向や長い周期の変動成分をも薄めてしまう性質がある。例として、元のデータが$10, 12, 16, 14, 20, 20, 22, 28, 30$の場合、前後1時点での移動平均の結果は、$\frac{10+12+16}{3} = 12.7$, $\frac{12+16+14}{3} = 14.0$, $\frac{16+14+20}{3} = 16.7$, $\frac{14+20+20}{3} = 18.0$, $\frac{20+20+22}{3} = 20.7$, $\frac{20+22+28}{3} = 23.3$, $\frac{22+28+30}{3} = 26.7$となり、前後2時点での移動平均の結果は、$\frac{10+12+16+14+20}{5} = 14.4$, $\frac{12+16+14+20+20}{5} = 16.4$, $\frac{16+14+20+20+22}{5} = 18.4$, $\frac{14+20+20+22+28}{5} = 20.8$, $\frac{20+20+22+28+30}{5} = 24.0$となる。これらによって、平滑化の期間が長いほど、平滑化の効果が大きいことが分かるだろう[注1]。⇒ **指数平滑法**

（しすうへいかつほう）、**TCSI 分離法**（ティーシーエスアイぶんりほう）

（注1）【この他】前後の時点のデータと"単純に"平均するのではなく、何かの重み（一般的には、"遠く"のデータは軽く、"近く"のデータは重く）を付けて移動平均する**「加重移動平均法」**や、指数関数的に重みを付ける**「指数移動平均法」**といったものもある。

Excel【ツール】ツールバー⇒データ⇒分析⇒データ分析（移動平均）

移動平均モデル（いどうへいきんモデル）moving average model, MA ⇒ **MAモデル**（エムエイモデル）

ε（イプシロン）epsilon ⇒ **誤差**（ごさ）

因子（いんし）factor

　　要因、ファクター、原因。結果（データ）を成り立たせるものになる要因、結果に影響する要因や条件である。例えば、3つ以上の群（グループ）の平均値が等しいといってよいか否かを検討する「分散分析」では、群を区別する要因が"因子"である。「実験計画法」では、"因子"は「制御因子」、「標示因子」、「ブロック因子」、「補助因子」、「誤差因子」（変動因子）に分類される。また、多くの（顕在的な）要因を少ない（潜在的な）要因に集約して理解しようとする「因子分析」では、集約された少ない要因を"因子"という。⇒ **因子分析**（いんしぶんせき）、**分散分析**（ぶんさんぶんせき）

因子分析（いんしぶんせき）factor analysis, FA

　　「多変量解析」の方法の1つで、多くの変数間の「相関関係」を集約して、変数の数よりもできるだけ少ない"潜在的な"因子に集約するための手法(注1)。「因子分析」の数学的モデルとして、潜在的な因子は、2つ以上の変数に関わる"共通因子"と、それぞれの変数に関わる"独自因子"からなり、それぞれの変数はその和（線形結合）で表されると仮定している。

　　"共通因子"と"独自因子"の計算の方法には、「SMC法」、「主因子法」、「最小残差法」などと呼ばれるものがあるが、いずれも第1因子から順に各変数の"分散説明率"が最大になるように因子軸を設定する。因子の各変数に対する重みである「因子負荷量」の自乗和の固有値の大きさをもとに、因子数が決定される。これに対して、「バリマックス回転」は、因子負荷量の絶対値が大きいものと小さいものとが多くなるように回転して分析を容易にする方法だ。因子軸が直行していることを仮定する「直交因子モデル」の他、因子軸が直行していないことを許容する「斜交因子モデル」などがある。**心理学の分野の利用が多い。**⇒ **構造方程式モデリング**（こうぞうほうていしきモデリング）、**主成分分析**（しゅせいぶんぶんせき）、**多変量解析**（たへんりょうかいせき）

（注1）【探索的因子分析】は「古典的因子分析」ともいい、その名の通り、因子を探すための因子分析で、何かの事前仮説はあるものの、観測変数の間にどんな因子が存在するかが分からず、データに基づいて因子をあぶりだしていく。因子の数、因子と関連のある観測変数など、試行錯誤を繰り返して分析を進め、"因子構造"を明らかにする。これに対して、「確認的因子分析」つまり「検証的因子分析」は、事前にある程度明確な仮説を設定し、観測変数に基づいて、仮説とした"因子構造"が正しいといえるか否かを検証する。☺

- 📖 【主成分分析】と「因子分析」は、確かに"似ている"。しかし、「因子分析」は、観測データが個々の"潜在的な"構成要素を合成したものと仮定し、個々の構成要素を求めようとするのに対して、「主成分分析」は、観測データから合成スコアを構築することである。両者は"因果関係"を異にする！ ☺
- 📖 【SPSS】は代表的な統計パッケージの1つだが、このソフトでは、「主成分分析」は「因子分析」の1つとなっており、"因子抽出"のデフォルト（何も設定しないとき）が「主成分分析」となっている。しかし、「主成分分析」と「因子分析」は、"目的"などが違うことに注意！
- 📖 【人】この手法は、フランス生まれの心理学者アルフレッド・ビネー（Alfred Binet, 1857-1911）に始まった「知能検査」の開発で、知能の数量的な把握の方法として発展してきたもので、英国のチャールズ・スピアマン（Charles Edward Spearman, 1863-1945）の「二因子説」、英国のJ・C・M・ガーネット（J.C.M.Garnett, 1880-1958）や米国のルイス・サーストン（Luis Leon Thurstone, 1887-1955）の「多因子説」、米国のカール・ホルツィンガー（Karl John Holzinger, 1893?-1954）の「双因子説」などが開発されている。現在は、推測統計学的な方法として発展しているようだ。

インターネット調査 (インターネットちょうさ) survey on Internet

インターネットを利用して行うアンケート調査。ホームページ（つまりwebページ）を利用して行う「web調査」やメールを利用して行う「メール調査」などがある。「オンライン調査」ともいう。コンピューターとネットワークを利用するため、画像や音声や動画を利用することもでき、また、質問を読んだか否かの確認をする、回答の内容に応じて質問を変える、回答に時間制限する、などといったこともできる。例えば、「すべての回答が同じ5ですが、それで本当によろしいですか？」といったメッセージを返すこともできる。

「訪問調査」、「郵送調査」、「電話調査」などの他の「アンケート調査」の方法に比べて、コンピューターとネットワークを使うため、低コストかつ短時間で大量に実施できるのが特徴。インターネットが普及したいまでは、大量のパネル（回答者）を抱えて、インターネット調査をビジネスにする会社も沢山活躍している。⇒ **インタビュー**、**電話調査** (でんわちょうさ)、**郵送調査** (ゆうそうちょうさ)

インタビュー interview

面接、面接調査。調査者が回答者に面接つまり会って話を聞き質問し回答してもらう調査方法である。インタビューする人（面接者）が「インタビュアー」（interviewer）、インタビューされる回答者は「インタビュイー」（interviewee）である。「インタビュー」では、インタビュアーが回答者に直接説明し、インタビュアーの立会の下で回答者に回答してもらうので、「郵送調査」や「インターネット調査」などに比べて、回答の信頼性は高いとされるが、インタビュアーの説明などの仕方で、回答者の回答に大きな違いが出る可能性もあるので注意が必要である。⇒ **アンケート調査** (アンケートちょうさ)、**グループインタビュー**

- 📖 【語源】は、中世フランス語のentre（互いに）＋voir（見る）のようだ。

インデプスインタビュー in-depth interview ⇒ **深層面接** (しんそうめんせつ)

う

var(x)（ヴァーエックス）variance of x ⇒ **分散**（ぶんさん）

V(x)（ヴイエックス）variance of x ⇒ **分散**（ぶんさん）

ウィリアムズの多重比較（ウィリアムズのたじゅうひかく）Williams' multiple comparison ⇒ **ダネットの多重比較**（ダネットのたじゅうひかく）

ウィルコクソンの順位和検定（ウィルコクソンのじゅんいわけんてい）Wilcoxon's rank sum test

"対応のない" 2つの群（グループ）の平均値に差があるか否か（つまり「等平均性」）の "ノンパラメトリックな" 統計的仮説検定（検定）の1つ。具体的には、群1の m 件のデータを $x_1,\cdots,x_m$、群2の n 件のデータを $y_1,\cdots,y_n$ として、これら2つの群を合わせた $(m+n)$ 件のデータを $z_1 \leq \cdots \leq z_{m+n}$ のように値の小さい順に並べた（ソートした）とき、群1の m 件のデータ $x_{(1)},\cdots,x_{(m)}$（$x_{(i)}$ は "小さい方から i 番目のデータ"）に対応する順位 $o(x_{(1)}),\cdots,o(x_{(m)})$ の和を $T=\sum_{i=1}^{m} o(x_{(i)}) = o(x_{(1)}) + \cdots + o(x_{(m)})$ とする。このとき、データの数 $(m+n)$ が十分に多ければ、T は、"近似的に"、平均値が $\frac{1}{2}m(m+n+1) = \frac{1}{2}m \times (m+n+1)$、分散が $\frac{1}{12}mn(m+n+1) = \frac{1}{12}m \times n \times (m+n+1)$ の「正規分布」にしたがうことが分かっている（この証明はむずかしいので "省略"）。これを利用して、「2つの群の平均値に差はない！」という "帰無仮説" を検定する。この検定は、「マン・ホイットニーの U 検定」と同じ結論が得られる。⇒ **統計的仮説検定**（とうけいてきかせつけんてい）、**ノンパラメトリックな手法**（ノンパラメトリックなしゅほう）、**マン・ホイットニーの U 検定**（マン・ホイットニーのユーけんてい）

📖【人】この方法は、米国の化学者・統計学者のフランク・ウィルコクソン（Frank Wilcoxon, 1892-1965）による。

ウィルコクソンの符号順位検定（ウィルコクソンのふごうじゅんいけんてい）Wilcoxon's signed-rank test

"対応のある" 2つの群（グループ）の平均値に差があるか否かの統計的仮説検定（検定）の1つ。「t 検定」で必要とされる条件が満たされないときに使う "ノンパラメトリックな" 手法である。具体的には、"対応がある" 2つの変量の n 件のデータを $(x_1,y_1),\cdots,(x_n,y_n)$ として、そのそれぞれの差の $z_i = y_i - x_i (i=1,\cdots,n)$ を求め、次に、その絶対値 $|z_i|$ に同じ値がないとして、これらを小さい順に並べ替えた（ソートした）ときの z_i の順位を R_i とし、$z_i > 0$ のものだけの順位の和を $T^+ = \sum_{\forall z_i > 0} R_i$ とすると、その平均値は $\frac{n \times (n+1)}{4} = n \times (n+1) \div 4$、分散は $\frac{n \times (n+1) \times (2n+1)}{24} = n \times (n+1) \times (2n+1) \div 24$ となる（この証明はむずかしいので "省略"）。この期待値と分散の「正規分布」に "近似" することで、有意水準（つまり「第1種の誤り」を犯す確率＝危険率）α に対応して $p(|T| < T_0) = \alpha$ となるパーセント点 T_0 を導き、$|T| < T_0$ か否かで2つの群の位置パラメーターに差はない！という「帰無仮説」が棄却できるか否かを判断する。⇒ **統計的仮説検定**（とうけいてきかせつけんてい）、**ノンパラメトリックな手法**（ノンパラメトリックなしゅほう）、**符号検定**（ふごうけんてい）

📖【人】この方法は、米国の化学者・統計学者のフランク・ウィルコクソン（Frank Wilcoxon, 1892-1965）による。

ウィンソー化平均（ウィンソーかへいきん）winsorized mean

（他のデータの値から大きく外れている）「外れ値」の代わりに "許容できる" 最小や最大のデー

タの値を入れて計算する平均値。「ウィンザー化平均」と読む人もいる。「トリム平均」などと同様に、「外れ値」の影響を避けるための方法の1つである。「トリム平均」が「外れ値」を削除してしまうのに対して、「ウィンソー化平均」は、「外れ値」を"修正"することで、データの件数が変わらないのがポイント（例えば、データの件数が少なくなると、その分、平均値の信頼区間の幅は広がってしまうが、データの件数が変わらなければ、広がらずに済む）。

例えば、10件のデータの値が小さい順に $1, 15, 15, 16, 17, 18, 19, 20, 35, 38$ の場合、下から1件の 1 と上から2件の $35, 38$ は、その他の7件のデータ $15, 15, 16, 17, 18, 19, 20$ から大きく外れている。そこで、下から1件の 1 を7件のデータのうちの最小値 15 に、上から2件の $35, 38$ を7件のデータのうちの最大値 20 に置き換えて、この新しい10件のデータ $15, 15, 15, 16, 17, 18, 19, 20, 20, 20$ の平均値を計算する。元の10件のデータの算術平均は $\frac{1+15+15+16+17+18+19+20+35+38}{10} = 19.4$ であるのに対して、この新しい10件の算術平均は $\frac{15+15+15+16+17+18+19+20+20+20}{10} = 17.5$ になる。ちなみに、3件の「外れ値」を削除して計算すると、算術平均は $\frac{15+15+16+17+18+19+20}{7} \fallingdotseq 17.143$ になる。

⇒ **トリム平均**（トリムへいきん）

📖【人】この方法は、米国の生物統計学者の**チャールズ・ウィンザー**（Charles P. Winsor, 1895-1951）の提案による。

上側確率（うえがわかくりつ）upper probability or upper tail probability

検定統計量がしたがう確率分布で、検定統計量の値が"ある"値より大きい値をとる確率。検定統計量を x、その確率分布の確率密度関数を $f(x)(\geqq 0)$（つまり、$\int_{-\infty}^{+\infty} f(x)dx = 1$）（∫は"積分"）とし、"ある"値を a としたとき、$a \leqq x$ である確率 $p(a \leqq x) = \int_a^{+\infty} f(x)dx$ が「上側確率」である。ちなみに、$x \leqq a$ である確率 $p(x \leqq a) = \int_{-\infty}^a f(x)dx$ は「下側確率」である。いずれも"片側検定"に対応する片側確率である。

また、$(0<) a \leqq |x|$（つまり、$x \leqq -a$ あるいは $a \leqq x$）である確率 $p(a \leqq |x|) = p(x \leqq -a) + p(a \leqq x) = \int_{-\infty}^{-a} f(x)dx + \int_a^{+\infty} f(x)dx$ は、"両側検定"に対応する「両側確率」である。例えば、平均値 0、標準偏差 1 の「標準正規分布」$N(0, 1^2)$ の場合（巻末の「標準正規分布表」を参照）、$z=1$ の上側確率 $p(z \geqq 1)$ は $0.15866 = 15.866\%$、$z=2$ の上側確率 $p(z \geqq 2)$ は $0.02275 = 2.275\%$、$z=3$ の上側確率 $p(z \geqq 3)$ は $0.00135 = 0.135\%$ である。

「t 分布」の場合、自由度 $\nu = 10$、上側確率 $\alpha = 0.05 = 5\%$ に対応する「上側 5% 点」は $t_{0.05}(10) = 1.812$ であり、上側確率 $\alpha = 0.025 = 2.5\%$ に対応する「上側 2.5% 点」は $t_{0.025}(10) = 2.228$ である。「χ^2 分布」の場合、自由度 $\nu = 10$、上側確率 $\alpha = 0.05 = 5\%$ に対応する値（上側 5% 点）は $\chi^2_{0.05}(10) = 18.307$ である。「F 分布」の場合、自由度 $\nu_1 = 4$, $\nu_2 = 10$、上側確率 $\alpha = 0.05 = 5\%$ に対応する「上側 5% 点」は $F_{0.05}(4, 10) = 3.478$ である。⇒ **F 分布表**（エフぶんぷひょう）、**χ^2 分布表**（カイじじょうぶんぷひょう）、**t 分布表**（ティーぶんぷひょう）、**パーセント点**（パーセントてん）、**標準正規分布表**（ひょうじゅんせいきぶんぷひょう）

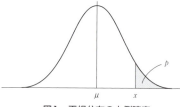
図1　正規分布の上側確率

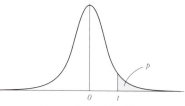
図2　t分布の上側確率

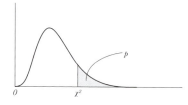
図3　χ^2分布の上側確率

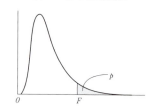
図4　F分布の上側確率

📖【読み方】「χ」は、ギリシャ文字の小文字で"カイ"と読む。対応する英字はないので、英語ではchiと書く。「χ^2」は"カイ自乗"と読む。「ν」は英字のnに当たり"ニュー"と読む。

Excel【関数】NORMSDIST or NORMS.DIST（標準正規分布の下側確率）、NORMDIST or NORM.DIST（正規分布の下側確率）、TDIST（t分布の上側確率か両側確率）、T.DIST.RT（t分布の上側確率）、CHIDIST or CHISQ.DIST.RT（χ^2分布の上側確率）、FDIST or F.DIST.RT（F分布の上側確率）

上側パーセント点（うえがわパーセントてん）upper percent point ⇒ **パーセント点**（パーセントてん）
上側ヒンジ（うえがわヒンジ）upper hinge ⇒ **第3四分位数**（だいさんしぶんいすう）
ウェルチの t 検定（ウェルチのティーけんてい）Welch's t test

　等分散ではない可能性のある"対応のない"2つの群（グループ）のデータの平均値に差があるか否かの統計的仮説検定（検定）の1つ。2つの群の分散が等しい（と見なせる）場合にデータの平均値に差があるか否かを検定する「t検定」を改良した"近似的な"方法で、単純に「ウェルチの検定」ともいう。具体的には、2つの標本の標本数をn_1, n_2(注1)、標本平均を$\bar{x}_1, \bar{x}_2$、標本分散をs_1^2, s_2^2としたとき、統計量の $t = \dfrac{\bar{x}_1 - \bar{x}_2}{\sqrt{\dfrac{s_1^2}{n_1} + \dfrac{s_2^2}{n_2}}} = (\bar{x}_1 - \bar{x}_2)$

$\div \sqrt{\dfrac{s_1^2}{n_1} + \dfrac{s_2^2}{n_2}}$（$\sqrt{}$は"平方根"）は、自由度 $\nu = \dfrac{\left(\dfrac{s_1^2}{n_1} + \dfrac{s_2^2}{n_2}\right)^2}{\dfrac{s_1^4}{n_1^2 \times (n_1 - 1)} + \dfrac{s_2^4}{n_2^2 \times (n_2 - 1)}} = \left(\dfrac{s_1^2}{n_1} + \dfrac{s_2^2}{n_2}\right)^2$

$\div \left(\dfrac{s_1^4}{n_1^2 \times (n_1 - 1)} + \dfrac{s_2^4}{n_2^2 \times (n_2 - 1)}\right)$（この式は「ウェルチ・サタスウェイトの式」と呼ばれる）の t 分布に"近似的に"したがうことを利用する（この証明はむずかしいので"省略"）。

　例として、2つの標本の標本数をそれぞれ$n_1 = 50, n_2 = 40$、標本平均を$\bar{x}_1 = 51, \bar{x}_2 = 49$、標本分散を$s_1^2 = 8, s_2^2 = 9$としたとき、統計量の値は$t = \dfrac{51 - 49}{\sqrt{\dfrac{8}{50} + \dfrac{9}{40}}} = \dfrac{2}{\sqrt{0.16 + 0.225}} = \dfrac{2}{\sqrt{0.385}}$

$=3.2233$ で、自由度は $v=\dfrac{\left(\dfrac{8}{50}+\dfrac{9}{40}\right)^2}{\dfrac{8^2}{50^2\times(50-1)}+\dfrac{9^2}{40^2\times(40-1)}}=\dfrac{0.385^2}{0.0005224+0.001298}=81.4$ となり、

有意水準（「第1種の誤り」を犯す確率＝危険率）を $\alpha=0.05=5\%$ として、$t_{0.05}(81)=1.9897<3.2233=t$ なので、「2つの群の平均値は等しい！」という帰無仮説は棄却されることになる。⇒ **クラスカル・ウォリス検定**（クラスカル・ウォリスけんてい）、***t*検定**（ティーけんてい）、**等分散の検定**（とうぶんさんのけんてい）

 📖【読み方】「v」は、英字の n に当たるギリシャ文字の小文字で"ニュー"と読む。

(注1)【2つの群の標本数が等しい場合】は、「t 検定」も「ウェルチの t 検定」も検定統計量の値は同じになるが、「ウェルチの t 検定」の自由度の値が少しだけ小さくなり、その分、検出力も少し落ちる。2つの群の分散が等しいが標本数が異なる場合は、検定統計量は違ってくるが、「ウェルチの t 検定」の自由度の値が少しだけ小さく、検出力も少し落ちる。しかし、2つの群の分散も標本数も大きく異なる場合、「t 検定」の検定統計量は非常に小さくない、検出力がとても落ちてしまうので、積極的に「ウェルチの t 検定」を使うことになる。

 📖【人】この方法は、英国ユニバーシティーオブカレッジロンドン（UCL）のバーナード・ウェルチ（Bernard Lewis Welch, 1911-89）が、1945年に「スチューデントの t 検定」を改良したもの。

 Excel【ツール】ツールバー⇒データ⇒分析⇒データ分析（t 検定：分散が等しくないと仮定した2標本による検定）

ヴェン図（ヴェンず）Venn diagram ⇒ **ベン図**（ベンず）

え

AIC（エイアイシー）AIC, Akaike information criteria

 赤池情報量基準。現象を説明する複数の統計モデルがある場合、どの統計モデルが最もよく当てはまっているかを決める基準の1つで、最も広く使われている。「AIC」は、"期待対数尤度"からのアプローチで、モデルの自由パラメーターの数を k、最大尤度を L としたとき、$AIC=2k-2\times\log L$（$\log$ は"自然対数"）と定義される。**この式の値が最も小さくなるモデルが最もよい！とされる**。一般に、モデルに含まれるパラメーターの数が多くなればなるほど、当てはめの誤差（つまり残差平方和）はいくらでも小さくできるので、残差平方和の大小だけではなく、パラメーターの数をも考慮している。例えば、独立変数（説明変数）の数が p 個の重回帰モデルの $y=\alpha+\sum_{i=1}^{p}\beta_i\times x_i+\varepsilon=\alpha+\beta_1\times x_1+\cdots+\beta_p\times x_p+\varepsilon$ では、定数項の α、偏回帰係数の $\beta_1,\cdots,\beta_p$、そして、誤差の分散の σ^2 がこの統計モデルの空間と考えられるので、$k=p+2$ である。

 なお、「AIC」は、標本数（サイズ）が ∞（無限大）であること（つまり「漸近的な性質」）を仮定しているので、標本数が小さい場合は、偏りが生じてしまう。このため、「AIC の有限修正」という方法が提案されている。具体的には、誤差項が正規分布の「一般化線形モデル」（GLM）を仮定して、標本数を n として、$c-AIC=-2\times\log L+\dfrac{2\times k\times n}{n-k-1}=AIC+\dfrac{2\times k\times(k+1)}{n-k-1}$

("c" は "$consistent$" で、「$AICc$」ともいう)である。当然のことながら、n が十分に大きくなれば、c-AIC は AIC に近づく。⇒ **一般化線形モデル**（いっぱんかせんけいモデル）、**統計モデル**（とうけいモデル）

> 📖 【読み方】「α」は、英字の a に当たるギリシャ文字の小文字で "アルファ" と読む。「β」は、英字の b に当たり "ベータ" と読む。「σ」は、英字の s に当たり "シグマ" と、「σ^2」は "シグマ自乗" と読む。

> 📖 【他の "情報量基準"】として、"期待対数尤度" からのアプローチの「TIC」（Takeuchi information criterion）、（"期待対数尤度" を使わずに）予測分布からのベイズアプローチの「BIC」（Baysian information criterion）の他、「ABIC」（Akaike's Baysian information criterion）や「MDL」（minimum description length）などといったものが提案されている。

> 📖 【人】この方法は、統計数理研究所の赤池弘次（1927–2009）が1971年に考案し1973年に発表したもの。当初はAn information criterionと呼ばれていたが、後にAkaike's information criterionと呼ばれるようになったそうだ。「c-AIC」は、1978年の統計数理研究所の杉浦成明の考案による。

ARモデル (エイアールモデル) AR model, autoregressive

自己回帰モデル。時系列データは "定常的な" 確率過程であると考える時系列分析のモデルの1つである。ここで、"定常的な" とは、時間的にデータの平均値が変わらないことだ。もう少し説明すると、過去から現在までのデータの変化をその原因や構造（メカニズム）には直接は触れずに、データの変化の原因はデータの中にある、という立場から、データの変化をデータ同士の関係性から説明しようというものだ。具体的には、時点 t のデータの y_t を、その前の p 個の時点のデータの $y_{t-1},\cdots,y_{t-p}$ で説明しようとするモデルである。これを「p 次の自己回帰過程」ともいい、$AR(p)$ と書く。つまり、i 時点前のデータ y_{t-i} に "重み" の a_i を掛け算した値を足し算した値で、時点 t のデータの値 y_t を推定する。つまり、$y_t = \sum_{i=1}^{p} a_i \times y_{t-i} + e_t = (a_1 \times y_{t-1} + \cdots + a_p \times y_{t-p}) + e_t$ である。ここで、e_t は誤差で "白色雑音"[注1] だ。

最も簡単なモデルは、$p=1$ のときの $y_t = a \times y_{t-1} + e_t$ で、前の時点 $t-1$ のデータの y_{t-1} に定数 a を掛け算してそれに誤差 e_t を加えたものと説明する。あるいは、$p=2$ のときの $y_t = a_1 \times y_{t-1} + a_2 \times y_{t-2} + e_t$ で、前の時点 $t-1$ のデータの値 y_{t-1} に定数 a_1 を、その前の時点 $t-2$ のデータの値 y_{t-2} に定数 a_2 を掛け算し、それらを足し算して誤差 e_t を加えたものと説明する。

実際のデータに適用する場合は、次数の p を選択した後、「最小自乗法」を使って、誤差項を最小にするような "重み" のパラメーターの $a_1,\cdots,a_p$ を決める。実際のデータに適合する最小の p を見つけることで、よい結果が得られるようだ。⇒ **ARMA モデル**（アーマモデル）、**ARIMA モデル**（アリマモデル）、**MA モデル**（エムエイモデル）

> (注1)【白色雑音】は、不規則に振動する波のことで、厳密にいうと、パワースペクトラム（周波数ごとのエネルギー密度）がすべての周波数で同じ強度になる波である。すべての周波数を含んだ光が白色であることから、このようにいう。「ホワイトノイズ」ともいう。音でいえば、"ザー" は周波数成分が右肩下がりの「ピンクノイズ」で、

"シャー"と聞こえる雑音が「白色雑音」だ。

H検定（エイチけんてい）H test ⇒ **クラスカル・ウォリス検定**（クラスカル・ウォリスけんてい）
ABC分析（エイビーシーぶんせき）ABC analysis ⇒ **パレート分析**（パレートぶんせき）
exp(x)（エクスポネンシャル・エックス）exponential x or exponential of x
　　自然対数の底の e（定数）を底とする指数関数"e^x"つまり"e の x 乗"。ここで、x は実数である。e は $2.718281828459045…$ と無限に続く"超越数"（有理数を係数とする代数方程式の解にならない数）だ。e^x と書くと、x の部分が小さくなり見にくいので、exp(x) と書く。exp は $exponential$ の省略形。⇒　**e**（イー）
　　　　📖【英和辞典】「exponential」は、①［数学］（ベキ）指数の、②（変化などが）急激な、である。

Excel（エクセル）Excel
　　米国マイクロソフト社（ワシントン州レドモンド）が開発・販売している、最も代表的で最も普及している「**表計算ソフト**」。表計算ソフトは、行と列からなる表の形をしたワークシート（図1）の、（特定の）行と列で指定される項つまりセルのデータの間の"**自動計算**"プログラムで、表の中のセルとセル、行と行、列と列の間の計算規則（ルール）を入力（定義）しておけば、その元となるセル、行、列のデータ（値）が変更された場合、これに伴って変更が必要なセル、行、列のデータを"自動的に"変更してくれる。「Excel 2007」以降のバージョンでは、最大列数が 1 万 $6,384$ 列に、最大行数は 104 万 $8,576$ 行に増え、行×列のセル数は 171 億 $7,986$ 万 $9,184$ 個になり（実際には一定のサイズを超えると読み込めないが☹）、また、複数のワークシートの間でデータを共有すれば、さらに大きなデータを扱うこともでき、ほとんどの統計分析で実用に耐えられる。最新版は、2015年9月に発表された"Excel2016"。

　　Excel には、データベース関数、日付／時刻関数、エンジニアリング関数、財務関数、情報関数、論理関数、検索／行列関数、数学／三角関数、外部関数、**統計関数**[注1]、文字列操作関数など数百種類の「関数[注2]」が用意され、統計分析、予測、複利計算、分類（ソート）、データベース機能など、相当に複雑な計算も簡単に実行できる他、グラフの作成、印刷レイアウトなどの機能も豊富に用意されているので、普通の統計計算ならば、十分かつ強力なツールだといえる。

　　また、"ツールバー"の「データ」の中の「分析→データ分析」の中に、"**分析ツール**"として、①分散分析：一元配置、②分散分析：繰り返しのある二元配置、③分散分析：繰り返しのない二元配置、④相関、⑤共分散、⑥基本統計量、⑦指数平滑、⑧F 検定：2標本を使った分散の検定、⑨フーリエ解析、⑩ヒストグラム、⑪移動平均、⑫乱数発生、⑬順位と百分位数、⑭回帰分析、⑮サンプリング、⑯ t 検定：一対の標本による平均の検定、⑰ t 検定：等分散を仮定した2標本の検定、⑱ t 検定：分散が等しくないと仮定した2標本の検定、⑲ z 検定：2標本による平均の検定、が用意され簡単に使える。

　　さらに、Excel には、グラフの描画機能として、縦棒グラフ、横棒グラフ、折れ線グラフ、円グラフ、散布図、面グラフ、ドーナツグラフ、レーダーチャート、等高線グラフ、バブルチャート、株価グラフ、円柱グラフ、円錐グラフ、ピラミッドグラフが用意されている。ま

た、Microsoft Office Suite に添付されている Visual Basic for Application（VBA）によるマクロ（プログラム）によってもっと²高度な機能も実現できる。Excel にアドイン（新しい機能の追加）して動作できる「統計処理パッケージ」も数多く開発されている。⇒ **表計算ソフト**（ひょうけいさんソフト）

図1　Excelのワークシート

(注1)　【統計関数】Excelに用意されている主なものは、以下の通り。つまり、AVEDEV（平均偏差）、AVERAGE（算術平均）、BINOMDIST（二項分布の確率関数の値）、CHIDIST（χ^2分布の上側確率）、CHIINV（χ^2分布の上側パーセント点）、CHITEST（χ^2検定）、CONFIDENCE（信頼区間）、CORREL（相関係数）、COUNT（データの個数）、COVAR（共分散）、DEVSQ（平均値からの偏差の平方和）、FDIST（F分布の上側確率）、FINV（F分布の上側確率点）、FISHER（フィッシャー変換の値）、FISHERINV（フィッシャー変換の逆関数の値）、FORECAST（回帰直線上の予測値）、FREQUENCY（度数分布）、FTEST（F検定）、GEOMEAN（幾何平均）、GROWTH（指数関数からの予測値）、HARMEAN（調和平均）、INTERCEPT（回帰直線の切片）、KURT（尖度）、LARGE（データ中のi番目に大きいデータ）、LINEST（回帰直線の係数）、LOGEST（回帰指数曲線の係数）、MAX（最大値）、MEDIAN（中央値）、MIN（最小値）、MODE（最頻値）、NORMDIST（正規分布の下側確率）、NORMINV（正規分布のの下側確率点）、NORMSDIST（標準正規分布の下側確率）、NORMSINV（標準正規分布の下側確率点）、PEARSON（相関係数）、PERCENTILE（パーセンタイル）、PERCENTRANK（百分率に基づく順位）、POISSON（ポアソン確率の値）、PROB（指定した範囲内の値が上限と下限の間に収まる確率）、QUARTILE（四分位数）、RANK（順位）、RSQ（寄与率）、SKEW（歪度）、SLOPE（回帰直線の傾き）、SMALL（データ中のi番目に小さいデータ）、STANDARDIZE（z変換）、STDEV（標準偏差の推定値）、STDEVP（標準偏差）、STEYX（回帰直線上の予測値の標準誤差）、TDIST（t分布の下側確率）、TINV（t分布の逆関数の値）、TREND（回帰直線による予測値）、TRIMMEAN（トリム平均）、TTEST（t検定）、VAR（不偏分散）、VARP（標本分散）、ZTEST（z検定の両側P値）、など

(注2)　【数学関数】当然のことながら、以下の数学関数も用意されている。つまり、ABS（絶対値）、COMBIN（組み合わせの数）、COS（余弦）、COUNIF（条件に一致するデータの個数）、EXP（e＝自然対数の底を底とするべき乗）、FACT（階乗）、GCD（最大公約数）、INT（切り捨て）、LCM（最小公倍数）、LOG10（常用対数）、LOG（対数）、PI（π＝円周率）、LN（自然対数）、POWER（べき乗）、RANDBETWEEN（指定さ

れた範囲の整数の一様乱数）、RAND（$0 \leq x < 1$の一様乱数）、ROUND（四捨五入）、ROUNDDOWN（切り捨て）、ROUNUP（切り上げ）、SIGN（正負）、SIN（正弦）、SQRT（平方根）、SUM（合計）、SUMIF（条件に一致するデータの値の合計）、TAN（正接）、TRUNC（切り捨て）、など

エコノメトリックス econometrics ⇒ **計量経済学**（けいりょうけいざいがく）
S.E.（エスイー）S.E., standard error ⇒ **標準誤差**（ひょうじゅんごさ）
SASシステム（エスエイエスシステム）SAS system, statistical analysis system ⇒ **SAS**（サス）
SSE（エスエスイー）sum of squared errors of prediction ⇒ **残差平方和**（ざんさへいほうわ）
SQC（エスキューシー）SQC, statistical quality control

統計的品質管理。統計的な方法を利用して行う品質管理（QC）を中心とした経営活動である。JIS（日本工業規格）では、「近代的な品質管理は、統計的な手段を採用しているので、とくに統計的品質管理ということがある。」と説明している。考え方として、1つ1つの製品の品質の"適・不適"を判断するというのではなく、製品の生産工程（プロセス）全体を対象にして、その成果物である製品の品質を測定し、そのバラツキ（分布）を観察し、統計的な方法を利用して品質管理を行う。ここで、統計的な方法や手段とは、「抜き取り検査」、「管理図」、「度数分布図」（ヒストグラム）、「パレート図」、「実験計画法」などが用意され現場で利用されている。⇒ **管理図**（かんりず）、**QC七つ道具**（キューシーななつどうぐ）、**品質管理**（ひんしつかんり）

- 【始まり】SQCは、米国の物理学者・統計学者で、今日"統計的品質管理の父"と呼ばれているウォルター・シューハート（Walter Andrew Shewhart, 1891-1967）によって1924年5月16日に始められた！当時、シューハートが勤務していた（AT&Tの製造部門の）ウェスタンエレクトリック社の検査技術部門の"記憶"として、「シューハート博士はほんの1ページのメモを書いた。その3分の1は、我々が今日"概略の管理図"と呼ぶ単純な図だった。その図と前後の文章には、今日の我々がプロセス品質管理として知っている基本原則と考慮すべきことが全て記述されていた！」そうだ。ちなみに、「SQC」が登場する以前は、工業製品の良・不良のコントロールは作業者の経験や勘に依存していたようだ。

- 【日科技連】戦後、敗戦の原因を"科学技術の敗北"と捉えた日本の産業界は、一般財団法人日本科学技術連盟（日科技連）（東京都新宿区）を中心に、米国の統計学者（で、AT&Tベル研究所（現在はアルカテルルーセント社の子会社）でシューハートから指導を受けた）ウィリアム・デミング（William Edwards Deming, 1900-93）や品質管理コンサルタントのジョセフ・ジュラン（Joseph Moses Juran, 1904-2008）を招聘して、積極的にSQCに取り組み、日本製品を"安かろう悪かろう"から"安くて高品質"に変えた。日本でのSQCの普及は、米国でのそれをはるかに凌ぐもので、日本製品は世界市場を席巻し、日本は経済の高度成長を実現した。☺ なお、1951年、デミングの日本への友情と業績を永く記念するため、品質管理の進歩に功績のあった民間団体と個人を表彰する「デミング賞」が設けられている。

S言語（エスげんご）S programming language, system

データ解析言語の1つ。簡単に「S」ともいう。1960年ころにAT&Tベル研究所（現在はアルカテルルーセント社の子会社）の統計学者ジョン・テューキー（John Wilder Tukey, 1915-2000）

が提唱し、データの解釈でモデルを仮定する以前にデータの示唆する情報を多面的に捉えることを重視したアプローチの「**探索的データ解析**」を意識して設計されている。

　この探索的データ解析の主な特徴は、まず、平均値や分散は、現実のデータでしばしば混入する"外れ値"の影響を受けやすいので、外れ値の影響を受けにくい「中央値」(メディアン)や「四分位数」などを用意していること。また、データをモデルに当てはめた後、誤差の分析結果をフィードバックしてよりよいモデルに修正するため、「誤差の正規性を調べる方法」を用意していること。そして、データを再表現するため、「対数変換」、「逆数変換」、「移動平均」などの方法を用意していること。さらに、二次元あるいは多次元のデータの特徴を表現できる「グラフィックス」の方法を用意していることなどである。

　S言語は、インタープリター言語(注1)であり、対話型のインターフェイスと豊富なグラフィックス機能を持っており、データをいろいろな角度からながめてみないとどう解析してよいかが分からない場合には、とくに強力である。また、記述の形式が関数型で、冗長性が少ないことも特徴の1つである。なお、この言語のリリース体制はソースコードによる配付であるので、利用者(ユーザー)は自分でコンパイル(実行形式への変換)し、また、ウインドウシステムインターフェイスなどの用意も必要となる。動作環境(基本ソフト)として、UNIX版の他、Windows版も開発されている。GPL(注2)によりフリーソフトとして配布されているR言語は、S言語の文法を取り入れており、ほぼ同等の機能をもっている。⇒　**R言語**(アールげんご)

(注1)　【インタープリター言語】は、プログラムの命令を逐次実行形式に翻訳しながら実行していく形式の処理系である。プログラムの命令を一括翻訳して実行する「コンパイラー言語」に比べて、実行速度は劣るが、開発や修正が容易であるのが特徴。

(注2)　【GPL】は、UNIX互換のオペレーティングシステム(OS)やこれに関連するソフトウェアを"無償で"開発・提供している「GNU」プロジェクトの"一般公的使用許諾"。その「あらゆるソフトウェアは自由に利用できるべきである！」という理念に基づいて、そのソースコードの公開を原則とし、使用者に対してソースコードを含めた再配布や改変の自由を認め、また、再配布や改変の自由を妨げる行為を禁じている。ちなみに、GNUは、GNU is not UNIXの頭文字を取ったネーミング。

📖【人】1984年に米国AT&Tベル研究所のリチャード・ベッカー(Richard A.Becker)とジョン・チェンバース(John Mckinley Chambers, 1941-)とアラン・ウィルクス(Allan R.Wilks)が開発したデータ解析ソフトの「Sシステム」をベースに、1988年に1つの言語として拡張して「S言語」とした。最新バージョンには、統計的モデルの考え方とオブジェクト指向が取り入れられている。商用版の「S-Plus」は、S言語を含んだ汎用のデータ解析システムだ。

S.D. (エスディー)　S.D., standard deviation ⇒　**標準偏差**(ひょうじゅんへんさ)
SD法 (エスディーほう)　SD technique, semantic differential
　　意味微分法。「セマンティックディファレンシャル法」と同じ。印象やイメージや雰囲気など心理的な計測に使われる代表的な計測手法の1つで、回答者に、計測の対象(刺激)つまり「概念」を、例えば、好き－嫌い、明るい－暗い、重い－軽いなど、"複数"の対立する評価語"対"(尺度)で評定してもらう。そして、このデータを「因子分析」して主要な因

子を抽出する。計測の対象を抽出された因子で作られる空間つまり「意味空間」に布置し、それぞれの対象の持つ意味や個人差などを吟味する。この方法を開発した米国イリノイ大学の心理学者の**チャールズ・オズグッド**（Charles Egerton Osgood, 1916-91）は、この方法を使って、すべての概念は evaluation（評価）、potency（力量性）、activity（活動性）の3次元に位置づけられるとし、この3つの次元がいろいろな刺激や個人に対して共通に存在することを示した(注1)。

⇒ **因子分析**（いんしぶんせき）

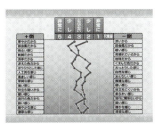

図1　SDシートの例

(注1) 【**行動主義**】では、刺激（S）に対して、すべての人間が共通の反応（R）をする「一段階モデル（S→R）」を仮定するが、これでは、同じ刺激に対して、個人によって異なる反応をすることを説明できない。オズグッドは、刺激によって喚起される情緒的意味が個人によって異なるため、同じ刺激であっても、異なる反応が起こると考え、刺激の反応の間に情緒的意味の媒介項（J）をおいた「二段階モデル（S→J→R）」を仮定した。

📖【**人**】この方法は、1952年にオズグッドが理論構成し、その後、オズグッドと共同研究をしていたジョージ・スッチ（George J. Suci, 1925-98）とパーシー・タンネンバウム（Percy Tannenbaum, 1927-2009）が協力して、著書『The Measurement of Meaning』Univ. of Illinois Press（1957）にまとめた。この本の中で、SD法による研究の結果を紹介した。

estimator（エスティメーター）estimator ⇒ **推定量**（すいていりょう）

SPSS（エスピーエスエス）SPSS, statistical package for the social sciences

　　代表的な社会科学用の統計パッケージソフトの1つ。機能としては、平均値、分散、標準偏差、相関係数などの簡単な統計量の計算から、各種の検定、回帰分析、クラスター分析などの手法の他、不良データの排除、欠損データの補充、出力のグラフ化などが用意されている。また、第四世代言語（4GL）(注1)として、実用上の評価はきわめて高い。もともとはメインフレーム（汎用コンピューター）のソフトウェアとして開発されたが、現在は、（動作環境＝基本ソフトとして、）UNIX ベースのワークステーションや Windows や Macintosh などのパソコン（PC）などにも移植され、手軽に使えるようになっている。1965年に米国のスタンフォード大学で開発が開始され、その後、（その開発者たちが設立した）SPSS 社（イリノイ州シカゴ）が開発と整備を行っていたが、2009年に IBM 社が買収し、名前も「IBM SPSS Statistics」となった。⇒ **S言語**（エスげんご）、**SAS**（サス）

(注1)【コンピューター言語】C、Fortran(フォートラン)、COBOL(コボル)などのプログラミング言語を「第三世代言語」というのに対して、より高水準な命令を持った（人間の命令に近い）言語を「第四世代言語」という。一般に、「第三世代言語」は、どのように計算（処理）するかを記述する"手続き型"で、プログラマーが使うことを想定しているのに対して、「第四世代言語」は、何が計算したいかを記述する"非手続き型"で、プログラマーとエンドユーザー（最終利用者）の両方が使うことを前提として、豊富な機能が用意されている。

【人】SPSSの開発者は、米国スタンフォード大学の大学院生だったノーマン・ニー（Norman H. Nie）、ハドライ・フル（C. Hadlai (Tex) Hull）、デール・ベント（Dale Bent）の3名で、社会科学の統計処理（statistical package for the social sciences）のために開発した。

【価格】このソフトの価格は、例えば、「IBM SPSS Statistics Base」の場合、新規ライセンス＋保守（12ヶ月）で、一般向け31万5,250円、官公庁・医療機関向け26万4,000円、教育機関向け16万4,000円と"安くはない"ので、現実の話として、どこの会社・団体のどのパソコンでも自由に使える！という訳にはいかないようだ。☹ もっとも、"体験版"が用意されているので、これを利用すれば、かなりの仕事が無料でできる。

$\tilde{x}$（エックスチルダー）x tilde

m件のデータ $x_1,\cdots,x_m$ の"中央値"（メディアン）。データをその値の大きさの順に並べたものを（"添え字"に括弧付きの数字を付けた）$x_{(1)},\cdots,x_{(m)}$ つまり $x_{(1)} \leq \cdots \leq x_{(m)}$ とすると、mが奇数ならばちょうど真ん中の $\tilde{x}=x_{(\frac{m+1}{2})}$、$m$が偶数ならば（"ちょうど真ん中"に当たるデータがないので、"真ん中"に近い2つのデータを使った）$\tilde{x}=\frac{1}{2}\left(x_{(\frac{m}{2})}+x_{(\frac{m}{2}+1)}\right)$ である。xの上の「〜(注1)」が"チルダー"（tilde）だ。「チルダ」あるいは「チルド」ともいう。英語ではその形から"squiggly"(スクイッグリー)や"squiggle"(スクイッグル)（くねった線）と、日本語では"にょろ"と読む人もいるが、やはり"チルダー"と読んでもらいたい。⇒ 中央値（ちゅうおうち）

(注1)【〜】は、同じ字形の文字であるが、発音が区別されるべき場合に文字に付される記号（ダイアクリティカルマーク）の1つで、"鼻音"に関する記号として使われている。元々は、字の上に小さく書いたNから生じた記号だそうだ。

$|x|$（エックスのぜったいち）absolute value of x ⇒ 絶対値（ぜったいち）

$\bar{x}$（エックスバー）x bar

m件のデータ $x_1,\cdots,x_m$ の"平均値"。つまり、$\bar{x}=\frac{1}{m}\sum_{i=1}^{m}x_i=\frac{1}{m}(x_1+\cdots+x_m)$ である。xの上の「‾(注1)」が"バー"（bar）だ。n件のデータが $y_1,\cdots,y_n$ ならば、その平均値は $\bar{y}=\frac{1}{n}\sum_{j=1}^{n}y_j=\frac{1}{n}(y_1+\cdots+y_n)$ である。データがaならばその平均値は$\bar{a}$だ。あるいは、独立変数tの値が $t_1 \sim t_2 (t_1<t_2)$ の間の"連続的な"変数xの平均値、つまり、$\bar{x}=\frac{1}{t_2-t_1}\int_{t_1}^{t_2}x(t)dt$（∫は"積分"）である。この場合も、変数が$y$ならばその平均値は$\bar{y}$で、変数が$a$ならばその平均値は$\bar{a}$だ。⇒ 平均値（へいきんち）

【読み方】「$\bar{y}$」は"ワイバー"と読む。

(注1)【‾】は"オーバーライン"（overline）で、「上線(じょうせん)」ともいう。「平均値」の他、論理変数の"否定"にも使われる。なお、「＿」は"アンダーライン"（underline）つまり「下線(かせん)」。

$\hat{x}$ (エックスハット) x hat

　変量や母数（パラメーター）x の "推定値"。x の上の「＾(注1)」を "帽子" に見立てて "ハット" と呼ぶ。母集団の平均値（母平均）μ の推定値は $\hat{\mu}$、標準偏差（母標準偏差）σ の推定値は $\hat{\sigma}$ である。独立変数（説明変数）x に対する従属変数（被説明変数）y の（単）回帰方程式 $y = a + b \times x$ の切片 a の推定値は $\hat{a}$、回帰係数（回帰方程式の傾き）b の推定値は $\hat{b}$ である。独立変数 x に対する従属変数 y の推定値は $\hat{y}$ である。⇒ **回帰直線**（かいきちょくせん）、**統計的推定**（とうけいてきすいてい）

　　📖 **【読み方】**「μ」は、英字の m に当たるギリシャ文字の小文字で、"ミュー" と読む。「$\hat{\mu}$」は "ミューハット" だ。「σ」は、英字の s に当たり "シグマ" と読む。「$\hat{\sigma}$」は "シグマハット" だ。「$\hat{a}$」は "エイハット" と、「$\hat{b}$」は "ビーハット" と、「$\hat{y}$」は "ワイハット" と読む。

　(注1) 【＾】は、欧文用の「山」形の記号で、"サーカムフレックス"（circumflex）である。発音が区別されるべき場合に文字に付される記号（ダイアクリティカルマーク）の1つで、"下降声調" を表す記号として使われる。文字表記以外の用途で独立した記号として使われる場合には、"ハット" と呼ばれる。

NID(μ, σ^2)（エヌアイディー・ミューシグマじじょう）normally and independently distributed with μ and σ^2 ⇒ **正規分布**（せいきぶんぷ）

n!（エヌのかいじょう）factorial of n

　n の階乗。n を正の整数としたとき、$n! = n \times (n-1) \times \cdots \times 1$ である。あるいは、$n! = 1 \times 2 \times \cdots \times n$ でもある。例えば、$1! = 1$ であり、$2! = 2 \times 1 = 2$ であり、$3! = 3 \times 2 \times 1 = 6$ であり、$4! = 4 \times 3 \times 2 \times 1 = 24$ であり、$5! = 5 \times 4 \times 3 \times 2 \times 1 = 120$ などである。なお、$0! = 1$ と定義されている。ちなみに、「階乗」を非負の整数から実数に "拡張" したのが「Γ関数」である。（この関数はむずかしいので、知らなくてもよいのだが、）Γ関数は $\Gamma(z) = \int_0^\infty t^{z-1} \times e^{-t} dt$（∫ は "積分"）（$e$ は "自然対数の底" という定数）と定義され、$\Gamma(1) = 1$、$\Gamma(z) = z \times \Gamma(z-1)$、$\Gamma(n+1) = n!$ などといった性質がある。Γ関数は、「t 分布」や「F 分布」の確率密度関数の定義の中に出てくる。☺ ⇒ $\binom{n}{k}$（かっこエヌケイ）、**ベータ関数**（ベータかんすう）

　　📖 **【読み方】**「Γ」は、英字の G に当たるギリシャ文字の大文字で "ガンマ" と読む。

　　📖 **【！】**はラテン語の io を縦に並べた合字・抱き字（ligature リガチャー）で、"exclamation mark イクスクラメーション マーク"（感嘆符）である。exclamation とは（喜び・怒り・驚きなどの）突然の声、絶叫、感嘆のこと。

　Excel【関数】 FACT（階乗）

NB(k,p)（エヌビー・ケイピー）negative binomial distribution with k and p ⇒ **負の二項分布**（ふのにこうぶんぷ）

N(μ, σ^2)（エヌ・ミューシグマじじょう）normally distributed with μ and σ^2 ⇒ **正規分布**（せいきぶんぷ）

F検定（エフけんてい）F test, Ronald Aylmer Fisher

　「F 分布」にしたがう検定統計量についての統計的仮説検定（検定）。「帰無仮説」の検定

としては、正規分布にしたがう2つの群の間で「標準偏差が等しい！」と、（分散が等しい）正規分布にしたがう2つの群の間で「平均値が等しい！」の2つがある。前者は「**等分散の検定**」で、「t 検定」の前段階で用いられ、2つの群の不偏分散の平方根のそれぞれを分母と分子にした値を "F 値" として検定する。自由度はそれぞれの標本数から 1 を引いた値だ。後者は「**等平均の検定**」で、「分散分析」で使われ、郡内の標準偏差を分母に、群間の標準偏差を分子にした比率を "F 値" として検定する。分母の自由度は全標本数から群の数を引く、分子の自由度は群数から 1 を引く。そして、計算した "F 値" が片側の有意水準の中に入るか否かを検定する。⇒ **自由度**（じゆうど）、**t 検定**（ティーけんてい）、**分散分析**（ぶんさんぶんせき）

> 【人】「F 分布」や「F 検定」という名前は、1920年代に「分散比」による統計を "最初" に開発し、「推測統計学」を確立した英国の統計学者の**ロナルド・フィッシャー**（Ronald Aylmer Fisher, 1890-1962）に敬意を表して、米国の統計学者・生物統計学者の**ジョージ・スネデカー**（George Waddel Snedecor, 1881-1974）が命名したそうだ。

Excel【関数】FTEST or F.TEST（F 検定）【ツール】ツールバー⇒データ⇒分析⇒データ分析（F 検定：2標本を使った分散の検定）

FWE（エフダブリュイー）FEW, familywise error ⇒ **FWER**（エフダブリュイーアール）
FWER（エフダブリュイーアール）FWER, familywise error rate

「**FWE**」（familywise error）は、複数回繰り返された検定（統計的仮説検定）で帰無仮説を棄却してしまう誤りのこと。「**FWER**」は、その誤りが起こる可能性（つまり確率）である。簡単なアナロジーとして、1〜6の目が付いた "偏りのない" サイコロを1回振って1の目が出る確率は $\frac{1}{6} = 0.167$、2回振って1の目が1回も出ない確率は $\left(1 - \frac{1}{6}\right)^2 = \left(\frac{5}{6}\right)^2 = 0.694$、1回でも出る確率は $1 - \left(\frac{5}{6}\right)^2 = 0.306$ だ。これと同じく、有意水準 $\alpha = 0.05 = 5\%$ の検定を 20 回繰り返せば、"偶然に" 1回でも帰無仮説を棄却してしまう確率は $1 - (1 - \alpha)^{20} = 1 - (1 - 0.05)^{20} = 1 - 0.95^{20} = 1 - 0.3585 = 0.6415$ である。例えば、「分散分析」で、3つ以上の群（グループ）の間で平均値に差がある！となったとき、どの群とどの群の平均値に差があるかを検定する「多重比較」で、検定を繰り返すと、それぞれの検定で設定する有意水準を低くしなければ、「FWER」を $0.05 = 5\%$ にすることができない！ということになる。

こういったことへの対策として、F 統計量を用いた「フィッシャーの LSD 法」、t 統計量を用いた「テューキーの範囲検定（多重比較）」、t 統計量を用い関心のある対照群とその他の群の比較だけを行う「ダネットの多重比較」などが用意されている。また、（統計量そのものではなく、）統計量から算出された p 値を調整することで、どのような検定にも利用でき汎用性が高い「ボンフェローニの修正」などがある。⇒ **多重比較**（たじゅうひかく）、**ボンフェローニの修正**（ボンフェローニのしゅうせい）

F 分布（エフぶんぷ）F distribution, Ronald Aylmer Fisher

"連続型" の確率分布の1つ。χ^2 分布にしたがう互いに "独立な" 2つの確率変数 χ_1^2（自由度は ϕ_1）と χ_2^2（自由度は ϕ_2）の比の $F = \dfrac{\frac{\chi_1^2}{\phi_1}}{\frac{\chi_2^2}{\phi_1}} = \dfrac{\chi_1^2}{\phi_1} \div \dfrac{\chi_2^2}{\phi_2} = (\chi_1^2 \div \phi_1) \div (\chi_2^2 \div \phi_2)$ がしたがう

分布である。これは、自由度 ϕ_1 と ϕ_2 の「F 分布」で、その確率密度関数は、$f(F)$
$= \left(\frac{\phi_1}{\phi_2}\right)^{\frac{\phi_1}{2}} \times \frac{\Gamma\left(\frac{\phi_1+\phi_2}{2}\right)}{\Gamma\left(\frac{\phi_1}{2}\right) \times \Gamma\left(\frac{\phi_2}{2}\right)} \times \frac{F^{\frac{\phi_1-2}{2}}}{\left(1+\frac{\phi_1}{\phi_2}F\right)^{\frac{\phi_1+\phi_2}{2}}} = \frac{1}{B\left(\frac{\phi_1}{2},\frac{\phi_2}{2}\right)} \times \left(\frac{\phi_1}{\phi_2}\right)^{\frac{\phi_1}{2}} \times F^{\frac{\phi_1-2}{2}} \times \left(1+\frac{\phi_1}{\phi_2}F\right)^{-\frac{\phi_1+\phi_2}{2}}$ で
ある（ここで、$\Gamma(x)$ は"ガンマ関数[注1]"。$B(p,q)$ は"ベータ関数[注1]"）。平均は $E(F) = \frac{\phi_2}{\phi_2-2}$（$\phi_2 \geq 3$)、分散は $V(F) = \frac{2\phi_2^2 \times (\phi_1+\phi_2-2)}{\phi_1 \times (\phi_2-2)^2 \times (\phi_2-4)}$（$\phi_2 \geq 5$）だ。「F 分布」は、「F 検定」で"帰無仮説"にしたがう分布として用いられ、1つあるいは2つ以上の要因（因子）のいくつかの違った水準の群（グループ）で"平均値"に差があるか否かの統計的仮説検定（検定）である「分散分析」に用いられる。ちなみに、$\frac{1}{F} = 1 \div F$ も同じ「F 分布」にしたがう。「スネデッカーの F 分布」や「フィッシャー・スネデッカー分布」ともいう。⇒ **F 検定**（エフけんてい）、**χ² 分布**（カイじじょうぶんぷ）

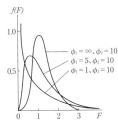

図1　F 分布の確率密度関数

- 📖 【読み方】「χ」は、ギリシャ文字の小文字で、"カイ"と読む。対応する英字はないので英語では chi と書く。「χ²」は"カイ自乗"と読む。「ϕ」は、同じギリシャ文字の小文字で"ファイ"と読む。なお、「ϕ」は φ の異字体。
- （注1）【ガンマ関数】$\Gamma(x)$ は、x が整数（$x=n$）のときは $\Gamma(n)=(n-1)!=1 \times 2 \times \cdots \times (n-1)$、で、これを実数に拡張したもの。また、「ベータ関数」は、$B(p,q) = \int_0^1 x^{p-1}(1-x)^{q-1}dx = \frac{\Gamma(p)\Gamma(q)}{\Gamma(p+q)}$（∫は"積分"）と定義され、$p,q$ が整数（$p=m, q=n$）のときは、$\frac{1}{B(m,n)} = \frac{(m+n-1)!}{(m-1)! \times (n-1)!} = \binom{m+n-1}{m-1} = {}_{m+n-1}C_{m-1} = \binom{m+n-1}{n-1} = {}_{m+n-1}C_{n-1}$ という性質がある。
- Excel【関数】FDIST or F.DIST.RT（F 分布の上側確率）、F.DIST（F 分布の確率と下側確率）、FINV or F.INV.RT（F 分布の上側確率に対応するパーセント点）、F.INV（F 分布の下側確率に対応するパーセント点）【ツール】ツールバー⇒データ⇒分析⇒データ分析（F 検定：2 標本を使った分散の検定）
- 📖 【F 分布】という名前は、1920年代に「分散比」による統計を"最初"に開発し、「推測統計学」を確立した英国の統計学者のロナルド・フィッシャー（Ronald Aylmer Fisher, 1890-1962）に敬意を表して、米国の統計学者・生物統計学者のジョージ・スネデカー（George Waddel Snedecor, 1881-1974）が命名したそうだ。

F 分布表（エフぶんぷひょう）F distribution table, Ronald Aylmer Fisher

自由度 v_1, v_2 の F 分布に対して上側確率 $\alpha = p(F_0 \leq F)$ に対応する F_0 の値、つまり上側 100α パーセント点 $F_\alpha(v_1, v_2)$ の値の数表。数表は上側確率 α の値ごとになっており、普通、

$\alpha=0.05, 0.01$ の 2 枚あるいは $\alpha=0.05, 0.025, 0.01, 0.005$ の 4 枚が用意されている。それぞれの数表は、行方向には自由度 v_1 が、列方向には自由度 v_2 がそれぞれ 0 から 1 刻みに (50 位まで、後はとびとびに∞まで) 並び、その交点に対応する $F_\alpha(v_1, v_2)$ の値が載っている。例えば、$\alpha=0.05=5\%$ の表では、$v_1=4$ の行と $v_2=10$ の列の交点には $F_{0.05}(4, 10) = 3.478$ が載っている (Excel では、FINV(0.05,4,10) = 3.478 で計算できる)。なお、数表には、(一方の群の分散を s_1^2、他方のそれを s_2^2 として、) $F = \dfrac{s_1^2}{s_2^2} = s_1^2 \div s_2^2 > 1$ となる値しか載っていないので、分子 s_1^2 は分母 s_2^2 よりも大きくなるようにすることに注意！「F 分布表」は、統計学の本ならば、"必ず"掲載されている数表の 1 つである。⇒ **F 分布** (エフぶんぷ)

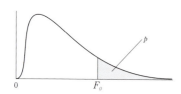

図1 「F 分布表」に掲載されているパーセント点

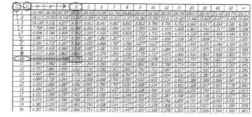

図2 「F 分布表」の使い方

📖 【読み方】「v」は、英字の n に当たるギリシャ文字の小文字で"ニュー"と読む。「α」は、英字の a に当たり"アルファ"と読む。

📖 【数表】「F 分布表」は"巻末"に掲載！ ※$\alpha, v_1, v_2 \rightarrow F_\alpha(v_1, v_2)$

Excel【関数】FINV or F.INV.RT （F 分布の上側確率に対応するパーセント点）

MAモデル (エムエイモデル) MA model, moving average

移動平均モデル。時系列データは"定常的な"確率過程であると考える時系列分析のモデルの 1 つである。ここで、"定常的な"とは、時間的にデータの平均値が変わらないことだ。もう少し説明すると、過去から現在までのデータの変化をその原因や構造 (メカニズム) には直接は触れずに、データの変化の原因はデータの中にある、という立場から、データの変化をデータ同士の関係性から説明しようというものだ。具体的には、時点 t のデータの y_t、その前の q 個の時点の誤差の $e_{t-1}, \cdots, e_{t-q}$ で説明しようとするモデルである。これを MA(q) と書く。

i 時点前の誤差 e_{t-i} に"重み"の b_i を掛け算した値を q 個の時点の分足し算した値で、時点 t のデータの y_t を推定する。つまり、$y_t = \sum_{i=1}^{q} b_i \times e_{t-i} + e_t = (b_1 \times e_{t-1} + \cdots + b_q \times e_{t-q}) + e_t$ である。ここで、e_t は誤差で"白色雑音"(注1)だ。最も簡単なモデルは、$q=1$ のときの $y_t = b_1 \times e_{t-1} + e_t$ で、前の時点 $t-1$ のデータの値 e_{t-1} に定数 b_1 を掛け算してそれに誤差 e_t を加えたものと説明する。あるいは、$q=2$ のときの $y_t = b_1 \times e_{t-1} + b_2 \times e_{t-2} + e_t$ で、前の時点 $t-1$ のデータの値 e_{t-1} に定数 b_1 を掛け算し、その前の時点 $t-2$ のデータの値 e_{t-2} に定数 b_2 を掛け算し、それらを足し算して誤差 e_t を加えたものと説明する。

実際のデータに適用する場合は、q を選択した後、「最小自乗法」を使って、誤差項を最小にするように"重み"のパラメーターの $b_1, \cdots, b_q$ を決める。実際のデータに適合する最小

の q を見つけることで、よい結果が得られるようだ。⇒ **ARMA モデル**（アーマモデル）、**ARIMA モデル**（アリマモデル）、**AR モデル**（エイアールモデル）

（注1）【白色雑音】は、不規則に振動する波のことで、厳密にいうと、パワースペクトラム（周波数ごとのエネルギー密度）がすべての周波数で同じ強度になる波である。すべての周波数を含んだ光が白色であることから、このようにいう。「ホワイトノイズ」ともいう。音でいえば、"ザー"は周波数成分が右肩下がりの「ピンクノイズ」で、"シャー"と聞こえる雑音が「白色雑音」だ。

M-estimator（エムエスティメーター）M-estimator, MLE, most likelihood estimation ⇒ **M推定量**（エムすいていりょう）

MLE（エムエルイー）MLE, most likelihood estimation ⇒ **最尤推定法**（さいゆうすいていほう）

ML推定（エムエルすいてい）ML estimation, most likelihood ⇒ **最尤推定法**（さいゆうすいていほう）

M推定量（エムすいていりょう）M-estimator, MLE, most likelihood estimation

"外れ値"などの影響を少なくして安定した結果を推定する「ロバスト推定」の代表的な方法の1つ。"M"は、"最尤推定法"（most likelihood estimation, MLE）の頭文字で、この"拡張"をしたもの。英語のまま「M-estimator」ともいう。例えば、「回帰分析」で使われる（"最尤推定法"である）「最小自乗法」では、誤差 e の評価を $\rho_0(e) = e^2$ として、その平均値（期待値）の $E(\rho_0(e))$ を最小にするように回帰係数（傾き）と切片を推定するが、データの中に"外れ値"があると、これらに引っ張られて、"外れ値"以外のデータには合わなくなってしまう。

このため、「M推定量」では、誤差 e の評価を（$k(>0)$ を定数として、）$\rho_1(e) = \begin{cases} e^2 & (|e| \leq k) \\ 2k \times |e| - k^2 & (|e| > k) \end{cases}$（$|e|$ は"e の絶対値"）や $\rho_2(e) = \dfrac{e^2}{k+e^2} = e^2 \div (k+e^2)$ などとして、"外れ値"の効果を小さくする。$\rho_1(e)$ は、誤差 e が小さいうちは、自乗で大きくなるが、誤差 e が大きくなると、比例的に大きくなる。$\rho_2(e)$ も、誤差 e が小さいうちは、自乗で大きくなるが、誤差 e が大きくなると、1 に近づく。そして、その平均値（期待値）の $E(\rho_1(e))$ や $E(\rho_2(e))$ を最小にするように（回帰方程式の）回帰係数と切片を推定する(注1)。「最小自乗法」の"改良"ともいえる。なお、「ロバスト推定」には、この他に、"順序統計量"に基づいた「R推定量」や「L推定量」などがある。⇒ **最尤推定法**（さいゆうすいていほう）、**ロバスト推定**（ロバストすいてい）

【読み方】「ρ」は、英字の r に当たるギリシャ文字の小文字で"ロー"と読む。

（注1）【M推定量】の方法は、「最小自乗法」の場合のように"解析的に"解くことはむずかしいので、例えば、推定したいパラメーターを"遺伝子"と見なし、乱数を利用してこれに交叉や突然変異などの"遺伝子操作"をすることによって、より適合するものに進化させていく「遺伝的アルゴリズム」などを使って"計算的に"解くことが多い。☺

MDS（エムディーエス）MDS, multi-dimensional scaling

多次元尺度構成法。「多次元尺度法」と同じ。多変量解析の方法の1つである。複数の対象のデータから求められたそれぞれの間の距離(注1)や類似度を空間上の距離に置き換え、少数の次元（通常は2～3次元）からなる空間上のそれぞれの対象の相対的な位置関係（これが「布置」（configuration））、つまり距離が近い、類似度が大きいものは近い、非類似度が大きいもの

は遠い位置に示す方法である。データの"構造"を視覚化する方法ともいえる。大別して、距離などをデータとする「**計量MDS**」（計量多次元尺度構成法）と、順序尺度で測定された親近性あるいは非類似度を評価する「**非計量MDS**」（非計量多次元尺度構成法）がある。「距離」としては、ユークリッド距離や市街距離（マンハッタン距離）などが、「類似度」としては、相関係数やパターン類似率などと呼ばれるものが使われることが多い。また、それぞれの対象の位置関係の決定には、いろいろなアルゴリズムが提案されている。この方法を使えば、例えば、日本の都市の間の類似度から、それぞれの都市の相対的な位置関係を二次元表示するといったことができる。⇒ **多変量解析**（たへんりょうかいせき）

> （注1）【**点$(x_1,\cdots,x_n)$と点$(y_1,\cdots,y_n)$の間**】で、「ユークリッド距離」は $d=\sqrt{\sum_{i=1}^{n}(x_i-y_i)^2}=\sqrt{(x_1-y_1)^2+\cdots+(x_n-y_n)^2}$ で定義され、「市街距離」は、$d=\sum_{i=1}^{n}|x_i-y_i|=|x_1-y_1|+\cdots+|x_n-y_n|$ で定義される。前者は（2点を直線で結んだ）"普通"の距離概念であり、後者は直交する座標軸（道路）に沿って測る距離概念である。

LR検定（エルアールけんてい）LR test, likelihood ratio test ⇒ **尤度比検定**（ゆうどひけんてい）

LSM（エルエスエム）LSM, the least square method ⇒ **最小自乗法**（さいしょうじじょうほう）

LSD法（エルエスディーほう）LSD, least significant difference ⇒ **フィッシャーのLSD法**（フィッシャーのエルエスディーほう）

L-estimator（エルエスティメーター）L-estimator ⇒ **L推定量**（エルすいていりょう）

ln x（エルエヌ・エックス）ln x, log natural, logarithm ⇒ **対数**（たいすう）

LMS（エルエムエス）LMS, the least median of square ⇒ **最小メディアン法**（さいしょうメディアンほう）

LM検定（エルエムけんてい）LM test, Lagrange multiplier test ⇒ **スコア型検定**（スコアがたけんてい）

L推定量（エルすいていりょう）L-estimator, linear conbination

"外れ値"などの影響を少なくして安定した結果を推定する「ロバスト推定」の1つ。"順序統計量"利用するもので、n件のデータ $x_1,\cdots,x_n$ を、その値の大きさの順序 $x_{(1)}\leq\cdots\leq x_{(n)}$ に並べ替え、（その順序ではなく）その i 番目に当たるデータ $x_{(i)}$ を扱う。つまり、データの真ん中に位置する「中央値」$\tilde{x}=x_{(\frac{n+1}{2})}$ やデータを四分割する位置の「第1四分位数」$Q_1=x_{(\frac{n+1}{4})}$ や「第3四分位数」$Q_3=x_{(\frac{3n+1}{4})}$ などに注目する。

これらの統計量は、（データを算術的に平均する）「平均値」の $\bar{x}=\frac{1}{n}\sum_{i=1}^{n}x_i=\frac{1}{n}(x_1+\cdots+x_n)$ つまり $\bar{x}=\frac{1}{n}\sum_{i=1}^{n}x_{(i)}=\frac{1}{n}(x_{(1)}+\cdots+x_{(n)})$ や「最小値」の $x_{(1)}$ や「最大値」の $x_{(n)}$ などに比べて、"外れ値"があってもその影響を受けにくい。また、データのバラツキを表す「四分位範囲」の (Q_3-Q_1) や「四分位偏差」の $\frac{1}{4}(Q_3-Q_1)$ なども、「範囲」の $(x_{(n)}-x_{(1)})$ や「標準偏差」などに比べて、"外れ値"の影響を受けにくい。"L"は線形結合（一次結合）（linear conbination）の頭文字をとったもので、英語のまま「L-estimator（エスティメーター）」ともいう。なお、「ロバスト推定」には、この他に、"最尤法"に基づく「M推定量」や（「L推定量」と同様に）"順序統計量"に基づく「R推定量」などがある。⇒ **ロバスト推定**（ロバストすいてい）

📖【**読み方**】「$\bar{x}$」は"エックスバー"と、「$\tilde{x}$」は"エックスチルダー"と読む。

LMedS（エルメッズ）LMedS estimator, the least median of squares ⇒ **最小メディアン法**

（さいしょうメディアンほう）

演繹（えんえき）deduction

　　論理展開や論理的推論の方法の1つ。観察されたデータに"一般的な"法則を適用して、"個々"の結論を導き出す方法である。「記号論理学[注1]」で記述される論理展開ともいえる。データが正しく、法則の適用に間違いがなければ、間違いのない結論が得られる。日常生活の中の簡単な例を挙げると、朝出るときには、財布に1万円入っていたが、いまは6,000円しかないので、1万円 − 6,000円 = 4,000円使ったか、あるいはなくしたかである。朝の1万円といまの6,000円が観察されたデータ、1万円 − 6,000円 = 4,000円という引き算が一般的な法則で、4,000円が結論だ。また、「人は必ず死ぬ」と「ソクラテスは人である」から「ソクラテスは必ず死ぬ」が導く「三段論法」は、「演繹法」を使った代表な論理展開で、これも前提が正しければ、結論も必ず正しいものになる。"個々"のデータの共通点から"一般的な"法則を見出そうとする「帰納（法）」に対比して使われる。⇒　**帰納**（きのう）、**統計的推定**（とうけいてきすいてい）

　　(注1)【**記号論理学**】は、論理を論理式という数式で表し、厳密な数学的な手続きで、論理展開の正しさを証明する方法・技術である。「**数理論理学**」とも呼ばれる。

円グラフ（えんグラフ）circle graph or pie chart

　　データの全体を"円"で表し、全体を構成するそれぞれの項目が全体に占める割合を円弧の長さ（つまり面積）で表すグラフ。「パイチャート」と同じ。それぞれの項目が全体に占める構成比率が一目で分かるのがポイント。それぞれの項目の並びの順序に意味がある場合には、それぞれの項目に対応する長さを足し合わせて解釈できる。項目の並べ方が異なると、見え方はまったく違ったものになるので、必要ならば、項目の並べ方を検討して、別の並べ方でグラフを描いてみるとよい。データの値の大きさの順に並べると、累積の構成比率から「パレート分析」にも使える。世論調査などでは、与党支持は原点から"時計回り"（右回り）に、野党支持は"反時計回り"（左回り）に描き、どちらが過半数に届くか、といったこともある。ちなみに、日本では、"時計回り"に並べるが、米国などでは"反時計回り"に並べるのが普通のようだ。⇒　**帯グラフ**（おびグラフ）、**パレート分析**（パレートぶんせき）、**棒グラフ**（ぼうグラフ）

　　Excel【グラフ】（必要に応じて、「ソート」や「並べ替え」などの後、）ツールバー⇒挿入⇒グラフ（円グラフ）

　　📖【人】"近代看護学の生みの親"となった英国の看護婦の**フローレンス・ナイチンゲール**（Florence Nightingale, 1820-1910）は、クリミヤ戦争（1863-56）の従軍後に、『英国陸軍の死亡率』を出版し、（英国で最も不健康とされているマンチェスターや、ロンドンで最も稠密なイーストロンドンと比較して、）クリミヤの野営陣地の劣悪な衛生環境によって、頑強なはずの陸軍兵士が、一般の男性国民の何倍もの死亡率であったことを、「半円グラフ」（全体を180度の半円で表したグラフ）などを使って訴えた。その当時は、標準となるグラフ表現が確立していなかったため、この視覚表現は大きな反響を呼んだ。文献は、多尾清子（著）『統計学者としてのナイチンゲール』医学書院（1991）、多尾清子（編）『ナイチンゲールの統計グラフ―英国陸軍の衛生改革資料としての』小林印刷出版部（1991）。

円周率（えんしゅうりつ）circular constant ⇒ π（パイ）

お

オイラー図（オイラーず）Euler diagram ⇒ **ベン図**（ベンず）

オッズ odds

　見込み。ある事象が起こる確率 p を、事象が起こらない確率 $(1-p)$ で割った値つまり $\frac{p}{1-p} = p \div (1-p)$ のことである。競馬などでは、当たった場合の配当金を賭け金に対する倍率で表した値で、もし当たったらどの位配当が付くのかを表す値だ。あるいは、どの馬が強いと予想されているのか、人気があるのかを表しているともいえる。例えば、$p = 0.2$ ならば $\frac{p}{1-p} = \frac{0.2}{1-0.2} = \frac{0.2}{0.8} = 0.25$、$p = 0.4$ ならば $\frac{p}{1-p} = \frac{0.4}{1-0.4} = \frac{0.4}{0.6} = 0.67$、$p = 0.5$ ならば $\frac{p}{1-p} = \frac{0.5}{1-0.5} = \frac{0.5}{0.5} = 1.00$、$p = 0.6$ ならば $\frac{p}{1-p} = \frac{0.6}{1-0.6} = \frac{0.6}{0.4} = 1.50$、$p = 0.8$ ならば $\frac{p}{1-p} = \frac{0.8}{1-0.8} = \frac{0.8}{0.2} = 4.00$ などである。

　📖 **【英和辞典】**「odds」は、(1)見込み、確率、賭け率、(2)（競技で弱い者に与えられる）ハンディキャップ、(3)優勢、勝算、(4)（会話）（よしあしの）差、などだ。また、oddsの使い方の例は、even odds（五分五分の確率）、long odds（全然起こりそうもないこと）、over the odds（（英略式）（値が）思ったより高く，法外の）、play the odds（賭けをする）、short odds（起こりそうなこと，確率の高いこと）、within the odds（どうやらできそうな，どうやら可能な）など。

帯グラフ（おびグラフ）bar chart

　データの全体を"帯"で表し、全体を構成するそれぞれの項目が全体に占める割合を長さで表すグラフ。それぞれの項目が全体に占める構成比率が一目で分かるのがポイント。それぞれの項目の並びの順序に意味がある場合には、それぞれの項目に対応する長さを足し合わせて解釈できる。項目の並べ方が異なると、見え方はまったく違ったものになるので、必要ならば、項目の並べ方を検討して、別の並べ方でグラフを描いてみるとよい。データの値の大きさの順に並べると、累積の構成比率から「パレート分析」にも使える。複数の帯を平行に並べれば、複数の帯の間で、各要素の構成比率の違いや変化が分かる。⇒ **円グラフ**（えんグラフ）、**パレート分析**（パレートぶんせき）、**棒グラフ**（ぼうグラフ）

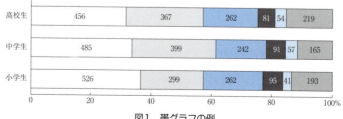

図1　帯グラフの例

Excel【グラフ】（必要に応じて、「ソート」や「並べ替え」などの後、）ツールバー⇒挿入⇒グラフ（縦棒グラフと横棒グラフ）

オープンアンケート open survey

公開型アンケート。"不特定多数"の回答者を対象にして行われる「アンケート調査」のことである。回答者を限定しないため、また、1～2分で回答できる程度の簡単なものであるため、多様な層の回答者が参加して多様な意見を入手できる可能性が高い。経営管理の分野で、CRM（顧客関係管理）[注1]の方法として使われることが多い。"特定"の回答者を対象にして行われる「クローズドアンケート」に対比していう。⇒ **アンケート調査**（アンケートちょうさ）、**パネル調査**（パネルちょうさ）

(注1) **【CRM】**は、customer relationship management（カスタマー リレーションシップ マネジメント）の頭文字を取ったもので、企業が顧客との間で長期的かつ継続的な関係を築き、企業と顧客の双方にとって利益となるようにしようとする「CS」つまりcustomer satisfaction（サティスファクション）（顧客満足）をキーにした経営管理の考え方と方法だ。CSの考え方を一言で説明すれば、「顧客"を"満足させる」ではなく「顧客"が"満足する」だ。この違い、分かりますよね。☺

おむつとビール diapers and beer ⇒ **データマイニング**

折れ線グラフ（おれせんグラフ） line chart or line graph

時間の経過に応じて、時系列データの値を並べ、隣同士の点を順番に折れ線で結んだグラフ。「時系列グラフ」と同じ。縦軸（y軸）は時系列データの値、横軸（x軸）は時間、各時点でのデータの値を点で描く。これによって、データの時系列的な"変化"を見ることができる。あるいは、時系列データの値そのものを折れ線で結ぶのではなく、これらの値を近似する折れ線で結ぶものもある。あるいは、"対応のある"2つの時系列データのそれぞれを縦軸、横軸にとって描けば、2つのデータの関係が時間の経過にしたがってどう変化するか、その変化がどう違っているかなどが分かる。⇒ **散布図**（さんぷず）

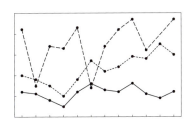

図1　折れ線グラフの例

Excel【グラフ】ツールバー⇒挿入⇒グラフ（折れ線グラフ）

か

回帰係数 (かいきけいすう) regression coefficient
　"対応のある" 2つの変量 (x,y) の一方の変量 y を従属変数（被説明変数）、他方の変数 x を独立変数（説明変数）としたときの2つの変数を関係づける回帰直線（回帰式）の $y=a+b \times x$ の2つのパラメーター（定数）a, b のうちの「傾き」b のこと。a は「切片」である。「相関係数」が、"方向性"を持たない（つまり、y と x を交換しても変わらない）指標であるのに対して、「回帰係数」は、y が従属変数で x が独立変数という（つまり、y と x を交換すると変わってしまう）"方向性"があるのが違い。⇒ **回帰直線** (かいきちょくせん)、**相関係数** (そうかんけいすう)

回帰式 (かいきしき) regression equation ⇒ **回帰直線** (かいきちょくせん)

回帰診断 (かいきしんだん) regression diagnostics
　「回帰分析」で、特定の1つあるいは複数のデータ（点）の影響やモデルつまり回帰式（回帰方程式）の想定の妥当性を調べるために、（そのパラメーターを）推定した回帰式を診断（つまり検証）すること。「残差」と（回帰式による）推定値の打点（プロット）する方法の他、「標準化残差」や「スチューデント化残差」などを用いる方法がある。⇒ **回帰直線** (かいきちょくせん)、**スチューデント化残差** (スチューデントかざんさ)、**標準化残差** (ひょうじゅんかざんさ)

回帰直線 (かいきちょくせん) regression line
　"対応のある" 2つの "量的" な変量 (x,y) の一方の変量 y を従属変数（被説明変数）、他方の変量 x を独立変数（説明変数）としたときの2つの変数を関係づける直線。「回帰方程式」や「回帰式」と同じ。式で書くと、2つの定数 a を "切片"（$x=0$ のときの y の値）、b を "傾き" として、$y=a+b \times x$ (注1) で表される。「回帰分析」では、データをこの式に当てはめて、その誤差の自乗の合計を最小にするように、2つの定数の a, b を決める（この方法が「最小自乗法」！）。具体的に計算すると、n 件のデータを $(x_1, y_1), \cdots, (x_n, y_n)$ として、x と y の平均値をそれぞれ $\bar{x} = \frac{1}{n}\sum_{i=1}^{n} x_i = \frac{1}{n}(x_1 + \cdots + x_n)$, $\bar{y} = \frac{1}{n}\sum_{i=1}^{n} y_i = \frac{1}{n}(y_1 + \cdots + y_n)$ とすると、

$$\hat{b} = \frac{\frac{1}{n}\sum_{i=1}^{n}(x_i-\bar{x})\times(y_i-\bar{y})}{\frac{1}{n}\sum_{i=1}^{n}(x_i-\bar{x})^2} = \frac{\frac{1}{n}((x_1-\bar{x})\times(y_1-\bar{y})+\cdots+(x_n-\bar{x})\times(y_n-\bar{y}))}{\frac{1}{n}((x_1-\bar{x})^2+\cdots+(x_n-\bar{x})^2)}$$

$$= \frac{\frac{1}{n}\sum_{i=1}^{n} x_i y_i - \bar{x}\bar{y}}{\frac{1}{n}\sum_{i=1}^{n}(x_i-\bar{x})^2} = \frac{\frac{1}{n}(x_1 \times y_1 + \cdots + x_n \times y_n) - \bar{x}\bar{y}}{\frac{1}{n}(x_1^2 + \cdots + x_n^2) - \bar{x}^2}$$

であり、$\hat{a} = \bar{y} - \hat{b} \times \bar{x}$ となる。

　計算例として、表1のデータでは、$\bar{x} = \frac{1}{10}(10+9+9+8+7+7+6+5+5+4) = 7.0$, $\bar{y} = \frac{1}{10}(8+7+6+7+6+6+5+4+3+6) = 5.8$, $\frac{1}{n}\sum_{i=1}^{n} x_i \times y_i = \frac{1}{10}\binom{10\times8+9\times7+9\times6+8\times7+7\times6}{+7\times6+6\times5+5\times4+5\times3+4\times6} = 42.6$, $\frac{1}{n}\sum_{j=1}^{n} x_j^2 = \frac{1}{10}(10^2+9^2+9^2+8^2+7^2+7^2+6^2+5^2+5^2+4^2) = 52.6$ なので、$\hat{b} = \frac{42.6-7.0\times5.8}{52.6-7.0^2} \fallingdotseq 0.556$, $\hat{a} = 5.8 - 0.556 \times 7.0 = 1.91 \fallingdotseq 1.911$ となり、回帰直線は $\hat{y} = 1.911 + 0.556 \times x$ となる。⇒ **回帰分析** (かいきぶんせき)、**最小自乗法** (さいしょうじじょうほう)

表1　10名の社員の"入社試験の成績"と
　　　"入社後の仕事の評価"のデータ

社員	A	B	C	D	E	F	G	H	I	J
試験成績	10	9	9	8	7	7	6	5	5	4
仕事評価	8	7	6	7	6	6	5	4	3	6

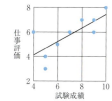

図1　10名の社員の"入社試験の成績"と"入社後の仕事の評価"のデータのグラフと回帰直線

　【読み方】「$\bar{x}$」は"エックスバー"と、「$\bar{y}$」は"ワイバー"と読む。また、「$\hat{a}$」は"エイハット"と、「$\hat{b}$」は"ビーハット"と読む。

(注1)　【一次式の書き方】一般的な数学では$y=ax+b=a×x+b$や$z=ax+by+c=a×x+b×y+c$などと表すのが普通だが、「統計学」では$y=a+bx=a+b×x$や$z=a+bx+cy=a+b×x+c×y$などと書くのが"一般的"だ。☺

Excel【関数】LINEST（回帰直線の係数（配列））、INTERCEPT（回帰直線の切片）、SLOPE（回帰直線の傾き）、TREND（回帰直線による予測値（配列））、STEYX（回帰直線上の予測y値の標準誤差）【ツール】ツールバー⇒データ⇒分析⇒データ分析（回帰分析）

回帰分析 (かいきぶんせき) regression analysis

　"対応のある"2つの"量的"な変量(x,y)があるとき、一方の変量（従属変数）yのデータともう一方の変量（独立変数）xのデータの関係を（多くの場合、一次式で）説明しようとする統計分析の手法。従属変数は「被説明変数」や「基準変数」と、独立変数は「説明変数」ともいう。例えば、親の身長と子供の身長との間にはなにかの関係があり、その関係を利用して親の身長から子供の身長を推定できるという仮説の下に、親の身長xを独立変数に、子供の身長yを従属変数にして分析・推定をする。独立変数xと従属変数yの関係式の$y=a+b×x$が「回帰式」（回帰方程式＝回帰直線）であり、そのパラメーターbが「回帰係数」である。このパラメーターを求めるときには、誤差の評価基準として、誤差の自乗和を最小にする「最小自乗法」が用いられる。

　また、「重回帰分析」は、2つ以上の独立変数$x_1,\cdots,x_n$と1つの従属変数yの関係を（多くの場合、一次式で）説明しようとする方法である。「重」は"重い"ではなく、"重ねて"という意味だ。例えば、両親の身長と子供の身長との間にはなにかの関係があり、その関係を利用して両親の身長から子供の身長を推定することができるという仮説の下に、子供の身長yを従属変数に、父親の身長x_1と母親の身長x_2を独立変数にして分析・推定をする。独立変数と従属変数の関係式の$y=a+b_1×x_1+b_2×x_2$が「重回帰式」（重回帰方程式＝回帰平面）であり、そのパラメーターb_1とb_2が「偏回帰係数」である。なお、2つ以上の独立変数の間に高い相関があると、説明力のある回帰式を導くことができないことに注意が必要である。これが「多重共線性」である。

　ちなみに、「回帰分析」や「重回帰分析」の従属変数は"連続的な"変数であるのに対して、1つまたは2つ以上の"連続的な"説明変数から"非連続的な"つまりカテゴリー的

（質的）な被説明変量を説明しようとするのは「数量化理論Ⅰ類」である。⇒ **最小自乗法**（さいしょうじじょうほう）、**重相関係数**（じゅうそうかんけいすう）、**数量化理論**（すうりょうかりろん）、**相関分析**（そうかんぶんせき）、***t*検定**（ティーけんてい）

> 📖 【英国の"素人"数学者】のフランシス・ゴールトン（Francis Galton, 1822-1911）は、遺伝の研究の中で、英国の1,078の世帯について、同じ身長を持つ父親の成人した息子たちの平均身長を調査し、「身長の高い（あるいは低い）父親の息子の平均身長は、その父親ほど高く（あるいは低く）ない」つまり「父親の身長が集団平均から背の高い（あるいは低い）方にずれても、その成人した息子の身長は集団平均に近い方に戻ってくる確率が大きい」ことに気づいた。身長の高い（あるいは低い）父親の息子が親の身長の上下の一定の範囲にばらつくと考えると、このうちの高い（あるいは低い）方を追っていくと、次第に巨人（あるいは小人）が生まれてしまうということになり、ヘンなことになる。これをゴールトンは「平均への回帰現象」と呼んだ。これが「回帰」という概念の"初めて"。ゴールトンは、父親の身長と成人した息子の身長の平均の散布図にプロットすると、それらの点がほぼ直線にのることを観察している。これが「回帰分析」の"初めて"だ。なお、ゴールトンは、「相関」という概念も見つけ出している。

回帰方程式（かいきほうていしき）regression equation ⇒ **回帰直線**（かいきちょくせん）

GIGO（ガイゴー）GIGO, garbage in, garbage out

「ゴミを入力すればゴミが出力される」という意味の警句。garbage（ガービッジ）とは、ゴミやくず肉のことで、方法や手順あるいはプログラムがいかに正確かつ周到に作られていても、入力するデータに誤りやいい加減なものがあると、得られる結果はこれに応じたものでしかないということだ。科学的な研究やマーケティングの調査などでも、それがどんなに高度なしっかりとした理論や方法に基づいていたとしても、調査したデータがいい加減なものだったり、求められた条件を満たしていないものだと、得られる結果もいい加減で、信用できない、使えないものだ(注1)。☹

> （注1）【最近の教員や学生たちのレポート】を見ると、その手続きや方法などがむずかしいものである割には、調査や実験のデータの条件や環境などには"無関心"で、その結論も"疑問符"の付くものが少なくない。これは彼らが「現場の実務」を知らない、そして、具体的に何が問題で、なぜそれが問題なのかという「問題の本質」を理解していないからなのかもしれない。どんな仕事でも、仕事の前提条件や方法論の「根拠」を確認し、使うデータが仕事に「必要な条件」を満たしているかの検討が絶対に必要だ！ 筆者はそう思う。☺

> 📖 【garbage in, gospel out】最近は、ゴミを入力したのによい結果が得られたことをgarbage in, gospel（ゴスペル）outという人もいるが、これは"たまたまの幸運"ということ。同様に、「KIBO」（カイボー）、つまりknowledge in, bullshit outは、knowledgeが知識つまり役立つこと、bullshitが馬鹿げたことで、「ためになることは取り入れ、つまらないことは捨てる！」という意味だ。

カイ自乗検定（カイじじょうけんてい）chi squared test ⇒ **χ²検定**（カイじじょうけんてい）

χ²検定（カイじじょうけんてい）chi squared test

カイ自乗（二乗）検定。χ は、ギリシャ文字の小文字で"カイ"と読む。対応する英字は

ないので英語では chi と書く。χ^2 は"カイ自乗"と読む。「**統計的仮説検定（検定）**」の方法の1つで、実際に観測された度数分布が予想される度数分布と等しい！といってよいか否か（適合度）、あるいは、2組の度数分布で表された定性的な変数の間に関連性がある！といってよいか否か（独立性）を検定する方法である。検定統計量が（標準正規分布にしたがう互いに独立な n 個の確率変数の自乗の和の分布である）χ^2 分布にしたがうことを利用するため、「χ^2 検定」と呼ばれる。「ピアソンのχ^2検定」や「ピアソンの適合度検定」と同じ。

具体的には、クロス集計表（分割表）で、カテゴリーの数を n、カテゴリー（の番号）を $i(i=1,\cdots,n)$、その観測度数を o_i、期待度数を e_i とした場合、観測度数の分布と期待度数の分布の違い（ズレ）を χ^2 値つまり $\chi^2 = \sum_{i=1}^{n} \frac{(o_i-e_i)^2}{e_i} = \frac{(o_1-e_1)^2}{e_1} + \cdots + \frac{(o_n-e_n)^2}{e_n}$ で表すと、この値は自由度 $(n-1)$ の χ^2 分布にしたがうことが分かっている（この証明はむずかしいので"省略"）。これを利用して検定する。つまり、「観測された度数分布と期待される度数分布に"違い"はない！」を"帰無仮説"H_0 として、これが棄却できるか否かを検定する。手続きは、χ^2 値を計算し、統計の本の巻末に掲載されている χ^2 表などで、同じ自由度の χ^2 分布の 95% 点（危険率5%）の $\chi^2_{0.05}(n-1)$ を見つけて、これらを比較する。$\chi^2 < \chi^2_0$ ならば、帰無仮説 H_0 は棄却できず、反対に $\chi^2 > \chi^2_0$ ならば、帰無仮説 H_0 は棄却できる。

ごく簡単な例として、コイン（硬貨）を 20 回投げた結果は、表が 15 回、裏が 5 回だった。つまり、$n=2$、観測度数は $o_1=15$、$o_2=5$、期待度数は $e_1=10$、$e_2=10$ なので、このときの χ^2 値は $\frac{(15-10)^2}{10} + \frac{(5-10)^2}{10} = \frac{25}{10} + \frac{25}{10} = 5.0$ だ。自由度 $(n-1)=1$ の χ^2 分布の 95% 点は $\chi^2_{0.05}(1)=3.841$ で、$\chi^2=5.0 > 3.841 = \chi^2_{0.05}(1)$ なので、「コインに偏りはない！」は棄却できる（$\chi^2=5.0$ のときの危険率は $\alpha=0.02535 < 0.05$）。しかし、結果が表が 14 回、裏が 6 回だったならば、χ^2 値は $\frac{(14-10)^2}{10} + \frac{(6-10)^2}{10} = \frac{16}{10} + \frac{16}{10} = 3.2$ なので、$\chi^2=3.2 < 3.841 = \chi^2_{0.05}(1)$ となり、「コインに偏りはない！」は棄却できない（$\chi^2=3.2$ のときの危険率は $\alpha=0.07364 = 7.364\% > 5\% = 0.05$）。[注1][注2]

なお、「χ^2 検定」は、χ^2 分布という連続型の分布で"近似"をするため、①期待値が 1 未満（<1）のマス（枡）が1つでもある、あるいは②期待値が 5 未満（<5）のマスが全体のマスの数の 20% 以上ある、などといった場合には、カテゴリーを統合して、こういったことをなくすようにする。もし、統合できなければ、2×2 分割表に対する「フィッシャーの正確確率検定」など、他の検定法を使うことが勧められる。

思いつくままに、「χ^2 検定」の利用例を挙げてみると、①ある店舗の月別の売上高に違いはあるか、②曜日ごとの来店者数に違いはあるか、③時間帯ごとに販売した商品の構成に違いはあるか、④店舗ごとに来店者の構成に違いはあるか、⑤地域ごとに支持政党に違いはあるか、⑥産業ごとに従業員の年齢構成に違いはあるか、⑦男女で得意科目に違いはあるか、⑧年齢ごとに商品の好みは違うか、⑨国ごとに好きな花は違うか、⑩生成した乱数は一様か、などがある。この検定は、本当にいろいろな問題に利用できるので、実際に使ってその威力を体験することをお勧めする。⇒ **t 検定**（ティーけんてい）、**フィッシャーの正確確率検定**（フィッシャーのせいかくかくりつけんてい）

(注1) 【**赤玉と白玉**】赤玉と白玉を50個ずつ入れてよくかき混ぜたツボの中から、無作為に（ランダム）10個の玉を取り出し、赤玉と白玉を数え、終わったら箱に戻す場合を考える（取りだした玉をツボに戻せば、ツボの中は元の状態と同じになる）。この場合、平均的つま

り期待度数は、赤玉と白玉がそれぞれ5個ずつである。そして、赤玉と白玉がそれぞれ5個ずつのときのχ^2値は$\frac{(5-5)^2}{5}+\frac{(5-5)^2}{5}=0.0$である。赤玉／白玉が6個／4個のときは$\frac{(6-5)^2}{5}+\frac{(4-5)^2}{5}=0.4$、7個／3個のときは$\frac{(7-5)^2}{5}+\frac{(3-5)^2}{5}=1.6$、8個／2個のときは$\frac{(8-5)^2}{5}+\frac{(2-5)^2}{5}=3.6$、9個／1個のときは$\frac{(9-5)^2}{5}+\frac{(1-5)^2}{5}=6.4$、10個／0個のときは$\frac{(10-5)^2}{5}+\frac{(0-5)^2}{5}=10.0$である。起こりやすさ（の確率）が小さいほど、$\chi^2$値が大きくなる。自由度1の$\chi^2$分布の95%点は3.841なので、$\chi^2$値がこれよりも小さいケースは95%の確率で起こり、また、99%点は6.635なので、χ^2値がこれよりも小さいケースは99%の確率で起こる。

- **(注2)【遺伝の法則】**を発見したオーストリア・ブリュン（現在のチェコ・ブルノ）の司祭のグレゴール・メンデル（Gregor Johann Mendel, 1822-84）の有名なエンドウ豆の"実験"の結果は、総数556個のうち、皺無×黄色315個、皺無×緑色108個、皺有×黄色101個、皺有×緑色32個だった。メンデルの"理論"にしたがえば、これらの比率は9:3:3:1で、それぞれの期待値は$556\times\frac{9}{16}=312.75$、$556\times\frac{3}{16}=104.25$、$556\times\frac{3}{16}=104.25$、$556\times\frac{1}{16}=34.75$になる。実験結果がこの法則に合っている！を「帰無仮説」としてこの仮説を検定する。これらのデータを入れると、$\chi^2=\frac{(315-312.75)^2}{312.75}+\frac{(108-104.25)^2}{104.25}+\frac{(101-104.25)^2}{104.25}+\frac{(32-34.75)^2}{34.75}=0.4700$となる。この値は、自由度$df=4-1=3$、上側確率5%に対応する$\chi_0^2=7.815$をはるかに下回る（つまり$\chi^2=0.4700<7.815=\chi_0^2$）ので、この帰無仮説は棄却できない！つまり、帰無仮説は正しくないとはいえない！ということになる。

- **【人】** χ^2値がχ^2分布にしたがうことを示したのは、「記述統計学」を大成した英国の統計学者**カール・ピアソン**（Karl E.Pearson, 1857-1936）で、1900年のことだ。ちなみに、ピアソンと、「実験計画法」と「分散分析法」を創始し、実験に基づく小標本により母集団のパラメーターを推定する推測統計学を作り上げた英国の生物統計学者で経済学者でもあった**ロナルド・フィッシャー**（Ronald Aylmer Fisher, 1890-1962）との"論争"は有名である。このうち、「χ^2検定」に関係したものでは、（2つの要因がそれぞれr個とc個のカテゴリーを持つ）$r\times c$分割表に対する自由度として、ピアソンが$r\times c$である！としたのに対して、フィッシャーは$(r-1)\times(c-1)+1$とすべきである！とした。また、分散に対して、ピアソンは偏差平方和$\sum_{i=1}^n(x_i-\bar{x})^2=(x_1-\bar{x})^2+\cdots+(x_n-\bar{x})^2$を$n$で割った標本分散$s^2=\frac{\sum_{i=1}^n(x_i-\bar{x})^2}{n}$で代用していたのに対して、フィッシャーは偏差平方和を$(n-1)$で割った不偏分散$u^2=\frac{\sum_{i=1}^n(x_i-\bar{x})^2}{n-1}$であることを主張した。現在は、いずれもフィッシャーの方法が正しい！とされている。文献は、安藤洋美（著）『統計学けんか物語－カール・ピアソン一代記』海鳴社（Monad books）（1989）。

Excel【関数】 CHITEST or CHISQ.TEST（χ^2検定＝χ^2値に対する下側確率）

χ^2分布（カイじじょうぶんぷ） chi-squared distribution

カイ自乗（二乗）分布。χは、ギリシャ文字で"カイ"と読む。対応する英字はないので英語ではchiと書く。χ^2は"カイ自乗"と読む。「推測統計学」で最もよく使われている"連続型"の確率分布の1つである。平均0で分散1^2の標準正規分布$N(0,1^2)$にしたがうk個の互いに独立した確率変数$x_i(i=1,\cdots,k)$の自乗和$z=\sum_{i=1}^k x_i^2$は自由度kのχ^2分布にしたがう（この証明は、むずかしいので"省略"）。これを$z\sim\chi_k^2$と書く。（これは知らなくてもよいのだが、）自由度kのχ^2分布の確率密度関数は、$x\leq 0$のときは$f(x;k)=0$、$x>0$のときは$f(x;k)$

$$= \frac{\left(\frac{1}{2}\right)^{\frac{k}{2}}}{\Gamma\left(\frac{k}{2}\right)} \times x^{\frac{k}{2}-1} \times e^{-\frac{x}{2}}$$ である（Γ は"ガンマ関数(注1)"）。その平均値は k、分散は $2k$、歪度は $\sqrt{\frac{8}{k}}$、尖度は $\frac{12}{k}$ だ。k が無限大に近づくと z は正規分布に近づくが、その近づき方は"ゆっくり"である。「χ^2 検定」と総称される多くの統計的仮説検定（検定）に使われる他、**母分散の検定や区間推定などにも用いられる。**⇒ **χ^2 検定**（カイじじょうけんてい）

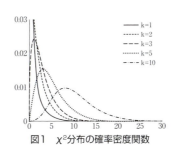

図1　χ^2 分布の確率密度関数

(注1) 【ガンマ関数】$\Gamma(x)$ は、x が整数（$x = n$）のときは、$\Gamma(n) = (n-1)! = 1 \times 2 \times \cdots \times (n-1)$ で、これを拡張したもの。

【数表】「χ^2 分布表」は"巻末"に掲載！

【人】この分布は、誤差論においても多大な貢献を果たしたドイツの測地学者・数学者の**フリードリッヒ・ヘルメルト**（Friedrich Robert Helmert, 1843-1917）が発見し、「記述統計学」を大成した英国の統計学者の**カール・ピアソン**（Karl E.Pearson, 1857-1936）が命名した。

Excel 【関数】CHIDIST or CHISQ.DIST.RT（χ^2 分布の上側確率）、CHIINV or CHISQ.INV.RT（χ^2 分布の上側確率に対するパーセント点）

χ^2 分布表 （カイじじょうぶんぷひょう）table of chi squared distribution

カイ自乗（二乗）分布表。χ は、ギリシャ文字の小文字で"カイ"と読む。対応する英字はないので英語では chi と書く。χ^2 は"カイ自乗"と読む。**自由度 ν の χ^2 分布に対して上側確率 $p(\chi_0^2 \leq \chi^2)$ つまり $\chi_0^2 \leq \chi^2$ である確率が α である χ_0^2 の値の数表**。自由度は df（degree of freedom）と書いてあるものもある。普通、行方向（縦軸）には、自由度 ν が 0 から 1 刻みに（100 位まで）並び、列方向（横軸）には、上側確率 α の値として（表によって少し違っているが）0.995, 0.990, 0.975, 0.950, 0.925, 0.900, 0.500, 0.100, 0.050, 0.025, 0.010, 0.005 が並んでおり、その交点に対応する χ_0^2 の値を示している。例えば、$\nu = 10$ の行と $\alpha = 0.05$ の列の交点には $\chi_{0.05}^2(10) = 18.307$ が載っている。統計学の本ならば、"必ず"掲載されている数表である。⇒ **χ^2 分布**（カイじじょうぶんぷ）、**自由度**（じゆうど）

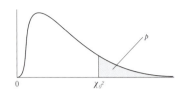
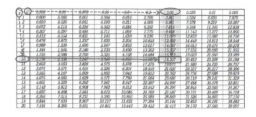

図1 「χ²分布表」に掲載されているパーセント点　　　図2 「χ²分布表」の使い方

📖 **【読み方】**「ν」は、英字の n に当たるギリシャ物の小文字で"ニュー"と読む。

📖 **【数表】**「χ²分布表」は"巻末"に掲載！

Excel【関数】 $CHIINV(0.05,10)=18.307 \Leftrightarrow CHIDIST(18.302,10)=0.050$

階乗 (かいじょう) factorial ⇒ **n!** (エヌのかいじょう)

外挿 (がいそう) exterpolation

　　与えられたデータを使って、そのデータが散らばっている"範囲外"で与えられていないデータを推定（予測）すること。例えば、$0 \leq x \leq 10$ の範囲で、x に対応する $y=f(x)$（$f(x)$ は"xの関数"）が与えられたとき、"範囲外"の $x<0$ あるいは $10<x$ で、x に対応する $y=f(x)$ を推定することである。過去から現在までの「時系列データ」が与えられた場合には、これらのデータをよく説明できるモデル（方程式）を導き、これを利用して、将来の時点の値を予測するのが「外挿」だ。また、「空間的なデータ」ならば、与えられたデータから、その傾向的な変化、繰り返しのパターンなどを見つけ、これが続くものとして、その範囲外を推定する。

　　データが散らばっている"範囲内"で与えられていないデータを推定する「内挿」に対比していう。「内挿」を「補間」というのに対して、「補外」という人もいる。当然のことながら、「内挿」は近くに与えられたデータがあり、精度よく推定できるのに対して、「外挿」は近くに与えられたデータがないので、一般的に、推定の精度は低い。⇒ **内挿** (ないそう)

外的基準 (がいてききじゅん) external criterion

　　「多変量解析」で"説明される"変数のこと。「基準変数」と呼ばれることもある。例えば、「重回帰分析」では、従属変数（被説明変数）に当たる変数のことで、実際に観測された値を、他の独立変数（説明変数）から予測できるように、重回帰式を推定する。また、「判別分析」では、それぞれのケースがどのグループ（群）に属するかの結果のことで、それぞれのケースの"対応のある"データから予測できるように、判別式と判別値を推定する。ちなみに、質的なデータの多次元データの解析手法の「数量化理論」では、"外的基準のある"「Ⅰ類」は回帰分析に対応し、「Ⅱ類」は判別分析に対応している。"外的基準のない"「Ⅲ類」は主成分分析や因子分析に対応し、「Ⅳ類」は多次元尺度法に対応している。「外的基準」を説明する変数の「内的基準」に対比していう。⇒ **数量化理論** (すうりょうかりろん)、**従属変数** (じゅうぞくへんすう)

外的にスチューデント化された残差 (がいてきにスチューデントかされたざんさ) externally studenized residual ⇒ **スチューデント化残差**（スチューデントかざんさ）

開平変換（かいへいへんかん）square root transformation ⇒ **平方根変換**（へいほうこんへんかん）

ガウス記号（ガウスきごう）floor function

（あまり使わない言葉だが、）床関数。実数 x に対して、x を超えない最大の整数である。m を整数としたとき、$m \leq x < m+1$ となる $m = [x]$ である。例えば、$[12.3] = 12$、$[1.2345] = 1$、$[-12.3] = -13$ などだ。普通、$[x]$[注1]と書く。$\lfloor x \rfloor$ と書くこともある。「ガウスの記号」ともいう。ちなみに、$\lceil x \rceil$ は「天井関数」で、x を下回らない最小の整数、つまり、n を整数としたとき、$n-1 < x \leq n$ となる $n = \lceil x \rceil$ のことである。例えば、$\lceil 12.3 \rceil = 13$、$\lceil 1.2345 \rceil = 2$、$\lceil -12.3 \rceil = -12$ などだ。

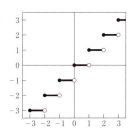

図1　ガウス記号による変数の間の対応
●と実線が"対応あり"、○は"対応なし"。

[注1)]【$[x]$】という記号は、ドイツの数学者・天文学者・物理学者の**ヨハン・カール・フリードリヒ・ガウス**（Johann Carl Friedrich Gauss, 1777-1855）が1808年に使ったらしい。また、「床」(floor) や「天井」(ceiling) といった名称や$\lfloor x \rfloor$や$\lceil x \rceil$という記法は、1962年に（「APL言語」の開発で有名な）カナダの計算機科学者のケネス・アイヴァーソン（Kenneth Eugene Iverson, 1920-2004）によって導入された。なお、$[x]$ という記号は、日本やドイツなど以外では使われていないようだ。

ガウス分布（ガウスぶんぷ）Gaussian distribution ⇒ **正規分布**（せいきぶんぷ）

確認的因子分析（かくにんてきいんしぶんせき）confirmatory factor analysis, CFA ⇒ **因子分析**（いんしぶんせき）

確認的データ解析（かくにんてきデータかいせき）confirmatory data analysis, CDA ⇒ **探索的データ解析**（たんさくてきデータかいせき）

確率（かくりつ）probability

ある事象が起こり得る確からしさ（可能性）あるいは信じられる度合い、あるいはその数値。普通の言葉では、「確実性」、「確からしさ」、「確度」、「可能性」、「実現性」、「蓋然性」、「公算」、「見込み」などの意味だと考えればよい。普通、probability の頭文字をとって p の文字で表す。「確率」の値は 1 を超えることはなく（$p \leq 1$）、また、0 を下回らない（$0 \leq p$）、つまり $0 \leq p \leq 1$ である。$p = 1$ の事象は確実に起こり、$p = 0$ の事象は確実に起こらない。$0 < p < 1$ の事象は、起こることもあり起こらないこともある、つまり"不確実な"事象である。$p(a \leq x \leq b)$ は、確率変数 x が a 以上かつ b 以下（$a \leq x \leq b$）を満たす確率である。

「確率」の概念（コンセプト）には、大別して「**古典的確率**」、「**経験的確率**」、「**公理的確率**」、

「主観的確率」の4つがある。このうち、「古典的確率」(理論的確率)は、例えば、サイコロでどの目がより多く出るという特別な理由がないことから、1〜6の目の出る可能性が等しい！と考える「理由不十分の原理」による。この考え方によると、起こり得るすべての事象の集まり（つまり標本空間）の中で、ある事象の起こり得るすべての集まり（組み合わせ）の割合で、確率を評価（計算）できる。つまり、全体でn通りの場合があり、そのいずれの可能性も等しい！と考えられるとき、ある事象Aがr通りの方法で出現するならば、事象Aの確率は$\frac{r}{n}=r\div n$ということになる。

しかし、この確率の概念は主観的に過ぎると批判され、これに代わって、「**経験的確率**」(統計的確率)が提案された。つまり、同一条件の下で、試行の回数を繰り返していくと、ある事象が起こる確率は一定の値に近づく。n個の独立な試行中、ある事象Aがr回出現したとして、もし、nを十分に大きくしたときに、相対度数$\frac{r}{n}=r\div n$が一定値pに近づくならば、そのpをAの確率の値としようというものだ。

さらに、「確率論は、幾何学や代数学とまったく同じように公理を起点として発達させるべきだ！」として、以下の3つの公理で定義したのが「**公理的確率**」。つまり、① $0 \leq p(E) \leq 1$ (個々の事象Eの起こる「確率」は0と1の間にある)。② $S = \bigcup_i E_i \rightarrow p(S) = 1$ (∪は"または")(すべての事象が起きる「確率」は1である)。③ $(\forall i \neq j) \cap (E_i \cap E_j = 0) \rightarrow p\left(\bigcup_{k=1}^{n} E_k\right) = \sum_{k=1}^{n}(E_k)$ (∩は"かつ")つまり $p(E_1 \cup E_2 \cup \cdots \cup E_n) = p(E_1) + p(E_2) + \cdots + p(E_n)$ (互いに排他的な事象の起きる「確率」はそれぞれの事象の「確率」の和である)。

最後の「**主観的確率**」は、可能性、確信、期待、見込みなどといったものに対応する確率のことで、他の確率の本質が"偶然性"であるのに対して、この確率は"情報の不足"をその本質と考える点がポイント。この確率では、以前は確信は50%だったが、ある情報を得て、確信は80%になった！などといったことを扱う。⇒ **経験的確率**（けいけんてきかくりつ）、**主観的確率**（しゅかんてきかくりつ）、**ベイズの定理**（ベイズのていり）、**理由不十分の原理**（りゆうふじゅうぶんのげんり）

📖 【読み方】いずれもその形から、"または（or）"を意味する「∪」は"カップ"と、"かつ（and）"を意味する「∩」は"キャップ"と読む。

📖 【英類語】には、certainty, probability, possibility, likelyhoodがある。certaintyは、確実なこと、ゆるぎないこと、誰も疑念を抱かないこと。possibilityは、実現性、可能性、可能であること、あり得ること。likelyhoodは、可能性、ありそうなこと、見込みである。そして、これらの確実性は、certainty＞probability＞possibilityの順に低くなるようだ。

📖 【歴史】確率に関わる"初めて"の問題は、1494年にベネチア（ベニス）のフランシスコ会修道士で、すべての取引を貸方と借方に仕訳して組織的に記録・計算・整理する「複式簿記」を考案したことでも有名なルカ・パチョーリ（Fra Luca Bartolomeo de Pacioli, 1445-1517）が数学書『ズムマ（算術、幾何、比および比例に関する全集）』（Sūma de Arithmetica, Geometica, Proportion, et Proportionalita）の中で、賭博を例にした問題のようだ。次に、ルネッサンス期のイタリアの医師で数学者でもあったジェロラモ・カルダノ（Girolamo/Hieronymo Cardano, 1501-76）は、サイコロ賭博の手引書『サイコロ遊戯の書』の中で、「確からしさ」（favourable）という考え方を掴んでいたらしい。具体的には、2つのサイコロを同時に投げてその目の和に賭けると

すれば、いくつに賭けるのが有利かという問題に対して、すべての場合を書き上げ、7が最も有利だと結論づけている。

　また、イタリアの物理学者・天文学者・哲学者のガリレオ・ガリレイ（Galileo Galilei, 1564-1642）は、3つのサイコロを同時に投げたときに出る目の和のすべての場合を書き上げ、目の和が9になる確率が $\frac{25}{216} \fallingdotseq 0.1157$ であり、目の和が10になる確率が $\frac{27}{216} = \frac{1}{8} = 0.125$ であることを見いだしている。1654年、フランスの賭博好きの下級貴族であったシュバリエ・ド・メレ（the Chevalier de Mere, 1607-85）（シュバリエとは最下位の貴族）が、1つのサイコロを振ったときに6の目が出る可能性は $\frac{1}{6}$ であるので、4回振って少なくとも1回は6の目が出る可能性は $\frac{1}{6} \times 4 = \frac{4}{6} = \frac{2}{3} \fallingdotseq 0.667$ に等しいと考え、これを1対1の賭率で賭け、幸運にも賭けに"勝った"（実際にはこの確率は $1 - \left(1 - \frac{1}{6}\right)^4 = 1 - \left(\frac{5}{6}\right)^4 = \frac{671}{1296} \fallingdotseq 0.5177$ だ）。そして、次に、2個のサイコロを同時に振り、6のゾロ目になる可能性は $\frac{1}{36}$ なので、24回振って少なくとも1回のゾロ目が出る可能性は $\frac{1}{36} \times 24 = \frac{24}{36} = \frac{2}{3} \fallingdotseq 0.667$ に等しいと考えて、賭けをしたが、結果として"負けた"。

　メレは、フランスの哲学者・数学者・物理学者の**ブレーズ・パスカル**（Blaise Pascal, 1623-62）に助言を求めた。パスカルは、当時ヨーロッパを代表する大数学者で弁護士でもあった**ピエール・ド・フェルマー**（Pierre de Fermat, 1601-65）と「往復書簡」でやり取りをして、この問題を解決した（現在、6通の書簡が確認されている）。一般には、パスカルとフェルマーの間でなされたこのやり取りが、「近代確率論」の"始まり"とされているが、この2人は、この結果を公表することに無関心だったため、この結果が広く知られることはなかった。オランダの物理学者（で、望遠鏡を発明して土星の輪の正体を明らかにし、また、振り子を利用した正確な時計を設計したことでも有名な）**クリスティアーン・ホイヘンス**（Christiaan Huygens, 1629-95）は、パスカルとフェルマーの研究を耳にし、パリを訪れて1年後の1657年に確率論の入門書『さいころ遊戯における推論について』（De Ratiociniis in Ludo Aleae）を書き上げている。これが確率論について書かれた"最初"の数学書で、その後、半世紀にわたって標準的な入門書になったそうだ。

📖【人】「古典的確率」は、フランスの偉大な数学者・物理学者の**ピエール=シモン・ラプラス**（Pierre-Simon Laplace, 1749-1827）らの提案による。「経験的確率」は、（流体力学や航空力学などでも業績を残した）オーストリア・ハンガリー帝国出身の米国の科学者の**リヒャルト・フォン・ミーゼス**（Richard von Mises, 1883-1953）が提案した。「公理的確率」は、ロシアの数学者**アンドレイ・コルモゴロフ**（Andrey Nikolaevich Kolmogorov, 1903-87）の提案による。「主観的確率」の考え方は、1920-30年代に英国の数学者の**フランク・ラムゼイ**（Frank Plumpton Ramsey, 1903-30）やイタリアの数学者の**ブルーノ・デ・フィネッティ**（Bruno de Finetti, 1906-85）らが導入したようだ。

確率過程 (かくりつかてい) random process or stochastic prosess

　時間の経過にしたがって変化する確率変数つまり偶然が支配する現象の数学的モデル（模型）。「ランダムプロセス」と同じ。一定の時間に事象の起こる回数が"ポアソン分布"にしたがう「ポアソン過程」、次の時点のデータが現在の時点データだけで決まる「マルコフ過程」、次の時点の位置が"無作為に"上下する「ランダムウォーク」などがある。

　「統計学」では、「確率過程」は「時系列」と同じで、とくに時系列データの分析では、デ

ータをトレンド、循環変動、季節変動など系統的なパターンに偶然の誤差が加わったものと考えるのではなく、時系列データを(確率的な変動の性質が、時点に依存せず一定である)"定常的な"確率過程と考え、過去のデータの中にすべての情報が含まれていると考える。具体的には,過去のデータに基づいて将来のデータを「自己回帰」の方法によって説明しようとする。「ARモデル」(自己回帰モデル)や「ARMAモデル」(自己回帰移動平均モデル)などは、この考え方にしたがったものだ。⇒ **ARMAモデル**(アーマモデル)、**ARモデル**(エイアールモデル)、**時系列分析**(じけいれつぶんせき)

確率誤差(かくりつごさ) random error ⇒ **偶然誤差**(ぐうぜんごさ)

確率紙(かくりつし) probability distribution sheet

横軸(x軸)に一様な目盛(線形目盛)あるいはこれに代わる目盛、縦軸(y軸)には特定の分布(分布関数)の累積確率に対応した特別な目盛を取った方眼紙(グラフ用紙)。観測したデータをこの方眼紙の上に打点(プロット)することで、データが特定の分布にしたがっているか否かを判定することができる。また、その分布の母数(パラメーター)を推定できる。具体的には、特定の分布に対応した確率紙の上に、データ (x_i, F_i) (x_i は"データ"、F_i は"累積確率"、i は"データ番号")を打点したときに、データが直線に並ぶことで、その適合性を(視覚的に)判断できる。

「確率プロット」は、「確率紙」の上にデータを打点することあるいは打点したグラフのことだ。正規分布用の「**正規確率紙**」、対数正規分布用の「**対数正規確率紙**」、二項分布用の「**二項確率紙**」、指数分布用の「**指数確率紙**」の他、「**ワイブル確率紙**」や「**二重指数確率紙**」(極値確率)などといったものが、"品質管理・統計関係用紙"として販売されている。これらの用紙は、日本科学技術連盟(日科技連)や日本規格協会などからネット購入できる他、大学の生協や大きな文具店で購入できる。また、インターネット上に載っている「正規確率紙」などをダウンロード&コピーするのもよい方法だ。☺ ⇒ **確率プロット**(かくりつプロット)、**正規確率紙**(せいきかくりつし)

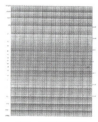

図1 正規確率紙

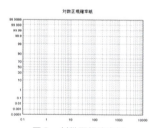

図2 対数正規確率紙

確率質量関数(かくりつしつりょうかんすう) probability mass function

"離散的な"確率変数が取る値にその生起する確率を対応させた関数(対応付け)。例えば、偏りのないサイコロを振ったときに出る目は1〜6の整数、そのそれぞれの値が生起する確率が $\frac{1}{6}$ という"対応付け"が「確率質量関数」である。"連続的"な確率変数が取る値のその生起確率の密度を対応させた「**確率密度関数**」に対比していう。⇒ **確率密度関数**(かくりつみつどかんすう)

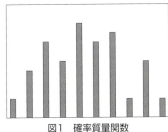

図1　確率質量関数

確率抽出法（かくりつちゅうしゅつほう）probability sampling ⇒ **無作為抽出法**（むさくいちゅうしゅつほう）

確率標本（かくりつひょうほん）random sample

　無作為標本。「無作為抽出法」で抽出された標本（サンプル）で、標本を抽出する母集団が"均質"であれば、抽出された標本を「確率論」の助け（方法）を借りて分析できるのがポイント。「ランダムサンプル」と同じ。⇒ **無作為抽出法**（むさくいちゅうしゅつほう）

確率プロット（かくりつプロット）probability plot

　2つのデータの分布（つまり分布関数）が等しいといってよいか否かを判断するために、「確率紙」の上に観察したデータを打点（プロット）することあるいは打点したグラフのこと。2つのうちの一方のデータの"累積分布関数"を $F(x)$、他方のそれを $G(x)$ としたとき、変数 x に対して、それぞれのデータが x 以下である確率つまり $p_1 = F(x)$ と $p_2 = G(x)$ として、それぞれ縦軸（y軸）と横軸（x軸）に打点する「**P-Pプロット**」（P は probability）と、確率 p を与えたときに $p = F(q_1) = G(q_2)$ で決まる2つの確率点 q_1 と q_2 をそれぞれ縦軸と横軸に打点する「**Q-Qプロット**」（Q は quantile）の2種類がある。いずれも、「確率紙」で (p_1, p_2) や (q_1, q_2) が直線の上に載った場合、2つのデータの分布は等しいと判断される。もちろん直線の上に載っていなければ、等しくはない。

　また、2つのデータの分布のうちの1つを"正規分布"としたものが「正規確率プロット」で、P-Pプロットに対応したものを「正規P-Pプロット」と、Q-Qプロットに対応したものを「正規Q-Qプロット」と呼ぶ。検討したいデータの分布が"正規分布"にしたがっていれば、打点は直線の上に載る。データの絶対値の分布を取り扱う「半正規確率プロット」というのもある。⇒ **確率紙**（かくりつし）、**正規確率プロット**（せいきかくりつプロット）、**半正規確率プロット**（はんせいきかくりつプロット）

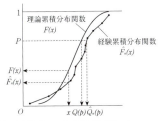

図1　P-Pプロット&Q-Qプロット

確率分布 (かくりつぶんぷ) probability distribution

変量のとる"すべて"の値とそのそれぞれの値が生起する確率の対応付け。変量がとる値が連続的なものか、離散的なものかに応じて、「連続型分布」と「離散型分布」の2種類がある。"連続型"分布では、数学的な性質によって、「一様分布」「正規分布」「t分布」、「χ^2分布」、「F分布」などがある。変量がある値からある値の範囲に入っている確率を表す関数が「確率密度関数」だ。"離散型"分布では「一様分布」、「二項分布」、「ポアソン分布」などがある。離散型分布では、変数の値は、数字ではなく、項目やカテゴリーなどでもよい。こちらの確率を表す関数は「確率質量関数」という。また、複数の変量の組み合わせに対する確率は「多次元分布」である。⇒ **一様分布**(いちようぶんぷ)、**正規分布**(せいきぶんぷ)、**二項分布**(にこうぶんぷ)

> 【読み方】「χ」は、ギリシャ文字の小文字で、"カイ"と読む。対応する英字はないので、英語ではchiと書く。「χ^2」は"カイ自乗"と読む。

確率変数 (かくりつへんすう) random variable

"偶然"によってその値が決まる変数。ここで、「偶然」は"必然"の反対で、"たまたま"ということ。取り得る値の範囲とそのそれぞれの値が生起する確率が決まっており、実際には"偶然"によってその値が決まる変数である。簡単な例として、1つの偏りのないサイコロを振ったときに出る目は、取りうる値の範囲が1〜6の整数、そのそれぞれの値が生起する確率が$\frac{1}{6} \fallingdotseq 0.1667$の"離散型"の確率変数であり、$1$〜$6$の整数以外の値を取らず、また、生起する確率の合計は1である。また、0〜1の一様乱数は、取りうる値の範囲が0〜1の実数x、そのそれぞれの値が生起する確率の密度が、$x<0$のときは0、$0 \leqq x \leqq 1$のときは1、$1<x$のときは0の"連続型"の確率変数で、$0 \leqq x \leqq 1$以外の値は取らず、また、生起する確率の合計は$\int_0^1 1 dx = [x]_0^1 = 1-0 = 1$($\int$は"積分")である。もちろん、確率変数が取る値は、整数や実数など数値でなく、文字や記号や概念などでもよい。☺ ⇒ **確率**(かくりつ)、**変数**(へんすう)

確率密度関数 (かくりつみつどかんすう) probability density function

"連続型"の確率変数が生起する確率の"密度"を表す関数(対応付け)。確率変数をx、その確率密度関数を$f(x)$とすると、$f(x) \geqq 0$である。そして、$a<b$として、この確率変数xが$a \leqq x \leqq b$の値を取る確率は$\int_a^b f(x)dx$($\int$は"積分")である。"離散型"の確率変数が生起する確率を表す「確率質量関数」に対比していう。図1〜4は、それぞれ正規分布、t分布、χ^2分布、F分布の確率密度関数のグラフである。⇒ **確率質量関数**(かくりつしつりょうかんすう)、**積分**(せきぶん)

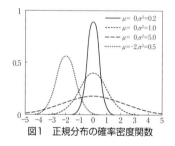

図1 正規分布の確率密度関数

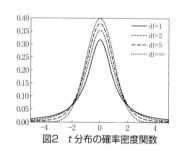

図2 t分布の確率密度関数

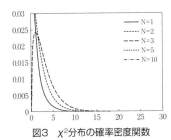
図3 χ²分布の確率密度関数

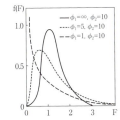
図4 F分布の確率密度関数

📖【読み方】「χ」は。ギリシャ文字の小文字で、"カイ"と読む。対応する英字はないので英語ではchiと書く。「χ^2」は"カイ自乗"と読む。

確率モデル (かくりつモデル) probability model or stochastic model

確率模型。その結果が"偶然"(つまり"確率的")に決まる確率変数を含んだモデルのことである。「確率論的モデル」と同じ。「決定論的モデル」に対比してこういう。簡単な例として、「コイン投げ」について、実際にコイン投げをした結果が n 回のうち n_1 回"表"が出たこと("表"の出た割合は $\hat{p} = \frac{n_1}{n} = n_1 \div n$)から、このコインの"表"が出る「確率」を推定したい。

このとき、このコイン投げを、"表"が出る確率は p で、コイン投げは互いに"独立"しているという「確率モデル」を使って分析する。この場合、n 回のコイン投げの結果、"表"が出る回数の平均値は $n \times p$、分散は $n \times p \times (1-p)$、標準偏差は $\sqrt{n \times p \times (1-p)}$($\sqrt{}$ は"平方根")となり、その確率の平均値は p、分散は $\frac{p \times (1-p)}{n} = p \times (1-p) \div n$、標準偏差は $\sqrt{\frac{p \times (1-p)}{n}} = \sqrt{p \times (1-p) \div n}$ となる[注1]。実際のコイン投げの結果がこの「確率モデル」の説明と矛盾しなければ、この「確率モデル」は受け入れられる。しかし、何かの矛盾が見つかれば、例えば、それぞれのコイン投げが独立ではないなど、他の「確率モデル」を探すことになる。⇒ **大数の法則**(たいすうのほうそく)、**統計モデル**(とうけいモデル)、**モデル**

📖【読み方】「$\hat{p}$」は"ピーハット"と読む。

(注1) 【計算例】「コイン投げ」で"表"の出る「確率」の推定は、(「二項分布」を「正規分布」に"近似"して)、有意水準を5%とすると、$p_1 \sim p_2 = \left(p - 1.96 \times \sqrt{\frac{p \times (1-p)}{n}}\right) \sim \left(p + 1.96 \times \sqrt{\frac{p \times (1-p)}{n}}\right)$ の間になる。この p に $\hat{p} = \frac{n_1}{n} = n_1 \div n$ を代入すれば、実際の結果から p の区間推定ができる。例えば、$n = 20$、$n_1 = 15$ だとすると、$\hat{p} = \frac{15}{20} = 0.75$ となるので、$p_1 \sim p_2 = \left(0.75 - 1.96 \times \sqrt{\frac{0.75 \times 0.25}{20}}\right) \sim \left(0.75 + 1.96 \times \sqrt{\frac{0.75 \times 0.25}{20}}\right)$ つまり $p_1 \sim p_2 = (0.75 - 0.19) \sim (0.75 + 0.19) = 0.56 \sim 0.94$ ということになる。

加重平均 (かじゅうへいきん) weighted mean

重み付きの平均値。データの値を単純に足し算するのではなく、それぞれの値に異なった"重み"を付けて計算した平均値である。具体的には、n 件のデータを $x_1, \cdots, x_n$、対応する"重み"を $w_1, \cdots, w_n$、その条件を $\sum_{i=1}^{n} w_i = w_1 + \cdots + w_n = 1$ とするとき、「加重平均」は

$y = \sum_{i=1}^{n} w_i \times x_i$ つまり $y = w_1 \times x_1 + \cdots + w_n \times x_n$ である。大きな"重み"を付けることは、それをより重点に考える、評価するということだ。⇒ **移動平均法**（いどうへいきんほう）

仮説 （かせつ） hypothesis

仮に立てた説。この説が成り立つと仮定して、観察した結果が合理的にあるいは矛盾なく説明できれば、仮説は採用され、できなければ、仮説は棄却される（つまり取り下げられる）。通常行われている「**統計的仮説検定**」、つまり「**ネイマン・ピアソン流の仮説検定**」では、現象が偶然につまり確率的に起こったものだ！という仮説を立てて、観察した結果が得られる確率を計算し、その値が大きければ、仮説は成り立つと考え、その値が小さければ、仮説は成り立たないと考える。棄却されることを想定した仮説は「**帰無仮説**」、帰無仮説が棄却された場合に採用される仮説は「**対立仮説**」と呼ばれる。⇒ **帰無仮説**（きむかせつ）、**対立仮説**（たいりつかせつ）、**統計的仮説検定**（とうけいてきかせつけんてい）、**ネイマン・ピアソン流の仮説検定**（ネイマン・ピアソンりゅうのかせつけんてい）

仮説検定 （かせつけんてい） hypothesis test ⇒ **統計的仮説検定**（とうけいてきかせつけんてい）

片側検定 （かたがわけんてい） one-sided test or one-tailed test

「帰無仮説」の採択域の"片側"（つまり上側あるいは下側）に「棄却域」を設けた統計的仮説検定（検定）。例えば、群（グループ）1の平均値 $\bar{x}_1$ を、群2の平均値を $\bar{x}_2$ としたとき、"棄却"したい帰無仮説として、「$\bar{x}_1 = \bar{x}_2$」を採ったとき、他に何も情報や知識（つまり根拠）がないときには、普通、対立仮説は（帰無仮説を否定する）「$\bar{x}_1 \neq \bar{x}_2$」、つまり「$\bar{x}_1 > \bar{x}_2$ ではない」あるいは「$\bar{x}_1 < \bar{x}_2$ ではない」である。しかし、例えば、「$\bar{x}_1 > \bar{x}_2$ ではない」という根拠がある場合には、これを検定する必要はないので、対立仮説は「$\bar{x}_1 < \bar{x}_2$ である」として、この仮説だけを検定すればよい。これが「片側検定」だ。

例えば、試験をして中学生と高校生の英語力を測定した結果についての「（平均として、）中学生と高校生の学力は同じ！」という帰無仮説に対して、「（平均として、）中学生が高校生より優れていることはない！」が"常識"として分かっているので、対立仮説は「高校生は中学生より優れている！」として、片側検定すればよいことになる。当然のことながら、（「両側検定」に対する「両側確率」ではなく、）「片側検定」に対しては「**片側確率**」（上側確率あるいは下側確率）と「**片側パーセント点**」（上側パーセント点あるいは下側パーセント点）が対応する。⇒ **上側確率**（うえがわかくりつ）、**パーセント点**（パーセントてん）、**両側検定**（りょうがわけんてい）

　📖【**読み方**】「$\bar{x}$」は"エックスバー"と読む。

$\binom{n}{k}$ （かっこエヌケイ） binomial coefficient indexed by n and k, number of combinations from n choose k

二項係数[注1]。異なる n 個の要素から異なる k 個の要素を重複しないようにまたその順序を考慮せずに選ぶ組み合わせの数である。これを $\binom{n}{k}$ と書く。n 個の要素から最初の 1 個を選ぶやり方の数は n 通りある。次に、残りの $(n-1)$ 個の要素から 2 番目の 1 個を選ぶやり方の数は $(n-1)$ 通りある。同様に、残りの $(n-k+1)$ 個の要素から k 番目の 1 個を選ぶやり方の数は $(n-k+1)$ 通りなので、その組み合わせは $n \times \cdots \times (n-k+1)$ 通りあることになる。ここで、選ばれた k 個の要素の並べ方は $k \times \cdots \times 1$ 通りあるので、その順序を考慮しないのならば、異なる n 個の要素から異なる k 個の要素を選ぶ組み合わせの数は

$$\frac{n \times \cdots \times (n-k+1)}{k \times \cdots \times 1} = \frac{n \times \cdots \times (n-k+1)}{k \times \cdots \times 1} \times \frac{(n-k) \times \cdots \times 1}{(n-k) \times \cdots \times 1} = \frac{n!}{k! \times (n-k)!}$$

（$n!$ は"n の階乗"）ということになる。「${}_nC_k$」（n choose k）と書くこともある(注2)。

例えば、2個の要素から1個を選ぶやり方は2通り、3個の要素から1個は3通り、n 個の要素から1個は n 通りあることは簡単に分かるであろう。次に、2個の要素から2個を選ぶやり方は $\frac{2 \times 1}{2}=1$ 通り、3個の要素から2個は $\frac{3 \times 2}{2}=3$ 通り、n 個の要素から2個は $\frac{n \times (n-1)}{2}$ 通りある。ここで、$\frac{1}{2}$ は重複の分を割り引いた。これも分かるであろう。3個の要素から3個を選ぶやり方は $\frac{3 \times 2 \times 1}{3 \times 2 \times 1}=1$ 通り、4個の要素から3個は $\frac{4 \times 3 \times 2}{3 \times 2 \times 1}=4$ 通り、n 個の要素から3個は $\frac{n \times (n-1) \times (n-2)}{3 \times 2 \times 1} = \frac{n \times (n-1) \times (n-2)}{6}$ 通りある。ここで、$\frac{1}{3 \times 2 \times 1}=\frac{1}{6}$ は重複の分を割り引いたためだ。

(注1) $\binom{n}{k}$ を「二項係数」と呼ぶのは、二項展開 $(x+y)^n = \sum_{k=0}^{n} \binom{n}{k} x^k y^{n-k} = \binom{n}{0} x^0 y^n + \cdots + \binom{n}{n} x^n y^0$ の中の一般項 $x^k y^{n-k}$ の係数であるためだ。

(注2)【国によって】$C(n,k)$ や C_k^n や ${}^nC_k$ と書く場合もあるようだ。

Excel【関数】COMBIN（組み合わせの数）

カテゴリーデータ categorical data ⇒ **名義尺度**（めいぎしゃくど）

刈り込み平均（かりこみへいきん）trimmed mean ⇒ **トリム平均**（トリムへいきん）

間隔尺度（かんかくしゃくど）interval scale

回答の大小や順序だけでなく、その間隔が等しいつまり回答の差にも意味があるデータの種類（尺度）。"量的"データの1つでもある。例えば、摂氏や華氏の温度の1度、2度、3度には大小があり、かつ等間隔だ。2つのデータの差やその比率も意味があり、データ同士の足し算や引き算もできるが、掛け算や割り算は意味をなさない。とはいっても、ほとんどの統計値が計算できる。この他、暦（西暦年）、テスト（試験）の得点、知能指数（IQ）などは「間隔尺度」のデータである。「**距離尺度**」ともいう。データの分布の指標としては、「最頻値」（モード）、「中央値」（メディアン）、「平均値」の他、「標準偏差」なども定義できる。なお、心理学などの調査では、回答の間隔が等しくはない「順序尺度」のデータを、仮に"等間隔"の「間隔尺度」のデータとみなすこともある。⇒ **尺度基準**（しゃくどきじゅん）、**順序尺度**（じゅんじょしゃくど）

頑健性（がんけんせい）robustness ⇒ **ロバストネス**

観察データ（かんさつデータ）observed data

調査の対象者（本人）に回答してもらうのでなく、調査者（他人）が対象者を観察して行う調査のデータ。本人の回答は、内面に深く入ることもできるが、その一方では、自分をよく見せたいなど、こう答えた方が調査者の気に入るだろうなどといったバイアス（偏り）が入ってしまう可能性がある。これに対して、「観察データ」は、本人以上には内部に入れないといった限界はあるが、他人からの目での（ある意味での）客観的な評価ができるのがポイント。

関数（かんすう）function

"原因"の変数と"結果"の変数の間の対応関係。普通、原因を x、結果を y として、$y = f(x)$ や $y = g(x)$ などと書く。あるいは、2つの原因を x と y、結果を z として $z = f(x,y)$ や

$z=g(x,y)$ などと書く。例えば、$f(x)=x+5$ という関数ならば、$x=3$ なら $f(3)=3+5=8$ となり、$x=4$ なら $f(4)=4+5=9$ となる。$g(x,y)=2x+y^2+1$ という2つの変数 x と y の関数ならば、$x=1$ で $y=3$ なら $g(1,3)=2×1+3^2+1=12$ となり、$x=2$ で $y=2$ なら $g(2,2)=2×2+2^2+1=9$ となる。"原因"の変数は「独立変数」(説明変数)、"結果"の変数は「従属変数」(被説明変数) という。「確率」では、確率密度関数、累積確率密度関数、確率質量関数などで出てくる。「統計」では、平均値や標準偏差などの統計量の値は、標本のデータの値の関数でもある。⇒ **確率密度関数**(かくりつみつどかんすう)、**逆関数**(ぎゃくかんすう)

📖 **【関数と函数】**元々は"原因を函に入れると結果が出てくる"といった意味で「函数」と書いていたが、"函"の字が1946年の"漢字制限"によって、「当用漢字」に含まれないことになったため、同じ音の「関数」という書き方に変わった。☺

完全無作為化法 (かんぜんむさくいかほう) perfect randomized design

「実験計画法」の実験の割り付けの方法の1つ。「完全ランダム化法」と同じ。実験の(部分ではなく)**全体**を"無作為化"つまり"ランダム化"して実施する方法である。実験を"繰り返す"とき、完全に"無作為な"順序で行うことによって、実験の順序や反復の回数が結果に与える影響(これは「系統誤差」である)を防ぐことができる。因子の数が1つの場合は「一元配置法」、2つの場合は「二元配置法」などという。「実験計画法」で"系統誤差"を減らすあるいは"偶然誤差"に転化するために満たすべき「フィッシャーの三原則」のうち、("局所管理"を除いて、)"反復"と"無作為化"の原則を満たす方法でもある。しかし、実際には"全体"を無作為化するのがとても大変なので、実験の環境条件なども1つの因子(ブロック因子)と考え、この因子が同じ実験体の中で、他の因子の水準を割り付ける、つまり"局所管理"をする「乱塊法」や、1つの因子の水準を割り付けた実験単位を分割して、他の因子の水準を割り付ける「分割区法」を採用することが多いようだ。⇒ **実験計画法**(じっけんけいかくほう)、**無作為化**(むさくいか)

完全ランダム化法 (かんぜんランダムかほう) perfect randomized design ⇒ **完全無作為化法**(かんぜんむさくいかほう)

感度分析 (かんどぶんせき) sensitivity analysis

入力(あるいは原因)が変化したときに、**出力**(あるいは結果)がどう変化するか(これが「感度」)を分析して、出力(あるいは結果)が安定したつまり信頼できるものか否かを検討する手法。「回帰分析」を例にとると、分析する"すべて"のデータを使って求めた回帰式の傾き(つまり回帰係数)に対して、この中の"一部"のデータだけを使って求めた回帰式の傾きがどの位違っているかを分析する。そして、その間の"違い"が小さければ出力(あるいは結果)は安定しており、信頼できる、また、"違い"が大きければ出力(あるいは結果)は安定しておらず、信頼できない、と評価する。ここで、"一部"のデータの選び方は、とくに決まっている訳ではなく、最も簡単なやり方は、すべてのデータの中から任意の1つを取り除いたデータを使って求めるものだ。あるいは、任意の1つを±10%変化させてこれを加えたすべてのデータを使って求めるといったやり方も考えられる。

📖 **【外れ値】**の可能性のあるデータを取り除いて統計値を計算し、これと取り除く前に計算した統計値と比較する方法も、「感度分析」と同じ考え方だ。

- 📖 **【トルネードチャート】**は、感度分析の対象となる入力（原因）をある範囲で動かしたときの出力（結果）の値の範囲（変動幅）を"横棒グラフ"で表し、変動幅が大きい順に上から入力を並べたグラフである。出力（結果）の変動幅の大きさ、上限値と下限値と、出力（結果）に影響を与える入力（原因）の順位を一覧で示せるのがポイント。グラフの形が竜巻（トルネード）のように見えるので、この名前で呼ばれる。☺

ガンマ分布　（ガンマぶんぷ）gamma distribution

"連続型"の確率密度分布の1つ。分布の形状母数（パラメーター）を $k(>0)$、尺度母数を θ としたとき、確率密度関数が $f(x)=x^{k-1}\times\dfrac{e^{-\frac{x}{\theta}}}{\Gamma(k)\times\theta^k}=\dfrac{1}{\theta\times\Gamma(k)}\times\left(\dfrac{x}{\theta}\right)^{k-1}\times e^{-\frac{x}{\theta}}(x>0)$（$e^{-x}$ は "e の $-x$ 乗"）（e は"自然対数の底"という定数）（$\Gamma(k)$ は"ガンマ関数"）である。平均値は $k\times\theta$、分散は $k\times\theta^2$、また、歪度は $\dfrac{2}{\sqrt{k}}=2\div\sqrt{k}$、尖度は $\dfrac{6}{k}=6\div k$ である。ちなみに、$k=1$ のときは、平均値を θ とする「**指数分布**」と一致する。k が整数のときは、"待ち行列理論"などで使われる「**アーラン分布**」[注1]に一致する。k が半整数[注2]で $\theta=2$ のときは、「χ^2 **分布**」と一致する。ちなみに、「**ガンマ分布**」は、"自然な共役分布"として「ベイズ統計学」でよく使われる。⇒　**自然な共役分布**（しぜんなきょうやくぶんぷ）、**ベイズ統計学**（ベイズとうけいがく）

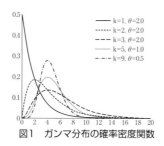

図1　ガンマ分布の確率密度関数

- 📖 **【読み方】**「θ」は、ギリシャ文字の小文字で"シータ"と読む。英字は対応がなく、音写は th だ。角度や無声歯摩擦音の音声記号としても使われている。「Γ」は、英字の G に当たるギリシャ文字の大文字で"ガンマ"と読む。「χ」は、ギリシャ文字の小文字で"カイ"と読む。対応する英字はないので英語では chi と書く。「χ^2」は"カイ自乗（二乗）"と読む。

(注1)　**【アーラン分布】**は、"待ち行列"の待ち時間を計算するために考案された確率分布で、"アーラン"は、デンマークの数学者・統計家・技術者で「待ち行列理論」の生みの親でもあるアグナー・アーラン（Agner Krarup Erlang, 1878-1929）の名前。

(注2)　**【半整数】**は、n が整数のときに $n+\dfrac{1}{2}$ で表される数で、2倍すると"奇数"、4倍すると"偶数"になる数である。"ガンマ関数"について、$\Gamma\left(-\dfrac{1}{2}\right)=-2\sqrt{\pi}$、$\Gamma\left(\dfrac{3}{2}\right)=\dfrac{\sqrt{\pi}}{2}$、$\Gamma\left(\dfrac{5}{2}\right)=\dfrac{3\sqrt{\pi}}{4}$ などである。統計学とは関係ない（物理学の話だ）が、電子をはじめとする「フェルミ粒子」は、"半整数"のスピン量子数を持つ。☺

Excel**【関数】**GAMMADIST（ガンマ分布関数の値）、GAMMAINV（ガンマ分布の累積分布関数の逆関数の値）、

かんり

管理図 (かんりず) control chart

製品の製造プロセス（工程）を管理するための図（グラフ）。製品の品質のデータから導かれた特性値を"時系列的に"「折れ線グラフ」に記録して、その変化の状況が"偶然"によるものかあるいは"異常"によるものかを判断できる。「シューハート管理図」ともいう。具体的には、上下2本の管理限界線と1本の中心線を記入した「管理図」に、製品の品質特性のバラツキを記録していき、データが上下の管理限界線の外に出てしまったり、データが中心線から片側に連続して現れる、データに傾向や周期があるなど、何かの"癖"を示した場合などに、"異常"があったと判断する。平均値 $\overline{X}$ と範囲（つまり最大値と最小値の差）R を記録する「$\overline{X}-R$管理図」、平均値 $\overline{X}$ と標準偏差 s を記録する「$\overline{X}-s$管理図」、中央値 Me と範囲 R を記録する「$Me-R$管理図」、個々のデータ X と移動範囲 R を記録する「$X-Me$管理図」などがある。⇒ **折れ線グラフ**（おれせんグラフ）、**品質管理**（ひんしつかんり）

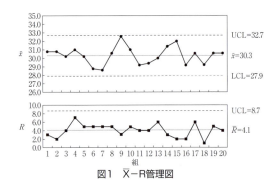

図1　X–R管理図

- 📖【読み方】「$\overline{X}$」は"エックスバー"と読む。
- 📖【人】「管理図」を考案したのは、米国の物理学者・統計学者で"統計的品質管理の父"とも呼ばれるウォルター・シューハート（Walter Andrew Shewhart, 1891-1967）である。

き

幾何平均 (きかへいきん) geometric mean

データの平均値の1つ。n 件のデータを $x_1, \cdots, x_n (\geqq 0)$ としたとき、すべてのデータを掛け算してその n 乗根を取った値、つまり、$y = \sqrt[n]{\prod_{i=1}^{n} x_i} = \sqrt[n]{x_1 \times \cdots \times x_n} = (x_1 \times \cdots \times x_n)^{\frac{1}{n}}$（$\sqrt[n]{x} = x^{\frac{1}{n}}$ は"n乗根"）が「幾何平均」である。「相乗平均」と同じ。$n=2$ ならば、$y = \sqrt[2]{x_1 \times x_2} = (x_1 \times x_2)^{\frac{1}{2}}$ つまり掛け算の平方根、幾何的には、辺の長さが x_1 と x_2 の長方形と同じ面積 $x_1 \times x_2$ の正方形の一辺の長さである。また、$n=3$ ならば、$y = \sqrt[3]{x_1 \times x_2 \times x_3} = (x_1 \times x_2 \times x_3)^{\frac{1}{3}}$ つまり掛け算の立方根（三乗根）、幾何的には、辺の長さが x_1 と x_2 と x_3 の直方体と同じ体積 $x_1 \times x_2 \times x_3$ の立方体の一辺の長さである。例えば、人口の増加（減少）率、物価の上昇（下降）率、売上高の増加（減少）率など変動率の平均値を求めるのに使われる。

例えば、3年間のデータが *1.0,1.1,1.2* だと、その各年の成長率は $\frac{1.1}{1.0}=1.1, \frac{1.2}{1.1}=1.0\dot{9}$（小数点以下の数字の上の傍点は"繰り返し"）なので、平均成長率は $\sqrt{\frac{1.1}{1.0}\times\frac{1.2}{1.1}}=\sqrt{1.1\times 1.0\dot{9}}$ $=\sqrt{1.2}≒1.09544$ となる。ちなみに、すべてのデータは非負 $\forall x_i(≧0)$ で、1つでも 0 があると、結果は $y=0$ となる。なお、「幾何平均」の式の両辺の対数を取ると、$\log y=\frac{1}{n}\prod_{i=1}^{n}\log x_i$ $=\frac{1}{n}(\log x_1\times\cdots\times\log x_n)$ となり、データと平均値をそれぞれ $\log x_i$ と $\log y$ としたときの「算術平均」と同じことだ。

- 【読み方】「Π」は、英字の P に当たるギリシャ文字の大文字で"パイ"と読む。足し算を表すΣと同じく、掛け算を表す記号としても使われている。
- 【変数変換】「幾何平均」も「調和平均」も、上下（左右）に偏ったデータの分布を"変数変換"によって、左右対称の分布に近づけようとするものだ。ちなみに、調和平均 H ≦幾何平均 G ≦算術平均 A という関係がある。

Excel【関数】GEOMEAN（幾何平均）

基幹統計（きかんとうけい）fundamental statistics ⇒ **公的統計**（こうてきとうけい）

棄却（ききゃく）rejection

統計的仮説検定（検定）で、想定した仮説（帰無仮説）を"捨てる"あるいは"否定する"こと。「採択」という言葉に対比していう。伝統的な仮説検定（ネイマン・ピアソン流の仮説検定）の考え方では、想定した仮説に基づいて、観察されたデータが得られる確率を計算し、この確率が設定した値（つまり「有意水準」）よりも小さかったら、"滅多にないことが起こった"として、仮説を「棄却」する。反対に、設定した値よりも大きかったら、仮説は「棄却」できない、つまり、"消極的に"「採択」する。⇒ **ネイマン・ピアソン流の仮説検定**（ネイマン・ピアソンりゅうのかせつけんてい）

棄却域（ききゃくいき）critical region or rejection region

統計的仮説検定（検定）で、標本のデータから計算した検定統計量の値がその範囲に入った場合、仮説（帰無仮説）が"棄却"できる値の範囲。計算した検定統計量がしたがう確率分布から、その確率が小さく、"滅多に起こらないことが起こった"と考えられる値の範囲で、値がその範囲に入る確率が設定する有意水準（つまり「第1種の誤り」を犯す確率＝危険率）α に対応する範囲である。検定統計量を z とすると、「両側検定」の場合、棄却域は $|z|>z_0$（$|z|$ は"z の絶対値"）つまり $z<-z_0$ あるいは $+z_0<z$ で、その確率は α に等しい（つまり、$p(|z|>z_0)$ $=p(z<-z_0 \text{ or } +z_0<z)=p(z<-z_0)+p(+z_0<z)=\alpha$）。「片側（上側）検定」の場合は、棄却域は $+z_0<z$ で、その確率が α に等しい（つまり、$p(+z_0<z)=\alpha$）となる。「棄却域」以外の値の範囲は「採択域」（受容域）で、検定統計量がこの範囲に入ったら、帰無仮説は棄却できず、採択することになる。⇒ **上側確率**（うえがわかくりつ）、**片側検定**（かたがわけんてい）、**両側検定**（りょうがわけんてい）

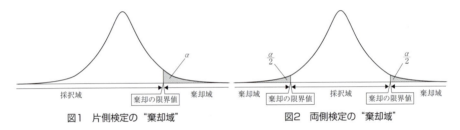

図1　片側検定の"棄却域"　　　図2　両側検定の"棄却域"

棄却限界値（ききゃくげんかいち）critical value
　　パーセント点。統計的仮説検定（検定）を行うとき、設定した有意水準（「第1種の誤り」を犯す確率＝危険率）の下で、想定した仮説（帰無仮説）を棄却しなければならない「棄却域」を表す限界値のことである。「両側検定」の場合は、仮説を「棄却域」の（"下側確率"に対応する）下限値（下側パーセント点）と（"上側確率"に対応する）上限値（上側パーセント点）、つまり、仮説を採択できる「採択域」の下限値と上限値のことだ。検定統計量の値がこの下限値を下回ったとき、あるいは、上限値を上回ったときには、仮説は棄却されることになる。「片側検定」の場合も同様だ。例えば、「正規分布」では、"両側確率"が 5%（つまり下側確率が 2.5%、上側確率が 2.5%）の棄却限界値（パーセント点）は ±1.96 で、計算した統計量の値の絶対値がこの値を超えていれば、有意水準（「第1種の誤り」を犯す確率）5% で、帰無仮説が棄却される！ということになる。⇒　**上側確率**（うえがわかくりつ）、**片側検定**（かたがわけんてい）、**統計的仮説検定**（とうけいてきかせつけんてい）、**パーセント点**（パーセントてん）、**両側検定**（りょうがわけんてい）

棄却検定（ききゃくけんてい）rejection test
　　データが"外れ値"であるか否かの統計的仮説検定（検定）。「棄却検定」という名前で呼ばれているが、これはデータを捨て去るために行うのではなく、データが"異常値"であるか否かをチェックするための方法だ。通常の方法として、n 件のデータ $x_1,\cdots,x_n$ の中の1件のデータ x が「外れ値」である可能性がある場合、データの平均値と分散を計算し、"外れ値"である可能性のあるデータの平均値からの偏差を求め、これを基にした検定統計量が「t 分布」をすることを利用する。具体的な方法として、「スミルノフ・グラブスの検定」、「トンプソンの棄却検定」、「増山の棄却限界」などがあるが、基本的な考え方はほとんど同じだ。具体的なやり方は、それぞれの項を参照してほしい。⇒　**スミルノフ・グラブスの検定**（スミルノフ・グラブスのけんてい）、**トンプソンの棄却検定**（トンプソンのききゃくけんてい）、**外れ値**（はずれち）、**増山の棄却限界**（ますやまのげんかい）

危険率（きけんりつ）significant level　⇒　**有意水準**（ゆういすいじゅん）

擬似相関（ぎじそうかん）spurious correlation
　　"対応がある"2つの変数の間に因果関係がないのに、"見せかけだけ"の相関関係が見られること。「見せかけの相関」や「スプリアス関係」ともいう。通常、"対応がある"2つの変数の間に因果関係があると、その結果として、2つの変数の間に相関がみられることが多い。そこで、2つの変数の間に相関がみられると、因果関係があるように考えがちだが、それは誤解である。相関関係はただの共変関係なので、相関関係があるからといって、必ずし

も因果関係があるとは限らない。これはとても多くの人たちが誤解しているので、よくよくの注意が必要である。

俗説にいう「コウノトリの飛来数が増えると、(人間の) 赤ちゃんの出生数が増える！」や「太陽の黒点が増えると景気がよくなり、黒点が減ると景気が悪くなる！[注1]」などの関係は、こういった"見せかけだけ"の相関の例といえる。統計学では、こういった誤りを「**虚偽の原因の誤り（誤謬）**」(false cause) と呼んでおり、「**相関関係は因果関係を含意しない！**」(Correlation does not imply causation！) という言葉で注意を促している[注2]。ちなみに、spurious（スプリアス）とは、正しいと思えるが誤っている！という否定的に使われる表現で、bogus（偽の、不法な）、false（フォールス）（間違った、誤りに基づいた）、insincere（インシンシアー）（誠意のない、偽善的な）と同じ意味だ。⇒ **相関分析**（そうかんぶんせき）

- (注1)【**太陽黒点説**】とは、太陽の黒点の面積の増減は10〜11年周期があり、穀物価格の騰貴・下落や恐慌の発生などにもまた同様の周期がある。限界効用理論の提唱者の一人である英国の経済学者ウィリアム・ジェヴォンズ (William Stanley Jevons, 1835-82) が、1876年に科学雑誌の『ネイチャー』に「商業恐慌と太陽黒点」という論文で提唱した。
- (注2)【**一般的にいって**】原因と結果の間には"時間の経過"が必要で、原因と結果が"同時には"起きないことに注意！"同時に"起きたことがあれば、それらはたまたま"同時に"起きた別々の原因で起きたか、あるいは、同じ現象を別の表現（定義）で表したものである可能性が高い。
  - 【**錯誤相関**】(illusory correlation) は、相関がないデータに相関があると思い込んでしまう"心理的な"現象のことだ。記憶に残りやすい出来事は、実際よりも頻繁に起こっていると錯覚されやすい。集団の一部が通常とは違う目立った行動をすると、集団全体が同じ行動をとっているように誤解される。行動経済学では、そういった現象を、"利用可能性ヒューリスティック"によるステレオタイプと説明している。

記述統計学 (きじゅつとうけいがく) descriptive statistics

調査対象とする母集団を構成する個体を「全数調査」して、調査の目的に応じて、その母集団の統計的な性質や特徴を"記述"することを目的とした統計学。その内容は、データをソートする、分類する、度数を数える、構成比を計算する、表にする、グラフにするなどといったことの他、平均値、標準偏差、尖度、相関係数などの「要約統計量」（記述統計量）の計算によって、"知りたいこと"つまり母集団の統計的な性質や特徴を導き出す方法論からなっている。ちなみに、もう1つの統計学の「推測統計学」は、対象とする母集団の（"全部"ではなく）"一部"を「標本調査」して、その標本のデータと確率論によって、母集団の統計的な性質や特徴を"推測"あるいは"検定"する方法である。⇒ **推測統計学**（すいそくとうけいがく）、**探索的データ解析**（たんさくてきデータかいせき）

Excel【ツール】ツールバー⇒データ⇒分析⇒データ分析（基本統計量）

記述統計量 (きじゅつとうけいりょう) descriptive statistics ⇒ **要約統計量** (ようやくとうけいりょう)
基準変数 (きじゅんへんすう) criterion variable ⇒ **従属変数** (じゅうぞくへんすう)
季節指数 (きせつしすう) seasonal index ⇒ **季節変動** (きせつへんどう)

季節調整 (きせつちょうせい) seasonal adjustment

時系列データから「季節変動」を取り除くこと。時系列データ（原系列）から「季節変動」を取り除くことで、季節変動以外の変動、つまり傾向変動、循環変動、不規則変動を観察できる。さらに、「傾向変動」を取り除くことで、循環変動、不規則変動を観察できる。「季節調整」の方法として、わが国の官庁統計などで最も一般的に使われているのは、米国センサス局が開発した「X-12-ARIMA（エックストゥエルヴアリマ）」である。⇒ **ARIMAモデル**（アリマモデル）

季節変動 (きせつへんどう) seasonal variation

時系列データの周期的な変動のうちの季節による変動。暑さ、寒さ、梅雨、台風、季節風、晴天、降雪などの「自然の要因」や、正月、年度末、年度初め、ゴールデンウィーク、お中元、夏休み、お歳暮、年末年始などの「社会制度・慣習などの要因」による **1年間（12ヶ月）を周期とする変動**のことである。時系列データから「季節変動」を観察・分析するときには、月次データならば、前月比や前年同月比など、四半期データならば、前四半期比や前年同四半期比などの指標で検討するのがよい。「季節指数」は、（その他の変動に対して）季節ごとの増減を表す指数である。また、長期的な傾向などを見る場合には、「季節調整」によって、「季節変動」を除いて検討することが必要になる。⇒ **時系列データ**（じけいれつデータ）

> 【ニッパチ】つまり2月と8月は商売が暇だ！といわれるが、ビジネスは季節の変動の影響を受け、商品やサービス、顧客や地域の種類や性格によって、さまざまに変化するものだ。

期待値 (きたいち) expected value

確率変数の取り得る値にそれが生起する確率を掛け算した値の総和。数多くつまり無限回の試みをしたときに、この確率変数の値として"期待できる"（つまり見込める）値のことだ。普通、確率変数を x としたとき、期待値は、*expected* の頭文字をとって、$E(x)$ で表す。"離散的"な確率変数の場合、変数の取り得る値の数を n、番号を $i(i=1,\cdots,n)$、取り得る値を $x_1,\cdots,x_n$、その値の生起する確率を $p_1,\cdots,p_n(\geqq 0)$ とすると、その期待値は $E(x)=\sum_{i=1}^{n}x_i\times p_i=x_1\times p_1+\cdots+x_n\times p_n$ になる。"連続的"な確率変数の場合は、変数の取り得る値の範囲を $a\sim b(a<b)$、取り得る値を $x(a\leqq x\leqq b)$、その値の生起する確率密度を $f(x)(\geqq 0)$ とすると、その期待値は $E(x)=\int_{a}^{b}x\times f(x)\mathrm{d}x$（∫は"積分"）になる。

計算例として、"ある"宝くじの賞金の期待値を計算してみよう。発行枚数 *6,000,000* 枚のうち、一等 *10,000,000* 円が *2* 本、一等前後賞 *1,000,000* 円が *4* 本、一等組違い賞 *100,000* 円が *118* 本、二等 *1,000,000* 円が *6* 本、三等 *100,000* 円が *240* 本、四等 *10,000* 円が *1,200* 本、五等 *5,000* 円が *12,000* 本、六等 *1,000* 円が *60,000* 本、七等 *100* 円が *600,000* 本であるとき、賞金の期待値は

$\frac{1}{6,000,000}\times(10,000,000\times 2+1,000,000\times 4+100,000\times 118+1,000,000\times 6+100,000\times 240+10,000\times 1,200+5,000\times 12,000+1,000\times 60,000+100\times 600,000)$
≒ *42.97* となる（当たり前といえばそうなのだが、宝くじの購入価格の半分以上は戻ってこない！）。☺

期待値最大化法 (きたいちさいだいかほう) expectation-maximization, EM ⇒ **EMアルゴリズム**（イーエム・アルゴリズム）

帰納 (きのう) induction

論理展開あるいは論理的推論の方法の1つ。"個々"の事例の共通点から"一般的な"法則を見出そうとする推論の方法である。「帰納法」ともいう。観察したいくつかの事象の共通点を見出して、これらから無理なくいえそうな（より一般的な）結論を導き出す。簡単な例として、観察した「一昨日も昨日も今日も太陽は東から出た！」から、より一般的な「太陽は毎日東から出る！」と推論する。"一般的な"法則から"個々"の結論を導き出す「演繹（法）」に対比して使われる。⇒ **演繹**（えんえき）、**統計的推定**（とうけいてきすいてい）

📖【人】この方法は、「知識は力なり！」の名言で知られる英国の哲学者・神学者の**フランシス・ベーコン**（Francis Bacon, 1561-1626）が科学的研究法として提唱し、後に、英国の聖書学者の**ジョン・ミル**（John Mill, 1645頃-1707）が完成したらしい。

基本統計量（きほんとうけいりょう）basic statistics ⇒ **要約統計量**（ようやくとうけいりょう）

帰無仮説（きむかせつ）null hypotheis

統計的**仮説検定**（検定）で"棄却"したい仮説。つまり、"無に帰したい仮説"である。普通、H_0（H は hypotheis の頭文字）で表す。「帰無仮説」が"棄却"されると、（内容としては「帰無仮説」を"否定"する）「**対立仮説**」H_1 が"採択"される。簡単な例として、5回のコイン投げの結果として、表が5回、裏が0回だった場合、コインに偏りがあるか否かを検定しようとするとき、対立仮説 H_1 は、「コインには偏りがある！」、帰無仮説 H_0 は、これを否定した「コインには偏りがない！」とできる。この帰無仮説 H_0 では、コインに偏りはなく、表が出る確率も裏が出る確率も $\frac{1}{2}=50\%$ で、有意水準（つまり「第1種の誤り」を犯す確率＝危険率）を5%とすると、表が5回、裏が0回の結果は ${}_5C_0 \times \left(\frac{1}{2}\right)^5 \times \left(\frac{1}{2}\right)^0 = \binom{5}{0} \times \left(\frac{1}{2}\right)^5 \times \left(\frac{1}{2}\right)^0$ $= \frac{5!}{0! \times (5-0)!} \times \frac{1}{2^5} = \frac{1}{32} = 0.03125 = 3.125\% < 5\%$ （${}_5C_0 = \binom{5}{0}$ は"5個から0個を取りだす組み合わせの数"）なので、"たまたま起こったこと"とは考えにくい。したがって、この帰無仮説 H_0 は"棄却"され、「コインには偏りがある！」とする対立仮説 H_1 が"採択"されることになる。⇒ **対立仮説**（たいりつかせつ）

逆関数（ぎゃくかんすう）inverse function

変数 x の関数の $y=f(x)$ の（独立変数の）x と（従属変数の）y を入れ替えた $x=f(y)$ のこと。y を従属変数にすると、$y=f^{-1}(x)$ と書く（$f^{-1}(x)$ は "$\frac{1}{f(x)}$ ではなく、f^{-1} という名の関数"）。例えば、関数が $y=f(x)=\sqrt{x}$（$\sqrt{}$ は"平方根"）ならば、その逆関数は $x=f(y)=\sqrt{y}$ つまり $y=f^{-1}(x)=x^2$ となる。統計では、例えば、平均値 μ、分散 σ^2 の「正規分布」$N(\mu, \sigma^2)$ にしたがう確率変数 x について、$\mu-\sigma \leq x \leq \mu+\sigma$ である確率は $0.68268=68.268\%$、$\mu-2\sigma \leq x \leq \mu+2\sigma$ である確率は $0.95450=95.450\%$、$\mu-3\sigma \leq x \leq \mu+3\sigma$ である確率は $0.99730=99.730\%$ であることはよく知られている。

ここで、この「正規分布」の確率密度関数を $f(x)$、これを累積した累積確率密度関数を $g(x)=\int_{-\infty}^{x} f(x)dx$ とすると、その"逆関数"の $g^{-1}(x)$ の値は、$g^{-1}(0) = -\infty$（確率 $g(x)=0$ に対応する x は $-\infty$）、$g^{-1}(0.5) = \mu$（確率 $g(x)=0.5$ に対応する x は μ）、$g^{-1}(1) = +\infty$（確率 $g(x)=1$ に対応する x は $+\infty$）である。また、$g^{-1}\left(\frac{1-0.99730}{2}\right) = g^{-1}(0.00135) = \mu-3\sigma$、

$g^{-1}\left(\frac{1-0.95450}{2}\right) = g^{-1}(0.02275) = \mu-2\sigma$、$g^{-1}\left(\frac{1-0.68268}{2}\right) = g^{-1}(0.15866) = \mu-\sigma$、

さらに、$g^{-1}\left(0.5 + \frac{0.68268}{2}\right) = g^{-1}(0.84134) = \mu+\sigma$、$g^{-1}\left(0.5 + \frac{0.95450}{2}\right) = g^{-1}(0.97725) = \mu$

$+2\sigma$、$g^{-1}\left(0.5+\frac{0.99730}{2}\right)=g^{-1}(0.99865)=\mu+3\sigma$である。この"逆関数"は、「二項選択モデル」の「プロビット分析」でも使われている。この他、「ロジスティック回帰分析」(ロジット分析)でも、ロジスティック曲線の"逆関数"が出てくる。

> 📖 【読み方】「μ」は、英字のmに当たるギリシャ文字の小文字で"ミュー"と読む。また、「σ」は、英字のsに当たり"シグマ"と、「σ^2」は"シグマ自乗"と読む。

> Excel【関数】CHIINV (χ^2分布の"逆関数")、FINV (F分布の"逆関数")、LOGINV (対数正規累積分布関数の"逆関数")、NORMINV (正規累積分布関数の"逆関数")、NORMSINV (標準正規累積分布関数の"逆関数")、TINV (スチューデントのt分布の"逆関数")

> ✎ 【小演習】以下の関数の「逆関数」は何だろう。①$y=x$ ②$y=3x+1$ ③$y=\frac{1}{x}$ ④$y=\frac{1}{2x+1}$ ⑤$y=\frac{x}{x+2}$ ⑥$y=\sqrt{2x+1}$ ⑦$y=x^3$ 簡単なので"いますぐ"やってみよう！（正解は⇒「QC七つ道具（キューシーななつどうぐ）」の項に！）

逆ガンマ分布（ぎゃくガンマぶんぷ）inverse gamma distribution ⇒ **ガンマ分布**（ガンマぶんぷ）

逆相関（ぎゃくそうかん）negative correlation ⇒ **負の相関**（ふのそうかん）

ギャンブラーの誤り（ギャンブラーのあやまり）gambler's fallacy

　ある出来事が起きる確率が決まっているにも拘わらず、その前に起きた出来事でその確率が変わるように思い込む「誤り」。「ギャンブラーの誤謬」と同じ。例えば、"偏りのない"コインを投げて、10回連続して表が出た場合（こういったことが起こる確率は$\frac{1}{2^{10}}=\frac{1}{1024}$≒0.1%だ）、そろそろ裏が出るハズだ！と考えて、裏が出る確率が高くなる！と考える"誤り"である。ギャンブラー（博打打ち）は、「コインは偏りがないので、コイン投げの結果がどちらに偏っても、すぐに反対方向に打ち消される！」と自分に都合がよいように"誤解"する。

　心理学では、これは、大きな標本（サンプル）になれば実際に観察される統計的な確率（つまり平均値）は理論確率に近づいていく！という「**大数の法則**」について、少数の標本であっても、その母集団の性質を代表する！と"誤解"するバイアス（先入観）で起こると説明している。（認知心理学を経済学に取り入れた）行動経済学のエイモス・トヴァースキー（Amos Tversky, 1937-96）とダニエル・カーネマン（Daniel Kahneman, 1934- ）(注1)は、皮肉を込めて、このバイアス（一般化過剰のバイアス）を「**少数の法則**」（"小数"ではなく"少数"☺）と呼んだが、もちろんこれは正しい法則ではない！☹ ⇒ **大数の法則**（たいすうのほうそく）

> (注1)【カーネマン】は、2002年にノーベル経済学賞を受賞した。授賞理由は、「行動経済学と実験経済学という新研究分野の開拓への貢献を称えて」だった。とても残念なことに、トヴァースキーはすでに亡くなっていたため、受賞できなかった。☹

級（きゅう）class ⇒ **群**（ぐん）

級間変動（きゅうかんへんどう）variation among or beween classes ⇒ **群間変動**（ぐんかんへんどう）

95%CI（きゅうじゅうごパーセントシーアイ）95%CI, confidence interval ⇒ **信頼区間**（しんらいくかん）

級内変動（きゅうないへんどう）variation within class ⇒ **群間変動**（ぐんかんへんどう）

Q-Qプロット（キューキュープロット）Q-Q plot, quantile-quantile ⇒ **確率プロット**（かくりつプロット）

QC（キューシー）QC, quality control ⇒ **品質管理**（ひんしつかんり）

QC七つ道具（キューシーななつどうぐ）QC seven tools or Q7, quality control

品質管理（QC）の現場での問題発見・理解・解決のために活用されている7つの"数値データ"の分析ツール。主に製造部門で品質管理をするときに、現場で発生するデータ（数値）を可視化して分かりやすくし、管理・改善に使えるようにしようとする道具立てである。具体的には「度数分布図」（ヒストグラム）、「グラフ・管理図」、「チェックシート(注1)」、「パレート図」、「層別」、「特性要因図」、「散布図」の7つを指す。省略して「Q7」と呼ぶ人もいる。⇒ **管理図**（かんりず）、**散布図**（さんぷず）、**層別**（そうべつ）、**特性要因図**（とくせいよういんず）、**度数分布図**（どすうぶんぷず）、**パレート図**（パレートず）

(注1)【チェックシート】は、チェックすべき内容・項目を明確にしこれを（確実に）チェックできるようにした記録用紙で、現状の把握を目的にした「調査記録用チェックシート」と、点検や確認を目的にした「点検用チェックシート」の2種類がある。

📖【新QC七つ道具】（N7）は、（"数値データ"ではなく、）"言語データ"の分析の方法で、「親和図法」（KJ法）、「系統図法」、「連関図法」、「マトリックス図法」、「マトリックスデータ解析法」、「PDPC法」（Process Decision Program Chart）、「アローダイヤグラム法」の7つの手法が用意されている。製造部門以外にも拡大した品質管理活動に使われている。これらの詳細は自分で調べてほしい。

✍【（逆関数）小演習の正解】①$y=x$ ②$y=\frac{x-1}{3}=\frac{x}{3}-\frac{1}{3}$ ③$y=\frac{1}{x}$ ④$y=\frac{1-x}{2x}=\frac{1}{2x}-\frac{1}{2}$ ⑤$y=\frac{2x}{1-x}=\frac{2}{1-x}-2$ ⑥$y=\frac{x^2-1}{2}=\frac{x^2}{2}-\frac{1}{2}$ ⑦$y=\sqrt[3]{x}=x^{\frac{1}{3}}$ できましたか？☺

q 表（キューひょう）q distribution table ⇒ **スチューデント化された範囲の分布**（スチューデントかされたはんいのぶんぷ）

q 分布表（キューひょう）q distribution table ⇒ **スチューデント化された範囲の分布**（スチューデントかされたはんいのぶんぷ）

共分散（きょうぶんさん）covariance
"対応がある"2つの変数の「平均値からの偏差」の積の平均値。2つの変数の"連動性"の強さを表す指標の1つである。具体的には、n件のデータを$(x_1, y_1), \cdots, (x_n, y_n)$とした場合、$x_1, \cdots, x_n$の平均値を$\bar{x} = \frac{1}{n}\sum_{i=1}^{n} x_i = \frac{1}{n}(x_1 + \cdots + x_n)$、$y_1, \cdots, y_n$の平均値を$\bar{y} = \frac{1}{n}\sum_{i=1}^{n} y_i = \frac{1}{n}(y_1 + \cdots + y_n)$としたとき、$V_{xy} = \frac{1}{n}\sum_{i=1}^{n}(x_i - \bar{x}) \times (y_i - \bar{y}) = \frac{1}{n}((x_1 - \bar{x}) \times (y_1 - \bar{y}) + \cdots + (x_n - \bar{x}) \times (y_n - \bar{y}))$と定義される。これは2つの変数が"同時に"かつ"同じ方向に"動く程度を示す。ちなみに、「共分散」の値を、データxの標準偏差の$s_x = \sqrt{V_{xx}} = \sqrt{\frac{1}{n}\sum_{i=1}^{n}(x_i - \bar{x})^2} = \sqrt{\frac{1}{n}((x_1 - \bar{x})^2 + \cdots + (x_n - \bar{x})^2)}$とデータ$y$の標準偏差の$s_y = \sqrt{V_{yy}} = \sqrt{\frac{1}{n}\sum_{i=1}^{n}(y_i - \bar{y})^2} = \sqrt{\frac{1}{n}((y_1 - \bar{y})^2 + \cdots + (y_n - \bar{y})^2)}$の積$s_x \times s_y = \sqrt{V_{xx} \times V_{yy}}$で割り算した値が$r = \frac{V_{xy}}{s_x \times s_y} = \frac{V_{xy}}{\sqrt{V_{xx} \times V_{yy}}}$が「相関係数」だ。⇒ **相関係数**（そうかんけいすう）

📖【読み方】「$\bar{x}$」は"エックスバー"、「$\bar{y}$」は"ワイバー"と読む。

Excel【関数】COVAR or COVARIANCE.S or COVARIANCE.P（標本の共分散）【ツール】ツールバー⇒データ⇒分析⇒データ分析（共分散）

共分散構造分析（きょうぶんさんこうぞうぶんせき）covariance structure analysis ⇒ **構造方程式モデリング**（こうぞうほうていしきモデリング）

共分散分析（きょうぶんさんぶんせき）analysis of covariance, ANCOVA

3つ以上の群（グループ）の平均値に差があるか否かを検定する「分散分析」では、"量的な"従属変数（被説明変数）の違いは"質的な"独立変数（説明変数＝要因）の違いで説明できる、と考える。しかし、**例えば、標本の抽出が無作為に行われていないなどといった場合には、他の"量的な"独立変数の違いによって、群の間に違いが生じてしまう可能性がある。こういったとき、他の"量的な"独立変数の違いの影響をできるだけ小さくすることを目的とした統計的仮説検定（検定）の方法が「共分散分析」だ**。分析に加える他の"量的な"独立変数は「共変量」（あるいは「共変数」）と呼ばれる。

　もう少し説明すると、「回帰分析」を利用して、（説明される）"量的な"従属変数を「共変量」によって（群内変動を小さく、群間変動を大きくするように）修正して、修正した従属変数の違いが"質的な"独立変数の違いで説明できると考えて、「分散分析」をする(注1)。「分散分析」と「回帰分析」を合わせた分析手法といえ、英語の頭文字を取って「ANCOVA（アンコヴァ）」ともいう。

　具体的な分析の手順として、それぞれの群のデータについて、"量的な"従属変数と共変数（つまり"量的な"従属変数）の間で、回帰方程式を求める。この結果として、それぞれの群の回帰係数（回帰方程式の傾き）が 0 であれば、共変数の影響はなく、「共分散分析」ではなく、「分散分析」をすればよい。それぞれの群の回帰係数が 0 ではなく、また、それらの値がそれぞれの群で違っていれば、従属変数と共変数の間には「交互作用」があると考えられ、「共分散分析」はできない。それぞれの群の回帰係数が 0 ではなく、それらの値がそれぞれの群で等しければ（つまり、それぞれの群の回帰方程式が"平行"であれば）、それを"共通"の回帰係数の回帰方程式によって従属変数を修正して、この修正した従属変数と"質的な"独立変数（要因）の間で「分散分析」を行って、それぞれの群の平均値に差があるか否かを検定することになる。⇒　**回帰分析**（かいきぶんせき）、**分散分析**（ぶんさんぶんせき）

- (注1)【回帰係数】それぞれの群の回帰方程式の傾き（回帰係数）が有効であるか否かの"検定"は、「回帰係数の平行性の検定」や「回帰係数の有意性の検定」と呼ばれる。
- 【適用分野】なぜかは分からないが、「共分散分析」は、**心理学や社会科学の分野で使われているようで、他の分野ではあまり使われていないようだ**。☹
- 【例えば】男性と女性の間で、BMI（肥満度）で「動脈硬化指数」が異なるか否かを知りたいとする。このとき、BMIに関係なく、男性と女性の間で「動脈硬化指数」が異なるか否かを知りたければ、「分散分析」をすればよい。また、男性や女性に関係なく、BMIによって「動脈硬化指数」が異なるか否かを知りたければ、「回帰分析」をすればよい。そして、性別とBMIの「動脈硬化指数」に対する影響を知りたければ、「共分散分析」をすればよい。☺

共変数（きょうへんすう）covariate ⇒　**共分散分析**（きょうぶんさんぶんせき）

共変量（きょうへんりょう）covariate ⇒　**共分散分析**（きょうぶんさんぶんせき）

極限値（きょくげんち）limit ⇒　$\lim_{x \to \infty}$（リミット）

極小値（きょくしょうち）local minimum ⇒　**極値**（きょくち）

局所管理化（きょくしょかんりか）local control ⇒　**フィッシャーの三原則**（フィッシャーのさんげんそく）

極大値（きょくだいち）local maximum ⇒　**極値**（きょくち）

極値 (きょくち) local maximum and minimum

極大値あるいは極小値。つまり、変数 x の（実数の値をとる）関数 $f(x)$ の"局所的な"つまりある点 x_0 の近傍[注1]での最大値あるいは最小値のことである。変数が定義されている範囲（定義域）でのつまり"全域的な"最大値あるいは最小値に対比していう。数式で書くと、ある点 x_0 の近傍のすべての点 x について、$f(x_0) \geq f(x)$ であるとき、関数 $f(x)$ は点 x_0 で"極大"になり、$f(x_0)$ を"**極大値**"という。点 x_0 は"**極大点**"という。同様に、ある点 x_0 の近傍のすべての点 x について、$f(x_0) \leq f(x)$ であるとき、関数 $f(x)$ は点 x_0 で"極小"になり、$f(x_0)$ を"**極小値**"という。点 x_0 は"**極小点**"という。

一般に、変数 x の関数 $f(x)$ を x で"微分"して、その導関数（微係数）の値が 0 つまり $\frac{df(x)}{dx} = 0$ となる x が定義域の中であれば、その x が"極大点"あるいは"極小点"である可能性がある。例えば、$f(x) = x^3 - 3x^2 - 24x + 3$ の場合、$\frac{df(x)}{dx} = 3x^2 - 6x - 24 = 3 \times (x-4) \times (x+2)$ なので、(これらの値が定義域の中に入っていれば、) $x = -2$ で"極大"、$x = 4$ で"極小"となる。

⇒ **微分** (びぶん)

(注1) 【**近傍**】(neighbourhood) とは、簡単にいえば"付近・近辺"のこと。「近傍で」は"その点の近くで"という意味だ。

魚骨図 (ぎょこつず) fishbone chart or fishbone diagram ⇒ **特性要因図** (とくせいよういんず)

距離尺度 (きょりしゃくど) interval scale ⇒ **間隔尺度** (かんかくしゃくど)

寄与率 (きよりつ) contribution

「**回帰分析**」で、従属変数（被説明変数）の全変動 S_t のうち、回帰式（回帰方程式）によって説明できる変動 S_r の割合つまり $R^2 = \frac{S_r}{S_t} = S_r \div S_t$。「**決定係数**」と同じ。$n$ 件のデータと予測値を $(x_1, y_1, \hat{y}_1), \cdots, (x_n, y_n, \hat{y}_n)$ 観測値の平均値を $\bar{y} = \frac{1}{n}\sum_{i=1}^{n} y_i = \frac{1}{n}(y_1 + \cdots + y_n)$ とすると、「全変動」は観測値と予測値の差の平方和の $S_t = \sum_{i=1}^{n}(y_i - \hat{y}_i)^2$、「残差」は観測値とその平均値の差の平方和の $S_e = \sum_{i=1}^{n}(y_i - \bar{y}_i)^2$、「回帰式によって説明できる変動」は $S_r = S_t - S_e$ であるので、「寄与率」は $R^2 = \frac{S_r}{S_t} = 1 - \frac{S_e}{S_t}$ となる。これは（定義として）「**重相関係数**」R の自乗（二乗）に等しい。一般に、独立変数を追加していけば、寄与率は増えていくので、寄与率が高くなったのが、追加した独立変数のためなのか否かの判断がむずかしくなる。このため、**自由度調整済みの重相関係数の自乗** $R^{2'} = 1 - \frac{\frac{S_e}{(n-p-1)}}{\frac{S_t}{(n-1)}} = 1 - \left(\frac{S_e}{(n-p-1)} \div \frac{S_t}{(n-1)}\right)$ が定義されている。この値は $0 \sim 1$ で、1 に近いほど説明力が高い。1 ならば、観測値は"完全に"予測値と一致する。⇒ **重相関係数** (じゅうそうかんけいすう)、**相関分析** (そうかんぶんせき)

【読み方】「$\hat{y}$」は"ワイハット"、「$\bar{y}$」は"ワイバー"と読む。

Excel【関数】RSQ（寄与率＝ピアソンの積率相関係数の自乗）

く

偶然誤差 (ぐうぜんごさ) random error

「誤差」とは、測定値（回答値）や近似値から真の値や理論値を引き算した値のことである。

この中から、**例えば、試料の品質や測定器の調整などに問題があった、あるいは、回答者の選択や質問の仕方などに問題があったなど、誤差が生じる原因**（規則性）**が分かっている**「**系統誤差**」**を除いたものが**「**偶然誤差**」**で**、「**統計誤差**」**や**「**確率誤差**」**ともいう。誤差の原因が分からないあるいは分かっていてもコントロールできない、つまりは"偶然"によって生じる誤差である。一般に、「偶然誤差」は、データの測定や回答などの数を増やすことによって、その平均値を 0 に近づけ、分散を小さくすることができる。「偶然誤差」の大きさを表す指標として、分散、標準偏差、平均偏差、範囲などがある。

ちなみに、1つ以上の要因（因子）のいくつかの違った水準の群（グループ）で"平均値"に差があるか否かを検定する「分散分析」では、「系統誤差」（の分散）と「偶然誤差」（の分散）を比べて、系統誤差が偶然誤差よりも有意に大きいか否かを検定する。分散分析表の「誤差」は、「偶然誤差」のことだ。⇒ **系統誤差**（けいとうごさ）

クォータ法 (クォータほう) quota sampling

割当法。「確率抽出法」（無作為抽出法）ができないあるいはむずかしいときに行われる「非確率抽出法」のうちの「有意抽出法」の1つで、標本抽出が偏らないように、というよりも、抽出する標本ができるだけ母集団に似るように、母集団の属性ごとに抽出する数を"割り当てる"方法である。「**比例割当法**」や「**比例割合標本抽出法**」という名もある。⇒ **非確率抽出法**（ひかくりつちゅうしゅつほう）、**有意抽出法**（ゆういちゅうしゅつほう）

> 📖 【英和辞典】「quota」は、①（生産・販売、輸出・輸入などの）割当額・割当量、（食糧などの）持ち分、取り分、②（入学・入隊・移民などの）割り当て人数、など。

> 📖 【quarter】は "$\frac{1}{4}$" のことで、quotaとは別の言葉。たま〜に、「クォータ法」を "quarter sampling" と書いた文献があるが、これは英語力のない人の"誤り"！ ☹

区間推定 (くかんすいてい) interval estimation

母平均や母分散などの母数の推定で、一定の有意水準（「第1種の誤り」を犯す確率＝危険率）の下でその"下限値"と"上限値"を示して、母数（パラメーター）はこの間（つまり区間）にある！と推定すること。有意水準は「信頼水準」と、区間は「信頼区間」と呼ばれる。「点推定」が1つの点（値）で推定するのに対して、"幅"（信頼幅）を持たせて推定するのがポイント。例えば、正規分布にしたがう確率変数の場合、標本平均を $\bar{x}$、標本標準偏差を s としたとき、母平均 μ の値は、有意水準 5% で、下限値 $\bar{x} - 1.96 \times s$ 〜上限値 $\bar{x} + 1.96 \times s$ の間にある、といったようにだ。⇒ **信頼区間**（しんらいくかん）

> 📖 【読み方】「μ」は、英字の m に当たるギリシャ文字の小文字で"ミュー"と読む。「$\bar{x}$」は"エックスバー"と読む。

組み合わせの数 (くみあわせのかず) number of combination ⇒ $\binom{n}{k}$ (かっこエヌケイ)

クラス class or class interval

階級、級。"量的"なデータの「度数分布」を知るため、その値を分割（区分け）して、その度数（頻度）を数えるための「階級」である。クラスの「幅」が小さ過ぎると、データの度数は滑らかに変化する値にはならず、反対に、クラスの「幅」が大き過ぎると、データの度数が滑らかにされ過ぎて、データの分布の特徴がつかみにくくなることがあるので、適切な「幅」を選ぶことが重要である。「**ビン**」[注1]ともいう。データの件数を n、データを $x_1,\cdots,x_n$、標準偏差を σ、四分位範囲（＝第3四分位数−第1四分位数）を IQR、クラスの幅を h とした

とき、データを分割する方法の指針として、クラスの数を $k = \dfrac{\max_{\forall i} x_i - \min_{\forall i} x_i}{h}$ （$\forall i$ は"すべての i について"）、$k = \sqrt{n}$（$\sqrt{\ }$ は"平方根"）、$k = \log_2 n + 1$（スタージェスの式）（$\log_2$ は"2を底とする対数"）などとする方法、クラスの幅を $h = \dfrac{3.5 \times \sigma}{n^{\frac{1}{3}}} = 3.5 \times \sigma \div n^{\frac{1}{3}}$ とする方法、$h = \dfrac{2 \times IQR}{n^{\frac{1}{3}}} = 2 \times IQR \div n^{\frac{1}{3}}$（$IQR$ は"四分位範囲"）とする方法などが提案されている。⇒ **スタージェスの式**（スタージェスのしき）、**度数分布**（どすうぶんぷ）

 📖【読み方】「σ」は、英字の s に当たるギリシャ文字の小文字で、"シグマ"と読む。

(注1)【ビン】は、（穀物・石炭・果物・パンなどの）ふたつきの箱、容器、貯蔵所のbinのこと。「データを"ビン"する」などともいう。

クラスカル・ウォリス検定（クラスカル・ウォリスけんてい）Kruskal-Wallis test or Kruskal–Wallis one-way analysis of variance by ranks

 「一元配置分散分析」に相当する"ノンパラメトリックな"統計的仮説検定（検定）の1つ。「H 検定」と同じ。「分散分析」では3つ以上の群（グループ）で平均値に違いがあるか否かを検定するが、この検定では、**データの順位を利用して、分布の位置パラメーター**（つまり**中央値**）**に違いがあるか否かを検定する**。つまり、分析する量的な変数が"正規分布"にしたがう場合には、「分散分析」によってその平均値に違いがあるか否かを調べる。"正規分布"にしたがうとはいえない場合には、この検定によって、分布の位置パラメーターに違いがあるか否かを検定する。

 具体的には、k 個の群があり、その群 $j(j=1,\cdots,k)$ の $i(i=1,\cdots,n_j)$ 番目のデータ（観測値）を x_{ij} とし、全データの数を $N = \sum_{j=1}^{m} n_j = n_1 + \cdots + n_m$ とする。N 件すべてにデータを小さい順に並べたときの x_{ij} の順位を r_{ij} とし、群 j の順位和は $R_j = \sum_{i=1}^{k} R_{ij} = R_{1j} + \cdots + R_{n_j j}$ とする。このとき、"検定統計量"の $H = \dfrac{12}{N \times (N+1)} \times \sum_{j=1}^{k} \dfrac{R_j^2}{n_j} - 3 \times (N+1) = \dfrac{12}{N \times (N+1)} \times (\dfrac{R_1^2}{n_1} + \cdots + \dfrac{R_k^2}{n_k}) - 3 \times (N+1)$ が、"近似的に"自由度が $(k-1)$ の χ^2 分布にしたがうこと（この証明はむずかしいので"省略"）を利用して検定する。

 表1のデータを例にとると、それぞれの群のデータの件数は $n_1=4, n_2=5, n_3=3$ で、その合計は $N=n_1+n_2+n_3=4+5+3=12$ である。これらすべてのデータを小さい順に順位を付けると、表2のようになり、それぞれの群の順位和は $R_1=34, R_2=18, R_3=26$ となる。この結果、検定統計量は $H = \dfrac{12}{12 \times (12+1)} \times (\dfrac{34^2}{4} + \dfrac{18^2}{5} + \dfrac{26^2}{3}) - 3 \times (12+1) = 5.549$ となる。自由度2の χ^2 分布の棄却限界値（有意水準5%）は $\chi^2_{0.05}(2) = 5.991$ なので、$\chi^2_{0.05}(2) = 5.991 > 5.549 = H$ となり、「群の位置パラメーターに違いはない！」という帰無仮説は棄却できないことになる。有意水準を1%にしても、棄却限界値は $\chi^2_{0.01}(2) = 9.210$ となり、$\chi^2_{0.01}(2) = 9.210 > 5.549 = H$ となり、結論は変わらない。なお、群の数が3あるいは4で水準の数も少ない場合には、上記の近似では誤差が大きくなるので、巻末の「クラスカル・ウォーリスの棄却限界値表」を参照してより正確な棄却限界値で検定してほしい。（この例では、$H_{0.05}(3,4,5) = 5.656 > 5.549 = H$ であり、また、$H_{0.01}(3,4,5) = 7.445 > 5.549 = H$ なので、結論は変わらない）。⇒ **一元配置分散分析**（いちげんはいちぶんさんぶんせき）、**分散分析**（ぶんさんぶんせき）、**マン・ホイットニーの U 検定**（マン・ホイットニーのユーけんてい）

表1　3水準の実験の結果

						平均値
A	1.42	1.84	1.96	1.76		1.745
B	1.17	1.63	1.47	1.44	1.39	1.420
C	1.64	1.72	1.91			1.757

表2　順位への変換

						順位和
A	3	10	12	9		34
B	1	6	5	4	2	18
C	7	8	11			26

📖 **【数表】**「χ^2分布表」と「クラスカル・ウォリスの棄却限界値表」は"巻末"に掲載！

📖 **【人】** この方法は、米国の数学者・統計学者のウィリアム・クラスカル（William Henry Kruskal, 1919-2005）と経済学者・統計学者のウィルソン・ウォリス（Wilson Allen Wallis, 1912-98）による。

クラスター分析 （クラスターぶんせき） cluster analysis

多変量解析の手法の1つ。複数の対象の間で定義された"距離"（類似度）に基づいて、距離の近い対象つまり似たもの同士を集め、対象全体をいくつかのクラスター（群）に分類する方法である。「数値分類法」と呼ぶ人もいる。対象の間の距離としては、対象の観測データの間の"ユークリッド距離[注1]"が使われることが多い。"相関係数"や因子分析の"因子得点"などを使うこともある。「クラスター分析」の結果を樹木状に表した"樹状図"を「デンドログラム」という（dendro-は"樹木の"の意味）。

具体的なアルゴリズム（計算方法）としては、1つ1つの対象を順次結び付けていく「合併法」、これとは反対に全体を順次分割していく「分割法」があり、また、クラスターの数を指定して最適な分類を見つける「非階層的方法」、クラスターの数を指定せずに1つ1つを合併していき全体が1つになるまで繰り返す「階層的方法」がある。また、群の間の遠い近いの評価については、「ウォード法」、「群平均法」、「最遠（長）距離法」（最遠隣法）、「最短距離法」（最近隣法）、「メディアン法」、「重心法」、「可変法」などの方法が開発されている[注2]。「因子分析」や「MDS」（多次元尺度構成法）などでも、多次元空間の上に配置した対象を分類することもあるが、「クラスター分析」では、対象の分類が直接の目的であるのが"違い"である。⇒　**因子分析**（いんしぶんせき）、**MDS**（エムディーエス）、**多変量解析**（たへんりょうかいせき）

📖 **【英和辞典】**「cluster」とは、①花・実・毛などの房、②密集した人・動物・物の集団・群れ、天文星団、③連続的にかたまって起こった出来事、④米陸軍勲章のリボンに添える小金属バッジ、⑤コンピュータクラスター。

（注1）**【ユークリッド距離】** とは、"歪み"などがない「ユークリッド空間」の2点の間の距離で、n次元の2つの点（ベクトル）の$\vec{f} = (f_1, \cdots, f_n)$と$\vec{g} = (g_1, \cdots, g_n)$に対して、$d = \sqrt{\sum_{i=1}^{n}(f_i - g_i)^2} = \sqrt{(f_1 - g_1)^2 + \cdots + (f_n - g_n)^2}$と定義される。1次元ならば$d = \sqrt{(f-g)^2} = |f-g|$（$|f-g|$は"$f-g$の絶対値"）、2次元ならば$d = \sqrt{\sum_{i=1}^{2}(f_i - g_i)^2} = \sqrt{(f_1 - g_1)^2 + (f_2 - g_2)^2}$となる。ちなみに、ユークリッド（Euclid）は、数学史上最も重要な著作の1つで、19世紀末から20世紀初頭まで数学（幾何学）の教科書として使われ続けた『原論』（ユー

クリッド原論）を著した、紀元前三世紀頃の古代ギリシャの数学者で、「幾何学の父」とも呼ばれている。

(注2)【クラスター間の距離】「ウォード法」は、クラスター内のデータの平方和を最小にするもので、実用性が高い。「群平均法」は、変量がはっきりとした集団を形成しているときに有効。最も明確なクラスターを作ることができ、分類感度が高い。「グループ間平均連結法」と同じ。「最遠（長）距離法」は、2つのクラスター間の距離をそれぞれクラスターに属するデータの距離の"最長"を選ぶもので、空間の拡散が起こり、分類感度は高い。「最遠隣法」と同じ。「最短距離法」は、2つのクラスター間の距離をそれぞれクラスターに属するデータの距離の"最短"を選ぶもので、分類感度は低く、鎖状のクラスターを作りやすい傾向がある。「最近隣法」と同じ。「メディアン法」は、「最長距離法」と「最短距離法」を折衷したもので、クラスターに属する個数が大きく異なるときに適用される。クラスター間の距離の逆転が生じることがある。「重心法」は、2つのクラスター間の距離を重心間の距離とするもので、クラスター間の距離の逆転が生じることがある。「可変法」は、各方法を"統一的に"扱うもので、パラメーターの選択によって、分類感度を高くすることもでき、また、低くすることもできる。

クラメールのV （クラメールのブイ）Cramer's V ⇒ **クラメールの連関係数**（クラメールのれんかんけいすう）

クラメールの連関係数 （クラメールのれんかんけいすう）Cramer's coefficient of association

r 行×c 列の分割表（クロス集計表）の行の要素と列の要素の"関連"の強さを表す指標。「クラメールのV」と同じ。具体的には、標本数を $n = \sum_{i=1}^{r}\sum_{j=1}^{c} x_{ij} = \sum_{i=1}^{r}\left(\sum_{j=1}^{c} x_{ij}\right) = \sum_{i=1}^{r}(x_{i1} + \cdots + x_{ic}) = (x_{11} + \cdots + x_{1c}) + \cdots + (x_{r1} + \cdots + x_{rc})$、$\chi^2$ 値を χ^2 とすると、検定統計量は、$V = \sqrt{\dfrac{\chi^2}{n \times min(r-1, c-1)}}$（$\sqrt{}$ は"平方根"）で表される。この値は $0 \leq V \leq 1$ で、$V=0$ ならば"連関なし"、$V=1$ ならば"連関は完全"、$0<V<0.5$ ならば"連関は弱い"、$0.5<V<1$ ならば"連関は強い"。例として、表1のデータでは、$r=3$, $c=5$, $\chi^2=25.7$[注1]、$n = \sum_{i=1}^{r}\sum_{j=1}^{c} x_{ij} = \sum_{i=1}^{3}\sum_{j=1}^{5} x_{ij} = 50$、$min(r-1, c-1) = min(3-1, 5-1) = 2$ なので、$V = \sqrt{\dfrac{25.7}{50 \times 2}} = 0.507$ となり、連関は強い！ということになる。⇒ **χ² 検定**（カイじじょうけんてい）、**φ係数**（ファイけいすう）

表1　人によるブランドの好みのデータ

	A	B	C	D	E	計	%
甲	7	6	3	1	2	19	38%
乙	0	4	5	5	2	16	32%
丙	1	2	1	2	9	15	30%
計	8	12	9	8	13	50	100%
%	16%	24%	18%	16%	26%	100%	

表2　人によるブランドの好みの期待値

	A	B	C	D	E	計
甲	3.0	4.6	3.4	3.0	4.9	19.0
乙	2.6	3.8	2.9	2.6	4.2	16.0
丙	2.4	3.6	2.7	2.4	3.9	15.0
計	8.0	12.0	9.0	8.0	13.0	50.0

- 【読み方】「χ」は、ギリシャ文字の小文字で、"カイ"と読む。対応する英字はないので英語ではchiと書く。「χ^2」は"カイ自乗（二乗）"と読む。

(注1) 【χ^2値の計算】$\chi^2 = \sum_{i=1}^{3}\sum_{j=1}^{5} \frac{(x_{ij}-e_{ij})^2}{e_{ij}} = \left(\frac{(x_{11}-e_{11})^2}{e_{11}} + \cdots + \frac{(x_{15}-e_{15})^2}{e_{15}}\right) + \cdots + \left(\frac{(x_{31}-e_{31})^2}{e_{31}} + \cdots + \frac{(x_{35}-e_{35})^2}{e_{35}}\right)$ に表1と2のデータを入れると、$\chi^2 = \left(\frac{(7-3.0)^2}{3.0} + \cdots + \frac{(2-4.9)^2}{4.9}\right) + \cdots + \left(\frac{(1-2.4)^2}{2.4} + \cdots + \frac{(9-3.9)^2}{3.9}\right)$ で、これを計算すると、$\chi^2 = (5.2+0.5+0.1+1.4+1.7) + (2.6+0.0+1.6+2.3+1.1) + (0.8+0.7+1.1+0.1+6.7) = 25.7$ となる。

- 【人】この係数は、保険数理で大きな業績を上げたスウェーデンの統計学者の**ハラルド・クラメール**（Harald Cramér, 1893-1985）による。

クラメール・ラオの下限（クラメール・ラオのかげん）Cramér-Rao lower bound, CRLB ⇒ **クラメール・ラオの不等式**（クラメール・ラオのふとうしき）

クラメール・ラオの不等式（クラメール・ラオのふとうしき）Cramér-Rao inequality
　母数（パラメーター）θ の不偏推定値 $\hat{\theta}$ の分散 $var(\hat{\theta})$ が、確率変数 x が母数 θ に関して持つ情報の量である「フィッシャー情報量」$I(\theta)(0 \leq I(\theta) < \infty)$ の逆数を下回ることはないことを示す不等式。つまり、$var(\hat{\theta}) \geq \frac{1}{I(\theta)} = 1 \div I(\theta)$ である。「情報不等式」ともいう。フィッシャー情報量の逆数 $\frac{1}{I(\theta)} = 1 \div I(\theta)$ は「クラメール・ラオの下限（限界）」と呼ばれる。この不等式の両辺に $\frac{I(\theta)}{var(\hat{\theta})} = I(\theta) \div var(\hat{\theta})$ を掛け算すると、$I(\theta) \geq \frac{1}{var(\hat{\theta})} = 1 \div var(\hat{\theta})$ となる。この不等式によれば、不偏推定量の分散の逆数が大きいほどつまりその分散が小さいほど、「フィッシャー情報量」は大きくなる。つまり、母数に近い値を出しやすく、よい推定量だ！といえる。これは、標本（データ）から求められた不偏推定値は、どんなものでも標本が持っている情報以上には、よい推定値にはなり得ないことを意味している。⇒ **フィッシャー情報量**（フィッシャーじょうほうりょう）、**有効性**（ゆうこうせい）

- 【読み方】「θ」は、ギリシャ文字の小文字で"シータ"と読む。英字ではthに当たり、角度や無声歯摩擦音の音声記号としても使われている。「$\hat{\theta}$」は"シータハット"と読む。

- 【人】この「不等式」と「下限」は、スウェーデンの数学者・統計学者の**ハラルド・クラメール**（Harald Cramér, 1893-1985）とインド生まれの米国の数学者・統計学者の**C.R.ラオ**（Calyampudi Radhakrishna Rao, 1920-）が（第2次大戦の影響で研究の交流が途絶えていた時期に）それぞれ"独立に"見出した。

グランドトータル grand total, GT ⇒ **単純集計**（たんじゅんしゅうけい）

繰り返しのある二元配置分散分析（くりかえしのあるにげんはいちぶんさんぶんせき）two way ANOVA with repetition, analysis of variance ⇒ **二元配置分散分析**（にげんはいちぶんさんぶんせき）

繰り返しのない二元配置分散分析（くりかえしのないにげんはいちぶんさんぶんせき）two way ANOVA without repetition, analysis of variance
　2つの要因（因子）のそれぞれ3つ以上の水準の違った群（グループ）の間の結果（の平均値）に違いがあるか否かの統計的仮説検定（検定）の1つ。2つの要因の間に、また、（2つの要因のそれぞれ）3つ以上のやり方（これが「水準」）でやった結果に違いがあるか否かの検定の1つである。具体的には、2つの要因（因子）A と B があり、第1の要因 A の第 i 水準 A_i (i

$=1,\cdots,m$）と第2の要因 B の第 j 水準 $B_j(j=1,\cdots,n)$ の組み合わせの1回だけ（つまり"繰り返しなし"）の結果を x_{ij} としたとき、"すべて"の A_i と B_j の組み合わせの結果の x_{ij} が等しい！を「帰無仮説」にして、ある有意水準（「第1種の誤り」を犯す確率=危険率）の下で、実際のデータ（結果）からこの仮説が棄却できるか否かを検定する。

分析は、$x_{ij} = \mu + \alpha_i + \beta_j + \varepsilon_{ij}$ をモデルに、つまり（全体の）平均値を μ、A_i の効果（これが「主効果」）を α_i、B_j の効果（これも「主効果」）を β_j、（以上では説明できない）誤差を ε_{ij} として、x_{ij} をこれらの和で説明しようとする。具体的には、全体のバラツキ（全変動）を要因 A のバラツキ（行変動）、要因 B のバラツキ（列変動）、余りのバラツキ（誤差変動）に分け（つまり、全変動=行変動+列変動+誤差変動）、要因 A のバラツキが余りのバラツキと比べて大きいか否かを、また、要因 B のバラツキが余りのバラツキと比べて大きいか否かを、行変動や列変動と誤差変動の"分散比"が「F 分布」にしたがうこと（この証明はむずかしいので"省略"）を利用して検定する[注1]。

ちなみに、A_i と B_j の組み合わせについて"繰り返し"がないと、A_i と B_j の組み合わせの効果つまり「交互作用」の γ_{ij}（γ は"ガンマ"と読む）は評価はできない（"繰り返し"がある場合は、「繰り返しのある」二元配置分散分析」で、「二元配置分散分析」の項で説明する）。ちなみに、「分散分析」は、各群の分散が等しいことが前提条件なので、分析の前に、これを確認しておくことが必要である。また、「分散分析」といっても「分散」の違いを検定するのではないことに注意！⇒　**二元配置分散分析**（にげんはいちぶんさんぶんせき）、**分散分析**（ぶんさんぶんせき）

(注1)【**分析例**】表1のデータは、2つの要因 A と B のそれぞれ4つの水準について、その結果を示したものだ。このデータでは、全データの平均値の $\bar{x} = \frac{1}{16}\sum_{i=1}^{4}\sum_{j=1}^{4} x_{ij}$ $= \frac{1}{16}((x_{11}+x_{12}+x_{13}+x_{14}) + \cdots + (x_{41}+x_{42}+x_{43}+x_{44}))$ は $\bar{x} = \frac{1}{16}((3+5+4+2) + \cdots + (10+15+15+4)) = 10.06$ となり、「全変動」つまりそれぞれのデータのこの平均値からの偏差の自乗和の $s_T = \sum_{i=1}^{4}\sum_{j=1}^{4}(x_{ij}-\bar{x})^2 = ((x_{11}-\bar{x})^2 + (x_{12}-\bar{x})^2 + (x_{13}-\bar{x})^2 + (x_{14}-\bar{x})^2 + \cdots + (x_{41}-\bar{x})^2 + (x_{42}-\bar{x})^2 + (x_{43}-\bar{x})^2 + (x_{44}-\bar{x})^2)$ は 494.94 となる。自由度は $4\times 4 - 1 = 16 - 1 = 15$ だ。また、行ごとの平均値の $\bar{x}_{i\times} = \frac{1}{4}\sum_{j=1}^{4} x_{ij} = \frac{1}{4}(x_{i1}+x_{i2}+x_{i3}+x_{i4})$ はそれぞれ $\bar{x}_{1\times} = 3.5, \bar{x}_{2\times} = 10.5, \bar{x}_{3\times} = 15.25, \bar{x}_{4\times} = 11.00$ となり、「行の変動」つまりそれぞれの行の平均値の全平均からの偏差の自乗和の $S_R = 4\times\sum_{i=1}^{4}(\bar{x}_{i\times}-\bar{x})^2 = 4\times((\bar{x}_{1\times}-\bar{x})^2 + (\bar{x}_{2\times}-\bar{x})^2 + (\bar{x}_{3\times}-\bar{x})^2 + (\bar{x}_{4\times}-\bar{x})^2)$ は 284.19 となる。自由度は $4-1 = 3$ なので、分散は $\frac{284.1875}{3} = 94.73$ となる。列ごとの平均値の $\bar{x}_{\times j} = \frac{1}{4}\sum_{i=1}^{4} x_{ij} = \frac{1}{4}(x_{1i}+x_{2i}+x_{3i}+x_{4i})$ はそれぞれ $\bar{x}_{\times 1} = 9.5, \bar{x}_{\times 2} = 13.75, \bar{x}_{\times 3} = 12, \bar{x}_{\times 4} = 5.00$ となり、「列の変動」つまりそれぞれの列の平均値の全平均からの偏差の自乗和の $S_C = 4\times\sum_{j=1}^{4}(\bar{x}_{\times j}-\bar{x})^2 = 4\times((\bar{x}_{\times 1}-\bar{x})^2 + (\bar{x}_{\times 2}-\bar{x})^2 + (\bar{x}_{\times 3}-\bar{x})^2 + (\bar{x}_{\times 4}-\bar{x})^2)$ は 173.19 となる。自由度は $4-1 = 3$ なので、分散は $\frac{173.1875}{3} = 57.73$ である。「誤差変動」の $S_E = S_T - S_R - S_C$ は、$494.94 - 284.19 - 173.19 = 37.56$ である。自由度は $15 - 3 - 3 = 9$ なので、分散は $\frac{37.5625}{9} = 4.17$ である。これらから「行の分散比」は $F = \frac{94.73}{4.174} = 22.70$ となり、有意水準（「第1種の誤り」を犯す確率=危険率）$0.05 = 5\%$、分母の自由度 9、分子の自由度 3 のときの F 分布のパーセント点の $F_{0.05}(3, 9) = 3.863$ と比べて、$3.863 < 22.70$ なので、行つまり要因 A の4つの違った水準の結果は同じとはいえない！ということになる。同様に、「列の分散比」は $\frac{57.73}{4.17} = 13.83$ となり、こちらも $3.863 < 13.83$ なので、列つまり要因 B の4つの違った水準の結果は同じとはいえない！ということになる。

表1　データ

	A	B	C	D
甲	3	5	4	2
乙	10	15	11	6
丙	15	20	18	8
丁	10	15	15	4

Excel【ツール】ツールバー⇒データ⇒分析⇒データ分析（分散分析：繰り返しのない二元配置）

グループインタビュー group interview

集団面接。複数の対象者を同じ会場に集め、進行役（モデレーター）の進行によって、意見交換してもらう調査方法だ。定性情報を集める座談会形式の調査といってもよい。進行役と参加者の一対一のやり取りだけでなく、参加者同士のやり取りによって、広く深い、また、想定外の意見交換も期待できるのがポイント。

グループ間変動 (グループかんへんどう) variation among or between groups ⇒ 群間変動（ぐんかんへんどう）

グループ内変動 (グループないへんどう) variation within group ⇒ 群間変動（ぐんかんへんどう）

クロス集計 (クロスしゅうけい) cross tabulation

選択肢回答方式のアンケートの質問項目をかけ合わせて（つまり"クロス"して）表の形式で集計すること。例えば、ある質問項目の回答がaとbの2種類（カテゴリー）、別の質問項目の回答がイとロとハの3種類だとすると、aイ、aロ、aハ、bイ、bロ、bハの6つの組み合わせの回答（度数）を集計する。集計してできた度数表が「**クロス集計表**[注1]」で、「**分割表**」や「**連関表**」ともいう（なお、「クロス」の仕方には、二重だけでなく、三重、四重もある）。そして、aのイ、ロ、ハの割合とbのイ、ロ、ハの割合、あるいは、イのa、bの割合とロのa、bの割合とハのa、bの割合に差があれば、その理由を検討・分析する。具体的には、性別、年齢別、地域別、職業別、所得別などといったカテゴリーをクロスして、男性にはこういった傾向、この年齢層にはこういった特徴が、などの有効な情報を見つけ出すために使われる。当然のことながら、「クロス集計」に先立って、質問項目をかけ合わせず（つまり"クロス"せず）に、aとb、あるいは、イとロとハだけで集計する「**単純集計**」をすることが必要である。⇒ **単純集計**（たんじゅんしゅうけい）

（注1）【クロス集計表】の上側の項目は「**表頭**（ひょうとう）」と、左側の項目は「**表側**（ひょうそく）」と呼ぶ。

クロス集計表 (クロスしゅうけいひょう) cross table ⇒ クロス集計（クロスしゅうけい）

クロスセクションデータ cross-sectional data

横断面データ、断面データ。時点を固定して（同じ時点で）調査・記録したデータのことで、例えば、（年度初めなど）ある時点の各都道府県の人口、世帯数、住宅戸数、企業数、小売店舗数、医療機関数、学校数、銀行店舗数、鉄道駅数、宿泊施設数などのデータは「クロスセクションデータ」である。「**交差系列**」と同じ。都道府県を縦に並べれば、人口などのデータは横に並び、2次元のデータになる。これらのデータを、例えば、人口当たりの小売店舗数や医療機関数などで"住みやすさ"など、企業当たりの銀行数や鉄道駅数などで"企業の

活動のしやすさ"などのように、"横断的に"分析する。これが「**クロスセクション分析**」（横断分析）である。時系列データを分析する「時系列分析」に対比していう。また、クロスセクションデータが時系列的に収集・記録できれば、(「パネルデータ」となり、) "横断的な"分析を、さらに"時系列的に"分析することもできる。⇒ **時系列データ**（じけいれつデータ）

クロスバリデーション cross validation

交差検証。標本のデータを無作為に分割して、その一方の群（グループ）のデータで分析を行い、その結果をもう一方の群のデータに適用して、その有効性を検証する方法である。例えば、"対応のある" 2つの量的な変数 (x,y) の一方 x を説明変数、もう一方の変数 y を従属変数にして、分割された一方の群のデータに対して、「回帰直線」(回帰式) $y = a + b \times x$ を推定し、この結果を使って、もう一方の群のデータの推定値 $(x, \hat{y})$ を求めて、実際のデータとその推定値 $(y, \hat{y})$ について、その妥当性を検証する。とくに、標本のデータの中から1つだけを取りだし、残りのデータで分析した結果が、1つだけ取りだしたデータについて有効か否かを検証する「**leave-one-out 法**」("1つ抜き法"などと訳されているが、そのままの方が意味が分かるようだ) がしばしば使われているようである。

- 【交差と交叉】「交差」は、元々、音叉や三叉などの"叉"を使って「交叉」と書いたが、この字が常用漢字から外れたため、「交差」と書くようになった。☹
- 【ジャックナイフ法】は、"外れ値"を含めて、データの分布を調べるために使われ、「クロスバリデーション」は、データの"再現性"を確認するために使われるが、両者は確かに"似ている"。☺
- 【人】この方法は、米国の統計学者のシーモア・ガイサー (Seymour Geisser, 1929-2004) による。

群 (ぐん) group

グループ、級、集まり、まとまり。仕事の目的つまりデータから導きたい情報に応じて、**対象の性質や測定の条件などが同じ**（と見なされる）**個体の集まりのこと**である。例えば、「一元配置分散分析」では、個々のデータの全平均値からの偏差の平方（自乗）和の"全変動"（全平方和）を、（水準の違いに応じた）それぞれの群の平均値の全平均値からの偏差の平方和の"群間変動"と、（同じ水準の中での）個々のデータのそれぞれの群の平均値からの偏差の平方和の"群内変動"に分離し、分散を変動÷自由度として、群間分散÷群内分散の値の大きさから、それぞれの群の平均値が等しいか否かを検定する。

また、「判別分析」では、与えられた群のデータ（外的基準）に基づいて、それぞれの群の平均値の間隔（群間距離）を大きく、それぞれの群の中のデータのバラツキ（群内距離）を小さくするように、判別式と判別値を決める。さらに、「層別」は、対象の性質や測定の条件などが違っている個体の集まりを、これらが同じと見なされる"層"つまり"群"に分離することである。⇒ **分散分析**（ぶんさんぶんせき）、**母集団**（ぼしゅうだん）

群間変動 (ぐんかんへんどう) variation among or between groups

群間偏差平方和。「変動」とは、偏差の平方和（自乗和）のことで、データがある要因の水準の違いで複数の群（グループ）に分けられたとき、それぞれの群の平均値（群平均）と"すべて"のデータの平均値（全平均）の差（つまり偏差）の平方和にそれぞれの標本数を掛け算した値のことで、それぞれの群の平均値の違いの大きさを表す。「群」を「グループ」や「級」

というのに対応して、「グループ間変動」、「級間変動」、「グループ間偏差平方和」、「級間偏差平方和」ともいう。

同様に、「**群内変動**」(群内偏差平方和)は、それぞれの群のデータとそれぞれの群の平均値(群平均)の偏差の平方和にそれぞれの群の標本数を掛け算した値で、それぞれの群の中のデータのバラツキの大きさを表す。さらに、「**全変動**」(全偏差平方和)は、群を無視して、"すべて"のデータと"すべて"のデータの平均値(全平均)の偏差の平方和で、"すべて"のデータのバラツキの大きさを表す。こうすると、全変動＝群間変動＋群内変動という関係が成り立つ[注1]。この関係を利用して、3つ以上の群の間でその平均値に差はあるか否かを検定する「分散分析」などが行われる。⇒ **分散分析**(ぶんさんぶんせき)、**平方和**(へいほうわ)

[注1]【全変動＝群間変動＋群内変動】データがある要因の水準の違いでm個の群に分けられ、それぞれ群のデータの数が$n_1, \cdots, n_m$で、データが$(x_{11}, \cdots, x_{1n})\cdots(x_{m1}, \cdots, x_{mn_m})$のとき、それぞれの群の平均値は$\bar{x}_{i\times} = \frac{1}{n_i}\sum_{j=1}^{n_i} x_{ij} = \frac{1}{n_i}(x_{i1} + \cdots + x_{in})(i=1, \cdots, m)$、全体の平均値は$\bar{x} = \frac{1}{\sum_{i=1}^{m} n_i}\sum_{i=1}^{m}\sum_{j=1}^{n_i} x_{ij} = \frac{1}{n_1 + \cdots + n_m}\left((x_{i1} + \cdots + x_{in}) + \cdots + (x_{m1} + \cdots + x_{mn_m})\right)$となる。そこで、「全変動」は$S_T = \sum_{i=1}^{m}\sum_{j=1}^{n_i}(x_{ij} - \bar{x})^2 = \left((x_{11} - \bar{x})^2 + \cdots + (x_{1n_1} - \bar{x})^2\right) + \cdots + \left((x_{m1} - \bar{x})^2 + \cdots + (x_{mn_m} - \bar{x})^2\right)$、「群間変動」は$S_A = \sum_{i=1}^{m} n_i \times (\bar{x}_{i\times} - \bar{x})^2$、「郡内変動」は$S_E = \sum_{i=1}^{m}\sum_{j=1}^{n_i}(x_{ij} - \bar{x}_{i\times})^2$で、$S_T = S_A + S_E$ つまり$\sum_{i=1}^{m}\sum_{j=1}^{n_i}(x_{ij} - \bar{x})^2 = \sum_{i=1}^{m} n_i \times (\bar{x}_{i\times} - \bar{x})^2 + \sum_{i=1}^{m}\sum_{j=1}^{n_i}(x_{ij} - \bar{x}_{i\times})^2$である。

群内変動 (ぐんないへんどう) variation within group ⇒ **群間変動** (ぐんかんへんどう)

け

KS検定 (ケイエスけんてい) KS test, Kolmogorov-Smirnov test ⇒ **コルモゴロフ・スミルノフ検定** (コルモゴロフ・スミルノフけんてい)

経験的確率 (けいけんてきかくりつ) empirical probability

確率概念の1つ。一定の条件の下で試行を繰り返し、その回数nが十分に大きくなると、対象の起こる回数rの比率(頻度)$p = \frac{r}{n} = r \div n$は安定してくる。その安定した比率の値$p$が「経験的確率」である！という定義である。「**フォン・ミーゼスの経験確率**」ともいう。「統計的確率」と同じ。(とくに理由がなければ、同様に確からしい！とする)"理由不十分の原理"に基づく「古典的確率」(理論的確率)が"主観的すぎる"という批判に応じて提案された。⇒ **確率**(かくりつ)、**大数の法則**(たいすうのほうそく)

📖【人】この概念は、(流体力学や航空力学などでも業績を残した)オーストリア・ハンガリー帝国出身の米国の科学者の**リヒャルト・フォン・ミーゼス**(Richard von Mises, 1883-1953)が提案した。

📖【コイン投げ】過去、いろいろな数学者が、"実験"で表の出る確率を計算している。例えば、(フランスの)ビュフォン伯ジョルジュ＝ルイ・ルクレール(Georges-Louis Leclerc, Comte de Buffon, 1707-88)は4,040回投げて$p=0.507$だった。(英国の)オーガスタス・ド・モルガン(Augustus de Morgan, 1806-71)は4,092回で$p=0.5005$、(英国の)ウィリアム・スタンレー・ジェヴォンズ(William Stanley Jevons, 1835-82)

は20,480回で$p=0.5068$、P・I・ロマノフスキー（Pavel Ignat'evich Romanovskii）は80,640回で$p=0.4923$、（英国の）カール・ピアソン（Karl Pearson, 1857-1936）は24,000回で$p=0.5005$、（米国の）ウィリアム・フェラー（William "Vilim" Feller, 1906-70）は10,000回で$p=0.4979$だったそうだ。出典は、A・コルモゴロフ／A・プロホロフ／I・ジュルベンコ（著）『コルモゴロフの確率論入門』森北出版（2003）。

経験分布関数 （けいけんぶんぷかんすう） empirical distribution function

n 件のデータ $x_1,\cdots,x_n$ をその値の小さい順に並べ替えた $x_{(1)}\leq\cdots\leq x_{(n)}$（$x_{(i)}$ は小さい方から"i 番目"のデータ）として、任意の x に対して、x 以下のデータの件数の割合を表す関数。数式で書くと、$I(x_i\leq x)=\begin{cases} 1 & x_i\leq x\text{のとき} \\ 0 & x_i > x\text{のとき} \end{cases}$ として、$F(x)=\frac{1}{n}\sum_{i=1}^{n} I(x_i\leq x)=\frac{1}{n}\times(I(x_1\leq x)+\cdots+I(x_n\leq x))$ である。この関数は、$x<x_{(1)}$ のときは $F(x)=0$、$x_{(1)}\leq x<x_{(2)}$ のときは $F(x)=\frac{1}{n}=1\div n$、そして、$x_{(n-1)}\leq x<x_{(n)}$ のときは $F(x)=\frac{n-1}{n}=(n-1)\div n$、$x_{(n)}\leq x$ のときは $F(x)=1$ となる。分布の適合性や独立性の検定の"ノンパラメトリックな"方法である「コルモゴロフ・スミルノフ検定」などで使われる。⇒ **コルモゴロフ・スミルノフ検定**（コルモゴロフ・スミルノフけんてい）

計算機統計学 （けいさんきとうけいがく） computational statistics

コンピューター（電子計算機）による処理を前提とした統計学。コンピューターはその登場以来"指数関数的に"その性能を向上しており[注1]、より大規模なデータの統計処理を可能にし、従来は扱えなかった巨大な「ビッグデータ」から、新しい情報や知識を導き出すこともできるようになってきた。また、飛躍的に向上した高速処理を利用して、従来の統計理論を超えた新しい統計処理の方法も開発され、「統計学」に新しい「計算機統計学」という分野と方法論が開かれている。この本では、計算機統計学に関連する用語として、「EMアルゴリズム」、「ジャックナイフ法」、「データマイニング」、「探索的データ解析」、「ブートストラップ法」、「モンテカルロ法」、「乱数」などを取り上げているので、それぞれの項を読んでほしい。⇒ **ジャックナイフ法**（ジャックナイフほう）、**探索的データ解析**（たんさくてきデータかいせき）、**ブートストラップ法**（ブートストラップほう）、**モンテカルロ法**（モンテカルロほう）

(注1)【コンピューターに関する経験法則】として、以下のものがあり、コンピューターの性能は、指数関数的に高速化している。つまり、①ムーアの法則（1個のLSI（大規模集積回路）に集積されるトランジスターの数は24ヶ月（2年）で2倍になる）、②サーノフの法則（ネットワークの帯域幅（スピード）は9ヶ月で約2倍になる）、③ビル・ジョイの法則（ネットワークの費用対性能は1年で約2倍になる）など。

系統誤差 （けいとうごさ） systematic error

「誤差」とは、測定値（回答値）や近似値から真の値や理論値を引き算した値のことである。**この中で、例えば、試料を計測器を使って測定する場合、試料の品質に問題があったり、計測器の調整や測定環境などに問題があったりして生じる"誤差"、あるいは、回答者の申告（回答）を調査する場合、回答者の属性や質に問題があったり、質問者や質問そのものに問題があったりして生じる"誤差"、つまり、誤差の原因（規則性）が分かっており、これらの原因によって"繰り返し"生じる誤差を「系統誤差」という**。「系統誤差」は、その原因を取り除けば誤差は生じなくなるか少なくできる。全体の「誤差」から「系統誤差」を引き算し

た残りで、原因が分からずつまり"偶然"生じる「偶然誤差」に対比していう。

ちなみに、1つ以上の要因（因子）のいくつかの違った水準の群（グループ）で"平均値"に差があるか否かを検定する「分散分析」では、系統誤差（の分散）と偶然誤差（の分散）を比べて、系統誤差が偶然誤差よりも有意に大きいか否かを検定する。分散分析表の「誤差」は、「偶然誤差」のことだ。⇒ **偶然誤差**（ぐうぜんごさ）

系統抽出法（けいとうちゅうしゅつほう）systematic sampling

「標本抽出法」のうちの「非確率抽出法」の1つ。「等間隔抽出法」と同じ。母集団に含まれる要素の数が N で、この中から n 件の標本を抽出したいとき、母集団に含まれるすべての要素に通し番号を付け、まずは $\left[\frac{N}{n}\right] = [N \div n]$（$[x]$ は"xを超えない最大の整数"）を計算してこの値よりも小さい値を無作為（ランダム）に選び、これを第 1 番目として、以下は n 番ごとの要素を抽出する方法である。例えば、$1,000$ 名から 50 名を抽出するときは、$\frac{1,000}{50} = 1,000 \div 50$ つまり 20 名ごとに抽出する。最初のデータが $1 \sim 20$ の中から無作為に 5 を選んだとすると、抽出される標本の番号は $5, 25, 45, 65, 85, \ldots, 965, 985$ となる。この方法は、例えば、「単純無作為抽出法」などに比べて、簡単で手間がかからないのがポイント。しかし、例えば、子供が 1 人だけの 3 人世帯がほとんどの母集団で、3 名や 6 名や 9 名ごとに抽出すると、抽出される標本が父親ばかりということもあるので、こういう問題点にも注意！⇒ **標本抽出**（ひょうほんちゅうしゅつ）

計量経済学（けいりょうけいざいがく）econometrics

経済学の知識と経済データに基づいて、対象とする問題や現象をモデル化し、そのメカニズム（構造）を分析・推定し、必要に応じて予測をする学問。英語のまま「エコノメトリックス」という人もいる。経済的な現象のデータ（時系列データ）は、他の社会的なデータに比べて格段に整備されている。そこで、経済学の知識を使い、これらのデータに統計的な処理を加えて、対象とする問題や現象のメカニズムを分析・推定して、数学的なモデルを構成する。この分析・推定が「計量経済分析」で、その結果、できあがる数学的モデルが「計量経済モデル」だ。

多くの場合、経済学の知識（つまり因果関係）に基づいて、原因と考えられる1つあるいは複数の経済的な要因を独立変数（説明変数）に、結果と考えられる要因を従属変数（被説明変数）にして「回帰分析」あるいは「重回帰分析」を行い、問題や現象のメカニズムを回帰式（方程式）あるいは重回帰式（方程式）で表すことが多い。「線形式」（1次式）の代わりに「対数線形式」を用いることも多い[注1]。この回帰式・重回帰式あるいはそれらの組が「計量経済モデル」になる。

実際に観察されたデータに基づくため、問題や現象のメカニズムを"実証的に"分析・推定できる。また、統計学に基づいた仮説の検定、モデルの適合度、パラメータの安定性の定量的な評価ができるのがポイントである。ただし、経済的な現象のデータは、自然科学のデータのように、そのデータに影響を与える可能性のあるすべての要因がコントロールされた実験データではないので、その取り扱いには特別な注意が必要である。これは、他の社会的なデータでも同様で、（一部を除いて、）実験によって得ることができないことにも注意が必要である。

過去に観察されたデータをよく説明できるモデルが得られた場合には、これを用いて、

将来を予測するあるいは何かの経済的な政策を実施したときの効果、つまり対象としている問題や現象の挙動を予測するシミュレーションに利用することができる。ただし、たまたまうまく適合している（共線重合性）という可能性があるので、経済学の知識で検証することを忘れないことが大切である。この結果の信頼性についても、定量的に評価できるのも大きなポイントだ。実際に、国や地方自治体で、国や地域の経済見通しや産業政策の効果の評価など、政府や地方自治体などの政策立案の手段として用いられてきた。あるいは、企業では、調達、生産、流通、販売などのデータがよく整備されていることから、企業の中での原価や販売などの分析や予測にも利用されてきた。

注意として、時系列データにおける価格と需要量あるいは中古車の価格と排気量の関係などは、「需要関数」でも「供給関数」でもなく、"見せかけ"の関係式」である。自然科学（物理システム）では、実験室で他のすべての条件を一定に保った実験を行うことによって、安定な関係を見つけることができるが、社会システムではこうした状況を期待できない。そこで、経済学の知識つまり理論的あるいは経験的に導かれた因果関係や相関関係およびその前提条件などによって、安定的な関係つまり構造的な関係を見いだそうとするのである。

最近の経済的な問題や現象には、自然環境、社会環境、国際環境などが大きく影響し、また、社会システムの構造的な変化も起こっている中で、この方法論が、例えば自然保護に対する国民の声、企業の投資意欲、年金制度の将来に対する不安、銀行への信頼感、労働意欲、若者の将来への夢など、確かに存在する要因であるが必ずしもうまくデータ化できない（されていない）もの（これは"定性的な"要因といえる）が扱えないこと、さらには統計処理が基本的に線形式（モデル）を前提としていることなどに対して、この方法論の限界が指摘されている。この方法論は、現在、短期的なマクロ経済や企業の中の問題に適用され、長期的あるいは構造的な問題に対して適用されることは少なくなっているようだ。こういった問題には、多くの場合、「システムダイナミックス(注2)」が適用されているようだ。⇒ **回帰分析**（かいきぶんせき）、**最小自乗法**（さいしょうじじょうほう）、**時系列分析**（じけいれつぶんせき）

- (注1)【計算技術的な話】として、「線形式」では、モデルを説明変数の線形結合つまり $y = a + \sum_{j=1}^{n} b_j x_j = a + (b_1 x_1 + \cdots + b_n x_n)$ で表すのに対して、「対数線形式」では、モデルを $y = c \times \prod_{j=1}^{n} (x_j^{d_j} \times \cdots \times x_n^{d_n})$ つまり $\log y = \log c + \sum_{j=1}^{n} d_j \times \log x_j = \log c + (d_1 \times \log x_1 + \cdots + d_n \times \log x_n)$ で表す。つまり、変数 x と y の代わりに、変数の $\log x_i$ と $\log y$ を変数として、回帰分析を行う。当然のことながら、データは $\log x_i$ と $\log y$ の値が均一になっている方がよい結果（回帰式）が得られるが、実際には、多くの固まったデータと少ない離れたデータを分析することが多い。回帰式のパラメーターの決定を同時ではなく、逐次的に行う「階層型対数線形」という方法もある。

- 【統計手法】によって、（個々で説明した）回帰分析などをベースにした「古典的計量経済学」の他、時系列分析をベースにした「時系列計量経済学」やベイズ統計学をベースにした「ベイジアン計量経済学」といったものもある。

- 【歴史】計量経済学の方法論は、（マクロ経済とミクロ経済の二分法を考案した）ノルウェーの経済学者の**ラグナル・フリッシュ**（Ragnar Anton Kittil Frisch, 1895-1973）によって提案され、米国・ペンシルバニア大学の**ローレンス・クライン**（Lawrence Robert Klein, 1920-2013）によって発展した。クラインは、ケインズ理論に基づいた経済モデルを使って、大恐慌時代を含む両大戦間期の米国の経済の動きを分析し、経

済理論と実証分析を結び付け、1955年、実用的な米国マクロ経済モデルの決定版で、計量経済学の教科書で必ず紹介される「クライン・ゴールドバーガーモデル」を完成した。クラインは、1950年代に大阪大学の招きによって来日し、"日本初"の本格的な計量経済モデルの「阪大モデル」を構築したことでも有名である。フリッシュとクラインには、それぞれ1969年と1980年のノーベル経済学賞が与えられた。

(注2)【システムダイナミックス】(systems dynamics, SD) は、人や人の集団・組織の行動や意思決定を含む"社会システム"は、複数の情報フィードバックループつまり因果関係ループの組み合わせで構成されているという認識の下で、"社会的な問題"をモデル化し、シミュレーションによって、理解・予測しようとする方法論である。ここで、「フィードバック」とは、出力が増えるとそれが巡り巡って出力を減らすように働き、出力が減るとそれが出力を増やすように働く(つまり、システムを"安定"させる)"負"のフィードバックと、出力が増えるとそれが(巡り巡って)出力が増えるように働き、出力が減るとそれが出力も減るように働く(つまり、システムを"発散・成長"させる)"正"のフィードバックがある。例として、①都市人口の増加→都市活動での環境の悪化→都市の魅力の減少→都市から流出人口の増加→都市人口の減少、②企業業績の改善→人材の採用の増加→企業人材の質の低下→企業業績の悪化、など。なお、「フィードバック」には、フィードバックの大きさ、時間的な遅れ、歪み(非線形性)があり、システムの挙動を複雑にしていることが分かっている。

計量経済分析(けいりょうけいざいぶんせき)econometric analysis ⇒ **計量経済学**(けいりょうけいざいがく)

計量経済モデル(けいりょうけいざいモデル)econometric model ⇒ **計量経済学**(けいりょうけいざいがく)

系列相関(けいれつそうかん)serial correlation ⇒ **自己相関**(じこそうかん)

結合分布(けつごうぶんぷ)joint distribtion ⇒ **同時分布**(どうじぶんぷ)

欠測値(けっそくち)missing value ⇒ **欠損値**(けっそんち)

欠損値(けっそんち)missing value

"欠けた"データ。「欠測値」と同じ。例えば、アンケート調査ならば"無回答"、インタビュー調査ならば"聞き忘れ"、実験の場合は"やり忘れ"(未実施)の項目のことである。可能ならば、"やりなおし"で、これらの欠損値を埋めるのがよいが、これができないときは、欠損値は統計計算から外して実施することになる。欠損値によって、予定したデータの数に達しないと、その分、情報が少なくなるので、結果の信頼性に影響があることになる。統計計算をする上での注意点として、例えば、欠損値を(仮に) 0 などで表したりすると、"誤り"が入り込む可能性があるので、注意が必要である。

決定係数(けっていけいすう)coefficient of determination ⇒ **寄与率**(きよりつ)

原因の確率(げんいんのかくりつ)probability of causation ⇒ **ベイズ統計学**(ベイズとうけいがく)

検出力(けんしゅつりょく)power

統計的仮説検定(検定)で、"棄却できる"帰無仮説 H_0 を棄却する確率。"棄却できる"帰無仮説 H_0 を("ぼんやり"していて)棄却しない「第2種の誤り」を犯す確率を β とすると、「検出力」は $(1-\beta)$ で表される。⇒ **第2種の誤り**(だいにしゅのあやまり)

📖【読み方】「β」は、英字の b に対応するギリシャ文字の小文字で、"ベータ" と読む。

検証的因子分析（けんしょうてきいんしぶんせき）confirmatory factor analysis, CFA ⇒ **構造方程式モデリング**（こうぞうほうていしきモデリング）

検定（けんてい）testing ⇒ **統計的仮説検定**（とうけいてきかせつけんてい）

検定統計量（けんていとうけいりょう）test statistic

統計的仮説検定（検定）で検定する統計量。この統計量が何かの"確率分布"にしたがうことを利用して、統計量を計算する前提条件としての「帰無仮説」が棄却できるか否かを検定する。もう少し具体的にいうと、「帰無仮説」が成り立つと仮定して、その"結果"が起きる確率は大きいので、起こってもまったく不思議ではないことなのか、起きる確率が小さいので、滅多に起こらないことが起こったのかを、その確率を計算して判定する。ここで、「帰無仮説」を前提条件として計算したときに「滅多に起こらないことが起こった！」ということは、その「帰無仮説」が不適であったと判断でき、その結果、「帰無仮説」は棄却されることになる。ちなみに、何かの"確率分布"とは、正規分布、t 分布、χ^2 分布、F 分布などである。⇒ **χ^2検定**（カイじじょうけんてい）、***t*検定**（ティーけんてい）、**統計的仮説検定**（とうけいてきかせつけんてい）

📖【読み方】「χ」は、ギリシャ文字の小文字で、"カイ"と読む。対応する英字はないので英語ではchiと書く。「χ^2」は "カイ自乗" と読む。

ケンドールの順位相関係数（ケンドールのじゅんいそうかんけいすう）Kendall's rank correlation coefficient

「順位相関係数」の1つ。"対応のある" 2つの量的な変量 (x,y) のデータの「値」ではなく、「順位」に注目した相関係数である。普通、τ で表す。「ケンドールの τ」と同じ。例えば、（ジャンケンの）グー、チョキ、パーの強さを順位づけるのと同じく、多くのデータを矛盾なく順位づけるのはむずかしい。しかし、2つのデータの間の順位づけならば比較的容易にできる。こういったことに基づいた順位づけの方法である。具体的には、データの件数を n、それぞれのデータの番号を $i(i=1,\cdots,n)$、それぞれのデータの値を $(x_1,y_1),\cdots,(x_n,y_n)$ としたとき、$x_i<x_j$ かつ $y_i<y_j$ あるいは $x_i>x_j$ かつ $y_i>y_j$ のときは "一致"、$x_i<x_j$ かつ $y_i>y_j$ あるいは $x_i>x_j$ かつ $y_i<y_j$ のときは "不一致" として、すべての i と j の組み合わせつまり ${}_nC_2 = \binom{n}{2} = \frac{1}{2}n\times(n-1)$ 通り（${}_nC_2 = \binom{n}{2}$ は "n 個から2個を選ぶ組み合わせの数"）の組み合わせのうちの "一致" の数 P の割合が多く、"不一致" の数 $Q = \frac{1}{2}n\times(n-1)-P$ の割合が少ないものを相関が高い！とする。

具体的には、$\tau = \dfrac{P-Q}{\frac{1}{2}n\times(n-1)} = (P-Q)\div\left(\frac{1}{2}n\times(n-1)\right)$ つまり（$Q=\frac{1}{2}n\times(n-1)-P$ を代入して）$\tau = \dfrac{4\times P}{n\times(n-1)}-1 = (4\times P)\div(n\times(n-1))-1$ の式で計算する。この値は $-1\leq\tau\leq+1$ で、$P=\frac{1}{2}n\times(n-1)$ かつ $Q=0$ つまり $\tau=+1$ のときはまったく同じ順位、$P=0$ かつ $Q=\frac{1}{2}n\times(n-1)$ つまり $\tau=-1$ のときは正反対の順位だ。$P>Q$ つまり $\tau>0$ は似た順位づけ、$P<Q$ つまり $\tau<0$ はその反対だ。ちなみに、これは（データが特定の分布にしたがっていることを仮定しない）**"ノンパラメトリックな"** 指標である。

計算例として、表1は、A と B の2人がアジアの10ケ国の好き嫌いの順序付けをした結果だ。1が1番好き、2が2番目に好き、などである。A の順位付けの大小関係は表2、B のそれは表3となるので、これらを重ねると "一致" の数は $P = 35$、"不一致" の数 $Q = 45 - 35 = 10$ となる。これらをさきほどの式に代入すると、$\tau = \dfrac{35 - 10}{\frac{1}{2} \times 10 \times 9} = \dfrac{25}{45} = \dfrac{5}{9} = 0.5555...$ で、A と B の順位付けのデータは似ている! といってよい[注1]。なお、もう1つの順位相関係数の「**スピアマンの順位相関係数**」とは値が異なるが、「順位相関係数」の値はその程度のものだ! と考えてもらいたい。⇒ **スピアマンの順位相関係数**(スピアマンのじゅんいそうかんけいすう)、**相関係数**(そうかんけいすう)

表1 アジア各国の好き嫌いの順序[注2]

	印	尼	泰	台	韓	中	比	越	馬	蒙
A	7	4	3	1	2	10	5	9	6	8
B	5	4	3	2	6	9	1	10	8	7

表2 Aの順序付けの大小関係

[A]	7	4	3	1	2	10	5	9	6	8
7	–	–	–	–	–	–	–	–	–	–
4	0	–	–	–	–	–	–	–	–	–
3	0	0	–	–	–	–	–	–	–	–
1	0	0	0	–	–	–	–	–	–	–
2	0	0	0	1	–	–	–	–	–	–
10	1	1	1	1	1	–	–	–	–	–
5	0	1	1	1	1	0	–	–	–	–
9	1	1	1	1	1	0	1	–	–	–
6	0	1	1	1	1	0	1	0	–	–
8	1	1	1	1	1	0	1	0	1	–

表3 Bの順序付けの大小関係

[B]	5	4	3	2	6	9	1	10	8	7
5	–	–	–	–	–	–	–	–	–	–
4	0	–	–	–	–	–	–	–	–	–
3	0	0	–	–	–	–	–	–	–	–
2	0	0	0	–	–	–	–	–	–	–
6	1	1	1	1	–	–	–	–	–	–
9	1	1	1	1	1	–	–	–	–	–
1	0	0	0	0	0	0	–	–	–	–
10	1	1	1	1	1	1	1	–	–	–
8	1	1	1	1	1	0	1	0	–	–
7	1	1	1	1	1	0	1	0	0	–

📖 **【読み方】**「τ」は、英字の t に当たるギリシャ文字の小文字で、"タウ" と読む。

(注1) **【検定】** 標本の数を $n = 10$、標本順位相関係数を r としたとき、検定統計量 $z = \dfrac{|r|}{\sqrt{\dfrac{4 \times n + 10}{9 \times n \times (n-1)}}}$ が正規分布にしたがうことを利用して行う(この証明はむずかしいので "省略")。計算例では、$n = 10$ で、$r = 0.556$ なので、$z = \dfrac{0.556}{\sqrt{\dfrac{4 \times 10 + 10}{9 \times 10 \times (10-1)}}} = 2.238$ となり、有意水準(つまり「第1種の誤り」を犯す確率 = 危険率)を $\alpha = 0.05 = p(|z| \geq 1.96)$ とすると、$\alpha = p(|z| \geq 1.96) > p(|z| \geq 2.238)$ となり、「母相関係数はゼロ」($\rho = 0$)という帰無仮説は棄却され、「母相関係数はゼロではない!」($\rho \neq 0$)という対立仮説が "採択" されることになる。☺

(注2) **【漢字国名】**「印」は印度(インド)、「尼」は印度尼西亞(インドネシア)、「泰」は泰國(タイ)、「台」は台湾、「韓」は韓国、「中」は中国、「比」は比律賓(フィリピン)、「越」は越南(ベトナム)、「馬」は馬來西亞(マレーシア)、「蒙」は蒙古(モンゴル)。

📖 **【数表】**「ケンドールの順位相関係数の計算表」を "巻末" に掲載!

📖 **【人】** この統計値は、1938年に英国の統計学者の**モーリス・ケンドール**(Maurice George Kendall, 1907-83)が開発した。

ケンドールの τ (ケンドールのタウ) Kendall's tau ⇒ **ケンドールの順位相関係数**(ケンドールの

じゅんいそうかんけいすう）

こ

交互作用（こうごさよう）interaction

複数の独立変数（説明変数）を組み合わせた場合に従属変数（被説明変数）に与える"複合的な"効果。それぞれの独立変数が"独立に"従属変数に与える単純効果の「主効果」に対比していう。例えば、2つの独立変数を x_1 と x_2、従属変数を y、a と b_1 と b_2 と c を定数として、$y = a + b_1 \times x_1 + b_2 \times x_2 + c \times x_1 \times x_2$ というモデルで説明するとき、x_1 が"単独で"変化することによって y が変化する効果つまり x_1 の「主効果」が $b_1 \times x_1$、x_2 の「主効果」が $b_2 \times x_2$、そして、x_1 と x_2 が"同時に"（組み合わせで）変化することによって y が変化する効果つまり x_1 と x_2 の「交互作用」が $c \times x_1 \times x_2$ となる。例として、「繰り返しのない二元配置分散分析」では、"繰り返し"がないので「交互作用」を導くことはできないが、「繰り返しのある二元配置分散分析」では、"繰り返し"があるので「交互作用」を導くことができる。⇒ **繰り返しのない二元配置分散分析**（くりかえしのないにげんはいちぶんさんぶんせき）、**二元配置分散分析**（にげんはいちぶんさんぶんせき）

　　【シナジー】（synergy）は、$1+1=3$ や"相乗効果"などと説明されるが、これも「交互作用」の結果といえる。☺

交差系列（こうさけいれつ）cross-sectional data ⇒ **クロスセクションデータ**

降順（こうじゅん）descending order ⇒ **昇順**（しょうじゅん）

構造方程式モデリング（こうぞうほうていしきモデリング）structural equation modeling, SEM

多変量データについて、複数の構成概念の間の"関係"を検討するための手法。「パス図」に、多変量の変数[注1]間の（一方向の）"因果関係"や（双方向の）"相互関係"を表して、統計モデルから得られる分散・共分散と、資料から得られる分散・共分散が一致するように、そのモデルを決定する手法である。内生変数に対する「構造方程式」を立てることから、「構造方程式モデリング」と呼ばれている。その英語の頭文字をとって「SEM」（セム）（structural equation modeling）ともいう。あるいは、観測変数の間の分散・共分散の"構造"を分析することから「共分散構造分析」ともいう[注2]。

従来の「因子分析」（つまり"探索的"因子分析）が、観測変数に潜在する因子の数と意味だけを探索するのに対して、この方法は、仮説を検証（確認）するので「"検証的"（確認的）因子分析」（CFA）であるともいえる。また、内生変数を扱いながら因果関係を調べるつまり「因子分析」と「重回帰分析」を同時に行うことができることから、「因子分析」と「重回帰分析」の"拡張"と説明されることが多いが、「一般化線形モデル」や「因子分析」のような伝統的な統計手法の多くをその特殊ケースとして包含しているため、広汎な分野の分析に利用され、「新世代の多変量解析」や「第二世代の多変量解析」などと呼ばれることも多い。このためのソフトウェアとして、LISREL（リスレル）、EQS、AMOS（エイモス）などがある。⇒ **因子分析**（いんしぶんせき）、**回帰分析**（かいきぶんせき）、**パス解析**（パスかいせき）、**パス図**（パスず）

(注1)【変数】は、(観測できる)観測変数、(観測できない)潜在変数、(内生変数に関わる)誤差変数、(外生変数に関わる)攪乱変数に区別される。

(注2)【呼び名】観測変数の間の分散・共分散の"構造"を分析する方法であることから「共分散構造分析」と呼ばれる。ここで、「因子分析」では、"平均"の情報は利用しないのに対して、「共分散構造分析」では、"平均"に関する推定を行えるので、「平均・共分散構造分析」と呼ばれることもある。最近は、「SEM」と呼ばれることが多い。従来の統計学(多変量解析)の手法と一線を画すため、「新世代の多変量解析」や「第二世代の多変量解析」と呼ぶこともある。

📖【人】スウェーデンの統計学者カール・ヨレスコグ(Karl Gustav Jöreskog, 1935-)は、1969年に「"検証的"因子分析」を提案し、1973年に「因子分析」に因果分析の考え方を取り入れた。ヨレスコグは「構造方程式モデリング」のソフトウェアの「LISREL」(linear structural relations)の開発でも有名。

構造モデル (こうぞうモデル) structural model

構造模型。「分散分析」で、結果を説明する"構造"のモデルである。要因の違い(つまり水準)を"固定"したものと考えるモデルが「母数型モデル」であり、要因の違いつまり水準は多くの値の中からたまたま拾い出した例の1つ(で、必要ならば他の水準もある)と考えるモデルは「変量型モデル」である。また、一方の要因は母数モデルで、他方の要因は変量モデルで考える「混合モデル」もある。要因Aと要因Bの"繰り返しのある"二元配置分散分析」(繰り返し数は同じ場合)を例にとると、「母数型モデル」では、要因Aの水準i/要因Bの水準jのk番目のデータx_{ijk}は、全体の条件から得られる総平均μ、要因Aの水準iの主効果a_i、要因Bの水準jの主効果b_j、要因Aの水準iと要因Bの水準jの交互作用のc_{ij}に偶然誤差のε_{ijk}を足し算した$x_{ijk}=\mu+a_i+b_j+c_{ij}+\varepsilon_{ijk}$と考える。ここで、$a_i$も$b_j$も$c_{ij}$も一定値つまり"母数"であり、$\sum_{\forall i}a_i=0, \sum_{\forall j}b_j=0, \sum_{\forall ij}c_{ij}=0$ ($\forall i$は"すべてのiについて")であり、偶然誤差の期待値は$E(\varepsilon_{ijk})=0$である。

これに対して、「**変量型モデル**」では、要因Aの水準i/要因Bの水準jのk番目のデータx_{ijk}は、全体の条件から得られる総平均μ、要因Aの水準iの主効果a_i、要因Bの水準jの主効果b_{ij}、要因Aの水準iと要因Bの水準jの交互作用のc_{ij}に偶然誤差のε_{ijk}を足し算した$x_{ijk}=\mu+a_i+b_{ij}+c_{ij}+\varepsilon_{ijk}$と考える。ここで、$a_i$も$b_{ij}$も"変量"であり、$E(a_i)=0, E(b_{ij})=0, E(c_{ij})=0$で、偶然誤差の期待値は$E(\varepsilon_{ijk})=0$である。「母数型モデル」と「変量型モデル」では、"分散分析表"における不偏分散の"構造"(つまり不偏分散の"期待値")が異なるので、検定の仕方や分散の推定の仕方も異なる(注1)。☺ ⇒ **分散分析**(ぶんさんぶんせき)、**分散分析表**(ぶんさんぶんせきひょう)

📖【読み方】「ε」は、英字のeに当たり"イプシロン"と読む。

(注1)【分散比】要因A、要因B、要因AとBの交互作用、残差の"分散"をそれぞれu_A^2、u_B^2、$u_{A\times B}^2$、u_E^2とすると、「母数型モデル」では、要因A、要因B、要因AとBの交互作用の「分散比」(F値)はそれぞれ$F_A=\frac{u_A^2}{u_E^2}=u_A^2\div u_E^2$、$F_B=\frac{u_B^2}{u_E^2}=u_B^2\div u_E^2$、$F_{A\times B}=\frac{u_{A\times B}^2}{u_E^2}=u_{A\times B}^2\div u_E^2$である。これに対して、「変量型モデル」では、要因$A$、要因$B$、要因$A$と$B$の交互作用の「分散比」(F値)はそれぞれ$F_A=\frac{u_A^2}{u_{A\times B}^2}=u_A^2\div u_{A\times B}^2$、$F_B=\frac{u_B^2}{u_{A\times B}^2}=u_B^2\div u_{A\times B}^2$、$F_{A\times B}=\frac{u_{A\times B}^2}{u_E^2}=u_{A\times B}^2\div u_E^2$である。さらに、要因$A$は母数型モデ

ル、要因 B は変量型モデルの「混合モデル」では、要因 A、要因 B、要因 A と B の交互作用の「分散比」（F値）はそれぞれ $F_A = \frac{u_A^2}{u_e^2} = u_A^2 \div u_E^2$、$F_B = \frac{u_B^2}{u_{A \times B}^2} = u_B^2 \div u_{A \times B}^2$、$F_{A \times B} = \frac{u_{A \times B}^2}{u_e^2} = u_{A \times B}^2 \div u_E^2$ である。

📖【一元配置分散分析】の場合は、「母数型モデル」も「変量型モデル」も同じで、データ x_{ij} は平均的な結果 μ に水準の主効果 a_i と偶然誤差 ε_{ij} を足し算したもの、つまり $x_{ij} = \mu + a_i + \varepsilon_{ij}$ である。☺

公的統計（こうてきとうけい）public statistics

国の行政機関や地方公共団体や独立行政法人などが作成する統計。「公的統計」は、非常に広範な調査が行われ、その結果が公表されているのが特徴である。また、調査に法的な根拠や強制力があるため、結果の信頼性が高く、定期的に実施され、調査する項目や方法が変更されないので、使いやすいことも特徴の1つである。ただし、調査する項目や方法の変更には時間がかかるので、新たな分野に対する対応は遅い、といった問題点がある。

「国（政府機関）による統計(注1)」は、手続き的な面では、①基幹統計（旧・指定統計）(注2)、②承認統計、③届出統計の3つに分類される。「基幹統計」は、統計法（平成19年5月23日法律第53号）により、国や地方公共団体が作成する統計のうち、国の基本政策決定に必要な統計でかつ国民生活にとって重要なものであるため、総務大臣が指定しその旨を公示したもの（第2条）で、人または法人は申告義務があり（第5条）、調査を行う場合には、あらかじめ総務大臣の承認を受けなければならないもの（第7条）。2015年3月現在で作成されているのは、総務省の「国勢調査」「事業所・企業統計」、文部科学省の「学校基本調査」、厚生労働省の「人口動態調査」、経済産業省の「工業統計調査」など55件の調査である。

「承認統計」は、統計報告調整法（昭和27年5月24日法律第148号）により、国の行政機関が行う統計調査で「指定統計」に当たらないもののうち、（報告者負担の観点から）総務大臣の承認を受けた上で、国の行政機関が総数が10以上の人または法人などから徴集する統計だ（第4条）。承認期間が2004年6月以降有効なものとして、「消費動向調査」、「鉄鋼需給動態統計調査」、「特定サービス産業動態統計調査」など約120調査が承認されている。また、「届出統計」は、「指定統計」と「承認統計」以外の国、地方公共団体、日本銀行、日本商工会議所が作成するもので、あらかじめ総務大臣に目的、事項、範囲、期日、方法を届け出る調査統計だ（統計法第8条）。「出入国管理統計調査」、「住民基本台帳人口移動報告」などがある。

⇒ **政府統計の総合窓口**（せいふとうけいのそうごうまどぐち）、**統計法**（とうけいほう）

(注1)【国による統計】作成の面では、①調査統計（一次統計）、②業務統計（一次統計）、③加工統計（二次統計）の3つに分類される。「調査統計」は、統計の作成を目的とした調査で作成される統計で、「国勢調査」や「工業統計」など調査対象の構造の把握が目的の調査と、「家計調査」や「毎月勤労統計調査」など消費や賃金などの特定の項目に絞りその時間的な動きの把握が目的の動態調査がある。「業務統計」は、登録や届出や業務記録など行政機関が行政上・業務上収集した記録を基に作成する統計で、輸出入の通関書類から作成する「貿易統計」や出生・死亡・婚姻などの届出から作成する「人口動態統計」などがある。「加工統計」は、直接の調査がむずかしい事象について、「調査統計」や「業務統計」の一次統計を利用しこれを加工して作成する統計で、「国民経済計算」や「鉱工業指数」などがある。

(注2)【基幹統計】の一覧（2015年8月現在）は、以下の55件。＊印は「加工統計」である。《内閣府》国民経済計算＊、《総務省》国勢統計、住宅・土地統計、労働力統計、小売物価統計、家計調査、個人企業経済調査、科学技術研究統計、地方公務員給与実態調査、就業構造基本統計、全国消費実態統計、社会生活基本統計、経済構造統計、産業連関表＊、《財務省》法人企業統計、《国税庁》民間給与実態統計、《文部科学省》学校基本調査、学校保健統計、学校教員統計、社会教育調査、《厚生労働省》人口動態調査、毎月勤労統計調査、薬事工業生産動態統計調査、医療施設統計、患者統計、賃金構造基本統計、国民生活基礎統計、生命表＊、社会保障費用統計＊、《農林水産省》農林業構造統計、牛乳乳製品統計、作物統計、海面漁業生産統計、漁業構造統計、木材統計、農業経営統計、《経済産業省》工業統計調査、経済産業省生産動態統計、商業統計、ガス事業生産動態統計、石油製品需給動態統計、商業動態統計調査、特定サービス産業実態統計、経済産業省特定業種石油等消費統計、経済産業省企業活動基本統計、鉱工業指数＊、《国土交通省》港湾統計、造船造機統計、建築着工統計、鉄道車両等生産動態統計調査、建設工事統計、船員労働統計、自動車輸送統計、内航船舶輸送統計、法人土地・建物基本統計

行動経済学 (こうどうけいざいがく) behavioral economics

　　従来の経済学のように常に"合理的"に行動する経済人（ホモエコノミクス）を想定せず、実験・観察した現実の人間の行動や判断を重視した新しい経済学。認知心理学を取り入れた経済学といってよい。以下は、有名な実験の1つである。つまり、米国政府が600名が死亡すると予測される疫病に対する対策として、①「対策A」では200名が助かり、②「対策B」では$\frac{1}{3}$＝33.3％の確率で全員が助かり、$\frac{2}{3}$＝66.7％の確率で全員が助からないだろう、という質問をした。これに対しては、回答者158名のうち、120人（76％）が①「対策A」を選び、38人（24％）が「対策B」を選んだ。次に、③「対策A」では400人が死亡し、④「対策B」では$\frac{1}{3}$＝33.3％の確率で誰も死亡せず、$\frac{2}{3}$＝66.7％の確率で全員が死亡するだろう、という質問をした。これに対しては、169人のうち、22人（13％）が「対策A」を、147人（87％）が「対策B」を選択した。①と③、②と④の内容はまったく同じであり、質問（表現）のしかたが違うだけであるが、回答者の判断の結果はまったく違ったものになる。「アンケート調査」をするときには、こんなことも知っておくとよいであろう。

⇒　ギャンブラーの誤り（ギャンブラーのあやまり）

　　　【人】この有名な実験は、（イスラエル出身の）米国の経済学者のエイモス・トヴァスキー（Amos Tversky, 1937-96）とダニエル・カーネマン（Daniel Kahneman, 1934-）が行ったもの。カーネマンは、2002年にノーベル経済学賞を受賞した。授賞理由は、「行動経済学と実験経済学という新研究分野の開拓への貢献を称えて」。とても残念なことながら、トバースキーはすでに亡くなっていたため、受賞できなかった。☹

　　　【お勧め】「統計」とくに「調査」の仕事では、人を扱うことが多いので、「行動経済学」の知識・知見はとても重要である。興味があったら、本を読んでみてほしい！ ☺

交絡 (こうらく) confounding

　　統計モデルで、ある結果（従属変数）について、複数の原因（独立変数）が考えられ、そのそれぞれが結果にどの程度影響しているかの区別ができないこと、あるいは、結果の原因の

"両方"に相関がある「外部因子」が存在すること。こういった外部因子は「交絡因子」、「交絡変数」、「潜伏変数」と呼ばれる。「交絡」が存在する場合、従属変数と独立変数の間にも相関が見られることがあるが、これは「みせかけの相関」(擬似相関)で、従属変数の本当の原因は交絡変数であるにも拘わらず、独立変数が原因であるように誤解してしまう可能性がある。例えば、飲酒者と非飲酒者を比べると、飲酒者の方が肺がん発生率が高い。しかし、これは飲酒者に喫煙者が多いためで、喫煙の有無で層別してから、飲酒者と非飲酒者の肺がん発生率を比べると、違いがなく、飲酒と肺がんの発症とは関係がないことが分かる。この例では、交絡因子は喫煙である。ちなみに、交絡因子は統計的な概念だけで見つけることはむずかしく、因果的な発想をすることが必要である。⇒ **擬似相関**(ぎじそうかん)

交絡因子(こうらくいんし) confounding factor ⇒ **交絡**(こうらく)

公理的確率(こうりてきかくりつ) Kolmogorov's axiom of probability

以下の3つの公理で定義された確率。つまり、①個々の事象 E の起こる確率は 0 と 1 の間にある(つまり $0 \leq p(E) \leq 1$)。②すべての事象が起きる確率は 1 である(つまり $p(\cup_{\forall i} E_i) = p(E_1 \cup \cdots \cup E_n) = 1$)(∪は"または"で"カップ"と読む)。③互いに排他的な事象の起きる確率はそれぞれの事象の確率の和である(つまり、$(\forall i \neq j) \cap (E_i \cap E_j = 0) \to p(\cup_{k=1}^{n} E_k) = \sum_{k=1}^{n} p(E_k) \leftrightarrow p(E_1 \cup E_2 \cup \cdots \cup E_n) = p(E_1) + p(E_2) + \cdots + p(E_n)$)(∩は"かつ"で"キャップ"と読む)。「古典的確率」や「経験的確率」が、ある意味で感覚的(?)に定義されているのに対して、「確率論は、幾何学や代数学とまったく同じように公理を起点として発達させるべきだ!」として、その解決のために提案された。標本空間 S の中での(確率)事象 E の(「大きさ」の概念を拡張した)"測度"としての定義といえる。⇒ **確率**(かくりつ)

   【人】「公理的確率」は、ロシアの数学者アンドレイ・コルモゴロフ(Andrey Nikolaevich Kolmogorov, 1903-87)の著書『確率論の基礎概念』(1933)(邦訳は、東京図書(1969)/ちくま学術文庫(2010))での提案による。

五回のなぜ(ごかいのなぜ) five whys or 5 whys

「なぜ」を繰り返すことによって、「問題」や「事象」の"本当"の原因(要因)や理由を明らかにするための方法。「なぜなぜ分析」と同じ。具体的には、まず、問題や事象の原因や理由を考える。原因や理由は論理的に考える。また、原因や理由は1つだけとは限らない。次に、挙がった要因や理由について、さらにその原因や理由を考える。こういったプロセスを"本当"の原因や理由に辿り着くまで繰り返す。「なぜ」を繰り返すことで、"上っ面"の原因や理由だけでなく、"本当"の原因や理由に辿り着こうというのがポイント。統計の分野でも、どんな「問題」を検討するときでも、「五回のなぜ」などの方法を利用して、より深い、より本質的な検討をすることが重要だ!と筆者は思っている。ちなみに、この「五回のなぜ」は、「見える化」などと共に、トヨタ自動車のTPS(トヨタ生産方式)のキー技術の1つで、他の多くの企業でも"問題解決"に使われている。問題発見・問題解決の方法としても覚えておこう!

   【簡単な例】①アンケート調査で"未回答"が多かった。→②答えにくい質問があった。→③質問の内容があいまいなものがあった。→④質問の設計のチェック(確認)がされていなかった。→⑤アンケート調査の品質管理つまり設計のプロセスが決まっていなかった、など。

こけん

五件法（ごけんほう）question with five choices
　「よい」、「ややよい」、「普通」、「ややよくない」、「よくない」など5つの選択肢から選択・回答させるアンケート調査の方法。「二件法」や「三件法」などと比べて、選択肢の幅が広く、回答者が選択・回答しやすいのが特徴で、「アンケート調査」で最も普通に用いられている。回答は、比較的安定している（つまり再現性がある）ことが多いようだ。質問がむずかしい場合は、両端の選択肢の「よい」、「よくない」は選択されず、真ん中の3つ、とくに真ん中の「普通」が選択される傾向もあるようだ。こういった場合は、真ん中がなく"強制的"に判断・選択させる「四件法」を試みるのも1つの方法である。⇒　**アンケート調査**（アンケートちょうさ）、**三件法**（さんけんほう）、**二件法**（にけんほう）、**四件法**（よんけんほう）

誤差（ごさ）error
　測定値（回答値）や近似値から真の値や理論値を引き算した値。普通の言葉でいえば「違い」、「食い違い」である。一般に、誤差は、「系統誤差」と「偶然誤差」からなる。「系統誤差」は、例えば、試料を計測器を使って測定する場合、試料の品質に問題があったり、計測器の調整や測定環境などに問題があったりして生じる"誤差"、あるいは、回答者の申告（回答）を調査する場合、回答者の属性や質に問題があったり、質問者や質問そのものに問題があったりして生じる"誤差"、つまり、誤差の原因（規則性）が分かっており、これらの原因によって"繰り返し"生じる誤差のことだ。これに対して、「**偶然誤差**」は、誤差の全体から系統誤差を引き算したもので、原因が分からないあるいは分かっていてもコントロールできない、つまりは"偶然"によって生じる誤差だ。⇒　**偶然誤差**（ぐうぜんごさ）、**系統誤差**（けいとうごさ）

五数要約（ごすうようやく）five numbers summary
　n件のデータを$x_1,…,x_n$として、データの分布の状況を、①最小値（第0四分位数）$\min\limits_{\forall i} x_i = Q_0$（$\forall i$は"すべての$i$について"）、②第1四分位数（下側ヒンジ）$Q_1$、③中央値（メディアン）$\tilde{x} = Q_2$、④第3四分位数（上側ヒンジ）$Q_3$、⑤最大値（第4四分位数）$\max\limits_{\forall i} x_i = Q_4$の5つの"要約統計量"で要約すること。普通、「五数要約」の結果は、「箱ひげ図」で表されることが多い。⇒　**四分位数**（しぶんいすう）、**箱ひげ図**（はこひげず）

　　📖【読み方】「$\tilde{x}$」は"エックスチルダー"と読む。

　Excel【関数】QUARTILE or QUARTILE.INC or QUARTILE.EXC（四分位数）

古典的確率（こてんてきかくりつ）classic probability
　その事象が起こる確率は、起こり得る事象（の全部）の件数nを分母に、その事象が起こり得る件数rを分子にした割り算の値の$p = \dfrac{r}{n} = r \div n$だ！とする考え方。「理論的確率」や「ラプラスの算術的確率」と同じ。この考え方は、例えば、（偏りのない）サイコロの1〜6の目の出る可能性が等しい！と考えるのは、サイコロを振ったときに1〜6のそれぞれの目が他の目より多くあるいは少なく出る特別な理由がないからだ！とする「理由不十分の原理[注1]」に基づくもの。⇒　**確率**（かくりつ）、**理由不十分の原理**（りゆうふじゅうぶんのげんり）

　（注1）【**理由不十分の原理**】は、フランスの偉大な数学者・物理学者のピエール＝シモン・ラプラス（Pierre-Simon Laplace, 1749-1827）の提案による。このため、「古典的確率」は「ラプラスの算術的確率」とも呼ばれている。

コホートデータ cohort data

例えば、ある年に生まれた人口を、その年に"同時に"生まれた人口と見なして、時間に沿って収集・記録したデータなど。一定の期間に、出生した、死亡した、結婚したなどの人口を、その期間に"同時に"出生した、死亡した、結婚したなどの人口と見なして、それぞれ「出生コホート」、「死亡コホート」、「結婚コホート」などという。時系列データの一種で、人口の推移を世代ごとに比較するといったことができる。⇒ **時系列データ**（じけいれつデータ）

📖 【英和辞典】「cohort」とは、①（古代ローマの）歩兵隊、（複数形）軍隊、②（米語）仲間，相棒、③（生物）亜綱の下位階級、④（統計）同時出生集団などの群。"語源"は、ラテン語で「囲い地，一団」の意味だそうだ。

コルモゴロフ・スミルノフ検定 (コルモゴロフ・スミルノフけんてい) Kolmogorov-Smirnov test, KS test

分布の「適合性」や「独立性」についての"ノンパラメトリックな"統計的仮説検定（検定）の方法の1つ。省略して「**KS検定**」ともいう。

まず、「適合性」の検定は「**一標本KS検定**」ともいい、母集団の分布が指定された分布（主に"正規分布"や"一様分布"）に適合しているといってよいか否かについての検定である。具体的には、n件のデータから求められた経験分布関数を$F_n(x)$と、指定した分布の累積分布関数を$F(x)$としたとき、$T = \sup_x |F_n(x) - F(x)|$（注1）が検定統計量である。つまり、分布の違いの有無を検討する分布関数の間の差の絶対値の最も大きい点に注目して検定する。そして、この検定統計量Tが、ある有意水準αの下での"棄却限界値"を超えなければ、「母集団の分布が指定された分布に適合している！」という帰無仮説を採択し、超えれば帰無仮説は棄却することになる。"棄却限界値"は、巻末の「コルモゴロフ・スミルノフ検定（一標本）の棄却限界値表」に掲載している。なお、"正規分布"に関する検定については、これに若干の修正を加えた「リリフォース検定」があるが、一般には、「リリフォース検定」よりも「シャピロ・ウィルク検定」や「アンダーソン・ダーリング検定」の方がより強力なようだ。

「独立性」の検定は「**二標本KS検定**」ともいい、2つの母集団の分布が同じといってよいか否かについての検定である。具体的には、一方の群（グループ）のm件のデータの経験分布関数を$F_m(x)$、他方の群のn件のデータのそれを$G_n(x)$としたとき、$T = \sup_x |F_m(x) - G_n(x)|$が検定統計量である（これも分布の違いの有無を検討する分布関数の間の差の絶対値の最も大きい点に注目して検定する）。そして、この検定統計量Tが、ある有意水準αの下での"棄却限界値"を超えなければ、「2つの母集団の分布は等しい！」という帰無仮説を採択し、超えれば帰無仮説は棄却することになる。⇒ **アンダーソン・ダーリング検定**（アンダーソン・ダーリングけんてい）、**χ^2検定**（カイじじょうけんてい）、**経験分布曲線**（けいけんぶんぷきょくせん）、**シャピロ・ウィルク検定**（シャピロ・ウィルクけんてい）

（注1）【*sup*】はsupremum（上限）のことで、$\alpha = \sup X$は、任意の$x \ni X$（xはXの要素）に対して$x \leq \alpha$、かつ、任意の$\beta (< \alpha)$に対してある$x \ni X$が存在して$\beta < \alpha$が成り立つこと。Xのどの数よりも小さくない数（上界）の中で最小のものだ。これに対して、「max」はmaximum（最大）のことで、$\alpha = \max X$は、任意の$x \ni X$に対して$x \leq \alpha$、かつ、$\alpha \ni X$が成り立つこと。Xの要素の中で最大のもの。これらは確かに似ているが違う。

☺

- 📖 【近似式】データの件数 n が35を超える場合、「1標本KS検定」の検定統計量 T の"棄却限界値"の近似式は、有意水準を $α$、データの件数を n として、$T_0 = \sqrt{\dfrac{-0.5 \times \log_e \frac{α}{2}}{n}}$（$\log_e$ は"自然対数"）（$\sqrt{}$ は"平方根"）で表される。$α = 0.05$ のときは $T_0 = \dfrac{1.358102}{\sqrt{n}}$、$α = 0.01$ のときは $T_0 = \dfrac{1.627624}{\sqrt{n}}$ となる。これらはあくまでも近似式であるので、「棄却限界値の表」がある場合は、表を使ってもらいたい。「2標本KS検定」の検定統計量 T が、ある有意水準 $α$ の下での"棄却限界値"の近似値（$m = n$ のときは）$T_0 = \sqrt{-n \times \log_e \frac{α}{2}}$ あるいは（$m \neq n$ のときは）$T_0 = \sqrt{\dfrac{-(m+n) \times \log_e \frac{α}{2}}{2 \times m \times n}}$ を超えなければ、「2つの母集団の分布は等しい！」という帰無仮説を採択し、超えれば帰無仮説は棄却することになる

- 📖 【数表】「コルモゴロフ・スミルノフ検定（一標本）の棄却限界値表」を"巻末"に掲載！

- 📖 【人】この方法は、ソ連（現在はロシア）の数学者のアンドレイ・コルモゴロフ（Andrey Nikolaevich Kolmogorov, 1903-87）とニコライ・スミルノフ（Nikolai Vasilyevich Smirnov, 1900-66）による。また、「リリフォース検定」は、米国ジョージワシントン大学の統計学者のヒューバート・リリフォース（Hubert Whitman Lilliefors, 1928-2008）による。

コレスポンデンス分析 (コレスポンデンスぶんせき) correspondence analysis

対応分析。分割表（クロス集計表）で行と列の2つの変数つまり行の項目と列の項目の間の"相関"が最大になるように並び替える、多変量解析の方法の1つだ。例えば、各種のブランドとその評価項目をクロスさせ、これを「コレスポンデンス分析」すれば、それぞれのブランドと評価項目の関係性が、数値や言葉ではなく、1枚のマップとして"直感的に"分かる。内容は「数量化理論Ⅲ類」、「等質性分析」、「双対尺度法」と呼ばれている方法と"ほぼ"同じ。⇒ **数量化理論**（すうりょうかりろん）、**多変量解析**（たへんりょうかいせき）

- 📖 【人】「コレスポンデンス分析」は、1970年代初頭に、フランスの統計学者のジャン・ポール・ベンゼクリ（Jean-Paul Benzécri, 1932-）が提案した。「数量化理論Ⅲ類」は、1952年に統計数理研究所の林知己夫（1918-2002）が着想した。そして、「双対尺度法」は、1980年代にカナダで活躍した心理学者の西里静彦（1935-）が提案した。

さ

最小二乗法（さいしょうじじょうほう）the least square method, LSM ⇒ **最小自乗法**（さいしょうじじょうほう）

最小自乗法（さいしょうじじょうほう）the least square method, LSM

最も標準的な統計モデルのパラメーター（母数）の推定方法の1つ。「最小二乗法」と同じ。英語の頭文字をとって「LSM」ともいう。観測データを基に統計モデルのパラメーターを推定するときに、統計モデルの推定誤差つまり推定値と観測データの差の自乗和（平方和）を最も小さくするようにパラメーターを決める方法である。例えば、「（単）回帰分析」で、独立変数xと従属変数yの間の回帰直線（回帰式）$\hat{y}=a+b\times x$の推定では、観察データの組み合わせ$(x_1, y_1),\cdots,(x_n, y_n)$に対して、従属変数の観察値の$y_i$と回帰直線で推定される推定値の$\hat{y}_i$の誤差の自乗和の$\sum_{i=1}^{n}(y_i-\hat{y}_i)^2=(y_1-\hat{y}_1)^2+\cdots+(y_n-\hat{y}_n)^2$が最小になるように（具体的には、微分係数が$0$になるように）、パラメーター$a$と$b$を求める。

こうして求められたパラメーターの回帰直線は最もよく観測データを説明しているとされる（この証明はむずかしいので"省略"）。もう少し詳しく説明すると、観測値の誤差が「正規分布」にしたがう場合、最小自乗法は「最尤推定法」となる。交流電流にアナロジーすると、誤差の自乗和は力（パワー）に相当し、誤差の自乗和を最小にすることは、この力を最小にするための代表値やパラメーターを求めることと同じ！である（この説明は分からなくても問題ありません！）。ちなみに、同じ変数の観測データの"代表値"を最小自乗法で求めると「平均値」になる[注1]。なお、"非線形"の統計モデルのパラメーターは、この方法ではなく、"反復改良"の方法によって決められる。⇒ **回帰分析**（かいきぶんせき）、**最尤推定法**（さいゆうすいていほう）

📖 **【読み方】**「$\hat{y}$」は"ワイハット"と読む。「$\bar{x}$」は"エックスバー"と読む。

(注1) **【代表値】** n件のデータを$x_1,\cdots,x_n$、その"代表値"をxとすると、誤差の自乗和$h(x)=\sum_{i=1}^{n}(x_i-x)^2=(x_1-x)^2+\cdots+(x_n-x)^2$となる。これを微分すると、$\frac{dh(x)}{dx}=\frac{d}{dx}\sum_{i=1}^{n}(x_i-x)^2=-2\sum_{i=1}^{n}(x_i-x)=-2(\sum_{i=1}^{n}x_i-x\sum_{i=1}^{n}1)=-2(n\times\bar{x}-x\times n)=-2n(\bar{x}-x)$、$\sum$を使わないで書くと、$\frac{dh(x)}{dx}=\frac{d}{dx}((x_1-x)^2+\cdots+(x_n-x)^2)=-2((x_1-x)+\cdots+(x_n-x))=-2((\bar{x}_1+\cdots+\bar{x}_n)-x\times n)=-2(n\times\bar{x}-x\times n)=-2n(\bar{x}-x)$となる。したがって、$\frac{dh(x)}{dx}=0$となる$x$は、"平均値"の$\bar{x}=\frac{1}{n}\sum_{i=1}^{n}x_i=\frac{1}{n}(x_1+\cdots+x_n)$となる。

📖 **【歴史】** 1805年にフランスの数学者アドリアン・マリ・ルジャンドル（Adrien-Marie Legendre, 1752-1833）が『彗星の軌道決定のための新しい方法』という論文で発表したのが、最小自乗法の"最初"。ルジャンドルの方法の価値はすぐに認められ、この論文は増刷されて、この方法は科学の世界全体に急速に広がった。また、ドイツの数学者で天文学者の**カルル・フリードリッヒ・ガウス**（Johann Carl Friedrich Gauss, 1777-1855）も、その最大の業績といわれる『整数論考究』を発表した後、「誤差論」を研究していたが、その展開として、3回の観測だけで小惑星の軌道を計算する方法として、1806年に『円錐曲線を描いて太陽の周囲を回る天体運動論』というドイツ語論文で、この方法を発表している（1809年にラテン語でも発表している）。ガウスがこの方法を開発した経緯として、1801年1月にイタリア・パレルモ天文台の（スイス

人の）ジュゼッペ・ピアッツィ（Giuseppe Piazzi,1746-1826）が「チチウス・ボーデの法則」にしたがって発見した"最初"の小惑星セレス（Ceres）は6週間にわたって追跡観測されたが、太陽の位置との関係で見失われてしまった。ガウスは自分の最小自乗法による予測をドイツのゴータ天文台に送り、1802年1月に予測した位置の近くでドイツの天文学者ハインリッヒ・オルバース（Heinrich Wilhelm Matthäus Olbers, 1758-1840）によって"再発見"された。

最小十分統計量 (さいしょうじゅうぶんとうけいりょう) minimum sufficient statistics ⇒ 十分統計量 (じゅうぶんとうけいりょう)

最小値 (さいしょうち) minimum, min

対象とするデータのうち、最も値が小さいもの。例えば、データの値が小さい順に並べて $1,2,3,4,5,6,7,8,9,10$ ならば、最小値は 1 である。数式では、$min(1,2,3,4,5,6,7,8,9,10)=1$ と書く。添え字付きの変数 x_i の最小値ならば、$\min_{\forall i} x_i$（$\forall i$ は"すべての i について"）と書く。データのバラツキを示す統計量の「範囲」（＝最大値−最小値）を決める一方の統計量である。⇒ 最大値 (さいだいち)

Excel【関数】 MIN（最小値）

最小メディアン法 (さいしょうメディアンほう) the least median of squares, LMedS or LMS

最小中央値法。"外れ値"などの影響を少なくして安定した結果を推定する「ロバスト推定」の代表的な方法の1つである。英語の略語のまま「LMedS」や「LMS」ともいう。例えば、「回帰分析」で使われる「最小自乗法」では、誤差 e の自乗 e^2 の平均値（期待値）$E(e^2)$ を最小にするように回帰係数と切片を推定するが、データの中に"外れ値"があると、これに引っ張られて、"外れ値"以外のデータには合わなくなってしまう。このため、「最小メディアン法」では、平均値ではなく、誤差 e の自乗 e^2 の中央値（メディアン）の $M(e^2)$ を最小にするように回帰係数と切片を推定して、"外れ値"の影響を小さくする。

ちなみに、「最小メディアン法」は、「最小自乗法」の場合のように"解析的に"解くことはむずかしいので、"反復改良"の方法、例えば、推定したいパラメーターを遺伝子と見なし、乱数を利用してこれに交叉や突然変異などの遺伝子操作をすることによって（より適合するものに）進化させていく「遺伝的アルゴリズム[注1]」などを使って"計算的に"解くことが多い。☺ ⇒ ロバスト推定 (ロバストすいてい)

(注1)【遺伝的アルゴリズム】は、生物が遺伝子の組み合わせである染色体の配列を組み換えながら"進化"してきた過程をヒントに、データの配列（組）を遺伝子と見なして、これに「選択」、「交叉」、「突然変異」、「逆位」などの方法で変化を与え、よりよいデータの配列が生き残る（つまり"進化"する）ようにして、"計算的に"最適解あるいはこれに近い解を求めるための強力なアルゴリズムだ。

📖【人】この方法は、1975年にスイスの統計学者のフランク・ハンペル（Frank R. Hampel, 1941-）が提案し、1984年にベルギーの統計学者のピーター・ルソー（Peter J. Rousseeuw, 1956-）が改良した。

最小有意差法 (さいしょうゆういさほう) least significant difference, LSD ⇒ フィッシャーのLSD法 (フィッシャーのエルエスディーほう)

最大事後確率推定（さいだいじごかくりつすいてい）maximum a posteriori estimation, MAP ⇒ **MAP推定**（マップすいてい）

最大値（さいだいち）maxium, max

　　対象とするデータのうち、最も値が大きいデータ。例えば、データの値が小さい順に並べて $1,2,3,4,5,6,7,8,9,10$ ならば、最大値は 10 である。数式では、$max(1,2,3,4,5,6,7,8,9,10)=10$ と書く。添え字付きの変数 x_i の最大値ならば、$\max_i x_i$（$\forall i$ は"すべての i について"）と書く。データのバラツキを示す統計量の「範囲」（＝最大値－最小値）を決める一方の統計量である。⇒ **最小値**（さいしょうち）

　　Excel【関数】MAX（最大値）

採択（さいたく）acceptance ⇒ **棄却**（ききゃく）

採択域（さいたくいき）acceptance region ⇒ **棄却域**（ききゃくいき）

最頻値（さいひんち）mode

　　データをクラス（階級）に分けてその度数を数えたとき、最も度数の多いクラスのこと。度数分布図（ヒストグラム）を描いたときに、最も高い山となるクラスである。「モード」、「並み数」、「流行値」と同じ。ただし、データの数がある程度以上でないと、「最頻値」という統計値は意味がないことに注意！　また、クラスの取り方が違うと、度数も違ってくるので、結果として、「最頻値」が違ってしまうことがあるので、これにも注意！　さらに、度数の分布が"多峰"になった場合には、それぞれの峰でピークがあるので、判断がむずかしい。⇒ **中央値**（ちゅうおうち）、**平均値**（へいきんち）

　　Excel【関数】MODE or MODE.SNGL（最頻値）、MODE.MULT（複数の最頻値を"配列数式"へ）　※クラス分けした後に使うので注意！

最尤推定値（さいゆうすいていち）maximum likelihood estimate ⇒ **最尤推定法**（さいゆうすいていほう）

最尤推定法（さいゆうすいていほう）maximum likelihood estimation, MLE

　　母集団の母数（パラメーター）の統計的推定で、"尤度"が最も大きい推定値を「点推定」する方法。「尤度」とは、ある前提条件の下で確率変数の結果が出現する場合、観察された結果から考えて、前提条件は××だった！と推定するときの"尤もらしさ"（条件付きの確率）のことだ。具体的には、確率変数 $X=(X_1,\cdots,X_n)$ がそれぞれ独立に確率密度関数 $f(x,\theta)$ にしたがうとき、$X=(X_1,\cdots,X_n)$ の同時確率密度関数を $f(x_1,\cdots,x_n;\theta)=f(x_1)\times\cdots\times f(x_n)$ として、$X_1=x_1,\cdots,X_n=x_n$ が与えられたとき、尤度（関数）の $L(\theta|x_1,\cdots,x_n)=f(x_1,\cdots,x_n;\theta)$ を最大にする $\hat{\theta}$ を θ の推定値とする、つまり $\hat{\theta}=\arg\max_\theta L(\theta|X)$（$arg\ max$ は"関数 $f(x)$ の値を最大にする x のこと"）ということになる。「**最尤法**」、「**ML推定法**」、「**MLE**」ともいう。「最尤推定法」で推定された推定値は「最尤推定値」と呼ばれる。

　　母集団から n 件の標本 $x_1,\cdots,x_n$ を抽出したとき、母平均 μ の"最尤推定値"は標本平均 $\bar{x}=\frac{1}{n}\sum_{i=1}^{n}x_i=\frac{1}{n}(x_1+\cdots+x_n)$ であり、母分散 σ^2 の"最尤推定値"は不偏分散 $u^2=\frac{1}{n-1}\sum_{i=1}^{n}(x_i-\bar{x})^2=\frac{1}{n-1}((x_1-\bar{x})^2+\cdots+(x_n-\bar{x})^2)$ であり、初歩的な統計での「推定」のほとんどは、この「最尤推定法」によるものだ。なお、「最尤推定値」は、しばしば"外れ値"の影響を受けやすい。このため、これを避ける方法として、「ロバスト推定」が用意されて

いる。⇒ **MAP推定**（マップすいてい）、**尤度**（ゆうど）、**ロバスト推定**（ロバストすいてい）

- 📖 **【読み方】**「θ」は、ギリシャ文字の小文字で"シータ"と読む。英字は対応がなく、音写はthだ。角度や無声歯摩擦音の音声記号としても使われている。「$\hat{\theta}$」は"シータハット"と読む。「μ」は、英字のmに当たり"ミュー"と読む。「σ」は、英字のsに当たり"シグマ"と、「σ^2」は"シグマ自乗"と読む。「$\bar{x}$」は"エックスバー"と読む。
- 📖 **【人】**この方法は、1912-22年にかけて、（「推測統計学」を確立した）英国の進化生物学者・統計学者の**ロナルド・フィッシャー**（Ronald Aylmer Fisher, 1890-1962）が開発した。

最尤法（さいゆうほう）maximum likelihood estimation, MLE ⇒ **最尤推定法**（さいゆうすいていほう）
魚の骨図（さかなのほねず）fishbone chart or fishbone diagram ⇒ **特性要因図**（とくせいよういんず）
錯誤相関（さくごそうかん）illusory correlation ⇒ **擬似相関**（ぎじそうかん）
SAS（サス）SAS, statistical analysis system

統計パッケージを核にした代表的な統合化ソフトウェアの１つ。リレーショナルデータベース（RDB）^(注1)などを含む基本システムの「Base SAS」を中心に、とくに統計分析（SAS/STAT、SAS/GRAPH）、時系列分析・計量経済分析（SAS/ETS）などの統計解析を中心としたパッケージが整備されている。このソフトウェアは、分析の正確さと機能の充実ぶりが特徴で、NASA（米国航空宇宙局）のアポロ計画（月への有人飛行計画）に使用されたことから、1971年ころからポピュラーなソフトとして有名になり、以降、製薬業界や農業界などの他、金融、流通、製造、通信、教育など幅広い分野で使用されるようになり、さらに、IBM以外のメインフレーム（汎用コンピューター）やミニコンに移植されたことで、爆発的に普及した。

日本でも、医薬品開発の臨床試験の解析などで、"標準"として使われているようだ。動作環境（基本ソフト）はUNIXやLinuxの他、WindowsやMac OS Xでも動作する。統計パッケージソフトとしては、「SPSS」と並んで代表的な存在で、世界約110ヵ国の約60,000以上のサイトと世界的に最も導入事例が多い。国内でも、1,500社2,300サイトで使われているそうだ。⇒ **SPSS**（エスピーエスエス）、**JMP**（ジャンプ）、**統計パッケージソフト**（とうけいパッケージソフト）

(注1) **【リレーショナルデータベース】**は、データを行と列からなる"表"で管理するデータベースで、表の中のある行あるいはある列を他の表の行あるいは列と関係（対応）付けて処理することができ、データベース同士を結合したり、データベースから特定のデータを取り出して別のデータベースを作成するなどができる。"表"の操作は、関係演算と集合演算を基礎としたもので、このうち、関係演算では、表の中から指定された条件を満たす行を取り出す「選択」、１つの表から必要な列を取り出す「射影」、共通するデータの値によって複数の表から共通の項目を選択して新しい表を作る「結合」の３つの演算が用意されている。「関係データベース」ともいう。

- 📖 **【使用料】**の例として、"アカデミック版"（大学や研究機関向けの割引版）の「SAS Analytics Pro Academic Suite」の初年度の年間使用料は198,000円だ。
- 📖 **【人】**このシステムは、1966年9月に（ノースカロライナ州立大学を含む）The University Statisticians of the Southern Experiment Stations（USSES）で大学院生だった**アンソニー・バー**（Anthony James Barr, 1940-）のアイディアで、分散分

や多変量解析ソフトとして開発がスタートし、1972年に原形が完成、1976年にジェームス・グッドナイト（James "Jim" Goodnight, 1943-）らと共に設立したStatistical Analysis System（SAS）Institute社（ノースカロライナ州キャリー）で商品化された。1985年に、日本法人SAS Institute Japan（東京都港区）が設立されている。

サーストンの一対比較法（サーストンのいっついひかくほう）Thurstone's pairwise comparison ⇒ **一対比較法**（いっついひかくほう）

三件法（さんけんほう）question with three choices

「はい」、「どちらでもない」、「いいえ」、あるいは「賛成」、「どちらでもない」、「反対」など3つの選択肢から1つを選択・回答させるアンケート調査の方法。2つの選択肢から"強制的"に選択・回答させる「二件法」と違い、3つの選択肢の真ん中に「どちらでもない」や「どちらともいえない」がある方法である。このため、一般的にいって、質問がむずかしい場合には、判断を避けてしまい、真ん中の「どちらでもない」や「どちらともいえない」の回答が多くなる傾向がある。しかし、「はい」と「いいえ」、あるいは「賛成」と「反対」などの回答は、比較的安定している（つまり再現性がある）といってよいようだ。「三件法」は、「二件法」と同様、方法が簡単なことが最大の特徴。また、「二件法」などの回答とは、上の理由で、似ていないことも多いようだ。⇒ **アンケート調査**（アンケートちょうさ）、**五件法**（ごけんほう）、**二件法**（にけんほう）、**四件法**（よんけんほう）

残差（ざんさ）residual

「回帰分析」での実測値と予測値の差（つまり、誤差）の"推定値"。もう少し丁寧に説明すると、従属変数（被説明変数）をy、独立変数（説明変数）をxとし、回帰式（回帰方程式）を$y = a + b \times x$とすると、（i番目の）実測値y_iに対応する予測値は$y_i = a + b \times x_i$である。実測値と予測値の差を$\varepsilon_i = y_i - \hat{y}_i$つまり$\varepsilon_i = y_i - (a + b \times x_i)$とすると、実測値は$y_i = \hat{y}_i + \varepsilon_i$つまり$y_i = (a + b \times x_i) + \varepsilon_i$ということになる。この「実測値と予測値の差」の$\varepsilon_i$は「誤差」で、統計的に互いに独立で、その分散は同じである。そして、その"推定値"の$\hat{\varepsilon}_i$が「残差」で、これはデータに基づく誤差の"推定値"だ。回帰式のパラメーターの（最尤）推定値の$\hat{a}$と$\hat{b}$は「最小自乗法」で推定されるので、「残差」は、（i番目の残差を$\hat{\varepsilon}_i$として、）$\sum_{i=1}^{n} \hat{\varepsilon}_i = \hat{\varepsilon}_1 + \cdots + \hat{\varepsilon}_n = 0$であり、$\sum_{i=1}^{n}(\hat{\varepsilon}_i \times x_i) = \hat{\varepsilon}_1 \times x_1 + \cdots + \hat{\varepsilon}_n \times x_n = 0$であり、（「誤差」と違い、）互いに独立ではない。ちなみに、「残差」とは、回帰式で「説明し残された差」という意味だ。⇒ **回帰分析**（かいきぶんせき）、**誤差**（ごさ）、**残差分析**（ざんさぶんせき）、**スチューデント化残差**（スチューデントかざんさ）、**標準化残差**（ひょうじゅんかざんさ）

📖 **【読み方】**「ε」は、英字のeに当たるギリシャ文字の小文字で"イプシロン"と読む。「$\hat{\varepsilon}$」は"イプシロンハット"と読む。「$\hat{y}$」は"ワイハット"と、「$\hat{a}$」は"エイハット"と、「$\hat{b}$」は"ビーハット"と読む。

残差自乗和（ざんさじじょうわ）residual sum of square, RSS ⇒ **残差平方和**（ざんさへいほうわ）

残差分析（ざんさぶんせき）residual analysis

「回帰分析」での実際の観測値と回帰式による予測値の差（つまり、誤差）の推定値である「残差」に関する分析。例えば、①残差が正規分布にしたがっているか否か、②残差と独立変数（説明変数）は"独立"（つまり"無関係"）か否か、③残差と回帰式による予測値は"独立"か否か、④残差の時間的な変化に何かの"癖"があるか否か、⑤残差が非常に大きなデータ

があるか否か、などといったことを分析する[注1]。

　例えば、予測値とこれに対応した残差をグラフに打点（プロット）してみて、グラフの点に、平均値から離れるにつれて残差が大きくなる、小さくなるなど一定の傾向があれば、その理由を検討することができる。とくに、途中までは増加あるいは減少し、その後減少あるいは増加するなどといった場合には、想定したモデルの妥当性が疑わしいといったことが考えられる。また、グラフの点の中に他の点と飛び離れたものがあれば、この点は"外れ値"や"異常値"である可能性を見出すことができる。この他、「残差平方和」の分析によって、回帰式でどの位説明できているかを検討することも、「残差分析」の1つだ。⇒　**残差**（ざんさ）、**残差平方和**（ざんさへいほうわ）、**標準化残差**（ひょうじゅんかざんさ）

　　（注1）【**分析の方法**】には、(1)残差の正規確率プロット、(2)残差と独立変数の散布図、(3)残差と回帰式による予測値の散布図、(4)時間順に残差を並べた時系列プロット（折れ線グラフ）、(5)標準化残差の計算（その絶対値が3以上ならば外れ値！と判断）などがある。

残差平方和 （ざんさへいほうわ） residual sum of square, RSS

　「残差」とは、「回帰分析」での実測値と（回帰式による）予測値の差（つまり、誤差）の推定値のことで、その「残差」の平方和のこと。「残差自乗（二乗）和」と同じ。「RSS」（residual sum of square）や「SSE」（sum of squared errors of prediction）ともいう。数式で書くと、従属変数（被説明変数）を y、独立変数（説明変数）を x とすると、（i 番目の）実測値 y_i と回帰式（回帰方程式）による予測値 $\hat{y}_i$ の差（つまり誤差）の $\varepsilon_i = y_i - \hat{y}_i$ の"推定量"$\hat{\varepsilon}_i$ が「残差」だ。このとき、実際のデータの全変動（つまり「総平方和」）は、回帰式で説明できた変動（つまり「回帰平方和」）と、回帰式で説明できなかった変動（つまり「残差平方和」）の和になる。

　実際のデータの全変動つまり総平方和を $S_T = \sum_{i=1}^{n}(y_i - \bar{y})^2 = (y_1 - \bar{y})^2 + \cdots + (y_n - \bar{y})^2$、回帰式で説明できた変動つまり回帰平方和を $S_R = \sum_{i=1}^{n}(y_i - \hat{y}_i)^2 = (y_1 - \hat{y}_1)^2 + \cdots + (y_n - \hat{y}_n)^2$、回帰式で説明できなかった変動つまり残差平方和を $S_E = \sum_{i=1}^{n}(\hat{y}_i - \bar{y})^2 = (\hat{y}_1 - \bar{y})^2 + \cdots + (\hat{y}_n - \bar{y})^2$ とすると、$\sum_{i=1}^{n}(y_i - \bar{y})^2 = \sum_{i=1}^{n}((y_i - \hat{y}_i) + (\hat{y}_i - \bar{y}))^2 = \sum_{i=1}^{n}((y_i - \hat{y}_i)^2 + 2(y_i - \hat{y}_i) \times (\hat{y}_i - \bar{y}) + (\hat{y}_i - \bar{y})^2)$ となり、さらに $\sum_{i=1}^{n}(y_i - \bar{y})^2 = \sum_{i=1}^{n}(y_i - \hat{y}_i)^2 + 2\sum_{i=1}^{n}(y_i - \hat{y}_i) \times (\hat{y}_i - \bar{y}) + \sum_{i=1}^{n}(\hat{y}_i - \bar{y})^2 = \sum_{i=1}^{n}(y_i - \hat{y}_i)^2 + \sum_{i=1}^{n}(\hat{y}_i - \bar{y})^2$ [注1]となるので、$S_T = S_R + S_E$ ということになる。したがって、「**残差平方和**」S_E が小さければ、「**総平方和**」S_T は「**回帰平方和**」S_R で説明できるということになる。あるいは、「残差平方和」は、データと推定モデルとの間の不一致を評価する尺度ともいえる。⇒　**残差**（ざんさ）

　　📖【**読み方**】「$\bar{y}$」は"ワイバー"と、「$\hat{y}$」は"ワイハット"と読む。

　　（注1）回帰式 $\hat{y} = \alpha + \beta \times x_i$ とすると、残差は $y_i - \hat{y}_i = y_i - (\alpha + \beta \times x_i)$ で、残差平方根の $\sum_{i=1}^{n}(y_i - \hat{y}_i)^2$ を最小化するパラメーターの α と β は、$\frac{\partial}{\partial \alpha}\sum_{i=1}^{n}(y_i - \hat{y}_i)^2 = 0$ と $\frac{\partial}{\partial \beta}\sum_{i=1}^{n}(y_i - \hat{y}_i)^2 = 0$ を満たす。前者からは $\sum_{i=1}^{n}(y_i - (\alpha + \beta \times x_i)) = \sum_{i=1}^{n}(y_i - \hat{y}_i) = 0$、後者からは $\sum_{i=1}^{n} x_i \times (y_i - (\alpha + \beta \times x_i)) = \sum_{i=1}^{n} x_i \times (y_i - \hat{y}_i) = 0$ が得られる。これから、$\sum_{i=1}^{n}(y_i - \hat{y}_i) \times (\hat{y}_i - \bar{y}) = \sum_{i=1}^{n}(y_i - \hat{y}_i) \times ((\alpha + \beta \times x_i) - \bar{y}) = \sum_{i=1}^{n}(y_i - \hat{y}_i) \times ((\alpha - \bar{y}) + \beta \times x_i) = 0$ であることが分かる。

三囚人問題 （さんしゅうじんもんだい） three prisoners problem ⇒　**モンティー・ホール問題**（モンティー・ホールもんだい）

算術平均 （さんじゅつへいきん） arithmetic mean

　データの合計値（和）をデータの件数で割り算した値。「相加平均」、「単純平均」と同じ。

データの件数を n、データの値を $x_i (i=1,\cdots,n)$ つまり $x_1,\cdots,x_n$ とすると、算術平均は $\bar{x} = \frac{1}{n}\sum_{i=1}^{n} x_i = \frac{1}{n}(x_1 + \cdots + x_n)$ である。データ全体の"重心"を意味すると考えてよい。普通、「平均値」というと、この「算術平均」を指す。⇒ **平均値**（へいきんち）

　　📖【読み方】「$\bar{x}$」は"エックスバー"と読む。
　Excel【関数】AVERAGE（算術平均）、AVERAGEIF（条件を満たすデータだけの算術平均）、AVERAGEIFS（複数の条件を満たすデータだけの算術平均）

三ドア問題 (さんドアもんだい) three doors problem ⇒ **モンティー・ホール問題**（モンティー・ホールもんだい）

散布図 (さんぷず) scattering diagram
　　"対応のある"２つの"量的"な変数 x と y を横軸（x 軸）と縦軸（y 軸）に対応させ、そのそれぞれを２次元のデータつまり点と見なしてプロット（打点）した図（グラフ）。データを２次元の図にプロットすることによって、①他のデータから大きく離れている「外れ値」の有無、②いくつかの群（グループ）に分かれているか否か（つまり「層別」の必要性）、そして、③変数 x と y のバラツキ具合つまり（"x が大きくなると対応する y も大きくなる"などといった）「共変関係」が一目で分かるのがポイント。「相関図」と同じ。データを「層別」した場合には、それぞれの群の点の形や色を別々にして、散布図を描くと群の間の関係が見てとれることがある。通常は、変数 x と y のそれぞれについて「度数分布図（ヒストグラム）」を描き、２つの変数の分布の状況をつかんだ後に行うのが順序である。
　　例として、表１の"対応のある"２つのデータをプロットしたものが図１の「散布図」だ（r は相関係数。以下同様）。この図は x, y 共にそれぞれのデータが取りうる $0\sim10$ の範囲で描かれているが、データがない部分（$x=0\sim4$ と $y=0\sim3$）をカットして、$x=4\sim10, y=3\sim8$ の範囲で描くと図２のようになり、x と y の（"x が大きくなると対応する y も大きくなる"）"共変関係"はより見やすくなる。また、表２の"対応のある"２つのデータをプロットすると図３の「散布図」になり、このデータには２つの異なった群のデータが含まれていることが見てとれる。そこで、このデータを表３と表４のように層別すると、それぞれ図４と図５の「散布図」が得られ、前者のデータは x が大きくなると対応する y は小さくなることが、後者のデータは x の変化と対応する y の変化は関係ないことが分かる。⇒ **正の相関**（せいのそうかん）、**相関分析**（そうかんぶんせき）、**度数分布図**（どすうぶんぷず）、**負の相関**（ふのそうかん）、**無相関**（むそうかん）

表１　10名の社員の"入社試験の成績"と"仕事の評価"のデータ

社員	A	B	C	D	E	F	G	H	I	J
試験成績	10	9	9	8	7	7	5	5	5	4
仕事評価	8	7	6	7	6	6	5	4	3	6

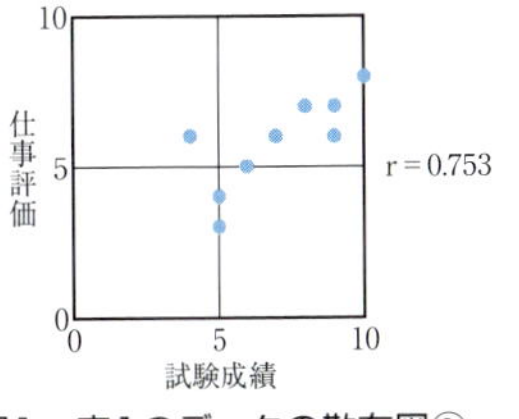

図１　表１のデータの散布図① 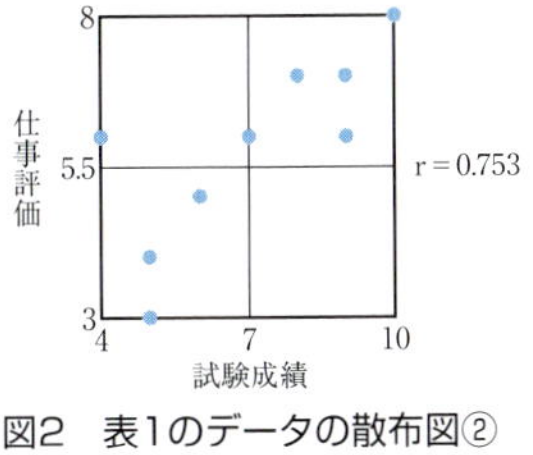　　　図２　表１のデータの散布図②

表2　2つの異なった層を含んだデータ

x	2	1	2	3	4	4	4	3	2	1	7	6	9	5	8	9	10	8	7	6
y	4	3	2	2	2	4	3	3	1	2	8	8	6	10	7	7	5	8	7	9

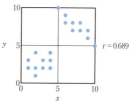

図3　表2のデータの散布図

表3　層1のデータ

x	7	6	9	5	8	9	10	8	7	6
y	8	8	6	10	7	7	5	8	7	9

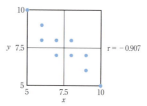

図4　表3のデータの散布図

表4　層2のデータ

x	2	1	2	3	4	4	4	3	2	1
y	4	3	2	2	2	4	3	3	1	2

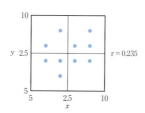

図5　表4のデータの散布図

　　Excel【グラフ】（必要に応じて、「層別」などの後、）ツールバー⇒挿入⇒グラフメニュー（散布図）

散布度（さんぷど）dispersion ⇒ **バラツキ**
サンプリング sampling ⇒ **標本抽出**（ひょうほんちゅうしゅつ）
サンプリング調査（サンプリングちょうさ）sampling survey ⇒ **標本調査**（ひょうほんちょうさ）
サンプル sample ⇒ **標本**（ひょうほん）
サンプルサイズ sample size ⇒ **標本数**（ひょうほんすう）

し

C.I.（シーアイ）CI, confidence interval ⇒ **信頼区間**（しんらいくかん）
シェッフェの一対比較法（シェッフェのいっついひかくほう）Scheffe's pairwise comparison ⇒ **一対比較法**（いっついひかくほう）
シェッフェのs検定（シェッフェのエスけんてい）Scheffe's s test ⇒ **シェッフェの多重比較**（シェ

ッフェのたじゅうひかく)

シェッフェの多重比較 (シェッフェのたじゅうひかく) Scheffe's s multiple comparison

「分散分析」で複数の群 (グループ) の平均値に違いがあるという結果が示された場合、では、どの群とどの群の間に違いがあるかを見つける「多重比較」の1つ。"ノンパラメトリックな"方法である。「シェッフェの s 検定」と同じ。この方法は、多重比較の方法の中で最も一般的に使われている「テューキーの範囲検定 (多重比較)」のように2つの群の組み合わせ (対) の"すべて"を比較する (これが「対比較」) のではなく、群を2つに分けて、これを一度に比較して (これが「対比」) 有意なものを探すのが、この方法の大きな特徴。いくつかの群をまとめ合わせた平均値と、その他のいくつかの群をまとめ合わせた平均値を比較するときにも使え、それぞれの群のデータの数が異なっていても使用でき、また、実験者が事前に持っている仮説 (情報) をそのまま検討することができる柔軟な方法である。適用範囲は広く、また、頑健性 (ロバストネス) があるのではあるが、有意差が出にくい! ので、検討したい群が特定されている場合には、「ダネットの多重比較」や「テューキーの範囲検定」などを適用するのがよいようだ。⇒ **多重比較** (たじゅうひかく)、**対比較** (ついひかく)

📖 **【人】** この方法は、(「シェッフェの一対比較法」でも知られる) 米国の統計学者の**ヘンリー・シェッフェ** (Henry Scheffé, 1907-77) による。

$_nC_k$ (シーエヌケイ) n choose k ⇒ $\binom{n}{k}$ (かっこエヌケイ)

CFA (シーエフエイ) CFA, confirmatory factor analysis ⇒ **構造方程式モデリング** (こうぞうほうていしきモデリング)

GLM (ジーエルエム) GLM, generalized linear model ⇒ **一般化線形モデル** (いっぱんかせんけいモデル)

σ (シグマ) sigma ⇒ **標準偏差** (ひょうじゅんへんさ)

Σ 計算 (シグマけいさん) sigma calculation

数列の和。数列つまり n 件の数 $x_1,\cdots,x_n$ の総和の $x_1+\cdots+x_n$ を $\sum_{i=1}^{n} x_i$ と書く。(この本の他の項では $\sum_{i=1}^{n} x_i$ と書いているが、これは縦方向のスペースを節約するためで、まったく同じ意味だ。通常は、$\sum_{i=1}^{n} x_i$ を使ってほしい。☺)「Σ」は、英語の Sum (和) の頭文字のSに当たるギリシャ文字の大文字で"シグマ"と読む (小文字は「σ」で、統計では母集団の標準偏差を表す)。Σ の下の $i=1$ と上の n は、添字の i を 1 から n まで (1ずつ) 増やして、対応する x_i を足し算するという意味だ。添字のスタートは、$i=1$ でなく、$i=3$ でも $i=10$ でもよい (添字が i でなく、j でも k でも何でもよい)。この場合、それぞれ $\sum_{i=3}^{n} x_i$ や $\sum_{i=10}^{n} x_i$ になる。こう書くことによって、例えば、$1+2+3+4+5=15$ は $\sum_{i=1}^{5} i=15$ と書くことができ、$1+2+\cdots+100=5050$ もまったく同じように $\sum_{i=1}^{100} i=5050$ と書ける(注1)。「統計」の分野でも、例えば、「算術平均」は $\bar{x}=\frac{1}{n}(x_1+\cdots+x_n)=\frac{1}{n}\sum_{i=1}^{n} x_i$、「分散」は $s^2=\frac{1}{n}((x_1-\bar{x})^2+\cdots+(x_n-\bar{x})^2)=\frac{1}{n}\sum_{i=1}^{n}(x_i-\bar{x})^2$ と書ける。いずれにしても書き方の約束事でむずかしいことはまったくないので慣れましょう。慣れれば必ず使えるようになりますから! ☺ ⇒ **数列** (すうれつ)、**添字** (そえじ)、**Π計算** (パイけいさん)

📖 **【読み方】**「$\bar{x}$」は"エックスバー"と読む。

(注1) 【$\sum_{i=1}^{n} i$ の計算】$\sum_{i=1}^{n} i=1+\cdots+n$ の値は $\sum_{i=1}^{n}((n+1)-i)=n+\cdots+1$ の値と同じだ。そこで、それぞれの式の対応する項ごとに足し算をすると、$\sum_{i=1}^{n} i + \sum_{i=1}^{n}((n+1)-i)=\sum_{i=1}^{n}(i+((n+1)-i))$

しくま

$= \sum_{i=1}^{n}(n+1) = n(n+1)$、つまり $(1+\cdots+n)+(n+\cdots+1)=(1+n)+\cdots+(n+1)=n(n+1)$ となるので、$\sum_{i=1}^{n} i = 1+\cdots+n = \frac{1}{2}n(n+1)$ となる。同様に、n 件の数の $x_1,\cdots,x_n$ が "等差数列" の場合、$x_1+x_n=x_2+x_{n-1}=\cdots=x_n+x_1=const.$（一定）となるので、$\sum_{i=1}^{n} x_i = \frac{1}{2}n \times (x_1+x_n)$ としてもよい。これを利用すれば、$\sum_{i=1}^{n} i = 1+\cdots+n = \frac{1}{2}n \times (n+1)$ となることも簡単に分かるであろう。「Σ計算」、分かりましたか？ ☺

📖 【有名な公式】① $\sum_{i=1}^{n} i = 1+\cdots+n = \frac{1}{2}n(n+1)$、② $\sum_{i=1}^{n} i^2 = 1^2+\cdots+n^2 = \frac{1}{6}n(n+1)(2n+1)$、③ $\sum_{i=1}^{n} i^3 = 1^3+\cdots+n^3 = \left(\frac{1}{2}n(n+1)\right)^2 = \frac{1}{4}n^2(n+1)^2$、④ ($x \neq 1$ として)、$\sum_{i=0}^{n} x^i = x^0+\cdots+x^n = \frac{x^{n+1}-1}{x-1}$、⑤ ($|x|<1$ のとき) $\sum_{i=0}^{\infty} x^i = x^0+\cdots+x^{\infty} = \frac{1}{1-x}$ など

Excel 【関数】SUM（和）、SUMIF（条件を満たすデータだけの和）

✎ 【小演習】簡単なので〝いますぐ〟やってみよう！ ① $\sum_{i=5}^{9} i =$ ② $\sum_{j=3}^{7}(8-j)=$ ③ $\sum_{k=1}^{5}(2k+3)=$ ④ $\sum_{i=1}^{3} i^2 =$ ⑤ $1+3+5+7+9+11=$ ⑥ $10+8+6+4+2=$ ⑦ $2+3+\cdots+100=$ ⑧ $1+2+\cdots+n=$ ⑨ $1^2+2^2+\cdots+n^2=$ （正解は⇒「質的データ（しつてきデータ）」の項に！）

σ^2 （シグマじじょう）sigma squared ⇒ **分散**（ぶんさん）

時系列データ （じけいれつデータ） time series data

時間の経過に伴って観察・測定されたデータ。同じ調査対象について、1分ごと、1時間ごと、1日ごと、1週間ごと、1ヶ月ごと、四半期ごと、1年ごとなど、一定の時間間隔（等間隔）で"連続的に"観察・測定されたデータである。変数としては、t を時点として、x_t や y_t あるいは $x(t)$ や $y(t)$ などのように書く（x_t と y_t は"添字付き変数"）（$x(t)$ と $y(t)$ は"t の関数"）。時系列データは、通常の統計分析で想定される、それぞれの観測値は互いに独立である！という仮定が成り立たないので、時間の経過にしたがった周期的あるいは構造的な変動を考慮した方法が必要になる。

例として、気象ならば、毎時・毎日の気温、湿度、風速、降水量、日射量、日照時間、株ならば、毎時・毎日の企業別の株取引の始値、高値、安値、終値、出来高、企業や店舗ならば、毎日・毎週・毎月の商品別の売上高、価格、出荷数、返品数、クレーム、毎日の来客数、売上高、国や地域ならば、人口、毎月・毎年の輸入額、輸出額、税収、あるいは、子供の身長、体重、胸囲、座高、成績、貯金などは「時系列データ」である。そして、時系列データを分析する方法が「時系列分析」である。⇒ **クロスセクションデータ、時系列分析**（じけいれつぶんせき）

時系列分析 （じけいれつぶんせき） time series analysis

時系列データを分析して、その特徴を記述する、それを上手く説明するモデルを推定する、その将来の状況を予測する[注1]などといったこと。「時系列解析」と同じ。時系列データは、通常の統計分析で想定される、それぞれの観測値は互いに独立である！という仮定が成り立たないので、時間の経過にしたがった周期的あるいは構造的な変動を考慮した方法が必要になる。古典的な方法として知られる「**TCSI分離法**」では、（t を時点として、）時系列データ $y(t)$ は、①傾向変動（トレンド）$T(t)$、②周期的変動 $C(t)$、③季節的変動 $S(t)$、④不規則変動 $I(t)$ の4つの成分で構成されるとして、実際のデータをこれらの成分に分離したモデル、例えば、$y(t) = T(t) + C(t) + S(t) + I(t)$ を構築し、実際のデータの説明や予測に使う。

また、時系列データの変化の原因や構造（メカニズム）には直接は触れずに、データの変化の原因はデータの中にある！として、時系列データは（データの平均値が時間的に変化しない）"定常的な"確率過程であると考えるモデルとして、「ARモデル」（自己回帰モデル）、「MAモデル」（移動平均モデル）、「ARMAモデル」（自己回帰移動平均モデル）などといったものがある。⇒ **ARIMAモデル**（アリマモデル）、**時系列データ**（じけいれつデータ）、**TCSI分離法**（ティーシーエスアイぶんりほう）

(注1)【将来の状態】をざっーと知りたければ、それまでのデータを折れ線グラフに描き、このグラフで傾向などを見てそれを将来に"外挿"してみればよい。しかし、予測の結果で、株式の売り買いを決めるとか、商品の仕入れを決めるなど、実際に利益や損失が発生するビジネスの問題の場合は、予測の結果が直接の損得に結びつくので、より正確な予測が必要とされよう。いずれにしても、データのグラフを描いて眺めてみるのは非常に重要である。☺

【時系列分析】という言葉は、時系列データを取り扱う統計的分析手法といった意味で使われてきたが、最近（1970年代以降）は、「計量経済分析」と区別して、"確率過程論"を基礎とする時系列データの分析を「時系列分析」ということが多いようだ。

試行 (しこう) trial

"偶然"によって決まる結果を得る実験や操作など。例えば、クジを引く、コイン（硬貨）を投げる、サイコロを振る、"偶然"起こる可能性のあることを試みるなどして、結果を得る実験や操作などのことである。次の試行の結果が、前の試行の結果には影響されないとき、2つの試行は互いに「独立」であり、それぞれの試行は「独立試行」と呼ばれる。また、同じ条件の下で繰り返される試行は「反復試行」である。ちなみに、結果が0と1など2種類しかない試行は「ベルヌーイ試行」という。⇒ **事象**（じしょう）、**ベルヌーイ試行**（ベルヌーイしこう）

自己回帰移動平均モデル (じこかいきいどうへいきんモデル) autoregressive moving average model, ARMA ⇒ **ARMAモデル**（アーマモデル）

自己回帰モデル (じこかいきモデル) autoregressive model, AR ⇒ **ARモデル**（エイアールモデル）

事後確率 (じごかくりつ) posterior probability ⇒ **事前確率**（じぜんかくりつ）

自己相関 (じこそうかん) autocorrelation

時系列データあるいは空間的なデータで、周期的な（繰り返しの）成分が含まれていること。「系列相関」と同じ。一般に、人や社会の活動（のある部分）は、1日、1週間、1ケ月あるいは季節ごとに繰り返されることが多く、このため、経済的・社会的な時系列データは、1週間あるいは1ケ月や季節ごとの繰り返しの成分を含んでいることが多い。時系列データの場合、元のデータとこれを一定期間 k ずらしたデータの間の相関係数を「自己相関係数」といい、この値が0でなければ、この時系列データは「ラグ（時間遅れ）k の自己相関がある」ということになる。当然のことながら、$k=0$ のときの自己相関係数は 1 である。例えば、ある期間、株価の日々のデータに正の自己相関が見られる、つまり、前日上がれば今日も上がるといったときには、株価は上昇の傾向（トレンド）があることになる。これは、空間的なデータについても同様だ。⇒ **時系列データ**（じけいれつデータ）

しこふ

> 📖 **【相互相関】**は、ある時系列データと一定期間ずらした別の時系列データの間の"相関"のことで、2つの時系列データの"類似性"や"関連性"を検討することができる。

事後分布（じごぶんぷ）posterior distribution ⇒　**事前分布**（じぜんぶんぷ）

事象（じしょう）event

　　事件や操作などの「試行」の結果として（"偶然"に）起こる事柄や出来事。例えば、サイコロを振るという試行の結果、「事象」として1～6のいずれかの目が出る。また、コイン（硬貨）を投げるという試行の結果、「事象」として表か裏のどちらかが出る。コインの例のように、結果が2種類しかない「ベルヌーイ試行」の結果、得られる事象は「**ベルヌーイ型の事象**」とも呼ばれる。⇒　**試行**（しこう）

自乗平均平方根（じじょうへいきんへいほうこん）root mean square, rms ⇒　**平方平均**（へいほうへいきん）

指数（しすう）index or exponent ⇒　**指数関数**（しすうかんすう）

指数型分布族（しすうがたぶんぷぞく）exponential class or exponential family of distribution

　　（"離散型"の確率分布では、）二項分布、ポアソン分布、負の二項分布など、（"連続型"の確率分布では、）正規分布、指数分布、ガンマ分布などを含む確率分布のクラス（族）。数式で書けば、確率変数を y、自然パラメーター（平均値）を η、拡散パラメーター（分散）を ϕ としたとき、確率密度関数が $f(y;\eta,\phi) = \exp\left(\frac{y\eta - b(\eta)}{a(\phi)} + c(y,\phi)\right)$（$\exp(x)$ は「e^x」と同じ "e の x 乗"）（e は "自然対数の底" という定数）で表せる確率分布のクラスをいう。個々の確率分布の性質をそれぞれ検討するのではなく、クラスとしてまとめて考えることで、一般論を展開できるのがポイント。その枠組みが「指数型分布族」だ。

　　上の確率密度関数の式で、例えば、$a(\phi) = \phi$, $b(\eta) = \frac{\eta^2}{2}$, $c(y,\phi) = -\frac{y^2 + \log(2\pi\phi)}{2}$（log は "対数"）とし、$\eta = \mu, \phi = \sigma^2$ とすると、$f(y;\mu,\sigma^2) = \exp\left(\frac{y\mu - \frac{\mu^2}{2}}{\sigma^2} - \frac{y^2 + \log(2\pi\sigma^2)}{2}\right)$ $= \frac{1}{\sqrt{2\pi}\sigma}\exp\left(-\frac{(y-\mu)^2}{2\sigma^2}\right)$ となる。これは「**正規分布**」の確率密度関数で、正規分布は "指数型分布族" の確率分布であることが分かる。ちなみに、「**一般化線形モデル（GLM）**」は、基本的にこの「指数型分布族」を前提として定式化されている。⇒　**一般化線形モデル**（いっぱんかせんけいモデル）、**正規分布**（せいきぶんぷ）

> 📖 **【読み方】**「η」は、ギリシャ文字の小文字で "イータ" と読む。「ϕ」は "ファイ" と読む、「μ」は、英字の m に当たり "ミュー" と読む。「σ」は英字の s に当たり "シグマ" と、「σ^2」は "シグマ自乗" と読む。

> 📖 **【人】**「指数型分布族」という概念は、1935-36年に、オーストリアの数学者のエドウィン・ピットマン（Edwin James George Pitman, 1897-1993）、フランスの数学者・統計学者のジョルジュ・ダルモア（Georges Darmois, 1888-1960）、フランス生まれの米国の数学者のバーナード・クープマン（Bernard Osgood Koopman, 1900-81）が提唱したもの。

指数関数（しすうかんすう）exponential function

　　正の実数 $a(>0)$ の x 乗。つまり、a^x のこと。x は実数である。x が正の整数ならば、a

を x 回掛け算した値である[注1]。x が連続的に変化（増減）するとき、a^x も連続的に変化（増減）する。つまり、a^x は x の連続関数である。「指数関数」の"性質"として、$a^1=a$、$a^{-x}=\frac{1}{a^x}=1\div a^x$、$a^x \times a^y = a^{x+y}$ などがある。正規分布の確率密度関数の中に出てくる e^x は、e（自然対数の底）の指数関数つまり "e の x 乗" で、$\exp(x)$ とも書く。⇒ **exp(x)**（エクスポネンシャル・エックス）

(注1)【べき乗】とは、1つの数 a を繰り返し掛け算したもの。つまり、n を正の整数として、$a^n=\overbrace{a\times\cdots\times a}^{n}$、$a$ を n 回掛け算したものだ。漢字では「冪乗」や「巾乗」と書く。「累乗」と同じ。

指数分布 (しすうぶんぷ) exponential distribution

"連続型"の確率分布の1つ。例えば、客の到着がランダムで、それまでの到着の状況に依存しない場合、客の到着時間の間隔がしたがう確率分布である。数式で書くと、単位時間中に客が平均的に $\lambda=\frac{1}{\theta}=1\div\theta(>0)$ 人到着する（θ は "平均的な到着時間の時間間隔"）とすると、客の到着の時間間隔が $t(\geq 0)$ である確率密度は $p(t)=\lambda\times e^{-\lambda t}=\frac{e^{-\frac{t}{\theta}}}{\theta}=e^{-\frac{t}{\theta}}\div\theta$（$e^{-x}$ は "e の $-x$ 乗"）（e は "自然対数の底" という定数）である。一般的には、ある離散的なランダムな事象がそれまでの事象の発生の状況に依存しない場合、この事象が発生する時間間隔がしたがう確率分布で、単位時間当たりにこの事象が発生する確率は（離散的な確率分布の）「ポアソン分布」にしたがう。その平均値は $\frac{1}{\lambda}=1\div\lambda=\theta$、分散は $\frac{1}{\lambda^2}=1\div\lambda^2=\theta^2$、標準偏差は $\frac{1}{\lambda}=1\div\lambda=\theta$ である（歪度が2、尖度が6だ）。また、累積確率密度関数は $P(t)=1-e^{-\lambda t}=1-e^{-\frac{t}{\theta}}$ である[注1]（つまり、$P(0)=1-e^0=0$ であり、$P(\infty)=1-e^{-\infty}=1$ だ）。

ちなみに、独立した n 件の "指数分布" にしたがう確率変数の和 $z=\sum_{i=1}^{n}x_i=x_1+\cdots+x_n$ は、「ベイズ統計学」で使われる "自然な共役分布" の1つである「ガンマ分布」にしたがう。また、自由度2の「χ^2 分布」は $\lambda=\frac{1}{\theta}=\frac{1}{2}$ つまり $\theta=2$ の "指数分布" と一致する[注2]。⇒ **ガンマ分布**（ガンマぶんぷ）、**ポアソン分布**（ポアソンぶんぷ）

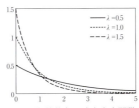

図1　指数分布の確率密度関数

📖【読み方】「λ」は、英字の l に当たるギリシャ文字の小文字で "ラムダ" と読む。「θ」はギリシャ文字の小文字で "シータ" と読む。英字は対応がなく、音写はthだ。角度や無声歯摩擦音の音声記号としても使われている。「χ」は、ギリシャ文字の小文字で "カイ" と読む。対応する英字はないので英語ではchiと書く。「χ^2」は "カイ自乗" と読む。

(注1)【平均値】は、$\int_0^\infty t\times p(t)\mathrm{d}t=\int_0^\infty t\times\lambda e^{-\lambda t}\mathrm{d}t=[t\times(-e^{-\lambda t})]_0^\infty-\int_0^\infty(-e^{-\lambda t})\mathrm{d}t$ で、これを計算す

ると、$\left(\lim_{t\to\infty}\left(-\frac{t}{e^{\lambda t}}\right)-(-0\times e^0)\right)-\left[-\frac{e^{-\lambda t}}{\lambda}\right]_0^\infty=-\left(0-\frac{e^0}{\lambda}\right)=\frac{1}{\lambda}$ となる。また、「**分散**」は、$\int_0^\infty\left(t-\frac{1}{\lambda}\right)^2\times p(t)\mathrm{d}t=\int_0^\infty\left(t-\frac{1}{\lambda}\right)^2\times\lambda e^{-\lambda t}\mathrm{d}t=\int_0^\infty\left(t^2-\frac{2t}{\lambda}+\frac{1}{\lambda^2}\right)\times\lambda e^{-\lambda t}\mathrm{d}t$ で、これを計算すると、$\left[-\left(t^2+\frac{1}{\lambda^2}\right)\times e^{-\lambda t}\right]_0^\infty=-\left(0-\frac{1}{\lambda^2}\times e^0\right)=\frac{1}{\lambda^2}$ となる。また、「**累積確率密度関数**」は、$P(t)=\int_0^t p(t)\mathrm{d}t=\int_0^t\lambda e^{-\lambda t}\mathrm{d}t=\left[-e^{-\lambda t}\right]_0^t=(-e^{-\lambda t})-(-e^0)=1-e^{-\lambda t}$ となる。

(注2)【**他の分布との関係**】自由度2の「χ^2分布」は、$\theta=2$ の「指数分布」と一致する。また、単位時間ごとに生起する事象の数がパラメータλの「ポアソン分布」にしたがうとき、そのような事象の生起間隔はパラメータλの「指数分布」にしたがう。

指数平滑法 (しすうへいかつほう) exponential smoothing

時系列データの"平滑化"あるいは"予測"の方法の1つ。具体的には、時点 t の平滑化したデータ y_t を、前の時点 $(t-1)$ の観測データ x_{t-1} に $\alpha(0<\alpha<1)$ の"重み"を、平滑化したデータ y_{t-1} に $(1-\alpha)$ の"重み"を付けた加重平均をした値つまり $y_t=\alpha\times x_{t-1}+(1-\alpha)\times y_{t-1}$ とする"平滑化"の方法である。あるいは、この式を $y_t=y_{t-1}+\alpha\times(x_{t-1}-y_{t-1})$ と書き直せば、前の時点 $(t-1)$ の平滑化したデータ y_{t-1} に、同じ時点の観測データ x_{t-1} と平滑化したデータ y_{t-1} の差の $(x_{t-1}-y_{t-1})$ に α の"重み"を付けた値を足し算して"修正"する方法ともいえる。

ちなみに、$\alpha=0$ ならば $y_t=y_{t-1}$ となり、平滑化したデータは観測データの影響を受けない。あるいは、$\alpha=1$ ならば $y_t=x_{t-1}$ となり、平滑化したデータは前の時点の観測データそのものになる。$0<\alpha<1$ ならば、その間ということになる。つまり、α の値が大きいほど、最近のデータの大きな"重み"をつけ、小さいほど、過去のデータの大きな"重み"を付けて考える、ということになる[注1]。⇒ **移動平均法** (いどうへいきんほう)

📖【**読み方**】「α」は、英字の a に当たるギリシャ文字の小文字で"アルファ"と読む。

(注1)【**計算**】$y_t=\alpha\times x_{t-1}+(1-\alpha)\times y_{t-1}$ の y_{t-1} に $y_{t-1}=\alpha\times x_{t-2}+(1-\alpha)\times y_{t-2}$ を代入すると、$y_t=\alpha\times x_{t-1}+(1-\alpha)\times(\alpha\times x_{t-2}+(1-\alpha)\times y_{t-2})$ つまり $y_t=\alpha\times x_{t-1}+(1-\alpha)\times\alpha\times x_{t-2}+(1-\alpha)^2\times y_{t-2}$ となる。さらに、この式の y_{t-2} に $y_{t-2}=\alpha\times x_{t-3}+(1-\alpha)\times y_{t-3}$ を代入すると、$y_t=\alpha\times x_{t-1}+(1-\alpha)\times\alpha\times x_{t-2}+(1-\alpha)^2\times(\alpha\times x_{t-3}+(1-\alpha)\times y_{t-3})$ つまり $y_t=\alpha\times x_{t-1}+(1-\alpha)\times\alpha\times x_{t-2}+(1-\alpha)^2\times\alpha\times x_{t-3}+(1-\alpha)^3\times y_{t-3}$ となる。これを繰り返すと、結局、$y_t=\alpha\times(x_{t-1}+(1-\alpha)\times x_{t-2}+(1-\alpha)^2\times x_{t-3}+(1-\alpha)^3\times x_{t-4}+\cdots+(1-\alpha)^{n-1}\times x_{t-n})+(1-\alpha)^n\times y_{t-n}$ になる。つまり、$\alpha=1$ ならば $y_t=x_{t-1}$ となり、$\alpha=0$ に近づけば $y_t=y_{t-1}$ となり、平滑化したデータは観測データの影響を受けないことになる。

Excel【**ツール**】ツールバー⇒データ⇒分析⇒データ分析(指数平滑)

事前確率 (じぜんかくりつ) prior probability

可能性、真実性、実現性、確信、期待、見込みなど「主観的確率」の1つで、何かの情報を得て"修正"する前の確率。「**先験確率**」と同じ。何かの情報を得て"修正"した後の「**事後確率**」に対比していう。ここで、「修正」とは、学習や考え直しや再認識などといってもよい。A の確率を $p(A)$、B の確率を $p(B)$、条件 B の下での A の条件付き確率を $p_B(A)$、条件 A の下での B の条件付き確率を $p_A(B)$[注1] としたとき、$p_B(A)=\frac{p_A(B)\times p(A)}{p(B)}$ $=p_A(B)\times p(A)\div p(B)$ という関係式で表される「**ベイズの定理**」で、$p(A)$ が"**事前確率**"、$p_B(A)$ が"**事後確率**"である。A を仮説(原因)の H、B をデータ(結果)の D に置き換え

ると、$p_D(H) = \frac{p_H(D) \times p(H)}{p(D)} = p_H(D) \times p(H) \div p(D)$ となり、$p_H(D)$ は（条件としての）仮説 H の下での（結果である）データ D の「結果の確率」であり、$p_D(H)$ は（条件としての）データ D の下での（原因である）仮説 H の「原因の確率」である。⇒ **事前分布**（じぜんぶんぷ）、**条件付き確率**（じょうけんつきかくりつ）、**ベイズの定理**（ベイズのていり）

> (注1) 【条件付き確率】は、$p_A(B)$ の他、$p(B|A)$ と書くこともある。いずれも、条件 A の下での B の"条件付き確率"だ。

自然対数（しぜんたいすう）natural logarithm ⇒ **対数**（たいすう）
自然対数の底（しぜんたいすうのてい）base of naural logarithm ⇒ **e**（イー）
自然な共役分布（しぜんなきょうやくぶんぷ）natural conjugate distribution

「ベイズ統計学」で、"事前分布"と"事後分布"が同じ種類（タイプ）になる分布。（「伝統的な統計学」とは"反対"に、）「ベイズ統計学」では、観察されたデータ D を基にして、このデータの下で（原因である）仮説の H が成り立つ「原因の確率」の $p_D(H)$ を計算して推定を行う。具体的には、$\pi_D(\theta) = k \times f_\theta(D) \times \pi(\theta)$、つまり、分布の母数（パラメーター）$\theta$ の「事前分布」$\pi(\theta)$ に、母数 θ という条件付きの D の「尤度」$f_\theta(D)$ を掛け算した結果が、観察されたデータ D という条件付きの母数 θ の「事後分布」$\pi_D(\theta)$ になる。ここで、$k = \frac{1}{\int f_\theta(D) \times \pi(\theta) \mathrm{d}\theta}$（∫は"積分"）であり、$\int \pi_D(\theta) d\theta = 1$ である。この式が「ベイズ統計学の基本公式」だ。

ここで、「事前分布」は（事前に持っている情報や知識に応じて）自由に決めることができるが、まったく自由に決めてしまうと、分析がむずかしくなってしまう。そこで、例えば、データの分布が「正規分布」が仮定できる場合、事前分布として「正規分布」を選択すると、事後分布も「正規分布」になる。このように、"事前分布"と"事後分布"が同じ種類の分布になるものが「自然な共役分布」だ。事前分布は「自然な共役事前分布」と、事後分布は「自然な共役事後分布」ともいう。一般に、「共役」とは、2つのものが互いに対称的あるいは相補的な関係にあることだ。この他、データの分布が「ベルヌーイ分布」の場合、事前分布が「ベータ分布」ならば、事後分布も「ベータ分布」になる。データの分布が「ポアソン分布」の場合、事前分布が「ガンマ分布」ならば、事後分布も「ガンマ分布」になる。また、データの分布が「正規分布」の場合、事前分布が「逆ガンマ分布」ならば、事後分布も「逆ガンマ分布」になる。⇒ **ベイズ統計学**（ベイズとうけいがく）

> 【読み方】「θ」は、ギリシャ文字の小文字で"シータ"と読む。英字は対応がなく、音写は th だ。角度や無声歯摩擦音の音声記号としても使われている。「π」は、英字の p に当たり"パイ"と読み、円周率のを記号としても使われている。

事前分布（じぜんぶんぷ）prior distribution

推定すべき分布の母数（パラメーター）を"定数"ではなく（分布を持つ）"確率変数"と考える「ベイズ統計学」で、データが観察される"前"の推定すべき分布の母数の分布。「ベイズの定理」での"事前確率"に相当する。観察されたデータによって修正された"後"の分布の母数の分布である「事後分布」に対比していう。

「ベイズ統計学」では、事後分布は、事前分布と尤度の積（つまり掛け算の結果）に比例する。つまり、母数を θ、データを D、"事前分布"を $\pi(\theta)$、母数が θ の場合のデータ D の（条

件付き）尤度を$f_θ(D)$、データがDの場合の母数$θ$の（条件付き）"事後分布"を$π_D(θ)$とすると、$k=\frac{1}{\int f_θ(D)×π(θ)dθ}$（∫は"積分"）を定数として、$π_D(θ)=k×f_θ(D)×π(θ)$である（当然のことながら、$\int π_D(θ)dθ=1$である）。

「事前分布」は、分布について何かの情報があればそれにしたがった想定をすればよいが、そういった情報がなければ、"適当に"決めればよい。**事前分布がいい加減でも、「ベイズ統計学」によって、（ある程度は）"妥当な"結果（事後分布）を導いてくれる**。なお、まったく情報がなければ、「理由不十分の原理」にしたがって「一様分布」を想定することが多い。⇒ **自然な共役分布**（しぜんなきょうやくぶんぷ）、**ベイズ統計学**（ベイズとうけいがく）、**尤度**（ゆうど）

　📖【読み方】「$θ$」は、ギリシャ文字の小文字で"シータ"と読む。英字は対応がなく、音写はthだ。角度や無声歯摩擦音の音声記号としても使われている。「$π$」は、英字のpに当たり"パイ"と読み、円周率のを記号としても使われている。

下側確率（したがわかくりつ）lower probability or lower tail probability ⇒ **上側確率**（うえがわかくりつ）

下側ヒンジ（したがわヒンジ）lower hinge ⇒ **第1四分位数**（だいいちしぶんいすう）

悉皆調査（しっかいちょうさ）complete census ⇒ **全数調査**（ぜんすうちょうさ）

シックスシグマ（six sigmas）

　　統計学や品質管理（QC）の方法を利用して、不良率の発生をごくわずかに抑える経営管理の方法。「シグマ」は標準偏差の$σ$のことで、SQC（統計的品質管理）では、平均値$μ$、分散$σ^2$の正規分布$N(μ,σ^2)$にしたがう確率変数xが$μ-3σ$～$+3σ$の範囲に入る確率が$99.73％$であり、この範囲から外れるのは$0.27％$（$1,000$回で2.7回）であることに基づいているのに対して、「シックスシグマ」では、「100万回の作業を実施しても不良品の発生率を3.4回に抑える！」を"スローガン"としている[注1]。具体的には、「COPQ」（cost of poor quality）つまり製品やサービスの品質不良のために生じる無駄なコストと「CTQ」（critical to quality）つまり経営品質に決定的に影響を与える数少ない要因の2つの指標を基に、トップダウンで品質低下の原因や経営プロセスのカイゼン（改善）を進めていく。

　　「SQC」や「TQC（全社的品質管理）」では、ボトムアップで、plan（計画）→ do（実行）→ check（検査）→ action（改善）→ plan の「PDCAサイクル」によって、業務を継続的にカイゼン（改善）していくのに対して、「シックスシグマ」では、現状認識に大きなポイントを置き、しっかりと目標設定をしようとするのが大きな"違い"。具体的には、define（定義）→ measurement（測定）→ analysis（分析）→ improvement（改善）→ control（改善定着の管理）→ define の「DMAICサイクル」によって、生産や経営のプロセスを継続的に改善していく。⇒ **SQC**（エスキューシー）、**TQC**（ティーキューシー）

　📖【読み方】「$μ$」は、英字のmに当たるギリシャ文字の小文字で"ミュー"と読む。「$σ$」は、英字のsに当たり"シグマ"と、「$σ^2$」は"シグマ自乗"と読む。

　（注1）【**正規分布**】にしたがう確率変数xは、$μ-6σ$～$μ+6σ$に$\frac{99,999,999.8}{100,000,000}=99.9999998\%$が入り、"範囲外"に落ちるのは$\frac{0.2}{100,000,000}=0.0000002\%$である。そして、$μ-4.645σ$～$μ+4.645σ$に$\frac{999,996.6}{1,000,000}=99.99966\%$が入り、"範囲外"に落ちるのは$\frac{3.4}{1,000,000}=0.00034\%$だ。つまり、「シックスシグマ」の$±6σ$は"掛け声"

で、"実務"は±4.645σだ。☹

- 📖【ブラックベルト】*1990年代に米国のゼネラルエレクトリック（GE）社が、経営全般のプロセス改善・効率化の方法として確立し、多くの企業にも広まった。*「シックスシグマ」の活動のエキスパート（指導者）には、「ブラックベルト」つまり"黒帯"という称号が与えられるが、この名前からも原点は日本の品質管理（QC）だ！と分かる。なお、「シックスシグマ」は、米国モトローラ社の登録商標になっている。

- 📖【人】1980年代の初めに、米国のモトローラ社は、**マイク・ハリー**（Mikel "Mike" J. Harry, 1950-）の発案で、日本の統計的品質管理／全社的品質管理（SQC/TQC）を徹底的に勉強して、生産プロセスの改善を通じた品質管理による大幅なコストダウンと収益増を実現したのが「シックスシグマ」の"始まり"。

実験計画法（じっけんけいかくほう）design of experiment, DE

目的（必要）とするデータ（や情報）を得るために効率的・効果的な「実験方法」を計画し、その結果を適切に分析するための方法論。英語の頭文字をとって「DE」ともいう。ここで、「目的とする」とは「知りたい」ということで、実験の結果に影響を与えると想定した因子（要因）の水準（因子の値）の違いによって結果に違いが出るか否か（これが「主効果」）、また、2つ以上の因子の水準の組み合わせによって結果に違いが出るか否か（これが「交互作用」）のどれを知りたいかである。「実験計画法」を利用することによって、因子とその水準の"すべて"の組み合わせではなく、その"一部"だけを実施すれば、目的とするデータが最も効率的つまりは少ない実験で得ることができる計画が作れる。

このため、①反復、②無作為化、③局所管理化の「フィッシャーの三原則」を守ることが"必要"とされている。「反復」つまり同じ実験を繰り返すことで、偶然誤差が評価できるようになり、「無作為化」つまり実験の順序をランダム化することで、実験の条件による系統誤差を偶然誤差に転化することができる。また、全体を条件が均一のものに分割（ブロック化）する「局所管理化」で、系統誤差の一部を除去することができる。「実験計画法」の実験の割り当て（計画）方法として「完全無作為化法」、「ラテン方格法」、「乱塊法」、「直交表」などがある。⇒ **直交表**（ちょっこうひょう）、**フィッシャーの三原則**（フィッシャーのさんげんそく）、**ラテン方格法**（ラテンほうかくほう）、**乱塊法**（らんかいほう）

- 📖【人】「実験計画法」は、（「推測統計学」を確立した）英国の進化生物学者で統計学者の**ロナルド・フィッシャー**（Ronald Aylmer Fisher, 1890-1962）が1920年代に農学試験から"着想"して発展させた。そして、1950年に米国の**ゲルトルード・コックス**（Gertrude Mary Cox, 1900-78）と**ウィリアム・コクラン**（William Gemmell Cochran, 1909-80）が『**実験計画法**』（邦訳は丸善（1953,1961））を出版し、これが"標準的な"教科書となり、以後、医学、工学、実験心理学や社会調査へ広く応用された。また、これを基にして**田口玄一**（1924-2012）による「品質工学（タグチメソッド）」という新たな分野も生まれた。

質的調査（しつてきちょうさ）qualitative survey ⇒ **定性調査**（ていせいちょうさ）

質的データ（しつてきデータ）qualitative data

尺度基準でいう「名義尺度」や「順序尺度」のデータ。比率尺度や間隔尺度の「量的データ」に対比してこういう。「量的データ」と違い、「質的データ」は、足し算や引き算がで

きず、当然、掛け算や割り算もできない。したがって、平均や分散などという概念もないことに注意！⇒ **尺度基準**（しゃくどきじゅん）、**順序尺度**（じゅんじょしゃくど）、**名義尺度**（めいぎしゃくど）

☞ 【（Σ計算）小演習の正解】① $\sum_{i=5}^{7} i = 5+6+7 = 18$ ② $\sum_{j=3}^{7}(8-j) = 5+4+3+2+1 = 15$ ③ $\sum_{k=1}^{4}(2k+3) = 5+7+9+11 = 32$ ④ $\sum_{i=1}^{3} i^2 = 1^2+2^2+3^2 = 1+4+9 = 14$ ⑤ $1+3+5+7+9+11 = \sum_{j=1}^{6}(2j-1) = 36$ ⑥ $10+8+6+4+2 = \sum_{k=1}^{5}(12-2k) = 30$ ⑦ $2+3+\cdots+100 = \sum_{i=2}^{100} i = \frac{1}{2}((2+3+\cdots+100)+(100+99+\cdots+2)) = \frac{1}{2}((2+100)+(3+99)+\cdots+(100+2)) = \frac{102 \times 99}{2} = 5049$ ⑧ $1+2+\cdots+n = \sum_{j=1}^{n} j = \frac{1}{2}((1+2+\cdots+n)+(n+(n-1)+\cdots+1)) = \frac{1}{2}((1+n)+(2+(n-1))+\cdots+(n+1)) = \frac{1}{2} n \times (n+1)$ ⑨ $1^2+2^2+\cdots+n^2 = \sum_{k=1}^{n} k^2 = \frac{1}{6} n \times (n+1) \times (2n+1)$ （∵ なぜならば $(k+1)^3 - k^3 = 3k^2+3k+1 \to (n+1)^3 - 1 = 3\sum_{k=1}^{n} k^2 + 3\sum_{k=1}^{n} k + n \to 3\sum_{k=1}^{n} k^2 = (n+1)^3 - 3 \times \frac{n \times (n+1)}{2} - (n+1) = (n+1) \times \frac{n \times (2n+1)}{2}$ ） ☺

GT（ジーティー）GT, grand total ⇒ **単純集計**（たんじゅんしゅうけい）

指定統計（していとうけい）fundamental statistics ⇒ **公的統計**（こうてきとうけい）

ジニ係数（ジニけいすう）Gini coefficient

（事象の集中具合を表す）「ローレンツ曲線」で表される"不平等さ"を 0 から 1 までの数字で表す指標。この値が大きいほど"不平等さ"が大きい。所得を例にとると、すべての世帯を収入の低い方から高い方に並べ（ソートし）、横軸（x 軸）に累積世帯比率（$0\sim1$）を、縦軸（y 軸）に累積収入比率（$0\sim1$）をとった「ローレンツ曲線」を描いた場合、「ジニ係数」の値は、この曲線と 45 度線（対角線）で囲まれた弧の面積の割合の 2 倍であり、この曲線が 45 度線から離れれば離れるほど大きな値になる。

つまり、値が 0 のときには、この曲線と 45 度線は完全に一致し、完全に平等で全員が同じ所得である。また、値が 1 のときには、この曲線は横軸・縦軸と完全に一致し、完全に不平等で 1 人がすべての所得を独占していることになる。値が 0.5 のときには、上位 $\frac{1}{4}$ つまり 25% の所得者がすべての所得の $\frac{3}{4}$ つまり 75% を得ていることになる。一般的にいって、「ジニ係数」の値は 0.4 以下が望ましく 0.5 を超えると何かの是正が必要になり、0.6 を超えると社会不安の面で"危険ライン"を超えたと見られている。ちなみに、2010 年の日本のジニ係数は 0.336 だった。☺ ⇒ **ローレンツ曲線**（ローレンツきょくせん）

📖 【人】この係数は、1936 年にイタリアの統計学者・人口統計学者・社会学者（で、ファシズムの理論家でもあった）**コラッド・ジニ**（Corrado Gini, 1884-1965）が提案した。

四分位散布係数（しぶんいさんぷけいすう）quartile coefficient of dispersion

データの値を小さい順に並べて（ソートして）四分割したときに、下から $\frac{1}{4}$ つまり 25% に位置する「第 1 四分位数」を Q_1、下から $\frac{3}{4}$ つまり 75%（上からは 25%）に位置する「第 3 四分位数」を Q_3 としたとき、$D_q = \frac{Q_3 - Q_1}{Q_3 + Q_1} = (Q_3 - Q_1) \div (Q_3 + Q_1)$ で表される統計量。この式の分母と分子のそれぞれを 2 で割り算すると、$D_q = \frac{\frac{Q_3 - Q_1}{2}}{\frac{Q_3 + Q_1}{2}} = \frac{Q_3 - Q_1}{2} \div \frac{Q_3 + Q_1}{2}$ となるが、こ

れは「四分位偏差」(半四分位範囲)の $\frac{Q_3-Q_1}{2} = (Q_3 - Q_1) \div 2$ を「ミッドヒンジ」の $\frac{Q_1+Q_3}{2} = (Q_1 + Q_3) \div 2$ で割り算した値だ。(スケールの異なるデータのバラツキを相対的な値で比較する) 標準偏差を平均値で割り算した「**変動係数**」と同じ概念の統計量である。⇒ **四分位数** (しぶんいすう)、**変動係数** (へんどうけいすう)

  📖【英和辞典】「hinge」は、① (ドアなどの) 蝶番、蝶番状のもの (膝の関節・二枚貝の蝶番など)、②切手ヒンジ、切手をアルバムに貼るとき使うパラフィン紙片、③ (米俗) 見ること。

Excel【関数】QUARTILE (四分位数) を利用して計算する。

四分位数 (しぶんいすう) quartile

 分位数の1つ。データを小から大に並べて四分割したときのそれぞれの分割に対応する値である。下から $\frac{1}{4} = 0.25 = 25\%$ に位置する値 Q_1 を「**第1四分位数**」、下から $\frac{3}{4} = 0.75 = 75\%$ (上からは 25%) に位置する値 Q_3 を「**第3四分位数**」という。最小値や最大値は、データの中に"外れ値"が入っていたりすると、大きく変化する可能性があるが、第1四分位数 Q_1 や第3四分位数 Q_3 は、こういった"外れ値"があっても大きな影響がなく、安定した統計値であるのがポイント。「**四分位数**」は、「**四分位点**」とも「**四分位値**」とも「**ヒンジ**」ともいう。「第1四分位数」は、25パーセンタイル値、下側ヒンジともいい、「第3四分位数」は 75パーセンタイル値、上側ヒンジともいう。「探索的データ解析」で重要な順序統計量の1つである。

 ちなみに、下から $\frac{2}{4} = \frac{1}{2} = 0.5 = 50\%$ (上からも 50%) の値は「**第2四分位数**」で、これは「**中央値 (メディアン)**」と同じ。また、下から $\frac{0}{4} = 0 = 0\%$ つまり最も小さい「**第0四分位数**」は「**最小値**」と同じ、下から $\frac{4}{4} = 1 = 100\%$ つまり最も大きい「**第4四分位数**」は「**最大値**」と同じである。一般に、「**分位数**」は、データを小から大に並べて n 分割したときの値をいい、100分割したときの「**パーセンタイル**」はしばしば使われる。⇒ **順序統計量** (じゅんじょとうけいりょう)、**パーセンタイル**、**分位数** (ぶんいすう)

  📖【英和辞典】「hinge」は、① (ドアなどの) 蝶番、蝶番状のもの (膝の関節・二枚貝の蝶番など)、②切手ヒンジ、切手をアルバムに貼るとき使うパラフィン紙片、③ (米俗) 見ること。

  📖【デルファイ法】は、技術予測や社会予測のための最も有力な方法の1つで、その課題の分野を含めて幅広い分野から複数の専門家を選び、この人たちに「アンケート調査」に答えてもらい、その結果をこの人たちにフィードバックして、再びこの人たちに同じ「アンケート調査」に答えてもらう。このプロセスを繰り返すことで、専門家の意見が全体としてまとまり、あるいは安定的なものとなり、より信頼性の高い結果が得られる。このプロセスで、結果のフィードバックは回答の分布、具体的には、回答の第1四分位数、中央値 (メディアン)、第3四分位数の3つとそのそれぞれの頻度割合で示される。

Excel【関数】QUARTILE (四分位数)

四分位相関係数 (しぶんいそうかんけいすう) correlation coefficient ⇒ **φ係数** (ファイけいすう)

四分位範囲 (しぶんいはんい) interquartile range, IQR

 データの分布の"バラツキ"の程度を表す統計量の1つ。「IQR」と同じ。データをその

値の小さい順に並べて（ソートして）四分割したとき下から $\frac{3}{4}=0.75=75\%$（上からは 25%）に位置する「第3四分位数」Q_3 から下から $\frac{1}{4}=0.25=25\%$ に位置する「第1四分位数」Q_1 を引き算した値（Q_3-Q_1）である。「四分位数」が"外れ値"には影響されず値が安定していることと同様、「四分位範囲」もまた値が安定しているのが特徴である。データの分布の"バラツキ"の程度を表すもう1つの統計量の「**範囲（レンジ）**」は、最大値から最小値を引き算した値で、データのバラツキのすべてを表しているが、"外れ値"があると値は大きく変化してしまい安定していないのが問題点。なお、「四分位偏差（半四分位範囲）」はこの値の半分で、しばしば"散布度"として使われている。⇒ **十分位範囲**（じゅうぶんいはんい）、**範囲**（はんい）

四分位偏差（しぶんいへんさ）quartile deviation ⇒ **四分位範囲**（しぶんいはんい）
　　Excel【関数】QUARTILE（四分位数）を利用して計算する。

四分点相関係数（しぶんてんそうかんけいすう）correlation coefficient ⇒ **φ 係数**（ファイけいすう）
社会調査（しゃかいちょうさ）social research or social survey
　　社会の「問題」の発見・理解・解決を目的に、その問題の存在する社会や集団について、その問題を構成する要素や関連する要素を調査すること。「統計学」の方法やその問題に関する"知見"（知識）によって、適切な"データ"を集めそれから仕事の目的の達成に必要な"情報"を導き出し、問題の発見・理解・解決に役立てる。問題とその必要によって、「調査対象」は、国際規模、全国規模、地域、社会階層、職業、年齢、生活パターン、特定月、曜日、時間帯などを"特定"して行われる。また、「内容」は、実態、希望、意見、評価などに分かれる。「方法」は、全数調査と標本調査があり、また、アンケート調査とインタビュー調査などがある。いずれにしても、問題の発見・理解・解決という「仕事」の目的、適切な「データ」の収集、仕事の目的の達成に必要な「情報」を導き出すというプロセスを"明に"意識して、社会調査に取り組んでほしい！ 筆者はそう思っている。⇒ **統計**（とうけい）
尺度合わせ（しゃくどあわせ）scale transformation
　　より高いレベルのデータをより低いレベルのデータに変換すること[注1]。例えば、①とてもよい、②ややよい、③普通、④やや悪い、⑤とても悪い、といった「順序尺度」のデータで、"よい"の①と②を合計し、"よい"ではない③～⑤を合計して、ⓐよい、ⓑよいではない、といった「名義尺度」のデータに変換することだ。当然のことながら、データを変換すると、元のデータのある側面だけを取りだすことになるので、データから取りだせる情報は違ってくる。つまり、こういったデータで何かの効果を評価する場合、結論が違ってしまうこともある。
　　一般的にいって、「順序尺度」のデータは、そもそもその目的に応じて、「順序尺度」のデータとして観察・測定・分析すべきものなので、特別な理由がない限り、「尺度合わせ」はすべきではなく、「順序尺度」のデータが持っている情報を最大限に活かすように利用するのがよい。上記の例でいえば、ⓐよい、ⓑよいではない、といった「名義尺度」のデータが欲しければ、最初からそういった調査をした方がよい、筆者はそう思っている。
　　(注1)【**選択肢選択方式**】のアンケート調査でも、2つの選択肢から回答を選択する「二件法」の回答データ、3つの選択肢の「三件法」の回答データ、4つの選択肢の「四件

法」の回答データ、5つの選択肢の「五件法」の回答データは、互いに似てはいるが、回答の質はかなり違っている！ことに注意。

尺度基準（しゃくどきじゅん）level of measurement

データの"性格"による分類の基準。「尺度水準」や「スティーブンスの尺度基準」と同じ。データの性質の違いによって、①名義尺度、②順序尺度、③間隔尺度、④比率尺度の4つに分類されている。「名義尺度」は、性別、血液型、電話番号、背番号などのように、互いの区別の記号であるデータ、「順序尺度」は、5（とてもよい）、4（よい）、3（普通）、2（悪い）、1（とても悪い）などのように、対象の性質の評価や大小や順序などを表したデータである。

また、「間隔尺度」は、暦（西暦年）、テスト（試験）の得点、知能指数（IQ）など、回答の大小や順序だけでなく、回答の差にも意味があるデータであり、「比例尺度」は、身長、体重、時間、速度、エネルギー、年齢や収入など、2つのデータの値の足し算、引き算の他、掛け算、割り算にも意味があるデータである[注1]。これらの尺度基準は、高い基準が低い基準の性質を含むように、つまり、名義尺度＜順序尺度＜間隔尺度＜比率尺度という関係になっている。ちなみに、「量的データ」は、間隔尺度や比例尺度のデータのことで、単位を持っているのが特徴である。「質的データ」は、名義尺度や順序尺度のデータのことである。

(注1)【代表値】として、名義尺度のデータでは「最頻値（モード）」、順序尺度のデータでは「最頻値」と「中央値（メディアン）」、間隔尺度や比率尺度のデータでは、「算術平均」、「最頻値」、「中央値」などが定義できる。ちなみに、間隔尺度のデータは"ほとんど"の統計値が計算でき、比率尺度のデータは"すべて"の統計値が計算できる。

【人】この尺度基準は、米国の心理学者のスタンレー・スティーブンス（Stanley Smith Stevens, 1906-73）が1946年に発表した論文つまりStevens, S. S. (1946). "On the Theory of Scales of Measurement". Science 103 (2684): 677-680.（測定尺度の理論について）で提案した。

尺度水準（しゃくどすいじゅん）level of measurement ⇒ 尺度基準（しゃくどきじゅん）

尺度パラメーター（しゃくどパラメーター）spread parameter ⇒ バラツキ

ジャックナイフ法（ジャックナイフほう）jackknife method

"実際"の標本のデータからいくつかのデータを抜いた標本を繰り返して作成し、これらの作成された新しい標本から（目的とする）統計量のバラツキを評価するという方法。普通、"実際"の標本のデータから1件のデータを抜いた標本を繰り返して作成する。「クヌーイュ・テューキーのジャックナイフ法」と同じ。簡単な計算例として、"実際"の標本のデータが $(1,1,3,4,5)$ で、関心のある統計量を「平均値」としたとき、これから1件のデータを取り除いた $(1,3,4,5), (1,3,4,5), (1,1,4,5), (1,1,3,5), (1,1,3,4)$ について、それぞれ「平均値」を計算すると、それぞれ $\frac{1}{4}(1+3+4+5)=3.25, \frac{1}{4}(1+3+4+5)=3.25, \frac{1}{4}(1+1+4+5)=2.75, \frac{1}{4}(1+1+3+5)=2.50, \frac{1}{4}(1+1+3+4)=2.25$ となる。これらの値を小さい順にソートすると、平均値は $2.25, 2.50, 2.75, 3.25, 3.25$ という分布をしていることが分かる。この分布から、平均値は $\frac{1}{5}(3.25+3.25+2.75+2.50+2.25)=2.8$ を中心に、$2.25 \sim 3.25$ の間でばらついている。さらに、この分布から、下から 2.5% に相当する値は（0.0% に当たる 2.25 と 25% に当たる 2.50 の間を比例配分して）$2.25 + \frac{2.50-2.25}{10} = 2.275$、上から 2.5%

に相当する値は 3.25 となるので、95% の信頼区間は $2.275 \sim 3.25$ ということになる。

「正規分布」や「t 分布」などの"理想化"された確率分布を想定することなく、こういった驚くほど簡単な方法で、「平均値」や「分散」だけでなく、「中央値」や「四分位数」なども含めて、必要な統計量のバラツキを求めることができる。"実際"の標本のデータから"重複あり"の標本抽出を繰り返して新しい標本を作成する「ブートストラップ法」に比べて、計算量が少なくできるのが特徴である。⇒ **統計モデル**（とうけいモデル）、**ブートストラップ法**（ブートストラップほう）

> 📖【ジャックナイフ法】は、データの分布（含、外れ値）を調べるために使われ、「クロスバリデーション」は、データの再現性を確認するために使われるが、両者は確かに"似ている"。☺

> 📖【人】「ジャックナイフ法」は、1940年代に英国の数学者の**モーリス・クヌーイユ**（Maurice Henry Quenouille）により考案され、1950年代に米国の統計学者の**ジョン・テューキー**（John Wilder Tukey, 1915-2000）が"汎用性がある"（便利だ！）というところから命名したようだ。このため、「クヌーイユ・テューキーのジャックナイフ法」と呼ばれることもある。

> ✂【小演習】この項のデータを使って、「中央値」の95%信頼区間を計算してみよう。（正解は⇒「順位づけ（じゅんいづけ）」の項へ！）

シャピロ・ウィルク検定 （シャピロ・ウィルクけんてい）Shapiro–Wilk test

標本（データ）の数が"少ない"とき[注1]、標本が"正規分布"にしたがう母集団から抽出されたものか否か（つまり「正規性」）の判断をする統計的仮説検定（検定）の1つ。「シャピロ・ウィルクの W 検定」と同じ。具体的には、「標本 $x_1, \cdots, x_n$ が正規分布にしたがう母集団から抽出された！」が帰無仮説で、標本をその値の小さい順に並べた（ソートした）"順序統計量の" $x_{(1)} \leq \cdots \leq x_{(n)}$（$x_i$ は"i 番目に小さい標本"）について、"検定統計量"は $W = \dfrac{\left(\sum_{i=1}^{n} a_i \times x_{(i)}\right)^2}{\sum_{i=1}^{n}(x_i - \bar{x})^2}$ $= \dfrac{(a_1 \times x_{(1)} + \cdots + a_n \times x_{(n)})^2}{(x_1 - \bar{x})^2 + \cdots + (x_n \times \bar{x})^2}$ である。

ここで、$\bar{x} = \dfrac{1}{n}\sum_{i=1}^{n} x_i = \dfrac{1}{n}(x_1 + \cdots + x_n)$ は、標本平均である。また、$(a_1, \cdots, a_n)$ は、標本の数に応じて決まる"重み"である。（以下、少しむずかしいので、分からなくてもよいのだが、）$(a_1, \cdots, a_n)$ は、$(m_1, \cdots, m_n)$ を標準正規分布から抽出した確率変数の順序統計量の"期待値"、V をこの順序統計量の"分散共分散行列"（「分散」の概念を多次元に"拡張"したもの）とすると、$(a_1, \cdots, a_n)$ $= \dfrac{m^T \times V^{-1}}{(m^T \times V^{-1} \times V^{-1} \times m)^{\frac{1}{2}}} = m^T \times V^{-1} \div (m^T \times V^{-1} \times V^{-1} \times m)^{\frac{1}{2}}$（$m^T$ は"m の転置行列"、V^{-1} は"V の逆行列"）で計算できる"定数"だ。n の値に対応する $(a_1, \cdots, a_n)$ は、「シャピロ・ウィルク検定の係数表」として"巻末"に掲載している。

この統計量 W が設定した有意水準（「第1種の誤り」を犯す確率）α に対応する棄却限界値 W_0 を超えていれば、"帰無仮説"は棄却されず、反対に、棄却限界値 W_0 を超えていなければ、"帰無仮説"は棄却され"対立仮説"が採択される。一般的にいって、"適合性の検定"の方法の1つである「コルモゴロフ・スミルノフ検定」や、これに若干の修正を加えた"正規性の検定"の方法の1つである「リリフォース検定」と比べて、より強力な検定といってよい。

計算例として、10件のデータ 71,86,92,95,100,102,105,108,118,123 の場合、"平均値"は $\bar{x}=\frac{1}{10}(71+86+92+95+100+102+105+108+118+123)=100$ であり、その"平方和"は $(71-100)^2+(86-100)^2+(92-100)^2+(95-100)^2+(100-100)^2+(102-100)^2+(105-100)^2+(108-100)^2+(118-100)^2+(123-100)^2$ つまり $=(-29)^2+(-14)^2+(-8)^2+(-5)^2+0^2+2^2+5^2+8^2+18^2+23^2=841+196+64+25+0+4+25+64+324+529=2072$ となる。このとき、(最大値−最小値の) $123-71=52$、(2番目に大きい値−2番目に小さい値の) $118-86=32$、(3番目に大きい値−3番目に小さい値の) $108-92=16$、(4番目に大きい値−4番目に小さい値の) $105-95=10$、(5番目に大きい値−5番目に小さい値の) $102-100=2$ は"バラツキ"を表す値である。

これらの値を、(巻末の「シャピロ・ウィルク検定の係数表」に掲載されている) 標本数 10 のときの $i=1,2,3,4,5$ に対する"係数" $0.5739, 0.3291, 0.2141, 0.1224, 0.0399$ と掛け算して結合(足し算)すると、$0.5739×52+0.3291×32+0.2141×16+0.1224×10+0.0399×2=45.10$ となり、検定統計量は $W=\frac{45.10^2}{2072}=0.982$ となる。この値は、("巻末"の「シャピロ・ウィルク検定の棄却限界値表」によると)、$n=10$、有意水準 $\alpha=0.05$ (危険率は $p=1-\alpha=0.95$)のときは、$W_0(p=0.95)=0.978<W=0.982$ なので、帰無仮説は棄却されない！ つまりこの標本は正規分布にしたがっている！ということになる。⇒ **コルモゴロフ・スミルノフ検定**(コルモゴロフ・スミルノフけんてい)、**正規性の検定**(せいきせいのけんてい)

- 📖【読み方】「$\bar{x}$」は"エックスバー"と読む。
- 📖【数表】「シャピロ・ウィルク検定の係数表」と「シャピロ・ウィルク検定の棄却限界値表」は"巻末"に掲載！
- (注1)【標本数】統計ソフトの"JMP"(ジャンプ)では、正規性の適合度検定に関して、標本サイズが2,000以下のときは「シャピロ・ウィルク検定」の結果が、標本サイズが2,000より大きいときは「コルモゴロフ・スミルノフ検定(リリフォース検定)」の検定結果が表示される。
- 📖【人】この方法は、1965年に米国の技術者で統計学者の**サミュエル・シャピロ**(Samuel Sanford Shapiro, 1930-)とカナダの統計学者の**マーティン・ウィルク**(Martin Bradbury Wilk, 1922-2013)が発表した。

シャピロ・ウィルクのW検定(シャピロ・ウィルクのダブリュけんてい) Shapiro–Wilk W test ⇒ シャピロ・ウィルク検定(シャピロ・ウィルクけんてい)

JMP(ジャンプ) JMP, John's Macintosh Program

統計パッケージソフトの1つ。代表的な統計パッケージソフトの1つの「SAS」(サス)の"姉妹版"ともいえるもの(だが、まったくの"別製品")で、"グラフィカルユーザーインターフェイス"(GUI)(注1)の進歩から新しい価値を見いだすことを目的に開発された。マウスで大半の操作ができ、また、すべての結果はグラフで表示でき、とくにデータの傾向や外れ値などを"視覚的に"特定できることなどが大きな特徴である。このソフトの操作手順は"探索的"で、適用すべき統計手法をこのソフトが判断する！のがもう1つの特徴である。このため、「探索的統計解析ソフトウェア」や「統計的発見のためのソフトウェア」ともいうようだ。

機能としては、統計の品質管理、信頼性分析、実験計画法などを含め、ほとんどすべての統計手法を搭載している他、「SAS」(サス)やフリーソフトの「R言語」や表計算ソフトの

「Excel(エクセル)」などと連携して使えるのも大きな特徴。ただし、「SAS」などのようなモジュール構成にはなっておらず、オールインワンの構成になっている。(動作環境として、)当初、(アップル社の) Macintosh(マッキントッシュ)用に開発され、MAC OS X(マックオーエステン)の他、Windows(ウィンドウズ)でも動作するが、UNIX(ユニックス)やLinux(リナックス)では動作しない。日本語化されている。⇒ **SAS**(サス)、**探索的データ解析**(たんさくてきデータかいせき)、**統計パッケージソフト**(とうけいパッケージソフト)

(注1) 【グラフィカルユーザーインターフェイス】(graphical user interface, GUI) とは、アイコンやプルダウンメニューをマウスで選択するだけで、ファイルの選択、コマンドの起動、ウインドウの選択や移動、スクロールなどほとんどすべての操作ができるユーザーインターフェイス。そのグラフィカルな見え方と操作方法の感覚的な分かりやすさと使いやすさが向上するのが特徴。省略して「GUI」。以前の"文字ベース"のユーザーインターフェイスに対比していう。

📖【価格】このソフトの価格は、例えば、「JMP 11.0」(シングルライセンス) の場合、一般向け21万円、教育機関向け7万8,000円と"必ずしも安くはない"。☹ もっとも、"トライアル版"が用意されているので、これを利用すれば、かなりの仕事が無料でできる。

📖【人】「JMP」の開発は、SAS Institute社の共同設立者の一人のジョン・ソール (John Sall, 1948-) を中心にしたチームによる。「JMP」のJはJohnのことだ。「JMP」の"最初"のバージョンは1989年10月5日に出荷された。

重回帰分析(じゅうかいきぶんせき) multivariate regression analysis ⇒ **回帰分析**(かいきぶんせき)
周期的変動(しゅうきてきへんどう) cyclic variation
　時系列データの変動の要因のうち、周期的な成分。

修正トンプソンのτ(しゅうせいトンプソンのタウ) modified Thompson's tau ⇒ **トンプソンの棄却検定**(トンプソンのききゃくけんてい)

重相関係数(じゅうそうかんけいすう) multiple correlation coefficient
　「回帰分析」の目的変数について、観察されたデータyと(重)回帰方程式による予測値$\hat{y}$との相関係数。観察されたデータyと回帰方程式による予測値$\hat{y}$の共分散を$S_{y\hat{y}}$、観察されたデータyの標準偏差をs_y、回帰方程式による予測値$\hat{y}$の標準偏差を$s_{\hat{y}}$とすると、「重相関係数」は$R=r_{y\hat{y}}=\frac{S_{y\hat{y}}}{s_y \times s_{\hat{y}}}=S_{y\hat{y}} \div (s_y \times s_{\hat{y}})$である。「重回帰分析」で、重相関係数の自乗は「決定係数」でもある。⇒ **回帰分析**(かいきぶんせき)、**相関分析**(そうかんぶんせき)

📖【読み方】「$\hat{y}$」は"ワイハット"と読む。

充足性(じゅうそくせい) sufficiency ⇒ **十分統計量**(じゅうぶんとうけいりょう)
充足統計量(じゅうそくとうけいりょう) sufficient statistic ⇒ **十分統計量**(じゅうぶんとうけいりょう)
従属変数(じゅうぞくへんすう) dependent variable
　原因と結果の関係(因果関係)で、結果の変数。「目的変数」、「被説明変数」、「基準変数」と同じ。原因は「独立変数(説明変数)」である。例えば、「回帰分析」で"回帰直線(回帰式)"を$y=a+b \times x$(注1)(aとbは定数)とすると、結果のyが従属変数、原因のxが独立変数である。多変量解析では「外的基準」と呼んでいる。⇒ **回帰分析**(かいきぶんせき)、**外的基準**(がいてききじゅん)、**判別分析**(はんべつぶんせき)

(注1)【一次式の書き方】一般的な数学では $y=ax+b=a\times x+b$ や $z=ax+by+c=a\times x+b\times y+c$ などと表すのが普通だが、「統計学」では $y=a+bx=a+b\times x$ や $z=a+bx+cy=a+b\times x+c\times y$ などと書くのが"一般的"だ。☺

自由度 （じゆうど） degree of freedom, df

変量の中で自由に値を決めることができるデータの数。英語の頭文字を取って「df」ともいう。n 件のデータ $x_1, \cdots, x_n$ があり、何の制約条件もなければ、これらのデータの値はまったく自由に決められるので、自由度は n である。このデータで算術平均の $\bar{x}=\frac{1}{n}\sum_{i=1}^{n}x_i = \frac{1}{n}(x_1+\cdots+x_n)$ の値がある値に決まっていて、変えることができないのならば、これらのデータの値のうち自由に決められるデータは $(n-1)$ 件だけなので、自由度は $(n-1)$ である。このように、独立した制約条件が k 件あれば、自由に決められるデータは $(n-k)$ 件だけなので、自由度は $(n-k)$ になる。ちなみに、確率分布では、小標本の平均値の検定や推定などに使われる「t 分布」や適合性の検定などに使われる「χ^2 分布」は1つの自由度で規定され、自由度ごとに分布の形が異なる。また、「分散分析」に使われる「F 分布」は2つの自由度に規定され、2つの自由度の組み合わせごとに分布の形が決まる。

　　📖【読み方】「χ」は、ギリシャ文字の小文字で"カイ"と読む。対応する英字はないので英語ではchiと書く。「χ^2」は"カイ自乗"と読む。「$\bar{x}$」は"エックスバー"と読む。

十分位範囲 （じゅうぶんいはんい） inter-ten percentile range

データの分布の"バラツキ"の程度を表す統計量の1つ。データをその値の小さい順に並べた（ソートした）とき下から 90%（上から 10%）に位置する「90パーセンタイル」から下から 10% に位置する「10パーセンタイル」を引き算した値である。「パーセンタイル」が"外れ値"には影響されず値が安定していること同様、「十分位範囲」もまた値が安定しているのが特徴である。データの分布の"バラツキ"の程度を表すもう1つの統計量の「範囲（レンジ）」は、最大値から最小値を引き算した値で、データのバラツキのすべてを表しているが、"外れ値"があると値は大きく変化してしまい安定していないのが問題点。⇒ **四分位範囲** （しぶんいはんい）、**パーセンタイル**、**範囲** （はんい）

　　Excel【関数】PERCENTILE（パーセンタイル）を利用して計算する。

十分性 （じゅうぶんせい） sufficiency ⇒ **十分統計量** （じゅうぶんとうけいりょう）

十分統計量 （じゅうぶんとうけいりょう） sufficient statistic

母集団の母数（パラメーター）の推測で、母集団から抽出した標本の"要約"によって、"情報の損失を生じない"統計量。通常は、母集団から抽出した標本 $x_1, \cdots, x_n$ を基に計算していくつかの統計量（推定値）に要約すると、この要約によって、何かの情報は失われてしまう。しかし、例えば、確率変数 x、平均値 μ、分散 σ^2 の正規分布 $N(\mu, \sigma^2)$ は、その確率密度関数が $f(x)=\frac{1}{\sqrt{2\pi}\sigma}e^{-\frac{(x-\mu)^2}{2\sigma^2}}=\frac{1}{\sqrt{2\pi}\sigma}\exp\left(-\frac{(x-\mu)^2}{2\sigma^2}\right)$ （π は"円周率"）（$\exp(-x)$ は「e^{-x}」と同じで"e の $-x$ 乗"）（e は"自然対数の底"という定数）で、μ と σ^2 の2つの母数だけで完全に決まり、この2つの統計量がすべての情報を持っているので、これ以上の情報は必要ない。

　　こういった統計量は"十分性"（充足性）がある！といい、これらの統計量を「十分統計量（充足統計量）」という。母集団から抽出した標本が母集団の母数について"すべて"の情報を

持っていて、これ以上の情報が得られない、ということもできる。ちなみに、母集団の母数の十分統計量は、その最善の推定量である。「統計的推測」で重要な役割を果たす概念の1つだ。ちなみに、「十分統計量」が"複数"ある場合、その中で要素数が最小のもの（本質的なもの、といってもよい）を「**最小十分統計量**」ということがある。⇒ **統計量**（とうけいりょう）

> 📖【読み方】「μ」は、英字のmに当たるギリシャ文字の小文字で"ミュー"と読む。「σ」は、英字のsに当たり"シグマ"と、「σ^2」は"シグマ自乗"と読む。「π」は、英字のpに当たり"パイ"と読む。

> 📖【人】この概念は、「推測統計学」を確立した、英国の進化生物学者で統計学者の**ロナルド・フィッシャー**（Ronald Aylmer Fisher, 1890-1962）が導入したものだ。

集落抽出法（しゅうらくちゅうしゅつほう）cluster sampling

「標本抽出法」の1つ。人、世帯、企業、事業所などを調査する場合、母集団を構成しているより小さな集団に対応した「調査区」に分割し、この調査区に含まれる要素のリスト（一覧）を作成し、この中から"無作為に"標本を抽出する（これは「単純無作為抽出法」である）、あるいは、この中に含まれる"すべて"の要素を標本にする（これは「系統抽出法」である）。**調査区の間に大きなバラツキがなければ、どの調査区を選択しても大きな振れは出ないので、この方法で抽出された標本による調査の結果の精度は高い。**⇒ **標本調査**（ひょうほんちょうさ）

主観的確率（しゅかんてきかくりつ）subjective probability

可能性、真実性・尤もらしさ、実現性・起きやすさ、確信・信念、感触・感じ、期待、見込み・見通し、危険性などといったものに対応する確率。これらは少なくとも"客観的には決められない"確率で、「**主観確率**」、「**主体的確率**」、「**個人確率**」ともいう。「理論的確率」や「経験的確率」などの客観的確率に対比してこのようにいう。他の確率の本質が"偶然性"であるのに対して、この確率は"情報の不足"をその本質と考える点がポイント。"以前"は「確信（事前確率）」は50%だったが、ある情報を得て（知って）、"いま"は「確信（事後確率）」は80%になった、といったことを扱う。「ベイズの定理」は、事前確率から事後確率への更新（つまり「学習」）をよく説明していることから、主観的確率を扱う最も有力な方法論となっている。⇒ **ベイズの定理**（ベイズのていり）

> 📖【人】「主観的確率」の考え方は、1920-30年代に英国の数学者の**フランク・ラムゼイ**（Frank Plumpton Ramsey, 1903-30）やイタリアの数学者の**ブルーノ・デ・フィネッティ**（Bruno de Finetti, 1906-85）らが導入したそうだ。

主効果（しゅこうか）principal effect

要因の水準の違った群（グループ）の間で平均値に差があるか否かを検定する「分散分析」で、要因の水準の違いに応じて変化する効果。例えば、「繰り返しのある二元配置分散分析[注1]」で、第1要因の水準の違いによる効果と第2要因の水準の違いによる効果の2つが「主効果」である。「**単純主効果**」と同じ。第1要因の水準の違いと第2要因の水準の違いの組み合わせによって変化する「交互作用」に対比していう。学力テストの成績について、第1要因の水準が"地域"の違い、第2要因の水準が"性別"（男女）による違いならば、「主効果」は地域の違いと性別の違いの2つ、「交互作用」は地域と性別の組み合わせによる効果だ。ちなみに、「繰り返しのない二元配置分散分析」では、「主効果」は評価できるが、"繰り返し"がないので「交互作用」は評価できない。⇒ **交互作用**（こうごさよう）

(注1)【繰り返しのある二元配置分散分析】で、2つの独立変数をx_1とx_2、従属変数をy、aとb_1とb_2とcを定数として、$y = a + b_1 \times x_1 + b_2 \times x_2 + c \times x_1 \times x_2$というモデルで説明するとき、$x_1$が"単独で"変化することによって$y$が変化する効果つまり$x_1$の「主効果」が$b_1 \times x_1$、$x_2$の「主効果」が$b_2 \times x_2$、そして、$x_1$と$x_2$が"同時に"(組み合わせで)変化することによって$y$が変化する効果つまり$x_1$と$x_2$の「交互作用」が$c \times x_1 \times x_2$となる。

主成分分析 (しゅせいぶんぶんせき) principal component analysis, PCA

「多変量解析」の手法の1つ。複数の変数のデータのバラツキ(変動)を最もよく説明できるように、できるだけ少数の合成変数を作り、これによって元のデータの特性を分析・検討する方法である。新たに合成された少数の変数が「主成分」だ。一言でいえば、多変量のデータの持つ情報をなるべく少数の特性値に要約しようとする方法である。例えば、何人かの生徒の英語、数学、国語、理科、社会の5つの成績のデータを合成して1つあるいは2つの主成分のデータにすることによって、それぞれの生徒の総合的な学力を調べる、あるいは、文科系・理科系向きの性向を調べる、などといったことに使える。

具体的な方法(アルゴリズム)としては、データのバラツキつまり分散が最も大きい変数の組み合わせつまり合成変数が「第1主成分」となる。そして、この第1主成分と"直交"するもののうち分散が最も大きい合成変数が「第2主成分」となる。したがって、第1主成分と第2主成分は、互いに"無相関"となる。以下、必要ならば、「第3主成分」などについても同様である。それぞれの主成分には「寄与率」が計算され、その累積値(累積寄与率)がそれまでの主成分の説明力と考えることができる。また、「固有値」は、各主成分の重要度を表す。

類似の手法に「因子分析」があるが、これは、主に心理学とくに知能検査の研究の過程で発展してきたもので、多くの変数を十分に少ない潜在的な変数(因子)に集約する分析方法で、潜在的な因子は、2つ以上の変数に関わる共通因子と、それぞれの変数に関わる独自因子からなり、それぞれの変数はその和(線形結合)で表されると仮定したものだ。⇒ **因子分析**(いんしぶんせき)、**回帰分析**(かいきぶんせき)、**多変量解析**(たへんりょうかいせき)

- 【SPSS】は代表的な統計パッケージソフトの1つだが、このソフトでは、「主成分分析」は「因子分析」の1つとなっており、"因子抽出"のデフォルト(何の設定・指定もしないとき)が「主成分分析」となっている。しかし、「主成分分析」と「因子分析」は、"目的"などが違うことに注意!

- 【人】この方法は、「記述統計学」を大成した英国の統計学者**カール・ピアソン**(Karl E.Pearson, 1857-1936)が1901年に開発し、その後、米国の経済学者の**ハロルド・ホテリング**(Harold Hotelling, 1895-1973)らが発展させた。

樹葉図 (じゅようず) stem and leaf plot ⇒ 幹葉図 (みきはず)

順位づけ (じゅんいづけ) ordering

データの値の大きさの順に並べて(ソートして)、その順位をつけること。データの値そのものよりもその順位の方が本質を表していることがあり、その場合には、データの値の順位に変換して、データの性質や特徴を分析する。「順位相関係数」はその代表的なものの1つだ。あるいは、「アンケート調査」で、質問の選択肢に順位をつける回答の形式である。評価尺度に応じて、対象を評価するのがむずかしい場合でも、複数の対象の順位づけは簡単で

ある場合には有効な方法である。「一対比較法」や（3つの対象を順位づけさせる）「三つ組法」などがその例である。⇒ **一対比較法**（いっついひかくほう）、**順位相関係数**（じゅんいそうかんけいすう）、**ソート**、**ノンパラメトリックな手法**（ノンパラメトリックなしゅほう）

　Excel【関数】RANK or RANK.EQ（順位）、RANK.AVG（同じ値の場合は平均順位）

　☞【（ジャックナイフ法）小演習の正解】"実際"のデータが $(1,1,3,4,5)$ から1件のデータをカットした $(1,3,4,5), (1,3,4,5), (1,1,4,5), (1,1,3,5), (1,1,3,4)$ の「中央値」は、それぞれ $\frac{1}{2}(3+4)=3.5, \frac{1}{2}(3+4)=3.5, \frac{1}{2}(1+4)=2.5, \frac{1}{2}(1+3)=2.0, \frac{1}{2}(1+3)=2.0$ となる。この値は $3.5, 3.5, 2.5, 2.0, 2.0$、つまりソートすると $2.0, 2.0, 2.5, 3.5, 3.5$ という分布をしていることが分かる。この分布から、下から2.5%に相当する値は2.0、上から2.5%に相当する値は3.5となるので、95%の信頼区間は$2.0 \sim 3.5$ということになる。☺

順位相関係数 (じゅんいそうかんけいすう) rank correlation coefficient

　"対応のある" 2つの量的な変数 (x,y) のデータの「値」ではなく、（ソートした結果で分かる）「順位」に注目して計算した相関係数。通常のつまりデータの「値」の「相関係数」は、x と y の間の"線形性"つまり x と y が1つの直線の上に乗っている程度を表す。しかし、例えば、$y=x^2$ や $y=\sqrt{x}$（$\sqrt{}$ は"平方根"）の関係にあり、x と y が"完全な"（つまり一対一の）共変関係にあっても、通常の相関係数は 1 にはならない（「相関係数（そうかんけいすう）」の項で説明しているように、例えば、$y=x^2 (0 \leq x \leq 1)$ の上の点の相関係数の値は $r=\frac{\sqrt{15}}{4} \fallingdotseq 0.968$ であり、$y=\sqrt{x}(0 \leq x \leq 1)$ の上の点の相関係数の値は $r=\frac{2\sqrt{6}}{5} \fallingdotseq 0.980$ だ ☺）。そこで、データの「値」を「順位」に置き換えて、その相関係数を計算するのが「**スピアマンの順位相関係数**」で、$y=x^2 (0 \leq x \leq 1)$ や $y=\sqrt{x}(0 \leq x \leq 1)$ の上の点も「順位」に直すと、$y=x (0 \leq x \leq 1)$ になり、（順位の）相関係数は $r=1$ となる。

　ここで、例えば、（ジャンケンの）グー、チョキ、パーの強さを順位づけられないのと同じく、n 件のデータ (x,y) の"全部"に「順位」をつけるのはむずかしい。こういうときでも、$x_1, \cdots, x_n$ の中の任意の一対が $x_i < x_j$ か、$x_i > x_j$ かの判断はできよう。そこで、$x_i < x_j$ かつ $y_i < y_j$ や $x_i > x_j$ かつ $y_i > y_j$ のときは"一致"、$x_i < x_j$ かつ $y_i > y_j$ や $x_i > x_j$ かつ $y_i < y_j$ のときは"不一致"として、すべての i と j の組み合わせのうちの"一致"の数 n_c の割合が多く、"不一致"の数 n_d の割合が少ないものを相関が高いとする「**ケンドールの順位相関係数**」というものもある（計算例は⇒「ケンドールの順位相関係数」の項に！）。

　"量的"なデータだけでなく、"質的"なデータである「順序尺度」のデータについても定義・計算できる。いずれも、変量が特定の分布にしたがっているという前提条件を必要とはしない"ノンパラメトリックな"手法である[注1]。なお、同じデータに対する「スピアマンの順位相関係数」と「ケンドールの順位相関係数」は値が異なるが、「順位相関係数」の値とはその程度のものだ！と考えてもらいたい。⇒ **ケンドールの順位相関係数**（ケンドールのじゅんいそうかんけいすう）、**スピアマンの順位相関係数**（スピアマンのじゅんいそうかんけいすう）、**相関係数**（そうかんけいすう）

　(注1)【順位相関係数】は、「"対応のある"2つの変量の独立性の検定」にも使われる。つまり、"対応のある"2つの変量の値をその順位に置き換えて、それらの「順位相関係数」を求め、これが有意な限界値を超えるか否かで、「2つの変量は互いに独立している！」という帰無仮説が棄却できるか否かを判断する。

順序尺度 (じゅんじょしゃくど) ordinal scale

例えば、5（とてもよい）、4（よい）、3（普通）、2（悪い）、1（とても悪い）などのように、対象の性質の評価や大小や順序などを数字で表したデータの種類（尺度）。他のデータとの比較は同じか否かだけでなく、大小や順序の比較ができる。ただし、データの間隔の等しさは保証されず、データ同士の演算は定義されない。一位、二位、三位などの順位、一級、二級、三級などの等級、鉱物の硬度、心理的な嗜好や態度、賛成・反対など、社会的なデータのほとんどは「順序尺度」で評価される。"質的"なデータの1つである。ちなみに、データの分布の"代表値"としては、「最頻値（モード）」と「中央値（メディアン）」はあるが、「平均値」はない。なお、心理学などの調査では、「順序尺度」のデータに"等間隔"を想定し、間隔尺度のデータとみなすこともある。⇒ 間隔尺度 (かんかくしゃくど)、尺度基準 (しゃくどきじゅん)

> 【冗談！】授業の中で、「英語は1位、数学は2位、理科は3位だった。この人の"平均順位"は？」と問うと、「$\frac{1+2+3}{3}=2$ だから、2位！」という答えが返ってくることがある。でも、「順位は足し算できない！から、"平均順位"なんてないよーっ！」なのだ。☺

順序統計量 (じゅんじょとうけいりょう) order statistics

データの値ではなく、データの順序（順位）に注目した統計量。n 件のデータの $x_1,\cdots,x_n$ をその値の小さい順に並べた（ソートした）$x_{(1)}\leq\cdots\leq x_{(n)}$ が「順序統計量」である。データ x_k の添え字の k はデータの並びの順序を表すだけだが、$x_{(k)}$ の添え字の (k) は全部のデータの中でのデータの値の小さい方から"k番目"という意味だ。例えば、5件のデータ $3,6,1,4,2$ はソートすると $1,2,3,4,6$ なので、$x_{(1)}=1, x_{(2)}=2, x_{(3)}=3, x_{(4)}=4, x_{(5)}=6$ だ。この例では、$x_{(1)}=1$ は第1順序統計量、$x_{(2)}=2$ は第2順序統計量、$x_{(3)}=3$ は第3順序統計量、$x_{(4)}=4$ は第4順序統計量、$x_{(5)}=6$ は第5順序統計量となる。「順序統計量」は、（データが特定の分布にしたがうなどの仮説を設けていない）"ノンパラメトリックな"手法で重要な役割を果たす。⇒ 四分位数 (しぶんいすう)、順位相関係数 (じゅんいそうかんけいすう)、ノンパラメトリックな手法 (ノンパラメトリックなしゅほう)

> Excel【関数】SMALL（k 番目に小さいデータの値）、LARGE（k 番目に大きいデータの値）、RANK or RANK.EQ（順位）、RANK.AVG（同じ値の場合は平均順位）

準正規化 (じゅんせいきか) quasi-normalization ⇒ スチューデント化 (スチューデントか)

順相関 (じゅんそうかん) positive correlation ⇒ 正の相関 (せいのそうかん)

準標準化 (じゅんひょうじゅんか) quasi-normalization ⇒ スチューデント化 (スチューデントか)

条件付き確率 (じょうけんつきかくりつ) conditional probability

ある事象 B が起こるという条件の下での別の事象 A の起こる確率。事象 B が起こるという条件の下で同時に事象 A も起こる確率である。これを $p_B(A)$ や $p(A|B)$ と書く（この本では $p_B(A)$ と書いている）。数式で書くと、事象 B が起こる確率は $p(B)$ であり、事象 B と A が同時に起こる確率は $p(B\cap A)$（$B\cap A$ は"B かつ A"）なので、この確率は $p_B(A)=\frac{p(B\cap A)}{p(B)}=p(B\cap A)\div p(B)$ ということになる。これを書き直すと $p(B\cap A)=p(B)\times p_B(A)$ となる。ここで、事象 A と B が"互いに排他的"ならば、$p(B\cap A)=0$ なので、$p_B(A)=0$ である。また、事象 A と B が互いに"独立"ならば、$p(B\cap A)=p(B)\times p(A)$ なので、$p_B(A)=p(A)$ であ

る。当然のことながら、$p(B)=0$ ならば、$p_B(A)=p(A|B)=\frac{p(B\cap A)}{p(B)}=p(B\cap A)\div p(B)$ は定義されない。主観的確率を扱う「ベイズの定理」で、"事前確率" から "事後確率" を算出するときなどに使われる。⇒ **主観的確率**（しゅかんてきかくりつ）、**ベイズの定理**（ベイズのていり）

 📖【読み方】"または"（or）を意味する「∪」は "カップ" と、"かつ"（and）を意味する「∩」は "キャップ" と読む。いずれもその形からだ。

条件付き確率分布（じょうけんつきかくりつぶんぷ）conditional probability distribution ⇒ **条件付き分布**（じょうけんつきぶんぷ）

条件付き分布（じょうけんつきぶんぷ）conditional distribution

 条件付き確率分布。2つの確率変数 X, Y の "同時" 確率分布 $f(X,Y)$ があり（つまり $\int_X\int_Y f(X,Y)dYdX=1$（∬は "二重積分"））、その一方の変数 X の値を固定（つまり $X=x$）したときの（つまり、条件付きの）変数 Y の確率分布 $f(Y|X=x)=\frac{f(X=x,Y)}{\int_Y f(X=x,Y)dY}$ のことである（つまり $\int_Y f(Y|X=x)dY=\int_Y \frac{f(X=x,Y)}{\int_Y f(X=x,Y)dY}dY=1$）。また、"条件付き" 期待値は $E(Y|X=x)=\int_Y Y\times\frac{f(X=x,Y)}{\int_Y f(X=x,Y)dY}dY=\frac{\int_Y Y\times f(X=x,Y)dY}{\int_Y f(X=x,Y)dY}$ ということになる。X と Y が "離散的な" 確率分布にしたがっている場合には、積分（∬）のところは Σ 計算に置き換えることになる。簡単な例として、X を親の身長、Y を息子の身長とすると、体の大きさは遺伝するなどの理由から、（普通より背の高い）$X=x(=180cm)$ の条件付きの Y の確率分布 $f(Y|X=x(=180cm))$ は、全体的な分布の $f(X,Y)$ よりも大きな値の方にシフトすることが分かるであろう。⇒ **条件付き確率**（じょうけんつきかくりつ）、**ベイズの定理**（ベイズのていり）

 📖【読み方】「Σ」は、英字の S に当たるギリシャ文字の大文字で "シグマ" と読む。小文字は "σ" だ。ここでは、「Σ計算」つまり "和" を意味している。

昇順（しょうじゅん）ascending order

 データをソートする（並べる）ときに、その値が小さい順に並べること、その順序。大きい順に並べる「降順」に対比していう。例えば、*1,2,3,5,8,9,11,13,15,17* は「昇順」であり、*20,19,15,12,10,8,6,5,4,2* は「降順」である。（数値でなく）文字列の場合は、（数値の順ではなく）文字コード^(注1)の順に並べる。例えば、*a,ab,bc,bcd,ee,ef,g,h,i,ja* は「昇順」であり、*jas,ja,j,gas,ga,g,d,c,bas,ba* は「降順」である。通常は、「昇順」が "ディフォルト値" つまりとくに指定しない場合に採用される値である。⇒ **ソート**

 (注1)【**文字コード**】は、1つ1つの文字や記号の "区別" のために割り当てられた固有の数字で、英数字の文字コードは1バイト（8ビット）で表現され、$2^8=256$ 文字の区別ができる。日本語の漢字やかな・カナなどは2バイト（16ビット）で表現され、最大 $2^{16}=65536$ 文字の区別ができる。1バイトの文字コードの標準はASCII（アスキー）（情報交換用米国標準符号）など、2バイトの文字コードの標準にはJIS（ジス）（日本工業規格）コード、（UNIX（ユニックス）で使われている）EUC、（ウィンドウズのWindowsやマックオーエスMacOSなどで使われている）シフトJISコード、（世界標準を目指す）Unicode（ユニコード）などが使われている。

小数（しょうすう）decimal

 実数の表示方法の1つ。「小数点」（decimal point or radix point）^(注1)の後に数字を書くことで、整数未満の小さい数を表す方法である。例えば、*123.456* の「*123*」は "整数"、「*.*」は

"小数点"、「456」は"小数"である。小数点の後の第1桁目の「4」は $\frac{4}{10}=0.4$、第2桁目の「5」は $\frac{5}{100}=0.05$、第3桁目の「6」は $\frac{6}{1000}=0.006$ を表す。つまり、小数点以下の「456」は $\frac{4}{10}+\frac{5}{100}+\frac{6}{1000}=\frac{456}{1000}=0.456$ である。整数部分を持ったものを「**帯小数**」（mixed decimal）、持たないものを「**真小数**」（pure decimal）という。

ちなみに、「小数」には、0.456 などのように小数点に続く数字が有限個の「**有限小数**」（finite decimal）と、$0.456…$（…には無限に続く数字が入る）などのように無限に続く「**無限小数**」（infinite decimal）がある。このうち、$0.456456456…$ のように、小数のある部分が繰り返されるものは「**循環小数**」（recurring decimal or repeating decimal）という。$0.456456456…$ は繰り返し部分の先頭の数字（4）と最後の数字（6）の上に点を付けて $0.\dot{4}5\dot{6}$ のように表す。繰り返し部分が一桁の $\frac{1}{3}=0.333…$ の場合は、$0.\dot{3}$ だ。⇒ **分数**（ぶんすう）

(注1)【**小数点**】日本では、"ピリオド"（終止符）つまりベースラインの上に置く小さい点（黒丸）で表しますが、英語圏の国々では、数字の中央の高さに置く（·）ことがあり、"ミドルドット"（middle dot）と呼ばれる。非英語圏の国々では、（日本とは反対に）小数点として"コンマ"（,）が使われ、"ピリオド"は位取りに使われるようだ。いずれにしても、外国の文献を読むときには注意が必要である。☺

📖【**少数**】は"少ない数"。「**小数**」は"小さい数"だ。間違えないように！☺

少数の法則（しょうすうのほうそく）law of small numbers ⇒ **ギャンブラーの誤り**（ギャンブラーのあやまり）

＜（しょうなり）less than ⇒ **不等号**（ふとうごう）

≦（しょうなりイコール）less than or equal to ⇒ **不等号**（ふとうごう）

小標本（しょうひょうほん）small sample

標本の大きさ（標本数）が少ないこと。「大標本」に対比していう。（人によって違いがあるのではあるが、）1つの目安として、標本数が $n<25$ の場合が「小標本」、$n≧25$ の場合が「大標本」である。「大標本」の場合、母集団から抽出する標本の数が多く、それだけ母集団の"情報"が多いので、また、例えば、その標本平均は近似的に正規分布にしたがうことなどから、母集団の性質や特徴などを（多分）的確に把握することができる。しかし、「小標本」の場合、母集団から抽出する標本の数が少なく、その分だけ母集団の"情報"が少ないので、また、大標本に適用される方法が想定している条件が必ずしも満たされないので、母集団の性格や特徴などを的確に把握することがむずかしい。もちろん、大標本の場合の方法を適用することはできない。

例えば、母平均 μ、母分散 σ^2 の正規分布にしたがう確率変数 x の母平均 μ の統計的仮説検定（検定）では、n 件のデータの標本平均 $\bar{x}$ が平均値 μ、分散 $\frac{\sigma^2}{n}=\sigma^2÷n$ の「正規分布」にしたがう、つまり、検定統計量の $z=\frac{\bar{x}-\mu}{\frac{\sigma}{\sqrt{n}}}=(\bar{x}-\mu)÷\frac{\sigma}{\sqrt{n}}$ （√は"平方根"）が（平均値0、分散1^2の）標準正規分布 $N(0,1^2)$ にしたがうことを利用して計算できる。しかし、実際には、母分散 σ^2 が分かっていないので、その代わりに標本分散 s^2 を使って、標本平均 $\bar{x}$ が平均値 μ、分散 $\frac{s^2}{n}=s^2÷n$ の「正規分布」にしたがうことを利用して計算すると、（"情報"が少ない分だけ、）「第1種の誤り」を犯す確率が少し大きくなってしまう。

なお、標本数が少なく、母集団がどんな分布であるかが分からない場合、その標本平均は"近似的に"自由度 $(n-1)$ の「t分布」にしたがうことが知られているので、検定統計量を $t = \frac{\bar{x}-\mu}{\frac{s}{\sqrt{n}}} = (\bar{x}-\mu) \div \frac{s}{\sqrt{n}}$ として、この統計量が「t分布」にしたがうことを利用して検定する。「t分布」は、標本数 n が小さい場合は、正規分布に比べて、確率密度関数の両裾が広がっているのが特徴だ。⇒ **t分布** (ティーぶんぷ)

> 【読み方】「μ」は、英字の m に当たるギリシャ文字の小文字で "ミュー" と読む。「σ」は、英字の s に当たり "シグマ" と読む。「σ^2」は "シグマ自乗" と読む。「$\bar{x}$」は "エックスバー" と読む。

情報 (じょうほう) information

受け手にとって"意味"や"価値"のある内容。つまり、それを受け取った人が（その人が抱えている）何かの問題の発見・認識・理解・確認・解決などに役立てることができる内容のことである。類似の言葉に「データ」があるが、（これらを概念的に区別すると、）「データ」は生のつまり観察した、測定した、申告されたデータであるのに対して、「情報」は、これに整理・加工を加えて、これを使う人にとって意味や価値を持っている内容を指す。さらに、情報に整理・加工を加えてさらに（多くの人にとって共通の）一般的な意味や価値を持った内容は「知識」ということになる（「データ」、「情報」、「知識」は[注1]）。

「データ」を整理・加工する方法には、①データをチェックする、②同じ／似たデータを集める、③データを分類する、④データを数える（集計する）、⑤データを並べ替える（ソートする）、⑥データを時間の経過や場所などに対応して並べる、⑦条件に合ったデータを抜き出す（検索する）、⑧データを表にする、⑨データをグラフにする、⑩データの統計値を計算する、など[注1]がある。「統計学」もまた、「データ」を整理・加工する方法であり、仕事の目的（つまり、問題の発見など）を達成するのに"必要な"「情報」を得るための考え方と道具（ツール）が用意されている。

国語辞典では、「情報」は「事物・出来事などに関する知らせ。ある特定の目的について、適切な判断を下したり、行動の意思決定をするために役立つ資料や知識。機械系や生体系に与えられる指令や信号。」と説明されているが、これは少しく抽象的な説明かも知れない[注2]。一般には、「情報」と「データ」は区別しないで使われることが多い。⇒ **データ**、**統計** (とうけい)、**統計学** (とうけいがく)

(注1) 【データから情報】を導きだす方法には、①「平均」を考える、②「バラツキ」を考える、③「和」を考える、④「差」を考える、⑤「積」を考える、⑥「比」を考える、⑦「傾向」を考える、⑧「繰り返し」や「周期」を考える、⑨「組み合わせ」を考える、⑩「パターン」を考える、⑪「キーワード」で考える、などがある。いずれにしても、「データ」から「情報」を読み取るのは、機械的にできることでは決してなく、「考える」、「気づく」ことによって初めてできるのだ！ということを分かってほしい。

> 【inform】英語の information の inform は、「データ」を何かの form（形）に in する（入れる）ことで得られるのが「情報」である！という説明は、データと情報の関係の説明として的確である。

> 【類語】「information」は、報告、伝聞、読書などによって得た知識の基となる情報で、

整理されていないことが多い。「knowledge（ナリッジ）」は、知識、学識、学問、精通、熟知、見聞、認識、理解などで、自分のものとなっている知識。「acquaintance（アクエインタンス）」は、知識、心得、面識、なじみなどのことで、何度も見聞・考察した詳しい知識。「know-how（ノウハウ）」は、知識、技術、能力、方法、こつなどで、何かを行うに当たっての技術上の知識。「intelligence（インテリジェンス）」は、知性・理性・理解力、知性・知能・聡明、情報・諜報など。「wisdom（ウィズダム）」は、聡明さ、知（智）恵、分別、知識などである。ちなみに、data, information, knowledge, wisdomの"階層"を「DIKW hierachy（ハイアラーキー）」や「DIKW pyramid（ピラミッド）」という言葉で表すことが多い。

(注2)【情報】という言葉は、1876年に陸軍少佐の酒井忠恕（ただひろ）（旧名・鳥居八十五郎（やそごろう）、1850-97）がフランスの軍事書『仏國歩兵陣中要務実地演習軌典』の翻訳の中で、フランス語のrenseignementの訳語として作ったもの。1871年の『仏國陣中軌典抄』の翻訳には「報知」という訳語があり、また、当初は「状報」とも書いたそうである。1901年に陸軍軍医でもあった文豪の森鴎外（林太郎）（1862-1922）が小倉師団の将校に対する講義で、プロイセンの将軍カール・フォン・クラウゼビッツ（Carl von Clausewitz, 1780-1831）の『戦争論』（当時の名称は『大戦学理』）の中のドイツ語のNachricht（ナッハリヒト）の訳語として使い有名になった。この『戦争論』では「情報とは敵と敵國とに関する我智識の全體を謂ふ……」と定義されている。日清戦争（1894-95）や日露戦争（1904-05）の際には、新聞記事の中で「情報」という言葉が広く使われた。なお、日本語の「情報」は「情（なさけ）」を「報（しらせる）」という"より広い"意味の表現になっている。

情報量不等式 (じょうほうりょうふとうしき) information inequality ⇒ クラメール・ラオの不等式 (クラメール・ラオのふとうしき)

申告データ (しんこくデータ) declared data

（アンケート調査を含めて）調査者の質問に対して回答者（被調査者）が申告（回答）するデータ。調査対象者（本人）を調査者（他人）が観察した「観察データ」は、本人以上にはその内面に入れないという限界、他人のバイアス（偏り）が入ってしまう危険性があるのに対して、「申告データ」は、深く内面に入ったデータが取れるのがポイント。しかし、人（の回答）には"勘違い"、"見栄"、"ウソ"などといったものがあるので、申告されたデータのすべてがホンネという訳ではない。また、こういったら調査者の気に入るかもしれないといったバイアス（偏り）が入る可能性もある。

深層面接 (しんそうめんせつ) depth interview

デプスインタビュー。「インデプスインタビュー」と同じ。原則として、調査者（インタビュアー）と回答者（インタビュイー）の一対一の面談で行い、自由連想などをさせることによって、直接的な質問では答えられない、あるいは、回答者自身も気づいていないこともある、回答者の内面（深層）に深く入った（例えば、行動の動機や選択の理由などを含む）考えや心理などの"定性的な"回答を得ようとする面接調査である。調査の目的の他、治療の目的で行われることが多い。面接に当たっては、回答者と共に問題解決に当たっているという意識が大切であると共に、非言語的なコミュニケーションを重視する、回答者の心理に十分な注意を払うといったことにも注意が必要である。⇒ インタビュー (インタビュー)

シンプソンのパラドックス Simpson's paradox

2つの集団を"別々に"分析した結論と、2つの集団を"1つにまとめて"分析した結

論が異なってしまうことがあることを例示したパラドックス（逆説）。具体的な例として、80名の患者の半数の40名には"ある"治療を施し、残りの40名にはこの治療を施さなかった。この治療を受けた患者のうち20名は治り、残りの20名は治らなかった。この治療を受けなかった患者のうち16名は治り、残りの24名は治らなかった（表1）。この治療を受けた患者の治癒率は $\frac{20}{40}=0.5=50\%$、この治療を受けなかった患者のそれは $\frac{16}{40}=0.4=40\%$ で、この治療を受けた場合の治癒率の方が高かった。

しかし、80名の患者の半数の40名は男性、残りの40名は女性で、それぞれのデータが見つかった。男性の場合（表2）、この治療を受けた患者の治癒率は $\frac{18}{30}=0.6=60\%$、この治療を受けなかった患者のそれは $\frac{7}{10}=0.7=70\%$ で、治療を受けなかった場合の治癒率の方が高かった。女性の場合も（表3）、この治療を受けた患者の治癒率は $\frac{2}{10}=0.2=20\%$、この治療を受けなかった患者のそれは $\frac{9}{30}=0.3=30\%$ で、こちらもこの治療を受けなかった場合の治癒率の方が高かった。いずれも男女を合わせて計算したときの結論と"正反対"！になってしまう。こういったことを考えると、「層別」は、こういった誤った結論が出ることを防ぐためのとても重要な方法だ！ということが分かるであろう。⇒ **層別**（そうべつ）

表1 男性と女性を合わせた結果

全部	治った	治らない	合計
治療	20	20	40
未治療	16	24	40
合計	36	44	80

表2 男性だけの結果

男性	治った	治らない	合計
治療	18	12	30
未治療	7	3	10
合計	25	15	40

表3 女性だけの結果

女性	治った	治らない	合計
治療	2	8	10
未治療	9	21	30
合計	11	29	40

【人】このパラドックスは、1899年に英国のカール・ピアソン（Karl Pearson, 1857-1936）らが、1903年に英国のジョージ・ユール（George Udny Yule, 1871-1951）が、1951年に英国のエドワード・シンプソン（Edward Hugh Simpson, 1922-）がそれぞれ見いだした。シンプソンの論文は、Simpson, Edward H.(1951). "The Interpretation of Interaction in Contingency Tables". Journal of the Royal Statistical Society, Ser. B 13: 238-241。

信頼区間 (しんらいくかん) confidence interval, CI

（母集団のデータの分布を記述する数値の）**母数**（パラメーター）の区間推定で、有意水準（「第1種の誤り」を犯す確率＝危険率）が α ならば、$(1-\alpha)$ の確率で、母数がその中に入っていると推定できる区間のこと。「C.I.」と同じ。$(1-\alpha)$ は「信頼係数」である。「信頼限界」は、信頼区間の"下限値"と"上限値"のことだ。例として、有意水準が $\alpha=5\%$ ならば、信頼係数は $(1-\alpha)=95\%=\frac{19}{20}$ で、この区間に入っていない（外れている）確率は $\alpha=5\%=\frac{1}{20}$ ということになる。これを「$95\%CI$」と書くこともある。⇒ **区間推定**（くかんすいてい）

【読み方】「α」は、英字のaに当たるギリシャ文字の小文字で、"アルファ"と読む。

Excel【関数】 CONFIDENCE or CONFIDENCE.NORM（正規分布による母平均値の信頼区間）、CONFIDENCE.T（t分布による母平均値の信頼区間）

信頼係数 (しんらいけいすう) confidence coefficient

（母集団のデータの分布を記述する数値の）母数を区間推定するときに、母数が信頼区間の中に入っている確率。有意水準（「第1種の誤り」を犯す確率＝危険率）が α ならば、信頼係数は

$(1-\alpha)$ である。「信頼度」と同じ。⇒ **第1種の誤り**（だいいっしゅのあやまり）

> 📖【読み方】「α」は、英字の a に当たるギリシャ文字の小文字で、"アルファ"と読む。

信頼限界（しんらいげんかい）confident limit ⇒ **信頼区間**（しんらいくかん）
信頼水準（しんらいすいじゅん）confidence level ⇒ **有意水準**（ゆういすいじゅん）

す

推計学（すいけいがく）inferential statistics ⇒ **推測統計学**（すいそくとうけいがく）
水準（すいじゅん）level

　レベル、基準、標準、尺度。「データの水準」の水準は「基準」と同じで、「尺度水準」は「尺度基準」つまり「スティーブンスの尺度基準」と同じ。データの種類は、名義尺度、順序尺度、間隔尺度、比例尺度の4つに区分される。名義尺度のデータは最も水準が低く、比例尺度のデータは最も水準が高い。ある水準のデータは、それより低い水準のデータが持つ性質をすべて持っている。順序尺度のデータに適用できる統計の方法はすべて、比例尺度のデータにも適用できる。また、「**要因の水準**」の場合は、例えば、性別という要因ならば、男と女の2つの水準からなり、学歴という要因ならば、中卒、高卒、大卒、院卒、その他の5つの水準からなっている。つまり、要因の値の種類のことである。さらに、「**有意水準**」は、「**第1種の誤り**」を犯す確率つまり危険率と同じ。⇒ **尺度水準**（しゃくどすいじゅん）、**有意水準**（ゆういすいじゅん）

> 📖【国語辞典】「水準」は、①事物の一定の標準。価値・能力などを定めるときの標準となる程度。②土地・建物などの高低・水平の度合いを測ること。その道具。③線路の曲線部における左右のレールの高低差。

推測統計学（すいそくとうけいがく）(inferential statistics)

　調査対象とする母集団の"一部"を「標本調査」して、調査の目的に応じて、その母集団の統計的な性質や特徴を"推測"あるいは"検定"することを目的とした統計学。「推計統計学」や「推計学」ともいう。その内容には、確率論や帰納法などをベースにした「**統計的仮説検定**」と「**統計的推定**」がある。統計的仮説検定には、(検定統計量がしたがう確率分布に応じて) z 検定、t 検定、χ^2 検定、F 検定などがあり、統計的推定には、点推定、区間推定などがあり、それぞれ社会調査や品質管理などに広く使われている。ちなみに、もう1つの統計学の「**記述統計学**」は、対象とする母集団の"すべて"の個体を「全数調査」して、その統計的な性質や特徴を"記述"する方法である。⇒ **記述統計学**（きじゅつとうけいがく）、**統計的仮説検定**（とうけいてきかせつけんてい）

> 📖【読み方】「χ」は、ギリシャ文字の小文字で"カイ"と読む。対応する英字はないので、英語ではchiと書く。「χ^2」は"カイ自乗"と読む。

推定（すいてい）estimation

　対象（母集団）の属性を表す"未知"の母数（パラメーター）をデータ（標本）や知識などに基づいて推し測ること。「対象の属性」とは、母集団の性質や特徴を表す値で、「推定」の目

的に応じて、母集団の大きさ (要素数)、平均値、標準偏差、最大値、最小値、中央値、最頻値などといったものである。「データ」は、その対象から直接あるいは間接に観測されたもの、あるいは、そう考えても差し支えないもの、また、「知識など」は、その対象あるいはそう考えても差し支えない対象についてすでに分かっていることである。夕方に西の空を見て、明日の天気を予想するのも「推定」、天気図から明日の天気を予想するのも「推定」である。「推定」は、その目的に応じて、より合理的である (理屈が通った) ことが望ましく、「統計学」は、1つの合理性を持った方法として、「統計的推定」を用意している。⇒ **推定値** (すいていち)、**推定量** (すいていりょう)、**統計的推定** (とうけいてきすいてい)

- 【国語辞典】「推定」は、①ある事実を手がかりにして、推し測って決めること。②法律で、ある事実または法律関係が明瞭でない場合に、一応一定の状態にあるものと判断を下すこと。③統計調査で、ある集団の性質を調べる場合に、その集団から抽出した標本を分析することによって集団全体の性質を判断すること。
- 【類語】「推定」(客観的事実や資料に基づいて考慮し、推しはかる)、「推察」(特に相手の気持ちや、相手のおかれた立場を諸状況から推しはかる)、「推量」(広く推しはかる)、「推測」(既知の事実や現在の状況から推しはかる)、「推断」(状況から推しはかって判断を下す)。

推定値 (すいていち) estimate

母集団の分布の属性を表す"未知"の母数 (パラメーター) θ について、実際に観測した標本のデータによって"推定"した値。「推定値」を導き出す方法 (方式) である「推定量」の"実現値"である。「推定値」は、母数 θ の頭に「^」を付けて、「$\hat{\theta}$」で表す。例えば、小学校のクラスの子供たちの身長の分布の平均値 μ は、5名の標本の観測データを算術平均した $\hat{\mu} = 150.0cm$ (センチメートル) と"推定"されるといったようにだ。ちなみに、推定値の $\hat{\theta}$ は、たまたま観察されたデータから求められた値なので、当然のことながら、誤差を含んでいる。$\hat{\theta}$ の標準誤差を $S.E.$ としたとき、推定値の精度として、通常は、$\hat{\theta} \pm S.E.$ あるいは $(\hat{\theta} - S.E., \hat{\theta} + S.E.)$ という形式が採られることが多い。⇒ $\hat{x}$ (エックスハット)、**推定量** (すいていりょう)、**標準誤差** (ひょうじゅんごさ)

- 【読み方】「θ」は、ギリシャ文字の小文字で"シータ"と読む。英字は対応がなく、音写は th だ。角度や無声歯摩擦音の音声記号としても使われている。「$\hat{\theta}$」は"シータハット"と読む。「μ」は、英字の m に当たり"ミュー"と読む。「$\hat{\mu}$」は"ミューハット"と読む。

推定量 (すいていりょう) estimator

対象とする母集団の分布の属性を表す未知の母数 (パラメーター) θ の推定の方法 (方式)。未知の母数 θ を持つ母集団の分布からの観測値を表す確率変数 $X_1, \cdots, X_n$ の関数といえばよい。つまり、$\hat{\theta} = g(x_1, \cdots, x_n; \theta)$。英語の estimator (エスティメーター) は"推定するもの"という意味で、**推定の方法**のことである。例えば、小学校のクラスの子供たちの身長の分布が (平均値 μ、標準偏差 σ の) 正規分布 $N(\mu, \sigma^2)$ をするとき、標本平均の $\bar{X} = \frac{1}{n}\sum_{i=1}^{n} X_i = \frac{1}{n}(X_1 + \cdots + X_n)$ は母集団の平均値 μ の「推定量」(の1つ) である。

ちなみに、「推定量」の"よさ"とは、推定を繰り返したとき、平均的に母数の真の値に近い値を与えることで、例えば、「点推定」の推定量の"よさ"の基準としては、①その期

待値が真の母数の値に一致すること（不偏性）、②標本分散の値が小さいこと（有効性）、③十分統計量の関数である（十分性）、④データ数が増えると精度が増すこと（一致性）が挙げられる。これらの"よさ"を持った推定量は「最適推定量」と呼ばれる。⇒ **推定値**（すいていち）、**不偏推定量**（ふへんすいていりょう）

> 【読み方】「θ」は、ギリシャ文字の小文字で"シータ"と読む。英字は対応がなく、音写はthだ。角度や無声歯摩擦音の音声記号としても使われている。「$\hat{\theta}$」は"シータハット"と読む。「μ」は、英字のmに当たる"ミュー"と読む。「σ」は、英字のsに当たり"シグマ"と読む。「σ^2」は"シグマ自乗"と読む。「$\bar{X}$」は"エックスバー"と読む。

数値要約（すうちようやく）summary statistics

　データの分布の性質や特徴を統計値（つまり数値）で要約すること。具体的な統計量として、データの「位置（位置パラメーター）」は、平均値、中央値（メディアン）、最頻値（モード）、最小値、最大値など、「バラツキの大きさ（尺度パラメーター）」は、標準偏差、平均偏差、範囲、四分位範囲、分散など、その他は尖度、歪度などがある。⇒ **五数要約**（ごすうようやく）

数量化理論（すうりょうかりろん）Hayashi's quantification methods

　"質的"な多次元データの分析の方法論の1つ。「林の数量化理論」と同じ。"質的"データを分析するため、これらに強制的に数値を割り付けて既存の多変量解析の方法を適用する、あるいは、"質的"データの間の類似度を定義して、これに基づいてデータ相互の間の関係を分析する方法論で、Ⅰ類からⅥ類まである。「Ⅰ類」と「Ⅱ類」は、いずれも質的な独立変数（説明変数）に強制的に数値を割り当てて、量的な従属変数（被説明変数）を説明するもので、前者は「重回帰分析」に、後者は「判別分析」に相当する。ここで、量的な従属変数は「外的基準」と呼ばれる。「Ⅲ類」と「Ⅳ類」は、（量的データの"相関係数"に当たる）質的なデータの"類似度"を定義して、これに基づいてデータ相互の間の関係を分析するもので、前者は「主成分分析」や「因子分析」に、後者は「多次元尺度構成法」（MDS）に相当する。⇒ **因子分析**（いんしぶんせき）、**MDS**（エムディーエス）、**重回帰分析**（じゅうかいきぶんせき）、**主成分分析**（しゅせいぶんぶんせき）、**判別分析**（はんべつぶんせき）

> 【人】「数量化理論」は、1940-50年代に統計数理研究所の**林知己夫**（1918-2002）が"日本で独自に"開発したもの。"×類"という名前は、1964年に社会心理学者の**飽戸弘**（1935-）が命名したもの。

数列（すうれつ）numerical sequence

　数を（順序を持った）列の形に並べたもの。nを自然数（正の整数）とし、n個の数のうちのi番目（$1 \leq i \leq n$）の数をa_iとしたとき、これらを一列に並べた$a_1, \cdots, a_n$は「数列」である。5個の数を並べた$1, 3, 6, 7, 9$も、7個の数を並べた$4, 9, 2, 4, 7, 1, 3$も、10個の数を並べた$1, 2, 3, 4, 5, 6, 7, 8, 9, 10$も、「数列」である。$n$が有限な数の場合、数列は「**有限数列**」（finite sequence）であり、nが無限な場合は、数列は「**無限数列**」（infinite sequence）である。また、$2, 5, 8, 11, 14, 17, \cdots$のように、隣り合う2つの項$a_i$と$a_{i+1}$の差$(a_i - a_{i+1})$が一定のものは「**等差数列**」（arithmetic sequence）であり、$2, 4, 8, 16, 32, 64, \cdots$のように、（すべての$i$について$a_i \neq 0$として）隣り合う2つの項$a_i$と$a_{i+1}$の比$\frac{a_{i+1}}{a_i} = a_{i+1} \div a_i$が一定のものは「**等比数列**」（geometric sequence）である。⇒ **Σ計算**（シグマけいさん）

スコア型検定 (スコアがたけんてい) score-type test or score test

未知の母数（パラメーター）θ の最尤推定値 $\hat{\theta}$ がある値 θ_0 と "有意に" 異なっているか否かについての統計的仮説検定（検定）の方法の1つ。具体的には、帰無仮説を $H_0: \theta = \theta_0$（θ_0 は "帰無仮説のときの母数"）、対立仮説を $H_1: \theta \neq \theta_0$、未知の母数 θ の何かの推定値を $\hat{\theta}$ として、その標準誤差を $S.E.(\hat{\theta})$ としたとき、検定統計量 $T = \frac{\hat{\theta} - \theta_0}{S.E.(\hat{\theta})} = (\hat{\theta} - \theta_0) \div S.E.(\hat{\theta})$ で、$S.E.(\hat{\theta})$ が未知の母数 θ の関数のとき、θ の値として θ_0 を代入した検定が「スコア型検定」である。簡単に「**スコア検定**」ともいう。母数 θ に最尤推定値 $\hat{\theta}$ を入れた「**ワルド型検定**」や尤度比を検定統計量とする「**尤度比検定**」に対比している。

ここで、「スコア（スコア関数）」とは、対数尤度関数 $\log_e L(\theta)$（$L(\theta)$ は "尤度関数"）（$\log_e$ は "自然対数"）を母数 θ で偏微分した $\frac{\partial \log_e L(\theta)}{\partial \theta}$（$\frac{\partial}{\partial \theta}$ は "θ による偏微分"）のことで、「帰無仮説 H_0 の下で計算した（$\frac{\partial \log_e L(\theta)}{\partial \theta}$ となる θ の値の）"最尤推定値" $\hat{\theta}$ を代入してみたときの "スコア関数" が 0 から大きく離れているときは、帰無仮説 H_0 は正しくはなさそうなので "棄却" しよう！」というものだ。**対立仮説 H_1 の下での推定値を推定する必要がないのがポイントである**。この方法は、制約条件の下での尤度関数の最大化を "ラグランジュ（未定）乗数法" によって解くため、「**ラグランジュ乗数検定**[注1]」ともいう。

例として、2つの群（グループ）の平均値 μ_1 と μ_2 の比較を考える。このとき、「対立仮説 $H_1: \mu_1 \neq \mu_2$ の下で "スコア関数" は期待値 0 になるはずだ。そこで、帰無仮説 $H_0: \mu_1 = \mu_2$ の下で計算した最尤推定量 μ を代入してみて、"スコア関数" が 0 から大きく外れているようならば、帰無仮説 H_0 は正しくなさそうなので棄却しよう！」というのが「スコア型検定」だ。ここで、重要なことは、「状況の設定」は対立仮説 H_1 の下で行い、「推定量」は帰無仮説 H_0 の下で求めることだ。また、回帰分析や計量経済学（エコノメトリックス）などの「モデル化」では、あるモデルにさらに新しいパスを追加して、自由母数の数を増やしても差し支えがないか、つまりモデルを複雑化してもよいか否かを検定することができる。

一般に、検定は「帰無仮説 H_0 が正しい！」として検定統計量の分布を考えるが、「ワルド型検定」では対立仮説 H_1 の下での最尤推定量を構成するため、分散が小さめに評価され、帰無仮説 H_0 が過剰に棄却されやすくなる可能性があるので、「ワルド型検定」よりも「スコア型検定」の方が、検定統計量としての性質がよいことが多いようだ[注2]。☺ ⇒ **尤度比検定**（ゆうどひけんてい）、**ワルド型検定**（ワルドがたけんてい）

> 📖【読み方】「θ」は、ギリシャ文字の小文字で "シータ" と読む。英字は対応がなく、音写は th だ。角度や無声歯摩擦音の音声記号としても使われている。「$\hat{\theta}$」は "シータハット" と読む。また、「λ」は、英字の l に当たり "ラムダ" と読む。「χ」は、ギリシャ文字の小文字で "カイ" と読む。対応する英字はないので、英語では chi と書く。「χ^2」は "カイ自乗" と読む。「μ」は英字の m に当たり "ミュー" と読む。「$\hat{\mu}$」は "ミューハット" と読む。

> (注1)【ラグランジュ（未定）乗数法】は、制約条件 $g(x,y,\cdots)=0$ のある関数 $f(x,y,\cdots)$ の "極値" を求める方法で、各変数 $x, y, \cdots$ について、"ラグランジュ関数" $L(x, y, \cdots, \lambda) = f - \lambda \times g$ の偏微分（つまり各変数についての "傾き"）の値が 0、つまり $\frac{\partial L}{\partial x} = 0$, $\frac{\partial L}{\partial y} = 0, \cdots$ を連立方程式として解けばよい！というもの。例えば、「長径 $2a$、短径 $2b$ の楕円に内接する最大の長方形は？」では、（楕円を表す）制約条件が $g = \frac{x^2}{a^2} + \frac{y^2}{b^2} - 1$

$=0$、(長方形の面積を表す)関数は$f=4xy$なので、"ラグランジュ関数"は$L=f-\lambda \times g = 4xy - \lambda \times \left(\frac{x^2}{a^2} + \frac{y^2}{b^2} - 1\right)$となる。したがって、連立方程式は$\frac{\partial L}{\partial x} = 4 \times y - \lambda \times \frac{2x}{a^2} = 0$、$\frac{\partial L}{\partial y} = 4 \times x - \lambda \times \frac{2y}{b^2} = 0$、$g = \frac{x^2}{a^2} + \frac{y^2}{b^2} - 1 = 0$となり、これを解くと$x = \frac{a}{\sqrt{2}}$、$y = \frac{b}{\sqrt{2}}$、$\lambda = 2ab$となり、$\max_{xy} S = 4xy = 4 \times \frac{a}{\sqrt{2}} \times \frac{b}{\sqrt{2}} = 2ab$となる。ちなみに、ラグランジュは、イタリア生まれでフランスで活躍した数学者・天文学者のジョゼフ＝ルイ・ラグランジュ（Joseph-Louis Lagrange, 1736-1813）のことだ。

(注2) 【3つの検定の違い】"一般化線形モデル"（GLM）の解析で、帰無仮説にしたがうモデルと対立仮説にしたがうモデルが求められたとき、両者に違いがあるか否かを検定する方法として、「尤度比検定」、「ワルド型検定」、「スコア型検定」がある。「尤度比検定」では、母数の値に対する2つのモデルの対数尤度の差を考えるのに対して、「ワルド型検定」では、2つのモデルの対数尤度の最大値に対応する母数の差を考える。そして、「スコア型検定」では、母数の値に対する対数尤度の一次微分つまり接線の傾きの差を考える、というのが主な"違い"。3つの検定の統計量は"漸近的に"（nが大きくなれば"大体"という意味）同等なのだが、有限標本では必ずしも同じにはならない。

【人】インド生まれの米国の数学者・統計学者で「クラメール・ラオの不等式」などの業績でも知られる**C.R.ラオ**（Calyampudi Radhakrishna Rao, 1920-）による。

スコア関数 （スコアかんすう） score function

観測値から導いた母数（パラメーター）θの"尤もらしさ"を表す「尤度関数」$L(\theta|x)$の自然対数を取った「対数尤度関数」$\log_e L(\theta|x)$（$\log_e$は"自然対数"）を微分した値。つまり、母数をθとしたときの確率変数Xの確率密度関数を$f(\theta|x)$（条件θの下でのxの関数）とすると、母数θの"尤度関数"は$L(\theta|x) = f(\theta|x)$である。このとき、「スコア関数」は、対数尤度関数の$\log_e L(\theta|x)$を母数のθで微分した$U(x;\theta) = \frac{\partial}{\partial \theta} \log_e L(\theta|x) = \frac{1}{L(\theta|x)} \times \frac{\partial}{\partial \theta} L(\theta|x)$（$\frac{\partial}{\partial \theta}$は"$\theta$による偏微分"）である。

ここで、「スコア関数」の"期待値"を計算すると、$E(U(x;\theta)) = \int_{-\infty}^{\infty} \left(\frac{1}{L(\theta|x)} \times \frac{\partial}{\partial \theta} L(\theta|x)\right) \times f(\theta|x) dx$（$\int$は"積分"）となり、$f(x|\theta) = L(\theta|x)$を代入すると、$E(U(x;\theta)) = \int_{-\infty}^{\infty} \frac{\partial}{\partial \theta} L(\theta|x) dx = \frac{\partial}{\partial \theta} \int_{-\infty}^{\infty} L(\theta|x) dx = \frac{\partial}{\partial \theta} 1 = 0$となる、つまり、「スコア関数」の"期待値"は$E(U(x;\theta)) = 0$になる。ちなみに、最尤法で観測値から分布の母数$\theta$を特定するとき、観測する確率変数$X$が母数$\theta$について持つ"情報量"の「フィッシャー情報量」$I(\theta)$は、「スコア関数」の二次モーメントつまり"分散"、つまり、$I(\theta) = Var(U(x;\theta)) = E\left((U(x;\theta))^2\right)$と定義されている。⇒ **スコア型検定**（スコアがたけんてい）、**フィッシャー情報量**（フィッシャーじょうほうりょう）、**尤度**（ゆうど）

【読み方】「θ」は、ギリシャ文字の小文字で"シータ"と読む。英字は対応がなく、音写は*th*だ。角度や無声歯摩擦音の音声記号としても使われている。

【英和辞典】scoreは、「①（競技の）得点表、得点、②（試験・テストの）成績、点数、③刻み目、ひっかいた傷（の跡）、④（勘定のための）刻み目、計算、借金、⑤境界線、出発点、決勝点、⑥（複～）（（古）20（の集団、組）、⑦多数（の…）（of ...)、⑧点、理由、原因、⑨（通例the ～）現実の状況、事実、真相、⑩（通例a ～）（…に対する）うまいやり方や言葉、⑪楽譜（の一冊）、など。

スコアリングモデル scoring model

"定性的な"評価項目を目的に応じて"定量化"するモデル（数式）のこと。例えば、プロジェクト全体の「目標達成度」y を定量化したいとき、その評価項目の①省力化効果 x_1、②期間の短縮 x_2、③情報の統合化 x_3 のそれぞれを4段階（つまり「四件法」）、つまり予定通り(4)、ほぼ予定通り(3)、部分改善(2)、変わらず(1)のように定性的な評価をした結果から「スコアリングモデル」を作る。"定量化"の目的などから3つの評価項目の評価結果にそれぞれ20%, 30%, 50% の重みを付けて足し算した線形式（一次式）を $y = \frac{0.2 \times (x_1 - 1) + 0.3 \times (x_2 - 1) + 0.5 \times (x_3 - 1)}{4 - 1} = 0.2 \times \left(\frac{x_1 - 1}{3}\right) + 0.3 \times \left(\frac{x_2 - 1}{3}\right) + 0.5 \times \left(\frac{x_3 - 1}{3}\right)$ とすれば、("最高"評価の) $x_1 = 4, x_2 = 4, x_3 = 4$ のときは $y = 1.0$、("最低"評価の) $x_1 = 1, x_2 = 1, x_3 = 1$ のときは $y = 0.0$ とできる。また、(①と②ではよいが③ではダメ評価の) $x_1 = 4, x_2 = 3, x_3 = 2$ のときは $y = 0.2 \times \left(\frac{3}{3}\right) + 0.3 \times \left(\frac{2}{3}\right) + 0.5 \times \left(\frac{1}{3}\right) = \frac{1.7}{3} \fallingdotseq 0.57$、(①と②ではダメだが③ではよい評価の) $x_1 = 2, x_2 = 2, x_3 = 4$ のときは $y = 0.2 \times \left(\frac{1}{3}\right) + 0.3 \times \left(\frac{1}{3}\right) + 0.5 \times \left(\frac{3}{3}\right) = \frac{2.0}{3} \fallingdotseq 0.67$ などと"経験"や"感覚"にも合う。これによって、$y = 0.0 \sim 1.0$ の"スコア"に対応させることができる。

スタージェスの式 （スタージェスのしき）Sturges' rule

"量的"なデータの「度数分布」を知るため、その値を分割（区分け）して、その度数（頻度）を数えるための"適切な"クラス（階級）の数を示唆する式。「スタージスの公式」という人もいる。データの件数が n のとき、クラスの数は $m = 1 + \log_2 n = 1 + \frac{\log_{10} n}{\log_{10} 2} \fallingdotseq 1 + 3.322 \times \log_{10} n$（log は"対数"）がよい！ したがって、データの範囲（= 最大値 − 最小値）を R とすると、クラスの幅は $c \fallingdotseq \frac{R}{1 + 3.322 \times \log_{10} n}$ がよい！ としている。この示唆によれば、$n = 20$ のときは $m = 5 \sim 6$、$n = 40$ のときは $m = 6 \sim 7$、$n = 80$ のときは $m = 7 \sim 8$、$n = 160$ のときは $m = 8 \sim 9$、$n = 320$ のときは $m = 9 \sim 10$ となるが、筆者は、**実務の立場から、クラスの数はもう少し多い方がよい！** と思う。⇒ **クラス、度数分布図**（どすうぶんぷず）

- 【他の式】n 件のデータを $x_1, \cdots, x_n$、標準偏差を σ、四分位範囲を IQR、クラスの幅を h として、クラスの数を $k = \frac{\max_{\forall i} x_i - \min_{\forall i} x_i}{h}$ （$\forall i$ は"すべての i"）、$k = \sqrt{n}$、クラスの幅を $h = \frac{3.5 \times \sigma}{n^{\frac{1}{3}}}$ とする方法、$h = \frac{2 \times IQR}{n^{\frac{1}{3}}}$ とする方法などがある。

- 【人】この式は、米国の統計学者のヒューバート・スタージェス（Herbert Arthur Sturges, 1882-1958）が"The choice of a class interval," Journal of American Statisticians Association, vol. 21, 65-66, 1926 で提案した。

Statistica （スタティスティカ）

米国の StatSoft 社（オクラホマ州タルサ）が開発・提供している統計パッケージソフト。機能として、データ分析、データ処理、統計処理、データマイニング、データ可視化などがあり、また、予測モデリング、クラスタリング、データ分類、データ検索が利用できる。さらに、オープンソースの統計処理言語の「R言語」を通じて、追加機能が使える。このソフトの操作は、まず、表データを開き、（カーソルを当てれば操作メニューが表示される）プルダウンメニューから統計用機能を選択することでできる。分析結果は、画像と表形式の出力を含むことができる。動作環境（基本ソフト）は Windows で、「Statistica Base」、「Statistica Advanced」、「Statistica Base QC」、「Statistica Advanced QC」の4つのグレードが用意さ

れている（機能については[注1]）。もちろん日本語化されている。なお、StatSoft 社は、2014 年 3 月、Dell Software Group（デル ソフトウェア グループ）に買収され、その傘下に入っている。国内の販売元は、東芝電子エンジニアリング（横浜市磯子区）である。⇒ **R 言語**（アールげんご）、**統計パッケージソフト**（とうけいパッケージソフト）

> [注1]【機能】「Statistica Base」には、基本統計・集計表、確率計算、分布のあてはめ、ノンパラメトリック分析、重回帰分析、分散分析が用意されている。「Statistica Advanced」は、これに加えて、クラスター分析、因子分析、主成分分析・分類分析、正準相関分析、試験信頼性及び項目分析、決定木、対応分析（コレスポンデンスアナリシス）、多次元尺度法、判別分析、一般判別（GDA）モデル、一般線形モデル（GLM）、一般化線形・非線形モデル（GLZ）、一般回帰モデル（GRM）、一般PLM（部分最小自乗法）モデル、分散成分分析、生存時間分析、非線形推定、非線形化モデル回帰分析、非線形モデル分析、時系列分析、共分散構造分析（SEPATH）が用意されている。「Statistica QC」には、品質管理（QCC）、工程解析（PA）、実験計画法（DOE）が加えられている。「Statistica Advanced QC」は、これらすべてが用意されている。

> 📖【価格】「Statistica」の価格は129,500円だが、30日間使えるフル機能の"無償試用版"が用意されているので、これを使えば、かなりの仕事ができる。☺

スチューデント化 (スチューデントか) studentization

標本平均と母平均との差をそれらと独立な母標準偏差の推定量で割り算することによって"標準化"すること。具体的には、母平均を μ、（n件の確率変数 x の）標本平均を $\bar{x} = \frac{1}{n}\sum_{i=1}^{n} x_i = \frac{1}{n}(x_1 + \cdots + x_n)$、その標準偏差の"不偏推定値"を $\hat{\sigma}_{\bar{x}}$ として、$t = \frac{\bar{x} - \mu}{\hat{\sigma}_{\bar{x}}} = (\bar{x} - \mu) \div \hat{\sigma}_{\bar{x}}$ の式で変換することである。ここで、母標準偏差の"不偏推定値"を $\hat{\sigma} = \sqrt{\frac{1}{n-1}\sum_{i=1}^{n}(x_i - \bar{x})^2} = \sqrt{\frac{1}{n-1}((x_1 - \bar{x})^2 + \cdots + (x_n - \bar{x})^2)}$（$\sqrt{}$ は"平方根"）、標本標準偏差を $s = \sqrt{\frac{1}{n}\sum_{i=1}^{n}(x_i - \bar{x})^2} = \sqrt{\frac{1}{n}((x_1 - \bar{x})^2 + \cdots + (x_n - \bar{x})^2)}$、標本数を n とすると、$\hat{\sigma}_{\bar{x}} = \frac{\hat{\sigma}}{\sqrt{n}} = \frac{s}{\sqrt{n-1}}$ つまり $\hat{\sigma}_{\bar{x}} = \hat{\sigma} \div \sqrt{n} = s \div \sqrt{n-1}$ なので、「スチューデント化」の変換式は $t = \frac{\bar{x} - \mu}{\hat{\sigma}_{\bar{x}}} = \frac{\bar{x} - \mu}{\frac{\hat{\sigma}}{\sqrt{n}}} = \frac{\bar{x} - \mu}{\frac{s}{\sqrt{n-1}}}$ つまり $t = (\bar{x} - \mu) \div \hat{\sigma}_{\bar{x}} = (\bar{x} - \mu) \div \frac{\hat{\sigma}}{\sqrt{n}} = (\bar{x} - \mu) \div \frac{s}{\sqrt{n-1}}$ となる。変換後の確率変数 t は、平均 0、標準偏差 1、自由度 $n - 1$ の「t 分布」にしたがう（この証明はむずかしいので"省略"）。

（実は、これは「回帰分析」に限ったことではないのだが、）「回帰分析」を例にとると、真の「誤差」の分散はすべて等しい！にも拘わらず、実際の観測値と（回帰式による）予測値の差（誤差）の推定値の「残差」の分散が異なる！というのが、「スチューデント化」が必要な理由の1つ。ちなみに、正規分布にしたがう確率変数を"標準正規分布"の確率変数に変換する「z 変換」は、標本平均の母標準偏差を $\hat{\sigma}_{\bar{x}}$、母標準偏差を σ として、$z = \frac{\bar{x} - \mu}{\hat{\sigma}_{\bar{x}}} = \frac{\bar{x} - \mu}{\frac{\sigma}{\sqrt{n}}}$ つまり $z = (\bar{x} - \mu) \div \hat{\sigma}_{\bar{x}} = (\bar{x} - \mu) \div \frac{\sigma}{\sqrt{n}}$ で、ここでは、標準偏差の母数（パラメーター）を使う。これに対して、「スチューデント化」では、「母数が分からない」ので、標準偏差の"不偏推

定値"を使うのが違う！「z 変換」を「標準化」や「正規化」というのに対応して、「スチューデント化」を「準標準化」や「準正規化」という人もいる。「外れ値」を検出する重要な方法の1つでもある。⇒ **z 変換**（ゼットへんかん）、**変数変換**（へんすうへんかん）

- 📖【読み方】「μ」は、英字のmに当たるギリシャ文字の小文字で"ミュー"と読む。「σ」は、英字のsに当たり"シグマ"と、「$\hat{\sigma}$」は"シグマハット"、「$\hat{\sigma}_{\bar{x}}$」は"シグマエックスバーハット"と読む。「$\bar{x}$」は"エックスバー"と読む。

- 📖【スチューデント】とは、英国の（ビール醸造会社の）ギネスの醸造技術者・統計学者で、「推測統計学」の開拓者でもあるウィリアム・ゴセット（William Sealy Gosset, 1876-1937）のペンネームである。当時、ギネスは秘密保持のため、従業員の科学論文投稿を禁止していたため、ゴセットは「ほんの学生です！」という意味合いで、このペンネームで研究成果を発表した。「ステューデント」と書く人もいるが、どちらでもよいと、筆者は思う。☺

スチューデント化された残差（スチューデントかされたざんさ）studentized residual ⇒ **スチューデント化残差**（スチューデントかざんさ）

スチューデント化された範囲（スチューデントかされたはんい）studentized range

n 件のデータ（標本）$x_1, \cdots, x_n$ の最大値 $x_A = \max_i x_i$（$\forall i$ は"すべてのiについて"）から最小値 $x_B = \min_i x_i$ を引き算した値の「範囲」を"スチューデント化"つまりデータの不偏分散 s^2 の平方根 $s = \sqrt{s^2}$ で割り算した統計量。つまり、n 件のデータの平均値を $\bar{x} = \frac{1}{n}\sum_{i=1}^{n} x_i = \frac{1}{n}(x_1 + \cdots + x_n)$、不偏分散を $s^2 = \frac{1}{n-1}\sum_{i=1}^{n}(x_i - \bar{x})^2 = \frac{1}{n-1}((x_1-\bar{x})^2 + \cdots + (x_n-\bar{x})^2)$ としたとき、$q = \frac{x_A - x_B}{s} = (x_A - x_B) \div s$ が「スチューデント化された範囲」である。約めて「スチューデント化範囲」ともいう。普通、q という文字で表す。

n 件のデータの $x_1, \cdots, x_n$ が"正規分布"にしたがい、また、互いに独立であるとき、「スチューデント化された範囲」の確率分布は、「スチューデント化された範囲の分布」と呼ばれる分布にしたがう。例えば、2つの群（グループ）の平均値 μ_1 と μ_2 が同じであることが帰無仮説 $H_0: \mu_1 = \mu_2$ であるとき、「スチューデント化された範囲の分布」は、t 分布に近似できることが分かっている。「分散分析」で、3つ以上の群（グループ）の間のいずれかの平均値に有意な差があることが分かったとき、そのうちのどの群とどの群の間に有意な差があるかを調べる「多重比較」の方法のうち最もよく使われている「テューキーの範囲検定（多重比較）」では、検定統計量の q は「スチューデント化された範囲の分布」にしたがうものとして検定される。⇒ **スチューデント化**（スチューデントか）、**テューキーの範囲検定**（テューキーのはんいけんてい）、**範囲**（はんい）

- 📖【読み方】「μ」は、英字のmに当たるギリシャ文字の小文字で"ミュー"と読む。「$\bar{x}$」は"エックスバー"と読む。

- 📖【人】この指標は、1927年に（"スチューデント"というペンネームで知られる）**ウィリアム・ゴセット**（William Sealy Gosset, 1876-1937）が、1939年に英国の統計学者**デニス・ニューマン**（Dennis Newman）、1952年にオランダの園芸家の**M・クールズ**（M. Keuls）、その後、米国の統計学者**ジョン・テューキー**（John Wilder Tukey, 1915-2000）が提案した。

スチューデント化された範囲の分布（スチューデントかされたはんいのぶんぷ）studentized range

distribution

"連続型"の確率分布の1つ。n 件のデータ $x_1,\cdots,x_n$ が "正規分布" にしたがい、また、互いに独立であるとき、このデータの範囲つまり $x_A = \max_{\forall i} x_i$ ($\forall i$ は "すべての i について") から最小値 $x_B = \min_{\forall i} x_i$ を引いた値を (n 件のデータ $x_1,\cdots,x_n$ の平均値は $\bar{x} = \frac{1}{n}\sum_{i=1}^{n} x_i = \frac{1}{n}(x_1+\cdots+x_n)$ として、) 不偏分散 $s^2 = \frac{1}{n-1}\sum_{i=1}^{n}(x_i-\bar{x})^2 = \frac{1}{n-1}((x_1-x)^2+\cdots+(x_n-x)^2)$ の平方根 $s = \sqrt{s^2}$ で割った「スチューデント化された範囲」$q = \frac{x_A - x_B}{s} = (x_A - x_B) \div s$ のしたがう確率分布である。

一般的にいって、この確率分布は(母集団の平均値がある値に等しいか否か、あるいは、2つの群の平均値が等しいか否かなどの「t 検定」に使われる)「t 分布」に似た分布であるが、その計算は少しむずかしいので、その結果が "数表" にされ、統計の本の巻末などに掲載されている。これが、「スチューデント化された範囲の分布の表」、「スチューデント化された範囲の分布の q 表」、あるいは、簡単に「q 表」、「q 分布表」だ。「分散分析」で、3つ以上の群(グループ)の間のいずれかの平均値に有意な差があることが分かったとき、そのうちのどの群のどの群の間に有意な差があるかを調べる「多重比較」の方法のうち最もよく使われている「テューキーの範囲検定(多重比較)」の検定統計量の q は「スチューデント化された範囲の分布」にしたがうものとして検定されるので、「テューキーの方法のための q 表」ということもある。⇒ **スチューデント化された範囲** (スチューデントかされたはんい)

📖 【数表】「スチューデント化された範囲の分布の q 表」は "巻末" に掲載！ ※この表は、有意水準(上側確率)$\alpha = 0.05$ と $\alpha = 0.01$、自由度 f、群の数 k に対する棄却限界値(上側パーセント点)q を与える。

スチューデント化残差 (スチューデントかざんさ) studentized residual

「回帰分析」で特定の1つあるいは複数のデータ(点)の影響や想定したモデルの妥当性を調べる「回帰診断」に利用される指標の1つ。丁寧に「スチューデント化された残差」ともいう。実際の "観測値" から回帰式(回帰方程式)による "予測値" を引き算した値(つまり、誤差)の推定値の「残差」を、その標準偏差の "不偏推定値" で割り算して標準化した値である。数式で書くと、観測の数を n として、観測 $i(i=1,\cdots,n)$(つまり、観測値 x_i)に関する残差を $\hat{\varepsilon}_i$、残差の標準偏差の推定値を $\hat{\sigma}$、レバレッジ[注1]を h_{ii} としたとき、「スチューデント化残差」は $t_i = \frac{\hat{\varepsilon}_i}{\hat{\sigma} \times \sqrt{1-h_{ii}}} = \hat{\varepsilon}_i \div (\hat{\sigma} \times \sqrt{1-h_{ii}})$($\sqrt{}$ は "平方根")である。分母の $\hat{\sigma}$ は i 番目の観測値 x_i を "除いた" $n-1$ 個のデータに基づいて計算された誤差項の標準偏差の推定値である。残差の性質を分析する「残差分析」では、「残差」のままでは、その値は元のデータと同じ単位を保っており、値の大小(つまり変化)が判断しにくいので、標準偏差で割り算して検討するという訳である[注2]。

例として、「スチューデント化残差」と予測値の組み合わせをグラフに描いてみれば、予測値が大きくなるにつれて残差が大きく(小さく)なる、あるいは、予測値が大きくなるにつれて途中までは残差が大きく(小さく)なるが、その後、残差は小さく(大きく)なるなどといった傾向を見つけることができる。また、「スチューデント化残差」は、自由度 $(n-p-2)$ の t 分布にしたがう(この証明はむずかしいので "省略")ことが分かっているので、この値が t 分布の臨界値よりも大きければ、"外れ値" である可能性を示唆することになる。

ちなみに、「スチューデント化残差」は、("外れ値" の可能性がある) i 番目のデータを "除いて" 計算した値で、i 番目のデータを "除く" ことで、標準偏差が小さくなり、その結果、

値が大きくなり、その分だけ"外れ値"など異常なデータを見つけやすくなる。この「スチューデント化残差」を「"外的に"スチューデント化された残差（外部スチューデント化残差＝削除後スチューデント化残差）」というのに対比して、類似の「標準化残差」はi番目のデータを"含んだ"という意味で「"内的に"スチューデント化された残差（内部スチューデント化残差）」ということもある。⇒ **回帰分析**（かいきぶんせき）、**残差**（ざんさ）、**スチューデント化**（スチューデントか）、**外れ値**（はずれち）、**標準化残差**（ひょうじゅんかざんさ）

　📖【読み方】「α」は、英字のaに相当するギリシャ文字の小文字で"アルファ"と読む。「σ」は、英字のsに当たり"シグマ"、「$\hat{\sigma}$」は"シグマハット"と読む。「ε」は、英字のeに当たり"イプシロン"、「$\hat{\varepsilon}$」は"イプシロンハット"と読む。

(注1)【レバレッジ】は、「標準化残差（ひょうじゅんかざんさ）」の項で説明！

(注2)【回帰分析】で、独立変数（説明変数）をx、従属変数（被説明変数）をy、パラメーター（定数）をα_0とα_1とした"回帰モデル"を$y_i=\alpha_0+\alpha_1\times x_i+\varepsilon_i$とすると、"誤差"の$\varepsilon_i$は互いに統計的に独立で、すべて同じ分散$\sigma^2$を持つ。これに対して、「残差」は真でなく観測もできない"誤差"ではなく、観測可能なデータに基づく"誤差"の推定値だ。最小自乗法でパラメーターのα_0とα_1を推定したとき、「残差」は、("誤差"とは違い、）独立ではありえない。これは、ε_iをi番目の"誤差"、$\hat{\varepsilon}_i$をi番目の"残差"とすると、$\sum_{i=1}^n \hat{\varepsilon}_i=0$ かつ $\sum_{i=1}^n \hat{\varepsilon}_i\times x_i=0$ という条件があるからである。さらに、「残差」は同じ分散を持たない。真の"誤差"の分散がすべて同じなのに、「残差」の分散が異なるというのが、「スチューデント化」が必要な最も大きな理由だ。

スチューデント化範囲（スチューデントかはんい）studentized range ⇒ **スチューデント化された範囲**（スチューデントかされたはんい）

スチューデント化範囲分布（スチューデントかはんいぶんぷ）studentized range distribution ⇒ **スチューデント化された範囲の分布**（スチューデントかはんいのぶんぷ）

スチューデントのt分布（スチューデントのティーぶんぷ）Student's t distribution ⇒ **t分布**（ティーぶんぷ）

スティーブンスの尺度基準（スティーブンスのしゃくどきじゅん）Stevens' scale ⇒ **尺度基準**（しゃくどきじゅん）

ステップダウン法（ステップダウンほう）stepdown method ⇒ **ダネットの多重比較**（ダネットのたじゅうひかく）

ステムアンドリーフ stem and leaf plot ⇒ **幹葉図**（みきはず）

スネデッカーのF分布 Snedecor's F distrbution ⇒ **F分布**（エフぶんぷ）

スノーボールサンプリング snowball sampling ⇒ **雪だるま式サンプリング**（ゆきだるましきサンプリング）

スピアマンの順位相関係数（スピアマンのじゅんいそうかんけいすう）Spearman's rank correlation coefficient

　順位相関係数の1つ。"対応のある"2つの"量的"な変量(x,y)のデータの「値」ではなく、「順位」についての相関係数の1つである。普通、ρで表す。「スピアマンのρ」と同じ。n件のデータの番号を$i(i=1,\cdots,n)$、それぞれのデータの値を$(x_1,y_1),\cdots,(x_n,y_n)$、このうち、$x_1,\cdots,x_n$の中での$x_i$の値の順位を$a_i$、$y_1,\cdots,y_n$の中での$y_i$の値の順位を$b_i$としたと

き、"対応のある" 2つの変量 (a,b) に対する「相関係数」である。この値は $-1 \leq \rho \leq +1$ で、$\rho = +1$ のときはまったく同じ順位づけ、$\rho = -1$ のときは正反対の順位づけだ。$\rho > 0$ は "似た" 順位づけ、$\rho < 0$ はその反対だ。

具体的には、"対応のある" データの順位の差 $a_i - b_i$ の自乗和を $D = \sum_{i=1}^{n}(a_i - b_i)^2$ $= (a_1 - b_1)^2 + \cdots + (a_n - b_n)^2$ として、「スピアマンの順位相関係数」は $\rho = 1 - \frac{6 \times D}{n \times (n^2 - 1)}$ で、これは（データが特定の分布にしたがっていることを仮定しない）**ノンパラメトリックな指標**である。ちなみに、"対応のある" 2つの変量 (a,b) を普通のデータとして、普通の「相関係数」を計算すれば、同じ値になる。

計算例として、$n = 10$ で、$\begin{matrix} A & 7 & 4 & 3 & 1 & 2 & 10 & 5 & 9 & 6 & 8 \\ B & 5 & 4 & 3 & 2 & 6 & 9 & 1 & 10 & 8 & 7 \end{matrix}$ の場合、$D = (7-5)^2 + (4-4)^2 + (3-3)^2 + (1-2)^2 + (2-6)^2 + (10-9)^2 + (5-1)^2 + (9-10)^2 + (6-8)^2 + (8-7)^2 = 2^2 + 0^2 + 0^2 + (-1)^2 + (-4)^2 + 1^2 + 4^2 + (-1)^2 + (-2)^2 + 1^2 = 44$ となるので、$\rho = 1 - \frac{6 \times 44}{10 \times (10^2 - 1)} = 1 - \frac{4 \times 44}{10 \times 99} = \frac{11}{15} = 0.7\dot{3} \fallingdotseq 0.733$（小数部の上の点は "繰り返し" の意味）で、$A$ と B の順位のデータは似ている！といってよい(注1)。なお、もう1つの順位相関係数の「ケンドールの順位相関係数」とは値が異なるが、順位相関係数の値とはその程度のものだ！と考えてもらいたい。⇒ **ケンドールの順位相関係数**（ケンドールのじゅんいそうかんけいすう）、**相関係数**（そうかんけいすう）

- 📖【読み方】「ρ」は、英字の r に当たるギリシャ文字の小文字で、"ロー" と読む。
- Excel 【関数】データの「値」を RANK 関数で「順位」に変換し、その結果を CORREL 関数で計算する。
- (注1)【検定】は、「相関係数（ピアソンの積率相関係数）」のそれとまったく同じで、検定統計量 $t_0 = \frac{|r| \times \sqrt{n-2}}{\sqrt{1-r^2}} = |r| \times \sqrt{n-2} \div \sqrt{1-r^2}$ が自由度 $n-2$ の t 分布にしたがうことを利用して行う。計算例の場合、$n = 10$ で $r = 0.733$ なので、この検定統計量は $t_0 = \frac{|0.733| \times \sqrt{10-2}}{\sqrt{1-0.733^2}} = |0.733| \times \sqrt{10-2} \div \sqrt{1-0.733^2} = 3.048$ となる。自由度 $10 - 2 = 8$ の t 分布で、有意確率を $\alpha = 0.05 = p(|t| > 2.306)$ とすると、$p(|t| > 2.306) > p(|t| > 3.048)$ となり、「母相関係数はゼロ（$\rho = 0$）」という "帰無仮説" は棄却され、「母相関係数はゼロではない（$\rho \neq 0$）」という "対立仮説" が採択される。
- 📖【数表】「スピアマンの順位相関係数の計算表」は "巻末" に掲載！
- 📖【人】この係数は、英国の心理学者で「因子分析」の開拓者でもある**チャールズ・スピアマン**（Charles Edward Spearman, 1863-1945）が 1904-07 年に開発した。

スピアマンのρ（スピアマンのロー）Spearman's rho ⇒ **スピアマンの順位相関係数**（スピアマンのじゅんいそうかんけいすう）

スプリアス関係（スプリアスかんけい）spurious relation ⇒ **擬似相関**（ぎじそうかん）

スミルノフ・グラブスの検定（スミルノフ・グラブスのけんてい）Smirnov-Grubbs test

「棄却検定」、つまり、データが "外れ値" であるか否かの統計的仮説検定（検定）の1つ。データ（標本）が「正規分布」にしたがう母集団から抽出されたものと仮定して、すべてのデータが同じ母集団から抽出されたものか否か、つまり "外れ値" であるか否かを検定する。

具体的には、「すべてのデータが正規分布にしたがっている！」を"帰無仮説"として、n 件のデータ $x_1,\cdots,x_n$ の平均値を $\bar{x} = \frac{1}{n}\sum_{i=1}^{n} x_i = \frac{1}{n}(x_1 + \cdots + x_n)$、不偏分散を $u^2 = \frac{1}{n-1}\sum_{i=1}^{n}(x_i - \bar{x})^2 = \frac{1}{n-1}((x_1-\bar{x})^2 + \cdots + (x_n-\bar{x})^2)$ とし、その平方根を $u = \sqrt{u^2}$ とし、"外れ値"だと思われるデータを x とする。そのとき、その偏差の $\tau = \frac{x - \bar{x}}{u} = (x-\bar{x}) \div u$ が、有意水準(「第1種の誤り」を犯す確率=危険率)α、自由度 $n-2$ に対応する t 分布の $\frac{\alpha}{n} \times 100\%$ パーセンタイルを $t_{\frac{\alpha}{n}}$ として、(近似的な)棄却限界値(有意点)の $\tau_0 = \frac{(n-1) \times t_{\frac{\alpha}{n}}}{\sqrt{n \times (n-2) + n \times t_{\frac{\alpha}{n}}^2}} = (n-1)t_{\frac{\alpha}{n}} \div \sqrt{n \times (n-2) + n \times t_{\frac{\alpha}{n}}^2}$ と比較して、$\tau < \tau_0$ ならば"帰無仮説"は棄却できない！、反対に、$\tau \geq \tau_0$ ならば"帰無仮説"は棄却できる！と判定できる (この証明はむずかしいので"省略")。

まずは、最も外れた標本を検定し、これが"外れ値"と判定されたらこれを除外して、残りの標本について、"外れ値"が検出されなくなるまで、同じプロセスを繰り返す。なお、この方法は、"外れ値"が1つのときは検出力が高いが、"外れ値"が2つ以上あるときは、一方が他方を隠してしまい、検出力が低下することがあるので、この点に注意が必要！(つまり、使わない方がよい！ということだ)。

計算例として、(「トンプソンの棄却検定」の項での"数値例"と同じ) 10 件のデータ 66, 63, 61, 60, 59, 58, 57, 52, 48, 25 があり、このうち他のデータから離れている 25 が「外れ値」か否かを検定する。つまり、$\bar{x} = \frac{1}{10}(66 + 63 + 61 + 60 + 59 + 58 + 57 + 52 + 48 + 25) = 54.9$、不偏分散の平方根は

$$u = \sqrt{\frac{1}{10-1}\left(\begin{array}{l}(66-54.9)^2 + (63-54.9)^2 + (61-54.9)^2 + (60-54.9)^2 + (59-54.9)^2 \\ + (58-54.9)^2 + (57-54.9)^2 + (52-54.9)^2 + (48-54.9)^2 + (25-54.9)^2\end{array}\right)}$$

$= 11.70$、データの 25 の平均値からの偏差は $\tau = \frac{54.9 - 25}{11.70} = 2.55$ で、有意水準 $\alpha = 0.05 = 5\%$、自由度 $10-2=8$ に対応する t 分布のパーセント点は $t_{\frac{\alpha}{n}} = 3.56$ で、有意点の $\tau_0 = \frac{(10-1) \times 3.56}{\sqrt{10 \times (10-2) + 10 \times 3.56^2}} = 2.176$ (この値は「スミルノフ・グラブス検定の棄却限界値表」の値と同じだ！) と比較して、$\tau = 2.55 \geq 2.176 = \tau_0$ なので帰無仮説は棄却できる！、つまり、このデータは「外れ値」だ！と判定できる。⇒ **トンプソンの棄却検定** (トンプソンのききゃくけんてい)、**外れ値** (はずれち)

- 【読み方】「α」は、英字の a に当たるギリシャ文字の小文字で、"アルファ"と読む。「τ」は、英字の t に当たり、"タウ"と読む。「$\bar{x}$」は"エックス・バー"と読む。
- 【数表】「スミルノフ・グラブス検定の棄却限界値」は〝巻末〟に掲載！
- 【人】この方法は、ソ連(現在のロシア)の数学者ニコライ・スミルノフ(Nikolai Vasilyevich Smirnov, 1900-66)と**フランク・グラブス**(Frank E. Grubbs, 1913-2000) による。

せ

正規化 (せいきか) normalization ⇒ **z 変換** (ゼットへんかん)
正規確率紙 (せいきかくりつし) normal probability distribution paper
横軸 (x 軸) に一様な目盛 (線形目盛)、縦軸 (y 軸) に正規分布の累積確率に対応した特別

な目盛を取った**方眼紙**（グラフ用紙）。縦軸の左側には 50 を中心に 0.1～99.9% の目盛が、右側には、左側の目盛に対応して、中心に平均値の μ、その上に $\mu+3\sigma, \mu+2\sigma, \mu+\sigma$、下に $\mu-\sigma, \mu-2\sigma, \mu-3\sigma$ が書いてある[注1]。観察・測定したデータに少し手を加えてこの上に打点（プロット）することで、データが"正規分布"にしたがったものか否か、あるいは、(データが"正規分布"にしたがっているとされた場合に) その平均値、標準偏差、上位 20% 点などの統計量を求めることができる。「**正規確率プロット**」は、この方眼紙にデータを打点することあるいはそのグラフのことだ。

　具体的な作図の手順は、n 件のデータを $x_1,\cdots,x_n$ として、データを値の小さい順に並べ替え（ソートし）、その結果を $x_{(1)} \leq \cdots \leq x_{(n)}$ とする。そして、データ $x_{(i)}$ に番号 i を付けて、その累積比率 $p_{(i)} = \dfrac{i}{n+1} = i \div (n+1)$ を求める。対応のあるデータ $(x_{(i)}, p_{(i)})$ をこの方眼紙の上に打点して、データが直線の上にほぼ乗っていれば、データの分布は正規分布にしたがっている！と考えてよい。しかし、データが直線の上にほぼ乗っていなければ、そうだ！とはいえない。データの件数 n が多い場合は（n 件のデータを 1 つ 1 つ処理するのは大変なので）、クラス（階級）の代表値を $y_1 < \cdots < y_m$ としてデータをクラス分けし、その度数 $f_1,\cdots,f_m$ を数え、累積度数 $\sum_{k=1}^{i} f_k = f_1 + \cdots + f_i$ を計算する。そして、累積比率 $p_i = \dfrac{\sum_{k=1}^{i} f_k}{n+1} = \dfrac{f_1+\cdots+f_i}{n+1}$ つまり $p_i = \sum_{k=1}^{i} f_k \div (n+1) = (f_1+\cdots+f_i) \div (n+1)$ を計算して、対応のあるデータ (y_i, p_i) をこの方眼紙の上に打点すればよい。

　なお、「累積確率」はそもそもが"近似的な"値なので、$p_{(i)} = \dfrac{i-0.5}{n} = (i-0.5) \div n$ や $p_i = \dfrac{\sum_{k=1}^{i} f_k - 0.5}{n} = \dfrac{f_1+\cdots+f_i - 0.5}{n}$ つまり $P_i = \left(\sum_{k=1}^{i} f_k - 0.5\right) \div n = (f_1+\cdots+f_i - 0.5) \div n$ としてもよい。また、データが直線の上に乗っているか否かの"判断"は、かなり主観的であることにも注意！「正規確率紙」がない場合は、$p_{(i)}$ や p_i の値が標準正規分布の"累積確率"（下側確率）に当たる $q_{(i)}$ や q_i を求めて、対応のあるデータ $(x_{(i)}, q_{(i)})$ や (x_i, q_i) の「散布図」を描けばよい。ちなみに、「正規確率紙」は、「品質管理・統計関係用紙」として販売され、一般財団法人日本科学技術連盟（日科技連）（東京都新宿区）や一般財団法人日本規格協会（東京都港区）などからネット購入できる他、大学の生協や大きな文具店で購入できる。また、インターネットの上に乗っている「正規確率紙」をダウンロード＆コピーするのもよい方法だ。☺ ⇒ **確率紙**（かくりつし）、**正規性の検定**（せいきせいのけんてい）、**正規分布**（せいきぶんぷ）

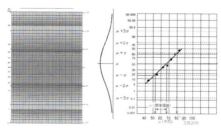

図1　正規確率紙

📖 【**読み方**】「μ」は、英字の m に当たるギリシャ文字の小文字で"ミュー"と読む。「σ」

は、英字の s に当たり、"シグマ"とと読む。

(注1)【縦軸の左側の目盛】は、「正規分布」の下側確率（累積確率）$p(z)$ $=\int_{-\infty}^{z}\frac{1}{\sqrt{2\pi}\sigma}e^{-\frac{(x-\mu)^2}{2\sigma^2}}dx=\int_{-\infty}^{z}\frac{1}{\sqrt{2\pi}\sigma}\exp\left(-\frac{(x-\mu)^2}{2\sigma^2}\right)dx$ の値である。縦軸の右側には、その意味として、例えば、縦軸の 0.135% の位置に「$\mu-3\sigma$」と書いてある。これは、z が $0\sim\mu-3\sigma$ の間に入る確率が 0.135% ということだ。$\mu-3\sigma\sim\mu+3\sigma$ の間に 99.73% が入り、0.27% が落ちることを考えれば、$0.27\%\div2=0.135\%$ であると分かるであろう。同様に、$2.275\%\Leftrightarrow\mu-2\sigma$, $15.866\%\Leftrightarrow\mu-\sigma$, $50.0\%\Leftrightarrow\mu$, $84.134\%\Leftrightarrow\mu+\sigma$, $97.725\%\Leftrightarrow\mu+2\sigma$, $99.865\%\Leftrightarrow\mu+3\sigma$ と対応付けられている。

正規確率プロット (せいきかくりつプロット) normal probability plot

　観察されたデータが"正規分布"にしたがっていると考えてよいか否かの判断のため、「正規確率紙」にデータを打点（プロット）すること、あるいは打点したグラフのこと。「正規プロット」と同じ。「正規P-Pプロット」と「正規Q-Qプロット」の2種類がある。「正規P-Pプロット」は、観察されたデータが"正規分布"にしたがう場合の「累積確率」の"期待値"を縦軸（y軸）に、データの"順位"に基づく「累積確率」を横軸（x軸）にとり打点する。「累積確率」の"期待値"は、正規分布の確率密度関数に、観測値と平均値および標準偏差を代入することで求められる。データが一直線上に並べば、観測値は正規分布にしたがっている！と考えてよい。

　また、「正規Q-Qプロット」は、観察されたデータが"正規分布"にしたがう場合の期待値を縦軸に、データそのものを横軸にとり打点する。観測値を昇順（小さい順）に並べた順位からパーセンタイル（累積確率）を求め、正規分布の確率密度関数の逆関数（関数を $y=f(x)$ とすると、その x と y を入れ替えた $x=f(y)$ のこと）を用いて期待値を予測する。データが一直線上に並べば、観測値は正規分布にしたがっている！と考えてよい。この他、データの絶対値の分布に注目した「半正規確率プロット」というのもある。⇒ **確率プロット** (かくりつプロット)、**正規確率紙** (せいきかくりつし)、**半正規確率プロット** (はんせいきかくりつプロット)

正規性の検定 (せいきせいのけんてい) test of normality of distribution

　標本（データ）が"正規分布"にしたがっていると考えてよいか否かの統計的仮説検定（検定）。最も簡単な方法は、「正規確率紙」の上にデータを打点（プロット）してみることである。あるいは、データの「度数分布図（ヒストグラム）」を描き、その形が正規分布に合っているか否かを判断することである。実際に紙に描いて"判断"してもよいが、これを機械的に行うには、**データの度数の分布と正規分布から期待される度数の分布が同じあるいはほぼ同じ、つまり"ズレ"（違い）が小さいといえるか否かを「χ^2検定」すればよい。**

　具体的には、データの度数を $f_1,\cdots,f_m$、正規分布から期待される度数を $e_1,\cdots,e_m$ としたとき、χ^2 値つまり $\chi^2=\sum_{i=1}^{m}\frac{(f_i-e_i)^2}{e_i}=\frac{(f_1-e_1)^2}{e_1}+\cdots+\frac{(f_m-e_m)^2}{e_m}$、これを書き換えると $\chi^2=\sum_{i=1}^{m}\left((f_i-e_i)^2\div e_i\right)=\left((f_1-e_1)^2\div e_1\right)+\cdots+\left((f_m-e_m)^2\div e_m\right)$ の値を計算して、この値が自由度 $m-1$ の χ^2 分布の 95% 点（危険率 5%）の $\chi_0=\chi^2_{0.05}(m-1)$ と比べて、$\chi^2<\chi_0^2$ ならば、データは正規分布にしたがっている！と考えられ、反対に $\chi^2>\chi_0^2$ ならば、データが正規分布にしたがっている！とはいえないことになる。

　この他、正規性の検定の方法として、「シャピロ・ウィルク検定」や「コルモゴロフ・ス

ミルノフ検定」などが用意されている[注1]が、このうち、(相対的にではあるが、)後者に比べて前者の方がより強力なようである。⇒ **χ^2 検定** (カイじじょうけんてい)、**コルモゴロフ・スミルノフ検定** (コルモゴロフ・スミルノフけんてい)、**シャピロ・ウィルク検定** (シャピロ・ウィルクけんてい)、**正規確率紙** (せいきかくりつし)、**正規分布** (せいきぶんぷ)

> 📖 【読み方】「χ」は、ギリシャ文字の小文字で、"カイ"と読む。対応する英字はないので、英語ではchiと書く。「χ^2」は"カイ自乗"と読む。

(注1) 【"正規性"の有無】例えば、理論的に与えた結果を実験結果と比較する場合、データの分布に"正規性"があれば、パラメトリックな方法の「母平均の t 検定」を行えばよいが、データの分布に"正規性"がない場合には、ノンパラメトリックな方法の「ウィルコクスンの符号順位検定」を行うことになる。☺

正規プロット (せいきプロット) normal probability plot ⇒ **正規確率プロット** (せいきかくりつプロット)

正規分布 (せいきぶんぷ) normal distribution

最も基本的な"連続型"確率分布の1つ。「ガウス分布」と同じ。変量を $x(-\infty < x < +\infty)$ (∞ は"無限大")、その平均値を μ、分散を σ^2 (つまり標準偏差は σ) として、確率密度関数が $f(x) = \frac{1}{\sqrt{2\pi}\sigma} e^{-\frac{(x-\mu)^2}{2\sigma^2}} = \frac{1}{\sqrt{2\pi}\sigma} \exp\left(-\frac{(x-\mu)^2}{2\sigma^2}\right)$ (π は"円周率")($\exp(-x)$ は「e^{-x}」と同じ"e の $-x$ 乗")(e は"自然対数の底"という定数)にしたがった(つまり μ と σ の2つの母数(パラメーター)だけで決まる)確率分布である。通常は $N(\mu, \sigma^2)$ と書く。さらに、これに互いに"独立"という条件が付いたものは $NID(\mu, \sigma^2)$ (NID = normally and independently distributed) と書く。この確率密度関数は、$x = \mu$ (平均値)で最も大きくなり、この平均値を軸に左右対称、$x = \mu \pm \sigma$ で変曲点 (曲率の符号が変わるつまり $\frac{d^2 f(x)}{dx^2} = 0$ の点) を持ち、$x = \pm \infty$ で 0 に漸近する、といった特徴を持つ釣鐘(ベル)形の曲線になる。その形にちなんで「ベル曲線」とも呼ばれる。現代の確率論や統計学で最も基本となっている確率分布である。

この確率分布にしたがった変量の値は、平均値からのズレが $\pm \sigma$ 以下の範囲(つまり $\mu - \sigma \sim \mu + \sigma$)には 68.24% のデータが入り、31.73% のデータが範囲外に落ちる。平均値からのズレが $\pm 2\sigma$ 以下の範囲(つまり $\mu - 2\sigma \sim \mu + 2\sigma$)には 95.45% のデータが入り、4.55% が範囲外に落ちる。そして、**$\pm 3\sigma$ 以下の範囲**(つまり $\mu - 3\sigma \sim \mu + 3\sigma$)には **$99.73\%$ が入り**、0.27% **が落ちる** (図2)。SQC (統計的品質管理) や統計処理などで使われる「$\pm 3\sigma$」は、この「正規分布」を根拠としたもので、対象としているデータが $\pm 3\sigma$ 以下の範囲に入らなかった場合には、その対象に何かの"変化"が起こったと考えてもそれが誤りであるのは 0.27% に過ぎない、というものだ。

正規分布の基本的な性質として、それぞれ正規分布 $N(\mu_1, \sigma_1^2)$, $N(\mu_2, \sigma_2^2)$ にしたがう独立した2つの変数 x_1 と x_2 の和 $x_1 + x_2$ もまた、正規分布 $N(\mu_1 + \mu_2, \sigma_1^2 + \sigma_2^2)$ にしたがうことが分かっている。この性質によれば、同じ正規分布 $N(\mu, \sigma^2)$ から n 個の標本をとってこれらの平均値をとれば、この平均値は正規分布 $N\left(\mu, \frac{\sigma^2}{n}\right)$ にしたがい、その平均値は μ、分散は $\frac{\sigma^2}{n} = \sigma^2 \div n$、標準偏差は $\frac{\sigma}{\sqrt{n}} = \sigma \div \sqrt{n}$ となる。つまり、n 個の標本が大きければ大きいほど、その標準偏差は小さくなる。

また、互いに独立で同じ平均値と同じ分散値の確率分布(これらは必ずしも同じ分布でなくてもよい)にしたがった確率変数の和(あるいは平均値)は、"漸近的に" (n が大きくなれば"大体"

せいき

という意味)「正規分布」に近づく。これが有名な「**中心極限定理**」である。例えば、人の身長の分布は「正規分布」にしたがっているが、これは、身長を決める遺伝子や生育条件は無数にあり、それらの無数の原因の総和としての身長は、中心極限定理によって「正規分布」にしたがうことになる。なお、体重は環境条件の影響を受けやすいため、体重の分布は身長の分布よりも「正規分布」からずれているようだ。同様に、「**正規分布」は、いろいろな物理的なあるいは社会的な現象によく当てはまる**。また、「ポアソン分布」や「二項分布」なども、極限的な場合は正規分布に近づくことが知られている。⇒ **確率分布**（かくりつぶんぷ）、**z 変換**（ゼットへんかん）、**中心極限定理**（ちゅうしんきょくげんていり）、**半正規分布**（はんせいきぶんぷ）、**標準正規分布**（ひょうじゅんせいきぶんぷ）、**偏差値**（へんさち）

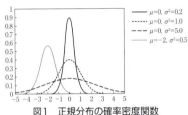

図1　正規分布の確率密度関数　　　　　図2　μ±nσの確率

- 📖 【読み方】「μ」は、英字の m に当たるギリシャ文字の小文字で、"ミュー"と読む。「σ」は、英字の s に当たり"シグマ"と、「σ^2」は"シグマ自乗"と読む。「π」は、英字の p に当たり、"パイ"と読む。

- 📖 【歴史】フランスの数学者で宗教弾圧を逃れて、1685年に英国に移住した**アブラーム・ド・モアブル**（Abraham de Moivre, 1667-1754）は、多くの任意の要因が集まるとそれらは釣鐘形の曲線を描くことに気付き、これを「誤差の通常法則」と呼んだ。そして、1733年に、「二項分布」の極限として「正規分布」を導いた。この結果は、1812年にフランスの数学者の**ピエール＝シモン・ラプラス**（Pierre-Simon Laplace, 1749-1827）によって拡張され、現在は「ド・モアブル＝ラプラスの定理」と呼ばれている。これが「正規分布」の"発見"だ！ ラプラスは、「正規分布」を実験の誤差の解析に用いた。1908年、"記述統計学の父"と呼ばれる英国の統計学者のカール・ピアソン（Karl Pearson, 1857-1936）がド・モアブルの"発見"を裏付ける史料を公表している。ド・モアブルの後、1828年にドイツの数学者・物理学者・天文学者の**カール・ガウス**（Johann Carl Friedrich Gauss, 1777-1855）が、これとは独立に、「偶然誤差の分布法則」として「正規分布」を提唱した。「正規分布」を「ガウス分布」と呼ぶことがあるのはこのためだ。

- 📖 【正規分布】という名前は、1875年ころに、米国の科学者・論理学者のチャールズ・パース（Charles Sanders Peirce, 1839-1914）、英国の人類学者・統計学者のフランシス・ゴールトン（Francis Galton, 1822-1911）、ドイツの経済学者・統計学者のヴィルヘルム・レキシス（Wilhelm Lexis, 1837-1914）の3人がそれぞれ"独立に"使ったようだ。

- 📖 【バリエーション】「折り畳み正規分布」（folded normal distribution）、「半正規分布」（half normal distribution）、「切断正規分布」（truncated normal distribution）などと

いったものもある。

正規乱数 (せいきらんすう) normal distributed random number ⇒ **乱数**（らんすう）

正準相関係数 (せいじゅんそうかんけいすう) canonical correlation coefficient ⇒ **正準相関分析**（せいじゅんそうかんぶんせき）

正準相関分析 (せいじゅんそうかんぶんせき) canonical correlation analysis

「多変量解析」の方法の1つ。多数の変量が2つの変量群を構成しているとき、変量群の間の"相互関係"を分析する方法である。ここで、2つの変量群とは、一方が原因系、他方が結果系といったもので、例えば、入学試験の各科目の成績と入学後の各科目の成績、ある病気の患者のいろいろな検査の結果といろいろな症状の強さ、主要な工業製品の生産物の価格といろいろな経済指標などを考えればよい。2つの変量群を構成している1つ1つの変量の間の関係を見るのではなく、それぞれの変量群のすべての変量を代表する変数（正準変数）を構成し、変数同士の相関関係を分析する。

具体的には、2つの変量群を、m 個の変量を持つ変量群 $(x_1,\cdots,x_m)$ と、n 個の変量を持つ変量群 $(y_1,\cdots,y_n)$ とした場合、変量群 $(x_1,\cdots,x_m)$ はそれぞれの変量を線形結合した（一次式で表した）正準変数の $f=\sum_{i=1}^{m} a_i \times x_i = a_1 \times x_1 + \cdots + a_m \times x_m$ に、変量群 $(y_1,\cdots,y_n)$ も正準変数 $g=\sum_{j=1}^{n} b_j \times y_j = b_1 \times y_1 + \cdots + b_n \times y_n$ に変換する。そして、この2つの正準変数 f と g の間の相関係数が最大になるように、パラメーターの $a_1,\cdots,a_m$ と $b_1,\cdots,b_n$ を決める。このパラメーターの値で、2つの変量群の関係が分かる。この方法が「正準相関分析」で、このときの相関係数が「正準相関係数」だ。

一言でいえば、1つの結果（従属変数）に対して、複数の原因の候補（独立変数）がどのように影響を与えているかを分析する「重回帰分析」を、複数の結果に対して、複数の原因の候補がどのように影響を与えているかを分析するように"拡張"した方法といえる。ちなみに、正準変数が一変量の場合（$m=1$）には、正準相関分析は「重回帰分析」と同じになる。また、正準変数が一変量で2つの群以上に分かれている場合には、正準相関分析は「判別分析」と同じになる。⇒ **回帰分析**（かいきぶんせき）、**相関分析**（そうかんぶんせき）、**多変量解析**（たへんりょうかいせき）

📖 【正準】は英語の"canonical（カノニカル）"の訳語で、（英和辞典によると、）この言葉の意味は、①権威ありと認められた、規範的な、②宗規によって定められた，聖書正典に含まれている、③数学基準の、正準の、④音楽のカノン形式（canon）の、だ。

正準判別分析 (せいじゅんはんべつぶんせき) canonical discriminant analysis ⇒ **判別分析**（はんべつぶんせき）

正の相関 (せいのそうかん) positive correlation

"対応のある"2つの量的な変量 (x,y) の間で、2つの変量の関係が直線の上に並ぶ程度を表す「相関係数」の値が正つまり $r>0$ であること。「順相関」と同じ。すべての (x,y) が"完全に"一次式つまり直線の上に乗っていれば、$r=1$ で"完全"な正の相関となる。また、$0.7 \leq r \leq 1.0$ ならば強い正の相関、$0.5 \leq r \leq 0.7$ ならば弱い正の相関がある、ということになる（"相関係数"の値の自乗の"寄与率"の r^2 では、それぞれ $0.5 \leq r^2 \leq 1.0$ と $0.25 \leq r^2 \leq 0.5$ ということだ）。ちなみに、$r=-1$ は"完全"な負の相関、$-1<r<0$ は負の相関、$r=0$ は無相関と

いうことだ。なお、相関は、2つの変数の関わり度合いである「関連性」や変数間の「共変」関係を示すが、どちらが原因でどちらが結果であるという「因果性」は意味していないことに注意！⇒ **相関係数** (そうかんけいすう)

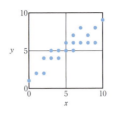

x	0	1	2	2	3	3	4	4	5	5	6	6	6	7	7	8	8	9	9	10
y	1	2	2	4	4	5	5	4	5	6	6	5	7	8	6	6	7	6	8	9

図1　正の相関

政府統計の総合窓口 (せいふとうけいのそうごうまどぐち) e-Stat, electronic Statistics

　政府各府省のホームページ上で提供されていた統計データを1つにまとめ、利用者にとってニーズの高い提供機能を備えた統計データのポータルサイト（webにアクセスするときに入り口となるサイト）。通称は「e-Stat」。ホームページは http://www.e-stat.go.jp/ にある。ホームページの説明では、「政府統計の総合窓口（e-Stat）は、各府省情報化統括責任者（CIO）連絡会議で決定された「統計調査等業務の業務・システム最適化計画」に基づき、日本の政府統計関係情報のワンストップサービスを実現するため平成20年度から本運用を開始した政府統計のポータルサイトです。従来、各府省等ごとのホームページに掲載されていた各種統計関係情報をこのサイトからワンストップで提供することを目指し、各府省等が登録した統計データ、公表予定、新着情報、調査票項目情報などの各種統計情報をインターネットを通して利用いただくことができます。当サイトは、各府省等の参画の下、総務省統計局が整備し、平成20年度から独立行政法人統計センターが運用管理を行っております。」

　おもなコンテンツとして、①統計データを探す(注1)、②地図や図表で見る、③調査項目を調べる、④統計制度を知る、⑤統計を学ぶ、⑥統計サイト検索・リンク集、⑦新着情報・公表予定、⑧新着情報配信サービス、⑨テキストサイト・携帯サイトとなっている。⇒ **統計法** (とうけいほう)

(注1)【例】「主要な統計から探す」の中の「基幹統計から探す（統計分野表示）」のメニューは、以下の通り（「基幹統計」は、統計法により定められた、国勢調査によって作成される国勢統計、国民経済計算（SNA）などの行政機関が作成する重要な統計のこと）。①人口・世帯（国勢調査、人口動態調査、生命表、国民生活基礎調査）、②労働・賃金（労働力調査、就業構造基本調査、民間給与実態統計調査、毎月勤労統計調査、賃金構造基本統計調査、船員労働統計調査）、③農林水産業（農業経営統計調査、農林業センサス、漁業センサス、作物統計調査、海面漁業生産統計調査、木材統計調査、牛乳乳製品統計調査）、④鉱工業（薬事工業生産動態統計調査、工業統計調査、経済産業省生産動態統計調査、埋蔵鉱量統計調査、造船造機統計調査、鉄道車両等生産動態統計調査）、⑤商業・サービス業（商業統計調査、商業動態統計調査、特定サ

ービス産業実態調査、石油製品需給動態統計調査)、⑥企業・家計・経済(国民経済計算、個人企業経済調査、経済センサス－基礎調査、経済センサス－活動調査、家計調査、全国消費実態調査、小売物価統計調査、全国物価統計調査、産業連関表、法人企業統計調査、経済産業省企業活動基本調査)、⑦住宅・土地・建設(住宅・土地統計調査、建築着工統計調査、建設工事統計調査、法人土地・建物基本調査)、⑧エネルギー・水(経済産業省特定業種石油等消費統計、ガス事業生産動態統計調査)、⑨運輸・観光(港湾調査、自動車輸送統計調査、内航船舶輸送統計調査)、⑩情報通信・科学技術(科学技術研究調査)、⑪教育・文化・スポーツ・生活(社会生活基本調査、学校基本調査、学校教員統計調査、社会教育調査)、⑫行財政(地方公務員給与実態調査)、⑬社会保障・衛生(学校保健統計調査、医療施設調査、患者調査、社会保障費用統計)

積分 (せきぶん) integration

($a ≦ b$ として、)**変数 x の値が $a ≦ x ≦ b$ の範囲について、"連続的"な関数 $y = f(x)$ で表される曲線と x 軸(つまり $y = 0$)で囲まれた領域の面積**。この曲線の「下の面積」といういい方もある。これが「**定積分**」(definite integral) で、$\int_a^b f(x)dx$ という式で表す。∫という記号は、sum(和)の頭文字のSを縦方向に引っ張った形だ。$f(x)dx$ は $f(x) \times dx$ で、$\int_a^b f(x)dx$ は、x を a から b までの間を細かく刻んだ幅の dx ずつ変化させて $f(x) \times dx$ の値を足し算する、もう少し丁寧にいうと、$f(a) \times dx + f(a+dx) \times dx + f(a+2dx) \times dx + \cdots + f(b) \times dx$ となる(Σ計算を細かく行う!と考えてもよい)。

例えば、$f(x)$ を"連続型"の確率変数の確率密度関数とすると、x の値が $a ≦ x ≦ c$ の範囲になる確率は、$p(a ≦ x ≦ c) = \int_a^c f(x)dx$ で表せる。当然、($a ≦ b ≦ c$ として、)$\int_a^c f(x)dx = \int_a^b f(x)dx + \int_b^c f(x)dx$ なので、$p(a ≦ x ≦ c) = p(a ≦ x ≦ b) + p(b < x < c)$ (つまり、$a ≦ x ≦ c$ の確率は、$a ≦ x ≦ b$ の確率と $b ≦ x ≦ c$ の確率の和と同じ)であり、また、$p(-\infty < x < +\infty) = \int_{-\infty}^{+\infty} f(x)dx = 1$ (つまり、確率の総和は1)である。

なお、「**不定積分**」(indefinite integral) は、変数 x の値の範囲を指定しない積分で、$F(x) = \int f(x)dx$ で、$\frac{dF(x)}{dx} = f(x)$、つまりこれを微分すると元の関数 $f(x)$ に戻る。例えば、$f(x) = x$ のときは、$F(x) = \int f(x)dx = \int xdx = \frac{x^2}{2}$ で、$\frac{d}{dx}F(x) = \frac{d}{dx}\left(\frac{x^2}{2}\right) = x = f(x)$ だ。不定積分の結果を利用して、定積分は以下のように計算できる。つまり、$\int_1^2 f(x)dx = [F(x)]_1^2 = \left[\frac{x^2}{2}\right]_1^2 = \frac{2^2}{2} - \frac{1^2}{2} = \frac{3}{2}$ だ。⇒ **Σ計算**(シグマけいさん)、**微分**(びぶん)

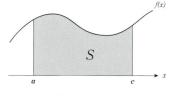

図1 「定積分」は"下の面積"

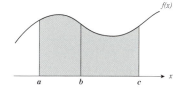

図2 「定積分」の分割

積率相関係数 (せきりつそうかんけいすう) product-moment correlation coefficient ⇒ **相関係数**(そうかんけいすう)

絶対値 （ぜったいち） absolute value

数の大きさの概念の1つ。実数 a の値が正 $(a>0)$ ならば a、0 ならば 0、負 (<0) ならば（a の負号（マイナス）を取った値の）$-a$ で、$|a|$ と書く。例えば、$|12.3|=12.3$ であり、$|-12.3|=12.3$ である。その数が原点の 0 からどれだけ離れているかを表す値でもある。また、自乗した値の平方根つまり $|a|=\sqrt{a^2}$ という説明もある。ちなみに、$|a|$ の値は非負つまり $|a|≧0$ であり、$a=0$ のとき $|a|=0$、$|a|=0$ のとき $a=0$ であり、$|a|=|-a|$ である。また、（b も実数として）$|a×b|=|a|×|b|$ や $|a+b|≦|a|+|b|$ などといった性質がある。

z 検定 （ゼットけんてい） z test

「正規分布」にしたがっている検定統計量の統計的仮説検定（検定）の1つ。「z テスト」と同じ。n 件のデータの標本平均 $\bar{x}=\frac{1}{n}\sum_{i=1}^{n}x_i=\frac{1}{n}(x_1+\cdots+x_n)$ と母平均 μ が同じ！といえるか否かを検定する方法である。検定統計量は $z=\frac{\bar{x}-\mu}{\frac{\sigma}{\sqrt{n}}}=(\bar{x}-\mu)÷\frac{\sigma}{\sqrt{n}}$（$\sqrt{}$ は"平方根"）として、この統計量が正規分布にしたがうことを利用する。有意水準（「第1種の誤り」を犯す確率）を α として、$p(z_0<|z|)=\alpha$（$|z|$ は"z の絶対値"）つまり $p=(z_0<-z_0)+p(+z_0<z)=\alpha$ である $z_0(≧0)$ に対して、$|z|≦z_0$（つまり $-z_0≦z≦+z_0$）ならば、「標本平均 $\bar{x}$ と母平均 μ が同じ！」という帰無仮説は棄却できない。反対に、$z_0<|z|$ ならば、「標本平均 $\bar{x}$ と母平均 μ が同じ！」という帰無仮説は棄却される。検定統計量が正規分布にしたがっているか否かが分からない場合には、「t 検定」を適用するのがよいが、（目安として、）データの件数が $n>30$ ならば、「z 検定」を適用しても差し支えないだろう。☺ ⇒ **正規分布**（せいきぶんぷ）、**標本平均**（ひょうほんへいきん）

📖【読み方】「$\bar{x}$」は、"エックスバー"と読む。

Excel【関数】ZTEST or Z.TEST（z 検定）【ツール】ツールバー⇒データ⇒分析⇒データ分析（z 検定：2標本による平均の検定）

z テスト （ゼットテスト） z test ⇒ **z 検定**（ゼットけんてい）

z 得点 （ゼットとくてん） z score ⇒ **z 変換**（ゼットへんかん）

z 変換 （ゼットへんかん） z transformation

平均 μ、標準偏差 σ の正規分布 $N(\mu,\sigma^2)$ にしたがう確率変数 x の対応する平均 0、標準偏差 1 の標準正規分布 $N(0,1^2)$ の確率変数 z への変換。「標準化」、「正規化」と同じ。正規分布 $N(\mu,\sigma^2)$ は、平均 μ、標準偏差 σ の2つのパラメーターですべてが決まり、その値が違っていても確率密度関数の形はすべて"相似"なので、標準正規分布 $N(0,1^2)$ の計算に置き換えて、その確率を計算できる。実際には、「標準正規分布表」でパーセント点 $z_0(≧0)$ の値から $p(0≦z≦z_0)$ や $p(z≦z_0)=0.5+p(0≦z≦z_0)$ や $p(z_0≦z)=1-p(z≦z_0)$ の確率の値が参照できる。具体的には、$z=\frac{x-\mu}{\sigma}=(x-\mu)÷\sigma$ の式で変換する。変換後の z の値は「z 得点」や「標準得点」という。例えば、平均 3、標準偏差 2 の正規分布 $N(3,2^2)$ で、確率変数の値が $x=4$ ならば、$z=\frac{4-3}{2}=\frac{1}{2}=0.5$ になる。⇒ **スチューデント化**（スチューデントか）、**正規分布**（せいきぶんぷ）、**フィッシャーの z 変換**（フィッシャーのゼットへんかん）

📖【読み方】「μ」は、英字の m に当たるギリシャ文字の小文字で"ミュー"と読む。「σ」

は、英字のsに当たり"シグマ"と読む。「σ^2」は"シグマ自乗"と読む。

Excel【関数】STANDARDIZE（z変換）

📖【国語辞典】「標準化」とは、①標準に合わせること。また、標準に近づくこと。②工業製品などの質・形状・大きさなどについて標準を設け、それにしたがって統一すること、である。ここでは、①の意味。

✏【小演習】平均値10、標準偏差2の正規分布$N(10,2^2)$にしたがう確率変数Xについて、以下の確率を求めよ！①$p(X≧12)$、②$p(X≧9)$、③$p(9≦X≦12)$（正解は⇒「標準正規分布表（ひょうじゅんせいきぶんぷひょう）」の項に！）

説明変数（せつめいへんすう）explanatory variable ⇒ **独立変数**（どくりつへんすう）

SEM（セム）SEM, structural equation modeling ⇒ **構造方程式モデリング**（こうぞうほうていしきモデリング）

SEM（セム）SEM, standard error of mean ⇒ **標準誤差**（ひょうじゅんごさ）

漸近的性質（ぜんきんてきせいしつ）asymptotic property ⇒ **一致性**（いっちせい）

漸近的に（ぜんきんてきに）asymptotically

（一般には、"徐々に近づいていく"という意味だが、「統計」の世界では、）大標本のときにつまり標本数のnが大きいときに"大体"そうなる、という意味だ。例えば、互いに独立で同じ平均値μと同じ分散σ^2の確率分布（これらは必ずしも同じ分布でなくてもよい）にしたがったn個の確率変量$x_1,\cdots,x_n$の和$\sum_{i=1}^{n}x_i = x_1+\cdots+x_n$あるいは平均値$\bar{x} = \frac{1}{n}\sum_{i=1}^{n}x_i = \frac{1}{n}(x_1+\cdots+x_n)$は、"漸近的に"「正規分布」に近づく。これが有名な「中心極限定理」だ。また、「尤度比検定」の検定統計量の$T = 2\times\log_e\frac{L(\theta_1)}{L(\theta_0)} = 2\times(\log_e L(\theta_1) - \log_e L(\theta_0))$（$\log_e$は"自然対数"）は、データが大標本であるなどの条件を満たせば、"漸近的に"χ^2分布にしたがうことが分かっているので、この性質をを利用して行う検定である。

📖【読み方】「μ」は、英字のmに当たるギリシャ文字の小文字で"ミュー"と読む。「σ」は、英字のsに当たり"シグマ"と読む。「σ^2」は"シグマ自乗"と読む。「θ」は、ギリシャ文字の小文字で"シータ"と読む。英字は対応がなく、音写はthだ。角度や無声歯摩擦音の音声記号としても使われている。「χ」は、ギリシャ文字の小文字で"カイ"と読む。対応する英字はないので、英語ではchiと書く。「χ^2」は"カイ自乗"と読む。「$\bar{x}$」は"エックスバー"と読む。

線形（せんけい）linear

一次式（線形式）で表される関係。直線や平面などの関係ということもできる。「線型(注1)」とまったく同じ。従属変数（被説明変数）yの変化を独立変数（説明変数）xの変化で説明する回帰直線（回帰方程式）の$y = a + b\times x$は"線形"である。従属変数zの変化を2つの独立変数xとyの変化で説明する回帰平面の$z = a + b\times x + c\times y$も"線形"である。かみ砕いていえば、足し算の$x+y$や引き算の$x-y$は、"線形"である。これに対して、これら以外の、例えば、掛け算の$x\times y$やx^2などや割り算の$\frac{x}{y} = x\div y$などは"線形"ではなく、"非線形"である。⇒ **一般線形モデル**（いっぱんせんけいモデル）

(注1)【形と型】「形」は、フォームや姿など物体の外から見える形状・格好・姿・輪郭のこと。例えば、「積み木の形」、「顔形」、「形ばかりのお祝い」など。これに対して、「型」は、一定の決まった大きさ、手本、パターン、やり方、形式のこと。例えば、「洋服

の型を取る」、「柔道の型」、「新型の自動車」、「血液型」、「型にはまる」、「型通りのあいさつ」、「型破りの人物」など。

線型（せんけい）linear ⇒ **線形**（せんけい）

線形比較（せんけいひかく）linear comparisons ⇒ **対比較**（ついひかく）

先験確率（せんけんかくりつ）prior probability ⇒ **事前確率**（じぜんかくりつ）

前後即因果の誤謬（ぜんごそくいんがのごびゅう）post hoc ergo propter hoc

ある事象が別の事象の後に起きたことから、前の事象が"原因"となり後の事象が起きた！と判断する誤謬（誤り）。「Aが起こり、その後Bが起こった。」ことから「したがって、Aが"原因"となりBが起きた」と判断する誤りである。**前後関係と因果関係の混同**であるともいえる。よく使われる例として、「貴方がここに引っ越してくるまでは、こんな問題は起こらなかった。こんなことが起きるようになったのは、貴方が引っ越してきてからだ。」がある。もちろんそういうこともあるではあろうが、時系列の関係だけで因果関係があると考えるのは誤りである。⇒ **擬似相関**（ぎじそうかん）

センサス census ⇒ **全数調査**（ぜんすうちょうさ）

全称記号（ぜんしょうきごう）universal quantifier ⇒ ∀（ターンドエイ）

全数調査（ぜんすうちょうさ）census[注1]

母集団の"全部"の対象（個体）の調査。「悉皆調査」、「センサス」と同じ（「悉皆」とは"残らず、全部"という意味）。"全部"の対象を調査することで、母集団についてのバラツキのない完全な情報を得ることができるのがポイント。例えば、5年に1回、全世帯に対して行われる「国勢調査」は、ある時点における人口、その性別や年齢、配偶の関係、国籍、就業の状態や世帯の構成、住居の種類などの「人口及び世帯」に関する各種属性のデータを調べる最も代表的な全数調査である。この他、国（行政）が実施している「事業所・企業統計調査」、「農林業センサス」、「漁業センサス」、「商業統計調査」、「工業統計調査」も全数調査だ。「全数調査」は、母集団が大きい場合、手間とコストと時間がかかるのが問題点である。この問題点のため、実際には、母集団の"一部"の対象を標本として調査し、これを基に母集団の情報を推定しようとする「標本調査」が使われる。⇒ **標本調査**（ひょうほんちょうさ）

(注1)【語源】「census（センサス）」の語源は、古代ローマで市民の登録（人口調査）、財産・所得の調査や税金の査定をする役人をcensorといっており、これがラテン語でcensereとなり、これが転じてcensusとなったらしい。

尖度（せんど）kurtosis

データの分布の"形"の特徴を表す統計値の1つ。データの分布の尖り(とが)、つまり、データが中心の位置に集中している程度を表す指標である。単に「尖り」あるいは「尖り度」ともいう。正規分布の尖り具合からのズレを表す指標といってもよい。具体的には、n件のデータを $x_1,\cdots,x_n$ としたとき、その算術平均を $\bar{x}=\frac{1}{n}\sum_{i=1}^{n}x_i=\frac{1}{n}(x_1+\cdots+x_n)$、標準偏差を $s=\sqrt{\frac{1}{n}\sum_{i=1}^{n}(x_i-\bar{x})^2}=\sqrt{\frac{1}{n}((x_1-\bar{x})^2+\cdots+(x_n-\bar{x})^2)}$（$\sqrt{}$は"平方根"）としたとき、「尖度」は $kw=\frac{1}{n}\sum_{i=1}^{n}\left(\frac{x_i-\bar{x}}{s}\right)^4-3=\frac{1}{n}\left(\left(\frac{x_1-\bar{x}}{s}\right)^4+\cdots+\left(\frac{x_n-\bar{x}}{s}\right)^4\right)-3$ つまり $kw=\frac{1}{n}\sum_{i=1}^{n}((x_i-\bar{x})\div s)^4-3=\frac{1}{n}\left(((x_1-\bar{x})\div s)^4+\cdots+((x_n-\bar{x})\div s)^4\right)-3$ の式で計算できる。4次元のモーメント（積率）

を標準偏差で正規化した値で、無次元つまり単位はない。この値が負 $(kw<0)$ ならば、分布の形は「正規分布」よりも平たく、この値が $0(kw=0)$ ならば、分布の形は「正規分布」と同じ、この値が正 $(kw>0)$ ならば、分布の形は「正規分布」よりも尖っていることが分かる。ちなみに、「一様分布」の尖度は -1.2、(その累積確率密度関数がロジスティック曲線になる)「ロジスティック分布」の尖度は $+1.2$ だ。⇒ **歪度**（わいど）

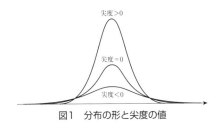

図1　分布の形と尖度の値

Excel【関数】KURT関数で計算でき、その意味は同じだが、計算の内容と値は $kw = \frac{n \times (n+1)}{(n-1) \times (n-2) \times (n-3)} \times \sum_{i=1}^{n} \left(\frac{x_i - \bar{x}}{s}\right)^4 - \frac{n \times (n+1)^2}{(n-2) \times (n-3)}$ つまり $kw = (n \times (n+1) \div ((n-1) \times (n-2) \times (n-3))) \times (((x_1 - \bar{x}) \div s)^4 + \cdots + ((x_n - \bar{x}) \div s)^4) - (n \times (n+1)^2 \div ((n-2) \times (n-3)))$ なので注意！

全平方和（ぜんへいほうわ）total sum of squares ⇒ **平方和**（へいほうわ）
全変動（ぜんへんどう）total variation ⇒ **平方和**（へいほうわ）

そ

層化抽出法（そうかちゅうしゅつほう）stratified sampling

　　母集団から標本（サンプル）を抽出する標本抽出法の1つ。標本を抽出する母集団が別の特性（性質）を持つと予想される複数の層から構成されているとき、母集団をそれぞれの層に分け、それぞれから標本を抽出する方法である。通常、それぞれの層から、それぞれの層の標本数に比例して"無作為"抽出されるので、「**層化比例抽出法**」ともいう（「比例配分法」ともいう）。また、「**層別抽出法**」や「**層別比例抽出法**」ともいう。この方法は、母集団のそれぞれの層から"偏りなく"標本が抽出されるのがポイント。調査の目的に応じて、年齢、性、地域、婚姻、職業、所得、商品所有などで分け、それぞれの層から標本を抽出する。この他、層の標本数とバラツキの両方に比例して標本を配分する「**ネイマン配分法**」も、層化抽出法の1つである。⇒ **標本抽出**（ひょうほんちゅうしゅつ）

層化比例抽出法（そうかひれいちゅうしゅつほう）stratified sampling ⇒ **層化抽出法**（そうかちゅうしゅつほう）

相加平均（そうかへいきん）arithmetic average ⇒ **算術平均**（さんじゅつへいきん）

相関係数（そうかんけいすう）correlation coefficient

　　"対応がある"2つの"量的な"変数 (x,y) の値が直線（つまり一次式）の上に並ぶ程度を表す統計量。「ピアソンの γ」や「ピアソンの積率相関係数」（「積率」とは"モーメント"のこと）

と同じ。変数 x の値が大きくなると、変数 y の値も大きくなるあるいは小さくなる"共変関係"で、それらが直線の上に乗る程度のことだ。普通、母集団に対する「**母相関係数**」は ρ で、標本に対する「**標本相関係数**」は r で表す。具体的には、n 件のデータを $(x_1, y_1), \cdots, (x_n, y_n)$ として、共分散 $S_{xy} = \frac{1}{n}\sum_{i=1}^{n}(x_i - \bar{x}) \times (y_i - \bar{y}) = \frac{1}{n}\sum_{i=1}^{n} x_i \times y_i - \bar{x} \times \bar{y} = \frac{1}{n}(x_1 \times y_1 + \cdots + x_n \times y_n) - \bar{x} \times \bar{y}$ をそれぞれの標準偏差 $s_x = \sqrt{\frac{1}{n}\sum_{j=1}^{n}(x_j - \bar{x})^2} = \sqrt{\frac{1}{n}\sum_{j=1}^{n} x_j^2 - \bar{x}^2} = \sqrt{\frac{1}{n}(x_1^2 + \cdots + x_n^2) - \bar{x}^2}$ ($\sqrt{\ }$ は"平方根")と $s_y = \sqrt{\frac{1}{n}\sum_{k=1}^{n}(y_k - \bar{y})^2} = \sqrt{\frac{1}{n}\sum_{k=1}^{n} y_k^2 - \bar{y}^2} = \sqrt{\frac{1}{n}(y_1^2 + \cdots + y_n^2) - \bar{y}^2}$ で割り算したもの、つまり、$r = \frac{S_{xy}}{s_x \times s_y} = \frac{\frac{1}{n}\sum_{i=1}^{n}(x_i - \bar{x}) \times (y_i - \bar{y})}{\sqrt{\frac{1}{n}\sum_{j=1}^{n}(x_j - \bar{x})^2} \sqrt{\frac{1}{n}\sum_{k=1}^{n}(y_k - \bar{y})^2}} = \frac{\sum_{i=1}^{n} x_i \times y_i - n \times \bar{x} \times \bar{y}}{\sqrt{\sum_{j=1}^{n} x_j^2 - n \times \bar{x}^2} \times \sqrt{\sum_{k=1}^{n} y_k^2 - n \times \bar{y}^2}}$ で表される。

この式の値は、その定義から $-1.0 \leq r \leq 1.0$ であり、このうち、$r = -1.0$ ならば、変量 x と変量 y は右下がりの直線の上に"完全に"乗っており、"完全な"負の相関、$-1.0 < r < 0.0$ のときは負の相関、$r = 0$ のときは無相関、$0.0 < r < 1.0$ のときは正の相関で、$r = 1.0$ ならば"完全な"正の相関である。(本によって若干の違いはあるが、)一般に、$0.7 \leq r \leq 1.0$ ならば強い正の相関が、$0.5 \leq r \leq 0.7$ ならば弱い正の相関が、$-0.5 \leq r \leq 0.5$ ならば相関は小さいあるいはない。$-0.7 \leq r \leq -0.5$ ならば弱い負の相関があり、$-1.0 \leq r \leq -0.7$ ならば強い負の相関があると考えられる。例として、表1の(「フィッシャーの z 変換」の項のデータと同じ)データ(図1はその散布図)を使って計算すると、$\bar{x} = \frac{1}{10}\sum_{i=1}^{10} x_i = 7.0$、$\bar{y} = \frac{1}{10}\sum_{j=1}^{10} y_j = 5.8$ で、$\frac{1}{10}\sum_{i=1}^{10} x_i^2 = 52.6$、$\frac{1}{10}\sum_{j=1}^{10} y_j^2 = 35.6$、$\frac{1}{10}\sum_{k=1}^{10} x_k \times y_k = 42.6$ なので、$r = \frac{42.6 - 7.0 \times 5.8}{\sqrt{52.6 - 7.0^2} \times \sqrt{35.6 - 5.8^2}} = \frac{42.6 - 40.6}{\sqrt{52.6 - 49.0} \times \sqrt{35.6 - 33.64}} = \frac{2.0}{\sqrt{3.6} \times \sqrt{1.96}} = 0.753$ となり、このデータには"強い正の相関"があるということになる。(表2〜6はそれぞれ"強い正の相関"があるデータから"強い負の相関"があるデータであり、図2〜6はそのそれぞれに対応する「散布図」で、それぞれのデータの「相関係数」を付けてある。)

しかし、これらの値だけで、"相関"を機械的に判断してはいけない。とくにデータが少ない場合には、相関係数が"有意"であるか否かの判断には検定(無相関検定)が必要なことに注意してもらいたい。ちなみに、r の値(絶対値)が相関の"大きさ"ではなく、相関の"**強さ**"を表していることに注意してもらいたい。例えば、表8のデータ (x, y) の y の値は、表7のデータ (x, y) の y の値の半分であり、(x, y) の相関係数はまったく同じだ。

なお、この相関係数の自乗 r^2 は「**寄与率**」や「**決定係数**」と呼ばれている(相関の"強い"は $0.5 \leq r^2 \leq 1.0$、"弱い"は $0.25 \leq r^2 \leq 0.5$、"小さい"は $0 \leq r^2 \leq 0.25$ に当たる)。また、相関係数の値は、「外れ値」の影響を受けやすいので、データが1つのまとまったものであるか否かを「散布図」を描いて確認しておくことが重要だ。⇒ **相関分析**(そうかんぶんせき)、**フィッシャーの z 変換**(フィッシャーのゼットへんかん)、**無相関検定**(むそうかんけんてい)

表1 10名の社員の"入社試験の成績"と"仕事の評価"のデータ

社員	A	B	C	D	E	F	G	H	I	J	平均
試験成績	10	9	9	8	7	7	6	5	5	4	7.0
仕事評価	8	7	6	7	6	6	5	4	3	6	5.8

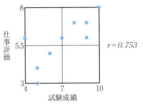

図1 表1のデータの散布図

表2 "強い正の相関"があるデータ

x	0	1	2	2	3	3	4	4	5	5	6	6	6	7	7	8	8	9	9	10
y	1	2	2	4	4	5	5	4	5	6	6	5	7	8	6	6	7	6	8	9

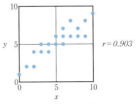

図2 表2のデータの散布図

表3 "正の相関"があるデータ

x	0	1	2	2	3	3	4	4	5	5	6	6	6	7	7	8	8	9	9	10
y	2	5	2	4	4	5	3	4	3	6	6	5	1	8	4	6	3	5	8	6

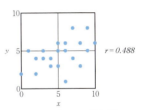

図3 表3のデータの散布図

表4 "無相関"のデータ

x	0	1	2	2	3	3	4	4	5	5	6	6	6	7	7	8	8	9	9	10
y	5	3	7	4	6	5	8	3	5	4	3	2	3	5	2	7	4	6	5	4

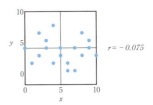

図4 表4のデータの散布図

表5 "負の相関"があるデータ

x	0	1	2	2	3	3	4	4	5	5	6	6	6	7	7	8	8	9	9	10
y	9	6	3	7	6	3	8	4	7	2	8	2	4	5	2	0	7	7	2	0

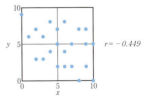

図5 表5のデータの散布図

表6 "強い負の相関"があるデータ

x	0	1	2	2	3	3	4	4	5	5	6	6	6	7	7	8	8	9	9	10
y	9	9	8	7	6	5	4	6	5	4	3	2	4	2	3	2	0	4	3	1

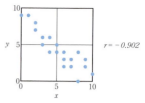

図6 表6のデータの散布図

表7 同じ相関の強さのデータ①

x	0	1	2	2	3	3	4	4	5	5	6	6	6	7	7	8	8	9	9	10
y	1	2	2	4	4	5	5	4	5	6	6	5	7	8	6	6	7	6	8	9

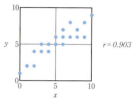

図7 表7のデータの散布図

表8 同じ相関の強さのデータ②

x	0	1	2	2	3	3	4	4	5	5	6	6	6	7	7	8	8	9	9	10
y	0.5	1.0	1.0	2.0	2.0	2.5	2.5	2.0	2.5	3.0	3.0	3.5	3.5	4.0	3.0	3.0	3.5	3.0	4.0	4.5

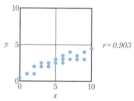

図8 表8のデータの散布図

📖 **【読み方】**「γ」は、英字の g に当たるギリシャ文字の小文字で、"ガンマ" と読む。「ρ」は、英字の r に当たり "ロー" と読む。「$\bar{x}$」と「$\bar{y}$」はそれぞれ "エックスバー" と "ワイバー" と読む。

📖 **【$\frac{1}{4}$円】** つまり $y=\sqrt{1-x^2}(0 \leq x \leq 1, 0 \leq y \leq 1)$ の上の点 (x,y) の相関係数 r の値は、$\bar{x} = \int_0^1 x\,dx = \left[\frac{1}{2}x^2\right]_0^1 = \frac{1}{2}$ と $\bar{y} = \int_0^1 \sqrt{1-x^2}\,dx = \left[\frac{1}{2}(x\sqrt{1-x^2}+\arcsin x)\right]_0^1 = \frac{\pi}{4}$ から、$S_{xx} = \int_0^1 (x-\bar{x})^2\,dx = \frac{1}{12}$、$S_{yy} = \int_0^1 (y-\bar{y})^2\,dx = \frac{2}{3}-\frac{\pi^2}{16}$、$S_{xy} = \int_0^1 (x-\bar{x})\times(y-\bar{y})\,dx = \frac{1}{3}-\frac{\pi}{8}$ なので、$r = \frac{S_{xy}}{\sqrt{S_{xx}}\times\sqrt{S_{yy}}} = \frac{8-3\pi}{\sqrt{32-3\pi^2}} \fallingdotseq -0.921$ となる。「$\frac{1}{2}$円」つまり $y=\sqrt{1-x^2}(-1 \leq x \leq 1, 0 \leq y \leq 1)$ の上の点 (x,y) は、"左右対称" なので、その相関係数 r の値は、計算するまでもなく、0 となる。同様に、「放物線」つまり $y=x^2(0 \leq x \leq 1)$ の上の点 (x,y) の相関係数 r の値は、$\bar{x}=\frac{1}{2}$ と $\bar{y}=\frac{1}{3}$ で、$S_{xx}=\frac{1}{12}$、$S_{yy}=\frac{4}{45}$、$S_{xy}=\frac{1}{12}$ から、$r=\frac{\sqrt{15}}{4} \fallingdotseq 0.968$ となる。さらに、「横向きの放物線」つまり $y=\sqrt{x}(0 \leq x \leq 1)$ の上の点 (x,y) の相関係数 r の値は、$\bar{x}=\frac{1}{2}$ と $\bar{y}=\frac{2}{3}$ で、$S_{xx}=\frac{1}{12}$、$S_{yy}=\frac{1}{18}$、$S_{xy}=\frac{1}{15}$ から、$r=\frac{2\sqrt{6}}{5} \fallingdotseq 0.968$ となる。ちなみに、「$\frac{1}{2}$円」を除き、これらの点の "ケンドールの順位相関係数" は $\tau=1$ である。

- 【ジャックナイフ推定】データを1つだけ取り除いて計算した相関係数の値が、そのデータを取り除かずに計算した相関係数の値と著しく違っている場合、そのデータは"外れ値"である可能性が高い。この方法は、「相関係数のジャックナイフ推定」と呼ばれ、相関係数の安定性の評価に使われている。
- 【2つの変数の一方】が"質的な"データ、他方が"量的な"データの場合には「相関比」、両方ともに順序尺度の場合は「順位相関係数」、ともに"質的な"データの場合には「連関係数」が用意されている。
- 【「相関係数」という概念】は、1877年に英国の"素人"数学者で心理学者でもあった**フランシス・ゴールトン**(Francis Galton, 1822-1911)が提唱した。ゴールトンと同じ生物統計学派に属していた、英国の統計学者で「記述統計学」を大成した**カール・ピアソン**(Karl E.Pearson, 1857-1936)は、これを厳密に定義した。

Excel【関数】CORREL or PEARSON(相関係数)【ツール】ツールバー⇒データ⇒分析⇒データ分析(相関)

相関係数の信頼区間 (そうかんけいすうのしんらいくかん) confidenncial interval of correlation coefficient

ある有意水準(「第1種の誤り」を犯す確率=危険率)αの下で標本(データ)から計算された標本相関係数rの"信頼できる"区間、つまり、下限値r_1と上限値r_2。標本相関係数rについて、$z = \frac{1}{2}\log_e \frac{1+r}{1-r}$($\log_e$は"自然対数"、$e$は"自然対数の底"という定数)という式(フィッシャーのz変換)で変換すると、nを標本の数として、統計量zは"近似的に"平均値が$\frac{1}{2}\log_e\frac{1+r}{1-r}$、分散が$\frac{1}{n-3}$の正規分布にしたがうことが分かっている(この証明はむずかしいので"省略")。これを利用すれば、有意水準αに対応する正規分布の上側確率$\frac{\alpha}{2}$に対応するパーセント点を$z_{\frac{\alpha}{2}}$としたとき、統計量zの信頼区間は$z_1 \sim z_2 = (z_0 - z_{\frac{\alpha}{2}} \times \frac{1}{\sqrt{n-3}}) \sim (z_0 + z_{\frac{\alpha}{2}} \times \frac{1}{\sqrt{n-3}})$となる。これを($z = \frac{1}{2}\log_e\frac{1+r}{1-r}$の式で)逆変換すれば、相関係数の信頼区間つまりその下限値r_1と上限値r_2は$r_1 \sim r_2 = \frac{e^{2z_1}-1}{e^{2z_1}+1} \sim \frac{e^{2z_2}-1}{e^{2z_2}+1}$となる。

例として、(「相関係数」の項のデータと同じ)表1のデータを使うと、$n = 10$で$r = 0.753$なので、$z_0 = \frac{1}{2}\log_e\frac{1+0.753}{1-0.753} = 0.980$となる。$\alpha = 0.05 = 5\%$とすると、上側2.5%パーセント点は$z_0 = 1.96$なので、$z$の信頼区間の上限と下限は$z_{1 or 2} = 0.980 \pm 1.96 \times \frac{1}{\sqrt{10-3}} = 0.980 \pm 0.741 = 0.239 \text{ or } 1.720$となる。これを逆変換すると、$r_1 \sim r_2 = \frac{e^{2 \times 0.239}-1}{e^{2 \times 0.239}+1} \sim \frac{e^{2 \times 1.720}-1}{e^{2 \times 1.720}+1} = 0.234 \sim 0.938$で、$r = 0.234 \sim 0.938$となる。ちなみに、図1～4は、$\alpha = 0.05 = 5\%$のときのそれぞれ$n = 5$、$n = 10$、$n = 20$、$n = 50$の標本相関係数$r$(横軸=$x$軸)とその下限値$r_1$と上限値$r_2$(縦軸=$y$軸)の関係を示したグラフである。これらのグラフを見れば、標本数nが小さければ下限値と上限値の幅(信頼幅)はより大きく、標本数nが大きければ下限値と上限値の幅はより小さくなることがよ～く分かる。⇒ **相関係数**(そうかんけいすう)、**フィッシャーのz変換**(フィッシャーのゼットへんかん)、**無相関検定**(むそうかんけんてい)

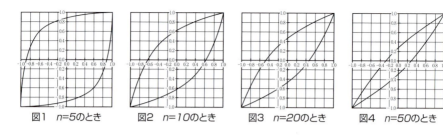

図1 $n=5$のとき　　図2 $n=10$のとき　　図3 $n=20$のとき　　図4 $n=50$のとき

> 📖 【数表】「相関係数の信頼区間」は"巻末"に掲載!

相関係数の有意性の検定(そうかんけいすうのゆういせいのけんてい) test of significance of correlation coefficient ⇒ **無相関検定**(むそうかんけんてい)

相関図(そうかんず) correlation diagram ⇒ **散布図**(さんぷず)

相関比(そうかんひ) correlation ratio

　"対応のある"名義尺度のデータiと量的なデータx_{ij}の「相関」(つまり関連)の程度を表す統計量。通常、ηで表す。例えば、男子を$i=1$、女子を$i=2$とし、男子n_1名と女子n_2名の身長のデータx_{ij}があり、これらがどのくらい似ているか否かの「相関比」を計算する。男子の平均値は$\bar{x}_1=\frac{1}{n_1}\sum_{j=1}^{n_1}x_{ij}=\frac{1}{n_1}(x_{11}+\cdots+x_{1n_1})$、女子の平均値は$\bar{x}_2=\frac{1}{n_2}\sum_{j=1}^{n_2}x_{ij}=\frac{1}{n_2}(x_{21}+\cdots+x_{2n_2})$、全体の平均値は$\bar{x}=\frac{1}{n_1+n_2}\sum_{i=1}^{2}\sum_{j=1}^{n_i}x_{ij}=\frac{1}{n_1+n_2}(x_{11}+\cdots+x_{1n_1}+x_{21}+\cdots+x_{2n_2})=\frac{1}{n_1+n_2}(n_1\times\bar{x}_1+n_2\times\bar{x}_2)$である。データの全変動は$S_T=\sum_{i=1}^{2}\sum_{j=1}^{n_i}(x_{ij}-\bar{x})^2=(x_{11}-\bar{x})^2+\cdots+(x_{1n_1}-\bar{x})^2+(x_{21}-\bar{x})^2+\cdots+(x_{2n_2}-\bar{x})^2$、群間変動は$S_B=\sum_{i=1}^{2}n_i\times(\bar{x}_i-\bar{x})^2=n_1\times(\bar{x}_1-\bar{x})^2+n_2\times(\bar{x}_2-\bar{x})^2$となり、「相関比」の自乗は$\eta^2=\frac{S_B}{S_T}=\frac{\sum_{i=1}^{2}n_i\times(\bar{x}_i-\bar{x})^2}{\sum_{i=1}^{2}\sum_{j=1}^{n_i}(x_{ij}-\bar{x})^2}=\frac{n_1\times(\bar{x}_1-\bar{x})^2+n_2\times(\bar{x}_2-\bar{x})^2}{(x_{11}-\bar{x})^2+\cdots+(x_{2n_2}-\bar{x})^2}$となる。

　「相関比」は$\eta=\sqrt{\eta^2}=\sqrt{\frac{S_B}{S_T}}=\sqrt{S_B\div S_T}$である。$\eta$の値は$0\sim1$で、2つの群が近ければ(つまり"相関"がなければ)0に近く、離れていれば(つまり"相関"が強ければ)1に近い。一般的にいって、$\eta^2\geq0.5$ つまり $\eta\geq0.7$ ならば"相関"は強いといえよう。表1のデータを例に計算すると、男子の平均値は$\bar{x}_1=\frac{1}{5}(177+169+172+183+171)=174.4$、女子の平均値は$\bar{x}_2=\frac{1}{4}(165+160+160+155)=160$、全体の平均値は$\bar{x}=\frac{1}{5+4}(5\times174.4+4\times160.0)=168.0$である。データの全変動は$S_T=(177-174.4)^2+\cdots+(171-174.4)^2+(165-160.0)^2+\cdots+(155-160.0)^2=638.0$、群間変動は$S_B=5\times(174.4-168.0)^2+4\times(160.0-168.0)^2=460.8$となり、「相関比」の自乗(二乗)は$\eta^2=\frac{460.8}{638.0}=0.722$となる。「相関比」は$\eta=\sqrt{0.722}=0.850$となり"相関"は強い!といえる。

表1　データ

	性別	身長
1	男	177
2	男	169
3	男	172
4	男	183
5	男	171
6	女	165
7	女	160
8	女	160
9	女	155

	平均値
男	174.4
女	160.0
全体	168.0

【読み方】「η」は、英字のhに当たるギリシャ文字の小文字で、"イータ"と読む。「$\bar{x}$」は"エックスバー"と読む。

【m種類の場合】名義尺度のデータiが（2種類だけではなく）m種類の場合は、群iの平均値を$\bar{x}_i = \frac{1}{n_i}\sum_{j=1}^{n_i} x_{ij} = \frac{1}{n_i}(x_{i1}+\cdots+x_{in_i})$、全体の平均値を$\bar{x} = \frac{1}{\sum_{i=1}^{m} n_i} \times \sum_{i=1}^{m}\sum_{j=1}^{n_i} x_{ij}$ $= \frac{1}{n_1+\cdots+n_m}((x_{11}+\cdots+x_{1n_1})+\cdots+(x_{m1}+\cdots+x_{mn_m}))$とし、データの全変動は$S_T = \sum_{i=1}^{m}\sum_{j=1}^{n_i}(x_{ij}-\bar{x})^2 = ((x_{11}-\bar{x})^2+\cdots+(x_{1n_1}-\bar{x})^2)+\cdots+((x_{m1}-\bar{x})^2+\cdots+(x_{mn_m}-\bar{x})^2)$、群間変動を$S_B = \sum_{i=1}^{m} n_i \times (\bar{x}_i-\bar{x})^2 = n_1 \times (\bar{x}_1-\bar{x})^2+\cdots+n_m \times (\bar{x}_m-\bar{x})^2$、「相関比」の自乗を$\eta^2 = \frac{S_B}{S_T}$、「相関比」を$\eta = \sqrt{\eta^2} = \sqrt{\frac{S_B}{S_T}}$とすればよい。

相関分析 (そうかんぶんせき) correlation analysis

"対応のある"2つの変数の間の「相関」の有無や強さを分析する方法論。「対応のある2つの変数」とは、2つの変量の組み合わせ(x,y)のこと。「相関」とは、2つの変量の一方が大きくなれば、他方も大きくなるあるいは小さくなる"共変関係"のことだ。比例尺度や間隔尺度のデータつまり"量的な"データについては、2つの変量の組み合わせ(x,y)を点と見なして、「散布図（相関図）」を描いたとき、これらの点が直線（一次式）の上に並ぶ程度（これを「線形性」という）を分析する方法である。また、順序尺度のデータについても、2つの変量の組み合わせ(x,y)の順序付けが一致している程度を分析する方法である（2つの変量の組み合わせの点が直線の上に乗っていることと、2つの変量の順序付けが一致していることは、概念的には同じことだ）。名義尺度のデータについては、「相関」は定義できない。

"量的な"データを例にとると、2つの変量の組み合わせ(x,y)の一方の変量xを横軸（x軸）に、もう一方の変量yを縦軸（y軸）に、2つの変量の組み合わせ(x,y)を点と見なして「散布図」を描いたとき、変量xが大きくなれば変量yも大きくなる関係を「正の相関」、変量xが大きくなれば変量yは小さくなる関係を「負の相関」という。変量xが大きくなったときに変量yの変化が大きくなったり小さくなったりあるいは変化しない場合には「無相関」という。ちなみに、「直線」の上に乗った点のデータは、バラツキはなく完全な相関があるが、「半円」の上に乗っている点のデータは、バラツキはないが無相関である。なお、「相関」は、2つの変数の関わり度合いである"共変関係"を示すが、それはどちらが原因でどちらが結果であるという「因果性」は意味していないことに注意！（これは、順序尺度のデータについても同様だ！）

"量的な"データについては、変数xと変数yの標準偏差をそれぞれσ_xとσ_yとし、変数xと変数yの共分散をσ_{xy}^2としたとき、$r = \frac{\sigma_{xy}^2}{\sigma_x \times \sigma_y} = \sigma_{xy}^2 \div (\sigma_x \times \sigma_y)$で表される「相関係数」が使われる。この値は$-1 \leq r \leq +1$で、$r=+1$のときは完全な負の相関、$-1<r<0$のときは負の相関、$r=0$のときは完全な無相関、$0<r<+1$のときは正の相関、$r=+1$のときは完全な正の相関ということになる。順序尺度のデータでも、これと同様の「順位相関係数[注1]」が定義され、同様な評価がされる。一般に、データの中に飛び離れた"異常値"がいくつか存在する場合、これらの値に引きずられて不当に高い相関係数が得られてしまう可能性があるが、このような場合には、順位相関係数を使えば、常識に合った相関係数の値になる。⇒ **散布図**（さんぷず）、**順位相関係数**（じゅんいそうかんけいすう）、**相関係数**（そうかんけいすう）

- 📖【読み方】「σ」は、英字の s に当たるギリシャ文字の小文字で"シグマ"と、「$σ^2$」は"シグマ自乗"と読む。

Excel【関数】CORREL or PEARSON（相関係数）【ツール】ツールバー⇒データ⇒分析⇒データ分析（相関）

(注1)【順位相関係数】2つの変量の関係が（線形関係ではなく）曲線的な関係の場合にも、順位相関係数が使われる。例えば、2つの変数の組み合わせ (x,y) で、2つの変数の間に $y=x^2$ の関係がある場合、x と y の相関係数（ピアソンのγ）は1にはならないが、順位相関係数は1になる。☺

総合的品質管理（そうごうてきひんしつかんり）geometric mean ⇒ **TQC**（ティーキューシー）
相乗平均（そうじょうへいきん）geometric mean ⇒ **幾何平均**（きかへいきん）
層別（そうべつ）stratification

データをその属性、例えば、観察者別、場所別、観日時別、方法別などで分類して"均質"な層（グループ）に分けること。"均質"な層に分けてそのそれぞれの層の性質・特徴をより的確につかむことができる。「層別」を上手に利用すれば、一見複雑に見えるデータの分布も、それを解きほぐせる可能性がある。もちろん、データを層別しても、それを解きほぐせないこともある。ちなみに、データを層別するには、それらを層（グループ）に分類するための付帯データが必要となる。しかし、データを観察（測定、調査）するときに、これらの付帯データをきちんと記録しないことが多く、この場合には、データの層別ができないので、注意が必要である。⇒ **シンプソンのパラドックス、乱塊法**（らんかいほう）

- 📖【例えば】表1は"全部"のデータ、表2は"時期別"のデータ、表3は"場所別"のデータ、表4は"観察者別"のデータである。4つの表の合計欄は同じである。図1～4は表1～4に対応する「度数分布図（ヒストグラム）」だ。これによると、時期や場所で層別しても、うまく"分離"できず、観察者で層別すると、うまく"分離"できることが分かる。

表1　全部のデータ

	1	2	3	4	5	6	7	8	9	10	11	12	13	14	15	16	17	18	19	20	計
計	1	4	5	8	10	14	10	7	3	0	1	0	2	4	5	6	7	5	2		100

表2　観察時期別のデータ

when	1	2	3	4	5	6	7	8	9	10	11	12	13	14	15	16	17	18	19	20	計
Jan.	1	3	2	4	3	4	4	1	0	0	0	0	0	1	3	2	2	4	1	1	36
May.	0	1	2	2	2	6	3	4	1	0	1	0	1	2	0	0	3	3	2	1	34
Oct.	0	0	1	2	5	4	3	2	2	0	0	0	1	1	2	4	1	0	2	0	30
計	1	4	5	8	10	14	10	7	3	0	1	0	2	4	5	6	7	5	2		100

表3　観察場所別のデータ

who	1	2	3	4	5	6	7	8	9	10	11	12	13	14	15	16	17	18	19	20	計
Tokyo	0	0	0	0	0	0	0	0	0	0	1	0	2	1	1	3	4	5	5	1	23
Kyoto	0	0	0	0	0	0	0	5	0	0	0	0	0	3	4	3	2	2	0	0	15
Osaka	0	0	0	0	4	8	10	2	3	0	0	0	0	0	0	0	1	2	2		32
Naha	1	4	5	8	6	6	0	0	0	0	0	0	0	0	0	0	0	0	0	0	30
計	1	4	5	8	10	14	10	7	3	0	1	0	2	4	5	6	7	5	2		100

表4 観察者別のデータ

who	1	2	3	4	5	6	7	8	9	10	11	12	13	14	15	16	17	18	19	20	計
Abe	1	4	5	8	6	6	0	0	0	0	0	0	0	0	0	0	0	0	0	0	30
Baba	0	0	0	0	0	0	0	0	0	1	0	2	4	5	6	6	7	5	2	38
Chiga	0	0	0	0	4	8	10	7	3	0	0	0	0	0	0	0	0	0	0	0	32
計	1	4	5	8	10	14	10	7	3	0	1	0	2	4	5	6	6	7	5	2	100

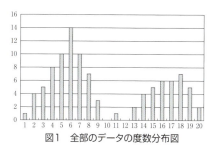

図1 全部のデータの度数分布図

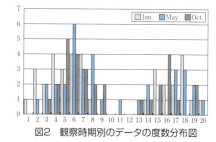

図2 観察時期別のデータの度数分布図

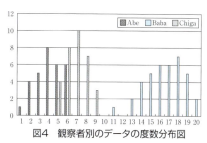

図3 観察場所別のデータの度数分布図

図4 観察者別のデータの度数分布図

<u>層別相関</u> (そうべつそうかん) correlation in sratified sampling ⇒ **分割相関** (ぶんかつそうかん)
<u>層別抽出法</u> (そうべつちゅうしゅつほう) stratified sampling ⇒ **層化抽出法** (そうかちゅうしゅつほう)
<u>層別無作為配置法</u> (そうべつむさくいはいちほう) randomized block design ⇒ **乱塊法** (らんかいほう)
<u>添字</u> (そえじ) index or subscript

　同じ文字で"複数"の変数や定数を表すときに、それらの区別のために文字の脇に添えられる小さな文字や数字や記号。「対」、「組」、「配列」を表すためにも使われる。「添数」という言葉もある。例えば、3つの同じような変数をaとbとcとすれば、$a+b+c$と書く数式を、添字を使ったx_1とx_2とx_3とすれば、"足し算"を意味するΣを使って、$x_1+x_2+x_3 = \sum_{i=1}^{3} x_i$ と書ける（Σは"合計"）。もっと変数の数が多ければ、$x_1+x_2+\cdots+x_{100} = \sum_{j=1}^{100} x_j$ と書ける。2つの添字を付けたy_{ij}、3つの添字を付けたz_{ijk}なども使える。あるいは、定数も、1つの添字を付けたa_i、2つの添字を付けたb_{ij}、3つの添字を付けたc_{ijk}なども使える。添字を使えば、$(a_{11} \times x_{11} + \cdots + a_{17} \times x_{17}) + (a_{21} \times x_{21} + \cdots + a_{27} \times x_{27}) + \cdots + (a_{51} \times x_{51} + \cdots + a_{57} \times x_{57}) = \sum_{i=1}^{5} \sum_{j=1}^{7} a_{ij} \times x_{ij}$ といった書き方ができ、計算も簡単になる。とても便利でしょ！⇒ **Σ計算** (シグマけいさん)

　📖 【読み方】「Σ」は、英字のSに当たるギリシャ文字の大文字で"シグマ"と読む。

　📖 【添字】には、x_iのような「下付き添字」(subscript) の他に、x^jのような「上付き添

字」(superscript) がある。これは添字の他, "べき指数" などにも使われる。$_ax$（前下付き添字）や ^mx（前上付き添字）などといった添字もある。

ソーティング sorting ⇒ ソート

ソート sort

　複数のデータを指定された基準にしたがって並べ換えること。敢えて訳せば「整列」。「分類」ともいえるが、少しニュアンスが違う。一般に、データはただ集められただけでは、その内容を把握することはできない。そこで、(データの最大値、平均値、最小値などを計算する、というのもデータの内容を把握する方法の1つであるが、) その目的に対応した基準にしたがって、データの並べ替えをする。この手順が「ソート」である。並べ換えの基準を「キー」つまり「鍵」といい、データに対応する地域コード、会社コード、製品コード、年令別、顧客コードなどによって、データの値の大小順、あいうえお順、アルファベット順などによって並べ替える。

　表1の50件のデータは算数のテストの成績だが、これを見ただけでは何も分からないであろう。しかし、このデータを値の小さい順にソートした表2を見れば、データはその値が*11〜20*の20件と値が*36〜50*の30件の2つの群からなっていることが分かる。これは（「度数分布図」の項と同じ）図1のように「度数分布図（ヒストグラム）」を描いてみればさらによく分かる。これが"データ"から"情報"を導くということだ。⇒ **昇順**（しょうじゅん）

表1　ソート前のデータ

11	39	42	16	37	46	17	14	49	39
18	38	12	50	43	46	20	49	48	44
20	13	37	42	47	19	50	45	44	38
36	13	43	15	48	41	40	47	17	14
18	16	40	15	45	11	41	36	19	12

表2　ソートしたデータ

11	11	12	12	13	13	14	14	15	15
16	16	17	17	18	18	19	19	20	20
36	36	37	37	38	38	39	39	40	40
41	41	42	42	43	43	44	44	45	45
45	46	47	47	48	48	49	49	50	50

表3　度数分布表

1	2	3	4	5	6	7	8	9	10	11	12	13	14	15	16	17	18	19	20	21	22	23	24	25
0	0	0	0	0	0	0	0	0	0	2	2	2	2	2	2	2	2	2	2	0	0	0	0	0

26	27	28	29	30	31	32	33	34	35	36	37	38	39	40	41	42	43	44	45	46	47	48	49	50
2	2	2	2	2	2	2	2	2	2	2	2	2	2	2	2	2	2	2	2	2	2	2	2	2

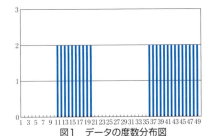

図1　データの度数分布図

Excel【関数】SMALL（k番目に小さいデータ／昇順）、LARGE（k番目に大きいデータ／降順）、RANK（順位）【ツール】ツールバー⇒データ⇒並べ替えとフィルター⇒並べ替え（並べ替えのキー、順序）

た

第1四分位数 (だいいちしぶんいすう) the first quartile

データの値を小から大に並べたときに、最小値から $\frac{1}{4}$ つまり 25% に位置するデータの値。最大値から $\frac{3}{4}$ つまり 75% に位置するデータの値でもある。普通、Q_1 で表す。「下側ヒンジ」と同じ。データの数が n ならば、下から $(n-1) \times \frac{1}{4} + 1$ 番目のデータの値が Q_1 である。例として、9件のデータの値が $1, 2, 4, 6, 7, 9, 10, 11, 20$ の場合、下から $(9-1) \times \frac{1}{4} + 1 = 3$ 番目の 4 が Q_1 である。$(n-1) \times \frac{1}{4} + 1$ の値が整数ではないときは、$\left[(n-1) \times \frac{1}{4} + 1\right]$ 番目と $\left[(n-1) \times \frac{1}{4} + 1\right] + 1$ 番目（$[x]$ は "x を超えない最大の整数"）のデータの値を内挿（比例配分）した値になる。⇒ **四分位数**（しぶんいすう）、**内挿**（ないそう）

📖 【英和辞典】「hinge」は、①（ドアなどの）蝶番、蝶番状のもの（膝の関節・二枚貝の蝶番など）、②切手ヒンジ、切手をアルバムに貼るとき使うパラフィン紙片、③（米俗）見ること。

Excel 【関数】QUARTILE or QUARTILE.INC or QUARTILE.EXC（四分位数）

第1種の誤り (だいいっしゅのあやまり) type 1 error or error of the first kind

統計的仮説検定（検定）で、棄却できない「帰無仮説」H_0 を（"あわてて？"）棄却してしまう誤り。「第1種の過誤」と同じ。普通、この誤りを犯す確率は α (注1) で表し、5% の値を採ることが多い。この場合、"棄却できない" 帰無仮説 H_0 を棄却しない（判定を誤らない）確率が 95%、棄却してしまう（判定を誤る）確率が 5% ということ。5% つまり20回に1回は、そういうことが起きる危険性があるという意味だ。より大胆な判定をしたい社会科学などの分野では、有意水準を 10% とすることもあり、また、誤判定の危険性を避けたい医療などの分野では、有意水準を 1% や 0.1% とすることもある。それぞれ 5%、1%、0.1% の有意水準で検定して、棄却できるつまり "有意" と判定された結論には、それぞれ *、**、*** という印を付けることが多い。

「第1種の誤り」を犯す確率は「有意水準」や「検定の危険率」と呼ばれる。"棄却できる" "帰無仮説" H_0 を棄却しない「第2種の誤り」β と対にして覚えておくとよい。なお、"あわてて" しまって「第1種の誤り」を犯す確率 α を低く設定すると、反対に、"ぼんやり" していて「第2種の誤り」を犯す確率 β が増加して、「検出力」$(1-\beta)$ が下がってしまうので、バランスを取るように注意！⇒ **FWER**（エフダブリューイーアール）、**帰無仮説**（きむかせつ）、**第2種の誤り**（だいにしゅのあやまり）、**統計的仮説検定**（とうけいてきかせつけんてい）、**有意**（ゆうい）

📖 【読み方】「α」は、英字の a に当たるギリシャ文字の小文字で "アルファ" と読む。「β」は、英字の b に当たり "ベータ" と読む。

（注1）【α と β】誰がいい始めたのかは分からないが、「第1種の誤り」を犯す確率を "あわてて" に対応して α という文字で、「第2種の誤り」を犯す確率を "ぼんやり" に対応させて β という文字で表すという説明は、いい得て妙だ！と筆者は思っている。

📖 【人】「第1種の誤り」と「第2種の誤り」の概念と言葉は、現代の「推測統計学」の

中心的理論を作り上げたイェジ（イェルジー）・ネイマン（Jerzy Neyman, 1894-1981）とエゴン・ピアソン（Egon Sharpe Pearson, 1895-1980）による。ピアソンは、「記述統計学」を大成した英国の統計学者カール・ピアソン（Karl E.Pearson, 1857-1936）の息子だ。

対応のある t 検定 (たいおうのあるティーけんてい) paired t test

"対応のある"データ (x,y) の x の平均値と y の平均値に差があるか否かの統計的仮説検定（検定）。x の平均値を μ_x、y の平均値を μ_y として、x の平均値と y の平均値は等しい！（つまり $\mu_x=\mu_y$）を帰無仮説、x の平均値と y の平均値は等しくない！（つまり $\mu_x \neq \mu_y$）を対立仮説として検定する。ここで、$z=y-x$ とすれば、$\bar{z}=0$ であるか否かの検定といえる。データの件数を n、それぞれのデータを $(x_1,y_1),\cdots,(x_n,y_n)$ とする。分析は、(x_i,y_i) の x_i を、$x_i=\mu+\alpha_x+\xi_i+\varepsilon_i$ つまり平均値の μ、x の効果の α_x、データ i の個体差 ξ_i、誤差 ε_i の和というモデルで説明する。y_i は、平均値の μ、y の効果の α_y、データ i の個体差 ξ_i、誤差 ε'_i の和、つまり $y_i=\mu+\alpha_y+\xi_i+\varepsilon'_i$ というモデルで説明する。

ここで、$z_i=y_i-x_i$ とすると、$z_i=(\mu+\alpha_y+\xi_i+\varepsilon'_i)-(\mu+\alpha_x+\xi_i+\varepsilon_i)=\alpha_y-\alpha_x+(\varepsilon'_i-\varepsilon_i)$ となる。$\alpha_y=\alpha_x$ ならば $z_i=(\varepsilon'_i-\varepsilon_i)$ つまり $\bar{z}=0$ であり、$\alpha_y=\alpha_x+c$ ならば $\bar{z}=c$ である[注1]。具体的には、z の平均値を $\bar{z}=\frac{1}{n}\sum_{i=1}^{n}z_i=\frac{1}{n}(z_1+\cdots+z_n)$、不偏分散を $s^2=\frac{1}{n-1}\sum_{i=1}^{n}(z_i-\bar{z})^2=\frac{1}{n-1}\left((z_1-\bar{z})^2+\cdots+(z_n-\bar{z})^2\right)$ とすると、統計量の $t=\frac{\bar{z}}{s/\sqrt{n}}$ が自由度 $(n-1)$ の t 分布にしたがうことが分かっている（この証明はむずかしいので"省略"）。これを利用して検定する。

表1のデータでは、$z_1=10, z_2=10, z_3=10, z_4=6$ で、その平均値は $\bar{z}=\frac{1}{4}(10+10+10+6)=9$、不偏分散は $s^2=\frac{1}{4-1}\left((10-9)^2+(10-9)^2+(10-9)^2+(6-9)^2\right)=4$、その平方根は $s=\sqrt{4}=2$ だ。この結果、検定統計量の値は $t=\frac{9}{2/\sqrt{4}}=9$ となり、有意水準（「第1種の誤り」を犯す確率＝危険率）$0.05=5\%$ で自由度 $4-1=3$ の t 分布のパーセント点は $t_{0.05}(3)=3.182$ で、$t_{0.05}(3)=3.182<9=t$ となるので、帰無仮説は"棄却"され、x の平均値と y の平均値に差がある！ということになる。⇒ **対応のあるデータ**（たいおうのあるデータ）、**t 検定**（ティーけんてい）

表1　学習"前後"の成績データ

	前	後	差
A	70	80	10
B	50	60	10
C	60	70	10
D	84	90	6
平均			9

📖 **【読み方】**「α」は、英字の a に当たるギリシャ文字の小文字で"アルファ"と読む。「μ」は、英字の m に当たり"ミュー"と読む。「ξ」は"グザイ"と読む。英字の対応はない。「ε」は、英字の e に当たり"イプシロン"と読む。また、「$\bar{z}$」は"ゼットバー"と読む。

(注1)「$\bar{z}=0$」ではなく、c を定数として、「$\bar{z}=c$」を"帰無仮説"とすることもできる。

Excel **【ツール】** ツールバー⇒データ⇒分析⇒データ分析（一対の標本による平均の検定）

対応のあるデータ (たいおうのあるデータ) paired data

調査対象の中の"同じ"個体について観察・測定された2つのつまり"対"や"組"に

なったデータ。例えば、①同じ人の身長と体重、②同じ人の 10 歳のときと 20 歳のときの体重、③（同じ受講生の）受講前と受講後の成績、④夫の身長と妻の身長、⑤ある同じ日の気温と湿度、⑥同じ国の輸入額と輸出額などは、「対応のあるデータ」である。数式では、n 件のデータは $(x_i, y_i)(i = 1, \cdots, n)$ あるいは $(x_1, y_1), \cdots, (x_n, y_n)$ のように表す。⇒ **対応のある t 検定**（たいおうのあるティーけんてい）

対応のない t 検定（たいおうのないティーけんてい）non paired t test ⇒ ***t* 検定**（ティーけんてい）

対応のないデータ（たいおうのないデータ）non paired data

"対"や"組"になっていないデータ。例えば、千葉県の成人男性 10 名と茨城県の成人女性 8 名の身長を測定したデータや、東京駅の利用者のうち通勤者 20 名と通学者 20 名にしたアンケートの結果のデータなどは、「対応のないデータ」である。調査対象の中の"同じ"個体について観察・測定された 2 つのつまり"対"や"組"になっている「対応のあるデータ」に対比していう。⇒ ***t* 検定**（ティーけんてい）

第 3 四分位数（だいさんしぶんいすう）the third quartile

データの値を小から大に並べたときに、最小値から $\frac{3}{4}$ つまり 75% に位置するデータの値のこと。最大値から $\frac{1}{4}$ つまり 25% に位置するデータの値のことである。普通、Q_3 で表す。「上側ヒンジ」と同じ。データの数が n ならば、下から $(n-1) \times \frac{3}{4} + 1 = \frac{3n+1}{4}$ 番目のデータの値が Q_3 である。例として、9 件のデータの値が 1,2,4,6,7,9,10,11,20 の場合、下から $(9-1) \times \frac{3}{4} + 1 = \frac{3 \times 9 + 1}{4} = 7$ 番目の 10 が Q_3 である。$(n-1) \times \frac{3}{4} + 1 = \frac{3n+1}{4}$ の値が整数ではないときは、$\left[(n-1) \times \frac{3}{4} + 1\right]$ 番目（$[x]$ は "x を超えない最大の整数"）と $\left[(n-1) \times \frac{3}{4} + 1\right] + 1$ 番目のデータの値を内挿（比例配分）した値になる。⇒ **四分位数**（しぶんいすう）、**内挿**（ないそう）

【英和辞典】「hinge」は、①（ドアなどの）蝶番、蝶番状のもの（膝の関節・二枚貝の蝶番など）、②切手ヒンジ、切手をアルバムに貼るとき使うパラフィン紙片、③（米俗）見ること。

Excel【関数】QUARTILE or QUARTILE.INC or QUARTILE.EXC（四分位数）

対照群との比較（たいしょうぐんとのひかく）comparisons to control group ⇒ **対比較**（ついひかく）

対数（たいすう）logarithm[注1], log

$a>0$ かつ $a \neq 1$、$x>0$ としたとき、$x = a^y$（つまり、a の y 乗）と同じ関係をその"逆関数"（つまり、関数を $y = f(x)$ とすると、その x と y を入れ替えた $x = f(y)$ のこと）の $y = \log_a x$（つまり、a を底とする x の"対数"）（"ログ・エイ・エックス"と読む）と表す関数。最も一般的に使われている「常用対数」は、$a = 10$ とするもので、$\log_{10} x = y$ は $x = 10^y$ と同じ意味である。具体的な数値例として、$1 = 10^0 \Leftrightarrow \log_{10} 1 = 0$、$10 = 10^1 \Leftrightarrow \log_{10} 10^1 = 1$、$100 = 10^2 \Leftrightarrow \log_{10} 100 = \log_{10} 10^2 = 2$、$1000 = 10^3 \Leftrightarrow \log_{10} 1000 = \log_{10} 10^3 = 3$、$10000 = 10^4 \Leftrightarrow \log_{10} 10000 = \log_{10} 10^4 = 4$ などである。もちろん x は 10^n（n は整数）といった数だけではなく、10^y（y は実数）といった数でもよい。例えば、$10^{0.5} = \sqrt{10} = 3.16227766\ldots$ は、対数を取ると $\log_{10} 10^{0.5} = \log_{10} 3.16227766\ldots$ つまり $\log_{10} 10^{0.5} = 0.5 \times \log_{10} 10 = 0.5$ なので $0.5 = \log_{10} 3.16227766\ldots$ だ。

「対数」を使えば、掛け算の $10^2 \times 10^3 = 10^5$ は、$\log_{10}(10^2 \times 10^3) = \log_{10} 10^2 + \log_{10} 10^3 = \log_{10} 10^5$ なので、足し算の $2 + 3 = 5$ とできる。この特徴によって、多くの数の対数の計算結果を載せた「対数表」を作っておけば、これを利用して、（手間のかかる）掛け算を（簡単

な）足し算に置き換えることができる。$x \times y$ ならば、x と y のそれぞれを（「対数表」を使って）対数に直し（$x \Rightarrow \log_{10} x$ と $y \Rightarrow \log_{10} y$）、これらの値の和（$\log_{10} x + \log_{10} y$）を（対数表を使って）対数から逆変換する（$\log_{10} x + \log_{10} y = \log_{10}(x \times y) \Rightarrow x \times y$）。この他、「自然対数の底（ネイピア数）」の $e = 2.71828...$ を底とする「**自然対数**」の $\log_e x = \ln x = \log\,\text{nat}\,x = 0.434294482\cdots \times \log_{10} x$（ln は "log natural"）や 2 を底とする「**二進対数**」の $\log_2 x = 3.3219\,2809\cdots \times \log_{10} x$ がある。
⇒ **e**（イー）

(注1) 【**logarithm**】は、ギリシャ語の論理を意味する logos（ロゴス）と計算を意味する arithmos（アリスモス）を組み合わせたもの。logarithm（ロガリズム）を「対数」と訳したのは、対数表が x と $\log x$ を "対" にして並べてあることかららしい。

📖 【**いくつかの対数計算**】 ①$\log_a x^b = b \times \log_a x$ ②$\log_a \frac{1}{x} = \log_a x^{-1} = -\log_a x$ ③$\log_a 1 = 0$ ④$\log_a x = \frac{\log_b x}{\log_b a}$ ⑤$\log_a x = \frac{1}{\log_x a}$ ⑥$\log_a(x \times y) = \log_a x + \log_a y$ ⑦$\log_a \frac{x}{y} = \log_a \left(x \times \frac{1}{y}\right) = \log_a x - \log_a y$

📖 【**歴史**】 スコットランドの貴族で数学者・天文学者のジョン・ネイピア（John Napier, 1550-1617）は、計算を簡単にすることに強い興味を持ち、1550年、「掛け算」の問題を「足し算」の問題に変えるために「指数」の利用を思いつき、これに基づいて、「対数」を "発明" した。1614年に『対数の驚くべき規則の記述』（Mirifici Logarithmorum Canonis Descriptio）を、（死後の）1619年に『対数の驚くべき規則の構成』（Mirifici Logarithmorum Canonis Constructio）を発表した。ネイピアの仕事はすぐに他の人たちによって改良され、貿易などに必要なむずかしい計算を "簡単化" する方法として利用された。「ネイピアの対数」は $\frac{1}{e}$ を底とする対数だったので、ロンドン・グレシャム大学の**ヘンリー・ブリックス**（Henry Briggs, 1561-1630）は、10を底とした対数（常用対数）の方がよいと助言し、ネイピアもこの助言を受け入れた。ブリックスは、1624年に「常用対数表」を作成した。

Excel 【**関数**】 LOG（対数）、LOG10（常用対数）、LN（自然対数）、EXP（自然対数の底（てい））

対数正規分布（たいすうせいきぶんぷ） log-normal distribution or lognormal distribution LN

"連続型" の確率分布の1つで、正の値を取る変数 $x(x>0)$ の値の "対数" をとった値が「正規分布」する分布。（変数 x が正規分布にしたがうことを $x \sim N(\mu, \sigma^2)$ と書くのと同様に、）$x \sim LN(\mu, \sigma^2)$ と書く。（これは知らなくてもよいのだが、）正の値の μ と σ に対して、確率密度関数は $f(x) = \frac{1}{\sqrt{2\pi}\sigma x} e^{-\frac{(\log_e x - \mu)^2}{2\sigma^2}} = \frac{1}{\sqrt{2\pi}\sigma x} \exp\left(-\frac{(\log_e x - \mu)^2}{2\sigma^2}\right)$ で（$\log x$ は "自然対数"）（$\exp(-x)$ は「e^{-x}」と同じ "e の $-x$ 乗"）（e は "自然対数の底（てい）" という定数）、その平均値は $e^{\mu + \frac{\sigma^2}{2}} = \exp\left(\mu + \frac{\sigma^2}{2}\right)$、中央値は $e^{\mu} = \exp(\mu)$、最頻値は $e^{\mu - \sigma^2} = \exp(\mu - \sigma^2)$、分散は $e^{2\mu + \sigma^2} \times (e^{\sigma^2} - 1) = \exp(2\mu + \sigma^2) \times (\exp(\sigma^2) - 1)$ だ。

互いに "独立な" 2つの正規分布にしたがう確率変数の和は正規分布にしたがう、つまり、互いに "独立な" x_1 と x_2 が $x_1 \sim N(\mu_1, \sigma_1^2)$ かつ $x_2 \sim N(\mu_2, \sigma_2^2)$ ならば $x_1 + x_2 \sim N(\mu_1 + \mu_2, \sigma_1^2 + \sigma_2^2)$ であるのに対応して、互いに "独立な" 2つの対数正規分布にしたがう確率変数の "積" もまた対数正規分布にしたがう、つまり、互いに "独立な" x_1 と x_2 が $x_1 \sim LN(\mu_1, \sigma_1^2)$ かつ $x_2 \sim LN(\mu_2, \sigma_2^2)$ ならば $x_1 \times x_2 \sim LN(\mu_1 + \mu_2, \sigma_1^2 + \sigma_2^2)$ である。例えば、血液生化学検査値や刺激に対する反応の閾値などは、測定値の対数を取ると、その値は「対数正規分布」に近い分布になることが知られているそうだ。⇒ **正規分布**（せいきぶんぷ）、**対数**（たい

すう）

- 【読み方】「μ」は、英字のmに当たるギリシャ文字の小文字で"ミュー"と読む。「σ」は、英字のsに当たり"シグマ"と、「σ^2」は"シグマ自乗"と読む。
- 【金融工学】の理論として有名な「ブラック–ショールズ方程式」では、株価の変動は"幾何ブラウン運動"によって支配されていると仮定して、株価の収益率（つまり、前日の終値÷当日の終値）は「対数正規分布」にしたがっていることを利用している。☺

対数線形 (たいすうせんけい) log-linear

その対数を取ると線形つまり一次式になる式の形式。例えば、独立変数（説明変数）をx、従属変数（被説明変数）をyとして、aとbを定数としたとき、$\log_{10} y = a + b \times \log_{10} x$ の関係は「対数線形」である。対数を取る前の形に戻すと、$y = 10^a \times x^b$ という関係である。独立変数がx, yの2つ、従属変数がzとして、a, b, cを定数としたときは、$\log_{10} z = a + b \times \log_{10} x + c \times \log_{10} y = a \times \log_{10} 10 + b \times \log_{10} x + c \times \log_{10} y$ つまり $z = 10^a \times x^b \times y^c$ である。「計量経済モデル」や「多重クロス表分析」などで使われている。⇒ **計量経済学**（けいりょうけいざいがく）

大数の法則 (たいすうのほうそく) law of large numbers

確率論の"極限定理"の1つ（"だいすう"の法則ではなく、"たいすう"の法則である。）。ある事象が起きる「理論的確率」をpとし、その事象が起こる試行を互いに独立に繰り返し行ったとき、実際に観測されるこの事象が起きる割合つまり「経験的確率」は、試行回数を増やすに伴って"理論的な"確率pに近づく！というものだ。試行の一部だけを見れば、結果が偏っているように見えることもあるが、全体として見れば、「理論的確率」に支配されているということで、「経験的確率」と「理論的確率」が一致するという"最も素朴な"意味での確率を定義する法則でもある。

例えば、"偏りのない"コイン（硬貨）を投げて、表か裏かを当てるゲームを行う場合、試行の回数を限りなく増やしていけば、表が出る確率も裏が出る確率も、理論的確率の$\frac{1}{2} = 50\%$に近づく！ということで、確率でいえば、より多くのデータ$p_1, \cdots, p_n$からその割合$\bar{p} = \frac{1}{n}\sum_{i=1}^{n} p_i = \frac{1}{n}(p_1 + \cdots + p_n)$を求めた方が"真"の割合に近づく。統計では、より多くのデータ$x_1, \cdots, x_n$からその平均値$\bar{x} = \frac{1}{n}\sum_{i=1}^{n} x_i = \frac{1}{n}(x_1 + \cdots + x_n)$を求めた方が"真"の平均値に近づく！ということでもある。

コンピューターの中で"乱数"を利用して"実験"する「モンテカルロ法」を使えば、例えば、表計算ソフトのExcel（エクセル）を使って、それぞれ$0.5 = 50\%$の確率で表と裏が出るコインを何回も振ってみれば、次第に表の出る確率が$0.5 = 50\%$であること、つまり「大数の法則」が成り立つことが確認できる。☺ この方法は「計算機統計学」の最も有力な方法の1つでもある。⇒ **確率**（かくりつ）、**ギャンブラーの誤り**（ギャンブラーのあやまり）、**中心極限定理**（ちゅうしんきょくげんていり）

- 【読む方】「$\bar{p}$」は"ピーバー"と、「$\bar{x}$」は"エックスバー"と読む。
- 【人】この法則は、スイスの数学者で、「ベルヌーイ試行」などにもその名を残したヤ

コブ・ベルヌーイ（Jakob Bernoulli, 1654-1705）が証明し、死後の1713年に公表されたもので、「ベルヌーイの大数の法則」ともいう。厳密にいうと、「大数の強法則」と「大数の弱法則」があるが、この本の程度を超えるので、ここでは省略する。

📖 **【歴史】** 英国の商店主で自然哲学者のジョン・グラント（John Graunt, 1620-74）は、1604-61年にかけての「死亡表（教区ごとの出生と死亡の記録）」に関する分析を行った。1662年に刊行された『死亡表に言及し、それに基づいて行った自然的・政治的観察』によると、女子よりも男子の出生は多いが、男子は戦争や刑罰などで死亡する可能性が高く、成人男女の数はほぼ等しいこと、年齢別・原因別の死亡率は安定していることなどの「人口統計法則」を"発見"した。この仕事の成果は、直ちにきわめて価値があると評価され、生命保険の料金などを決めるために利用された。イングランドやヨーロッパ大陸でも、同様な統計データ研究が行われるきっかけになった。グラントの仕事は、その後継者で医師・経済学者・哲学者のウイリアム・ペティー（William Petty, 1623-87）に引き継がれ、その著書『政治算術』（邦訳は第一出版（1946）／岩波文庫（1955）／栗田出版会（1969））から始まるマクロ経済現象の統計データによる実証的な法則の解明の流れにつながっていった。英国の数学者・天文学者で1705年にハレー彗星が1758年に戻ってくることを予測したエドモンド・ハレー（Edmond/Edmund Halley, 1656-1742）も、ポーランドのブレスラウ（現在のヴロツラフ）での死亡率の分析を行い、その結果を『ブレスラウの誕生と埋葬の興味深い表から引き出した人間の死亡の程度の推定、併せて年金の価格を定める試み』という論文にまとめている。この論文は、"初"の保険計理学の本格的な論文とされている。

対数変換 (たいすうへんかん) logarithmic trasformation

「変数変換」の1つ。変数の「対数」をとって、新しい変数に変換することである。変数が"対数正規分布"にしたがっている場合、"正規分布"にしたがっていることを前提条件とする統計処理の方法は使えない。そこで、元の変数が"対数正規分布"にしたがっている場合、「対数変換」されてできた新しい変数は"正規分布"にしたがうことを利用して、統計的仮説検定（検定）や推定をすることができる。⇒ **対数正規分布** (たいすうせいきぶんぷ)、**変数変換** (へんすうへんかん)

＞ (だいなり) greater than ⇒ **不等号** (ふとうごう)

≧ (だいなりイコール) greater than or equal to ⇒ **不等号** (ふとうごう)

第2四分位数 (だいにしぶんいすう) the second quartile ⇒ **中央値** (ちゅうおうち)

第2種の誤り (だいにしゅのあやまり) type II error or error of the second kind

統計的仮説検定（検定）で、"棄却できる"「帰無仮説」H_0 を（"ほんやりしていて？"）棄却しない誤り。「第2種の過誤」と同じ。普通、この誤りを犯す確率は β で表す[注1]。"棄却できる"「帰無仮説」H_0 を棄却する「検出力」は $(1-\beta)$ である。"棄却できない"「帰無仮説」H_0 を棄却してしまう「第1種の誤り」を犯す確率（つまり有意水準＝危険率）α と対（組）にして覚えておくとよい。なお、（"あわてて"）「第1種の誤り」を犯す確率 α を低く設定すると、反対に（"ほんやりしていて"）「第2種の誤り」を犯す確率 β が増加して、「検出力」の $(1-\beta)$ が下がってしまうので注意！⇒ **第1種の誤り** (だいいっしゅのあやまり)

📖 **【読み方】**「β」は、英字の b に当たるギリシャ文字の小文字で"ベータ"と読む。ま

た、「α」は、英字のaに当たり"アルファ"と読む。

(注1) 【αとβ】誰がいい始めたのかは分からないが、「第1種の誤り」を犯す確率を"あわてて"に対応してαという文字で、「第2種の誤り」を犯す確率を"ぼんやり"に対応させてβという文字で表すという説明は、いい得て妙だ！と筆者は思っている。

📖【人】「第1種の誤り」と「第2種の誤り」の概念と言葉は、現代の「推測統計学」の中心的理論を作り上げたイェジ（イェルジー）・ネイマン（Jerzy Neyman, 1894-1981）とエゴン・ピアソン（Egon Sharpe Pearson, 1895-1980）による。ピアソンは、「記述統計学」を大成した英国の統計学者カール・ピアソン（Karl E.Pearson, 1857-1936）の息子だ。

対比 (たいひ) contrast ⇒ **対比較** (ついひかく)

代表値 (だいひょうち) measure of central tendency

データの分布の"中心"的な傾向を表す統計量。具体的には、「算術平均」、「中央値」（メディアン）、「**最頻値**」（モード）のことである。これら3つの統計量がほぼ等しいときは、データの分布は左右対称であることが分かる。算術平均＜中央値＜最頻値のときは、データの分布は上（右）に偏っており、反対に、算術平均＞中央値＞最頻値のときは、データの分布は下（左）に偏っていることが分かる。また、「位置パラメーター」もほぼ同じ意味で使われるが、これはデータの分布が非対称であったり、外れ値があったりしたなどの場合、「算術平均」に代わって、「中央値」、「最頻値」、「トリム平均」などが使われる。主に、"ノンパラメトリックな"手法で使われる言葉だ。⇒ **位置パラメーター** (いちパラメーター)、**最頻値** (さいひんち)、**算術平均** (さんじゅつへいきん)、**中央値** (ちゅうおうち)、**要約統計量** (ようやくとうけいりょう)

　　Excel【関数】AVERAGE（算術平均）、MEDIAN（中央値）、MODE or MODE.SNGL or MODE.MULTI（最頻値）

対立仮説 (たいりつかせつ) alternative hypothesis

統計的仮説検定（検定）で、棄却したい「帰無仮説」H_0が"棄却"されたときに採択される、つまり、帰無仮説に"対立"する仮説。「帰無仮説」をH_0で表すのに対して、「対立仮説」はH_1で表す。例えば、「帰無仮説」を「英語の"語彙力"は、中学生と高校生は同じだ！」とした場合、「対立仮説」は「英語の"語彙力"は、中学生と高校生は同じではない！」である。しかし、何かの根拠で「英語の"語彙力"は、中学生は高校生と同じかより優れている！」ことはないことが分かっている場合には、「対立仮説」は「英語の"語彙力"は、中学生は高校生より劣っている！」ということになる。「帰無仮説」に対する「対立仮説」は1つだけとは限らないことに注意！⇒ **片側検定** (かたがわけんてい)、**帰無仮説** (きむかせつ)、**両側検定** (りょうがわけんてい)

タグチメソッド Taguchi method, TM

（生産段階ではなく）開発設計段階での「品質工学」。品質特性のバラツキが少ない製品を、（生産段階ではなく）開発・設計・工程設計の段階で作りこむための工学的・統計的な手法である。生産段階での品質工学を「オンライン品質工学」というのに対比して、「オフライン品質工学」ともいう。「タグチメソッド」の"タグチ"とは、「実験計画法」で大きな貢献をし、この方法を考案し産業界を指導して劇的な成果を上げた日本の統計学者の田口玄一[注1]

(1924-2012)のこと。頭文字を取って「TM」と呼ぶこともある。その内容は、ノイズに対するロバストなシステムの設計を行う「**パラメーター設計（ロバスト設計）**」（ロバストとは"頑健"）と、品質とコストをトレードオフする許容差を決める「**許容差設計**」からなっている。

「タグチメソッド」では、バラツキを「偶然誤差」ではなく「必然誤差」と考え、これを最小化して、製品の"ロバスト性"（頑健性）を設計する。「**パラメーター設計**」では、品質のバラツキに影響する要因を（制御できる）制御因子と（制御できない）誤差因子に分け、誤差因子が変動しても品質が安定するように制御因子の条件を求める。具体的には、第一段階で、品質のバラツキを最小にする条件を求め、第二段階で平均値を目標値に合わせていくという順序で最適な値を求めていく。これが「**二段階設計**」だ。バラツキの評価尺度には「**SN比**」[注2]を、平均値（中心値）の評価尺度には「**感度（傾き）**」を用いる。制御因子をその水準を設定し、「**直交表**」[注3]に割り付けて実験し、バラツキに効く制御因子と特性に効く制御因子を効率的に見出し、製品のロバスト化を実現する[注4]。

田口は、「品質工学の目的は社会的な生産性を上げること。しかも、頭脳労働の生産性が大切だということだ。企業でもR&D（研究開発）で新産業を作る研究をすれば、失業者は吸収できるし、開発段階で機能性の評価をやって、無駄な労働時間を短縮すれば、2日の休みを3日か4日にすることだってできる。その休みを旅行やスポーツなどの趣味やレジャーに使えば国全体が潤うことになる。」と説明している。ちなみに、「品質管理」の対象は製造、品質の範囲は製造品質、目的は品質の管理、ツールは「五回のなぜ」や「QC七つ道具」などであるのに対して、「タグチメソッド」の対象は設計開発、品質の範囲は市場品質、狙いは技術の管理、ツールは「SN比」、「損失関数」、「パラメーター設計」などである。 ⇒ **直交表**（ちょっこうひょう）、**品質管理**（ひんしつかんり）

- （注1）**【自動車殿堂入り】**田口は、外部コンサルタントであるにも拘（かか）わらず、当時の米国の自動車産業に「タグチメソッド」を導入・指導して劇的に生産性を上げたことで、"米国を蘇らせた男"と賞され、本田技研の本田宗一郎（1906-91）とトヨタ自動車工業の豊田英二（1913-2013）に次いで、1997年に、日本人として3人目の米国自動車殿堂入りをした。☺

    - **【2種類の品質】**の1つは「**商品品質**」で、消費者が望むものつまり商品の機能や外観などで、米国では"カスタマークオリティー"と呼ばれている。もう1つは「**技術品質**」で、消費者が望まないもので、これには商品の故障など機能のばらつき、使用コスト、公害などが含まれる。「タグチメソッド」のコンセプトとしての「品質」とはこの「技術品質」のことで、これを改善することが狙いである。

- （注2）**【SN比】**は、元々は通信工学の指標の1つで、信号雑音比（signal-to-noise ratio）つまり信号量（signal）と雑音量（noise）の比である。「S/N比」や「SNR」ともいう。SN比が大きければ雑音の影響が小さく、反対に、SN比が小さければ雑音の影響が大きい。「タグチメソッド」は、技術のロバスト性を確保することで、市場での未知の変動に対して、「技術品質」を保証しようとするため、評価尺度として「SN比」を使う。市場の条件が変化しても機能が安定して発現するか否かを定量的に示すためだ。

- （注3）**【直交表】**は、"スモールスケールの実験でラージスケールの結果が確認できる"非常に有効な方法である。しかし、「タグチメソッド」の「直交表」は、交互作用を調べることができない。これは、交互作用のある制御因子は"不安定"で、市場に出たと

きに再現性がない！と考えられているためだ。

- (注4)【分布】「統計学」では平均と分散という2つの母数（パラメーター）で"分布"を定義する。これに対して、「タグチメソッド」では、平均ではなく理想の値を定義し、理想の値との差をバラツキとする。理想の値との差をバラツキの測度に用いるので、"分布"を定義する必要はない。「タグチメソッド」によれば、"分布"を定義しなくてもバラツキに対して最小化する設計解は見出せるのである。☺ また、田口は、統計学者たちに「誤差に分布が仮定できるならば、時計の誤差の分布はどうなるのか？」と問うた。誤差分布を定義し、その分布に対する対応を考える統計学者たちは、この質問に答えることができなかった。時々刻々と値が変化する中では、分布が定義できないのだ。これは、田口と統計学者との有名な論争だ。☺

多次元尺度構成法 (たじげんしゃくどこうせいほう) multi-dimensional scaling, MDS ⇒ **MDS**（エムディーエス）

多重共線性 (たじゅうきょうせんせい) multicolinearity

「重回帰分析」で、独立変数（説明変数）の間に"強い関係"があり、分析できなかったり、仮にできたとしてもその結果が信頼できないこと。ここで、"強い関係"とは、独立変数の間に強い相関がある、あるいは、ある独立変数が他の独立変数の一次式で表せる（これを「一次従属」という）などの関係にあることだ。英語を約めて「マルチコ」ともいう。例えば、①推定した偏回帰係数の符号が理屈に合わない、②データの値を増減すると推定した偏回帰係数などが大きく変化する(注1)、③独立変数を追加・削除すると推定した偏回帰係数などが大きく変化する、などといった場合は、「多重共線性」を疑ってみることが必要だ(注2)。

こういった場合には、データの中に不適切なものが含まれていないか、あるいは、互いに強い相関の独立変数がないかをチェックし、あれば、「多重共線性」を解消する努力をすることになる。具体的には、2つの独立変数を選び、散布図を描いてみる、あるいは、相関係数を計算してみることによって、「多重共線性」の原因になっている変数を見つけて、これを取り除くといったことが必要になる。⇒ **回帰分析**（かいきぶんせき）

- (注1)【感度分析】は、元のデータを変化させて結果がどう変化するかを観察する方法である。元のデータが多少変化しても結果が大きく変化しなければ、その結果は安定している！といえる。反対に、元のデータが変化すると結果が大きく変化してしまうときは、その結果を信用することはできない！☹
- (注2)【VIF】（variance inflation factor）という指標は、i番目の独立変数（説明変数）を従属変数（被説明変数）に、i番目を除いた独立変数を独立変数にして「重回帰分析」をした結果の決定係数をR_i^2としたとき、$VIF_i = \frac{1}{1-R_i^2}$の値が10を超えるようならば、これが「多重共線性」の原因！と判断するものだ。☺

多重比較 (たじゅうひかく) multiple comparison

「分散分析」で、3つ以上の群（グループ）の間のいずれかの平均値に有意な差があることが分かったとき、そのうちのどの群とどの群の間に有意な差があるかについての統計的仮説検定（検定）。「多重比較法」や「多重比較検定」と同じ。3つ以上の群の中から2つを選んで、この2つの群の平均値に有意な差があるか否かについて、「t検定」を繰り返すと、「第1種の誤り」を犯す確率（危険率）が大きくなってしまうので(注1)、これを避けるために、「t

検定」を"拡張"した方法である。

全体の有意水準の値を仮説の数で割り算してその値を個々の有意水準とする「**ボンフェローニの修正**」、群の中から1つを（基準として）"対照群"に選び、これと他の"すべて"の群を比較する「**ダネットの多重比較**」、（リーグ戦のように）群の中の2つの群の"すべて"の組み合わせ（対比較）を比較する「**テューキーの範囲検定（多重比較）**」、群の中の2つの群の"すべて"の組み合わせを比較するのではなく、群を2つに分けて、これを一度に比較して（これが「対比」）有意なものを探す「**シェッフェの多重比較**」などがある。また、"ノンパラメトリック"な方法として、平均値ではなく、平均順位を比較するという方法もある[注2]。
⇒　**ダネットの多重比較**（ダネットのたじゅうひかく）、**テューキーの範囲検定**（テューキーのはんいけんてい）、**ボンフェローニの修正**（ボンフォローニのしゅうせい）

(注1)【ワインとソムリエ】レストランのワイン貯蔵庫は管理が悪く、全体の*5%のワインが悪くなってしまっていた。そのため、ソムリエが1本のワインを客に出したとき、ワインが悪くなっている危険性が5%あり、ソムリエは20回に1回は客に謝らなければならなかった。ところが、客がワインを3本注文したとき、3本のうちの1本でも悪くなっていれば、ソムリエはお客に謝らなければならないので、危険率は5%×3＝15%に増え、6～7回に1回は謝らなければならない。そのような場合に、ソムリエが謝らなければならない危険率を5%に抑えるには、ワイン貯蔵庫の管理状態を向上させて悪いワインの割合を5%÷3＝1.7%にする必要がある。*これは「多重比較」の理屈を分かりやすく説明する有名な例え話である。

(注2)【2つの立場】「**事前比較**」（a priori comparison）では、結果を分析する前に、比較する平均値についての（根拠のある）仮説がある場合は、「分散分析」抜きで「多重比較」を行う。これに対して、「**事後比較**」（post hoc comparison）では、比較する平均値についての（根拠のある）仮説がない場合は、「分散分析」で比較の対象を決めて「多重比較」を行う。

多重比較法（たじゅうひかくほう）multiple comparison ⇒　**多重比較**（たじゅうひかく）

多重ロジスティック回帰分析（たじゅうロジスティックかいきぶんせき）multiple logistic regression analysis ⇒　**ロジスティック回帰分析**（ロジスティックかいきぶんせき）

多段階抽出法（ただんかいちゅうしゅつほう）multistage sampling

「標本抽出法」の1つ。母集団をいくつかの群（グループ）に分割してその中から対象を無作為に選ぶというプロセスを繰り返し、選んだ群がある程度小さくなったら、その中から標本を無作為に抽出するあるいは全数を選ぶ方法である。日本国内から1,000名の対象者を抽出する場合、まず47の都道府県から5つを無作為に抽出し、次に、この5つの都道府県の中からそれぞれ4つの市区町村つまり20の市区町村を無作為に抽出し、この20の市区町村からそれぞれ50名を無作為に抽出すれば、全部で1,000名の対象者を選ぶことができる。訪問調査の対象者を選ぶときによく使われる方法で、調査員が訪問する地域が絞れるので、手間やコストを節約できる。しかし、一般には、抽出の段階が増えると、標本誤差が累積されるので、注意が必要である。⇒　**標本抽出**（ひょうほんちゅうしゅつ）

ダネットの多重比較（ダネットのたじゅうひかく）Dunnett's multiple comparison

「分散分析」で、3つ以上の群（グループ）の間で平均値に差がある！となったとき、どの群とどの群の平均値に差があるかを検定する「多重比較」の方法の1つ。「ダネットの d 検

定」と同じ。母集団の分布が正規分布にしたがい（正規性）、また、それぞれの群の群内分散が等しい（等分散性）という前提条件の下で、指定した"対照群"と他のそれぞれの群の平均値に差があるか否かを見つけ出す。すべての群のすべての組み合わせ（対）について興味があるのではなく、特定の群（対照群）とその他の群の組み合わせについてのみ興味があるという訳である。そして、単に「差があるか否か」だけでなく、「小さいといえるか」あるいは「大きいといえるか」を判定したい状況で使うことができる。群の数を m とすると、"対照群"と他の $(m-1)$ のそれぞれの群の比較をし、比較する仮説の数は少なくなるので、多重比較で最も一般的に使われている「テューキーの範囲検定（多重比較）」に比べて、その分だけ"有意差"が出やすいのが特徴である。

具体的には、"対照群"の平均値を μ_0、比較する群の平均値を μ_1 とすると、帰無仮説は $H_0: \mu_0 = \mu_1$ であり、対立仮説は $H_1: \mu_0 \neq \mu_1$、$H_1: \mu_0 < \mu_1$、$H_1: \mu_0 > \mu_1$ のいずれかになる。群の数を m、それぞれの群 i のデータ数を n、データを $x_{i1}, \cdots, x_{in}$、その平均値を $\bar{x}_i = \frac{1}{n}\sum_{j=1}^{n} x_{ij} = \frac{1}{n}(x_{i1} + \cdots + x_{in})$、偏差平方和を $S_i = \sum_{j=1}^{n}(x_{ij} - \bar{x}_i)^2 = (x_{i1} - \bar{x}_i)^2 + \cdots + (x_{in} - \bar{x}_i)^2$ とすると、誤差の自由度は $f = m \times n - m = m \times (n-1)$、誤差分散は $s^2 = \frac{1}{f}\sum_{i=1}^{m} S_i = \frac{1}{f}(S_1 + \cdots + S_m)$ となり、対照群の平均値 μ_0 と比較する群の平均値 μ_1 が同じといってよいか否かの検定統計量は $t_{01} = \frac{\bar{x}_0 - \bar{x}_1}{\sqrt{s^2 \times \left(\frac{1}{n_0} + \frac{1}{n_1}\right)}} = (\bar{x}_0 - \bar{x}_1) \div \sqrt{s^2 \times \left(\frac{1}{n_0} + \frac{1}{n_1}\right)}$ となる。

そして、この検定統計量が有意水準 α、群の数 n、自由度 f に対応した"棄却限界値"（臨界値）$d_\alpha(m,f)$ を超えなければ（つまり $|t_{01}| < d_\alpha(m,f)$）、帰無仮説は棄却されず、超えれば（つまり $|t_{01}| > d_\alpha(m,f)$）、帰無仮説は棄却される。また、対立仮説を $H_1: \mu_0 < \mu_1$ のときは、$t_{01} < d_\alpha(m,f)$ ならば帰無仮説は棄却されず、$t_{01} > d_\alpha(m,f)$ ならば帰無仮説は棄却される。さらに、対立仮説を $H_1: \mu_0 > \mu_1$ のときは、$t_{01} > -d_\alpha(m,f)$ ならば帰無仮説は棄却されず、$t_{01} < -d_\alpha(m,f)$ ならば帰無仮説は棄却される。なお、有意水準 α、群の数 m、自由度 f に対応した"棄却限界値"の $d_\alpha(m,f)$ は、「ダネットの多重比較の数表」（ダネットの d 表）に掲載されている。この数表は、普通の統計の本には載っていないので、注意！⇒ **一元配置分散分析**（いちげんはいちぶんさんぶんせき）、**多重比較**（たじゅうひかく）

- 【$\mu_1 < \cdots < \mu_m$ という状況が想定できる場合】「ダネットの多重比較」を適用すると、「$\mu_1 < \mu_3$ といえる」が「$\mu_1 < \mu_4$ とはいえない」といった"矛盾した"結論が得られる可能性があり、また、$\mu_1 < \cdots < \mu_m$ という情報を利用していないという問題点もある。「**ウィリアムズの多重比較**」は、m 個の群の母平均について、$\mu_1 < \cdots < \mu_m$ が想定できる場合、平均値の差が最も大きい群との比較から行い、その検定が有意であった場合にのみ次の群との比較を行う。これを"**ステップダウン法**"つまり"**逐次棄却型検定**"という。「ダネットの多重比較」よりも適用が限定されるが、最高の検出力を発揮するのがポイントだ。☺

- 【数表】「ダネットの多重比較の数表」は"巻末"に掲載！

- 【人】この方法は、カナダの統計学者の**チャーリー・ダネット**（Charles William "Charlie" Dunnett, 1921-2007）が1955年に開発し、1964年に「臨界値表」を公表した。また、「ウィリアムズの多重比較」は、**D・A・ウィリアムズ**（DA Williams）に

よる。

ダネットの d 検定 (ダネットのディーけんてい) Dunnett's d test ⇒ **ダネットの多重比較** (ダネットのたじゅうひかく)

多変量解析 (たへんりょうかいせき) multivariate analysis, MVA

　複数の変数からなる多変量データを統計的に扱う手法の総称。多種多様な特性を持つ多変量のデータの「相関関係」を分析して、データの特徴を抽出したり、データの背後にある要因を見つけ出したりする手法である。"対応のある"2つ以上の変量のうちの1つを他の変量で説明する回帰式を推定する「**重回帰分析**」、データがどの群（グループ）に属するかを判別する判別式を推定する「**判別分析**」、多くの特性値を持つデータを少数の特性値に集約する「**主成分分析**」、同様に潜在的な因子を見つけだす「**因子分析**」、似たものを集め対象全体をいくつかの群（クラスター）に分類する「**クラスター分析**」の他、日本独自の"質的な"多次元データを分析する「**数量化理論**」などがある。⇒ **因子分析** (いんしぶんせき)、**回帰分析** (かいきぶんせき)、**クラスター分析** (クラスターぶんせき)、**主成分分析** (しゅせいぶんぶんせき)、**数量化理論** (すうりょうかりろん)、**相関分析** (そうかんぶんせき)、**判別分析** (はんべつぶんせき)

📖 【分類】多くの概説書に載っている「多変量解析」の手法の"分類"として、各手法の基準変数（目的変数＝外的基準）と説明変数がそれぞれ量的か質的かを述べると、以下のようになる。つまり、「**重回帰分析**」（量的な基準／量的な説明）、「**正準相関分析**」（量的な基準／量的な説明）、「**ロジスティック回帰分析**」（量的な基準／量的な説明）、「**数量化理論Ⅰ類**」（量的な基準／質的な説明）、「**判別分析**」（質的な基準／量的な説明）、「**数量化理論Ⅱ類**」（質的な基準／質的な説明）、「**主成分分析**」（基準なし／量的な説明）、「**因子分析**」（基準なし／量的な説明）、「**クラスター分析**」（基準なし／量的な説明）、「**多次元尺度構成法**」（基準なし／量的な説明）、「**数量化理論Ⅲ類**」（基準なし／質的な説明）、「**数量化理論Ⅳ類**」（基準なし／質的な説明）である。

多峰分布 (たほうぶんぷ) multimodal distribution

　「度数分布図（ヒストグラム）」を描くと、その形が"八ヶ岳"のように多くの峰（ピーク）を持った山のように見える分布。峰が2つなら「二峰分布」と呼ぶ。「多峰分布」のデータは、複数の質が異なるデータが混ざっており、"均質"なデータではない可能性があるので、この場合には、層別などの方法によって、"均質"なデータに分類して分析することが必要である。度数分布図を描くと、その形が"富士山"のように1つの山の「単峰分布」に対比してこのようにいう。⇒ **層別** (そうべつ)、**度数分布** (どすうぶんぷ)

ダミー変換 (ダミーへんかん) dummy transformation ⇒ **ダミー変数** (ダミーへんすう)

ダミー変数 (ダミーへんすう) dummy variable

　（計量経済モデルなどの構築で、）「回帰式」などを推定するときに、定性的な独立変数の値を 0 と 1 に対応させて、定量的な独立変数と見なして扱うもの。例えば、人の性別のデータだと、男性は 0、女性は 1 と、未婚・既婚の区別のデータだと、未婚は 0、既婚は 1 などと表す。学歴など、3つ以上の値があるものでは、例えば、大学院、大学、高校の3つの変数のそれぞれの値を 0 と 1 と 2 に対応させる。このように、定性的な変数をダミー変数に変換することを「**ダミー変換**」という。ちなみに、「ダミー」とは身代わりのこと。「擬変数」と

単一回答 (たんいつかいとう) single answer, SA ⇒ 単回答 (たんかいとう)
単回帰分析 (たんかいきぶんせき) regressin analysis ⇒ 回帰分析 (かいきぶんぶ)
単回答 (たんかいとう) single answer, SA

アンケート調査で、提示された複数の選択肢の中から1つだけの回答を選択し回答する方式。例えば、「これらの選択肢の中で、最も好きなものを1つ答えてください！」などといった方式である。回答者に2つ以上の選択の可能性があった場合にも、回答者に"決める"ことを求める方式である。「単一回答」や「単数回答」と同じ。選択肢の中から1つだけではなく複数の選択肢を選択・回答する「複数回答(注1)」に対比してこういう。⇒ アンケート調査 (アンケートちょうさ)

(注1)【複数回答】の方法には、複数の選択肢の中から、「いくつでも」、「3つまで」、「3つ」、「××の順に3つ」などがある。当然のことながら、それぞれの分析の仕方は異なる。☺

探索的因子分析 (たんさくてきいんしぶんせき) exploratory factor analysis, EFA ⇒ 因子分析 (いんしぶんせき)
探索的データ解析 (たんさくてきデータかいせき) exploratory data analysis, EDA

得られたデータの背後に存在する構造つまり変数の間の関連を"探索的に"探り出すことを目的にした「データ解析」の総称。英語の頭文字を取って「EDA」ともいう。得られたデータに対して、「まずモデルや仮説ありき」ではなく、データの示唆する情報を多面的に捉えよう！という考え方で、データ解析の初期のフェーズを重視している。「探索的データ解析」では、①抵抗性、②残差分析、③再表現、④図示の4つの観点が重要であるとされている。

ここで、「抵抗性」は、外れ値など一部の不適切なデータの影響を受けにくいことで、中央値は算術平均よりも抵抗性が高いことはよく知られている。また、回帰分析で使われる最小自乗法はこういったデータの影響を受けやすいので、ロバスト推定の方法が開発されている。不適切なデータを降り除く「データクレンジング」も有効である。また、残差はモデルとデータの差で、モデルで説明できなかったすべてが含まれており、これを詳細に分析することで、よりよいモデルを構築しようとするもの。これが「残差分析」。また、「再表現」は、一次変換、対数変換、データの等分散化などデータの変数変換のことで、これによって、データをより観察・分析しやすいものとする。「図示」は、データを適切な図やグラフで表現することで、予期しなかった特徴や性質を認識しやすくすることである。別の調査や研究で得られたモデル（構造）を仮定し統計的・確率的に検討する統計的仮説検定（検定）を中心とする「確認的データ解析」に対比していう。⇒ JMP (ジャンプ)、ロバスト推定 (ロバストすいてい)

【文献】John Wilder Tukey, "Exploratory Data Analysis". Addison-Wesley(1977). ISBN 0-201-07616-0 残念ながらこの本の"邦訳"はないが、最近は、日本語の書籍も多く出版されているようだ。

【人】「仮説検定」ばかり重視される風潮に反対して、1960年ごろから「探索的データ解析」を提唱した米国の統計学者ジョン・テューキー（John Wilder Tukey, 1915-

2000）は、"An approximate answer to the right problem is worth a good deal more than an exact answer to an approximate problem."（正しい疑問に近似的な解を持つ方が、間違った疑問に対する正確な解を持つよりもよほどマシだ！）と述べている。

単純集計（たんじゅんしゅうけい）grand total, GT

　選択肢回答方式のアンケート調査の結果（回答）を、質問項目ごと回答選択肢ごとに集計すること。「グランドトータル」、英語の頭文字を取って「GT」ともいう。集計によって、質問ごとに回答の分布（つまり集中とバラツキの状況）を得ることが目的である。ただし、回答選択肢の中から1つだけを選択する「単回答」、複数を選択する「複数回答」など、回答方式によって集計の仕方は違うので注意が必要である。回答数がある程度多ければ、「単純集計」が済んだ後は、もっと深く検討・分析できる「クロス集計」に進むことになる。⇒ **クロス集計**（クロスしゅうけい）

単純平均（たんじゅんへいきん）arithmetic mean ⇒ **算術平均**（さんじゅつへいきん）

単数回答（たんすうかいとう）single answer, SA ⇒ **単回答**（たんかいとう）

∀（ターンドエイ）turned A or universal quantifier

　全称記号。数理論理学の記号の1つで、Allの頭文字（大文字）のAを反転させた「∀」という記号である。「$\forall_i$」は"すべての i について"ということで、例えば、すべてのデータが n 件の $x_1, \cdots, x_n$ であれば、その最大値は $\max_{\forall i} x_i$、最小値は $\min_{\forall j} x_j$ と書ける。また、これらのデータの総和は $\sum_{k=1}^{n} x_k = x_1 + \cdots + x_n$ だが、これは $\sum_{\forall_k} x_k$ とも書ける。

　📖【∃】（turned E）も数理論理学の記号の1つで、Eachの頭文字のEを反転させた形で、"少なくとも1つ存在する"を意味する「存在記号」（existential quantifier）だ。

　📖【∀】は、1935年にドイツの数学者・論理学者のゲルハルト・カール・エーリヒ・ゲンツェン（Gerhard Karl Erich Gentzen, 1909-45）が使い始めた記号だ。

単峰分布（たんぽうぶんぷ）unimodal distribution

　度数分布図（ヒストグラム）を描くと、その形が"富士山"のように1つの峰（ピーク）を持った山のように見える分布。"八ヶ岳"のように複数の峰を持った「多峰分布」のデータは、複数の質が異なるデータが混ざっており、"均質"なデータではない可能性があるが、峰が1つの「単峰分布」はこういった心配が少ないことが多い。なお、この分布では、1つの峰がその度数分布の最頻値（モード）である。⇒ **度数分布**（どすうぶんぷ）

ち

『地域経済総覧』（ちいきけいざいそうらん）

　（ビジネス書や経済書などを発行している）東洋経済新報社（東京都中央区）が1971年から毎年9～10月頃に刊行しているエリアデータ集。自治体（都道府県、市区町村）別の経済・社会データを幅広く収録している。具体的なデータは、「都道府県別データ」として、面積／都市計画区域・市街化区域面積／地価／住民基本台帳人口・人口動態・世帯／国勢調査／県民経済計算／都道府県財政／事業所／農林水産業／工業／建設／運輸／商業／サービス業／企業活動／家計・所得／雇用・労働／預貯金・保険／消費／自動車／情報・通信／医療・保健／福

社／教育／文化／住宅／環境／安全・社会環境／府県間流動（転出入・旅客・貨物・大学進学）などを、「**市区別データ**」として、面積／可住地・都市計画区域面積／人口密度／人口動態／住民基本台帳人口－男女別・年齢別／世帯数／国勢調査　地方公務員（職員数・採用者数）／都市財政／事業所・従業者数／農業産出額／工業／小売業・卸売業／大型小売店数／課税対象所得額／納税義務者数／新設住宅着工戸数／持家比率・住宅面積／通勤時間／建築着工床面積／地価／保育所数／学校数および児童・生徒・学生数／図書館・体育施設数／乗用車・貨物自動車保有台数／病院・一般診療所数／歯科診療所数／医師数／介護サービス施設定員数／公共下水道普及率／ごみ排出量／都市公園面積／交通事故件数／火災発生件数／刑法犯認知件数などを、「**町村別データ**」として、面積／可住地人口密度／住民基本台帳人口（男女・年齢別）／人口動態／世帯数　国勢調査／町村財政／事業所・従業者数／農業産出額／工業／小売業・卸売業／課税／保育所数／公共下水道普及率など29分類・約2,600項目を掲載している。『2016年版』の紙版は12,960円（税込）、CD-ROM版は600,000円（税別）（継続利用、アカデミック利用、図書施設利用は400,000円（税別））。⇒　『**民力**』（みんりょく）

中位数（ちゅういすう）median ⇒ **中央値**（ちゅうおうち）

中央値（ちゅうおうち）median [注1]

　データの分布の"中心"の位置を表す統計量の1つ。データの値の大きさの順位として"中央"（丁度真ん中）に当たる値である。「中位数」や「メディアン」と同じ。「メジアン」と書く人もいる。データのうちの半分はこの値よりも小さく、残りのデータはこの値よりも大きい。$\tilde{x}$ や x_{med} で表すことが多い。具体的には、n をデータの個数とし、データを大きさの順に並べて $x_{(1)} \leq \cdots \leq x_{(n)}$ とすると（$x_{(i)}$ の (i) は、"小さい順から i 番目"の意味）、n が奇数の場合には、データの値が"中央"に当たる値 $\tilde{x} = x_{[\frac{n+1}{2}]}$、$n$ が偶数の場合には、"中央"に当たるデータが存在しないので、"中央"に隣接する2つのデータの平均値 $\tilde{x} = \frac{1}{2}\left(x_{[\frac{n}{2}]} + x_{[\frac{n}{2}+1]}\right) = \left(x_{[\frac{n}{2}]} + x_{[\frac{n}{2}+1]}\right) \div 2$ である。例えば、9件のデータの値が $1,2,4,6,7,9,10,11,20$ の場合、下から $(9-1) \times \frac{1}{2} + 1 = 5$ 番目の7が中央値 $\tilde{x}$ である。8件のデータの値が $1,2,4,6,7,9,10,11$ の場合、丁度真ん中は $(8-1) \times \frac{1}{2} + 1 = 4.5$ 番目なので、4番目の6と5番目の7の平均値 $\frac{1}{2}(6+7) = 6.5$ が中央値 $\tilde{x}$ になる。

　データの分布の位置を表す「平均値（算術平均）」$\bar{x} = \frac{1}{n}\sum_{i=1}^{n} x_i = \frac{1}{n}(x_1 + \cdots + x_n)$ つまり $\bar{x} = \frac{1}{n}\sum_{i=1}^{n} x_{(i)} = \frac{1}{n}(x_{(1)} + \cdots + x_{(n)})$ に比べて、（他のデータから離れた）"外れ値"など極端なデータに影響されず、また、直感的にも分かりやすい統計量である。一般に、データの分布が上側（右側）に偏っている場合には、中央値 $\tilde{x}$ ＜算術平均 $\bar{x}$ であり、データの分布が下側（左側）に偏っている場合には、中央値 $\tilde{x}$ ＞算術平均 $\bar{x}$ である。よく知られている例として、人々の所得のデータで、一部の高所得者が算術平均をより大きくしてしまい、平均的な人々の所得とは擦れてしまう。これに対して、「中央値」は、データの"丁度真ん中"に位置しており、平均的な人々の所得という意味で私たちの感覚ともよ〜く合っている。⇒ **移動平均法**（いどうへいきんほう）、$\tilde{x}$（エックスチルダー）、**最頻値**（さいひんち）、**探索的データ解析**（たんさくてきデータかいせき）、**平均値**（へいきんち）、**要約統計量**（ようやくとうけいりょう）

　📖【読み方】「$\bar{x}$」は"エックスバー"と、「$\tilde{x}$」は"エックスチルダー"と読む。

（注1）【median】米語では、道路の中央分離帯（median strip）や三角形の中線のことだ。

Excel【関数】 MEDIAN（中央値）

中央値検定（ちゅうおうちけんてい）median test

2つ以上の群（グループ）の中央値（メディアン）に差があるか否かの統計的仮説検定（検定）。「メディアン検定」と同じ。群の数をkとして、すべての群のデータを一緒にしてその中央値$\tilde{x}$を求め、それぞれの群ごとに求めた中央値未満のデータの数とそうではないデータの数を数えて、$2×k$分割表を作り、「χ^2検定」を行う。つまり、求めた中央値未満のデータとそうではないデータの数の比率の差の検定を行う。

計算例として、$k=2$として、一方の群 A のデータが$1.2, 1.5, 1.8, 2.7$、もう一方の群 B のデータが$1.3, 1.9, 2.9, 3.1, 3.9$の場合として、「中央値検定」をしてみよう。この場合、すべてのデータを一緒にして小さい順に並べると、$1.2, 1.3, 1.5, 1.8, 1.9, 2.7, 2.9, 3.1, 3.9$となり、中央値は$1.9$となる。この結果、群 A ではこの値未満のデータは$1.2, 1.5, 1.8$の3つで、この値以上のデータは2.7だけである。群 B ではこの値未満のデータは1.3だけで、この値以上のデータは$1.9, 2.9, 3.1, 3.9$の4つである。したがって、$2×2$分割表は表1のようになる（表2は"期待値"）。この表のデータのχ^2値を計算すると、$\chi^2 = \frac{(3-1.78)^2}{1.78} + \frac{(1-2.22)^2}{2.22} + \frac{(1-2.22)^2}{2.22} + \frac{(4-2.78)^2}{2.78} = 2.72$となり、有意水準$5\%$、自由度$2×2-1=3$の棄却限界値が$\chi^2_{0.05}(3) = 7.815$で、$2.72 < 7.815$なので、帰無仮説「群 A と群 B の中央値に差はない！」は棄却できないことになる(注1)。なお、この例が示すように、この方法は、データそのものではなく、データの値が中央値以上かそうではないかという情報しか使わないので、その分、検出力は必ずしも高くないことに注意！ ⇒ **中央値**（ちゅうおうち）

表1　2×2分割表

	$x < \tilde{x}$	$\tilde{x} \leq x$	計	比
A	3	1	4	0.444
B	1	4	5	0.555
計	4	5	9	1.000
比	0.444	0.555	1.000	

表2　期待値

	$x < \tilde{x}$	$\tilde{x} \leq x$	計
A	1.78	2.22	4
B	2.22	2.78	5
計	4	5	9

📖 **【読み方】**「χ」は、ギリシャ文字の小文字で"カイ"と読む。対応する英字はないので、英語ではchiと書く。「χ^2」は"カイ自乗"と読む。「$\tilde{x}$」は"エックスチルダー"と読む。

(注1)　**【有意な差】** 群Aが$1.2, 1.3, 1.5, 1.8$、群Bが$1.9, 2.7, 2.9, 3.1, 3.9$だったならば、表1

	$x<\tilde{x}$	$\tilde{x}\leq x$	計
A	4	0	4
B	0	5	5
計	4	5	9

は、$\chi^2 = 9$になり、$9 > 7.815$なので、「2つの群の中央値に差はない！」という帰無仮説は棄却できる！ 😊

📖 **【中央値】**や最大値、最小値、四分位数などの信頼区間の推定の方法は、「ブートストラップ法」や「ジャックナイフ法」など"計算機統計学"で用意されている。

中央平均（ちゅうおうへいきん）midmean

50%トリム（刈り込み）平均。データをその値の大きさの順に並べ、下（最小値）から25%のデータを、上（最大値）からも25%のデータを取り除いて、"中央"の50%のデータだけで計算した平均値である。例えば、12件のデータが$0, 1, 2, 3, 4, 5, 6, 7, 8, 9, 11, 13$の場合、算

術平均は $\frac{0+1+2+3+4+5+6+7+8+9+11+13}{12} = 5.75$ であるのに対して、下から 25% つまり3件 $(0,1,2)$、上からも 25% つまり3件 $(9,11,13)$ を刈り込み、真ん中の 50% つまり6件 $(3,4,5,6,7,8)$ だけの平均値、つまり「50% トリム平均」は $\frac{3+4+5+6+7+8}{6} = 5.5$ になる。⇒ **トリム平均**（トリムへいきん）

Excel【関数】 TRIMMEAN関数に50%を入力して計算する。

<u>中心極限定理</u>（ちゅうしんきょくげんていり）central limit theorem

確率論における"極限定理"の1つで、確率変数 x がどんな確率分布にしたがっていても、そのデータの件数 n が十分に大きくなれば、その確率変数の和は「正規分布」に近づく！別のいい方をすれば、元となる母集団から無作為（ランダム）に抽出した標本の値 $x_i (i=1,\cdots,n)$ つまり $x_1,\cdots,x_n$ つまり同じ確率分布にしたがう確率変数の値の和 $S_n = \sum_{i=1}^{n} x_i = x_1 + \cdots + x_n$ は、n が十分に大きくなれば、「正規分布」にしたがうようになる。

これを数式で書けば、平均値が μ、分散が σ^2 の"独立"した確率分布にしたがう確率変数 $x_i (i=1,\cdots,n)$ の和を $S_n = \sum_{i=1}^{n} x_i = x_1 + \cdots + x_n$ としたとき、n が大きくなるにつれて、$\frac{S_n - n \times \mu}{\sqrt{n} \times \sigma} = (S_n - n \times \mu) \div (\sqrt{n} \times \sigma) (\sqrt{}$ は"平方根"$)$ の値は「正規分布」に近づき、その値が $-a \sim +a$ の間にある確率 $p\left(-a \leq \frac{S_n - n \times \mu}{\sqrt{n} \times \sigma} \leq +a\right)$ は、標準正規分布 $N(0, 1^2)$ の確率の $\int_{-a}^{+a} \frac{1}{\sqrt{2\pi}} e^{-\frac{x^2}{2}} dx$（$\int$ は"積分"）（π は"円周率"）（e は"自然対数の底<u>てい</u>"という定数）に近づく。これは和の代わりに、確率変数の平均値 $\bar{x}_n = \frac{S_n}{n} = \frac{1}{n} \sum_{i=1}^{n} x_i = \frac{1}{n} (x_1 + \cdots + x_n)$ であっても同じだ（この証明はむずかしいので"省略"）。

この定理の内容は本当に驚くべきこと☺で、元の確率分布が一様分布をしていても、二項分布をしていても、あるいは、他のどんな分布にしたがっていても、それから無作為に抽出した十分に大きな標本の値の和や平均値は「正規分布」をしている！というのである。世の中のいろいろなデータ、例えば、私たちの身長、運動能力、試験の成績、工業製品の誤差など、多くのデータが経験的に「正規分布」にしたがっているとされるのは、この仕組みつまりこれらのデータが多くの要因の結果、いろいろな要因の足し算によって決まるとされるからだ。⇒ **正規分布**（せいきぶんぷ）、**大数の法則**（たいすうのほうそく）

- 📖【読み方】「μ」は、英字の m に対応するギリシャ文字の小文字で"ミュー"と読む。「σ」は、英字の s に当たり"シグマ"と読む。「σ^2」は"シグマ自乗"と読む。また、「$\bar{x}$」は"エックスバー"と読む。

- 📖【モンテカルロ法】は、コンピューターの中で乱数を利用して"実験"をするシミュレーションの方法である。例えば、Excelを使って、コンピューターの中で、多数（例えば10個）の $0\sim1$ の一様乱数の平均値を何回も計算して、その分布を描いてみれば、次第に「正規分布」に近づいていく、つまり「中心極限定理」が確認できる。☺

- 📖【人】「中心極限定理」を数学的に証明したのは、ロシアの数学者のアレクサンドル・リャプーノフ（Aleksandr Mikhailovich Lyapunov, 1857-1918）で、1901年のことだった。

<u>調和平均</u>（ちょうわへいきん）harmonic mean

データの平均値の1つ。データの"逆数"の「算術平均」の"逆数"である。つまり、n 件の非負のデータを $x_1,\cdots,x_n$ としたとき、データの逆数の算術平均は $\frac{1}{y} = \frac{1}{n} \sum_{i=1}^{n} \frac{1}{x_i}$

$= \frac{1}{n}\left(\frac{1}{x_1} + \cdots + \frac{1}{x_n}\right)$ で、その逆数の $y = \frac{1}{\frac{1}{n}\sum_{i=1}^{n}\frac{1}{x_i}} = \frac{1}{\frac{1}{n}\left(\frac{1}{x_1} + \cdots + \frac{1}{x_n}\right)} = 1 \div \left(\frac{1}{n}\left(\frac{1}{x_1} + \cdots + \frac{1}{x_n}\right)\right)$ が「調和平均」だ。$n=2$ ならば、$y = \frac{1}{\frac{1}{2}\left(\frac{1}{x_1} + \frac{1}{x_2}\right)} = \frac{x_1 \times x_2}{\frac{1}{2}(x_1 + x_2)} = (x_1 \times x_2) \div \left(\frac{1}{2}(x_1 + x_2)\right)$ であり、$n=3$ ならば、$y = \frac{1}{\frac{1}{3}\left(\frac{1}{x_1} + \frac{1}{x_2} + \frac{1}{x_3}\right)} = \frac{x_1 \times x_2 \times x_3}{\frac{1}{3}(x_1 \times x_2 + x_2 \times x_3 + x_3 \times x_1)} = (x_1 \times x_2 \times x_3) \div \left(\frac{1}{3}(x_1 \times x_2 + x_2 \times x_3 + x_3 \times x_1)\right)$ である。平均速度（＝距離÷時間）や平均購入単価（＝支払い金額÷購入量）など2種類の量の比で分子の量を基準とするデータの平均値を求めるのに使われる。例えば、3回の100メートル走の記録がそれぞれ14,16,20秒の場合、逆数の平均値は $\frac{1}{y} = \frac{1}{3}\left(\frac{1}{14} + \frac{1}{16} + \frac{1}{20}\right) = \frac{1}{3} \times \frac{103}{560} = \frac{103}{1680}$ となるので、平均速度は $y = \frac{1680}{103} \fallingdotseq 16.31$（秒）となる。

⇒ **算術平均**（さんじゅつへいきん）、**平均値**（へいきんち）

📖 **【変数変換】**「幾何平均」も「調和平均」も、上下（左右）に偏ったデータの分布を"変数変換"によって、左右対称の分布に近づけようとするものだ。ちなみに、調和平均 $H \leq$ 幾何平均 $G \leq$ 算術平均 A という関係がある。

Excel【関数】HARMEAN（調和平均）

直交配列表（ちょっこうはいれつひょう）orthogonal array ⇒ **直交表**（ちょっこうひょう）

直交表（ちょっこうひょう）orthogonal array

「実験計画法」で、因子（要因）の水準のすべての組み合わせが同じ回数だけ現れ、この性質を利用して、目的に応じた因子の割り付けを容易にするための表。実験の大きさ（行の数）を N、それぞれの因子の水準（因子の値）の数を p、列の数を k として、$L_N(p^k)$ と書く（L は、「直交表」の起源となった「ラテン方格法」の頭文字）。因子の水準が 1 と 2 だけの「**2水準系の直交表**」では、$L_4(2^3)$、$L_8(2^7)$、$L_{16}(2^{15})$、$L_{32}(2^{31})$ がよく使われている。これらの直交表では、それぞれの因子に対応する列に 1 と 2 が同じ回数だけ現れ、また、どの2つの列を取っても、1 と 2 のすべての組み合わせつまり $(1,1),(1,2),(2,1),(2,2)$ が同じ回数だけ現れるようになっている（これが"直交"の意味だ！[注1]）。また、因子の水準が 1 と 2 と 3 だけの「**3水準系の直交表**」では、$L_9(3^4)$、$L_{27}(3^{13})$、$L_{81}(3^{41})$ がよく使われ、これらの直交表では、それぞれの因子に対応する列に 1 と 2 と 3 が同じ回数だけ現れ、また、どの2つの列を取っても、9通りの数字の並びが同じ回数だけ出てくる。

例えば、4つの因子 A, B, C, D があり、それぞれの因子は2水準として、すべての実験を行うとすると、$2^4 = 16$ 回の実験をしなければならない。この場合、表1の $L_8(2^7)$ を使って、因子 A は列1、因子 B は列2、因子 C は列4、因子 D は列7に割り付け、表2に示す8回の実験を（無作為な順序で）すれば、4つの因子 A, B, C, D の"**主効果**"は検出できる。つまり、A の2つの水準 A_1 と A_2 の比較では、A_1 と A_2 のそれぞれで、B_1 と B_2、C_1 と C_2、D_1 と D_2 がそれぞれ2回ずつ実験され、B, C, D の影響が入らないので、$A = A_1$ の4つのデータの合計 $T_1 = x_1 + x_2 + x_3 + x_4$ と $A = A_2$ の4つのデータの合計 $T_2 = x_5 + x_6 + x_7 + x_8$ の差 $T_1 - T_2$ を見ればよいことになる。これは、他の因子の水準 B_1 と B_2、C_1 と C_2、D_1 と D_2 の比較でも同じだ。

また、因子 A と B の間に"**交互作用**"の $A \times B$ がある場合、列3に示すように、A と B

が同じ水準の組み合わせ（つまり$A_1 \times B_1$と$A_2 \times B_2$）とAとBが違う水準の組み合わせ（つまり$A_1 \times B_2$と$A_2 \times B_1$）の比較では、そのそれぞれで、C_1とC_2、D_1とD_2がそれぞれ2回ずつ実験され、C,Dの影響が入らないので、前者の4つのデータの合計$T_3 = x_1 + x_2 + x_7 + x_8$と後者の4つのデータの合計$T_4 = x_3 + x_4 + x_5 + x_6$の差$T_3 - T_4$を見ればよい。交互作用$A \times C$と$A \times D$はそれぞれ列5と6に示される方法で評価できる。ちなみに、列3,5,6に因子が割り付けられていた場合には、以上のような評価はできない。また、この直交表では、交互作用の$B \times C$と$B \times D$と$C \times D$は評価できない（これらの交互作用を評価する場合には、$L_{16}(2^{15})$による16回の実験が必要になる）。⇒ **実験計画法**（じっけんけいかくほう）、**タグチメソッド**

表1　2水準系の直交表

列番 No.	1	2	3	4	5	6	7
1	1	1	1	1	1	1	1
2	1	1	1	2	2	2	2
3	1	2	2	1	1	2	2
4	1	2	2	2	2	1	1
5	2	1	2	1	2	1	2
6	2	1	2	2	1	2	1
7	2	2	1	1	2	2	1
8	2	2	1	2	1	1	2
基本表示	a	b	a b	c	a c	b c	a b c
群番号	1	2		3			

表2　直交表による実験

列番 要因 No.	1	2	4	7	水準の組み合わせ				実験順序	データ
	A	B	C	D						
1	1	1	1	1	A_1	B_1	C_1	D_1	5	x_1
2	1	1	2	2	A_1	B_1	C_2	D_2	1	x_2
3	1	2	1	2	A_1	B_2	C_1	D_2	3	x_3
4	1	2	2	1	A_1	B_2	C_2	D_1	6	x_4
5	2	1	1	2	A_2	B_1	C_1	D_2	2	x_5
6	2	1	2	1	A_2	B_1	C_2	D_1	8	x_6
7	2	2	1	1	A_2	B_2	C_1	D_1	7	x_7
8	2	2	2	2	A_2	B_2	C_2	D_2	4	x_8

(注1)【直交】は、"垂直に"交わることで、平面上の直線や三次元空間の平面ならば互いに"直角に"交わることだ。数学的にいえば、2つのn次元ベクトル$\vec{a} = (a_1, \cdots, a_n)$と$\vec{b} = (b_1, \cdots, b_n)$（$\vec{a}$と$\vec{b}$の上は→）の"内積"を$\vec{a} \oplus \vec{b} = \sum_{i=1}^{n} a_i \times b_i = a_1 \times b_1 + \cdots + a_n \times b_n$とすると、2つのベクトル$\vec{a}$と$\vec{b}$のなす角度を$\theta$（ギリシャ文字の小文字で"シータ"と読む）として、$\cos\theta = \dfrac{\vec{a} \otimes \vec{b}}{|\vec{a}| \times |\vec{b}|}$（⊗は"ディアディック"と読む）（$|\vec{a}|$と$|\vec{b}|$はそれぞれ$\vec{a}$と$\vec{b}$の"長さ"）となる。

【例えば】3つの因子A, B, Cがあり、それぞれの因子が2水準の場合、$L_8(2^7)$で、因子Aは列1、因子Bは列2、因子Cは列4に割り付けると、"交互作用"の$A \times B$は列3で、$A \times B$は列3で、$B \times C$は列6で、$C \times A$は列4で、そして、$A \times B \times C$は列7で評価できる。☺

散らばり（ちらばり）dispersion ⇒ **バラツキ**

つ

対比較（ついひかく）pairwise comparisons

　各群（グループ）総当たりの検定。「分散分析」の結果、3つ以上の群の間のいずれかの平均値に有意な差があることが分かったとき、そのうちのどの群とどの群の間に有意な差があるかを調べる「多重比較」で、"すべて"の群の組み合わせについて検定する方法である。例えば、群がA, B, C, Dの4つの場合には、$(A, B), (A, C), (A, D), (B, C), (B, D), (C, D)$の6つの

"すべて"の組み合わせについて検定する。「多重比較」のうち、**最も一般的に使われている「テューキーの範囲検定（多重比較）」では、「対比較」によって、"すべて"の群の組み合わせについて検定する**。

ちなみに、指定した"対照群"とそれぞれの群の組み合わせについて検定する、つまり、上の例では、対照群を A として $(A,B),(A,C),(A,D)$ の3つの組み合わせについて検定する方法は「**対照群との比較**」という。また、各群の平均値 $\mu_1,\cdots,\mu_n$ について、$\sum_{i=1}^{n} c_i = c_1 + \cdots + c_n = 0$ を満たす実数を $c_1,\cdots,c_n$ として、帰無仮説を $H_0: \sum_{i=1}^{n} c_i \times \mu_i = c_1 \times \mu_1 + \cdots + c_n \times \mu_n = 0$ と考えたもの、つまり、上の例で、例えば、「A,B の平均値より C,D の平均値が大きい」（帰無仮説は $H_0: \frac{\mu_A + \mu_B}{2} < \frac{\mu_C + \mu_D}{2}$、対立仮説は $H_1: \frac{\mu_A + \mu_B}{2} > \frac{\mu_C + \mu_D}{2}$）や「$A<B<C<D$ の傾向がある」などを知りたい場合は、「**対比**」（contrast）あるいは「**線形比較**」という。⇒ **多重比較**（たじゅうひかく）、**テューキーの範囲検定**（テューキーのはんいけんてい）

📖【読み方】「μ」は、英字の m に当たるギリシャ文字の小文字で、"ミュー"と読む。

て

df（ディーエフ）df, degree of freedom ⇒ **自由度**（じゆうど）

TQC（ティーキューシー）TQC, total quality control

全社的品質管理、総合的品質管理。JIS（日本工業規格）では「品質管理を効果的に実施するためには、市場の調査、研究・開発・製品の企画、設計、生産準備、購買・外注、製造、検査、販売及びアフターサービス並びに財務、人事、教育など企業活動の全段階にわたり経営者を始め管理者、監督者、作業者などの企業の全員の参加と協力が必要である。このようにして実施される品質管理を全社的品質管理、または総合的品質管理という。」と説明している。主に企業の製造部門で行われていた品質管理（QC）の方法を、製造部門以外の"すべて"の部門にも広げ、経営者、管理者、監督者、作業者を含む"全員"が品質管理に取り組もうというものだ。

従来の「品質管理」つまり「SQC」（統計的品質管理）がどちらかというと製造現場に密着したハード的な取り組みであるのに対して、「TQC」は、作業プロセスやそのプロセスでの品質の取り組みの規定の改善などソフト的なアプローチに重点が置かれている。「SQC」も「TQC」もどちらかというと、現場からの発想や提案を重視する"ボトムアップ"な活動を中心としたものだが、(1990年代前半に"どん底"だった) 米国で徹底的に研究され、「トップのリーダーシップのもとに、組織が一丸となって、顧客の満足する製品やサービスを提供するための一連の活動」である「TQM」(total quality management) に発展し、日本にも里帰りしている。⇒ **品質管理**（ひんしつかんり）

📖【人】「TQC」のコンセプトは、米国の品質管理専門家（エキスパート）のアーマンド・ファイゲンバウム（Armand Vallin Feigenbaum, 1922-）による。

t検定（ティーけんてい）t test

「t分布」にしたがった検定統計量による統計的仮説検定（検定）。「スチューデントのt検定」と同じ。内容としては、①母集団の平均値が特定の値に等しいといってよいか否か、②

独立した2つの群（グループ）のデータの平均値が同じといってよいか否かなどといった検定がある。このうち、②では、2群のデータに"対応"がある場合、"対応"がなく分散が等しい場合、分散が等しいとはいえない場合の区別がある。

具体的には、①は、「母集団の平均値 μ が特定の値 μ_0 に等しい！」という帰無仮説の検定で、標本数を n、標本平均を $\bar{x}$、標本標準偏差を s として、検定統計量の $t = \dfrac{\bar{x} - \mu}{\dfrac{s}{\sqrt{n-1}}} = (\bar{x} - \mu) \div \dfrac{s}{\sqrt{n-1}}$（$\sqrt{\ }$は"平方根"）が自由度 $(n-1)$ の t 分布にしたがうことを利用して検定する。また、②は、「独立した2つの母集団のうちの一方の平均値 μ_1 が他方の平均値 μ_2 と等しい！」つまり「$\mu_1 - \mu_2 = 0$ である！」という帰無仮説の検定で、2つの母集団の分散が等しい場合、2つの群の標本数を n_1 と n_2、不偏分散を u_1 と u_2、2つの群を合わせた不偏分散を u_e とすると、$u_e = \dfrac{(n_1-1) \times u_1 + (n_2-1) \times u_2}{n_1 + n_2 - 2} = ((n_1-1) \times u_1 + (n_2-1) \times u_2) \div (n_1 + n_2 - 2)$ であり、検定統計量の $t = \dfrac{|\bar{x}_1 - \bar{x}_2|}{\sqrt{u_e \times \left(\dfrac{1}{n_1} + \dfrac{1}{n_2}\right)}} = |\bar{x}_1 - \bar{x}_2| \div \sqrt{u_e \times \left(\dfrac{1}{n_1} + \dfrac{1}{n_2}\right)}$（$|x|$は"$x$の絶対値"）が自由度 $(n_1 + n_2 - 2)$ の t 分布にしたがうことを利用して検定する。

2つの群の分散が異なる場合は、「t 検定」を拡張した「ウェルチの t 検定」という方法が用意されている。また、「t 検定」のデータを"順位"に変換して検定する「マン・ホイットニーの U 検定」もあり、これは"ノンパラメトリックな"検定の1つである。ちなみに、「3つ以上の群の平均値に差があるといってよいか否か」の検定は、「t 検定」ではなく、「分散分析」を適用することになる。⇒　**ウェルチの t 検定**（ウェルチのティーけんてい）、**分散分析**（ぶんさんぶんせき）、**マン・ホイットニーの U 検定**（マン・ホイットニーのユーけんてい）

  📖【読み方】「μ」は、英字の m に当たるギリシャ文字の小文字で"ミュー"と読む。また、「$\bar{x}$」は"エックスバー"と読む。

  📖【t 検定】「回帰直線の傾きが0だといってよいか否か」の検定にも「t 検定」が使われる。

Excel【関数】TTEST or T.TEST（t 検定）　※2つの配列、片側検定か両側検定か、対応のあるデータの t 検定か分散が等しくない2つの群の t 検定かを指定する。【ツール】ツールバー⇒データ⇒分析⇒データ分析（t 検定：一対の標本による平均の検定、t 検定：等分散を仮定した2標本の検定、t 検定：分散が等しくないと仮定した2標本の検定）

  ✏【小演習】簡単なので"いますぐ"やってみよう！　購入した7個のパンの重さは440, 458, 434, 446, 450, 422, 430g（グラム）だった。パンの重さは450gといえるか？（正解は⇒「t 分布表（ティーぶんぷひょう）」の項に！）

TCSI分離法 （ティーシーエスアイぶんりほう） separation of TCSI, trend, cyclic, seasonal and irregular variations

時系列データ $y(t)$（t は時間）は、①傾向変動（トレンド）$T(t)$、②周期的変動[注1] $C(t)$、③季節的変動 $S(t)$、④不規則変動 $I(t)$ の4つの成分で構成されるとして、実際のデータをこれらの成分に"分離"したモデルを構築し、説明や予測に使う古典的な「時系列分析」の方法。時系列データをこれら4つの成分を足し算した $y(t) = T(t) + C(t) + S(t) + I(t)$ で説明する

「加法モデル」と、4つの成分を掛け算した $y(t) = T(t) \times C(t) \times S(t) \times I(t)$ で説明する「**乗法モデル**」がある。

　前者では、$T(t)$、$C(t)$、$S(t)$、$I(t)$ はいずれも $y(t)$ と同じ単位を持つ（絶対的な）量だが、後者では、$T(t)$ は $y(t)$ と同じ単位を持つ量だが、$C(t)$、$S(t)$、$I(t)$ はいずれも（相対的な）変動比率で"単位なし"である。一般には、**変数 $C(t)$ と $S(t)$ の変動の幅は $T(t)$ の大きさに比例することが多いので、「乗法モデル」の方が望ましいとされている**。経済企画庁（現在は内閣府に統合）が開発し、1979年9月以前に官庁統計の標準的な季節調整法の1つとして使われていた「EPA法」は、この「乗法モデル」をベースにしたものだ。

　実際のデータをこのモデルに当てはめて、傾向を表す成分 $T(t)$、長い周期の変動成分 $C(t)$、短い周期の変動成分 $S(t)$、ランダムな変動成分 $I(t)$ の4つの成分に分離するためには、まずランダムな変動成分 $I(t)$ と短い周期の変動成分 $S(t)$ を取り除くことが必要である。このための方法が「移動平均法」で、時系列データに対して、その前後の時点のデータと平均してランダムな変動成分や短い周期の変動成分を取り除き、傾向を表す成分や長い周期の変動成分を分離する方法である。単純な変動のパターンを繰り返すデータに対して有効な分析手法である。

　日次データであれば、前後7日間の合計を7で割った値の $y(t) = \frac{1}{7}\sum_{i=t-3}^{t+3} x(t) = \frac{1}{7}(x(t-3) + \cdots + x(t) + \cdots + x(t+3))$ は曜日に関わる変動が平滑化できる。月次データならば、前後12ケ月間の合計を12で割った値の $y(t) = \frac{1}{12}\left(\frac{1}{2}x(t-6) + \sum_{i=t-5}^{t+5} x(t) + \frac{1}{2}x(t+6)\right) = \frac{1}{12}\left(\frac{1}{2}x(t-6) + (x(t-5) + \cdots + x(t) + \cdots + x(t+5)) + \frac{1}{2}x(t+6)\right)$ は、月に関わる変動が平滑化できる（平滑化するデータの数が偶数で、対象とするデータを真ん中にできないので、両端のデータに1/2の重みを乗じて、データの個数を12に合わせている）。「移動平均法」は、その範囲を広くとるほどランダムな成分などを除くことができる。しかし、同時に、時系列データの傾向や長い周期の変動成分をも薄めてしまう、という性質があることに注意してほしい。なお、「時系列データ」の平滑化の方法には、他に「指数平滑法」（exponential smoothing）がある。⇒ **移動平均**（いどうへいきん）、**時系列分析**（じけいれつぶんせき）、**指数平滑法**（しすうへいかつほう）

　（注1）【**循環変動**】には、①約40ケ月の在庫変動による「キチンの波」、②約10年周期の設備投資循環の「ジュグラーの波」、③約20年周期の建設需要による「クズネッツの波」、④40〜60年周期の技術革新による「コンドラチェフの波」などが有名である。

定性調査 （ていせいちょうさ）qualitative survey

　質的調査。調査対象者に文章、絵、身ぶり・手ぶり、動きなどで回答してもらう調査である。質問の結果がほぼ想定でき回答選択肢などを用意することができる場合と違い、質問の結果に想定できない、あるいはそういう部分が残っている場合、自由に回答させることで、より広く多様な回答を得ようとする調査である。回答選択肢を提示するなど、定量化（数値化）できる回答を求める「**定量調査**」に対比していう。「定性調査」はいろいろな目的の調査に幅広く使うことができ、「定量調査」では得られない結果が期待できるが、「定量調査」に比べて、結果の分析には専門的な知識・技能が必要で、また、手間がかかる。⇒ **定量調査**（ていりょうちょうさ）

T得点（ティーとくてん） T score ⇒ **偏差値**（へんさち）

t分布（ティーぶんぷ） t distribution

"連続型"の確率分布の1つ。標本数が少ない場合に、「正規分布」にしたがう母集団のデータの平均値を推定するときに使われる分布である。平均値が μ、分散が σ^2 の正規分布 $N(\mu, \sigma^2)$ にしたがう、n 件の "独立な" 確率変数 $x_1, \cdots, x_n$ の平均値を $\bar{x}_n = \frac{1}{n}\sum_{i=1}^{n} x_i = \frac{1}{n}(x_1 + \cdots + x_n)$、不偏分散を $u_n^2 = \frac{1}{n-1}\sum_{i=1}^{n}(x_i - \bar{x})^2 = \frac{1}{n-1}\left((x_1 - \bar{x})^2 + \cdots + (x_n - \bar{x})^2\right)$ とすると、統計量の $t = \frac{\bar{x}_n - \mu}{\frac{u_n}{\sqrt{n}}} = (\bar{x}_n - \mu) \div \frac{u_n}{\sqrt{n}}$（$\sqrt{\ }$ は "平方根"）は、（この関数はむずかしいので、知らなくてもよいのだが、）$\nu = n - 1$ が "自由度"、Γ は "ガンマ関数" として、$f(t) = k \times \left(1 + \frac{t^2}{\nu}\right)^{-\frac{(\nu+1)}{2}} = \frac{k}{\left(1 + \frac{t^2}{\nu}\right)^{\frac{\nu+1}{2}}} = k \div \left(1 + \frac{t^2}{\nu}\right)^{\frac{\nu+1}{2}}$（ここで、$k = \frac{\Gamma\left(\frac{\nu+1}{2}\right)}{\sqrt{\nu \times \pi} \times \Gamma\left(\frac{\nu}{2}\right)} = \Gamma\left(\frac{\nu+1}{2}\right) \div \left(\sqrt{\nu \times \pi} \times \Gamma\left(\frac{\nu}{2}\right)\right)$ は定数）という確率密度関数にしたがう（この証明は、むずかしいので "省略"）。この分布が「t分布」だ。「**スチューデントのt分布**[注1]」と同じ。平均値は 0、分散は $\frac{\nu}{\nu - 2}$ である。

ちなみに、$\nu = 1$ のときは $f(t) = \frac{1}{\pi \times (1 + t^2)} = 1 \div (\pi \times (1 + t^2))$、$\nu = 2$ のときは $f(t) = \frac{1}{(2 + t^2)^{\frac{3}{2}}} = (2 + t^2)^{-\frac{3}{2}} = 1 \div (2 + t^2)^{\frac{3}{2}}$ になり、$\nu \to \infty$ のときは「正規分布」と同じになる。この分布は、自由度 ν によるが、元の正規分布の母数である μ や σ にはよらない。そのグラフの形は「正規分布」に似た釣鐘型（ベルカーブ）、つまり $t = 0$ を軸に左右対称で、正規分布に比べて中心部は薄く、両裾はやや厚い形状。t の絶対値が大きくなるにしたがって小さくなり、$t = \pm\infty$ で $f(t) = 0$ に漸近する（$\lim_{t \to \pm\infty} f(t) = 0$）。$\nu = 1$ のときは「正規分布」の尖度を鈍くした形、$\nu = 2$ のときはそれより少し鋭くなり、$\nu \to \infty$ のときは「正規分布」に重なる。この確率分布は、その性質から、2つの標本平均の差の検定や、2つの母集団の平均値の差の信頼区間の推定などにも使われている。ちなみに、t 値は、標本平均の "準" 標準化変量" なので、t 分布は "準" 正規分布" と呼ばれることもある。⇒ **正規分布**（せいきぶんぷ）

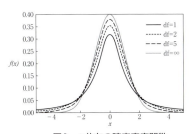

図1　t分布の確率密度関数

📖 **【読み方】**「μ」は、英字の m に当たるギリシャ文字の小文字で "ミュー" と読む。「σ」は、英字の s に当たり "シグマ" と読む。「σ^2」は "シグマ自乗" と読む。また、「ν」は、英字の n に当たり "ニュー" と読む。

(注1)　**【スチューデント】**「t 分布」は、1908年に英国の（ビール醸造会社の）ギネスの醸造技術者・統計学者で、「推測統計学」の開拓者でもあるウィリアム・シーリー・ゴセット（William Sealy Gosset, 1876-1937）が発表した、"小標本の問題" に関する論文 The probable error of a mean, Biometrika, Vol. 6, No. 1. (Mar.), pp. 1-25(1908)が "初

めて”。当時、ギネスは秘密保持のため、従業員の科学論文投稿を禁止していたため、ゴセットは（「ほんの学生です！」という意味の）“スチューデント”というペンネームで発表した。その後、「推測統計学」を確立した、英国の進化生物学者で統計学者の**ロナルド・エイルマー・フィッシャー**（Ronald Aylmer Fisher, 1890-1962）がその重要性を見抜き、「**スチューデントの t 分布**」と呼び、この名前が使われるようになった。（studentの２文字目の t をとったという俗説もあるが、）ゴセットは、統計量の変数名に z を使っており、「t」は、フィッシャーがたまたま使ったものらしい。☺

Excel【関数】TDIST or T.DIST（t 分布の両側あるいは片側確率）、T.DIST.2T（t 分布の両側確率）、T.DIST.RT（t 分布の上側確率）、TINV or T.INV.2T（t 分布の両側確率に対するパーセント点）、T.INV（t 分布の上側確率に対するパーセント点）

t 分布表（ティーぶんぷひょう）table of t distribution

自由度 ν の t 分布に対して上側（片側）**確率の $\alpha = p(t_0 \leqq t)$ と両側確率の $2\alpha = p(t \leqq -t_0) + p(t_0 \leqq t)$ に対応するパーセント点 $t_0 = t_\alpha(\nu)$ の値を与える数表**。普通、この表の行方向（縦軸）には自由度 ν、列方向（横軸）には上側確率 α とその２倍の両側確率 2α を並べ、その交点に対応する $t_\alpha(\nu)$ の値を示している。例えば、$\nu = 10$ の上側確率 5%（$\alpha = 0.05$ つまり $2\alpha = 0.10$）の点は $t_{0.10}(10) = 1.812$ であり、両側確率 5%（$2\alpha = 0.05$ つまり $\alpha = 0.025$）の点は $t_{0.05}(10) = 2.228$ である。統計学の本ならば、“必ず”掲載されている数表である。⇒**自由度**（じゆうど）、**t 分布**（ティーぶんぷ）

①上側確率とパーセント点　　②両側確率とパーセント点

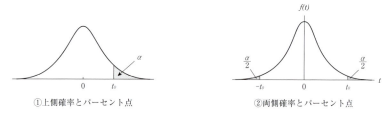

図1 「t 分布表」に掲載しているパーセント点

ν \ α / 2α	0.1 / 0.2	0.05 / 0.1	0.025 / 0.05	0.01 / 0.02	0.005 / 0.01	0.001 / 0.002
1	3.078	6.314	12.706	31.821	63.657	318.309
2	1.886	2.920	4.303	6.965	9.925	22.327
3	1.638	2.353	3.182	4.541	5.841	10.215
4	1.533	2.132	2.776	3.747	4.604	7.173
5	1.476	2.015	2.571	3.365	4.032	5.893
6	1.440	1.943	2.447	3.143	3.707	5.208
7	1.415	1.895	2.365	2.998	3.499	4.785
8	1.397	1.860	2.306	2.896	3.355	4.501
9	1.383	1.833	2.262	2.821	3.250	4.297
10	1.372	1.812	2.228	2.764	3.169	4.144
11	1.363	1.796	2.201	2.718	3.106	4.025
12	1.356	1.782	2.179	2.681	3.055	3.930
13	1.350	1.771	2.160	2.650	3.012	3.852
14	1.345	1.761	2.145	2.624	2.977	3.787
15	1.341	1.753	2.131	2.602	2.947	3.733
16	1.337	1.746	2.120	2.583	2.921	3.686
17	1.333	1.740	2.110	2.567	2.898	3.646
18	1.330	1.734	2.101	2.552	2.878	3.610
19	1.328	1.729	2.093	2.539	2.861	3.579
20	1.325	1.725	2.086	2.528	2.845	3.552

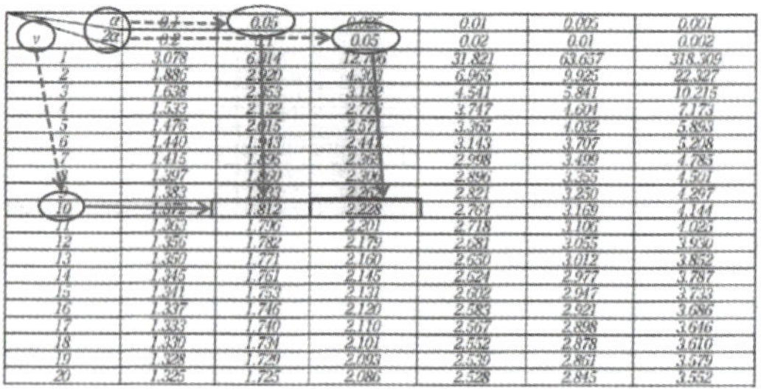

図2 「t 分布表」の使い方

📖【読み方】「ν」は、英字の n に対応するギリシャ文字の小文字で“ニュー”と読む。

📖【数表】「t 分布表」は“巻末”に掲載！　※$\nu, \alpha_{or} 2\alpha \to t_\alpha(\nu)$

Excel【関数】 $t_{0.1}(10) = 1.812$は、$TINV(0.1, 10) = 1.812$で、その逆計算は$TDIST(1.812, 10, 1) = 0.05$である。また、$t_{0.05}(10) = 2.228$は、$TINV(0.05, 10) = 2.228$で、その逆計算は$TDIST(2.228, 100, 2) = 0.05$である。

☞ 【(t検定）小演習の正解】 パンの重さ（グラム）の平均値（標本平均）は $\bar{x} = \frac{1}{7}(440 + 458 + 434 + 446 + 450 + 422 + 430) = 440$で、標本標準偏差は

$$s = \sqrt{\frac{(440-440)^2 + (458-440)^2 + (434-440)^2 + (446-440)^2 + (450-440)^2 + (422-440)^2 + (430-440)^2}{7}}$$

で、これを計算すると、$s = \sqrt{\frac{0^2 + 18^2 + 6^2 + 6^2 + 10^2 + 18^2 + 10^2}{7}} = \sqrt{\frac{920}{7}} = \sqrt{131.43} = 11.46$となる。この結果、検定統計量は $\frac{\bar{x} - \mu}{\frac{s}{\sqrt{n-1}}} = \frac{440 - 450}{\frac{11.46}{\sqrt{7-1}}} = \frac{440 - 450}{4.68} = -2.14$となり、両側有意確率$2\alpha = 0.05 = 5\%$の場合は $t_{2\alpha = 0.05}(6) = 2.4469 > 2.14 = |t|$ となり、帰無仮説は棄却できない！ しかし、（パンが450gより重いのは構わないが、軽いのは問題だ！として、）片側有意確率 $\alpha = 0.10 = 10\%$ の場合は $t_{\alpha = 0.01}(6) = 1.9432 < 2.14 = |t|$となり、帰無仮説は棄却できる！ できましたか。☺

定量調査 （ていりょうちょうさ） quantitative survey

量的調査。調査の目的が明確で、質問への回答が想定できる場合、質問に対して回答選択肢を用意して、この中から回答を選択させるといった調査である。結果は定量的つまり数値データで、（後述の「定性調査」の結果に比べて、）誤差が少なく、統計的な信頼性も高い。どの回答が多い少ない、どのくらいの割合かなどが、数値で示すことができ、また、結果を数表やグラフにすることで、確認・判断に結び付けやすい。当然のことながら、想定外のことは得られない。また、統計的な精度を上げるためには、ある程度の規模（標本数）で調査しなければならない。想定外のことについては、質問に対して、文章や絵や身ぶり・手ぶりや動きなどでも回答してもらう「定性調査」を行って情報を集めることになる。⇒ **定性調査** （ていせいちょうさ）

適合度の検定 （てきごうどのけんてい） test of goodness of fit

対象となる変量の度数分布が指定された確率分布と一致しているといってよいか、つまり指定された確率分布に"適合"しているか否かの統計的仮説検定（検定）。対象となる変量の度数分布とこれに対応する指定された確率分布の期待値の間に関連があるか否かの検定である。通常、検定統計量として、観測値と期待値のズレの大きさを表す χ^2 値を使う「χ^2検定」が用いられ、「χ^2適合度検定」とも呼ばれる。詳細は、「χ^2検定（カイじょうけんてい）」の項へ！ ⇒ **χ^2検定** （カイじょうけんてい）、**独立性の検定** （どくりつせいのけんてい）

📖【読み方】「χ」は、ギリシャ文字の小文字で"カイ"と読む。対応する英字はないので、英語ではchiと書く。「χ^2」は"カイ自乗"と読む。

Excel【関数】 CHITEST or CHISQ.TEST（χ^2検定＝χ^2値に対する下側確率） ※χ^2分布という"連続型"の分布で近似をするため、どの期待値も≥ 5を満たすことが条件とされている。このため、期待値の中に< 5のものがあったときには、水準（項目）を併合して≥ 5にすることが必要である。注意！

データ data

観察・調査あるいは申告によって得ることができ、必要に応じてこれに加工や処理を加

え、何かの基準やパターン（型）などとの比較や照合によって、何かの判断や決定に役立つ「情報」を引き出すことができるもの。手で触れられるモノ（タンジブルデータ）の他、数値や数字や記号で表されたものでも、項目やカテゴリーで示されたものでも、文章で書いたものでも、また、音声・音響、画像（写真）、映像（ビデオ）などでも、これらから何かの「情報」を引き出すことができれば、それはすべて「データ」と呼ぶことができる。

「データの収集方法」の違いとして、データは、他人（調査者）が観察・計測した「観察・計測データ」と、本人（被調査者）が申告した「申告データ」に分けられる。他人の観察・計測は、客観的な評価があるが、本人以上には内面には入れないといった限界、他人のバイアス（偏り）が入ってしまう危険性がある。これに対して、本人の申告には、内面に深く入ることができる可能性もあるが、本人の申告には、自分をよく見せたいなどのバイアスが入っている危険性もある。「申告データ」は、調査者が示した質問に対して回答者（被調査者）が申告したものだ。通常、質問は言葉で提示・説明されるので、データの収集つまり調査で、「言葉」が果たす役割はとても大きい。例えば、ある商品の印象を回答の選択肢を提示して選択・申告してもらう場合、選択肢の言葉の表現によって、回答者の選択・申告が違ってくるであろう。また、選択肢の並べ方が違っていても、選択・申告が違ってくるであろう。さらに、その調査が何のためどんな意図のものかなどを説明する文章の書き方によっても、回答者の申告は違ったものになるであろう。「申告データ」の収集で、「言葉」（説明、選択肢など）の検討・選択はとても重要であることに注意をしてもらいたい。

また、「データの加工の程度」の違いとして、データは、文字通りの「生データ」とこれに何かの加工・処理を加えた「加工データ」に分けられる。前者はその収集・調査の意図と方法にしたがって得られているのに対して、後者はその加工・処理の意図と方法にしたがったものである。さらに、「データの収集目的」の違いとして、データは、何かの目的のために収集・調査した「1次データ」と、これを他の目的のために流用する「2次データ」に分けられる。前者は、時間と費用と手間がかかるが、目的に合った利用ができる。後者は、時間と費用と手間が省けるが、目的にぴったりと合わないことが多く、その流用には限界がある。そして、「データの発生・収集・調査場所」の違いとして、データは、自分の組織内で得られる「内部データ」とそれ以外の「外部データ」に分けられる。前者はよりきめの細かいデータが得られるのに対して、後者は収集・調査をする上で何かと制約がある。「統計」という仕事を進める上で、これらの違いを意識しておくことは、データから導き出される情報が利用できる限界を知る上でとても大切なことである。⇒　**情報**（じょうほう）

> 【国語辞典】「データ」とは、「①判断や立論のもとになる資料。②コンピューターの処理の対象となる事実。状態・条件などを表す数値・文字・記号。」となっている。この説明によれば、数値や数字や記号で表されたものでも、項目やカテゴリーで示されたものでも、文章で書いたものでも、また、音声・音響、画像（写真）、映像（ビデオ）などのコンテンツ（内容）でも、これらから何かに役に立つ「情報」を引き出すことができれば、それはすべて「データ」ということができる。ちなみに、英語のdataは"複数形"で、"単数形"はdatumだ。

データクリーニング data cleaning ⇒　**データクレンジング**
データクレンジング data cleansing

データ洗浄。「生データ」を統計的な分析で使えるように、例えば、誤ったデータや質の低いデータなどを除いたり、修正したりすることである。これを「クレンジング」という言葉で表現している。「生データ」には、抜け（欠損）があるデータ、不正なデータ、誤ったデータが含まれていたり、データの形式（フォーマット）が異なっていたり、単位などが違っていたりすることもある。生データにこういった質の低いデータが含まれていると、その分析の結果つまり得られる情報は信頼できなくなってしまう。

具体的には、欠損値の補完、異常値の修正、データの正規化、データの形式のチェックなどを行って、生データの質を高くする。例えば、欠損値には、意図的に欠損しているもの、不明のため欠損しているもの、データが異常のため記録されなかったものなどがあるが、これらを意味のある欠損であるのか、欠損してもよいのか否か、補完する必要があるのかなどを判断して、生データを"洗浄"する。これが「データクレンジング」で、「データクリーニング」という人もいる。元々は、データベースなどの言葉だが、統計でもまた、とても重要な概念である。⇒ **データマイニング、生データ**（なまデータ）

📖【英和辞典】「cleansing」の原形はcleanseで、（よごれ・悪などを）除く、排除する、きれいにする、掃除する、罪を除く、浄化するなどのこと。cleanserは、洗剤、洗浄剤。☺

データマイニング data mining

データ採掘。小売店の売上げデータ、クレジットカードの利用データ、webサイトへのアクセス記録、電話の通話記録など、企業などに蓄積されている**大量の生データを、ICT（情報通信技術）を使って分析して、その中に潜んでいる、そして、ビジネスに有効に使えるデータ間の関係や規則**（ルール）**などを見つけ出すことである**。方法としては、何かの仮説を立て、何かの予想や期待を持って、あるいは、まったく仮説を立てずに、データベース（DB）のデータを分類する、データの間の関係を分析する、データを時系列的に分析する、他のデータと性質が大きく異なるデータを抽出する、などといったことを（"ダメもと"で）試みて、大量のデータの中に隠れている"使える"関係や規則を見つけ出す。

もう少し具体的に説明すると、「**アソシエーション分析**」と呼ばれる方法では、例えば、「缶詰と冷凍食品を買った客はビールを買う割合が高い！」など、特定の商品の購入などと他の商品の購入などの"使える"関係を見つける"マーケットバスケット分析"などに利用されている(注1)(注2)。また、「**クラスタリング**」では、分類基準が分かっていないデータをデータの類似性からいくつかのグループに分類する。「**クラシフィケーション**」では、データのなかに隠れている規則性を発見し未知のデータの予測や判別つまり"特徴付け"を行う。もちろん、「統計」的な方法も使われる。

社内のデータベースと外部の消費者情報のデータベースを照合して、戦略的なマーケティングを行うことを「**データベースマーケティング**」というが、ある会社では、社内のデータでターゲットとする消費者の詳しい属性を調べ、これを基に、外部データベースで新しい見込み客を探して、ダイレクトメールなどを送り、2％程度であったダイレクトメールの反応を10〜20％に増やすことに成功したという話もある。これも「データマイニング」の応用の1つだ。⇒ **データクレンジング、ビッグデータ**

📖 **【データを扱う科学】** コンピューターの登場と進歩によって、「情報科学」が生まれ急速に進歩している。いわば「統計学」によらない「データを扱う科学」の登場だ！

(注1) **【アソシエーション分析】** は、例えば、売り上げデータを分析し、「パンとバターを購入した客はミルクも購入している！」など、条件Xが満たされたときに結論Yが起きる！という形式の"価値ある"アソシエーションルールを効率的に見つけ出す分析方法の1つである。このための最も代表的なアルゴリズムであるAprioriでは、「信頼度」と「支持度」と「リフト値」に基づいてルールを評価する。ここで、「信頼度」は、ルールの条件Xが満たされたとき、結論Yが起こる割合、つまり、信頼度＝（条件Xと結論Yを共に含むデータ件数）÷（条件Xを含むデータ件数）で、この値が大きいほど条件と結論の結びつきが強い。また、「支持度」は、条件と結論を同時に満たす、つまり、支持度＝（条件Xと結論Yを共に含むデータ件数）÷（全データ件数）で、これはルールそのものの出現率である。さらに、「リフト値」は、信頼度とルールの条件を空にした場合の比率つまりリフト値＝（信頼度（X→Y））÷（支持度（Y））で、条件Xと結論Yの独立性つまりルールの有意味の程度である。信頼度と支持度の値が大きく、かつ、リフト値が大きいルールを"価値あり"と評価する。Aprioriは、「データマイニング」というアイディアを提案したインド出身の米国IBMアルデマン研究所のラケッシュ・アグラワラ（Rakesh Agrawal）らにより提案されたもの。ちなみに、「アソシエーションルール」は「相関ルール」と訳されるが、これは統計学でいう「相関」とは違う！

(注2) **【おむつとビール】** 1990年代半ばから2000年代初めにかけてよく語られ、「データマイニング」の概念を有名にしたのは、「おむつを買った人はビールを買う傾向がある！」という関係だ。1992年12月23日の米国のウォールストリートジャーナル紙に掲載された「Supercomputer Manage Holiday Stock」という記事で、「夕方5時に使い捨ておむつを買った人が、一緒に半ダースのビールを買う確率が高い！」そして、「ビールのおつまみになるスナックの売り上げを上げるため、おむつの棚の並びにスナックを配置したところ、その時間帯のスナックの売り上げが17％増加した！」だった。これが"有名な"「おむつとビール」だ。☺

デプスインタビュー depth interview ⇒ **深層面接**（しんそうめんせつ）

テューキー・クレーマーの多重比較（テューキー・クレーマーのたじゅうひかく）Tukey-Kramer multiple comparison ⇒ **テューキーの範囲検定**（テューキーのはんいけんてい）

テューキーのHSD法（テューキーのエイチエスディーほう）Tukey's HSD, honestly significant difference ⇒ **テューキーの範囲検定**（テューキーのはんいけんてい）

テューキーの q 検定（テューキーのキューけんてい）Tukey's q test ⇒ **テューキーの範囲検定**（テューキーのはんいけんてい）

テューキーの多重比較（テューキーのたじゅうひかく）Tukey's multiple comparison ⇒ **テューキーの範囲検定**（テューキーのはんいけんてい）

テューキーのトライミーン Tukey's trimean ⇒ **トライミーン**

テューキーの範囲検定（テューキーのはんいけんてい）Tukey's range test

「分散分析」の結果、3つ以上の群（グループ）の間のいずれかの平均値に有意な差があることが分かったとき、そのうちのどの群とどの群の間に有意な差があるかを調べる「多重比較」の1つ。「多重比較」の中で最も一般的に使われている方法で、すべての群のすべての

組み合わせ（つまり「対比較」）について興味があるときに適用される。母集団の分布が正規分布にしたがい（正規性）、また、それぞれの群の群内分散が等しい（等分散性）という前提条件の下で、すべての群についての平均値をそれぞれの群の平均値と比較して、どの群に有意差があるかを見つけ出す。つまり、比較する2つの群の平均値のうちより大きいものを Y_A、より小さいものを Y_B、データの標準誤差を $S.E.$ としたとき、検定統計量 $q_s = \dfrac{Y_A - Y_B}{S.E.} = (Y_A - Y_B) \div S.E.$ が、危険率に対応した「スチューデント化された範囲の分布」から得られた q_0 より大きい場合は、2つの平均の間には有意差がある！ということになる[注1]。「テューキーの方法」、「テューキーの q 検定」、「テューキーの HSD 検定」（HSD=honestly significant difference）と同じ。

具体的には、群の数を m、群 $i(i=1,\cdots,m)$ の平均値を μ_i、別の群 $j(j=1,\cdots,m)(\neq i)$ の平均値を μ_j とすると、帰無仮説は $H_0: \mu_i = \mu_j$、対立仮説は $H_1: \mu_i \neq \mu_j$ である。それぞれの群 i のデータ数を n、データを $x_{i1},\cdots,x_{in}$、その平均値を $\bar{x}_i = \dfrac{1}{n}\sum_{j=1}^{n}x_{ij} = \dfrac{1}{n}(x_{i1}+\cdots+x_{in})$、その不偏分散を $u_i^2 = \dfrac{1}{n-1}\sum_{j=1}^{n}(x_{ij}-\bar{x}_i)^2 = \dfrac{1}{n-1}\left((x_{i1}-\bar{x}_i)^2+\cdots+(x_{in}-\bar{x}_i)^2\right)$ とすると、標本のサイズ×不偏分散は $S_i = u_i^2 \times n = \dfrac{n}{n-1}\sum_{j=1}^{n}(x_{ij}-\bar{x}_i)^2 = \dfrac{n}{n-1}\left((x_{i1}-\bar{x}_i)^2+\cdots+(x_{in}-\bar{x}_i)^2\right)$、誤差の自由度は $f = m \times n - m = m \times (n-1)$、誤差分散は $s^2 = \dfrac{1}{f}\sum_{i=1}^{m}S_i = \dfrac{1}{f}(S_1+\cdots+S_m)$ となる。対照群の平均値 $\bar{x}_A$ と比較する群の平均値 $\bar{x}_B$ が同じといってよいか否かの検定統計量は

$$t_{AB} = \dfrac{\bar{x}_A - \bar{x}_B}{\sqrt{s^2 \times \left(\dfrac{2}{n}\right)}} = (\bar{x}_A - \bar{x}_B) \div \sqrt{s^2 \times \left(\dfrac{2}{n}\right)}$$

で、この検定統計量の値が「スチューデント化された範囲の分布」の有意水準 α での棄却限界値（臨界値）$d_{\alpha\beta}(f,m)$ より小さければ（つまり $|t_{AB}| < d_{\alpha\beta}(f,m)$）、帰無仮説は棄却されず、大きければ（つまり $|t_{AB}| > d_{\alpha\beta}(f,m)$）、帰無仮説は棄却される。

ちなみに、比較する群の対が変わったとき、この検定統計量 t_{AB} で変わるのは分子の $\bar{x}_A - \bar{x}_B$ だけで分母の $\sqrt{s^2 \times \left(\dfrac{2}{n}\right)}$ は変わらないので、計算は簡単である[注2]。また、それぞれの群のデータの数が異なる場合には、検定統計量は $t_{AB} = \dfrac{\bar{x}_A - \bar{x}_B}{\sqrt{s^2 \times \left(\dfrac{1}{n_A}+\dfrac{1}{n_B}\right)}} = (\bar{x}_A - \bar{x}_B) \div \sqrt{s^2 \times \left(\dfrac{1}{n_A}+\dfrac{1}{n_B}\right)}$、つまりその分母を $\sqrt{s^2 \times \left(\dfrac{1}{n_A}+\dfrac{1}{n_B}\right)}$ と変更すればよい（この変更は「テューキー・クレーマーの多重比較」と呼ばれている）。⇒ **スチューデント化された範囲**（スチューデントかされたはんい）、**多重比較**（たじゅうひかく）

　　📖【読み方】「α」は、英字の a に当たるギリシャ文字の小文字で"アルファ"と読む。

（注1）【この方法】は、「第1種の誤り」を犯す確率（つまり有意水準）を"補正"することを除けば、基本的に「t 検定」と同じといえる。また、例えば、A＞B＞C＞D と順位づけされる一組の平均（A,B,C,D）があるときは、最大のAと最小のDを比較して、これで帰無仮説が棄却されなかったときには、これらの平均には有意差はない！といえる。ちなみに、「最大の平均と最小の平均の差が有意！」と「少なくともどれか1つの水準の対で平均差が有意！」は、一方が成り立てば他方も成り立つ！という関係にある。☺

(注2)【計算例】として、表1のデータでは、それぞれの群の平均値は、$\bar{x}_A = \frac{1}{6}(12+10+9+11+11+10) = \frac{63}{6} = 10.50$、$\bar{x}_B ≒ \frac{32}{6} = 5.33$、$\bar{x}_C ≒ \frac{52}{6} ≒ 8.67$、$\bar{x}_D = \frac{48}{6} = 8.00$、不偏分散は $u_A^2 = \frac{1}{6-1}((12-10.50)^2 + (10-10.50)^2 + (9-10.50)^2 + (11-10.5)^2 + (11-10.5)^2 + (10-10.5)^2) = \frac{1}{5}(1.50^2 + 0.50^2 + (-1.50)^2 + 0.50^2 + 0.50^2 + (-0.50)^2) = \frac{1}{5}(2.25 + 0.25 + 2.25 + 0.25 + 0.25 + 0.25) = \frac{1}{5} × 5.50 = 1.10$、$u_B^2 = \frac{1}{5} × 9.35 = 1.87$、$u_C^2 = \frac{1}{5} × 17.35 = 3.47$、$u_D^2 = \frac{1}{5} × 46 = 9.20$ となる。標本のサイズ×不偏分散は $n × u_A^2 = 6 × 1.10 = 6.60$、$n × u_B^2 = 6 × 1.87 = 11.20$、$n × u_C^2 = 6 × 3.47 = 20.80$、$n × u_D^2 = 6 × 9.20 = 55.20$、その合計は $6.60 + 11.20 + 20.80 + 55.20 = 93.80$、誤差の自由度は $f = 4 × 6 - 4 = 24 - 4 = 20$、誤差分散は $s^2 = \frac{6.60 + 11.20 + 20.80 + 55.20}{20} = \frac{93.80}{20} = 4.69$ となる。群Aの平均値と群Bの平均値が同じといってよいか否かの検定統計量は $t_{AB} = \frac{10.50 - 5.33}{\sqrt{4.69 × \left(\frac{2}{6}\right)}} = \frac{5.17}{\sqrt{1.56}} = \frac{5.17}{1.25} ≒ 4.13$ である。「スチューデント化された範囲の分布」の有意水準 $α = 0.05$ での棄却限界値（臨界値）は $d = 3.96$ で、$t_{AB} = 4.13 > 3.96 = d$ なので、帰無仮説 $H_0: μ_A = μ_B$ は棄却され、対立仮説 $H_1: μ_A ≠ μ_B$ が採択されることになる。また、他の検定統計量は $t_{AC} = 1.47$、$t_{AD} = 2.00$、$t_{BC} = -2.67$、$t_{BD} = -2.13$、$t_{CD} = 0.53$ で、いずれもその絶対値が棄却限界値 $d = 3.96$ より小さいので、帰無仮説は棄却されない。

表1　データ

	n	x_1	x_2	x_3	x_4	x_5	x_6	$\bar{x}$	s^2	$n × s^2$
A	6	12	10	9	11	11	10	10.50	1.10	6.60
B	6	6	5	6	7	3	5	5.33	1.87	11.20
C	6	9	10	6	7	11	9	8.67	3.74	20.80
D	6	5	4	8	10	9	12	8.00	9.20	55.20
計	24									93.80

📖【数表】「スチューデント化された範囲の分布の q 表」は"巻末"に掲載！

📖【人】この方法は、（「仮説検定」ばかり重視される風潮に反対して、「探索的データ解析」を提案し、）この統計量を普及させた米国の統計学者ジョン・テューキー（John Wilder Tukey, 1915-2000）による。標本の大きさが異なる場合への"拡張"をしたのは、米国の統計学者のクライド・クレーマー（Clyde Young Kramer, 1925-）。

テューキーの方法 (テューキーのほうほう) Tukey's method ⇒ **テューキーの範囲検定** (テューキーのはんいけんてい)

テューキーの方法のための q 表 (テューキーのほうほうのためのキューひょう) q table for Tukey's method ⇒ **スチューデント化された範囲の分布** (スチューデントかされたはんいのぶんぷ)

点推定 (てんすいてい) point estimation

　母平均、母分散、母相関係数などの母集団の母数（パラメーター）を"1つ"の値で推定するやり方。母集団の平均値の「母平均」の不偏推定値は、母集団から抽出した n 件の標本の算術平均 $\bar{x} = \frac{1}{n}\sum_{i=1}^{n} x_i = \frac{1}{n}(x_1 + \cdots + x_n)$ だ！という説明は、「点推定」である。「点推定」に必要とされる"よさ"の基準として、「不偏性」、「一致性」、「有効性」、「十分性」が挙げられる。これに対して、1つの値ではなく、推定のバラツキに対応する下限値と上限値つまり○○～○○という"区間"で推定するやり方は「区間推定」である。⇒ **区間推定** (くかん

すいてい)、**不偏推定量**（ふへんすいていりょう）

📖【読み方】「$\bar{x}$」は"エックスバー"と読む。

デンドログラム dendrogram

樹形図。多変量解析の１つで、複数の標本（データ）を類似度など互いの近さを基に逐次的にグループ化していく「**クラスター分析**」で、複数の標本をグループ化していく様子を木の枝のような線で表した図で、標本全体がどういうグループに分けられるか、どういうグループから構成されているかを視覚的に見ることができる。ちなみに、dendron と gramma はそれぞれギリシャ語で"木"と"描く"の意味。⇒ **クラスター分析**（クラスターぶんせき）

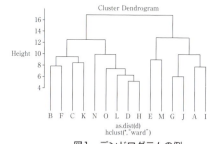

図1　デンドログラムの例

電話調査 (でんわちょうさ) telephone survey or phone survey

電話を利用した調査。調査者が電話を通じて回答者に質問し回答をしてもらう方法の調査である。結果は、調査者が記録する。あらかじめ電話調査の時間を予約する方法だと、回答の信頼性が高い傾向がある。しかし、事前に調査協力の依頼をせずに、突然電話する方式の場合は、回答者が定まらず、また、回答の信頼性も必ずしも高くないようだ。「郵送調査」や「集合調査」などに比べて、（調査票の発送や回収などがないので、）短期間、低コスト、地域制約なしであるのがポイント。⇒ **RDD**（アールディーディー）

と

等間隔抽出法 (とうかんかくちゅうしゅつほう) systematic sampling ⇒ **系統抽出法**（けいとうちゅうしゅつほう）

統計 (とうけい) statistics[注1]

国語辞典の説明では、統計の「統」（続べる）は「１つにまとめる。たばねる。」と、統計の「計」（計る）は「物差し・枡・秤などを用いて、物の長さ・量・重さなどを調べる。測定する。計測する。」と、「統計」は「集団現象を数量的に把握すること。一定集団について、調査すべき事項を定め、その集団の性質・傾向を数量的に表すこと。」となっている。これを基に説明し直すと、「**統計**」は「**複数の個体で構成され"明確に定義された"具体的な集団について、集団を構成する個体をバラバラに扱っていては、集団としての性質が見えない**

ので、これらを集団として捉えて、その全体としての性質を把握しようとすること。」といえる。

「統計」の問題は、社会、経済、政治、文化、産業、ビジネス（経営・管理）、マーケティング、技術などを含むありとあらゆる分野のものが対象となり、当然のことながら、これらには人や人の集団の性質、行動、能力、意識、感情などといった心理学の分野のものも含まれる。そして、「統計」という仕事は、その目的（つまり"知りたいこと"）に対応して、対象とする集団の個体に関して"適切な"データを得て（つまり"関心のある"性質・属性を"数量的に"把握し）、このデータから仕事の目的の達成に"必要な"情報（つまり統計的な性質や特徴）を導き出すことといえる。

例えば、1ヶ月の収入と支出の記録を分類して集計すれば、先月に比べて今月は電気代が高かった、交通費が増えたなどといった情報が得られる。これも「統計」を利用した仕事の1つといえる。また、「選挙」は、投票した有権者のうち何人が○○に政治を任せたいと意思表示したかの結果を集計する"民意の統計"といってよい。「開票速報」は、事前調査の結果と実際の開票結果の間に差がなければ、事前の調査結果が正しいと推定して、当選確実などを伝える仕事である。読者の身の回りを見ればあるいは社会をよ～く考えてみれば、「統計」が使われる仕事がすぐにかつ沢山見つかるであろう。⇒　**統計学**（とうけいがく）

- (注1)【**語源**】ラテン語で「状態」のstatisticumが、イタリア語で「国家」を意味するようになり、次いで、国家のデータを比較・検討する学問を指すようになった。17世紀のドイツでは各国の国状比較が盛んになり、1749年に哲学者のゴットフリート・アッヒェンヴァル（Gottfried Achenwall, 1719-72）がこれに「国家学」の意味でStatistikの名を与えた。19世紀に入り、データの収集と分析が重視され、Statistikは「統計学」の意味で使われるようになった。英語のstatisticsは、これに対応して使われるようになったらしい。「統計」という"訳語"は、東京日々新聞（現在の毎日新聞）の社長兼主筆でジャーナリストとして活躍した福地源一郎（櫻痴 1841-1906）の造語だ。
- 【**人**】序でのことに、肥前国・長崎出身の杉亨二（1828-1917）は、明治維新の後、太政官正院政表課大主記（現在の総務省統計局長）として、統計行政に携わる一方、近代日本初の総合統計書の「日本政表」の編成、統計学研究のための表記学社や製表社（後に変遷を経て「東京統計協会」）の設立、共立統計学校の設立などを行った他、統計専門家や統計学者の養成にも力を注ぎ、"日本近代統計の祖"と呼ばれている。
- 【**国語辞典**】の「××統計」の項目は、基幹統計、経済構造統計、経済統計、公的統計、国際収支統計、国勢統計、雇用統計、資金循環統計、社会統計、人口統計、静態統計、通関統計、動態統計、フェルミディラック統計、フェルミ統計、貿易統計、ボースアインシュタイン統計、マネーストック統計、などだ。

統計学（とうけいがく）statistics

「統計」つまり対象とする母集団を調査してその統計的な性質や特徴を見つけ出す方法についての数学をベースにした学問。大別して、母集団を全部調査してその統計的な性質や特徴を"記述"する「記述統計学」と、母集団の一部を標本調査して母集団の統計的な性質や特徴を"推測"や"検定"する「推測統計学」（推計学）の2つがある。「記述統計学」では、母集団のデータの分布の性質や特徴として、平均値や標準偏差などの「要約統計量」などによって、"知りたいこと"を明らかにする。「推測統計学」では、確率論などをベースにした

「点推定」、「区間推定」、「統計的仮説検定」などがあり、社会調査や品質管理などに広く使われている。この他、ロバスト（確実）な結果が得られる「**ロバスト統計学**」、"ネイマン・ピアソン流の考え"によらず"原因の確率"からすっきりした論理展開をする「**ベイズ統計学**」、コンピューターの利用を前提とした「**計算機統計学**」といったものもある。

　国語辞典では、「統計学」は「確率論を基盤にして、集団全体の性質を一部の標本を調べることによって推定するための処理・分析方法について研究する学問。」と説明されているが、これは「推測統計学」の"一部"の説明で、「記述統計学」の説明は入っておらず、適切な説明とはいえない！と筆者は思う。いずれにしても、「統計学」は、データから情報を導き出す科学・技術で、その目的に応じて、対象の"適切な"データの統計を取る（集める）ことによって、"目的とする"つまり"知りたい"情報を知ること、その根拠と手続を与える学問だ！と理解することが重要である。⇒　**記述統計学**（きじゅつとうけいがく）、**計算機統計学**（けいさんきとうけいがく）、**推測統計学**（すいそくとうけいがく）

📖 【××統計学】「経済統計学」、「医療統計学」、「心理統計学」、「看護統計学」、「農業統計学」、「社会統計学」などはそれぞれの分野への適用による"違い"はあるが、「統計学」の"基本"は同じだ。「数理統計学」は統計学の数理的側面。また、「初等統計学」、「基礎統計学」、「応用統計学」は授業のレベルに応じたネーミングだ。☺

統計学の学会 (とうけいがくのがっかい) academic societies of statistics

　「統計学」をおもな研究活動領域としている**学会**。おもな学会として、応用統計学会、日本計算機統計学会、日本計量生物学会、日本行動計量学会、日本統計学会、日本分類学会がある。これら6つの学会は、"統計学の発展・普及を目的として統計関連学会が連合して各種共同事業を推進する"ために、「**統計関連学会連合**[注1]」を組織している。この他、経済統計学会などもある。ちなみに、わが国の科学者の代表機関である日本学術会議（内閣府の特別な機関）には、独立した「統計学」分野が設けられておらず、わが国の「統計学」の研究や教育に何かと支障があるようだ。☹

(注1)　【**統計関連学会連合**】は、2010年に「統計学分野の教育課程編成上の参照基準」を策定している「参照基準」とは、"各大学の教育課程編成に当たって、学生に求める価値観・倫理観や基本的な素養（知識・能力・スキル）を教育目標として定め、そのために必要な学習内容・学習方法を具体的に検討する際に参照されるべき基準"である。これには、大学基礎科目としての、および心理学・教育学、経済学、社会学、経営学、数理科学、工学、医学・薬学のそれぞれにおける統計教育の「参照基準」が含まれている。

📖 【**統計数理研究所**】（略称は「統数研」）は、1944年に設立された"国立"の「統計学」研究・教育機関で、数量化理論、AIC（赤池情報量基準）、確率微分方程式などの顕著な研究成果を生み出している。現在は、「大学共同利用機関法人情報・システム研究機構」を構成する機関になっている。

📖 【**何故か**】総合研究大学院大学（神奈川・葉山）の「複合科学研究科統計科学専攻」を除いて、**日本の大学には、「統計学科」が1つも設置されていない**。筆者は、教育、研究、応用のすべてを含め、とても心配だ。☹

統計協会 (とうけいきょうかい) Statistical Associations

とうけ

　各中央官庁や都道府県庁の統計業務に対応して、その統計を活用した事業などを実施している**外郭団体**。総務省統計局に対応する一般財団法人日本統計協会（東京都新宿区百人町）の他、経済産業省には一般財団法人経済産業統計協会（東京都中央区銀座）、厚生労働省には一般財団法人厚生労働統計協会（東京都港区六本木）、農林水産省には一般財団法人農林統計協会（東京都目黒区下目黒）などがある。また、各都道府県に対応して、長野県統計協会、茨城県統計協会、新潟県統計協会、群馬県統計協会などがある。

　📖 **【県民手帳】**は、各県の統計協会や県などが発行しているもので、スケジュール欄や行事情報などに加え、地元の地図や統計資料、公共施設の連絡先などの他、特産品や過去10年間の天気までを掲載しているものもある。2012年現在、北海道・東京・神奈川・三重・京都・大阪・兵庫を除く40の県で発行されている。ちなみに、2013年度版で最も発行部数が多かったのは5万5,000部の「長野県民手帳」で、これに茨城県・新潟県・群馬県が4万部台で続いていた。最近は、「県民手帳」は"隠れたベストセラー"となっているそうだ。☺

「統計検定」（とうけいけんてい）Japan Statistical Society Certificate

　「日本統計学会」公式認定の統計に関する知識や活用力を評価する全国統一試験。資料の活用（中学卒業程度）の「4級」、データの分析（高校卒業程度）の「3級」、統計学基礎（大学基礎科目）の「2級」、統計学（大学専門分野）の「1級」の他、公的統計に関する基本的知識と利活用の「統計調査士」、調査全般に関わる高度な専門的知識と利活用手法の「専門統計調査士」、英国王立統計学会（Royal Statistical Society）との共同認定の「RSS/JSS」がある[注1]。2011年11月にスタート。実施機関は、一般財団法人統計質保証推進協会・統計検定センター。「統計検定」は、この機関の登録商標だ。☺

　（注1）**【試験の内容】**「**4級**」は、①基本的なグラフ（棒グラフ・折れ線グラフ・円グラフなど）の見方・読み方、②データの種類、③度数分布表、④ヒストグラム（柱状グラフ）、⑤代表値（平均値・中央値・最頻値）、⑥分布の散らばりの尺度（範囲）、⑦クロス集計表（二次元の度数分布表：行比率，列比率）、⑧時系列データの基本的な見方（指数・増減率）、⑨確率の基礎（4〜5肢選択15問60分間）。「**3級**」は、4級の内容に加えて、①標本調査（母集団，標本，全数調査，無作為抽出，標本の大きさ，乱数）、②データの散らばりの指標（四分位数，四分位範囲（四分位偏差），標準偏差，分散）、③データの散らばりのグラフ表現（箱ひげ図）、④2変数の相関（相関，散布図（相関図），相関係数）、⑤確率（独立な試行，条件付き確率）（4〜5肢選択20問60分間）。「**2級**」は、大学基礎課程（1・2年次学部共通）で習得すべきこととして、①現状について問題を発見し、その解決のために収集したデータをもとに、②仮説の構築と検証を行える統計力と、③新知見獲得の契機を見出すという統計的問題解決力についての試験（5肢選択30〜40問90分間）。「**1級**」は、「統計数理」と「統計応用」からなり、前者は5問中の3問を選択、後者は人文科学、社会科学、理工学、医薬生物学の4分野から1つを選択し5問中の3問を選択する。前者と後者共に論述式で合計120分間で答える。「**統計調査士**」は、①統計の基礎（統計の役割、統計法規）、②統計調査の実務（統計と統計調査の基本的知識、統計調査員の役割・業務）、③公的統計の見方と利用（5肢選択30問60分間）。「**専門統計調査士**」は、①調査の企画・運営、②調査の実施と指導、③調査データの利活用の手法（5肢選択50問90分間）。

「RSS/JSS」は、①データの収集と解釈、②確率モデル、③基礎的な統計的方法、④線形モデル、⑤確率と統計的推測の発展的内容、⑥統計学の発展の応用、⑦時系列と指数、⑧調査のための抽出と推定（それぞれ記述式90分間で計２日間）。

📖 【民間資格】には、通信教育の受講でもらえる、実務教育研究所の「統計士」と「データ解析士」、統計科学研究所の「統計データ分析士」などがある。また、社会調査協会の「社会調査士」は、大学で授業を受けていさえすればもらえる。いずれも、履歴書に書いてもほとんど意味がない"資格"のようだ。☹ それにしても、最近は、「××士」と称する民間資格が次々と作られ、一部の私立大学がその民間資格の取得をウリにしているようだが、そのほとんどが能力を担保せず社会では通用しないものだ。これを"資格商法"というが、読者は騙されないでほしいものだ。☹

統計誤差（とうけいごさ）statistical error ⇒ **偶然誤差**（ぐうぜんごさ）

統計数値表（とうけいすうちひょう）statistical tables

統計処理で使う確率分布の累積確率、パーセント点、棄却限界値などの数表。面倒な計算をせずとも、数表を参照するだけで、統計的仮説検定や統計的推定に必要な計算ができるのがポイント。統計学の教科書などの"巻末"にも基本的な数表、つまり「標準正規分布表」、「t分布表」、「χ^2分布表」、「F分布表」は必ず掲載されているが、それ以上にいろいろな処理に対応して必要になる数表が掲載されている『統計数値表』をタイトルにした本も発行されている。試みに、国会図書館の蔵書で"統計数値表"をキーワードに検索すると、古い順に、以下の本が見つかる。

つまり、統計科学研究会（編）『統計数値表 第１』河出書房（1943）（167 ページ）、統計科学研究会（編）『新編統計数値表』河出書房（1952）（478 ページ）、実用数表大系編集委員会（編）『実用数表大系 14』技報堂（1970）（37 ページ）、山内二郎・統計数値表 JSA-1972 編集委員会（編）『統計数値表 JSA-1972』日本規格協会（1972/05）（451 + 266 ページ）(注1)、統計数値表編集委員会（編）『統計数値表〈コンサイス版〉』日本規格協会（1977）（183 ページ）、小泉明・山中学（編纂）『医学統計・数値表』日本評論社（1981/09）（264 ページ）、統計数値表編集委員会（編）『簡約統計数値表』日本規格協会（1994）（183 ページ）、日本統計学会（編）『RSS/JSS 統計検定試験統計数値表』。

これらの本は高いし、統計の実務家などを除けば、それほど頻繁に使うものでもないので、大学や公立の図書館で利用するのもよいであろう。もっとも最近は、大概の数表は、インターネットでとくに英語で検索すれば見つけることができる。あるいは、手ごろなサイズで持っていれば確実に便利な『簡約統計数値表』の中古本を amazon.com（アマゾンドットコム）などで探すのも方法であろう。

📖 【読み方】「χ」は、ギリシャ文字の小文字で"カイ"と読む。対応する英字はないので英語では chi と書く。「χ^2」は"カイ自乗"と読む。

(注1)『**統計数値表 JSA-1972**』の"キャッチコピー"は「世界に誇る一大統計の原典 正規分布表などの基本的な表をはじめとして、多変量関係、トランケーション・センサード関係、ノンパラメトリック関係、非心分布関係などの数値表を整理し、もれなく収録した、世界に誇る一大統計原典！英文も表記し国際的に通用。」だった。

📖 【巻末】には、①標準正規分布表１、②χ^2分布表、③t分布表、④F分布表、⑤二項

分布表、⑥ポアソン分布表、⑦スミルノフ・グラブスの検定の有意点、⑧コルモゴロフ・スミルノフ検定（一標本）の棄却限界値表、⑨シャピロ・ウィルク検定の係数表、⑩シャピロ・ウィルク検定の棄却限界値表、⑪クラスカル・ウォリスの棄却限界値表、⑫マン・ホイットニーの棄却限界値表、⑬スチューデント化された範囲の分布の q 表／テューキーの方法のための q 表、⑭ダネットの多重比較の数表、⑮無相関検定表、⑯フィッシャーの z 変換表、⑰相関係数の信頼区間、⑱スピアマンの順位相関係数の計算表、⑲ケンドールの順位相関係数の計算表を掲載している。これらのデータと、（他の形式の）標準正規分布表、常用対数表、自然対数表、常用対数の逆関数表、自然対数の逆関数表、一様乱数、二進乱数、フィッシャーのあやめのデータは"ネット"上でExcelデータとしてダウンロードできるようになっている。

統計的確率 (とうけいてきかくりつ) statistical probability ⇒ **経験的確率** (けいけんてきかくりつ)

統計的仮説検定 (とうけいてきかせつけんてい) statistical hypothesis testing

　観察されたデータに対して設定した"仮説"が正しいか否かを判定するための科学的方法。単純に「**仮説検定**」や「**検定**」ともいう。一般的な手続きとしては、データは"偶然"得られたものだ！とする「**帰無仮説**」を設定し、この仮説の下で観察されたデータが生起する確率を計算する。この確率が一定の値(注1)以下ならば、観察されたデータは"滅多に起こらない"ことが起こった！とし、その理由は前提とした仮説が誤っていたからだ！としてこの仮説を棄却する。そして、観察されたデータは"偶然"に得られたものではない！とする「**対立仮説**」を積極的に採択する。この確率が一定の値以下でなければ、データは"偶然"得られたものだ！とする仮説を棄却できない、つまり消極的にではあるが採択する。この考え方は「**ネイマン・ピアソン流の考え方**(注2)」とも呼ばれる。

　検定したいデータ（つまり検定統計量）がしたがうとされる確率分布によって、「z **検定**」、「t **検定**」、「F **検定**」、「χ^2 **検定**」などが用意されている。また、検定の目的によって、（データが"外れ値"か否かを検定する）「**棄却検定**」や（2つの群（グループ）の平均値が等しいか否かを検定する）「**等平均の検定**」や（2つの群（グループ）の分散が等しいか否かを検定する）「**等分散の検定**」などと呼ばれることもある。いずれにしても、データから「**検定統計量**」を計算して、その結果の値が生起する確率を求めるという手続きによる。なお、例えば、2つの群の平均値が等しいか否か（あるいは、差があるか否か）の「t 検定」は、2つの群の分散が等しいことが前提条件とされているように、それぞれの検定の手法には、その前提とする条件があるので注意！⇒ **F 検定** (エフけんてい)、**χ^2 検定** (カイじじょうけんてい)、**帰無仮説** (きむかせつ)、**スコア型検定** (スコアがたけんてい)、**t 検定** (ティーけんてい)、**有意** (ゆうい)、**尤度比検定** (ゆうどひけんてい)、**ワルド型検定** (ワルドがたけんてい)

　　📖 【読み方】「χ」は、ギリシャ文字の小文字で"カイ"と読む。対応する英字はないので英語ではchiと書く。「χ^2」は"カイ自乗"と読む。

(注1) 【**有意水準**】「帰無仮説」の下で観察されたデータが生起する確率がその値よりも大きいか小さいかで、"滅多に起こらないこと"か否かを判断する"一定値"は「有意水準」と呼ばれる。帰無仮説が棄却できないのに"あわてて"棄却してしまう「第1種の誤り」を犯す確率のことである。「危険率」と同じだ。

(注2) 【**ネイマン・ピアソン流**】の考え方は、現代の推計統計学の中心的理論を確立した、

ポーランド出身の数理統計学者のイェジ（イェルジー）・ネイマン（Jerzy Neyman, 1894-1981）と英国の数理統計学者のエゴン・ピアソン（Egon Sharpe Pearson, 1895-1980）による。ちなみに、ピアソンは、「記述統計学」を大成した英国の統計学者カール・ピアソン（Karl E.Pearson, 1857-1936）の息子だ。この考え方に対しては、以下のような問題点を指摘する人もいる。つまり、①本当に主張したいのは「帰無仮説」ではなく「対立仮説」であるのに、「帰無仮説」だけを検討している。②「帰無仮説」が棄却されることで「対立仮説」を採択としている、③「帰無仮説」を棄却することができても、積極的に「対立仮説」を支持することはできない、など。ちなみに、この他にも、「ベイズ統計学」など"別"の統計的仮説検定の考え方がある。☺

統計的推定 (とうけいてきすいてい) statistical estimation

"統計的な方法"を用いて、調査対象の母集団の属性を表す平均値や分散などの「母数（パラメーター）」を標本（データ）によって「推定」すること。単に「推定」ということもある。母数を1つの値だけで推定する「点推定」と、下限値と上限値の間の信頼区間にあると推定する「区間推定」がある。普通、母数xの推定値は「$\hat{x}$」と書く。「統計的仮説検定（検定）」では、例えば、データxが平均値μ、標準偏差σの正規分布$N(\mu, \sigma^2)$の母集団から抽出されたものか否かは、有意水準（「第1種の誤り」を犯す確率＝危険率）を$\alpha = 0.05 = 5\%$として、検定統計量の$z = \frac{x - \mu}{\sigma}$が$|z| \leq z_{0.05} = 1.96$（$|z|$は"$z$の絶対値"）か否かで判断する。これに対して、「統計的推定」も$z = \frac{x - \mu}{\sigma}$を変形した$x = \mu \pm z_{0.05} \times \sigma = \mu \pm 1.96 \times \sigma$を使うので、「統計的仮説検定」と「統計的推定」は、同じ理屈（論理）の表と裏でもある。⇒ **推定**（すいてい）、**統計的仮説検定**（とうけいてきかせつけんてい）

📖【読み方】「μ」は、英字のmに当たるギリシャ文字の小文字で"ミュー"と読む。「σ」は、英字のsに当たり"シグマ"と、「σ^2」は"シグマ自乗"と読む。「$\hat{x}$」は"エックスハット"と読む。

統計的品質管理 (とうけいてきひんしつかんり) statistical quality control, SQC ⇒ **SQC**（エスキューシー）

統計データ (とうけいデータ) statistical data

公開されている「統計データ」は、自由に使うことができる。公的な統計データは「**政府統計の総合窓口**」（e-Stat）や**各地方自治体**のホームページで公開されている。また、産業関連の統計データは、**各業界団体**のホームページで公開されている。個々の企業の統計データは、それぞれのホームページで公開されている他、有価証券報告書は「**EDINET**」（エディネット）で公開されている。海外や国際的な統計データなら、国連の機関など国際機関のホームページに公開されている。必要ならば、Google（グーグル）などで検索してみれば、必要な「統計データ」を見つけることができるであろう。

以下は、国内の統計データで書籍やCD-ROM（シーディーロム）などの形で発行され簡単に入手できる主なおもなものである。『統計情報インデックス』（日本統計協会）、『統計調査要覧（国（府省等）編）』（全国統計協会連合会）、『統計調査要覧（地方公共団体（都道府県・市）編）』（全国統計協会連合会）、『地方統計ガイド』（全国統計協会連合会）、『民間統計ガイド』（全国統計協会連合会）、『白書統計ガイド』（日外アソシエーツ）、『日本の統計』（総務省統計局）、『世界の統計』（総務省統計局）、『民力』（朝日新聞社）、『地域経済総覧』（東洋経済新報社）、『日本国勢図会－日本がわかるデータ

ブック』（国勢社）、『日本統計年鑑』（総務省統計局／日本統計協会）など。⇒ **政府統計の総合窓口**（せいふとうけいのそうごうまどぐち）

統計の日 (とうけいのひ) Statistics Day

　10月18日。1870年10月18日（太陰暦では明治3年9月24日）に我が国最初の近代的生産統計である「府県物産表」に関する太政官布告が公布されたことに由来し、国民の統計の重要性に対する関心と理解を深め、統計調査への一層の協力を得ることを目的として、1973年（昭和48年）7月3日の閣議了解で設けられた。毎年、この日の前後に、「全国統計大会」など、統計の啓発普及を目的とした行事が行われている。

　　📖【世界統計デー】国連統計委員会（UNSC）は2010年に"10月20日"を「世界統計デー」（World Statistics Day）と定めている。

統計パッケージソフト (とうけいパッケージソフト) statistical package software

　統計処理の方法をパッケージ化して、特別にコンピューターの知識や技術がない一般利用者（エンドユーザー[注1]）が使えるようにしたソフトウェア。思いつくままに挙げると、「SPSS」、「Statistica（スタティスティカ）」、「SAS（サス）」、「JMP（ジャンプ）」、「S言語」、「R言語」などがよく知られよく使われている。この他にも、多数の製品が開発され使われている。一般的にいって、これらの統計パッケージソフトは、決して安いものではないが、とくに、フリーソフトの「R言語」は、「S言語」のほとんどの機能を持ちながら、まったくの"無償で"使える優れたソフトウェアで、広く使われている。この他、最も代表的な表計算ソフトの「Excel（エクセル）」には、基本的な統計処理機能が用意されている。また、Excelの上で動作する「統計処理パッケージソフト」も数多くあり、手ごろな価格で入手でき、あるいは、"無償で"ダウンロードできるものもある。ただし、無償のものは、コンピューターウイルスが仕掛けられている危険性もあるので、よくよくのチェックをしてもらいたい。⇒ **R言語**（アールげんご）、**Excel**（エクセル）、**S言語**（エスげんご）、**SPSS**（エスピーエスエス）、**SAS**（サス）、**JMP**（ジャンプ）、**Statistica**（スタティスティカ）

　　(注1)【エンドユーザー】(end user) は、コンピューターの利用者（ユーザー）のうち、現場で実際の業務のためにコンピューターを使う最終利用者のこと。業務とそれに関連することは知っているが、コンピューターやソフトウェアの技術の詳細については知らない利用者だ。

統計法 (とうけいほう) Statistics Act

　公的統計の体系的かつ効率的な整備及びその有用性の確保を図るため、公的統計の作成と提供に関して基本となる事項を定めた法律。現行法は、1947年3月26日に公布された統計法（昭和22年法律第18号）の"全部"を改正して成立した統計法（平成19年5月23日法律第53号）で、「行政のための統計」から「社会の情報基盤としての統計」へ！が改正のキャッチフレーズ。その四本柱として、①公的統計の体系的・計画的整備の推進、②統計データの有効利用の促進、③統計調査の対象者の秘密保護の強化、④統計整備の「司令塔」機能の強化、を挙げている。ちなみに、第1条（目的）に「この法律は、公的統計が国民にとって合理的な意思決定を行うための基盤となる重要な情報であることにかんがみ、公的統計の作成及び提供に関し基本となる事項を定めることにより、公的統計の体系的かつ効率的な整備及びその有用性の確保を図り、もって国民経済の健全な発展及び国民生活の向上に寄与するこ

とを目的とする。」とある。⇒ **公的統計**（こうてきとうけい）、**政府統計の総合窓口**（せいふとうけいのそうごうまどぐち）

統計モデル (とうけいモデル) statistical model

統計模型。その目的に応じて、実際に観測したデータを上手く"説明できる"モデルのことである。ここで、「説明」とは、原因から結果を導く理屈（論理）のことで、「構造」と呼んでもよい。「線形モデル」、「非線形モデル」、「対数線形モデル」、「加法モデル」、「乗法モデル」などは、その数学的な構造に対応した言葉だ。また、「t検定モデル」、「分散分析モデル」、「回帰分析モデル」、「判別分析モデル」、「因子分析モデル」、「主成分分析モデル」、「移動平均モデル」、「自己回帰モデル」などは、その分析の構造に対応した言葉だ。

いずれにしても「統計モデル」は、"構造"で説明できる部分と説明できない部分からなり、データ＝構造＋誤差と表すことができるが、この式の"誤差"の大きさができるだけ小さい、そんな"構造"を選択することが望ましい。もちろん"構造"を複雑にすれば、（相対的に）"誤差"を小さくできるが、"構造"はできるだけ単純なもの！というのも大切なことである[注1]。ちなみに、「統計モデル」の当てはまりの"よさ"を判断する定量的な基準として、AIC（赤池情報量基準）などといったものが用意されている。最後に、「統計学」は「仕事の目的に応じて"適切な"データから"必要な"情報を得るための考え方とその道具立て」であり、「統計モデル」もその1つであることを忘れないように！⇒ **一般線形化モデル**（いっぱんせんけいかモデル）、**AIC**（エイアイシー）、**確率モデル**（かくりつモデル）、**モデル**

（注1）【**オッカムの剃刀**（かみそり）】は、「何かの現象を説明するときには、結果に違いがなければ、できるだけ少ない仮定で"削ぎ落とした"もので行うべきである。」や「ある現象を説明する仮説は少なければ少ないほどよい。」という主張である。英国のスコラ哲学者・神学者の**オッカムのウィリアム**（William of Occam, 1285-1347）が思考の折に多用したもので、モデル思考の哲学原理として広く受け入れられている。ちなみに、米国の天文学者・科学啓蒙書作家の**カール・セーガン**（Carl Edward Sagan, 1934-96）は、「すべてが同じであれば、その中で最も単純な解がベストになる（傾向がある）。」と言い換えている。

統計量 (とうけいりょう) statistic

確率変数の関数で未知の母数（パラメーター）を含んでいない量。確率変数である標本（データ）から導かれる「標本平均」や「標本分散」は、元の確率変数の関数であり、また、未知の母数を含んでいないので「統計量」である。もちろん「統計量」もまた確率変数であり、元の確率変数がしたがう確率分布からその関数関係によって導かれる確率分布にしたがう。「標本平均」や「標本分散」の他に、標本から計算される「標本標準偏差」、「標本平均偏差」、「標本尖度」なども「統計量」である。標本から計算される確率変数の基本的な特徴を表す統計量を「基本統計量」や「要約統計量（記述統計量）」という。標本の順序に着目した「標本中央値」、「標本最大値」、「標本最小値」などは「順序統計量」と呼ぶ。また、検定（統計的仮説検定）に用いられる統計量はとくに「検定統計量」という。この他、統計量に要求されるある性質を持った「十分統計量」、「一致統計量」、「有効統計量」などといったものもある。母数を統計学的に推定するための統計量はとくに「推定量」という。⇒ **一致性**（いっちせい）、**十分性**（じゅうぶんせい）、**母数**（ぼすう）、**有効性**（ゆうこうせい）

等号 (とうごう) equals sign or equality sign

　その左右の項の値が等しいことを意味する数学記号。「a と b は等しい」ことを意味する"等式"は「$a=b$」と表す。「＝」は"イコール"と読む。類似の記号として、「$a≒b$」は「a と b は"近似的に"（ほぼ）等しい」ことを意味し、「$a≠b$」は「a と b は等しくない」ことを意味する。「≒」は"ニアリーイコール"（nearly equal）、「≠」は""（not equal）と読む。⇒　**不等号** (ふとうごう)

- 📖【$a≡b$】は"恒等式"と呼ばれ、「a と b は"常に"等しい」を意味する。例えば、$a+b≡b+a$である。「≡」は"合同記号"だ。
- 📖【人】「＝」という記号は、1557年に英国ウェールズの数学者のロバート・レコード（Robert Record, 1510頃-58）が発明したそうだ。

同時確率 (どうじかくりつ) joint probability

　"複数"の確率的な事象が"同時に"起こる確率。2つの事象 A と B が"同時に"生起する事象は $A∩B$ と書き、A と B の生起する確率がそれぞれ $p(A)$ と $p(B)$ の場合、A と B が"同時に"生起する確率は、$p(A∩B)=p_B(A)×p(B)$ あるいは $p(A∩B)=p_A(B)×p(A)$ となる。ここで、$p_A(B)$ は、A が生起した条件の下で B が生起する「条件付き確率」であり、$p_B(A)$ は、B が生起した条件の下で A が生起する「条件付き確率」である。3つ以上の事象の「同時確率」も同様だ。⇒　**条件付き確率** (じょうけんつきかくりつ)

- 📖【読み方】いずれもその形から、"または（or）"を意味する「∪」は"カップ"と、"かつ（and）"を意味する「∩」は"キャップ"と読む。

同時確率分布 (どうじかくりつぶんぷ) joint probability distribution ⇒　**同時分布** (どうじぶんぷ)

同時分布 (どうじぶんぷ) joint distribution

　変数が"複数"ある分布。つまり、複数の変数の値の組み合わせに対して、その発生の度合い（程度）を対応させた分布である。「結合分布」ともいう。変数が連続的な変数ならば、分布は連続的な分布であり、変数が離散的な変数ならば、分布は離散的な分布である。もちろんその組み合わせもある。発生の度合いを「確率」とした場合には、「同時確率分布」である。変数のうちの1つあるいは（全部ではない）複数の値を固定させた分布は「条件付き分布」である。⇒　**確率分布** (かくりつぶんぷ)、**条件付き分布** (じょうけんつきぶんぷ)

等分散の検定 (とうぶんさんのけんてい) test of equality of variance

　2つの母集団の分散が等しいといってよいか否かの統計的仮説検定（検定）。「2つの母集団の分散は等しい！」を帰無仮説に、この仮説が棄却できるか否かを検定する。例えば、正規分布にしたがう2つの母集団の平均値が等しいか否かを検定する「等平均の検定（t 検定）」や、3つ以上の群の平均値に差があるか否かを検定する「一元配置分散分析（F 検定）」などではいずれも、それぞれの群（グループ）の分散が等しい！という条件が満たされていることが前提である。このため、これらの検定を行う前に、それぞれの検定で求められている"等分散性"の検定を行う必要がある。具体的な方法として、分散比の「F 検定」や「バートレットの検定」や「レーベンの検定」などがある。

　方法の例として、分散比の「F 検定」では、2つの群のそれぞれのデータの不偏分散の値 u_1^2 と u_2^2 を計算し、その値が大きい方（例えば、u_1^2）を分子、小さい方（例えば、u_2^2）を分母にした割り算をして「分散比」$F=\dfrac{u_1^2}{u_2^2}=u_1^2÷u_2^2$ を求め、この値が分子の分散の自由度

n_1-1（n_1 は、この群のデータの件数）と分母の分散の自由度 n_2-1（n_2 は、この群のデータの件数）の F 分布にしたがうことを利用する（この証明はむずかしいので"省略"）。具体的には、有意水準（「第1種の誤り」を犯す確率＝危険率）を α として、これを F 分布の上側確率とするパーセント点 $F_\alpha(n_1-1, n_2-1)$ を参照し、$F \leq F_\alpha(n_1-1, n_2-1)$ ならば、「それぞれの群の分散が等しい！」という帰無仮説は棄却できない、また、$F > F_\alpha(n_1-1, n_2-1)$ ならば、帰無仮説は棄却できることになる。

例として、成人男性10名の身長データ 167, 171, 174, 175, 177, 177, 179, 179, 180, 181 センチと女性10名のデータ 160, 160, 161, 163, 164, 165, 168, 170, 170, 170 センチの「等分散の検定」をしてみる。男性の平均値は $\bar{x}_M = \frac{1}{10}(167+171+\cdots+181) = 176.0$、女性の平均値は $\bar{x}_F = \frac{1}{10}(160+160+\cdots+170) = 165.1$ である。男性のデータの自由度は $10-1=9$ なので、不偏分散は $u_M{}^2 = \frac{1}{9}\bigl((167-176.0)^2 + (171-176.0)^2 + \cdots + (181-176.0)^2\bigr) = 19.11$ で、女性のデータの自由度も同じなので、不偏分散は $u_F{}^2 = \frac{1}{9}\bigl((160-165.1)^2 + (160-165.1)^2 + \cdots + (170-165.1)^2\bigr) = 17.21$ となる。この結果、分散比は $F = \frac{u_M{}^2}{u_F{}^2} = 19.11 \div 17.21 = 1.110$ となる。有意水準（上側確率）を $0.05 = 5\%$ としたときの F 分布のパーセント点は $F_{0.05}(9, 9) = 3.179$ で、$F = 1.110 < 3.179 = F_{0.05}(9, 9)$ となるので、帰無仮説の「男女の身長データの分散は等しい！」は棄却できない。⇒ **F検定**（エフけんてい）、**バートレットの検定**（バートレットのけんてい）、**レーベンの検定**（レーベンのけんてい）

📖 【SPSS】は代表的な統計パッケージの1つだが、このソフトでは、等分散検定の"標準"として、正規性の逸脱に強い「レーベンの検定」を採用している。

Excel【関数】FTEST or F.TEST（F検定）【ツール】ツールバー⇒データ⇒分析⇒データ分析（F検定：2標本を使った分散の検定）

等平均の検定（とうへいきんのけんてい）test of equality of average ⇒ **t検定**（ティーけんてい）、**分散分析**（ぶんさんぶんせき）

尖り度（とがりど）kurtosis ⇒ **尖度**（せんど）

特性要因図（とくせいよういんず）cause and effect diagram, fishbone diagram or Ishikawa diagram

　　特性とそれに影響を与える要因の関係を"系統的に"線で結んで表した図。ここで、「特性」とは、現象や結果などその原因を見つけようとする"対象"であり、「要因」とは、特性に対して影響を与える"要素"や"原因"である。図の右側に「特性」の名称を書き、ここを矢印の終端（魚の頭）とした魚の主骨（背骨）となる線を引き、この線に特性に直接の影響を与える「(大)要因」を並べる。そして、この"(大)要因"を"特性"として、ここを矢印の終端とした魚の大骨となる線を引き、この線に特性に直接の影響を与える「(中)要因」を並べる。必要に応じて、背骨、大骨、(「小要因」に対応する) 中骨、(「細要因」に対応する) 小骨を作っていく[注1]。

　　品質管理（QC）の道具立ての「QC七つ道具」の1つで、「言葉」を使うのが特徴。統計を行う前に、"問題の整理"のために使う場合と、何かの問題が生じたときに、"問題の解決"のために使う場合がある。いずれの場合にも、「特性要因図」を描くことによって、問題の"共通理解"ができるのがポイント。"魚の骨"のように描くことから「**魚骨図**」、「**魚の骨**」、「**フィッシュボーンチャート**」ともいう。考案者の名前から、「**イシカワダイアグラ**

ム」と同じ。

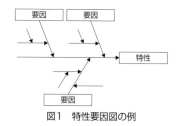

図1　特性要因図の例

(注1)　**【五回のなぜ】**「特性」に対する「要因」を見出すためには、"なぜ"という問いかけが重要である。例えば、特性が"不良率が高い"ならば、その原因は"なぜ"かを考え、さらにその"なぜ"の原因を考える。1つの参考として、「五回のなぜ」を参照してほしい。

📖 **【人】**「特性要因図」は、日本の品質管理（QC）とくにＴＱＣ（全社的品質管理）の先駆的な指導者で、"日本の品質管理の父"とも称される化学工学者の**石川馨**（1915-89）の考案であることから、「イシカワダイアグラム」と呼ばれることが多い。

独立 (どくりつ) independent

　2つの事象あるいは変数の間に"関係"がないこと。一方の事象や変数が変化しても、もう一方の事象や変数は変化しない（つまり影響がない）ことだ。一方の事象や変数が変化したときに、もう一方の事象や変数も変化する場合には、「連関」や「相関」がある、つまり「独立」ではない。⇒　**相関**（そうかん）、**連関**（れんかん）

独立試行 (どくりつしこう) independent trial ⇒　**試行**（しこう）

独立性の検定 (どくりつせいのけんてい) test of independence

　2つの変数が互いに"独立"しているか否か、つまり互いに"関連"があるか否かの統計的仮説検定（検定）。2つの変数がクロス集計表の行と列に対応するとすると、行の要素と列の要素の間に関連があるか否かの検定である。通常、検定統計量として2つの変数のズレの大きさを示す χ^2 値を使い、この値が χ^2 分布の上側確率 α に対応するパーセント点を超えるか否かで判断する「χ^2 検定」が用いられる。詳細は「χ^2 検定（カイじじょうけんてい）」の項へ！⇒　**χ^2 検定**（カイじじょうけんてい）、**順位相関係数**（じゅんいそうかんけいすう）

📖 **【読み方】**「χ」は、ギリシャ文字の小文字で"カイ"と読む。対応する英字はないので、英語ではchiと書く。「χ^2」は"カイ自乗"と読む。

独立同一分布 (どくりつどういつぶんぷ) independent and identically distributed, i.i.d. ⇒ **i.i.d.**（アイアイディー）

独立変数 (どくりつへんすう) independent variable

　因果関係のうちの"原因"の変数。「説明変数」ともいう。a と b を定数とする回帰直線の $y = a + b \times x$[注1]では、x が独立変数、y が従属変数で、原因の x の値が決まると、その結果として y の値が決まる。a と b と c を定数とする回帰平面の $z = a + b \times x + c \times y$ では、x と y が独立変数、z が従属変数で、原因の x と y の値が決まると、その結果として z の値が決まる。⇒　**回帰分析**（かいきぶんせき）、**従属変数**（じゅうぞくへんすう）

(注1)【一次式の書き方】"一般的な"数学では $y=a \times x+b$ や $z=a \times x+b \times y+c$ などと表すのが普通だが、「統計学」では $y=a+b \times x$ や $z=a+b \times x+c \times y$ などと書くのが"一般的"だ。☺

度数 (どすう) frequency

頻度。("質的な"データでは) 同じ値、("量的な"データでは) 同じクラス (階級) のデータの件数のこと。("質的な"データならば) すべての値あるいは ("量的な"データならば) すべてのクラスの「度数」を並べたものが「度数分布」だ。⇒ **度数分布** (どすうぶんぷ)

度数分布 (どすうぶんぷ) frequency distribution[注1]

"質的な"データならば変数の取る値、"量的な"データならば変数の取る値の範囲 (クラス) とその出現度数 (頻度) を対応させること。これによって、どこからどこまでの値やクラスが出現し、どの値やクラスが出現していないか、どの値やクラスが多くあるいは少なく出現しているかなどといったことが分かる。ただし、変数の取る値やクラスのまとめ方や並ぶ順序によって「度数分布」の状況が違って見えるので注意が必要である。例えば、都道府県別のデータをそのまま数える場合と、それを地方ごとにまとめて数える場合、経済状態などで分類して数える場合で、「度数分布」は違って見える。"量的な"データでも、クラス (階級) の幅の取り方によって、「度数分布」は違って見える。度数分布の対応表が「**度数分布表**」、そのグラフが「**度数分布図**」(ヒストグラム) だ。⇒ **クラス、スタージェスの公式** (スタージェスのこうしき)、**度数分布図** (どすうぶんぷず)

Excel【関数】 FREQUENCY (度数分布)、COUNTIF (条件に合ったセルの数)、COUNTIFS (複数の条件に合ったセルの数) ※FREQUENCYは、数式の入力のとき、Ctrl+Shift+Enterで入力する「配列数式」を使うので注意！

度数分布図 (どすうぶんぷず) histogram

変数の値とその度数を表にした「度数分布表」のデータを描いた図 (グラフ)。「ヒストグラム[注1]」と同じ。横軸 (x 軸) が"量的"な変数ならば変数の値 (あるいはクラス (階級))、縦軸 (y 軸) はその度数で、「棒グラフ」(柱状グラフ) を使って表す。横軸が"質的"な変数ならば変数の値をその並びの順に、あるいは、何かの基準で並びの順を決められるならば、それにしたがって並べる。度数分布図を描くことによって、データの全体の姿 (分布)、中心の位置、バラツキの大きさ、(歪みや尖りなど) バラツキの状態などが分かる。

もう少し具体的にいうと、①データは1つの均質な塊 (グループ) か2つ以上の塊からなっているか。②データの分布の形はフラットか山型かそれ以外か。③データはどこに集中しどのように (左あるいは右に) 偏っているか。④データの中に (塊から離れた) 外れ値[注2]と思われるものはあるか、などといったことから、データの性質・特徴が得られる。データの性質・特徴とはデータについての情報で、これを知ることは、データが分布している理由つまり原因を考えるための有力なヒントとなる。図1〜8にいくつかの度数分布図を例示したが、これらからどんなことが読み取れるかを考えてみてほしい。

ちなみに、データが1つの塊 (グループ) の分布を「**単峰分布**」という。データが2つの塊の分布を「**二峰分布**」という。また、データが多くの塊の分布を「**多峰分布**」という。一般に、それぞれの塊は質の違ったデータであるので、1つの塊とみなして、平均や標準偏差などの統計量を計算するのではなく、それぞれの塊ごとに統計量を計算することが必要であ

る。また、ときどき度数の差を強調するために、度数の途中を省略した度数分布図を見るが、これは誤解や錯覚を招くことがあるので注意！ 例えば、図1の「度数分布図」の下の部分をカットしたものが図2だが、この2つの度数分布図は少しみかけの印象が違うことが分かるであろう[注3]。⇒ **幹葉図**（みきはず）

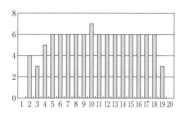

図1　均等な分布

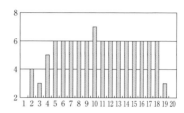

図2　均等な分布（下部をカットした図）

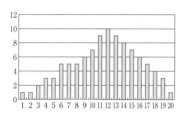

図3　山型の分布（離散的なデータ）

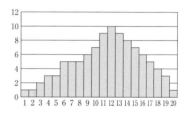

図4　山型の分布（連続的なデータ）

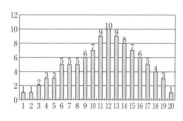

図5　山型の分布（数値表示付き）

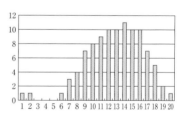

図6　外れ値がある分布

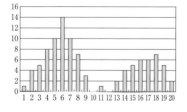

図7　2つの山がある分布（二峰分布）

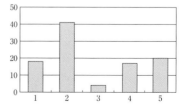

図8　2つの山がある分布（二峰分布）（クラスの幅が大きすぎる）

(注1)【ヒストグラム】(histogram)という言葉は、ギリシャ語で帆船のマスト、織機のバー、ヒストグラムの縦棒など「何でも直立にする」(anything set upright)という意味のhistosと、「描く、記録する、書く」(drawing, record, writing)を意味するgrammaを合わせたもので、英国の統計学者で「記述統計学」を大成した**カール・ピアソン**(Karl Pearson, 1857-1936)が1891年から始まったロンドン市民への公開講義「科学の文法」の中でこの言葉を使ったそうだ。

(注2)【**外れ値**】は、他のデータから飛び離れたデータである。「外れ値」は、観察・観測の誤りあるいは入力の誤りである可能性があり、この場合には修正あるいは取り除くことが必要だが、そうでない場合には、その外れ値が観察・観測された原因をよ〜く考える必要がある。データが飛び離れているからといって、そのデータを直ちに取り除くことにはならないことに注意！

(注3)【**描き方の注意点**】まずは、名義尺度のデータの場合は、クラスの並びの順序に何かの根拠があれば、それにしたがって並べるのがよいが、とくに根拠がないならば、どんな並べ方をしても構わない。これに対して、順序尺度、間隔尺度、比率尺度のデータの場合は、クラスの並びの順序には理由があるので、他の並べ方は"不適切"である。また、順序尺度、間隔尺度、比率尺度のデータの場合には、クラスの幅が等しいこと、名義尺度のデータの場合には、その意味のレベルが揃っていることが必要で、これらが満たされていない度数分布図は、見る人に誤解を与える危険性がある。ちなみに、図1と図2は、同じデータの度数分布図だが、度数の一部の表示を省略カットした図2は、別の印象つまり誤解を与えてしまうので、特別な理由や説明がない限り、"不適切"な描き方だ。こういったことを防ぐ意味からも、図5のように各柱にその基となるデータを書くといった工夫もある。細かいことかも知れないが、名義尺度、順序尺度、間隔尺度のデータならば、度数分布図の度数を表す帯は、互いに離して（くっつけないで）描くのが適切であるが、変数が比率尺度のデータならば、度数分布図の度数を表す帯は、連続したものなので、互いに離さずに（くっつけて）描くのが適切である（図4）。

Excel【**グラフ**】（必要に応じて、「ソート」や「並べ替え」などの後、）ツールバー⇒挿入⇒グラフメニュー（縦棒グラフと横棒グラフ）【**ツール**】ツールバー⇒データ⇒分析⇒データ分析（ヒストグラム）

度数分布表 (どすうぶんぷひょう) frequency table

変数の値（あるいは値の範囲）**とその度数を対応させた表**。この表を見れば、変数の値（あるいは値の範囲）の分布の状況が分かる。（「ソート」の項と同じ）例として、表3は、表1のデータの値を数えたそれぞれのクラスの度数であり、図1は、度数分布表をグラフ化した「**度数分布図（ヒストグラム）**」だ。ちなみに、表2は、表1のデータの値を小さい順に"ソート"したもので、この結果だけでもいろいろなことが分かる（例えば、11〜20と36〜50の間に一様に分布している）。⇒ **度数分布図**（どすうぶんぷず）

表1　ソート前のデータ

11	39	42	16	37	46	17	14	49	39
18	38	12	50	43	48	19	48	44	44
20	13	37	42	47	19	50	45	44	38
36	13	43	15	48	41	40	47	17	14
18	16	40	15	45	11	41	36	19	12

表2　ソートしたデータ

11	11	12	12	13	13	14	14	15	15
16	16	17	17	18	18	19	19	20	20
36	36	37	37	38	38	39	39	40	40
41	41	42	42	43	43	44	44	45	45
45	46	47	47	48	48	49	49	50	50

表3　度数分布表

1	2	3	4	5	6	7	8	9	10	11	12	13	14	15	16	17	18	19	20	21	22	23	24	25
0	0	0	0	0	0	0	0	0	0	2	2	2	2	2	2	2	2	2	2	0	0	0	0	0

26	27	28	29	30	31	32	33	34	35	36	37	38	39	40	41	42	43	44	45	46	47	48	49	50
2	2	2	2	2	2	2	2	2	2	2	2	2	2	2	2	2	2	2	2	2	2	2	2	2

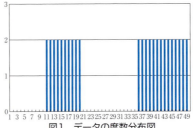

図1　データの度数分布図

Excel【関数】FREQUENCY（度数分布）、COUNTIF（条件に合ったセルを数える）【ツール】ツールバー⇒データ⇒分析⇒データ分析（ヒストグラム）

留め置き調査 (とめおきちょうさ) leaving survey

質問調査法の1つ。調査員が「質問票」を持って、被調査者に面会し、調査の目的や方法を説明して、回収日までに調査票に回答・記入してくれるように依頼する。調査票の回収日には調査員が再度面会して、回答・記入済みの調査票を回収する。回答に時間が必要な場合や人前では回答しにくい場合などに有効である。問題点は、調査に時間と人件費（コスト）がかかること。「訪問留め置き調査」や「留置法」と同じ。⇒　**社会調査**（しゃかいちょうさ）

トライミーン trimean, TM

三項平均。データの分布の"中心"を表す統計量の1つである。具体的には、第1四分位数を Q_1、第3四分位数を Q_3、中央値（第2四分位数=メディアン）を Q_2 としたとき、$tm = \frac{1}{4}(Q_1 + 2Q_2 + Q_3)$ と定義される。この式を書きかえれば、$tm = \frac{1}{4}Q_1 + \frac{2}{4}Q_2 + \frac{1}{4}Q_3 = 0.25Q_1 + 0.5Q_2 + 0.25Q_3$ で、3つの四分位数 Q_1, Q_2, Q_3 の「加重平均」になっている（$\frac{1}{4} + \frac{2}{4} + \frac{1}{4} = 0.25 + 0.5 + 0.25 = 1$ である）。あるいは、$tm = \frac{1}{2}\left(Q_2 + \frac{Q_1 + Q_3}{2}\right)$ で、これは中央値 Q_2 と（第1四分位数 Q_1 と第3四分位数 Q_3 の平均の）ミッドヒンジ $mh = \frac{Q_1 + Q_3}{2}$ の平均値でもある。平均値よりも中央値やミッドヒンジを重視した"中心"を表す統計量である。「テューキーのトライミーン」ともいう。⇒　**四分位数**（しぶんいすう）、**ミッドヒンジ**

　　📖【人】「仮説検定」ばかり重視される風潮に反対して、「探索的データ解析」を提案し、この統計量を普及させた米国の統計学の者ジョン・テューキー（John Wilder Tukey, 1915-2000）による。

Excel【関数】QUARTILE（四分位数）を使って計算する。

トリム平均 (トリムへいきん) trimmed mean

データをその値の大きさの順に並べて（ソートして）、下（最小値）から一定の割合（件数）の

データを、上（最大値）からも同じ割合のデータを取り除いて計算した平均値。「刈り込み平均」や「調整平均」ともいう。($0<\alpha<100$ として、)下から$\frac{\alpha}{2}$%、上からも$\frac{\alpha}{2}$%のデータを"刈り込み"、真ん中の$(100-\alpha)$%のデータだけで計算した平均値が「α% トリム平均」である。

例えば、10件のデータが$0,1,3,4,5,6,7,8,11,15$の場合、算術平均は$\frac{1}{10}(0+1+3+4+5+6+7+8+11+15)=6.00$であるのに対して、下から$10$%つまり1件（$0$）、上からも$10$%つまり1件（$15$）を刈り込み、真ん中の$80$%つまり8件（$1,3,4,5,6,7,8,11$）だけの平均値の「$20$% 刈り込み平均」は$\frac{1}{8}(1+3+4+5+6+7+8+11)=5.625$になる。さらに、下から$20$%つまり2件（$0,1$）、上からも$20$%つまり2件（$11,15$）を刈り込み、真ん中の$60$%つまり6件（$3,4,5,6,7,8$）だけの平均値の「$40$% 刈り込み平均」は$\frac{1}{6}(3+4+5+6+7+8)=5.5$になる。ぴったりの件数が刈り込めないときには、その分を"加重平均"とすればよい。

とくに、下から50%、上からも50%のデータを刈り込み、真ん中の50%のデータだけで計算した平均値を、とくに「中央平均」（ミッドミーン）と呼んでいる。ちなみに、スポーツ競技に対する複数の審判員の主観評価（技術点や芸術点など）で、その最大値と最小値を除いた評点の合計を採用しているのは、極端な評点の影響を取り除くためだが、「刈り込み平均」もこれと同じ発想だ。⇒ ウィンソー化平均（ウィンソーかへいきん）、平均値（へいきんち）

Excel【関数】TRIMMEAN（トリム平均）

トレンド trend

傾向。時系列データを構成する成分のうちの長期的な変動分のことである。古典的な時系列分析である「TCSI分離法」では、時系列データ X を①トレンド（T）、②周期的変動（C）、③季節変動（S）、④その他の変動（I）の和 $T+C+S+I$ と考えて、そのそれぞれを分離しようとする。

Excel【関数】TREND（トレンド）

トンプソンの棄却検定 （トンプソンのききゃくけんてい）Thompson's outlier test

データが"外れ値"であるか否かの統計的仮説検定（検定）である「棄却検定」の1つ。「トンプソンのτ」と同じ。具体的には、n件のデータ $x_1,\cdots,x_n$ の中の1件のデータ x が"外れ値"である可能性があるとする。このとき、n件のデータの平均値を $\bar{x}=\frac{1}{n}\sum_{i=1}^{n}x_i$ $=\frac{1}{n}(x_1+\cdots+x_n)$、標準偏差を $s=\sqrt{\frac{1}{n}\sum_{i=1}^{n}(x_i-\bar{x})^2}=\sqrt{\frac{1}{n}\left((x_1-\bar{x})^2+\cdots+(x_n-\bar{x})^2\right)}$（$\sqrt{}$ は"平方根"）とし、「外れ値」である可能性のあるデータ x の平均値 $\bar{x}$ からの偏差を $\tau=\frac{x-\bar{x}}{s}$ $=(x-\bar{x})\div s$ としたとき、統計量の $t=\tau\times\sqrt{\frac{n-2}{n-1-\tau^2}}$ が自由度 $n-2$ の t 分布にしたがうことを利用する（この証明はむずかしいので"省略"）。

例えば、（「スミルノフ・グラブスの棄却検定」の項と同じ）10件のデータ $66,63,61,60,59,58,57,52,48,25$ があり、このうち、他のデータから離れている 25 が「外れ値」であるか否かを検定する。つまり、平均値は $\bar{x}=\frac{1}{10}(66+63+61+60+59+58+57+52+48+25)$

$=54.9$、標準偏差は $s = \sqrt{\frac{1}{10}\binom{(66-54.9)^2+(63-54.9)^2+(61-54.9)^2+(60-54.9)^2+(59-54.9)^2}{+(58-54.9)^2+(57-54.9)^2+(52-54.9)^2+(48-54.9)^2+(25-54.9)^2}}$
$\fallingdotseq 11.10$、データの 25 の平均値からの偏差は $\tau = \frac{25-54.9}{11.10} \fallingdotseq -2.69$ で、検定統計量は $t = -2.69 \times \sqrt{\frac{10-2}{10-1-2.69^2}} \fallingdotseq -5.76$ となる。有意水準（「第1種の誤り」を犯す確率＝危険率）（両側検定）$2\alpha = 0.05 = 5\%$、自由度 $10-2 = 8$ の t 分布のパーセント点は $t_{2\alpha=0.05}(8) = 2.306$ で、$t_{2\alpha=0.05}(8) = 2.306 < 5.76 = |t|$ なので、このデータは「外れ値」だ！ということになる[注1]。

また、有意水準（両側検定）$2\alpha = 0.001 = 0.1\%$ にしても、自由度 $10-2 = 8$ の t 分布のパーセント点は $t_{2\alpha=0.01}(8) = 3.355$ で、$t_{2\alpha=0.01}(8) = 3.355 < 5.76 = |t|$ なので、この場合も「外れ値」だ！ということになる。ちなみに、もう1つの棄却検定法である「スミルノフ・グラブスの棄却検定」と違った結果になることがあるが、データ数の n が大きければ、同じ結果になる。☹ ⇒ **スミルノフ・グラブスの検定**（スミルノフ・グラブスのけんてい）、**外れ値**（はずれち）

📖 【読み方】「τ」は、英字の t に当たるギリシャ文字の小文字で"タウ"と読む。「$\bar{x}$」は"エックスバー"と読む。

(注1) 【修正トンプソンの τ 法】は、n 件のデータ $x_1, \cdots, x_n$ の平均値を $\bar{x} = \frac{1}{n}\sum_{i=1}^{n}x_i = \frac{1}{n}(x_1 + \cdots + x_n)$、不偏分散の平方根を $s = \sqrt{\frac{1}{n-1}\sum_{i=1}^{n}(x_i - \bar{x})^2} = \sqrt{\frac{1}{n-1}\left((x_1-\bar{x})^2 + \cdots + (x_n-\bar{x})^2\right)}$ とし、（「外れ値」である可能性のある）平均値 $\bar{x}$ からの偏差の最大値を $\delta_i = |d_i| = |x_i - \bar{x}|$ としたとき、統計量の $\tau = \frac{t_{\alpha/2} \times (n-1)}{\sqrt{n} \times \sqrt{n-2+t_{\alpha/2}^2}}$ を使って、$\delta_i > \tau \times S$ ならば「外れ値」であり、$\delta_i < \tau \times S$ ならば「外れ値」ではない、と判断できる（証明はむずかしいので"省略"）。上と同じデータで、他のデータから離れている 25 が「外れ値」か否かを検定すると、$\bar{x} = 54.9$、不偏分散の平方根は

$$s = \sqrt{\frac{1}{10-1}\binom{(66-54.9)^2+(63-54.9)^2+(61-54.9)^2+(60-54.9)^2+(59-54.9)^2}{+(58-54.9)^2+(57-54.9)^2+(52-54.9)^2+(48-54.9)^2+(25-54.9)^2}} = 11.70$$

で、有意水準（つまり「第1種の誤り」を犯す確率＝危険率）を $2\alpha = 0.05 = 5\%$ とすると、データ数は $n = 10$ で、自由度は $n-2 = 8$ となり、これに対応する t 分布のパーセント点は $t_{2\alpha=0.05}(8) = 2.306$ で、$\tau = \frac{2.306 \times (10-1)}{\sqrt{10} \times \sqrt{10-2+2.306^2}} = 0.599$ となる。つまり、$\tau \times S = 0.599 \times 11.70 = 7.02$ となり、$\delta_i = |25-54.9| = 29.9 < 7.02 = \tau \times S$ になり、これは「外れ値」だ！ということになる。

📖 【人】この方法は、ウィリアム・トンプソン（William R Thompson）による。

トンプソンの τ（トンプソンのタウ）Thompson's tau ⇒ **トンプソンの棄却検定**（トンプソンのきゃくけんてい）

な

内挿（ないそう）interpolation

　与えられたデータを使って、そのデータが散らばっている"範囲内"で与えられていないデータを推定すること。「補間」と同じ。例えば、$0 \leq x \leq 10$ の範囲で、x に対応する $y = f(x)$（$f(x)$ は"x の関数"）の値が"とびとびに"与えられたとき、$0 \leq x \leq 10$ の範囲の"その値が与えられていない"x に対応する $y = f(x)$ を推定することだ。例えば、過去から現在までの「時系列データ」が与えられた場合には、これらのデータをよく説明できるモデル（方程式）を導き、これを利用して、与えられたデータの範囲の過去の時点の値を予測する。

　予測する時点の"前後"の2つのデータを直線（一次式）で結び、その直線の上でのその時点の値を推定値とする「線形補間」（一次補間）（「比例配分」も「内挿」の1つだ）の他、さらに多くのデータを曲線（多項式）で結び、その曲線の上でのその時点の値を推定値とする「曲線補間（多項式補間）」などの方法がある。「空間的なデータ」ならば、与えられたデータから、その傾向的な変化や繰り返しのパターンなどを見つけ、その範囲内の点を推定する。データの範囲外のデータを予測する「外挿」に対比していう。⇒ **外挿**（がいそう）、**比例配分**（ひれいはいぶん）

内的基準（ないてききじゅん）internal criterion ⇒ **外的基準**（がいてききじゅん）

内的にスチューデント化された残差（ないてきにスチューデントかされたざんさ）internally studentized residual ⇒ **スチューデント化残差**（スチューデントかざんさ）、**標準化残差**（ひょうじゅんかざんさ）

なぜなぜ分析（なぜなぜぶんせき）whys analysis ⇒ **五回のなぜ**（ごかいのなぜ）

生データ（なまデータ）raw data

　観察・測定・申告されたままの"未加工"データ。英語のまま、「ローデータ」ともいう。観察・測定・申告されたままのデータは、必ずしも全部のデータが調査の目的や条件に合ったものとは限らない。中には、観察ミス（誤り）、測定ミス、申告ミス、記録ミス、勘違いなどの可能性もある。そこで、「生データ」には、そのデータの観察・測定・申告された日時、場所、人、環境などの「属性データ」が付いているので（というよりも、付けるのを忘れずに！）、これらを利用するなどして、欠測値を補充したり、ミス（誤り）を修正したりなどの「データクレンジング」をして、必要な統計処理に"使える"データにする。⇒ **データ**、**データクレンジング**

　　📖【英和辞典】「raw（ロー）」は、①料理していない、生の、②加工していない、原料のままの、〈酒などが〉未熟な、③皮がむけた，ひりひりする、④〈人が〉洗練されていない、〈文体などが〉生硬な、⑤無知な、未熟な、⑥露骨な、下品な、⑦ひどい、不当な、⑧〈空気・風などが〉湿っぽくて冷たい、⑨裸の、できたての、の意味だ。

並み数（なみすう）mode ⇒ **最頻値**（さいひんち）

に

≒ （ニアリーイコール） nearly or approximately equal ⇒ **等号**（とうごう）

2×2分割表 （にかけるにぶんかつひょう） 2 by 2 contingency table

$\begin{pmatrix} x_{11} & x_{12} \\ x_{21} & x_{22} \end{pmatrix}$ のような2行2列の分割表つまり「クロス表」。このデータの $\begin{pmatrix} x_{11} & x_{12} \\ x_{21} & x_{22} \end{pmatrix}$ からそれぞれの期待値の $\begin{pmatrix} e_{11} & e_{12} \\ e_{21} & e_{22} \end{pmatrix} = \begin{pmatrix} \frac{(x_{11}+x_{12})\times(x_{11}+x_{21})}{x_{11}+x_{12}+x_{21}+x_{22}} & \frac{(x_{11}+x_{12})\times(x_{12}+x_{22})}{x_{11}+x_{12}+x_{21}+x_{22}} \\ \frac{(x_{21}+x_{22})\times(x_{11}+x_{21})}{x_{11}+x_{12}+x_{21}+x_{22}} & \frac{(x_{21}+x_{22})\times(x_{12}+x_{22})}{x_{11}+x_{12}+x_{21}+x_{22}} \end{pmatrix}$ を計算し、それらのズレを表す「χ^2 値」つまり $\chi^2 = \frac{(x_{11}-e_{11})^2}{e_{11}} + \frac{(x_{12}-e_{12})^2}{e_{12}} + \frac{(x_{21}-e_{21})^2}{e_{21}} + \frac{(x_{22}-e_{22})^2}{e_{22}}$ を計算すると、その値は $\chi^2 = \frac{(x_{11}\times x_{22} - x_{12}\times x_{21})^2 \times (x_{11}+x_{12}+x_{21}+x_{22})}{(x_{11}\times x_{12})\times(x_{21}+x_{22})\times(x_{11}+x_{22})\times(x_{12}+x_{21})}$ となる[注1]。行の要因と列の要因の間には"関係"があるか否か（つまり独立性）を判断するには、「行の要因と列の要因の間には"関係"はない！」を帰無仮説に、この値を「χ^2検定」すればよい（この証明はむずかしいので"省略"）。このとき、自由度は $v = (2-1)\times(2-1) = 1$ である。ちなみに、「χ^2検定」は、χ^2分布という連続型の分布で"近似"をするため、（その目安として）標本数は≧20、どの期待値も≧5などを満たすことが条件とされている。このため、これらの条件を満たさない場合には、とくに2×2分割表については、「イェーツの連続修正」や「フィッシャーの正確確率検定」などの方法が用意されている。⇒ **イェーツの連続修正**（イェーツのれんぞくしゅうせい）、**φ係数**（ファイけいすう）、**フィッシャーの正確確率検定**（フィッシャーのせいかくかくりつけんてい）、**母比率の信頼区間**（ぼひりつのしんらいくかん）、**ユールの連関係数**（ユールのれんかんけいすう）

📖 【読み方】「χ」は、ギリシャ文字の小文字で"カイ"と読む。対応する英字はないので英語ではchiと書く。「χ^2」は"カイ自乗"と読む。また、「v」は、英字の n に当たり"ニュー"と読む。

(注1) 【計算の詳細】分割表の行の合計は $x_{1\cdot} = x_{11} + x_{12}$, $x_{2\cdot} = x_{21} + x_{22}$、列の合計はを $x_{\cdot 1} = x_{11} + x_{21}$, $x_{\cdot 2} = x_{12} + x_{22}$ で、行と列の合計は $x_{\cdot\cdot} = x_{11} + x_{12} + x_{21} + x_{22} = x_{1\cdot} + x_{2\cdot} = x_{\cdot 1} + x_{\cdot 2}$ であるので、行の割合は $\frac{x_{1\cdot}}{x_{\cdot\cdot}} = \frac{x_{11}+x_{12}}{x_{\cdot\cdot}}$, $\frac{x_{2\cdot}}{x_{\cdot\cdot}} = \frac{x_{21}+x_{22}}{x_{\cdot\cdot}}$、列の割合は $\frac{x_{\cdot 1}}{x_{\cdot\cdot}} = \frac{x_{11}+x_{21}}{x_{\cdot\cdot}}$, $\frac{x_{\cdot 2}}{x_{\cdot\cdot}} = \frac{x_{12}+x_{22}}{x_{\cdot\cdot}}$ となる。したがって、x_{11} の期待値は $e_{11} = \frac{x_{1\cdot}}{x_{\cdot\cdot}} \times \frac{x_{\cdot 1}}{x_{\cdot\cdot}} \times x_{\cdot\cdot} = \frac{x_{1\cdot} \times x_{\cdot 1}}{x_{\cdot\cdot}}$ となり、また、$e_{12} = \frac{x_{1\cdot} \times x_{\cdot 2}}{x_{\cdot\cdot}}$, $e_{21} = \frac{x_{2\cdot} \times x_{\cdot 1}}{x_{\cdot\cdot}}$, $e_{22} = \frac{x_{2\cdot} \times x_{\cdot 2}}{x_{\cdot\cdot}}$ となる。これから、$\chi^2 = \sum_{i=1}^{2} \sum_{j=1}^{2} \frac{(x_{ij}-e_{ij})^2}{e_{ij}} = \frac{(x_{11}-e_{11})^2}{e_{11}} + \frac{(x_{12}-e_{12})^2}{e_{12}} + \frac{(x_{21}-e_{21})^2}{e_{21}} + \frac{(x_{22}-e_{22})^2}{e_{22}}$ を計算すると、（この間の計算は結構大変だが、）$\chi^2 = \frac{(x_{11}\times x_{22} - x_{12}\times x_{21})^2 \times (x_{11}+x_{12}+x_{21}+x_{22})}{(x_{11}\times x_{12})\times(x_{21}+x_{22})\times(x_{11}+x_{22})\times(x_{12}+x_{21})}$ になる。ふーーっ！ 😊

Excel【関数】CHITEST or CHISQ.TEST（χ^2検定＝χ^2値に対する下側確率） ※χ^2分布という連続分布で近似をするため、どの期待値も≧5を満たすことが条件とされている。このため、期待値の中に<5のものがあったときには、水準（項目）を併合して≧5にすることが必要である。注意！

二元配置分散分析 （にげんはいちぶんさんぶんせき） two-way ANOVA, analysis of variance

2つの要因（因子）の「分散分析」。2つの要因のそれぞれ3つ以上の水準（やり方）の違った群（グループ）の間の"平均値"に差があるか否かの統計的仮説検定（検定）である。「二

要因分散分析」と同じ。大別すると、同じ条件での繰り返しがない"繰り返しのない"二元配置分散分析」と、同じ条件での繰り返しがある"繰り返しのある"二元配置分散分析」がある。前者は、2つの要因それぞれの水準が違った群の間で平均値に差があるか否かを、後者は、これに加えて、2つの要因とそれぞれの水準の組み合わせによって差が生じるか否かを検定する。また、繰り返しの数が等しいかそうではないか区別がある。

具体的には、2つの要因 A と B があり、第1の要因 A の第 i 水準 $A_i (i=1,\cdots,m)$ と第2の要因 B の第 j 水準 $B_j (j=1,\cdots,n)$ の組み合わせが r_{ij} 回繰り返されたときの結果を $x_{ij1},\cdots,x_{ijr_{ij}}$ としたとき、A_i と B_j の組み合わせの結果の平均値 $\bar{x}_{ij\times} = \frac{1}{r_{ij}}\sum_{k=1}^{r_{ij}} x_{ijk} = \frac{1}{r_{ij}}(x_{ij1}+\cdots+x_{ijr_{ij}})$ が等しい!を「帰無仮説」にして、設定した有意水準(「第1種の誤り」を犯す確率=危険率)の下で、実際のデータ(結果)からこの仮説が棄却できるか否かを検定する。

分析は、$x_{ijk} = \mu + \alpha_i + \beta_j + \gamma_{ij} + \varepsilon_{ijr}$ をモデルに、つまり全体の平均値を μ、A_i の効果を α_i (これが「主効果」)、B_j の効果を β_j (これも「主効果」)、A_i と B_j の組み合わせの効果を γ_{ij} (これは「交互作用」)、以上の効果では説明できない誤差を ε_{ijr} として、実際のデータの x_{ijk} をこれらの和で説明しようとする。具体的には、全体のバラツキ(全変動)を要因 A のバラツキ(行変動)、要因 B のバラツキ(列変動)、要因 A と B の組み合わせのバラツキ(行×列変動)、余りのバラツキ(誤差変動)に分け、要因 A のバラツキ、要因 B のバラツキ、要因 A と B の組み合わせのバラツキのそれぞれが余りのバラツキに比べて大きいか否かを、それぞれの"分散比"が「F分布」にしたがうこと(この証明はむずかしいので"省略")を利用して検定する。

ここで、"すべて"の繰り返し数の r_{ij} が 1 (つまり $\forall r_{ij}=1$)($\forall i$ は"すべての i について")の場合は「"繰り返しのない"二元配置分散分析」と呼ばれ、A_i と B_j の交互作用の γ_{ij} は評価できない。この場合の分析の手順や計算例などは、「繰り返しのない二元配置分散分析」の項で説明する。ここでは、"すべて"の r_{ij} が 2 以上(つまり $\forall r_{ij}\geq 2$)の場合で A と B の交互作用の γ_{ij} が評価できる「"繰り返しのある"二元配置分散分析」を説明する[注1]。この場合も、"すべて"の r_{ij} が等しい場合は"バランスが取れている"と、そうでないときは"バランスが取れていない"という。後者の場合は、分析はできるが、結果の解釈がむずかしいので、お勧めできない。この項では、前者を説明する。ちなみに、「分散分析」は、各群の分散が等しいことが前提条件なので、分析の前に、これを確認しておくことが必要である。最後に繰り返しになるが、「分散分析」といっても「分散」の違いを検定しようとしているのではなく、「平均値」の違いを検定しようとしていることに注意!⇒ **繰り返しのない二元配置分散分析**(くりかえしのないにげんはいちぶんさんぶんせき)、**分散分析**(ぶんさんぶんせき)

📖 **【読み方】**「γ」は、英字の g に当たるギリシャ文字の小文字で"ガンマ"と読む。「ε」は、英字の e に当たり"イプシロン"と読む。「μ」は、英字の m に当たり"ミュー"と読む。また、「$\bar{x}$」は"エックスバー"と読む。

(注1)**【分析の例】** 表1のデータは、2つの要因 A と B のそれぞれ4つの水準について、その結果を示したものだ。このデータでは、全データの平均値は $\bar{x} = \frac{1}{16}(3+5+4+2+\cdots+10+15+15+4) = 10.06$ となり、「**全変動**」つまりそれぞれのデータのこの平均値からの偏差の自乗和は $S_T = 494.94$ となる。自由度は $4\times 4-1 = 16-1 = 15$ だ。また、行ごとの平均値はそれぞれ $\bar{x}_{1\times}=3.50, \bar{x}_{2\times}=10.50, \bar{x}_{3\times}=15.25, \bar{x}_{4\times}=11.00$ となり、「**行の変動**」つまりそれぞれの行の平均値の全平均からの偏差の自乗和は S_R

$=284.19$ となる。自由度は $4-1=3$ なので、分散は $\frac{284.19}{3}=94.73$ となる。列ごとの平均値はそれぞれ $\bar{x}_{\times 1}=9.50, \bar{x}_{\times 2}=13.75, \bar{x}_{\times 3}=12.00, \bar{x}_{\times 4}=5.00$ となり、「**列の変動**」つまりそれぞれの列の平均値の全平均からの偏差の自乗和は $S_C=70.67$ となる。自由度は $4-1=3$ なので、分散は $\frac{70.67}{3}=23.56$ である。「**誤差変動**」の $S_E=S_T-S_R-S_C$ は、$494.94-284.19-70.67=140.08$ である。自由度は $15-3-3=9$ なので、分散は $\frac{140.08}{9}=15.56$ である。これらから「**行の分散比**」は $F=\frac{94.73}{15.56}=6.09$ となり、有意水準(「第1種の誤り」を犯す確率=危険率) $0.05=5\%$、分母の自由度9、分子の自由度3のときのF分布のパーセント点の $F_{0.05}(3,9)=3.863$ と比べて、$3.863<6.09$ なので、行つまり要因 A の4つの違った水準の結果は同じとはいえない！ということになる。同様に、「**列の分散比**」は $\frac{23.56}{15.56}=1.51$ となり、こちらも $3.863>1.51$ なので、列つまり要因 B の4つの違った水準の結果は同じとはいえない！とはいえないということになる。

表1 「二元配置分散分析」の例題のデータ

	A	B	C	D
甲	3	5	4	2
乙	10	15	11	6
丙	15	20	18	8
丁	10	15	15	4

Excel【ツール】 ツールバー⇒データ⇒分析⇒データ分析（分散分析：繰り返しのある二元配置）

二件法 (にけんほう) question with two choices

「はい」と「いいえ」、「賛成」と「反対」など2つの選択肢から選択・回答させるアンケート調査の方法。3つの選択肢の「三件法」と違い、2つの選択肢の間に「どちらでもない」や「どちらともいえない」がなく、2つの選択肢のどちらかを"強制的"に判断・選択させる方法である（これは「四件法」も同じ）。「二件法」は、方法が簡単なことが最大の特徴。質問が簡単な場合は、結果は安定している（再現性がある）が、質問がむずかしい場合は、結果は安定しない（再現性がない）ことが多いようだ。また、「三件法」などの回答とは、似ていないことも多いようだ. ⇒ **アンケート調査** (アンケートちょうさ)、**五件法** (ごけんほう)、**三件法** (さんけんほう)、**四件法** (よんけんほう)

二項係数 (にこうけいすう) binomial coefficient ⇒ $\binom{n}{k}$ (かっこエヌケイ)

二項検定 (にこうけんてい) binomial test

結果が 0 か 1 かの2種類しかない「ベルヌーイ試行」を"独立"して n 回行ったときの値が「二項分布」にしたがっていることを利用して行う統計的仮説検定(検定)。例えば、表か裏かのコイン（硬貨）投げを1回あるいは複数回した結果から、コインの表が出る確率がある値 $a(0\leq a\leq 1)$ であるか否かの検定である。ちなみに、コインの表が出る確率が a であるとき、n 回のうちの k 回表が出る確率は、$p(a,n,k)={}_nC_k\times a^k\times(1-a)^{n-k}=\binom{n}{k}\times a^k\times(1-a)^{n-k}$ ($ {}_nC_k=\binom{n}{k}$ は"n 個から k 個を選ぶ組み合わせの数") だ。帰無仮説が $a=\frac{1}{2}=0.5=50\%$ のときは、「符号検定」と同じになる。

例えば、"偏りがない"と考えているコインが5回連続して表が出たとき、"偏りがない"

つまり $a = \frac{1}{2} = 0.5 = 50\%$ と考えてよいか。$a = \frac{1}{2} = 0.5 = 50\%$ の場合、5回連続して表が出る確率は $p\left(\frac{1}{2}, 5, 0\right) = \frac{5!}{0! \times 5!} \times \left(\frac{1}{2}\right)^0 \times \left(\frac{1}{2}\right)^5 = \frac{1}{32} = 0.03125 = 3.125\%$ なので、有意水準（「第1種の誤り」を犯す確率＝危険率）を $\alpha = 0.05 = \frac{1}{20} = 5\%$ とすると、$3.125\% < 5\%$ なので、「偏りがない！」という帰無仮説は"棄却"される、つまり「偏っている！」ということになる。この場合、帰無仮説は「表と裏が出る確率は同じ！」で、対立仮説は「表が出る確率は裏が出るそれより大きい！」なので「片側検定」である[注1]。ちなみに、試行の回数 n が多い場合は、正規分布で近似される「等比率の検定」と同じである。試行の回数 n が少ない場合には、正規分布に近似できないので、「二項検定」を適用することになる。⇒ **二項分布**（にこうぶんぷ）、**符号検定**（ふごうけんてい）

[注1] 【練習】「ジャンケン5回戦で4勝1敗は"強い！"になるか？」を考えてみよう！ 5勝0敗が起こる確率は $p(5) = {}_5C_5 \times \left(\frac{1}{2}\right)^5 \left(\frac{1}{2}\right)^0$ で、これを計算すると $p(5) = \frac{5!}{5! \times 0!} \times \frac{1}{32} = \frac{1}{32} = 0.03125 = 3.125\%$ となる。有意水準を $\alpha = 0.05 = 5\%$ としたとき、$p(5) = 3.125\% < 5\% = \alpha$ なので"強い！"となる。しかし、4勝1敗は $p(4) = {}_5C_4 \times \left(\frac{1}{2}\right)^4 \left(\frac{1}{2}\right)^1 = \frac{5!}{4! \times 1!} \times \frac{1}{32} = \frac{5}{32} = 0.155625 = 15.625\%$ で、$p(4) = 15.625\% > 5\% = \alpha$ なので"強い！"とはいえない。ちなみに、3勝2敗は $p(3) = {}_5C_3 \times \left(\frac{1}{2}\right)^3 \left(\frac{1}{2}\right)^2 = \frac{5!}{3! \times 2!} \times \frac{1}{32} = \frac{10}{32} = 0.3125 = 31.25\%$、2勝3敗は $p(2) = {}_5C_2 \times \left(\frac{1}{2}\right)^2 \left(\frac{1}{2}\right)^3 = \frac{5!}{2! \times 3!} \times \frac{1}{32} = \frac{10}{32} = 0.3125 = 31.25\%$、1勝4敗は $p(1) = {}_5C_1 \times \left(\frac{1}{2}\right)^1 \left(\frac{1}{2}\right)^4 = \frac{5!}{1! \times 4!} \times \frac{1}{32} = \frac{5}{32} = 0.15625 = 15.625\%$ だ。0勝5敗は $p(0) = {}_5C_0 \times \left(\frac{1}{2}\right)^0 \left(\frac{1}{2}\right)^5 = \frac{5!}{0! \times 5!} \times \frac{1}{32} = \frac{1}{32} = 0.03125 = 3.125\%$ で、"弱い！"となる。

Excel【関数】BINOMDIST or BINOM.DIST（二項分布の確率）、BINOM.DIST.RANGE or BINOM.DIST.RANGE（二項分布を使用した試行結果の確率）、BINOM.INV or BINOM.INV（累積二項分布の値が基準値以上になるような最小の値）

【小演習】日本では左利きの割合は約10%らしい。ある会社の社員を調べたら、30名中6名が左利きだった。このとき、この会社の社員の左利きの割合は、10%よりも大きい！といえるだろうか。簡単なので"いますぐ"やってみよう！（正解は⇒「二段階抽出法（にだんかいちゅうしゅつほう）」の項に！）

二項選択モデル（にこうせんたくモデル）binary choice model

従属変数（被説明変数）が（0か1かのいずれかを取る）"二項変数"あるいは（0～1の値を取る）"確率変数"のモデル。二項変数の例を、思いつくままに挙げると、①大学に進学するか否か、②大学卒で就職するか大学院に進学するか、③住宅を購入するか否か、④乗用車を購入するか否か、⑤定年後に再就職するか否か、⑥結婚後退社するか否か、などがある。従属変数の二項変数や確率変数を説明するモデルとして、選択確率としてロジスティック分布（ロジスティック曲線）を使う「ロジスティック回帰モデル（ロジット分析）」、選択確率として正規分布を使う「プロビット回帰モデル」、あるいは、「線形確率モデル」などが用意されている。複数の選択肢の中から選択する「離散選択モデル」の1つである。⇒ **判別分析**（はん

べつぶんせき）、**プロビット**、**ロジスティック回帰分析**（ロジスティックかいきぶんせき）

二項分布（にこうぶんぷ）binomial distribution

　　結果が*0*か*1*かの2種類しかない「ベルヌーイ試行」を"独立"して*n*回行ったときの値の合計（つまり*1*が出た回数）がしたがう"離散型"の確率分布。例えば、コイン（硬貨）を投げたときに表が出る確率を*p(0≦p≦1)*、裏が出る確率を*(1−p)*とすると、コインを*n*回投げたうちで*k*回表が出る確率は、以下のようになる。つまり、*n*回のうち*k*回表が出る組み合わせの数は $_nC_k = \binom{n}{k} = \frac{n \times \cdots \times (n-k+1)}{k \times \cdots \times 1} = \frac{n!}{k! \times (n-k)!}$ (注1) 通りである（$_nC_k = \binom{n}{k}$ は "*n*個から*k*個を選ぶ組み合わせの数"）（*n!*は "階乗"）。*k*回表が出る確率は*p^k*、*(n−k)*回裏が出る確率は*(1−p)^{n−k}* なので、*n*回のうちで*k*回表が出る確率は、これらを掛け算して $p(X=k) = \frac{n!}{k! \times (n-k)!} \times p^k \times (1-p)^{n-k}$ となる。これが「二項分布」で*B(n,p)*と表す。この確率分布の"平均値"は*n×p*、"分散"は*n×p×(1−p)*、"標準偏差"は$\sqrt{n \times p \times (1-p)}$ だ（$\sqrt{\ }$ は"平方根"）。*n=1*のときは「**ベルヌーイ分布**」と呼ぶ。

　　ちなみに、試行の回数*n*が十分に大きい場合、「二項分布」は「正規分布」$N(n \times p, n \times p \times (1-p)) = N\left(n \times p, \left(\sqrt{n \times p \times (1-p)}\right)^2\right)$ に近似することが分かっている（これを「ラプラスの定理」という）。また、確率*p*の値が*0.5*に近いほど、試行の回数が大きくなくても「正規分布」に近似する（これらの証明はむずかしいので"省略"）。「二項分布」は計算が面倒なので、この性質を利用して正規分布に近似して計算することが多いようだ。☺ ⇒ **確率分布**（かくりつぶんぷ）、**正規分布**（せいきぶんぷ）、**負の二項分布**（ふのにこうぶんぷ）、**ベルヌーイ試行**（ベルヌーイしこう）

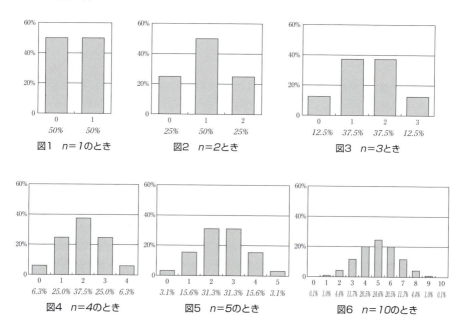

図1　*n＝1*のとき　　　　図2　*n＝2*とき　　　　図3　*n＝3*とき

図4　*n＝4*のとき　　　　図5　*n＝5*のとき　　　　図6　*n＝10*のとき

　(注1)【**パスカルの三角形**】は、二項展開つまり*(a+b)^n*を計算して展開式に現れる各項の係数（二項係数）を並べたものである。具体的には、*(1)(1,1)(1,2,1)(1,3,3,1)(1,4,6,4,1)*

$(1,5,10,10,5,1)(1,6,15,20,15,6,1)$…といった数列のことで、$a$ の指数と b の指数は、上の段の2つの数の和が下の段の数になる。上の例で、$_nC_k = \frac{n!}{k!\times(n-k)!}$ はパスカルの三角形の n 行目の値であり、コインを投げたときに表の出る確率を $\frac{1}{2} = 0.5$、裏の出る確率も $\frac{1}{2} = 0.5$ とすると、n 回投げたときに k 回表が出る確率は $p(X=k) = \frac{_nC_k}{2^n} = \frac{1}{2^n} \times \binom{n}{k} = \frac{n!}{2^n \times k! \times (n-k)!}$ となる。フランスの哲学者で数学者・物理学者でもあった**ブレーズ・パスカル**(Blaise Pascal, 1623-62) が、確率の研究からこの規則性を発見したのは1654年のこと。

```
                              1
                           1     1
                        1     2     1
                     1     3     3     1
                  1     4     6     4     1
               1     5    10    10     5     1
            1     6    15    20    15     6     1
         1     7    21    35    35    21     7     1
      1     8    28    56    70    56    28     8     1
   1     9    36    84   126   126    84    36     9     1
1    10    45   120   210   252   210   120    45    10     1
```

図7　パスカルの三角形

 📖【人】「ラプラスの定理」は、(確率に関する「理由不十分の原理」などでも知られる) フランスの偉大な数学者・物理学者の**ピエール＝シモン・ラプラス**(Pierre-Simon Laplace, 1749-1827) による。

Excel【関数】BINOMDIST or BINOM.DIST (二項分布の確率)、BINOM.DIST.RANGE or BINOM.DIST.RANGE (二項分布を使用した試行結果の確率)、BINOM.INV or BINOM.INV (累積二項分布の値が基準値以上になるような最小の値)

二項ロジスティック回帰分析 (にこうロジスティックかいきぶんせき) binomial logistic regression analysis ⇒ **ロジスティック回帰分析** (ロジスティックかいきぶんせき)

二乗平均平方根 (にじょうへいきんへいほうこん) root mean square, rms ⇒ **平方平均** (へいほうへいきん)

二段階抽出法 (にだんかいちゅうしゅつほう) two-stage sampling

 「標本抽出法」の1つ。母集団の要素のリスト (一覧) を作り、これからいきなり標本を抽出するのではなく、まず、対象とする母集団の中から"無作為に"調査する「地域」を1つ選び、次に、その地域に含まれる (世帯などの)「要素」の中からその一部を"無作為に"抽出する (つまり"二段階"で行う) 方法である。母集団に含まれるすべての地域、すべての要素のリストがなくても、選ばれた地域に含まれる要素のリストさえあれば、標本抽出ができる。母集団に含まれるすべての地域、すべての要素のリストが用意できないときに、「集落抽出法」以外でよく用いられる方法の1つである[注1]。⇒ **集落抽出法** (しゅうらくちゅうしゅつほう)、**標本抽出法** (ひょうほんちゅうしゅつほう)

 [注1]【出口調査】"都道府県"知事選挙のときにテレビ局や新聞社が行う「出口調査」では、例えば、都道府県内の投票所30～80ケ所を選び、それぞれの投票所で50名ずつ、合計で1,500～4,000名に投票結果を回答してもらう、といったことを行う。これは都道府県内の各地域によって、肩入れする候補者が異なり、その偏りをなくすためである。

そして、このデータを用いて、ある候補者の"母得票率"pの区間推定を行う。具体的には、標本の得票率がpならば、標本数をnとして、95%の信頼区間は$p-1.96\times\sigma_p\leq p\leq p+1.96\times\sigma_p$となる。ここで、$\sigma_p=\sqrt{\frac{p\times(1-p)}{n}}$なので、$p-1.96\times\sqrt{\frac{p\times(1-p)}{n}}\leq p\leq p+1.96\times\sqrt{\frac{p\times(1-p)}{n}}$となる。

☞ **【二項検定】小演習の正解** 左利きの割合が10%の母集団から30名を抽出して、左利きが0名の確率は$p(0.1,30,0)=\frac{30!}{0!\times30!}\times0.1^0\times0.9^{30}=0.04239=4.239\%$、左利きが1名の確率は$p(0.1,30,1)=\frac{30!}{1!\times29!}\times0.1^1\times0.9^{29}=0.14130=14.130\%$、左利きが2名の確率は$p(0.1,30,2)=0.22766=2.2766\%$、左利きが3名の確率は$p(0.1,30,3)=0.23609=23.609\%$、左利きが4名の確率は$p(0.1,30,4)=0.17707=17.707\%$、左利きが5名の確率は$p(0.1,30,5)=0.10230=10.230\%$なので、これらを合計すると5名以下の確率は$p(0.1,30,0)+\cdots+p(0.1,30,5)=0.04239+\cdots+0.10230=4.239\%+\cdots+10.230\%$となり、$p(0.1,30,0)+\cdots+p(0.1,30,5)=0.92681=92.681\%$となる。つまり、6名以上になる確率は$p(0.1,30,\geq6)=1-0.92681=0.07319=7.319\%$で、有意水準を5%とすると、帰無仮説は棄却できない！ということになる。できましたか？☺

二峰分布 (にほうぶんぷ) bimodal distribution

度数分布図（ヒストグラム）を描くと、その形が2つの峰を持った山のように見える分布。峰が2つ以上なら「多峰分布」と呼ぶ。「二峰分布」のデータは、複数の質が異なるデータが混ざっており、"均質"なデータではない可能性があるので、この場合には、層別などによって、"均質"なデータに分類してから分析することが必要である。度数分布図を描くとその形が1つの山で、度数分布の最頻値（モード）が1つの「単峰分布」に対比していう。

⇒ 層別 (そうべつ)

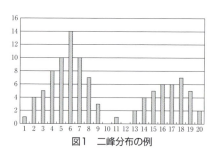

図1 二峰分布の例

二要因分散分析 (にようういんぶんさんぶんせき) two-way ANOVA, analysis of variance ⇒ 二元配置分散分析 (にげんはいちぶんさんぶんせき)

ぬ

抜取検査 (ぬきとりけんさ) sampling test

検査対象の"全体"から"一部"を抜き取って行う検査。検査対象とするロット（これが「母集団」）から、予め決められた方法で標本を抜き取り、この標本を調べた結果をロットに

対する判定基準を比べて、そのロットの合否を判定する方法である。検査対象の"全部"を検査する「全数検査」に対比していう。例えば、半導体では、信頼性試験のような破壊試験を行う場合やロットが非常に大きい場合などには、全数検査ができないのでもっぱら抜取検査が採用されている。「標準型」では、売り手（生産者）と買い手（消費者）の両者の要求を満足するように、合格すべきロットが誤って不合格になる割合 α（これは「生産者危険」で「第1種の誤り」に相当する）と、不合格とすべきロットを誤って合格としてしまう割合 β（これは「消費者危険」で「第2種の誤り」に相当する）を一定の値以下にする。例えば、$\alpha=0.05, \beta=0.10$ のようにである。「選別型」では、不合格になったロットを全数検査する。「調整型」では、ナミ（並み）、（成績のよいときの）ユルイ（緩い）、（成績の悪いときの）キツイの3つの検査レベルを設けて使い分ける。「連続生産型」では、初期は全数検査し、工程が安定してきたら抜取検査に移行、不良品が出たら再び全数検査に戻す(注1)。⇒ **標本調査**（ひょうほんちょうさ）

(注1)【要求品質】として、「標準型」ではLTPD（lot torerance percent defective）つまり「ロット許容不良率」が使われる。「選別型」では個々のロットについてはLTPD、多数のロットにはAOQL（average outgoing quality level）つまり「平均出検品質限界」を用いる。「調整型」ではAQL（acceptable quality level）つまり「合格品質水準」を用いる。「連続生産型」ではAOQLを用いる。

ね

ネイピア数（ネイピアすう）Napier's constant ⇒ **e**（イー）
ネイマン配分法（ネイマンはいぶんほう）Neyman allocation
「標本抽出法」の1つで、母集団が均質ではなくいくつかの性質の違った層からなっているとき、母集団をこれらの層に分割してそれぞれの層から標本を抽出する「層化抽出法」の標本の配分法の1つ。分割した層の数を n、その i 番目の層の大きさを m_i、その標準偏差を s_i としたとき、その層に $m_i \times s_i$ に比例するように標本を配分する、つまり、抽出する標本全部の数を N とすると、i 番目の層からは $N \times \dfrac{m_i \times s_i}{\sum_{j=1}^{n} m_j \times s_j} = N \times \dfrac{m_i \times s_i}{m_1 \times s_1 + \cdots + m_n \times s_n} = N \times (m_i \times s_i) \div (m_1 \times s_1 + \cdots + m_n \times s_n)$ 件の標本を抽出する。とくに層の大きさが小さいあるいはバラツキが大きい層からは"全数抽出"する。それぞれの層の標準偏差が著しく異なるとき、標本の大きさは一定の下で、（層の大きさに比例させて標本の数を配分する「比例配分法」と比較して、）最も精度のよい配分である。しかし、一般には、それぞれの層の標準偏差は分からないので、これらは何かの方法で推定することが必要になる。⇒ **層化抽出法**（そうかちゅうしゅつほう）

【人】この方法は、（英国の数理統計学者のエゴン・ピアソン（Egon Sharpe Pearson, 1895-1980）と共に現代の推計統計学の中心的理論を確立した）ポーランド出身の数理統計学者のイェジ（イェルジー）・ネイマン（Jerzy Neyman, 1894-1981）による。

ネイマン・ピアソンの基準（ネイマン・ピアソンのきじゅん）Neyman-Pearson criteria

「第1種の誤り」を犯す確率（有意水準）α を一定値に固定し、「第2種の誤り」を犯す確率 β をできるだけ小さくするような検定の方法を選択するという基準。丁寧に「ネイマン・ピアソンの検定基準」ともいう。「第1種の誤り」とは、棄却できない帰無仮説を"あわてて"棄却してしまう誤り、「第2種の誤り」とは、棄却できる帰無仮説を"ぼんやりしていて"棄却しない誤りである。ここで、「第1種の誤り」を犯す確率を小さくしようとすると、「第2種の誤り」を犯す確率は大きくなってしまう。反対に、「第2種の誤り」を犯す確率を小さくしようとすると、「第1種の誤り」を犯す確率は大きくなってしまい、これら2つの確率を同時に小さくすることはできない。

そこで、「ネイマン・ピアソンの基準」では、帰無仮説を"棄却"することを重視して、「第1種の誤り」を犯す確率 α を固定し、その中で、「第2種の誤り」を犯す確率 β をできるだけ小さくしょうとする。上（右）側検定の場合は、上（右）側に"棄却域"を設定すればよい。下（左）側検定の場合は、下（左）側に"棄却域"を設定すればよい。なお、両側検定の場合は、この基準を満足する検定はできないが、両端に棄却域を設定すれば、満足できる検定ができる。

　📖【読み方】「α」は、英字の a に当たるギリシャ文字の小文字で"アルファ"と読む。また、「β」は、英字の b に当たり"ベータ"と読む。

　📖【人】ポーランド出身の数理統計学者の**イェジ（イェルジー）・ネイマン**（Jerzy Neyman, 1894-1981）と英国の数理統計学者の**エゴン・ピアソン**（Egon Sharpe Pearson, 1895-1980）は、現代の推計統計学の中心理論を確立した。なお、ピアソンは、「記述統計学」を大成した英国の統計学者カール・ピアソン（Karl E.Pearson, 1857-1936）の息子だ。

ネイマン・ピアソンの補題 （ネイマン・ピアソンのほだい） Neyman-Pearson lemma

統計学的仮説検定（検定）に関する補題（補助定理）の1つ。2つの仮説 $H_0: \theta = \theta_0$ と $H_1: \theta = \theta_1$ の間で検定を行う場合、$H_0: \theta = \theta_0$ を"排除"し、$H_1: \theta = \theta_1$ を"支持"するような尤度比 $\Lambda(x) = \frac{L(\theta_0|x)}{L(\theta_1|x)}$ による「尤度比検定」$\Lambda(x) \leq k$（ここで、H_0 という条件の下での $\Lambda(x) \leq k$ の確率が α つまり $p(\Lambda(x) \leq k | H_0) = \alpha$）が、有意水準 α の検定の中で最も検出力 $(1-\beta)$ が大きい！というのがその内容だ。この補題によって、「ネイマン・ピアソンの基準」つまり「α を決めておき、その中で検出力が最も大きい検定法を選択する」という方針に基づく方法が具体的に与えられる。⇒ **ネイマン・ピアソンの基準**（ネイマン・ピアソンのきじゅん）、**尤度比検定**（ゆうどひけんてい）

　📖【読み方】「α」は、英字の a に当たるギリシャ文字の小文字で"アルファ"と読む。また「β」は、英字の b に当たり"ベータ"と読む。また、「θ」は、ギリシャ文字の小文字で"シータ"と読む。英字は対応がなく、音写は th だ。角度や無声歯摩擦音の音声記号としても使われている。「Λ」は、英字の L に当たるギリシャ文字の大文字で"ラムダ"と読む。

ネイマン・ピアソン流の仮説検定 （ネイマン・ピアソンりゅうのかせつけんてい） Neyman-Pearson hypothesis test

古典的な統計的仮説検定（検定）のこと[注1]。「伝統的な統計的仮説検定」と同じ。「仮説検定」とは、何かの仮説 H を想定し、母集団から抽出された標本のデータ D がこれにしたが

うとしたときに、その標本のデータが観察される確率（つまり"結果"の確率）の$P_H(D)$を計算して、その確率が想定した値（これが「有意水準」）よりも大きければ、仮説は成り立つ！と判断する。また、確率が想定した値よりも小さければ、"滅多に起こらない"ことが起きたとして、仮説は成り立たない！と判断する。

　ここで、「仮説」とは、母集団の分布や母数（パラメーター）に関する想定、例えば、母集団のデータが"正規分布"にしたがっている、2つの群（グループ）の"平均値"は等しい、2つの群の"分散"は等しい、複数の群の"平均値"は等しい、などといったことである。これらの想定の下で、目的とする「検定統計量」の分布を想定し、実際の標本のデータが観察される確率を計算して、仮説が妥当なものであるか否かを判断する。現在、大学などで教えられている「"初等"統計学」で、一般的に教えられている「統計的仮説検定」のことで、「ベイズ流の仮説検定(注2)」に対比していう。⇒　**統計的仮説検定**（とうけいてきかせつけんてい）、**ベイズ統計学**（ベイズとうけいがく）

(注1)【**古典的な統計学**】の方法はとてもよくできた方法で、「品質管理（QC）」などにはとても強力なのではあるが、以下の"問題点"を指摘する人もいる。つまり、①本当に主張したいのは「帰無仮説」ではなく「対立仮説」であるのに、「帰無仮説」だけを検討している。②「帰無仮説」が棄却されることで「対立仮説」を採択としている。③「帰無仮説」を棄却することができても、積極的に「対立仮説」を支持することはできない、など。つまり、その仮説や条件は"現実"とは少し違うところがある、というものだ。☹

(注2)【**ベイズ統計学**】では、観察されたデータDを基にして、このデータの下で（原因である）仮説のHが成り立つ「原因の確率」の$p_D(H)$を計算して検定・推定を行う"データ"を中心とするアプローチである。このため、母数は（分布を持つ）"確率変数"として扱う。

　【**人**】ポーランド出身の数理統計学者のイェジ（イェルジー）・ネイマン（Jerzy Neyman, 1894-1981）と英国の数理統計学者のエゴン・ピアソン（Egon Sharpe Pearson, 1895-1980）は、現代の推計統計学の中心的理論を確立した。なお、ピアソンは、「記述統計学」を大成した英国の統計学者カール・ピアソン（Karl E.Pearson, 1857-1936）の息子だ。

の

≠（ノットイコール）sign of inequality ⇒　**不等号**（ふとうごう）

ノンパラメトリックな手法（ノンパラメトリックなしゅほう）non-parametric method
　対象の母集団の性質や特徴について"特別な"仮説を設けていない統計的手法。「分布によらない統計的方法」という人もいる。"特別な"仮説として、例えば、母集団のデータが「正規分布」にしたがっている！2つの群（グループ）の平均値が等しい！2つの群の分散が等しい！などといった条件を想定している「**パラメトリックな手法**」に対比してこういう。例えば、「ウィルコクソンの順位和検定」、「ウィルコクソンの符号順位検定」、「χ^2検定」、「ケンドールの順位相関係数」、「スピアマンの順位相関係数」、「フィッシャーの正確確率検

定」、「符号検定」、「マン・ホイットニーの U 検定」などは「ノンパラメトリックな手法」である。「ノンパラメトリックな手法」の多くは、母集団から抽出した標本の「値」そのものではなく、その「順位」を使うのも特徴の1つである。

　「ノンパラメトリックな手法」は、とくに"特別な"仮説を設けていない手法であることから、より多くの問題に適用可能ではあるが、「パラメトリックな手法」が適用できる条件が整っているにも拘わらず、「ノンパラメトリックな手法」を使うと、(「第2種の誤り」を犯す確率を β として、)「検出力」つまり"棄却"できる「帰無仮説」を"棄却"する確率の $(1-\beta)$ が落ちてしまう傾向がある！しかし、例えば、標本数が少ないなど、「パラメトリックな手法」が適用できる条件が整っておらず、「ノンパラメトリックな手法」によって、「帰無仮説」が"棄却"できれば、その結論はより妥当なものだ！ともいえる。⇒　**パラメトリックな手法**（パラメトリックなしゅほう）

　　📖【読み方】「χ」は、ギリシャ文字の小文字で"カイ"と読む。対応する英字はないので英語ではchiと書く。「χ^2」は"カイ自乗"と読む。「β」は、英字の b に当たり"ベータ"と読む。

は

π (パイ) pi

円周率。「π」は、周つまり perimetros(ペリメトロス) の頭文字の p に相当するギリシャ文字の小文字で"パイ"と読む。円周率の π は、(半径を r としたとき、) 円周 $2πr$ の直径 $2r$ に対する比率 $\frac{2πr}{2r} = π$ である。また、半径 $r=1$ のときの円の面積 $πr^2 = π$ であり、正弦関数(サイン) $sinθ = 0$ の解 $θ$ (ラジアン(注1)) でもある。実際の値は、*3.14159 26535 89793 23846 26433 83279 50288* …と無限に続く"無限小数"で、その各桁に現れる数の並び方 (数列) が乱数列であることが期待されているが、その性質はよく分かっていない。「統計」や「確率」では、平均値 $μ$、分散 $σ^2$ の正規分布 $N(μ,σ^2)$ の確率密度関数の $f(x) = \frac{1}{\sqrt{2π}σ} e^{-\frac{(x-μ)^2}{2σ^2}} = \frac{1}{\sqrt{2π}σ} \exp\left(-\frac{(x-μ)^2}{2σ^2}\right)$ ($\exp(-x)$ は「e^{-x}」と同じ"e の $-x$ 乗"」(e は"自然対数の底(てい)"という定数) などに出てくる。⇒ **正規分布** (せいきぶんぷ)

- 📖 **【読み方】**「$μ$」は、英字の m に当たるギリシャ文字の小文字で"ミュー"と読む。「$σ$」は、英字の s に当たり"シグマ"と、「$σ^2$」は"シグマ自乗"と読む。「$θ$」は、ギリシャ文字の小文字で"シータ"と読む。

Excel **【定数】** PI() (円周率)

- (注1) **【角度】**の表し方。「ラジアン」(radian) は「弧度」ともいい、円の半径に等しい長さの弧の中心に対する角度と定義される、角度の国際単位 (SI) である。円周を360等分する「度」(degree)(デグリー) と対応させれば、直角の $90° = \frac{π}{2}$、$180° = π$、$270° = \frac{3}{2}π$、$360° = 2π$で、1 ラジアンは $\frac{180}{π} ≒ 57.29578°$ だ。ちなみに、円周を400等分する「グラード」(grade) という単位もある。

- 📖 **【歴史】**「円周率」が、分数では表せない"無理数"であることは、1761年にドイツの数学者ヨハン・H・ランベルト (Johann Heinrich Lambert, 1728-77) が証明し、1806年にフランスの数学者のアドリアン・マリ・ルジャンドル (Adrien-Marie Legendre, 1752-1833) がその厳密性を補足した。また、「円周率」は、有理数を係数に用いた有限次の代数方程式の根とはならない"超越数"で、これは1882年にドイツの数学者のフェルディナント・フォン・リンデマン (Carl Louis Ferdinand von Lindemann, 1852-1939) が証明した。この結果から、整数から四則演算と冪(べき)根をとる操作を有限回組み合わせた計算では、円周率の正確な値を求めることはできないことが分かった。円周率にπという文字を使ったのは、スイスの物理学者・天文学者で18世紀最大の数学者だったレオンハルト・オイラー (Leonhard Euler, 1707-83) だ。☺

- 📖 **【円周率の覚え方】** 小数点以下40桁までは、「産医師異国(さんいしいこく)に向かう (3.14159265) 産後(さんご)厄(やく)なく (358979) 産婦(さんぷ)みやしろに (3238462) 虫散々(むしさんざん)闇(やみ)に鳴(な)く (643383279) これに母(はは)養育(よういく)ない (5028841971)」が有名。語呂合わせのない英語では、単語の文字数で、Yes(3). I(1) have(4) a(1) number(6). = 3.1416 あるいは、How(3) I(1) want(4) a(1) drink(5), alcoholic(9) of(2) course(6), after(5) the(3) heavy(5) lectures(8) involving(9) quantum(7) mechanics(9) ! = 3.14159265358979 のように覚えるそうだ。☹

Π計算 (パイけいさん) pi calculation

はいち

数列の積。 数列つまり n 件の数 $x_1,\cdots,x_n$ の積の $x_1\times\cdots\times x_n$ を $\prod_{i=1}^{n}x_i$ と書く。「Π」は、英語の Product（積）の頭文字のPに相当するギリシャ文字の大文字で、"パイ"と読む（小文字は「π」で"円周率"を表すことが多い）。Π の下の $i=1$ と上の n は、添字の i を 1 から n まで（1 ずつ）増やして、対応する x_i を掛け算するという意味だ。添字のスタートは、$i=1$ でなく、$i=3$ でも $i=10$ でもよい（添字は i でなく、j でも k でも何でもよい）。この場合、それぞれ $\prod_{i=3}^{n}x_i$ や $\prod_{i=10}^{n}x_i$ になる。例えば、$3\times4\times5\times6=\prod_{i=3}^{6}i$ であり、$15^2\times16^2\times\cdots\times31^2=\prod_{i=15}^{31}i^2$ である。「統計」の分野でも、例えば、「幾何平均」つまり n 件のデータを $x_1,\cdots,x_n$ としたとき、すべてのデータを掛け算してその n 乗根を取った値は $y=\sqrt[n]{\prod_{i=1}^{n}x_i}=\sqrt[n]{x_1\times\cdots\times x_n}=(x_1\times\cdots\times x_n)^{\frac{1}{n}}$ と書ける。$\Rightarrow$ **Σ計算**（シグマけいさん）、**添字**（そえじ）

パイチャート pi chart $\Rightarrow$ **円グラフ**（えんグラフ）

配列（はいれつ） array

データの並び。例えば、$5\ 9\ 21\ 3\ 7$ や $1,4,9,2,10,8,5,3$ は「配列」である。また、$\begin{pmatrix}10&8&9&6\\7&6&7&14\\11&2&1&21\end{pmatrix}$ も「配列」、正確には「2次元の配列」である。行方向はある属性、列方向は別の属性で、その組み合わせのところのデータが並んだものだ。「2次元の配列」は「**行列**」（matrix マトリックス）ということもある。あるいは、$10,8,9,6,7,6,7,14,11,2,1,21$ とすると長くなるので、4つずつ折り返して書くということもある。配列を変数で表す場合には、$x_1,x_2,x_3,x_4,x_5,\cdots$ や $x_i(i=1,2,3,4,5,\cdots)$ などのように添字（サブスクリプト）を付けて表す。データの数が有限の場合は、$x_1,x_2,\cdots,x_m$ や $x_i(i=1,\cdots,m)$ などのように表す。2次元の場合は、$\begin{pmatrix}x_{11}&\cdots&x_{1n}\\\vdots&&\vdots\\x_{m1}&\cdots&x_{mn}\end{pmatrix}$ や $x_{ij}(i=1,\cdots,m)(j=1,\cdots,n)$ だ。$\Rightarrow$ **クロス集計**（クロスしゅうけい）

📖【**区切り**】データを区切る空白やカンマ（,）は、「デリミッター」あるいは「セパレーター」と呼ばれる。セミコロン（;）や改行を使うこともある。

var(x)（バーエックス） variance of x $\Rightarrow$ **分散**（ぶんさん）

箱ひげ図（はこひげず） box plot or box-and-wisker plot

データの分布の"状況"を表すグラフの1つ。長方形の「箱」とその両端から出る「ひげ」で表現したグラフである。「五数要約」の要約統計量である最小値（第0四分位数）、第1四分位数、中央値（第2四分位数）、第3四分位数、最大値（第4四分位数）の5つの統計量を、それぞれ下ひげの下端、長方形の下端（下ひげの右端）、長方形の中心、長方形の上端（上ひげの下端）、上ひげの上端に対応させて、データの分布の"状況"を表す。（最小値と最大値は不安定なので、）最小値の代わりに下から 2.5% 点、最大値の代わりに上から 2.5% 点を採る場合

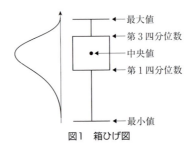

図1　箱ひげ図

もある。品質管理（QC）などの分野でよく使われている。⇒ **四分位数**（しぶんいすう）

- 📖【ローソク足チャート】は、株式などの相場の初値、終値、高値、安値の4つの値をローソクと呼ばれる一本の棒状の図形に表し、これを時系列的に並べたもので、「箱ひげ図」と同じ発想のものだ。江戸時代の出羽庄内（現在の山形県酒田市）出身の米商人の本間宗久（1724-1803）が発案したもので、大阪堂島の米取引で使われ、現在は、日本国内だけでなく、国外でも使われている。
- 📖【人】この図は、「探索的データ解析」などの提案で知られている米国のジョン・テューキー（John Wilder Tukey, 1915-2000）による。

パス解析 （パスかいせき） pass analysis

複数の「変数」の間の「関係」を"矢印"で結んだ「パス図」を使ってその"構造"を解析（分析）すること。ここで、「関係」とは、原因から結果への（一方向の）「因果関係」と互いに原因であり結果である（双方向の）「相互関係（共変関係）」のことで、変数の間の関係の"矢印"には、関係の強さを示す「パス係数」が付いている。「パス解析」は、実際のデータからこの「パス係数」を導きだして、複数の「変数」の間の"構造"を明らかにする。「重回帰分析」や「因子分析」や「構造方程式モデリング（共分散構造分析）」などでも使われる方法である。敢えて訳せば「**経路解析**」だ。ちなみに、この方法は、形式的には、どのようなデータにも適用できるが、機械的にできる訳ではなく、変数間の因果関係や相互関係については、分析者が想定した（妥当な）モデルがなければ解析ができないことに注意！⇒ **因子分析**（いんしぶんせき）、**構造方程式モデリング**（こうぞうほうていしきモデリング）、**重回帰分析**（じゅうかいきぶんせき）、**パス図**（パスず）

- 📖【人】この方法は、1918年に英国のロナルド・フィッシャー（Ronald Aylmer Fisher, 1890-1962）やJBSホールデン（John Burdon Sanderson Haldane, 1892-1964）と共に「集団遺伝学」の数理的理論を基礎づけた米国のシューアル・ライト（Sewall Green Wright, 1889-1988）が発案した。

パスカル分布 （パスカルぶんぷ） Pascal distribution ⇒ **負の二項分布** （ふのにこうぶんぷ）

パス図 （パスず） pass diagram

複数の変数の間の関係を"矢印"で結んで、その"構造"を表した図。敢えて訳せば「**経路図**」。ここで、変数には、直接観測できる「**観測変数**」、概念的なもので直接は観測できない「**潜在変数**」、観測変数の誤差の「**誤差変数**」、潜在変数の誤差の「**攪乱変数**」がある。例えば、購入額、数学の成績、読んだ本の冊数などといったもの（概念）は直接観測できる。これに対して、購買意欲、改善意識、数学的な能力、幅広い教養などといったもの（概念）は直接観測できない。

観測変数と潜在変数は「構造変数」と呼ばれる。また、「関係」とは、原因から結果への（一方向の）「因果関係」と互いに原因であり結果である（双方向の）「相互関係」のことである。「パス図」では、「観測変数」は"四角"で、「潜在変数」は"楕円"で囲み、「誤差変数」と「攪乱変数」は囲まない。変数の間の因果関係は（一方向の）「→」で、相互関係は（双方向の）「↔」で表す。「→」を受けた変数には、必ず誤差変数がつく。これらの矢印は「パス」と呼ばれ、その傍らには"関係の強さ"を表す「パス係数」を記入する。「因果関係」では偏回帰係数、「相互関係（共変関係）」では共分散や相関係数などだ[注1]。複数の変数の間の"構造"

を分析する「パス解析」に使う。⇒ **パス解析**（パスかいせき）

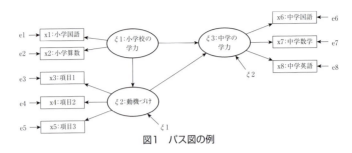

図1　パス図の例

(注1)【**内生変数**】は"従属変数"のことで、どこからか影響を受けている（"→"を1つでも受けている）変数である。また、「外生変数」は"独立変数"のことで、どこからも影響を受けていない（"→"を出すだけの）変数である。

外れ値 （はずれち）outlier

他のデータから大きく"外れている"データ。「アウトライアー[注1]」ともいう。観察・測定の誤りや記録の誤りの他、他とは違う母集団、つまり種類や条件などが違うデータだった場合なども考えられる。いずれにしても"外れている"理由を検討・確認し、必要に応じて、再度観察・測定する、修正する、あるいは、「異常値」ならば取り除くことが必要である。平均値の計算で、「外れ値」を除いて計算する「**トリム平均**」あるいは他の値に置き換えて計算する「**ウィンソー化平均**」などはこのための方法だ。また、"外れ値"の影響をできるだけ小さくするモデルを推定する「**ロバスト推定**」と呼ばれる方法もある。

あるデータが「外れ値」であるか否かの簡単な検定方法（つまり「棄却検定」）として、検定したいデータを x、平均値を μ、標準偏差を σ として、検定統計量の $\tau = \left| \frac{x-\mu}{\sigma} \right|$（$|a|$は"$a$の絶対値"）の値を計算して、この値が有意点より大きいか否か、つまり、データが「正規分布」にしたがっているとして、両側検定で有意水準（つまり「第1種の誤り」を犯す確率=危険率）5%に当たる $1.96 < \tau$ ならば「外れ値」だと判断する。他にも、「**トンプソンの棄却検定**」や「**スミルノフ・グラブスの検定**」や「**増山の棄却限界**」などと呼ばれる方法がある。しかし、こういった検定で、「外れ値」だ！とされたとしても、機械的にその結論を受け入れてしまうのではなく、その原因をきちんと確認しなければならないことはいうまでもない。⇒ **スミルノフ・グラブスの検定**（スミルノフ・グラブスのけんてい）、**トンプソンの棄却検定**（トンプソンのききゃくけんてい）、**増山の棄却限界**（ますやまのききゃくげんかい）、**ロバスト推定**（ロバストすいてい）

📖【**読み方**】「μ」は、英字のmに当たるギリシャ文字の小文字で"ミュー"と読む。「σ」は、英字のsに当たり"シグマ"と読む。「τ」は、英字のtに当たり"タウ"と読む。

(注1)【**インライアー**】（inlier）は、想定される誤差範囲内にあるデータのことで、「アウトライアー」に対比して使う言葉だ。

パーセンタイル percentile

百分位数。データをその値が小さい順に並べ、（$0 \leq \alpha \leq 1$ として、）小さい方から数えて 100α% に位置する値が「100α パーセンタイル」である。$\alpha = 0$ ならば最小値、$\alpha = 0.25$

$=\frac{1}{4}$ ならば第1四分位数 Q_1、$α=0.5=\frac{1}{2}$ ならば中央値（メディアン）、$α=0.75=\frac{3}{4}$ ならば第3四分位数 Q_3、$α=1$ ならば最大値である。ちなみに、妊娠から出産、出産後の健康や成長のアドバイスと記録のために市区町村役場から交付されている「母子健康手帳」には、身長、体重、頭囲をパーセンタイル値で表す"身体発育曲線"が載っている。つまり、男女別に、最初の1年間の各月、1～6歳の各年齢の子供の3パーセンタイル、10パーセンタイル、90パーセンタイル、97パーセンタイルの4本の曲線が載っており、子供の成長が"標準的"であるかどうかがチェックできるようになっている。⇒ **四分位数**（しぶんいすう）

- 【読み方】「$α$」は、英字のaに当たるギリシャ文字の小文字で"アルファ"と読む。
- 【パーセント】は百分率（%）のことで、米語ではpercent、英語では（間に空白を入れて）per centと書く。perは"毎に"、centは"百"の意味だ。千ならば、permil（千分率‰）、万ならばpermyriad or base point（万分率‱）だ。

Excel【関数】PERCENTILE or PERCENTILE.INC or PERCENTILE.EXC（パーセンタイル）【ツール】ツールバー⇒データ⇒分析⇒データ分析（順位と百分位数）

パーセンタイル順位 (パーセンタイルじゅんい) percentile rank

百分位数順位。データの件数を n として、データを小さい順に並べ、小さい方から数えたときに、最小値の順位を 0、最大値のそれを $n-1$、そのデータの順位を i としたとき、「パーセンタイル順位」の値は $\frac{i}{n-1}=i÷(n-1)$ である。ちなみに、英語のコミュニケーション能力を評価するテストの世界標準の1つであるTOEIC（国際コミュニケーション英語能力テスト）[注1]の「スコアカード」には「Percentile Rankとは、あなたのスコアを母集団の中においた場合に、あなたのスコアに満たない受験者が何%いるかを示しています。」という説明が書いてある。☺

- (注1)【TOEIC】（Test of English for International Communication）は、英語を母語としない者を対象とした、英語によるコミュニケーション能力を検定するための試験。「試験」は、"聞き取り"100問と"読解"100問の計200問の構成、内容は、身近な事柄からビジネス関連の事柄まで幅広くコミュニケーションを行う能力を測るように作られている。「評価」は、"聞き取り"と"読解"でそれぞれ5～495点の5点刻みで、合計では10～990点。

Excel【関数】PERCENTRANK or PERCENTRANK.INC or PERCENTRANK.EXC（パーセンタイル順位）

パーセント percent

百分率。全体を 100 としたときの「構成比」や「占有率」や「(生起)確率」など、あるいは、「成長率」や「増加率（減少率）」などの比率（割合）である。「%」という記号で表す。「パーセンテージ[注1]」（percentage）は、パーセントの値。例えば、$1\%=\frac{1}{100}=0.01$、2% は $\frac{2}{100}=0.02$、…、10% は $\frac{10}{100}=\frac{1}{10}=0.10$ などとなる。構成比や占有率や(生起)確率などは $0～100\%$ の値を取り、これ以外の値は取らない。「150%確実だ！」は、ただの掛け声で、150% という数字に意味はない。これに対して、成長率や増加率などは $-∞～+∞\%$（∞は"無限大"）の値を取る。成長率が $5\%=0.05$ とは基準のときの $1+0.05=1.05$ 倍になる、成長率が $100\%=1.0$ とは基準の $1+1.0=2.0$ 倍になる、成長率が $-50\%=-0.5$ と

は基準の $1-0.5=0.5$ 倍（半分）になるということだ。成長率が $-100\%=-1.0$ とは基準の $1-1.0=0.0$ 倍つまりゼロになるということだ。ちなみに、percent の "語源" は、ラテン語の per centum で、per は「毎に」、centum は「百」の意味だ。⇒ **四分位数**（しぶんいすう）、**パーセント点**（パーセントてん）、**比率**（ひりつ）

> （注1）【違い】前に数詞がくるときには percent を用い，数詞以外のもの、例えばsmall、large、great、high などがくるときには percentage を用いるのが原則だが、口語ではほとんど区別をしないようだ。

> 📖【他に】全体を1,000とする「パーミル」（permil）（千分率、‰）や全体を10,000とする「パーミリアド」（permyriad）（万分率、‰₀）などがある。パーミリアドは「ベイシスポイント」（basis point, bp）ともいい、金融分野で債券の利回りや金利の変動に用いられる。

パーセント点 （パーセントてん） percent point

棄却限界値。確率変数 x がしたがう確率分布で、確率変数 x の生起確率が $\alpha = 100 \times \alpha\%$ となる確率変数の値のことである。「片側検定」で "上側確率" が与えられた場合は $p(x_0 \leq x) = \alpha$（つまり $x_0 \leq x$ である確率が α）で、x_0 が「上側パーセント点」である。"下側確率" が与えられた場合は $p(x \leq x_0) = \alpha$（つまり $x \leq x_0$ である確率が α）で、x_0 が「下側パーセント点」である。「両側検定」の場合は $p(x_0 \leq |x|) = p(x \leq -x_0 \ or \ +x_0 \leq x) = \alpha$（$|x|$ は "x の絶対値"）つまり $x \leq -x_0 \ or \ +x_0 \leq x$ である確率が α で、$\pm x_0$ が「両側パーセント点」である。例えば、「正規分布」では、"両側確率" が 5%（つまり下側確率が2.5%、上側確率が2.5%）のパーセント点（棄却限界値）は ± 1.96 で、計算した統計量の値の絶対値がこの値を超えていれば、有意水準（「第1種の誤り」を犯す確率）5%で、帰無仮説が棄却される！ということになる。⇒ **上側確率**（うえがわかくりつ）、**片側検定**（かたがわけんてい）、**棄却限界値**（ききゃくげんかいち）、**両側検定**（りょうがわけんてい）

> 📖【読み方】「α」は、英字の a に当たるギリシャ文字の小文字で "アルファ" と読む。

80-20の法則 （はちじゅうにじゅうのほうそく） 80-20 rule ⇒ **パレート分析** （パレートぶんせき）

バートレットの検定 （バートレットのけんてい） Bartlett's test

複数の群（グループ）の分散が等しいといってよいか否かの統計的仮説検定（検定）、つまり、「等分散の検定」の1つ。具体的には、群の数を k、そのそれぞれの群 $i(i=1,\cdots,k)$ のデータ（標本）の数を $n_1,\cdots,n_k$（ここで、$\sum_{i=1}^{k} n_i = n_1 + \cdots + n_k = n$）、群 i のデータを $x_{i1},\cdots,x_{in_i}$、その平均値を $\bar{x}_i = \frac{1}{n_i}\sum_{j=1}^{n_i} x_{ij} = \frac{1}{n_i}(x_{i1} + \cdots + x_{in_i})$、不偏分散を $u_i^2 = \frac{1}{n_i-1}\sum_{j=1}^{n_i}(x_{ij}-\bar{x}_i)^2 = \frac{1}{n_i-1}((x_{i1}-\bar{x}_i)^2 + \cdots + (x_{in_i}-\bar{x}_i)^2)$ とする。このとき、$\chi^2 = (n-k) \times \log_e \frac{\sum_{i=1}^{k}(n_i-1) \times u_i}{(n-k)} - \sum_{i=1}^{k}(n_i-1) \times \log_e u_i$ つまり $\chi^2 = (n-k) \times \log_e \frac{(n_1-1) \times u_1 + \cdots + (n_k-1) \times u_k}{(n-k)} - ((n_1-1) \times \log_e u_1 + \cdots + (n_k-1) \times \log_e u_k)$、そして、$C = 1 + \frac{1}{3 \times (k-1)} \times \left(\sum_{i=1}^{k} \frac{1}{n_i-1} - \frac{1}{n-k}\right)$ つまり $C = 1 + \frac{1}{3 \times (k-1)} \times \left(\left(\frac{1}{n_1-1} + \cdots + \frac{1}{n_k-1}\right) - \frac{1}{n-k}\right)$ とすると、統計量の $\chi_0^2 = \frac{\chi^2}{C}$ は、自由度 $(k-1)$ の χ^2 分布にしたがう（この証明はむずかしいので "省略"）ことを利用する。つまり、χ_0^2 の値が、

自由度$k-1$のχ^2分布の上側確率（有意水準）αに当たる値の$\chi_\alpha^2(k-1)$を超えていれば（つまり$\chi_\alpha^2(k-1)<\chi_i^2$ならば）、帰無仮説は棄却され（対立仮説が採択され）、そうでなければ、帰無仮説は棄却されない（採択される）。

　ちなみに、「バートレットの検定」は、正規分布にしたがわないデータの場合には、分散が等しいか否かよりも、"非正規性"を検出する傾向があるので、こういう場合には、もう1つの等分散の検定である「レーベンの検定」を使う方がよいようだ。☺ ⇒ **等分散の検定**（とうぶんさんのけんてい）、**レーベンの検定**（レーベンのけんてい）

　　📖 【読み方】「χ」は、ギリシャ文字の小文字で"カイ"と読む。対応する英字はないので英語ではchiと書く。「χ^2」は"カイ自乗"と読む。「$\bar{x}$」は"エックスバー"と読む。

　　📖 【人】この方法は、英国の統計学者のモーリス・バートレット（Maurice Stevenson Bartlett, 1910-2002）による。

パネル調査 (パネルちょうさ) panel survey

　一定の期間、複数の調査対象者を固定してこの"同じ"対象者たちに"継続的に"実施する調査。固定化された対象者たちが「パネル」だ。一定の期間、同じ対象者に継続的に回答してもらうことで、改めて調査の意図や内容を説明する必要も少なくなり、その分、より深い内容を調査できる。また、同じ調査項目について、継続的つまり時系列的に行うことで、調査項目に対する回答が時間の経過と共にどう変化するかを知ることができる。「パネル調査」で調査・収集されたデータは「パネルデータ」と呼ばれ、これは、同じ時点での複数の項目のデータである「クロスセクションデータ」であり、時間の経過にしたがって調査した「時系列データ」でもある。⇒ **クロスセクションデータ**、**時系列データ**（じけいれつデータ）

　　📖 【国語辞典】「パネル」とは、①鏡板、羽目板、②カンバス代用の画板、③展示するために写真などを貼る板、④服飾の別布や飾り布、⑥配電盤の一区画、⑦委員会。審議会。討論会。調査団などである。なお、「panel」の語源は、ラテン語で"小さな布"の意味なのだそうだ。

　　📖 【テストパネル】は、何かの製品やサービスなどのテストや評価のためにリストから抜き取られた複数の回答者。また、「消費者パネル」は、製品やプロモーションなどに対する消費者目線からの意見を集めるために集められた複数の回答者。また、「パネルディスカッション」は、製品やサービスなどに関する意見交換会。

パネルデータ panel data

　同じ時点の複数のデータを集めた「クロスセクションデータ」（横断面データ＝交差系列）を時間の経過に沿って集めたデータ。例えば、地域別・グループ別のデータの時間に沿った変化を比較分析するなどといったことができる。「交差時系列データ」ということもある。ちなみに、すべての時点で、すべてのクロスセクションデータが揃っていることを"バランスしている"といい、必ずしもすべてのデータが揃っていないことは"アンバランスだ"という。⇒ **クロスセクションデータ**、**時系列データ**（じけいれつデータ）、**パネル調査**（パネルちょうさ）

林の数量化理論 (はやしのすうりょうかりろん) Hayashi's quantification methods ⇒ **数量化理論**（すうりょうかりろん）

バラツキ statistical dispersion, variability, scatter or spread

　　データの散らばり具合や広がり具合。「散らばり」や「散布度」という人もいる。「尺度パラメーター」と同じ。"量的な"データならば、バラツキはデータの分布の状況、つまり最小値と最大値、集中度（の反対）、分布の形などといったもので、統計的な指標としては、それぞれの目的（つまり視点）に応じて、標準偏差、分散、平均偏差、範囲、四分位範囲、四分位偏差などが用意されている。当然のことながら、データのすべてが同じ値ならば、バラツキは"なし"である。"質的な"データの場合も、データのすべてが同じ値ならば、バラツキは"なし"であり、この他、データのとる値の種類の数やその集中度などで評価される。なお、結果としてのデータのバラツキは、その原因と考えた要因の違い、結果に影響を与える可能性のある条件の違い、そして、偶然による。⇒ **誤差**（ごさ）、**範囲**（はんい）、**標準偏差**（ひょうじゅんへんさ）、**分散**（ぶんさん）

　　📖【タグチメソッド】とも呼ばれる「品質工学」では、「バラツキ」を"偶然誤差"とは考えず、"必然誤差"と考えることで、"ロバスト性"を設計する方法を用意している。また、平均値ではなく、理想の値を定義して、実際の値とこの理想の値の差を「バラツキ」とし、これを最小化する解を見出そうとする。

パラメーター parameter ⇒ **母数**（ぼすう）

パラメトリックな手法 (パラメトリックなしゅほう) parametric method

　　検討対象の母集団の性質や特徴について"特別な"（通常は"妥当"と考えられる）仮説を設けている統計的手法。例えば、「2つの群（グループ）の平均値の差の検定」では、2つの群の分散が等しい！と仮定して「t 検定」を行う。（3つ以上の群の平均値の差の検定をする）「分散分析」では、それぞれの群の分散が等しい！と仮定して、分散比を「F 検定」する。また、「平均値の推定」では、データが正規分布にしたがっている！と仮定して推定する。検討対象の母集団の性質や特徴について"特別な"仮説を設けていない「ノンパラメトリックな手法」に対比していう。"特別な"仮説を設けている「パラメトリックな手法」は、"特別な"仮説を設けていない「ノンパラメトリックな手法(注1)」に比べて、有意な結果が出やすいのが特徴である。注意として、「パラメトリックな手法」は、前提としている仮説があり、対象としているものがこの仮説を満たしているか否かの確認が必要！

　　(注1)【ノンパラメトリックな手法】は、とくに"特別な"仮説を設けていない手法であることから、より多くの問題に適用可能ではあるが、「パラメトリックな手法」が適用できる条件が整っているにも拘わらず、「ノンパラメトリックな手法」を使うと、（「第2種の誤り」を犯す確率を β として、）「検出力」つまり"棄却"できる「帰無仮説」を"棄却"する確率の $(1-\beta)$ が落ちてしまう傾向がある。しかし、例えば、標本数が少ないなど、「パラメトリックな手法」が適用できる条件が整っておらず、「ノンパラメトリックな手法」によって、「帰無仮説」が"棄却"できれば、その結論はより妥当なものだ！ともいえる。

パレート図 (パレートず) Pareto diagram

　　項目を度数の多い順に並べ（ソートし）、度数と累積度数を棒グラフで、累積度数の頂点を折れ線グラフで結んだ図（グラフ）。商品の売上高を例にすると、横軸（x 軸）に商品をとり、商品をその売上高の大きい順に左から右に並べて、縦軸（y 軸）に売上高をとり、商品ごと

の売上高の「**棒グラフ**」を描けば、棒グラフは右下がりになる。このグラフの上に累積の売上高を描き、その頭を「**折れ線グラフ**」で結ぶと、このグラフは上に凸の右上がりの曲線になる。累積の売上高を売上高の構成比に直して読めば、売上高の大きい順に、どこまでの商品で売上高全体の何%を占めているかが分かる。このグラフが「パレート図」だ。表1はA〜Jの10種類の値を取るデータの例で、表2と図1はA〜Jの10件の項目の度数分布表と度数分布図（ヒストグラム）である。表3はこれを度数の多い順に並べ替えて（つまりソートして）、その累積度数とパーセントを計算したものである。そして、この結果をグラフにした図3が「パレート図」だ。この図によって、A,D,Iの3つの項目で全体の$66%$を、A,D,I,Fの4つの項目で全体の$76%$を占めていることが見て取れる。

　JIS（日本工業規格）では、「パレート図（累積度数分布図）」を「項目別に層別にして、出現頻度を大きさの順に並べるとともに、累積和を示した図。例えば、不適合の内容の別に分類し、不適合品数の順に並べてパレート図を作ると不適合の 重点順位がわかる」（Z8101-2 1.19）と説明している。品質管理（QC）の最も基本的な道具である「QC七つ道具」の1つとして、品質不良の"大部分"を占める"わずかな"不良項目を見つけ出す道具として日常的に使われている。⇒　**パレート分析**（パレートぶんせき）

表1　元のデータ

C	C	J	E	A	D	B	A	B
D	A	H	I	A	I	F	F	D	F
F	D	D	D	I	A	A	A	A
A	H	D	D	I	I	A	I	H	F
G	A	D	C	A	C	D	A	D	A

表2　度数分布表

	A	B	C	D	E	F	G	H	I	J
度数	15	2	4	12	1	5	1	3	6	1

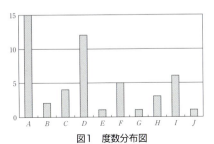

図1　度数分布図

表3　ソートした度数と頻度

	A	D	I	F	C	H	B	E	G	J
度数	15	12	6	5	4	3	2	1	1	1
累積度数	15	27	33	38	42	45	47	48	49	50
%	30	54	66	76	84	90	94	96	98	100

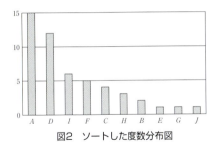

図2　ソートした度数分布図

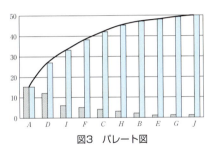

図3　パレート図

📖【人】「パレート図」は、日本の品質管理を指導したことでも知られる、米国の品質管理コンサルタントのジョセフ・M・ジュラン（Joseph Moses Juran, 1904-2008）が、品質不良の原因や現象の発生に偏りがあることに気づき、この現象が「パレートの法則」にしたがうことを見出し、1940年代に著書の中で「パレートの原理」と名づけたことから、そのように呼ばれるようになったそうだ。

Excel【グラフ】「ソート」と「累計」を行った後、ツールバー⇒挿入⇒グラフメニュー（棒グラフと折れ線グラフ）

パレートの法則（パレートのほうそく）（Pareto law）⇒ パレート分析（パレートぶんせき）
パレート分析（パレートぶんせき）（Pareto analysis）

　マーケット、経営、社会、品質管理（QC）などの分析手法の1つ。例えば、ある会社の売上高の構成は、30%の商品によって80%の売上高が占められているといったことがある。つまり、**vital few, trivial many**（ヴァイタルフュー トリヴィアル メニー）（大事なものは少なく、つまらないものは多い）である。こういった状況は、社会、経済、経営、マーケティングなどの分野でしばしば観察されるもので、「パレートの法則」と呼ばれている。この場合、80%の売上高を占めている30%の商品は重点的に扱い、残りの20%の売上高を占めている70%の商品は少なくとも重点的には取り扱わないことが適当とされるであろう(注1)。

　こういったときに、その商品を判別する方法が「パレート分析」、そのときに使われるグラフが「パレート図」だ（その描き方は⇒「パレート図（パレートず）」の項へ！）。「パレート図」を利用すれば、例えば、累積の売上高の構成比の80%を占める商品を「A」、90%までの商品を「B」、その他の商品を「C」とすると、Aは「売れ筋商品」、Bは「一般商品」、Cは「その他商品」などと分類できる。このように商品をA、B、Cの3つのグループに分類し、それぞれの特性（重要度）によって"適切に"管理することが可能になる。売上高だけでなく、商品や部品などの調達などでも同様である。このため、「**ABC分析**」と呼ばれることも多い。⇒ **QC七つ道具**（キューシーななつどうぐ）、**ローレンツ曲線**（ローレンツきょくせん）

📖【人】「パレートの法則」は、鉄道会社の技師として20年間働いた後に経済学・社会学・統計学の研究に転じ、後に"無差別曲線"に基づく「消費者選択の理論」を創始したイタリアの経済学者ヴィルフレード・F・D・パレート（Vilfredo Federico Damaso Pareto, 1848-1923）の主張に基づいたもの。パレートは、イタリア国土の80%は人口の20%に当たる人たちが所有しており、また、自分の育てたエンドウ豆の80%は、20%のさやからもたらされることを知っていたそうだ。

(注1)【例えば】①売上高の80%は20%の顧客・商品・社員による。②商品の売上の80%は全商品銘柄のうちの20%で生み出している。③仕事の成果の80%は20%の時間・手間による。④故障の80%は20%の部品による。⑤所得税の80%は20%の納税者による。⑥利用者がwebページを閲覧する際に、スクロールせずに見ることができるコンテンツを見ているのは全体時間の80%に当たり、スクロールしなければ閲覧できないコンテンツは残りの20%の時間で閲覧している。このため「**80-20の法則**」と呼ばれることも多い。

📖【ハインリッヒの法則】は、産業災害の発生に関するもので、米国コネチカット州ハ

ートフォードのトラベラーズ保険会社のヒューバート・W・ハインリッヒ（Herbert William Heinrich, 1881-1962）が徹底的な調査と統計の上で1931年に提唱したもので、「ハインリッヒのピラミッド理論」とも呼ばれている。産業災害では、重大事故、軽傷の事故、無傷の事故の発生比率が1対29対300となる、つまり、1件の重傷事故の背景には、29件の同種の軽傷の事故、300件の障害のない事故が存在するというもの。また、災害の原因の20%で災害発生件数の80%を占めてしまうという経験則もある。

📖 【ロングテール現象】 インターネットを利用したeコマース（電子商取引）は、（従来の取引に比べて）商品の在庫や流通などにかかるコストが圧倒的に安く、また、商品の陳列スペースなどの物理的な制約も少なく、電子的な方法によって商品探しも便利にできる。このため、eコマースでは、1つ1つの売上高は小さい膨大な数のニッチ商品を取り扱うことができ、これらの売上高の合計がヒット商品の売上高を上回ることがある。これが（「パレート図」を描くと、右側に「長い尾」が現れる）**ロングテール現象**」で、音楽や書籍などのディジタルコンテンツ、ソフトウェア販売、広告サービスなどで顕著に見られる現象である。主力の商品の売上高合計よりもニッチ（すきま）商品の売上高合計の方が大きい！という現象だ。2004年10月に、米国ワイアード誌の編集長の**クリス・アンダーソン**（Chris Anderson, 1961-）が「ザロングテール」という記事を執筆し、オンライン書店のアマゾンドットコム社やDVDレンタルショップのネットフリックス社などでこのような現象が観察され、これが「パレートの法則」が成り立たない現象であること、そして、これらのビジネスが従来のビジネスとは異なる収益構造（ビジネスモデル）となっていることを指摘した。文献は、クリス・アンダーソン（著）『ロングテール「売れない商品」を宝の山に変える新戦略』早川書房(2006)。

範囲 (はんい) range

データの"バラツキ"を表す統計量の1つで、データの最大値から最小値を引き算した値。値が大きいほど、データの"バラツキ"は大きいことになる。データの中に「外れ値」などがあると、値が安定しないことがあるので注意！ 英語のまま「**レンジ**」ともいう。データの値の"バラツキ"を表す指標には、この他に、(データ全体をその大きさの順で並べて4分割する) 四分位数による「四分位範囲」、(平均値からの) 偏差の絶対値をすべてのデータについて平均した「平均偏差」や偏差の自乗を平均した「分散」などがある。⇒ **スチューデント化された範囲** (スチューデントかされたはんい)、**バラツキ**

半四分位範囲 (はんしぶんいはんい) half of interquartile range ⇒ **四分位範囲** (しぶんいはんい)

半正規確率プロット (はんせいきかくりつプロット) half normal probability plot

観察されたデータが"正規分布"にしたがったものといってよいか否かを判断する「正規確率プロット」の1つ。普通、「正規確率プロット」では、データを「正規確率紙」に打点（プロット）して、データが一直線の上に並んでいれば、データは正規分布にしたがっていると考える。しかし、例えば、「回帰分析」の"残差"の分布のように、検討する正規分布の平均値 μ が0のときには、データの（符号を無視してその）"絶対値"の分布を考える方がよいことがある。こういったときには、データが（"正規分布"の下半分をカットし、上半分を二倍に積み上げた）「半正規分布」にしたがっているとして、データを「正規確率紙」に打点して、データが一直線の上に並んでいるか否かを観察する。「半正規プロット」と同じ。⇒ **正規**

確率プロット（せいきかくりつプロット）、**半正規分布**（はんせいきぶんぷ）

- 📖【読み方】「μ」は、英字のmに当たるギリシャ文字の小文字で"ミュー"と読む。
- 📖【人】この方法は、英国の統計学者のアンソニー・アトキンソン（Anthony C. Atkinson, 1931-）による。

半正規プロット（はんせいきプロット）half normal distribution ⇒ **半正規確率プロット**（はんせいきかくりつプロット）

半正規分布（はんせいきぶんぷ）half-normal distribution

連続型の確率分布の1つ。平均値 0／分散 σ^2 の正規分布 $N(0, \sigma^2)$ にしたがう確率変数 x の"絶対値"の $y = |x|$（$|x|$ は "xの絶対値"）がしたがう確率分布である。その確率密度関数 $f(y)$ は、正規分布 $N(0, \sigma^2)$ のそれの $y < 0$ の部分をカットし、$y \geq 0$ の部分を二倍の大きさにしたもので、$-\infty < y \leq 0$ では $f(y) = 0$ であり、$0 \leq y < +\infty$ では $f(y) = 2 \times \dfrac{1}{\sqrt{2\pi} \times \sigma} e^{-\frac{y^2}{2\sigma^2}}$ $= \dfrac{\sqrt{2}}{\sqrt{\pi} \times \sigma} e^{-\frac{y^2}{2\sigma^2}} = \dfrac{\sqrt{2}}{\sqrt{\pi} \times \sigma} \exp\left(-\dfrac{y^2}{2\sigma^2}\right) > 0$（$\pi$は"円周率"）（$\exp(-t)$ は「e^{-t}」と同じ "e の $-t$ 乗"）（e は"自然対数の底"という定数）である。当然のことながら、$\int_{-\infty}^{\infty} f(y)\mathrm{d}y = \int_{-\infty}^{0} f(y)\mathrm{d}y + \int_{0}^{\infty} f(y)\mathrm{d}y = \int_{0}^{\infty} f(y)\mathrm{d}y = 1$（$\int$は"積分"）である。平均値は $\sqrt{\dfrac{2}{\pi}} \times \sigma = \sqrt{2 \div \pi} \times \sigma$（$\sqrt{\ }$は"平方根"）、分散は $\left(1 - \dfrac{2}{\pi}\right) \times \sigma^2 = (1 - 2 \div \pi) \times \sigma^2$ だ。ちなみに、この分布にしたがう母集団から抽出した n 件の標本（データ）を $y_1, \cdots, y_n$ とすると、未知のパラメーター σ の不偏推定値は $\hat{\sigma} = \sqrt{\dfrac{1}{n}\sum_{i=1}^{n} y_i^2} = \sqrt{\dfrac{1}{n}(y_1^2 + \cdots + y_n^2)}$ となる。また、変量の $\left(\dfrac{y}{\sigma}\right)^2 = (y \div \sigma)^2$ は、自由度 1 の χ^2 分布にしたがう。標本（データ）の正規性、つまり抽出された標本が正規母集団から抽出されたものといってよいか否かの統計的仮説検定（検定）などに使われる。⇒ **正規分布**（せいきぶんぷ）、**半正規確率プロット**（はんせいきかくりつプロット）

- 📖【読み方】「σ」は、英字のsに当たるギリシャ文字の小文字で"シグマ"と、「σ^2」は"シグマ自乗"と読む。「π」は、英字のpの当たるギリシャ文字の小文字で"パイ"と読む。ここでは、「円周率」の意味で使われている。「χ」は、ギリシャ文字の小文字で"カイ"と読む。対応する英字はないので英語ではchiと書く。「χ^2」は"カイ自乗"と読む。
- 📖【folded normal distribution】変数 x が平均値 μ／分散 σ^2 の正規分布 $N(\mu, \sigma^2)$ から抽出されたデータの場合、その絶対値の $y = |x|$ がしたがう確率分布は"folded normal distribution"（折り畳まれた正規分布）と呼ばれる。確率密度関数は、その $x \leq 0$ の部分を $x = 0$ の軸で折り返して、$x \geq 0$ の部分に積み重ね（足し算）をしたもの。「半正規分布」は、その $\mu = 0$ のときの分布だ。

判断(による)抽出法（はんだん(による)ちゅうしゅつほう）judgment sampling ⇒ **有意抽出法**（ゆういちゅうしゅつほう）

反復（はんぷく）replication ⇒ **フィッシャーの三原則**（フィッシャーのさんげんそく）

反復試行（はんぷくしこう）repeated trial ⇒ **試行**（しこう）

判別分析（はんべつぶんせき）discriminant analysis

"外的基準"のある「多変量解析」の方法の1つ。どの個体がどの群（グループ）に属しているかのデータを基に、それぞれの個体の属性値を利用して（つまり「独立変数」にして）、それぞれの標本がどの群に属しているか（つまり「従属変数」）を"的確に"判別する「判別式」と「判別値」を求める手法である。この「判別式」と「判別値」を利用して、まだどの群に属しているかが分からない個体をその属性値から判別することができる。「判別式」としては、説明変数に"重み"をかけた一次式[注1]や二次式が使われることが多い。また、偏差平方和を「変動」とすると、（全体の変動）＝（群間の変動）＋（群内の変動）が成り立つことから、一方の群に属するデータに対応する判別得点の平均値と、もう一方の群に属するデータに対応するそれの差（群間分散）をできるだけ大きくし、同時に、それぞれの群に属するデータに対する判別得点のバラツキ（全分散）をできるだけ小さくするように、判別式のそれぞれの説明変数の重みと判別値を決める。これは、（群間分散）÷（全分散）を最大化することと同じである。

複数の独立変数で1つの従属変数を説明しようとする「重回帰分析」では、独立変数によって説明される基準変数（従属変数）が定量的な値であるのに対して、「判別分析」では、説明される基準変数が定性的つまりカテゴリー変数であるのが"違い"である。群の数が3つ以上の場合には、「判別分析」を"拡張"した「正準判別分析」という方法が用意されている。⇒ **回帰分析**（かいきぶんせき）、**多変量解析**（たへんりょうかいせき）、**二項選択モデル**（にこうせんたくモデル）、**フィッシャーのあやめのデータ**

(注1) 【重み付きの"一次式"】は、「実験計画法」や「統計的推測」で大きな貢献をした英国の統計学者のロナルド・フィッシャー（Ronald A.Fisher, 1890-1962）の名前を付けて、「フィッシャーの線形判別関数」と呼ばれている。

ひ

比（ひ）ratio ⇒ **比率**（ひりつ）
ピアソンのX^2検定（ピアソンのカイじじょうけんてい）Pearson's chi squared test ⇒ **X^2検定**（カイじじょうけんてい）
ピアソンのγ（ピアソンのガンマ）Pearson's gamma ⇒ **相関係数**（そうかんけいすう）
ピアソンの積率相関係数（ピアソンのせきりつそうかんけいすう）Pearson's product moment correlation coefficient ⇒ **相関係数**（そうかんけいすう）
ピアソンの変動係数（ピアソンのへんどうけいすう）Pearson's coefficient of variation ⇒ **変動係数**（へんどうけいすう）
Be(p,q)（ビーイー・ピーキュー）Bernoulli distribution with p and q ⇒ **ベータ分布**（ベータぶんぷ）
B(n,p)（ビー・エヌピー）binary distribution with n and p ⇒ **二項分布**（にこうぶんぷ）
非確率抽出法（ひかくりつちゅうしゅつほう）non-probability sampling
　　標本を"無作為抽出"（確率抽出）する「確率抽出法」（無作為抽出法）が採用できないときに採用される「標本抽出法」。例えば、電話帳の中から20番目ごとに標本抽出するなどといった「**系統抽出法**」（等間隔抽出法）、調査の目的に応じて"意図的に"（つまり有意に）母集団を代

表する（と考えられる）標本を抽出する「**有意抽出法**」（判断抽出法）、その中でも、抽出する標本ができるだけ母集団に似るように、母集団の属性ごとに抽出する数を"割り当てる"「**クォータ法**」（割当法）、選んだ標本に次の標本を紹介してもらって必要な数まで標本を増やしていく「**雪だるま式サンプリング**」などといった方法がある。⇒ **標本抽出**（ひょうほんちゅうしゅつ）

比尺度（ひしゃくど）propotional scale ⇒ **比例尺度**（ひれいしゃくど）

ヒストグラム histogram ⇒ **度数分布図**（どすうぶんぷず）

歪み度（ひずみど）skewness ⇒ **歪度**（わいど）

被説明変数（ひせつめいへんすう）explained variable ⇒ **従属変数**（じゅうぞくへんすう）

非線形（ひせんけい）nonlinear ⇒ **線形**（せんけい）

***p* 値**（ピーち）p value, probability

　　有意確率。統計的仮説検定（検定）で、「帰無仮説」が正しい！と仮定して、実際のデータから計算された統計量の値より大きな値となる確率である。例えば、検定統計量を「平均値」、ある母集団から抽出された n 件のデータを $x_1,\cdots,x_n$ として、その（標本）平均値が $\bar{x}=\frac{1}{n}\sum_{i=1}^{n}x_i=\frac{1}{n}(x_1+\cdots+x_n)$ となったとき、「母平均」（母集団の平均値）μ がこの値を上回るつまり $\bar{x}<\mu$ の確率 $p(\bar{x}<\mu)$ が「*p* 値」である。*p* 値が「有意水準」（「第1種の誤り」を犯す確率＝危険率）の値 α より大きければ、「帰無仮説」は棄却されず、反対に小さければ、「帰無仮説」は棄却される。⇒ **パーセンタイル**

　　📖【読み方】「μ」は、英字の m に当たるギリシャ文字の小文字で"ミュー"と読む。「$\bar{x}$」は"エックスバー"と読む。

ビッグデータ big data

　　ICT（情報通信技術）の普及によって爆発的に増加した"膨大な"データ。例えば、コンビニでは、誰がいつ何を買った、メンバーカードがあれば、その誰の年齢、性別、住所なども分かる、つまり、データが得られる。オンラインショッピングのサイトでは、誰がいつどの商品にアクセスしたか、どの商品を買ったかなどが分かる。インターネットの検索サイトでは、利用者がどんなキーワードを入力し、どんなサイトにアクセスしたかが分かる。SNS（ソーシャルネットワーキングサービス）[注1]では、誰がどんな言葉を発信し、それを誰が読んだかが分かる。鉄道系の IC カード（電子マネー）には、その利用者がいつどの駅からどの駅に移動した、いくら使った（買った）などが含まれている。ケータイ（携帯電話）やスマホ（スマートフォン）のデータには、利用者がいつ誰に電話した、誰にメールした、どのネット情報にアクセスしたなどが含まれている。さらに、これらのデータとそのときの天気や気温や湿度、あるいは、場所などを組み合わせると、"多次元"のデータを得ることができる。

　　これらはごく[2]一部の例だが、最近は ICT の普及によって、ありとあらゆる分野で、私たちの生活や行動は"データ化"され、企業などに蓄積されている。これらのデータは、（従来の）"集めようとして集めた"データと比較して、"機械的に集まる"生のデータに近く、それだけでは価値がないが、その膨大さゆえに、時間的あるいは空間的な関連付け、その他のデータとの関連付けを行うことで価値を生むデータで、その膨大さという特徴のため、「ビッグデータ[注2]」と呼ばれている。ちなみに、「ビッグデータ」から価値のある情報や知識を導く方法は、「統計学」の方法の他、データの間の関係性といったものを導き出す「デ

ータマイニング」の方法がある。⇒ **データ、データマイニング**

(注1) 【**SNS**】（social networking service）は、インターネット上で、人と人とのつながりをサポートするコミュニティー型サービス。友人・知人の間のコミュニケーションを円滑にする場や手段を提供し、趣味や出身学校あるいは"友達の友達"といったつながりを通じたコミュニティーを提供する。Facebook、Twitter、mixi、GREEなどが有名。

(注2) 【**ビッグデータの"性質"**】は、Volume（量）、Variety（多様性）、Velocity（発生速度）の3つのVで代表され、この面での管理が困難なデータ、それらを蓄積・処理・分析するための技術、そして、それらのデータを分析し有用な意味や洞察を引き出せる人材や組織を含む包括的な概念である！という説明もある。☺

P-Pプロット （ピーピープロット） P-P plot, probability-probability or percent-percent ⇒ **確率プロット** （かくりつプロット）

非復元抽出 （ひふくげんちゅうしゅつ） sampling without replacement

含まれる要素の数が有限個の「有限母集団」から標本を抽出して、その情報を記録した後、その標本を元の母集団に"戻さない"抽出法。抽出した標本を元の母集団に戻さないため、元の母集団は"復元"されず、母集団の性質や特徴は変わってしまい、次の標本は異なる性質と特徴の母集団から抽出することになる。ちなみに、含まれる要素の数が無限個の「無限母集団」から標本を抽出する場合は、"復元"するか否かに拘わらず、母集団の要素数は変わらないので、抽出する標本はいつも同じ性質と特徴の母集団からということになる。
⇒ **標本抽出** （ひょうほんちゅうしゅつ）、**有限母集団** （ゆうげんぼしゅうだん）

微分 （びぶん） differentiation

連続的で滑らかな関数の"極限的な"変化率の計算。関数を $y=f(x)$ として、これをグラフ上の曲線で理解すると、曲線に接する接線の「傾き」の値を見つけることだ。その値は「微分係数」、「微係数」、「導関数」（derivative or derived function）などと呼ばれる。概念としては、変数の値が x のときの関数の値を $f(x)$、変数が x から少しだけ大きい（あるいは小さい）$x+\Delta x$ のときの関数を $f(x+\Delta x)$ とすると、$f(x)$ の変化率は $\frac{f(x+\Delta x)-f(x)}{(x+\Delta x)-x} = \frac{f(x+\Delta x)-f(x)}{\Delta x}$ となり、Δx を限りなく 0 に近づけたときの値、つまり $\lim_{\Delta x \to 0} \frac{f(x+\Delta x)-f(x)}{\Delta x}$ （lim は "Δx が限りなく 0 に近づいたとき"）である（ちなみに、"滑らかな"関数でないと、こういったことができない）。関数 $f(x)$ を微分した結果は $\frac{df(x)}{dx}, \frac{d}{dx}f(x), f'(x)$ などと書く。もう一度（つまり2回）微分した結果は $\frac{d^2f(x)}{dx^2}, \frac{d^2}{dx^2}f(x), f''(x)$ などと書く。

例えば、放物線（二次曲線）$f(x)=x^2$ ならば、$\frac{(x+\Delta x)^2-x^2}{\Delta x} = \frac{(x^2+2x \times \Delta x+(\Delta x)^2)-x^2}{\Delta x}$
$= \frac{2x \times \Delta x+(\Delta x)^2}{\Delta x} = 2x+\Delta x$ なので、$\lim_{\Delta x \to 0} \frac{(x+\Delta x)^2-x^2}{\Delta x} = \lim_{\Delta x \to 0}(2x+\Delta x) = 2 \times x$、つまり $\frac{df(x)}{dx}$
$= \frac{dx^2}{dx} = 2 \times x$ となる。$x=0$ のときは $f(x)=0^2=0$ で $\frac{df(x)}{dx}=2 \times 0=0$、$x=1$ のときは $f(x)$
$=1^2=1$ で $\frac{df(x)}{dx}=2 \times 1=2$、$x=2$ のときは $f(x)=2^2=4$ で $\frac{df(x)}{dx}=2 \times 2=4$ などである。一

般に、($n≠0$ として) $f(x)=x^n$ ならば、$\frac{df(x)}{dx}=\frac{dx^n}{dx}=n \times x^{n-1}$ になり、$\frac{dx^3}{dx}=3 \times x^2$, $\frac{dx^4}{dx}=4 \times x^3$, $\frac{d\left(\frac{1}{x}\right)}{dx}=\frac{dx^{-1}}{dx}=-x^{-2}=-\frac{1}{x^2}$ などで、また、n は実数でもよく、$\frac{dx^{1.5}}{dx}=1.5 \times x^{0.5}=1.5 \times \sqrt{x}$, $\frac{dx^{4.3}}{dx}=4.3 \times x^{3.3}$ などである。ちなみに、$\frac{df(x)}{dx}=0$ のときの $f(x)$ の"変化率"は 0 で、その辺りでは $f(x)$ は"極大"[注1] あるいは"極小"になる。⇒ **積分**(せきぶん)、**偏微分**(へんびぶん)

図1 「微分」は接線の傾き

📖 【読み方】「Δ」は、英字の D に当たるギリシャ文字の大文字で"デルタ"と読む。数学では、変数の前に付いて"微小な増分"を表すことが多い。

(注1)【極大】(local maximum) は、関数の値が増加から減少に変わるときのことで、"極所的な"最大と考えればよい。そのときの関数の値が「極大値」である。「極小」(local mimimum) は、関数の値が減少から増加に変わるときのこと、つまり、"極所的な"最小で、そのときの関数の値が「極小値」だ。

📖 【いろいろな微分】①正弦関数 $\frac{d \sin\theta}{d\theta}=\cos\theta$ ②余弦関数 $\frac{d \cos\theta}{d\theta}=-\sin\theta$ ③正接関数 $\frac{d \tan\theta}{d\theta}=\frac{1}{\cos^2\theta}=\sec^2\theta$ ④逆正接関数 $\frac{d \arcsin\theta}{d\theta}=\frac{1}{\sqrt{1-\theta^2}}$ ⑤逆余弦関数 $\frac{d \arccos\theta}{d\theta}=-\frac{1}{\sqrt{1-\theta^2}}$ ⑥逆正弦関数 $\frac{d \arctan\theta}{d\theta}=\frac{1}{1+\theta^2}$ ⑦指数関数 $\frac{d e^x}{dx}=e^x$ ⑧自然対数 $\frac{d \log x}{dx}=\frac{1}{x}$ ⑨常用対数 $\frac{d \log_{10}x}{dx}=\frac{d\left(\frac{\log x}{\log 10}\right)}{dx}=\frac{1}{x \times \log 10}$ ⑩関数の定数倍 $\frac{d(a \times f(x))}{dx}=a \times \frac{df(x)}{dx}$ ⑪関数の足し算 $\frac{d(f(x)+g(x))}{dx}=\frac{df(x)}{dx}+\frac{dg(x)}{dx}$ ⑫関数の引き算 $\frac{d(f(x)-g(x))}{dx}=\frac{df(x)}{dx}-\frac{dg(x)}{dx}$ ⑬関数の掛け算 $\frac{d(f(x) \times g(x))}{dx}=\frac{df(x)}{dx} \times g(x)+f(x) \times \frac{dg(x)}{dx}$ ⑭関数の割り算 $\frac{d\left(\frac{f(x)}{g(x)}\right)}{dx}=\frac{df(x)}{dx} \times \frac{1}{g(x)}-f(x) \times \frac{dg(x)}{dx} \times \frac{1}{(g(x))^2}$

✏️ 【小演習】以下の関数を"微分"してみよう。簡単なので"いますぐ"やってみよう！ ①$\frac{d}{dx}x^3=$ ②$\frac{d}{dx}x^4=$ ③$\frac{d}{dx}(x^2+x^5)=$ ④$\frac{d}{dx}(3x^2-2x^4)=$ ⑤$\frac{d}{dx}(x^2 \times 2x^3)=$ ⑥$\frac{d}{dx}x=$ ⑦$\frac{d}{dx}(12.3)=$ ⑧$\frac{d(\sin\theta+\cos\theta)}{d\theta}=$ ⑨$\frac{d(\sin\theta \times \cos\theta)}{d\theta}=$ (正解は⇒「標準得点(ひょうじゅんとくてん)」の項に！)

百分位数(ひゃくぶんいすう) percentile ⇒ **パーセンタイル**

百分位数順位(ひゃくぶんいすうじゅんい) percentile rank ⇒ **パーセンタイル順位**(パーセンタイルじゅんい)

百分率(ひゃくぶんりつ) percent ⇒ **パーセント**

表計算ソフト(ひょうけいさんソフト) spreadsheet software

行（ロウ）と列（コラム）からなる「表」の自動計算プログラム。表の中の特定の項（セル）と項、特定の行と行、特定の列と列の間の計算規則（ルール）を入力（つまり定義）しておけば、元のデータの値を変更したときに、これに伴って変更が必要な項、行、列のデータを"自動的に"変更してくれる計算プログラムである。この計算プログラムは、こうしたらどうなるか？という質問に対する答えが出せる（これは「what-if（ファットイフ）」という(注1)）点で、オフィスでの事務計算のニーズに非常によく合っていることから、現在では最も普及しているパソコンソフトの1つとなっている。現在は、表計算だけでなく、表形式になったデータの処理、つまり簡単なデータベース機能の他、グラフ作成や複雑な統計計算などの機能が用意されているものも多い。計算用の表状のシートが拡がって（スプレッドして）いることから「スプレッドシートプログラム」あるいは（「カリキュレーター」を略して）「カルク」ともいう。現在のところ、マイクロソフト社の「Excel」が圧倒的なシェアを占めている。⇒ Excel（エクセル）

(注1)【goal seek】は、$y=f(x)$という関数（あるいは対応付け＝関係）で、"決められた"（独立変数の）xから"対応する"（従属変数の）yを求めるのではなく、"決められた"yから（試行錯誤して）"対応する"xを求める、つまり、「こうするためには、どうしたらよいか？」という計画立案の質問に対する答えが出せる機能である。表計算ソフトの標準的な機能として用意されていることが多い。ちなみに、「what-if」は、"決められた"（独立変数の）xから"対応する"（従属変数の）yを求める機能だ。

標準化（ひょうじゅんか）standardization ⇒ **z 変換**（ゼットへんかん）
標準化残差（ひょうじゅんかざんさ）standardized residual

「回帰分析」で特定の1つあるいは複数のデータ（点）の影響や想定したモデルの妥当性を調べる「回帰診断」に利用される指標の1つ。丁寧に「標準化された残差」ともいう。実際の"観測値"から回帰式（回帰方程式）による"予測値"を引き算した値の"残差"を、残差の標準偏差で割り算して、平均を0、標準偏差を1となるように"標準化"した値である。数式で書くと、観測の数をnとして、観測$i(i=1,\cdots,n)$（つまり観測値x_i）に関する残差を$\hat{\varepsilon}_i$、残差の標準偏差をs、レバレッジ(注1)をh_{ii}としたとき、「標準化残差」の定義は$r_i = \frac{\hat{\varepsilon}_i}{s \times \sqrt{1-h_{ii}}} = \hat{\varepsilon}_i \div (s \times \sqrt{1-h_{ii}})$（$\sqrt{}$は"平方根"）である。残差の性質を分析する「残差分析」では、「残差」のままでは、その値は元のデータと同じ単位を保っており、値の（相対的な）大小（つまり変化）が判断しにくいので、標準偏差で割り算して検討するという訳である。

例として、「標準化残差」と予測値の組み合わせをグラフに描いてみれば、予測値が大きくなるにつれて残差が大きく（小さく）なる、あるいは、予測値が大きくなるにつれて途中までは残差が大きく（小さく）なるが、その後、残差は小さく（大きく）なるなどといった傾向を見つけることができる。また、「標準化残差」の絶対値が2を超えたら、大きな残差が発生した！と考えることができ、"外れ値"など異常なデータの可能性を示唆することになる。

ちなみに、類似の「スチューデント化残差」は、i番目のデータx_iを"除いて"計算した値で、（"外れ値"の可能性がある）i番目のデータx_iを"除く"ことで、標準偏差が小さくなり、その値が大きくなり、その分だけ"外れ値"など異常なデータを見つけやすくなる。この「スチューデント化残差」を「**"外的に"スチューデント化された残差**」というのに対比して、「標準化残差」は（"外れ値"の可能性がある）i番目のデータを"含んだ"（つまり、除かない

で）という意味で「"内的に"スチューデント化された残差」ということもある。⇒ **残差**（ざんさ）、**スチューデント化**（スチューデントか）、**スチューデント化残差**（スチューデントかざんさ）

(注1)【レバレッジ】(leverage) は「梃子値」ともいい、データの数を n として、データ行列を (n 行 2 列の) $X = \begin{pmatrix} 1 & x_1 \\ \vdots & \vdots \\ 1 & x_n \end{pmatrix}$ としたとき、X の行と列を入れ替えた (2 行 n 列の) 転置行列を $X^T = \begin{pmatrix} 1 \cdots 1 \\ x_1 \cdots x_n \end{pmatrix}$、(2 行 2 列の) $X^T \times X = \begin{pmatrix} 1 \cdots 1 \\ x_1 \cdots x_n \end{pmatrix} \times \begin{pmatrix} 1 & x_1 \\ \vdots & \vdots \\ 1 & x_n \end{pmatrix} = \begin{pmatrix} 1 & \sum_{j=1}^{n} x_j \\ \sum_{j=1}^{n} x_j & \sum_{k=1}^{n} x_k^2 \end{pmatrix}$ の (2 行 2 列の) 逆行列を $(X^T \times X)^{-1} = \dfrac{1}{\sum_{k=1}^{n} x_k^2 - \left(\sum_{j=1}^{n} x_j\right)^2} \times \begin{pmatrix} \sum_{k=1}^{n} x_k^2 & -\sum_{j=1}^{n} x_j \\ -\sum_{j=1}^{n} x_j & 1 \end{pmatrix}$ として、(n 行 n 列の) $H = X \times (X^T \times X)^{-1} \times X^T$ は、観測値データを予測値データに"射影"する「ハット行列」と呼ぶ。また、「レバレッジ」は、入力空間で特定の観測の位置が原因で発生した"回帰予測におけるその予測値の影響"を表すもので、その値は「ハット行列」H の対角要素の $h_{ii} = \dfrac{x_i^2 - 2x_i \times \sum_{j=1}^{n} x_j + \sum_{k=1}^{n} x_k^2}{\sum_{k=1}^{n} x_k^2 - \left(\sum_{j=1}^{n} x_j\right)^2}$ で、$0 \leq h_{ii} \leq 1$ である。また、回帰モデルの係数の数を p とすると、「レバレッジ」の合計は $\sum_{i=1}^{n} h_{ii} = p$ であるので、レバレッジがその平均の $\dfrac{p}{n} = p \div n$ を大きく超えた値の場合は、観測 i つまり観測値 x_i は"外れ値"だ！と判断できる。少しむずかしかったでしょうか。☺

標準誤差 (ひょうじゅんごさ) standard error, SE

標本平均値の標準偏差。「平均値の標準偏差」と同じ。母集団から無作為に抽出した「標本」は抽出の度に"異なる"つまり"ばらつく"。この"バラツキ"が「標準誤差」だ。英語の頭文字を取って「S.E.」と書くこともある。具体的には、「標準偏差（分散の平方根）」が σ、要素数が全部で N 件の母集団から n 件 ($n \leq N$) の標本を抽出したとき、「標準誤差」は $\sqrt{\dfrac{N-n}{N-1}} \times \dfrac{\sigma}{\sqrt{n}} = \sqrt{(N-n) \div (N-1)} \times (\sigma \div \sqrt{n})$ ($\sqrt{}$ は"平方根") と定義される（つまり、$n=1$ ならば σ であり、$n=N$ ならば 0 である）。標準偏差 σ を標本データから計算した標本標準偏差 s で推定する場合は、「標準誤差」は $\sqrt{\dfrac{N-n}{N}} \times \dfrac{s}{\sqrt{n}} = \sqrt{(N-n) \div N} \times (s \div \sqrt{n})$ となる。N が十分に大きい場合には ($\sqrt{\dfrac{N-n}{N-1}} \to 1$ になるので)、$\dfrac{\sigma}{\sqrt{n}} = \sigma \div \sqrt{n}$ あるいは $\dfrac{s}{\sqrt{n}} = s \div \sqrt{n}$ としてよい。

📖【読み方】「σ」は、英字の s に当たるギリシャ文字の小文字で"シグマ"と読む。

標準正規分布 (ひょうじゅんせいきぶんぷ) standard normal distribution

平均 $\mu = 0$、標準偏差 $\sigma = 1$ の正規分布 $N(0, 1^2)$ のこと。この確率分布の確率密度関数は $f(z) = \dfrac{1}{\sqrt{2\pi}} e^{-\frac{z^2}{2}} = \dfrac{1}{\sqrt{2\pi}} \exp\left(-\dfrac{z^2}{2}\right)$ (e^{-z} と $\exp(-z)$ は同じ"e の $-z$ 乗") (e は"自然対数の底"という定数) で、この確率分布にしたがう確率変数 z が $a \leq z \leq b$ である確率は $p(a \leq x \leq b) = \displaystyle\int_a^b f(z) \mathrm{d}z = \displaystyle\int_a^b \dfrac{1}{\sqrt{2\pi}} e^{-\frac{z^2}{2}} \mathrm{d}z$ ($\int$ は"積分") である。平均 μ、標準偏差 σ の正規分布 $N(\mu, \sigma^2)$ の確率密度

関数は $g(x) = \frac{1}{\sqrt{2\pi}\sigma}e^{-\frac{(x-\mu)^2}{2\sigma^2}} = \frac{1}{\sqrt{2\pi}\sigma}\exp\left(-\frac{(x-\mu)^2}{2\sigma^2}\right)$ で、この確率分布にしたがう確率変数の確率の計算はむずかしいので、$z = \frac{x-\mu}{\sigma}$ の式を使って「z変換」して、これと"相似"な「標準正規分布」に変換して計算する。なお、「標準正規分布」も計算がむずかしいので、あらかじめ計算した結果を表にした「標準正規分布表」が用意されている。

- 【読み方】「π」は、英字のpに当たるギリシャ文字の小文字で"パイ"と読む。「円周率」の$3.141592..$を表すのに使われることが多い。「μ」は、英字のmに当たり"ミュー"と読む。「σ」は、英字のsに当たり"シグマ"と読む。「σ^2」は"シグマ自乗"と読む。

Excel【関数】NORMSDIST or NORMS.DIST（標準正規分布の下側確率）、NORMS.INV（標準正規分布の下側確率に対するパーセント点）　※NORMSDIST or NORMS.DIST 関数は、$p(z \leq a) = 0.5 + p(0 \leq z \leq a)$ を出力するので注意！

標準正規分布表 (ひょうじゅんせいきぶんぷひょう) table of standard normal distribution

平均 $\mu = 0$、標準偏差 $\sigma = 1$ の標準正規分布 $N(0, 1^2)$ にしたがう確率変数 z が $0 \leq z \leq a$ である確率つまり $p(0 \leq z \leq a)$ の値の数表。値を式で表せば、$p(0 \leq z \leq a) = \int_0^a f(z)dz = \int_0^a \frac{1}{\sqrt{2\pi}}e^{-\frac{z^2}{2}}dz = \int_0^a \frac{1}{\sqrt{2\pi}}\exp\left(-\frac{z^2}{2}\right)dz$ （∫ は"積分"）（$\exp(-z)$ は「e^{-z}」と同じ"e の$-z$乗"）（e は"自然対数の底"という定数）である。普通、この表の行方向（縦軸）には確率変数 z が取る値の範囲 $0 \leq z \leq a$ の a を 0.1 刻みに並べ、列方向（横軸）には、その間を 0.01 ずつに刻んで、その交点に確率の値 $p(0 \leq z \leq a)$ を示している。例えば、1.9 の行と 0.06 の列の交点は $a = 1.96$ に対する確率 $p(0 \leq z \leq 1.96)$ の値 0.47500 つまり 47.5% が載っている。表に載っていない a の値に対する確率の値 $p(0 \leq z \leq a)$ は、"内挿"（比例配分）で計算する[注1]。

この表を利用した計算例として、確率変数 z が $1 \leq z \leq 2$ である確率の $p(1 \leq z \leq 2)$ は、$p(1 \leq z \leq 2) = p(0 \leq z \leq 2) - p(0 \leq z \leq 1)$ であり、この表から $p(0 \leq z \leq 2) = 0.47725$ と $p(0 \leq z \leq 1) = 0.34134$ なので、これらの値を式に代入すると、$p(1 \leq z \leq 2) = 0.47725 - 0.34134 = 0.13591 = 13.591\%$ となる。また、$p(-1 \leq z \leq 2)$ は、$p(-1 \leq z \leq 2) = p(-1 \leq z \leq 0) + p(0 \leq z \leq 2)$ で、かつ、正規分布は左右対称なので $p(-1 \leq z \leq 0) = p(0 \leq z \leq 1)$ で、結果として、$p(-1 \leq z \leq 2) = p(0 \leq z \leq 1) + p(0 \leq z \leq 2)$ となり、$p(-1 \leq z \leq 2) = 0.34134 + 0.47725 = 0.81859 = 81.859\%$ となる。さらに、$p(2 \leq z)$ は、$p(2 \leq z) = p(0 \leq z < \infty) - p(0 \leq z \leq 2) = 0.5 - p(0 \leq z \leq 2)$ であるので、$p(2 \leq z) = 0.5 - 0.47725 = 0.02275 = 2.275\%$ となる。

「標準正規確率分布表」には、この他に、（$a > 0$ として）確率変数 z が $z \leq a$ である確率 $p(z \leq a) = \int_{-\infty}^a f(z)dz$ つまり $0.5 + p(0 \leq z \leq a)$ の値の表や、確率変数 z が $a \leq z$ である確率 $p(a \leq z) = \int_a^\infty f(z)dz$ つまり $0.5 - p(0 \leq z \leq a)$ の値の表がある。いずれにしても、統計学の本ならば、"必ず"掲載されている数表である。

ひょう

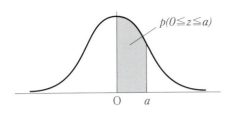

図1 「標準正規分布表」に掲載している確率

図2 「標準正規分布表」の使い方

📖 【読み方】「π」は、英字のpに当たるギリシャ文字の小文字で"パイ"と読む。普通、「円周率」の$3.141592..$を表す。「μ」は、英字のmに当たり"ミュー"と読む。「σ」は、英字のsに当たり"シグマ"と読む。

(注1)【計算例】として、$a=1.954$に対する$p(0\leq x\leq a)$は、$p(0\leq x\leq 1.95)=0.47441$かつ$p(0\leq x\leq 1.96)=0.47500$なので、$\frac{1.954-1.95}{1.96-1.95}=\frac{x-0.47441}{0.47500-0.47441}$ つまり $\frac{0.004}{0.01}=0.4=\frac{x-0.47441}{0.00059}$ となり、$x=0.47441+0.4\times 0.00059=0.474646\fallingdotseq 0.47465$ となる。また、$p(0\leq x\leq a)=0.48$に対する a は、$p(0\leq x\leq 2.05)=0.47982$かつ$p(0\leq x\leq 2.06)=0.48030$なので、$\frac{a-2.05}{2.06-2.05}=\frac{0.48-0.47982}{0.48030-0.47982}$ つまり $\frac{a-2.05}{0.01}=\frac{0.00018}{0.00048}=0.375$ となり、$a=2.05+0.01\times 0.375=2.05375$ となる。

📖 【数表】「標準正規分布表1」は"巻末"と"ネット"に掲載！ ※$z_0\to p(0\leq z\leq z_0)$、$z_0\to p(z\leq z_0)$、$z_0\to p(z_0\leq z)$、$p(0\leq z\leq z_0)\to z_0$、$p(z\leq z_0)\to z_0$、$p(z_0\leq z)\to z_0$

☞ 【(z変換）小演習の正解】① $p(X\geq 12)=p\left(z=\frac{X-10}{2}\geq\frac{12-10}{2}\right)=p(z\geq 1)$ であり、標準正規分布表から$p(0\leq z\leq 1)=0.3413$であるので、$p(z\geq 1)=0.5-0.3413=0.1587=15.87\%$ となる。② $p(X\leq 9)=p\left(\frac{X-10}{2}\leq\frac{9-10}{2}\right)=p(z\leq -0.5)=p(z\geq 0.5)$ であり、標準正規分布表から$p(0\leq z\leq 0.5)=0.1915$であるので、$p(z\leq -0.5)=p(z\geq 0.5)=0.5-0.1915=0.3085=30.85\%$ となる。③ $p(9\leq X\leq 12)=p\left(\frac{9-10}{2}\leq z=\frac{X-10}{2}\leq\frac{12-10}{2}\right)=p(-0.5\leq z\leq 1)$ であるので、①と②の結果を使って、）$p(-0.5\leq z\leq 1)=1-p(z\leq -0.5)-p(1\leq z)=1-0.3085-0.1587=0.5328=53.28\%$ となる。できましたか？ 😊

標準得点 (ひょうじゅんとくてん) standard score

母集団の中での個人の相対的な位置が分かる得点。平均値が0かつ標準偏差が1になるように変換した「z得点」、平均値が50かつ標準偏差が10になるように変換した「Z得点」、Z得点が正規分布にしたがうように変換した「T得点」、正規分布の上で平均値が100かつ標準偏差が15あるいは16になるように変換した「偏差IQ」などがある。⇒ Z得点 (ゼットとくてん)、偏差値 (へんさち)

☞ 【(微分) 小演習の正解】① $\frac{d}{dx}x^3=3x^2$ ② $\frac{d}{dx}x^4=4x^3$ ③ $\frac{d}{dx}(x^2+x^5)=2x+5x^4$ ④ $\frac{d}{dx}(3x^2-2x^4)=6x-8x^3$ ⑤ $\frac{d}{dx}(x^2\times 2x^3)=\frac{d}{dx}(2x^5)=10x^4$ ⑥ $\frac{d}{dx}x=x^0=1$ ⑦ $\frac{d}{dx}(12.3)=0$ ⑧ $\frac{d(\sin\theta+\cos\theta)}{d\theta}=\cos\theta-\sin\theta$ ⑨ $\frac{d(\sin\theta\times\cos\theta)}{d\theta}=\cos^2\theta-\sin^2\theta=1-2\times\sin^2\theta$

できましたか？ 😊

標準偏差 (ひょうじゅんへんさ) standard deviation, S.D.

データの"バラツキ[注1]"の程度を表す統計量の1つ。母集団全体の標準偏差つまり「**母標準偏差**」σ と、標本(サンプル)の標準偏差つまり「**標本標準偏差**」s (s は standard deviation の頭文字) の2つがある。英語の頭文字を取って「S.D.」と書くこともある。「標準偏差」は「偏差」であるので、データと同じ単位を持っていることに注意。母集団のデータが n 件あり、これが $x_1,\cdots,x_n$ であるとすると、母平均値は $\mu = \frac{1}{n}\sum_{i=1}^{n} x_i = \frac{1}{n}(x_1 + \cdots + x_n)$、母分散は $\sigma^2 = \frac{1}{n}\sum_{i=1}^{n}(x_i - \mu)^2 = \frac{1}{n}((x_1 - \mu)^2 + \cdots + (x_n - \mu)^2)$ で、母標準偏差はこの母分散の平方根の $\sigma = \sqrt{\frac{1}{n}\sum_{i=1}^{n}(x_i - \bar{x})^2} = \sqrt{\frac{1}{n}((x_1 - \mu)^2 + \cdots + (x_n - \mu)^2)}$ ($\sqrt{\ }$ は"平方根")である。母集団のデータ x が"正規分布"にしたがっているときは、$\mu - \sigma \leq x \leq \mu + \sigma$ である確率は $p(\mu - \sigma \leq x \leq \mu + \sigma) = 68.27\%$、$\mu - 2\sigma \leq x \leq \mu + 2\sigma$ である確率は $p(\mu - 2\sigma \leq x \leq \mu + 2\sigma) = 95.45\%$、$\mu - 3\sigma \leq x \leq \mu + 3\sigma$ である確率は $p(\mu - 3\sigma \leq x \leq \mu + 3\sigma) = 99.73\%$ であることはよく知られている。

また、(抽出された) n 件の標本を $y_1,\cdots,y_n$ とすると、標本平均値は $\bar{y} = \frac{1}{n}\sum_{i=1}^{n} y_i = \frac{1}{n}(y_1 + \cdots + y_n)$、標本分散は $s^2 = \frac{1}{n}\sum_{i=1}^{n}(y_i - \bar{y})^2 = \frac{1}{n}((y_1 - \bar{y})^2 + \cdots + (y_n - \bar{y})^2)$ で、標本標準偏差はこの標本分散の平方根 s である。ここで、s^2 の期待値は $E(s^2) = \frac{n-1}{n}\sigma^2 = ((n-1) \div n) \times \sigma^2$ となり、標本分散は母分散より少しだけ小さい。分散の不偏推定量[注2]つまり「**不偏分散**」は $u^2 = \frac{1}{n-1}\sum_{i=1}^{n}(y_i - \bar{y})^2 = \frac{1}{n-1}((y_1 - \bar{y})^2 + \cdots + (y_n - \bar{y})^2)$ で、この値の平方根の u を「標本標準偏差」ということもあるが、実はこれは"不偏推定量"ではないことに注意!

⇒ **分散** (ぶんさん)、**平均値** (へいきんち)、**要約統計量** (ようやくとうけいりょう)

📖 **【読み方】**「σ」は、英字の s に当たるギリシャ文字の小文字で"シグマ"と、「σ^2」は"シグマ自乗"と読む。「μ」は、英字の m に当たり"ミュー"と読む。「$\bar{y}$」は"ワイバー"と読む。

(注1) **【データの"バラツキ"】**を表す統計量としては、他に「範囲」(=最大値−最小値)、「四分位範囲」(=第3四分位数−第1四分位数)、「平均偏差」などがある。☺

(注2) **【不偏推定量】**(これは知らなくてもよいのだが、) 不偏分散 u^2 の平方根を u とすると、「標準偏差」の"不偏推定量"は $D = \sqrt{\frac{n-1}{2}} \times \frac{\Gamma\left(\frac{n-1}{2}\right)}{\Gamma\left(\frac{n}{2}\right)} \times u = \sqrt{(u-1) \div 2} \times \left(\Gamma\left(\frac{n-1}{2}\right) \div \Gamma\left(\frac{n}{2}\right)\right) \times u$ である。ここで、$\Gamma(x)$ は"ガンマ関数"で、x が整数 ($x=n$) のときは、$\Gamma(n) = (n-1)! = 1 \times 2 \times \cdots \times (n-1)$ で、これ(階乗)を拡張したもの。

📖 **【人】**「標準偏差」という言葉は、英国の統計学者で「記述統計学」を大成した**カール・ピアソン** (Karl Pearson, 1857-1936) が作ったらしい。

Excel【関数】 STDEVP or STDEV.P (標準偏差)、STDEV or STDEV.S (標本標準偏差)

標本 (ひょうほん) sample

調査対象とする母集団から取り出した(抽出した)データ。「サンプル」と同じ。標本を取り出すことを「**標本抽出**」(サンプリング)という。標本抽出は、母集団の性質や特徴を知るために、母集団の"一部"を取りだすので、「標本」が母集団を代表するように抽出することが重要である。母集団の中から"無作為に"標本を抽出する「無作為抽出法」で抽出され

た「無作為標本」(確率標本）は、その無作為つまり偶然（つまり確率性）から、偶然を扱う数学である「確率論」を利用して、統計的仮説検定（検定）や推定に使うことができる。⇒ **非確率抽出法**（ひかくりつちゅうしゅつほう）、**無作為抽出法**（むさくいちゅうしゅつほう）

> 📖【国語辞典】「標本」は、①見本。典型。代表的な例。②生物・鉱物などを研究資料とするために、適当な処理をして保存できるようにしたもの。アルコール・ホルマリンなどにつける液浸標本、乾燥による押し葉標本や剥製標本・プレパラート標本などがある。③標本調査で、全体の中から調査対象として取り出した部分。見本。サンプル。

標本数 （ひょうほんすう）sample size

　調査対象とする母集団から抽出する"標本"の数。「サンプル数」や「サンプルサイズ」と同じ。普通、n で表す。一般に、母集団から抽出する標本数が大きいほど、母集団から得られる"情報量"が多くなるので、標本から得られる（つまり計算される）推定結果はより信頼できるものとなる(注1)。その根拠として、（多くの確率変数がしたがう）母集団が平均値 μ、分散 σ^2 の正規分布 $N(\mu,\sigma^2)$ にしたがう n 個の"独立"した確率変数 $x_1,\cdots,x_n$ の平均値 $\bar{x} = \frac{1}{n}\sum_{i=1}^{n}x_i = \frac{1}{n}(x_1+\cdots+x_n)$ も正規分布にしたがい、その平均値は μ、分散は $\frac{\sigma^2}{n} = \sigma^2 \div n$、標準偏差は $\frac{\sigma}{\sqrt{n}} = \sigma \div \sqrt{n}$（$\sqrt{}$ は"平方根"）になる。このため、同じ母集団から抽出する標本数 n が大きくなればなるほど、標準偏差つまり平均値の推定区間の幅は小さくなり、信頼性は上がる！といえる。ちなみに、標本数 n が十分に大きい場合（目安は $n \geq 30$）には、「中心極限定理」によってその平均値は「正規分布」にしたがうとしてよいが、標本数 n が少ない場合は、正規分布にしたがうことが保証できないので、「t分布」にしたがうとして検定・推定をすることが必要となる。⇒　**正規分布**（せいきぶんぷ）、**中心極限定理**（ちゅうしんきょくげんていり）

> 📖【読み方】「μ」は、英字の m に当たるギリシャ文字の小文字で"ミュー"と読む。「σ」は、英字の s に当たり"シグマ"と、「σ^2」は"シグマ自乗"と読む。また、「$\bar{x}$」は"エックスバー"と読む。

(注1)【標本数 n を増やす】ため、母集団の範囲を広げるといったことがあるが、この場合、広げた範囲が元々の母集団と"同じ"性質・特徴を持っていることの確認が必要である。広げた範囲が元々の母集団とは"異質な"ものだった場合は、標本数 n を増やしても、却って信頼度が落ちてしまうことになるので、よ〜くよくの注意が必要である。

Excel【関数】COUNT（数える）、COUNTIF（条件に合ったものだけ数える）、COUNTIFS（複数の条件に合ったものだけ数える）

> ✎【小演習】大学の卒業論文の作成のため、「アンケート調査」をする。標本誤差が10%に収まればよいが、そのためには、何人の回答を集めればよいか。簡単なので"いますぐ"やってみよう！　（正解は⇒「標本分散（ひょうほんぶんさん）」の項に！）

標本抽出 （ひょうほんちゅうしゅつ）sampling

　サンプリング。「標本調査」で（その目的に応じて）母集団からその"一部"を標本として抽出することである。抽出する標本に"偏り"がないよう、つまり標本が集団全体を代表するように、もっとかみ砕いていうと、標本が元の母集団の縮図になっているように標本を抽出するように最大限の注意が必要となる。このため、いろいろな「標本抽出法」が用意されており、調査の目的に応じて、また、かけられるコスト、手間、時間に応じて、必要な精度の

結果が得られるように、適切な方法を選ぶことが重要である。

標本抽出法は、母集団の中から無作為（ランダム）に標本を抽出する「**無作為抽出法**」と、（何かの理由で「無作為抽出法」が使えないときに）調査者の知識と経験で、調査の目的に合った標本を抽出する「**有意抽出法**」がある。一般的には、「無作為抽出法」で抽出された標本の方が客観的であるとされ、「有意抽出法」で抽出された標本は客観性が小さいとされるが、調査の目的に適合したより小さい集団に絞れる場合には、「有意抽出法」の方が有効な調査結果を得ることができる。

少し詳しく説明すると、「無作為抽出法」の中で最も単純で最も基本的なものが「単純無作為抽出法」で、調査する母集団を1つのまとまりとして扱い、これから無作為に抽出する方法である。この方法はある意味で客観的であり、母集団の規模が小さいときにはあまり問題が生じないが、母集団の規模が大きくなった場合には、実施することがむずかしく、また、「標本誤差」も大きくなる。

この他、母集団に含まれるすべての要素に通し番号を付け、n 件ごとに標本を抽出する「系統抽出法」、母集団を別々の特性（性質）を持つ層に分け、そのそれぞれから層の標本数に比例して"無作為に"標本を抽出する「層化（比例）抽出法」、母集団を調査区に分割しこの中から無作為に1つを選んで、この調査区のすべてあるいは一部を標本とする「二段階抽出法」や「集落抽出法」などといったものがある。⇒　**標本調査**（ひょうほんちょうさ）

Excel【ツール】ツールバー⇒データ⇒分析⇒データ分析（サンプリング）

標本調査 （ひょうほんちょうさ） sampling survey

調査対象の母集団からその"一部"を標本（サンプル）として抽出して行う調査。標本のデータを「推測統計学」の方法で処理して、"知りたい"母集団の性質や特徴を推定する。「家計調査」、「労働力調査」、「内閣の支持率（世論調査）」、「テレビ番組の視聴率調査」など、あるいは、製造工場での品質管理など、実際に行われている"ほとんど"の調査は、この「標本調査」[注1]だ。

この方法は、母集団のすべての個体を調査する「全数調査」と比較した"利点"として、①調査の規模を小さくできるため、調査のコストと時間と手間が少なくて済む。また、調査の結果が早く利用できる。②必要な調査員の数を少なくできるため、質のよい調査員に十分な教育・指示を与えられる。③「全数調査」では規模が大きいために調査がむずかしい詳細あるいは複雑な事柄でも、調査できる。④「標本の設計」で標本の誤差を管理することができ、調査の結果（の数字）には誤差を表示できる。

他方、"問題点"として、「全数調査」をせずに、その一部の個体（標本）だけを調査して、元の母集団の性質や特徴を推定しようとするため、「全数調査」をしないことによる誤差（標本誤差）が生じる。この問題点は、「推測統計学」（推計学）の知識と方法を利用して行うことになる。⇒　**全数調査**（ぜんすうちょうさ）

(注1)【1936年11月の米国大統領選挙】は、世界恐慌の収まらない不安定な時代、再選を目指す民主党のフランクリン・ルーズベルト（Franklin Delano Roosevelt, 1882-1945）と共和党のアルフレッド・ランドン（Alfred Mossman "Alf" Landon, 1887-1987）で争われた。当時、世論調査で最も信頼されていた『リテラリーダイジェスト』誌は、

200万人以上の調査結果を基に、「ランドンが57％の得票で当選する！」と予測した。この前の1935年に世論調査に参入したジョージ・ギャラップ（George Horace Gallup, 1901-84）のギャラップ社（当時は"米国世論研究所"）は、わずか3,000人の回答を基に、「ルーズベルトが54％の得票で当選する！」と予測した。そして、全米の結果を先取りするといわれていた9月のメイン州の選挙でも共和党が勝利したことからも、『リテラリーダイジェスト』誌の予測が正しい！と思われていた。しかし、最終的には、ルーズベルトが60％の得票、全米48州中46州を手にして勝利した。

『リテラリーダイジェスト』誌は、自誌の購入者と自動車保有者や（普及率約40％の）電話利用者から抽出した1,000万人に調査票を郵送し、返送された230万人以上の回答を基に分析した。回答者は"豊かな"人たちだった。これに対して、（市場調査の経験を持つ）ギャラップは、"豊かな"人たちと"貧しい"人たちの投票行動は異なるとして、母集団全体を「収入中間層・都市居住者・女性」や「収入下位層・農村部居住者・男性」などの層に分け、それぞれの層からある割合の標本を抽出する「割り当て法」によって、標本を母集団の縮図となるように抽出した。この"違い"が成否を分けた。ギャラップは、選挙の4ヶ月前に、「『リテラリーダイジェスト』誌がランドンの勝利を予測しそれは外れる！」と新聞上で予測していたそうだ。ちなみに、1948年の大統領選挙では、ギャラップ社を含めほとんどの世論調査が予想を外した。これは、「割り当て法」で、群ごとの標本の抽出は調査員の個人的な判断で行われるため、調査員の好みや依頼のしやすさなどで、標本に"偏り"を生じたためだったらしい。この反省から、こういった"偏り"を排除する「無作為抽出法」が常識となった。

標本標準偏差 （ひょうほんひょうじゅんへんさ） sample standard deviation

母集団から抽出した標本による母標準偏差の推定値。標本が n 件のデータ $x_1,\cdots,x_n$ からなっているとき、標本平均は $\bar{x}=\frac{1}{n}\sum_{i=1}^{n}x_i=\frac{1}{n}(x_1+\cdots+x_n)$ として、「標本標準偏差」は $s_2=\sqrt{\frac{\sum_{i=1}^{n}(x_i-\bar{x})^2}{n-1}}=\sqrt{\frac{(x_1-\bar{x})^2+\cdots+(x_n-\bar{x})^2}{n-1}}$ （$\sqrt{}$ は"平方根"）あるいは（この式を変形した） $s_2=\sqrt{\frac{n}{n-1}\left(\frac{1}{n}\sum_{i=1}^{n}x_i^2-\bar{x}^2\right)}=\sqrt{\frac{n}{n-1}\left(\frac{1}{n}(x_1^2+\cdots+x_n^2)-\bar{x}^2\right)}$ である。母分散の"不偏推定量"の「不偏分散」 s_2^2 の平方根と等しい。「標本分散」の平方根 $s_1=\sqrt{\frac{1}{n}\sum_{i=1}^{n}(x_i-\bar{x})^2}=\sqrt{\frac{1}{n}((x_1-\bar{x})^2+\cdots+(x_n-\bar{x})^2)}$ とは $s_2=\sqrt{\frac{n}{n-1}}\times s_1=\sqrt{n\div(n-1)}\times s_1$ という関係があり、「標準標準偏差」の方が少しだけ大きい。「標本平均」の表1の100件のデータで計算すると、$\frac{1}{100}\sum_{i=1}^{100}x_i^2=\frac{1}{100}(x_1^2+\cdots+x_{100}^2)=3128.13$、$\bar{x}=\frac{1}{100}\sum_{i=1}^{100}x_i=\frac{1}{100}(x_1+\cdots+x_{100})=48.29$ となるので、$s_2=\sqrt{\frac{100}{100-1}\times(3128.13-48.29^2)}=\sqrt{\frac{100}{99}\times(3128.13-2331.9241)}$ $\fallingdotseq\sqrt{1.01\times796.2059}=\sqrt{804.248}=28.359$ となる。

📖 【読み方】「$\bar{x}$」は"エックスバー"と読む。

Excel 【関数】STDEVP or STDEV.P（標準偏差）、STDEV or STDEV.S（不偏分散の平方根）

標本分散 （ひょうほんぶんさん） sample variance

母集団から抽出した標本（データ）の分散。標本を n 件の $x_1,\cdots,x_n$ とすると、「標本平均」

は $\bar{x} = \frac{1}{n}\sum_{i=1}^{n} x_i = \frac{1}{n}(x_1 + \cdots + x_n)$、「標本分散」は $s_1^2 = \frac{\sum_{i=1}^{n}(x_i - \bar{x})^2}{n} = \frac{(x_1 - \bar{x})^2 + \cdots + (x_n - \bar{x})^2}{n}$ あるいは（この式を変形した）$s_1^2 = \frac{\sum_{i=1}^{n} x_i^2 - n \times \bar{x}^2}{n} = \frac{1}{n}\sum_{i=1}^{n} x_i^2 - \bar{x}^2 = \frac{1}{n}(x_1^2 + \cdots + x_n^2) - \bar{x}^2$ である。母分散 σ^2 の"不偏推定量"である「不偏分散」$s_2^2 = \frac{\sum_{i=1}^{n}(x_i - \bar{x})^2}{n-1} = \frac{(x_1 - \bar{x})^2 + \cdots + (x_n - \bar{x})^2}{n-1}$ とは、$s_2^2 = \frac{n}{n-1} s_1^2 = (n \div (n-1)) \times s_1^2$ という関係があり、こちらの方が分子が少しだけ大きい。「標本平均」の項の表1の100件のデータで計算すると、$\frac{1}{n}\sum_{i=1}^{n} x_i^2 = 3128.13$、$\bar{x} = \frac{1}{n}\sum_{i=1}^{n} x_i = 48.29$ なので、$s_1^2 = 3128.13 - 48.29^2 = 3128.13 - 2331.9241 = 796.2059$ となる。⇒ **不偏分散**（ふへんぶんさん）

　📖【**読み方**】「$\bar{x}$」は"エックスバー"と読む。

　Excel【**関数**】VARP or VAR.P（標本分散）、VAR or VAR.S（不偏分散）

　☞【**(標本数)小演習の正解**】標本数をnとすると、標本誤差は $1.96 \times \sqrt{\frac{0.5 \times 0.5}{n}} = 0.1$ となることから、$\frac{1}{1.96} \times \sqrt{\frac{n}{0.5 \times 0.5}} = \frac{1}{0.1}$ となり、$\sqrt{n} = \frac{1.96}{0.1} \times \sqrt{0.5 \times 0.5} = 19.6 \times 0.5 = 9.8$ となるので、$n = (\sqrt{n})^2 = 9.8^2 = 96.04$ だ。☺

標本分布（ひょうほんぶんぷ）sampling distribution

　母集団から抽出した「標本」から導かれた"統計量"の分布。母集団から"無作為に"抽出された標本は、母集団の分布にしたがう確率変数で、その標本から導かれた（計算された）統計量もまた確率変数だ。つまり、母集団から抽出されたn件の標本の$x_1, \cdots, x_n$ から計算された統計量の値（確率変数）を、多数回繰り返したときに得られる仮想的な確率分布である。母集団から抽出されたn件の標本は、この仮想的な確率分布から"たまたま"抽出された1つの実現値だといえる。統計的仮説検定（検定）や統計的推定（推定）は、この考えに基づくものなので、よ〜く理解してもらいたい。

　例として、元の母集団が平均値 μ、分散 σ^2 の正規分布 $N(\mu, \sigma^2)$ にしたがうとすると、この母集団から抽出されたn件の標本の$x_1, \cdots, x_n$ の標本平均値の $\bar{x} = \frac{1}{n}\sum_{i=1}^{n} x_i = \frac{1}{n}(x_1 + \cdots + x_n)$ は、平均値 μ、分散 $\frac{\sigma^2}{n} = \sigma^2 \div n$ の正規分布 $N\left(\mu, \frac{\sigma^2}{n}\right)$ にしたがう。また、不偏分散の $u^2 = \frac{1}{n-1}\sum_{i=1}^{n}(x_i - \bar{x})^2 = \frac{1}{n-1}\left((x_1 - \bar{x})^2 + \cdots + (x_n - \bar{x})^2\right)$ を σ^2 で割り算した $\frac{u^2}{\sigma^2} = u^2 \div \sigma^2$ は、自由度 $(n-1)$ の χ^2 分布にしたがう。さらに、標本分散 $s^2 = \frac{n-1}{n} \times u^2$ として、$t = \frac{\bar{x} - \mu}{\frac{s}{\sqrt{n}}} = (\bar{x} - \mu) \div (s \div \sqrt{n})$（$\sqrt{}$ は"平方根"）は、自由度 $(n-1)$ の t 分布にしたがう。⇒ **統計的仮説検定**（とうけいてきかせつけんてい）

　📖【**読み方**】「μ」は、英字の m に当たるギリシャ文字の小文字で"ミュー"と読む。「σ」は、英字の s に当たり"シグマ"と読む。「σ^2」は"シグマ自乗"と読む。また、「$\bar{x}$」は"エックスバー"と読む。

標本平均（ひょうほんへいきん）sample mean

　母集団から抽出した標本の平均値。標本が n 件のデータ $x_1, x_2, \cdots, x_n$ からなっているとき、「標本平均」は $\bar{x} = \frac{1}{n}\sum_{i=1}^{n} x_i = \frac{1}{n}(x_1 + \cdots + x_n)$ である。「標本平均」は、母平均 μ の"不偏推定量"になっている。表1のデータで計算すると、$\sum_{i=1}^{n} x_i = 35 + 95 + \cdots + 62 = 4829$ なの

で、これを $n=100$ で割り算して、$x=\frac{4829}{100}=48.29$ となる。なお、表2は、表1のデータを値の小さい順にソートした結果で、これを見ただけでも平均値はこの位、この辺りだ！と推定できるであろう。⇒ $\bar{x}$（エックスバー）、**平均値**（へいきんち）

表1　ソート前のデータ

35	95	31	75	26	51	29	20	7	53
41	75	16	9	59	37	10	67	53	45
21	36	3	51	12	78	47	6	98	22
87	89	55	66	89	6	85	21	51	4
25	93	44	22	91	64	29	42	43	55
96	65	85	30	25	88	26	16	73	33
80	43	16	22	23	14	32	94	79	63
99	49	23	41	33	14	57	37	73	76
84	67	33	51	76	23	88	13	40	42
77	3	77	88	93	6	19	78	35	62

表2　ソートしたデータ

3	3	4	6	6	6	7	9	10	12
13	14	14	16	16	16	19	20	21	21
22	22	22	23	23	23	25	25	26	26
29	29	30	31	32	33	33	33	35	35
36	37	37	40	41	41	42	42	43	43
44	45	47	49	51	51	51	51	53	53
55	57	57	59	62	63	64	65	66	67
67	73	73	75	75	76	76	77	77	78
78	79	80	84	85	85	87	88	88	88
89	89	91	93	93	94	95	96	98	99

📖 **【読み方】**「$\bar{x}$」は〝エックスバー〟と読む。

Excel**【関数】** AVERAGE（算術平均）、AVERAGEIF（条件を満たすデータの算術平均）、AVERAGEIFS（複数の条件を満たすデータの算術平均）

比率 （ひりつ）ratio

　2つ以上の数量を比べたときの割合（倍率など）、あるいは、全体の中でそれが占める割合（構成比など）。「比」や「割合」と同じ。2つの正の数 $a(>0)$ と $b(0>)$ の「比率（倍率など）」は $a:b$（〝エイ対ビー〟と読む）である。〝分数〟を使って、$\frac{a}{b}$ としてもよい。a は基準となる b の何倍の値かという意味である。$\frac{a}{b}>1$ ならば a は b よりも大きい、$\frac{a}{b}=1$ ならば a と b は等しい、$\frac{a}{b}<1$ ならば a は b よりも小さい。当然のことながら、k を正の数とすると、(a の k 倍の）$k \times a$ と（b の k 倍の）$k \times b$ の比率 $k \times a : k \times b$ は $a:b$ と同じ、つまり $k \times a : k \times b = a:b$ であり、$\frac{k \times a}{k \times b}=\frac{a}{b}$ である。また、3つの正の数 $a(>0)$ と $b(>0)$ と $c(>0)$ の「比率（構成比など）」は $a:b:c$（〝エイ対ビー対シー〟と読む）である。全体を a と b と c の和の $a+b+c$ とすると、$\frac{a}{a+b+c} : \frac{b}{a+b+c} : \frac{c}{a+b+c} = a:b:c$ である。$\frac{a}{a+b+c}$ は $a+b+c$ の中で a の占める（構成）比率、$\frac{b}{a+b+c}$ は $a+b+c$ の中で b の占める（構成）比率、$\frac{c}{a+b+c}$ は $a+b+c$ の中で c の占める（構成）比率だ。全体を 100 とした場合には、（構成）比率は「**パーセント（百分率）**」と呼ばれる。ちなみに、「比率」は、安易に足し算や引き算などができないことが多いので注意が必要である。⇒　パーセント

比率尺度（ひりつしゃくど）propotional scale　⇒　**比例尺度**（ひれいしゃくど）

比率の差の検定（ひりつのさのけんてい）confidential interval of population ratio

　2つの群（グループ）のある比率が等しいか否かの統計的仮説検定（検定）。2つの群のそれぞれの標本数を n_1 と n_2、それぞれの比率を p_1 と p_2 とし、2つの比率の加重平均を $p = \frac{p_1 \times n_1 + p_2 \times n_2}{n_1 + n_2} = p_1 \times \frac{n_1}{n_1+n_2} + p_2 \times \frac{n_2}{n_1+n_2}$ としたとき、検定統計量の $z = \frac{p_1 - p_2}{\sqrt{p(1-p) \times \left(\frac{1}{n_1}+\frac{1}{n_2}\right)}}$ $=(p_1 - p_2) \div \sqrt{p(1-p) \times \left(\frac{1}{n_1}+\frac{1}{n_2}\right)}$（$\sqrt{}$ は〝平方根〟）が、平均値 0 で分散 1^2 の標準正規分布 $N(0, 1^2)$ にしたがうことを利用して検定する（この証明はむずかしいので〝省略〟）。この検定は、2×2 分割表に対する「**独立性の検定**」（χ^2 検定）と同じである。

表1は、男女の与党 A と野党 B に対する支持率（比率）の調査データである。帰無仮説を「男女の間で、与党 A の支持率に差はない！」である。このデータから、比率の加重平均は $p = \frac{0.60 \times 50 + 0.55 \times 20}{50 + 20} = \frac{30 + 11}{70} = 0.586$ となるので、検定統計量は z_0 $= \frac{0.60 - 0.55}{\sqrt{0.586 \times (1 - 0.586) \times \left(\frac{1}{50} + \frac{1}{20}\right)}} = \frac{0.05}{\sqrt{0.586 \times 0.4143 \times 0.07}} = \frac{0.05}{\sqrt{0.017}} = 0.384$ となり、有意水準を 5% とすると、$-1.96 < z_0 < +1.96$ となるので、帰無仮説は棄却できず、「男女の間で、与党 A の支持率に差はない！」ということになる。ちなみに、$p(|z| \geq z_0) = 1 - p(|z| \leq z_0) = 1 - 2 \times p(0 \leq z \leq z_0)$（$|z|$ は "z の絶対値"）で、$p(0 \leq z \leq z_0) = 0.149$ なので、$p(|z| \geq z_0) = 1 - 2 \times 0.149 = 0.701 > 0.05$ となる。⇒ **2×2分割表**（にかけるにぶんかつひょう）

表1 男女の与党 A と野党 B に対する "支持率" のデータ

	A	B	計	支持率
男性	30	20	50	0.60
女性	11	9	20	0.55
合計	41	29	70	0.586

比率の信頼区間（ひりつのしんらいくかん） confidential interval of population ratio ⇒ **母比率の信頼区間**（ほひりつのしんらいくかん）

比例（ひれい） proportionality

一方の変数 y が他方の変数 x の "定数倍" であること。つまり、定数 $k(\neq 0)$ に対して、$y = k \times x$ つまり $\frac{y}{x} = y \div x = k$ のとき、「y は x に比例する！」という意味だ。これを "比例記号" の「$\propto$」を使って、「$y \propto x$」と書く（あるいは、日本ではあまり使わないが、「$y \sim x$」と書くこともある）。当然のことながら、$k_2 \neq 0$ とすれば、$y = k_1 \times x + k_2$ は「比例していない」。ちなみに、「**反比例**」（inverse proportionality）は、$k_3 \neq 0$ として、$y = \frac{k_3}{x} = k_3 \div x$ つまり $y \times x = k_3$ のことである。「$\propto$」を使えば、$y \propto \frac{1}{x}$ だ。

∝（ひれい） sign of proportionality ⇒ **比例**（ひれい）

比例尺度（ひれいしゃくど） ratio scale

"量的" なデータの1つで、2つのデータの値の足し算や引き算ができる他、掛け算や割り算も定義できるデータの種類（尺度）。「比率尺度」や「比尺度」と同じ。身長、体重、時間、速度、エネルギー、絶対温度、湿度などの他、年齢や収入などの社会的なデータも含めて、ほとんどの数値データは「比例尺度」のデータである。「比例尺度」のデータは単位があり、絶対原点があるのが特徴の1つ。そして、"すべて" の統計値を定義でき計算できる。もちろん、データの分布の "代表値" の「算術平均」、「中央値」（メディアン）、「最頻値」（モード）はすべて計算できる。⇒ **尺度基準**（しゃくどきじゅん）

比例配分（ひれいはいぶん） propotional division or distribution

$x_1 < x_2$ として、$x = x_1$ のときは $y_1 = f(x_1)$、$x = x_2$ のときは $y_2 = f(x_2)$ の場合、x_1 と x_2 の間の x（つまり $x_1 < x < x_2$）の位置に対応して、$y = f(x)$ の値を求めること。「按分」や「案分」と同じ。具体的には、$y = f(x) = y_1 + \frac{y_2 - y_1}{x_2 - x_1} \times (x - x_1) = y_1 + ((y_2 - y_1) \div (x_2 - x_1)) \times (x - x_1)$ で、$x = x_1$ のときは $y_1 = f(x_1)$、$x = x_2$ のときは $y_2 = f(x_2)$ になる。この間は、$(x - x_1)$ に "比例" した $\frac{y_2 - y_1}{x_2 - x_1} \times (x - x_1) = ((y_2 - y_1) \div (x_2 - x_1)) \times (x - x_1)$ を "配分" して y_1 に足し算する。反対に、

ひれい

$y = f(x) = y_2 - \frac{y_2 - y_1}{x_2 - x_1} \times (x_2 - x)$ でもよい。

例えば、n 件のデータの値を小から大に並べた（ソートした）ときに、小さい方（最小値）から $\frac{1}{4}$ つまり 25% に位置するデータの値の「第1四分位数」Q_1 の計算を例にとると、Q_1 は下から $\left(\frac{n-1}{4} + 1\right)$ 番目のデータの値である。しかし、$\left(\frac{n-1}{4} + 1\right)$ が整数ではなくぴったりその順番のデータがない場合には、その前後のデータの値を「比例配分」した値がその値となる。8件のデータの値が $1, 2, 4, 6, 7, 9, 10, 11$ の場合、Q_1 は下から $(8-1) \times \frac{1}{4} + 1 = 2.75$ 番目となり、その端数 0.75 の分を前後の2番目の 2 と 3番目の 4 の間（つまり差）を「比例配分」した値がその値となる。つまり、差の $0.75 = 75\%$ つまり $(4-2) \times 0.75 = 1.5$ を2番目の 2 に足し算した $2 + 1.5 = 3.5$ が Q_1 になる。⇒ **四分位数**（しぶんいすう）、**第1四分位数**（だいいちしぶんいすう）、**内挿**（ないそう）、**標準正規分布表**（ひょうじゅんせいきぶんぷひょう）

比例割当法（ひれいわりあてほう）quata sampling ⇒ **クォータ法**（クォータほう）

ビン bin ⇒ **クラス**

ヒンジ hinge ⇒ **四分位数**（しぶんいすう）

品質管理（ひんしつかんり）quality control, QC

　　製品や仕事などの "**品質**(注1)" を一定（あるいはそれ以上）に保つ経営管理の活動。省略して「QC」。JIS（日本工業規格）では、「品質保証行為の一部をなすもので、部品やシステムが決められた要求を満たしていることを、前もって確認するための行為」と、また、「買手の要求に合った品質の品物又はサービスを経済的に作り出すための手段の体系」と定義されている。

　　「品質管理」の考え方と方法として、統計的な方法を利用する「統計的品質管理」は、Statistical の頭文字の S を付けて「SQC」という。また、製造部門だけでなく全社的・全プロセスを対象にする「全社的品質管理」は、Total の頭文字の T を付けて「TQC」という(注2)。品質管理から品質マネジメントに重点をおいた「全社的品質マネジメント」は、「TQM」と呼ばれている。「シックスシグマ」は、不良率の発生をごく² わずかに抑える経営管理の方法だ。⇒ **SQC**（エスキューシー）、**シックスシグマ**、**タグチメソッド**、**TQC**（ティーキューシー）

(注1)【**品質**】ISO（国際標準化機構）では、「品質」は、「本来備わっている特性の集まりが、要求事項を満たす程度」と、タグチメソッド（品質工学）では、「品質とは、品物が出荷後、社会に与える損失である。ただし、機能そのものによる損失は除く」と定義されている。JIS（日本工業規格）でも「品物又はサービスが、使用目的を満たしているかどうかを決定するための評価の対象となる固有の性質・性能の全体」と定義されていたが、1999年の改訂でこの定義は削除された。

(注2)【**PDCAサイクル**】は、Plan（計画）→Do（実行）→Check（検査）→Action（改善）→Plan のサイクルのことで、「SQC」や「TQC」では、"トップダウン" ではなく、その反対の "ボトムアップ" で、このサイクルを回すことによって、業務を継続的にカイゼン（改善）していく。

品質工学（ひんしつこうがく）quality engineering ⇒ **タグチメソッド**

ふ

φ係数 （ファイけいすう） phi coefficient

2×2 分割表（クロス表）のデータの相関係数。「四分位相関係数」や「四分点相関係数」と同じ。具体的には、2×2 分割表のデータ $\begin{pmatrix} x_{11} & x_{12} \\ x_{21} & x_{22} \end{pmatrix}$ に対して、$Q = \dfrac{x_{11}\times x_{22} - x_{12}\times x_{21}}{\sqrt{(x_{11}+x_{12})\times(x_{21}+x_{22})\times(x_{11}+x_{21})\times(x_{12}+x_{22})}}$ で表される指標である。この指標は $-1 \leq Q \leq +1$ であり、その絶対値が 0 に近いほど相関は弱く、1 に近いほど相関は強い。計算例として、表1のデータでは、$Q = \dfrac{42\times 4 - 11\times 43}{\sqrt{(42+11)\times(43+4)\times(42+43)\times(11+4)}} = \dfrac{168-473}{\sqrt{53\times 47\times 85\times 15}} = \dfrac{-305}{\sqrt{3176025}} = \dfrac{-305}{1782.1..} = -0.171..$（$\sqrt{}$ は"平方根"）となり、相関は強いとはいえない！ということになる。ちなみに、$\begin{pmatrix} 2 & 1 \\ 2 & 1 \end{pmatrix}$ では $Q=0$、$\begin{pmatrix} 2 & 1 \\ 1 & 2 \end{pmatrix}$ では $Q=0.333$、$\begin{pmatrix} 9 & 1 \\ 1 & 9 \end{pmatrix}$ では $Q=0.8$、$\begin{pmatrix} 99 & 1 \\ 1 & 99 \end{pmatrix}$ では $Q=0.98$、$\begin{pmatrix} 999 & 1 \\ 1 & 999 \end{pmatrix}$ では $Q=0.998$ などである。⇒ **クラメールの連関係数**（クラメールのれんかんけいすう）

表1　男女別の"利き腕"のデータ

	右利き	左利き	合計
男性	42	11	53
女性	43	4	47
合計	85	15	100

📖 【読み方】「ϕ」は、ギリシャ文字の小文字で"ファイ"と読む。対応する英字はない。

V(x) （ブイエックス） variance of x ⇒ **分散**（ぶんさん）

フィッシャー情報量 （フィッシャーじょうほうりょう） Fisher information

最尤推定法で観測値から分布の母数（パラメーター）θ を特定するとき、観測する確率変数 X が母数 θ について持つ"情報量"のこと。母数 θ について確率変数 X の確率密度関数を $f(x|\theta)$（条件 θ の下での x の関数）とすると、母数 θ の"尤度関数"は $L(\theta|x) = f(x|\theta)$ である。また、"スコア関数"は、（尤度の"自然対数"をとった）対数尤度関数 $\log_e L(\theta|x)$ を微分した $U(x;\theta) = \dfrac{\partial}{\partial \theta}\log_e L(\theta|x) = \dfrac{1}{L(\theta|x)} \times \dfrac{\partial}{\partial \theta} L(\theta|x)$（$\dfrac{\partial}{\partial \theta}$ は"θ による偏微分"）である（ちなみに、"スコア"の期待値は $E(V(x;\theta)) = 0$ になる）。そして、この"スコア関数"の2次モーメントつまり分散が「フィッシャー情報量」だ。数式で書くと、$I_X(\theta) = var(U(\theta)) = E\bigl((V(\theta))^2\bigr) = E\left(\left(\dfrac{\partial}{\partial \theta}\log_e L(\theta|x)\right)^2\right) = -E\left(\dfrac{\partial^2}{\partial \theta^2}\log_e L(\theta|x)\right)$ だ。

この値は、確率変数 X に関しては、期待値がとられているため、「フィッシャー情報量」は、確率変数 X がしたがう確率密度関数 $f(x|\theta)$ だけに依存して決まる。したがって、X と Y が同じ確率密度関数を持てば、これらの「フィッシャー情報量」は同じだ！ということになる。「フィッシャー情報量」の基本的な性質として、$0 \leq I(\theta) < \infty$ で、X と Y が互いに独立であれば、$I_{X,Y}(\theta) = I_X(\theta) + I_Y(\theta)$、つまり、$\theta$ に関して (X,Y) が持っている情報量は、X が持っている情報量と Y が持っている情報量の和である。したがって、それぞれの観察

が互いに独立であるとすると、無作為に抽出されたn個の標本が持つ「フィッシャー情報量」は、1つの標本が持つそれのn倍である、ということになる。母数θが1つの場合には、「フィッシャー情報量」は1つだが、複数の母数θが存在する場合には、「フィッシャー情報量」は行列になる。これを「フィッシャー情報行列」という。

ちなみに、母数θの不偏推定値$\hat{\theta}$の分散$var(\hat{\theta})$は、「フィッシャー情報量」$I(\theta)$ ($0 \leq I(\theta) < \infty$)の逆数$\frac{1}{I(\theta)}$を下回ることはない。つまり、$var(\hat{\theta}) \geq \frac{1}{I(\theta)} = 1 \div I(\theta)$で、これは「クラメール・ラオの不等式」(情報不等式)と呼ばれている。⇒ **クラメール・ラオの不等式**（クラメール・ラオのふとうしき）

- 📖【読み方】「θ」は、ギリシャ文字の小文字で"シータ"と読む。英字は対応がなく、音写はthだ。角度や無声歯摩擦音の音声記号としても使われている。「$\hat{\theta}$」は、"シータハット"と読む。

- 📖【最尤推定量（MLE）の分散】は、"漸近的に"つまりnが大きくなれば"大体"「フィッシャー情報量」の逆数となる。

- 📖【人】この方法は、英国の統計学者・進化生物学者のロナルド・フィッシャー（Ronald Aylmer Fisher, 1890-1962）に因んだもの。

フィッシャー・スネデッカー分布（フィッシャー・スネデッカーぶんぷ）Fisher-Snedecor dstribution
⇒ **F分布**（エフぶんぷ）

フィッシャーのANOVA（フィッシャーのアノーヴァ）Fisher's ANOVA, analysis of variance ⇒ **分散分析**（ぶんさんぶんせき）

フィッシャーのあやめのデータ Fisher's iris data set

3種類のあやめ[注1]（アイリスセトーサ iris setosa、バーシカラー iris versicolor、バージニカ iris virginica）の4つの属性（①萼片の幅、②萼片の長さ、③花弁の幅、④花弁の長さ）のそれぞれ50件ずつ合計で150件の"有名な"データ。「アンダーソンのあやめのデータ」や「あやめのデータ」（iris flower data set）とも呼ばれ、「判別分析」や「クラスター分析」など多変量解析の"テストデータ"としてよ～く使われている。具体的なデータは"ネット"の数表に掲載してある。これによると、①～④のデータの"最小値"と"最大値"は、iris setosaが$4.3 \sim 5.8, 2.3 \sim 4.4, 1.0 \sim 1.9, 0.1 \sim 0.6$、iris versicolorが$4.9 \sim 7.9, 2.2 \sim 3.8, 4.5 \sim 6.9, 1.4 \sim 2.5$、iris virginicaが$4.9 \sim 7.0, 2.0 \sim 3.4, 3.0 \sim 6.1, 1.0 \sim 1.8$だ[注2]。⇒ **判別分析**（はんべつぶんせき）

(注1)【アヤメ】は、アヤメ科アヤメ属の多年草で、「菖蒲」、「文目」、「綾目」とも書く。学名はIris sanguineaだ。

- 📖【人】このデータは、米国の生物学者の**エドガー・アンダーソン**（Edgar Shannon Anderson, 1897-1969）がAnderson E. 1936. The Species Problem in Iris. Annals of the Missouri Botanical Garden 23:457-509.のために計測したもので、英国の統計学者・進化生物学者の**ロナルド・フィッシャー**（Ronald Aylmer Fisher, 1890-1962）がFisher, R. A. (1936). The Use of Multiple Measurements in Axonomic Problems. Annals of Eugenics 7, 179-188.で、このデータを使って「判別分析」を行い、このデータを公表した。

(注2)【アンダーソンの論文】の結論は、①setosaに比べて、versicolorとvirginicaの形態はよく似ている。②setosaとの違いは、virginicaの方が大きく、versicolorが小さい。③

versicolorは、setosaとvirginicaの雑種に由来しているかもしれない、だった。これに対して、フィッシャーの論文の結論は、①setosaに比べて、versicolorとvirginicaはよく似ており、ときに判別が困難である。②setosaとの違いは、virsinicaの方が大きく、versicolorは小さい、だった。

　📖【数表】「フィッシャーのあやめのデータ」は"ネット"に掲載！

フィッシャーのLSD法 (フィッシャーのエルエスディーほう) Fisher's LSD, least significant difference

　3つ以上の群（グループ）について平均値に差があるか否かを検定する「分散分析」で有意差が出た場合に、どの群とどの群の間に有意差があるかを見つける「多重比較」の1つ。「LSD法」、「最小有意差法」、「フィッシャーの最小有意差法」ともいう。具体的な方法としては、あらかじめ決めておいた"特定"の一対（2つの群）に対して限定してのみ比較する。この方法は、有意差が出やすく、「第1種の誤り」を増加させてしまうことが（理論的に）分かっているので、(一部の統計パッケージに組み込まれてはいるのだが、)「多重比較」には"不適切"といわれ、実際に使われることはない。☹ ⇒　**多重比較** (たじゅうひかく)

　📖【人】この方法は、英国の統計学者・進化生物学者のロナルド・フィッシャー（Ronald Aylmer Fisher, 1890-1962）による。

フィッシャーの三原則 (フィッシャーのさんげんそく) Fisher's three principles of experimental design

　「実験計画法(注1)」で守るべき3つの管理原則。実験の結果に影響を与えると考えられる因子（要因）とその水準（因子の値）の違いによる結果の違いが偶然による誤差を超えて"有意な"ものであるか否かを判定するために守るべき、具体的には、①反復、②無作為化（ランダム化）、③局所管理化の3つの原則である。

　ここで、「反復」とは、同じ条件での実験を（1回だけではなく）"繰り返し"行うことにより、結果が、設定した因子とその水準の違いによるものなのか、あるいは、偶然のバラツキ（これが「偶然誤差」だ）なのかを判別できる。また、"繰り返し"によって、2つ以上の因子の相乗・相殺効果の「交互作用」も判別できる。また、「**無作為化**」とは、実験を繰り返すとき、完全に"無作為な"（ランダムな）順序で行うことによって、実験の順序や反復の回数が結果に与える影響（これは「系統誤差」である）を防ぐことができる。そして、「**局所管理化**」とは、結果が目的以外の要因（例えば、実験日時、場所、人、装置など）の影響を受けないように、目的以外の因子をできる限り同じ（均一）にすることである。全体で同じにできなければ、同じにできる部分に分割して（これが「ブロック化」）"局所的に"同じにして、目的の影響とそれ以外の影響を判別できるようにする。

　「実験計画法」による実験の割り当ての方法をこの3つの原則の適用の違いで分類すると、まず、実験"全体"を「無作為化」して行う方法が「完全無作為化法」で、因子の数に応じて「一元配置法」、「二元配置法」などと呼ばれている。また、「局所管理化」のために、実験をそれぞれ均一な"ブロック"に分割する方法が「乱塊法」で、ブロック因子を2つ取り入れたものが「ラテン方格法」である。そして、「無作為化」を何段階かに分けて行う方法が「分割区法」である。⇒　**実験計画法** (じっけんけいかくほう)

(注1)【実験計画法】の"以前"は、実験に伴う"誤差"をできるだけ小さくするように精密な実験を行うことを指向していたそうだ。しかし、「実験計画法」では、実験に"誤差"を伴うのは当然のことと考え、"誤差"を統計的な管理状態にあることを保障することが重要だ！と考える。

【人】この方法は、(「統計的推測」で大きな貢献をし、また、「実験計画法」を作り上げた) 英国の統計学者のロナルド・フィッシャー (Ronald Aylmer Fisher, 1890-1962) による。

フィッシャーの正確確率検定 (フィッシャーのせいかくかくりつけんてい) Fisher's exact probability test

"標本数が少ない" 2×2 分割表 $\begin{pmatrix} x_{11} & x_{12} \\ x_{21} & x_{22} \end{pmatrix}$ について、行の因子と列の因子に"関連"があるか否か (独立性) の統計的仮説検定 (検定) の方法の１つ。「フィッシャーの正確検定」や「フィッシャーの直接確率」ともいう。普通、こういった問題には「χ^2 検定」が適用されるが、「χ^2 検定」は、χ^2 分布という連続型の分布で"近似"をするため、(その目安として) 標本数は ≥ 20、どの期待値も ≥ 5 などを満たすことが条件とされており、この条件が満たされていない場合は、適用しても妥当な結論は得られない。そこで、こういったデータが得られる確率を計算すると、$p = \dfrac{{}_{x_1\cdot}C_{x_{11}} \times {}_{x_2\cdot}C_{x_{21}}}{{}_{x\cdot\cdot}C_{x_{\cdot 1}}} = \dfrac{\begin{pmatrix} x_{1\times} \\ x_{11} \end{pmatrix} \times \begin{pmatrix} x_{2\times} \\ x_{21} \end{pmatrix}}{\begin{pmatrix} x_{\times\times} \\ x_{\times 1} \end{pmatrix}} = \begin{pmatrix} x_{1\times} \\ x_{11} \end{pmatrix} \times \begin{pmatrix} x_{2\times} \\ x_{21} \end{pmatrix} \div \begin{pmatrix} x_{\times\times} \\ x_{\times 1} \end{pmatrix}$ (${}_mC_n$ や $\begin{pmatrix} m \\ n \end{pmatrix}$ は"m 個から n 個を選ぶ組み合わせの数") となる(注1)。この式は、「行の因子と列の因子に"関連"はない！」という帰無仮説の下で、この特定の数値の組み合わせが得られる"正確な"確率である。しかし、普通の検定で有意差を表す p 値を求めるには、これに実際の観測データよりも極端な場合も含める必要がある。

例として、表１の 2×2 分割表の場合 (「イェーツの連続修正」の項のデータと同じ)、$x_{11}=2$ で、この確率は $p = \dfrac{{}_{10}C_2 \times {}_{16}C_{11}}{{}_{26}C_{13}} = \dfrac{\begin{pmatrix} 10 \\ 2 \end{pmatrix} \times \begin{pmatrix} 16 \\ 11 \end{pmatrix}}{\begin{pmatrix} 26 \\ 13 \end{pmatrix}} = \dfrac{45 \times 4368}{10400600} = 0.019$ だが、これに $x_{11}=0$ のときの $p = \dfrac{{}_{10}C_0 \times {}_{16}C_{13}}{{}_{26}C_{13}} = \dfrac{\begin{pmatrix} 10 \\ 0 \end{pmatrix} \times \begin{pmatrix} 16 \\ 13 \end{pmatrix}}{\begin{pmatrix} 26 \\ 13 \end{pmatrix}} = \dfrac{1 \times 560}{10400600} = 0.000$ と、$x_{11}=1$ のときの $p = \dfrac{{}_{10}C_1 \times {}_{16}C_{12}}{{}_{26}C_{13}} = \dfrac{\begin{pmatrix} 10 \\ 1 \end{pmatrix} \times \begin{pmatrix} 16 \\ 12 \end{pmatrix}}{\begin{pmatrix} 26 \\ 13 \end{pmatrix}} = \dfrac{10 \times 1820}{10400600} = 0.002$ を加えて、$p = 0.000 + 0.002 + 0.019 = 0.021 = 2.10\%$

となる。この結果の結論は、帰無仮説は棄却できない！だ。これは"片側検定"である。⇒ **イェーツの連続修正** (イェーツのれんぞくしゅうせい)

表１ データ

	B_1	B_2	計
A_1	2	8	10
A_2	11	5	16
計	13	13	26

【読み方】「χ」は、ギリシャ文字の小文字で、"カイ"と読む。対応する英字はないので英語ではchiと書く。「χ^2」は"カイ自乗"と読む。

(注1)【2×2分割表】$\begin{pmatrix} x_{11} & x_{12} \\ x_{21} & x_{22} \end{pmatrix}$で、行の合計の$x_{1\times}=x_{11}+x_{12}$と$x_{2\times}=x_{21}+x_{22}$、列の合計の$x_{\times 1}=x_{11}+x_{21}$と$x_{\times 2}=x_{12}+x_{22}$、その結果として、全体の合計の$x_{\times\times}=x_{11}+x_{12}+x_{21}+x_{22}$を"固定"して考えると、$x_{1\times}=x_{11}+x_{12}$の中から$x_{11}$を選択する組み合わせの数は${}_{x_{1\times}}C_{x_{11}}=\begin{pmatrix} x_{1\times} \\ x_{11} \end{pmatrix}$

$=\frac{x_{1\times}!}{x_{11}!\times x_{12}!}$、$x_{2\times}=x_{21}+x_{22}$の中から$x_{21}$を選択する組み合わせの数は${}_{x_{2\times}}C_{x_{21}}=\begin{pmatrix} x_{2\times} \\ x_{21} \end{pmatrix}$

$=\frac{x_{2\times}!}{x_{21}!\times x_{22}!}$、$x_{\times\times}=x_{11}+x_{12}+x_{21}+x_{22}$の中から$x_{\times 1}=x_{11}+x_{12}$を選択する組み合わせの数は

${}_{x_{\times\times}}C_{x_{\times 1}}=\begin{pmatrix} x_{\times\times} \\ x_{\times 1} \end{pmatrix}=\frac{x_{\times\times}!}{x_{\times 1}!\times x_{\times 2}!}$となるので、この値の分割表の生起確率は$p=\frac{{}_{x_{1\times}}C_{x_{11}}\times {}_{x_{2\times}}C_{x_{21}}}{{}_{x_{\times\times}}C_{x_{\times 1}}}$

$=\frac{\begin{pmatrix} x_{1\times} \\ x_{11} \end{pmatrix}\times \begin{pmatrix} x_{2\times} \\ x_{21} \end{pmatrix}}{\begin{pmatrix} x_{\times\times} \\ x_{\times 1} \end{pmatrix}}=\frac{x_{1\times}!}{x_{11}!\times x_{12}!}\times \frac{x_{2\times}!}{x_{21}!\times x_{22}!}\div \frac{x_{\times\times}!}{x_{\times 1}!\times x_{\times 2}!}$となる。この式にそれぞれの値を代入

すると、$p=\frac{x_{1\times}!\times x_{2\times}!\times x_{\times 1}!\times x_{\times 2}!}{x_{\times\times}!\times x_{11}!\times x_{12}!\times x_{21}!\times x_{22}!}=\frac{(x_{11}+x_{12})!\times (x_{21}+x_{22})!\times (x_{11}+x_{21})!\times (x_{12}+x_{22})!}{(x_{11}+x_{12}+x_{21}+x_{22})!\times x_{11}!\times x_{12}!\times x_{21}!\times x_{22}!}$となる。

📖【人】この方法は、(「統計的推測」で大きな貢献をし、また、「実験計画法」を作り上げた)英国の統計学者の**ロナルド・フィッシャー**(Ronald Aylmer Fisher, 1890-1962)による。

Excel【関数】HYPGEOMDIST(超幾何分布関数の値)

フィッシャーの z 変換 (フィッシャーのゼットへんかん) Fisher's z-transformation

母相関係数の推定値の信頼区間を求めるために使う変換。単に「フィッシャー変換」という人もいる。標本から計算された標本相関係数をrとして、$z=\frac{1}{2}\log_e\frac{1+r}{1-r}$($\log_e$は"自然対数")という式で変換する。この逆変換は$r=\frac{e^{2z}-1}{e^{2z}+1}=(e^{2z}-1)\div(e^{2z}+1)$だ。この式で標本相関係数$r$を変換すると、$z$は"近似的に"平均値が$\frac{1}{2}\log_e\frac{1+r}{1-r}$、分散が$\frac{1}{n-3}$($n$はデータの件数)の正規分布にしたがうことが分かっている(この証明はむずかしいので"省略")。これを利用すれば、有意水準(つまり「第1種の誤り」を犯す確率=危険率)をαとして、これに対応する正規分布の上側確率$\frac{\alpha}{2}$に対応するパーセント点を$z_{\frac{\alpha}{2}}$としたとき、zの信頼区間は$z_1\sim z_2$

$=\left(z_0-z_{\frac{\alpha}{2}}\times \frac{1}{\sqrt{n-3}}\right)\sim \left(z_0+z_{\frac{\alpha}{2}}\times \frac{1}{\sqrt{n-3}}\right)$となる。これを逆変換すれば、$r_1\sim r_2=\frac{e^{2z_1}-1}{e^{2z_1}+1}\sim$

$\frac{e^{2z_2}-1}{e^{2z_2}+1}$となる。

(「相関係数」の項のデータと同じ)表1のデータを使うと、$n=10$で$r=0.753$なので、$z_0=\frac{1}{2}\log_e\frac{1+0.753}{1-0.753}=\frac{1}{2}\log_e\frac{1.753}{0.243}=\frac{1}{2}\log_e 7.214=0.980$で、$\alpha=0.05=5\%$とすると、上側2.5%パーセント点は$z_0=1.96$なので、$z$の信頼区間の上限と下限は$z_{1or2}=0.980\pm 1.96\times \frac{1}{\sqrt{10-3}}=0.980\pm 1.96\times \frac{1}{\sqrt{7}}=0.980\pm 1.96\times 0.378=0.980\pm 0.741=0.239$ or 1.720となる。これを逆変換すると、$r_1\sim r_2=\frac{e^{2\times 0.239}-1}{e^{2\times 0.239}+1}\sim \frac{e^{2\times 1.720}-1}{e^{2\times 1.720}+1}=0.234\sim 0.938$で、$r=0.234\sim 0.938$、つまり"正の相関"があるとしてよい。⇒ **相関係数**(そうかんけいすう)、**無相関検定**(むそうかんけんてい)

📖【読み方】「α」は、英字のaに当たるギリシャ文字の小文字で"アルファ"と読む。

📖【数表】「フィッシャーのz変換表」を"巻末"に掲載!

Excel【関数】FISHER(フィッシャーのz変換)、FISHERINV(その逆変換)

📖【人】この方法は、「実験計画法」や「統計的推測」で大きな貢献をした英国の統計学者・進化生物学者の**ロナルド・フィッシャー**(Ronald Aylmer Fisher, 1890-1962)に

よる。

フィッシャーの直接確率法（フィッシャーのちょくせつかくりつほう）Fisher's exact probability method ⇒ **フィッシャーの正確確率検定**（フィッシャーのせいかくかくりつけんてい）

フィッシャーの分散分析（フィッシャーのぶんさんぶんせき）Fisher's analysis of variance, ANOVA ⇒ **分散分析**（ぶんさんぶんせき）

フィッシャー変換（フィッシャーへんかん）Fisher's transformation ⇒ **フィッシャーのz変換**（フィッシャーのゼットへんかん）

フィッシュボーンチャート fish bone chart ⇒ **特性要因図**（とくせいよういんず）

フェイスシート face sheet ⇒ **アンケート調査**（アンケートちょうさ）

フォン・ミーゼスの経験的確率（フォン・ミーゼスのけいけんてきかくりつ）von Mises' empirical probability ⇒ **経験的確率**（けいけんてきかくりつ）

復元抽出（ふくげんちゅうしゅつ）sampling with replacement

（含まれる要素の数が有限個の）「有限母集団」から標本を抽出して、その情報を記録した後、その標本を元の母集団に"戻す"抽出法。抽出した標本を元の母集団に戻すことによって、元の母集団は"復元"され、母集団の性質や特徴は変わらないので、次の標本も同じ性質と特徴の母集団から抽出できる。抽出した標本を元の母集団に戻さない「非復元抽出」に対比していう。（「非復元抽出」の扱いは、数学的にとてもむずかしいので、）統計学で、有限母集団から標本抽出をするときは、原則として、「復元抽出」を前提としている。なお、（含まれる要素の数が無限個の）「無限母集団」から標本を抽出する場合は、"復元"するか否かに拘わらず、母集団の要素数は変わらないので、抽出する標本はいつも同じ性質と特徴の母集団からということになる。⇒ **標本抽出**（ひょうほんちゅうしゅつ）、**有限母集団**（ゆうげんぼしゅうだん）

符号検定（ふごうけんてい）sign test

"対応のある" 2つの変量の組 (x,y) について母代表値に差があるか否か（独立性）の"ノンパラメトリックな"統計的仮説検定（検定）。具体的には、"対応がある" 2つの変量の n 件のデータを $(x_1,y_1),\cdots,(x_n,y_n)$ として、「$x_i<y_i$ の数と $x_i>y_i$ の数が同じ」つまり「$z_i=y_i-x_i$ として、$z_i>0$ の数と $z_i<0$ の数が同じ」を"帰無仮説"にして、この仮説が棄却できるか否かを検定する。ここで、$x_i<y_i$（つまり $z_i>0$）のときは+、$x_i=y_i$（つまり $z_i=0$）のときは 0、$x_i>y_i$（つまり $z_i<0$）のときは−として、+の数を t_+、0の数を t_0、−の数を t_- とする。ここで、$m=t_+ + t_-$ とすると、（$m+t_0=n$ で、$m \leq n$ であり、）データの件数の n が十分に大きければ、t_+ は、平均値が $\frac{m}{2}=m \div 2$、分散が $\frac{m}{4}=m \div 4$ の正規分布にしたがう（この証明はむずかしいので"省略"）、つまり、（これを z 変換した）$z=\dfrac{t_+ - \frac{m}{2}}{\sqrt{\frac{m}{2}}}=\left(t_+ - \frac{m}{2}\right) \div \left(\frac{\sqrt{m}}{2}\right)$ は、「標準正規分布」にしたがうことが分かっているので、これを利用して検定する。

計算例として、表1のデータは、学生30名の前期の成績 x_i と後期の成績 y_i で、これらの間に差があるかどうかの検定をしてみよう。この表から、$t_+=11$ と $t_-=19$ で、$m=t_+ + t_-=11+19=30$ となり、$z=\dfrac{t_+ - \frac{m}{2}}{\sqrt{\frac{m}{2}}}=\dfrac{11-\frac{30}{2}}{\sqrt{\frac{30}{2}}}=\dfrac{11-15}{5.4772} \fallingdotseq -1.461$ となる。両側検定の有意水準（「第1種の誤り」を犯す確率＝危険率）を $0.05=5\%$ としたとき、$z_0(0.05)$

$=1.96$ で、$-z_0(0.05) = -1.96 < -1.461 < +1.96 = +z_0(0.05)$ なので、「前期の成績と後期の成績には差がない！」という帰無仮説は棄却できない！となる。⇒ **ウィルコクソンの符号順位検定**（ウィルコクスンのふごうじゅんいけんてい）、**二項検定**（にこうけんてい）

表1　学生の"前期"と"後期"の成績のデータ

i	1	2	3	4	5	6	7	8	9	10	11	12	13	14	15
x_i	95	94	92	90	80	74	73	70	69	67	63	62	61	61	59
y_i	100	90	88	70	95	70	88	60	60	80	57	55	75	55	80
$x_i - y_i$	+	+	+	+	−	+	−	+	+	−	+	+	−	+	−
	16	17	18	19	20	21	22	23	24	25	26	27	28	29	30
	58	55	54	53	51	49	48	47	46	46	44	43	42	40	32
	80	81	50	51	45	59	44	43	61	40	40	60	39	38	30
	−	−	+	+	+	−	+	+	−	+	+	−	+	+	+

不等号（ふとうごう）signs of inequality

　実数の大小・不一致関係を表す数学記号。$a<b$ は「a は b より小さい」という意味で、＜は"小なり"（less than）と読む。$a \leq b$ は「a は b より小さいか等しい」という意味で、≦は"小なりイコール"（less than or equal to）と読む。$a>b$ は「a は b より大きい」という意味で、＜は"大なり"（greater than）と読む。$a \geq b$ は「a は b より大きいか等しい」という意味で、≧は"大なりイコール"（greater than or equal to）と読む。また、$a \neq b$ は「a と b は異なる」という意味で、≠は"ノットイコール"（not equal）と読む。⇒ **等号**（とうごう）

　📖【欧米】では、（≦や≧ではなく，）≤や≥あるいは⩽や⩾といった記号が使われているそうだ。

ブートストラップ法（ブートストラップほう）bootstrap resampling method

　"実際"のデータから"重複を許した"標本抽出（つまり「復元抽出」）を繰り返し、抽出された新しい標本（「ブートストラップ標本」と呼ぶ）から（目的とする）統計量のバラツキを評価するという方法。標本抽出は、（出現する値に規則性のない）乱数を使って"無作為"に行う。この方法で抽出された新しい標本から計算される統計量のバラツキ方は、元々の母集団から繰り返し標本抽出をしたときのバラツキ方に近いという性質があり、この性質を利用して、統計量がどのようにばらつく可能性があるのかを評価することができる。

　簡単な例として、"実際"の標本のデータが $(1,1,3,4,5)$ で、関心のある統計量が「平均値」だとしたとき、これから"重複を許した"標本抽出によって得られた $(3,1,5,4,4)$, $(5,4,5,1,3)$, $(1,1,4,3,5)$, $(3,1,5,1,1)$, $(1,3,4,1,1)$ について、それぞれ「平均値」を計算すると、それぞれ $\frac{1}{5}(3+1+5+4+4) = 3.4$, $\frac{1}{5}(5+4+5+1+3) = 3.6$, $\frac{1}{5}(1+1+4+3+5) = 2.8$, $\frac{1}{5}(3+1+5+1+1) = 2.2$, $\frac{1}{5}(1+3+4+1+1) = 2.0$ となる。この値の $3.4, 3.6, 2.8, 2.2, 2.0$ を値の小さい順にソートすると、平均値は $2.0, 2.2, 2.8, 3.4, 3.6$ という分布をしていることが分かる。この分布から、平均値は $\frac{1}{5}(2.0+2.2+2.8+3.4+3.6)=2.8$ を中心に、$2.0 \sim 3.6$ の間でばらついている。さらに、この分布から、下から 2.5% に相当する値は（比例配分して）$2.0 + \frac{2.2-2.0}{10} = 2.02$、上から 2.5% に相当する値は $3.6 - \frac{3.6-3.4}{10} = 3.58$ となるので、95% の信頼区間は $2.02 \sim 3.58$ ということになる。

　「正規分布」や「t 分布」などの"理想化"された確率分布を想定することなしに、驚くほど簡単な方法で、「平均値」や「分散」だけでなく、「中央値」や「四分位数」なども含めて、必要な統計量のバラツキを求めることができる。同じ意図の方法として、"実際"のデ

ータからいくつかのデータをカットして新しい標本を作成する「ジャックナイフ法」と共に使われている。⇒ **ジャックナイフ法**（ジャックナイフほう）、**統計モデル**（とうけいモデル）、**乱数**（らんすう）

- 📖【ブートストラップ】という言葉は、ヨーロッパの古い物語の『ミュンヒハウゼン男爵の奇想天外な水路陸路の旅と遠征、愉快な物語』つまり『ほら吹き男爵の冒険』の一節からとったもので、「沼に落ちた自分の髪の毛をつかんで、自分で自分を引き上げた」（The Baron had fallen to the bottom of a deep lake. Just when it looked like all was lost, he thought to pick himself up by his own bootstraps.）という実（まこと）しやかなホラ話が話のポイント。ちなみに、pull oneself up by one's own boot strapsは、自力で進む、自力で向上する、という口語だ。

- 📖【人】この方法は、1979年に米国スタンフォード大学の統計学者のブラッドレー・エフロン（Bradley Efron, 1938-）が発表し普及させた。文献は、Bradley Efron/R.J. Tibshirani（著）『An Introduction to the Bootstrap』Chapman and Hall/CRC（1994）など。

- ✍【小演習】この項のデータと乱数を使って、「第3四分位数」の95%信頼区間を計算してみよう！（正解は⇒「±3σ（プラスマイナスさんシグマ）」の項へ！）

負の相関 （ふのそうかん） negative correlation

"対応のある" 2つの "量的" な変量 (x,y) の間で、2つの変量の関係が直線（一次式）の上に並ぶ程度を表す「相関係数」の値が負（つまり $r<0$）であること。「逆相関」と同じ。すべての (x,y) が "完全に" 直線の上に乗っていれば、$r=-1$ で "完全" な負の相関となる。また、$-1.0 \leq r \leq -0.7$ ならば強い負の相関、$-0.7 \leq r \leq -0.5$ ならば弱い負の相関がある、ということになる。「寄与率」の r^2 では、それぞれ $0.5 \leq r^2 \leq 1.0$ あるいは $0.25 \leq r^2 \leq 0.5$ ということだ。ちなみに、$r=+1$ は "完全" な正の相関、$0<r<+1$ は正の相関、$r=0$ は無相関ということだ。なお、相関は、2つの変数の関わり度合いである「関連性」や変数間の「共変」関係を示すが、どちらが原因でどちらが結果であるという「因果性」は意味していないことに注意！⇒ **相関係数**（そうかんけいすう）

表1　データ

x	0	1	2	2	3	3	4	4	5	5	6	6	6	7	7	8	8	9	9	10
y	9	9	8	7	6	5	4	6	5	4	3	2	4	3	2	0	4	3	2	1

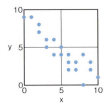

図1　表1のデータの散布図

負の二項分布 （ふのにこうぶんぷ） negative binomial distribution

「二項分布」を拡張した "離散型" の確率分布の1つで、互いに "独立" なベルヌーイ試

行をしたとき、例えば、コイン（硬貨）を投げたとき、k 回表が出るまでに必要な試行回数 $n(n \geq k)$ のとる確率分布。k 回表が出るまでに n 回投げることが必要だとすると、n は、k, $k+1, k+2, k+3, \ldots\ldots$ の値をとる確率変数となる。$(n-1)$ 回のうち $(k-1)$ 回表が出る組み合わせは ${}_{n-1}C_{k-1} = \binom{n-1}{k-1} = \frac{(n-1)!}{(k-1)! \times (n-k)!}$ 通りである（${}_nC_k$ と $\binom{n}{k}$ は "n 個から k 個を選ぶ組み合わせの数"）ので、k 回表が出るまでに n 回投げることが必要である確率は、$p(X=k) = \frac{(n-1)!}{(k-1)! \times (n-k)!} \times p^k \times (1-p)^{n-k}$ となる。これが「負の二項分布」で、「パスカル分布」と呼ばれることもある。$NB(k,p)$ と書く。また、統計的に独立なベルヌーイ試行を行ったときに、k 回の「成功」をする前に失敗した試行回数の分布を指すこともあるようだ。ちなみに、（前の例と同様に、）コインを投げたとき、例えば、当たりが5回来るまでに、一体何回試みなければならないかというのが、この確率分布の意味である。⇒ **二項分布**（にこうぶんぷ）、**ベルヌーイ試行**（ベルヌーイしこう）

📖【人】「パスカル分布」の名は、フランスの哲学者・数学者・物理者のブレーズ・パスカル（Blaise Pascal, 1623-62）による。

Excel【関数】NEGBINOM.DIST（負の二項分布の確率）

不偏推定量 （ふへんすいていりょう）unbiased estamate

その"期待値"が母集団の母数（パラメーター）と等しい、つまり、大きすぎる方にも小さすぎる方にも"偏りのない"推定値。母集団の母数を θ、その推定値を T としたとき、T の"期待値"が母数に等しい、つまり $E(T) = \theta$ であることである。n 件のデータを $x_1, \cdots, x_n$ として、「標本平均」の $\bar{x} = \frac{1}{n} \sum_{i=1}^{n} x_i = \frac{1}{n}(x_1 + \cdots + x_n)$ の"期待値"は母平均 μ に等しいので、「標本平均」は母平均の"不偏推定量"である。また、「不偏分散」の $u^2 = \frac{1}{n-1} \sum_{i=1}^{n}(x_i - \bar{x})^2 = \frac{1}{n-1}((x_1 - \bar{x})^2 + \cdots + (x_n - \bar{x})^2)$ の"期待値"は母分散 σ^2 に等しいので、「不偏分散」は母分散の"不偏推定量"である。しかし、「標本分散」の $s^2 = \frac{1}{n} \sum_{i=1}^{n}(x_i - \bar{x})^2 = \frac{1}{n}((x_1 - \bar{x})^2 + \cdots + (x_n - \bar{x})^2)$ の"期待値"は母分散 σ^2 に等しくないので、「標本分散」は母分散の"不偏推定量"ではない。⇒ **期待値**（きたいち）、**不偏分散**（ふへんぶんさん）

📖【読み方】「θ」は、ギリシャ文字の小文字で"シータ"と読む。英字は対応がなく、音写は th だ。角度や無声歯摩擦音の音声記号としても使われている。「μ」は、英字の m に当たり"ミュー"と読む。「σ」は、英字の s に当たり"シグマ"と、「σ^2」は"シグマ自乗"と読む。また、「$\bar{x}$」は"エックスバー"と読む。

不偏性 （ふへんせい）unbiasedness

点推定量の持つべき望ましい性質の1つ。推定値の"期待値"が母集団の母数（パラメーター）と等しいことである。母集団の母数を θ、その推定値を T としたとき、T の"期待値"が母数に等しい、つまり $E(T) = \theta$ であることである。つまり、推定値が大きすぎる方にも小さすぎる方にも"偏りのない"ことである。「不偏性」を持った推定値は「**不偏推定値**」と呼ばれる。標本数が大きくなるにつれて推定値が真の値に近づいていく「一致性」、推定値の分散がより小さい「有効性」、標本の要約によって情報の損失を生じない「十分性」と共に、「推定量」に必要な条件の1つである。⇒ **一致性**（いっちせい）、**推定量**（すいていりょう）、**不偏推定量**（ふへんすいていりょう）

> 📖 **【読み方】**「θ」は、ギリシャ文字の小文字で"シータ"と読む。英字は対応がなく、音写はthだ。角度や無声歯摩擦音の音声記号としても使われている。

不偏分散 （ふへんぶんさん）unbiased variance

母集団の分散 σ^2 の不偏推定量、つまりその"期待値[注1]"が母分散 σ^2 になる統計量。「標本不偏分散」と同じ。一般に、u^2 で表す。n 件のデータ $x_1,\cdots,x_n$ の「標本平均」を $\bar{x} = \frac{1}{n}\sum_{i=1}^{n} x_i = \frac{1}{n}(x_1+\cdots+x_n)$ として、標本分散 $s^2 = \frac{1}{n}\sum_{i=1}^{n}(x_i-\bar{x})^2 = \frac{1}{n}((x_1-\bar{x})^2+\cdots+(x_n-\bar{x})^2)$ の期待値は、$E(s^2) = E\left(\frac{1}{n}\sum_{i=1}^{n}(x_i-\bar{x})^2\right) = E\left(\frac{1}{n}((x_1-\bar{x})^2+\cdots+(x_n-\bar{x})^2)\right) = \frac{n-1}{n}\sigma^2$ で、少し小さくなってしまう。そこで、その"修正"のために、標本分散 s^2 に $\frac{n}{n-1}$ を掛け算した $u^2 = \frac{n}{n-1}s^2 = \frac{1}{n-1}\sum_{i=1}^{n}(x_i-\bar{x})^2 = \frac{1}{n-1}((x_1-\bar{x})^2+\cdots+(x_n-\bar{x})^2)$ が不偏推定量になる。これが「不偏分散」だ。なお、n が十分に大きければ（例えば、$n=30$ のときは $\frac{n}{n-1} = \frac{30}{30-1}$、$n=40$ のときは $\frac{n}{n-1} = \frac{40}{40-1} \fallingdotseq 1.0256$、$n=50$ のときは $\frac{n}{n-1} = \frac{50}{50-1} \fallingdotseq 1.0204$ など）$\frac{n}{n-1} \fallingdotseq 1$ となるので、不偏分散と標本分散[注2]の値はほとんど同じ（つまり、$u^2 \fallingdotseq s^2$）になる。⇒ **標準偏差**（ひょうじゅんへんさ）、**分散**（ぶんさん）

> 📖 **【読み方】**「σ」は、英字の s に当たるギリシャ文字の小文字で"シグマ"と、「σ^2」は"シグマ自乗"と読む。また、「$\bar{x}$」は"エックスバー"と読む。

(注1)【期待値】μ を母平均とすると、$u^2 = \frac{1}{n-1}\sum_{i=1}^{n}(x_i-\bar{x})^2 = \frac{1}{n-1}\sum_{i=1}^{n}((x_i-\mu)-(\bar{x}-\mu))^2 = \frac{1}{n-1}\left(\sum_{i=1}^{n}(x_i-\mu)^2 - 2\times(\bar{x}-\mu)\times\sum_{i=1}^{n}(x_i-\mu) + n\times(\bar{x}-\mu)^2\right) = \frac{1}{n-1}\left(\sum_{i=1}^{n}(x_i-\mu)^2 - n\times(\bar{x}-\mu)^2\right)$ となる。したがって、$E(u^2) = \frac{1}{n-1}\times E\left(\sum_{i=1}^{n}(x_i-\mu)^2\right) - \frac{n}{n-1}\times E\left((\bar{x}-\mu)^2\right) = \frac{1}{n-1}\times n\times \sigma^2 - \frac{n}{n-1}\times \frac{\sigma^2}{n} = \frac{n}{n-1}\times \sigma^2 - \frac{1}{n-1}\times \sigma^2 = \sigma^2$ となる。式が長くなってしまうので、Σ を使って書いたが、1つ1つ追えば、決してむずかしくはない！ と思う。☹

(注2)【標本分散】は「母分散」より少し大きくなる！ 例えば、2件のデータ 3 と 5 の標本平均は $\bar{x} = \frac{3+5}{2} = 4$、標本分散は $s^2 = \frac{(3-4)^2+(5-4)^2}{2} = \frac{2}{2} = 1$ だ。しかし、母平均が $\mu = 4.5$ だとすると、標本分散は $s^2 = \frac{(3-4.5)^2+(5-4.5)^2}{2} = \frac{1.5^2+0.5^2}{2} = \frac{2.5}{2} = 1.25 > 1$ となってしまう。また、母平均が $\mu = 3.0$ だとすると、標本分散は $s^2 = \frac{(3-3)^2+(5-3)^2}{2} = \frac{0^2+2^2}{2} = 2 > 1$ となってしまう。☺

Excel【関数】 VAR or VAR.S（不偏分散）

± （プラスマイナス）plus or minus

＋あるいは－。符号のみが異なる2つの値を略記する記号で、例えば、$\mu \pm 3\sigma$ は、$\mu - 3\sigma$ と $\mu + 3\sigma$ の2つの値を表している。2つの値は下限値と上限値を意味することが多い。また、12.3 ± 0.2 が $12.3 - 0.2 \sim 12.3 + 0.2$ つまり $12.1 \sim 12.5$ のように、近似値の"精度"を示すために使うことが多い。ちなみに、± の順序を反対にした「∓」（"マイナスプラス"と読む）という記号もある。これは ± と合わせて使い、例えば、$x \pm y \mp z$ は $x+y-z$ と $x-y+z$ の2つの値を表す。± と ∓ は合わせて「複号」と呼ぶこともある。

📖【読み方】「μ」は、英字の m に当たるギリシャ文字の小文字で"ミュー"と読む。「σ」は、英字の s に当たり"シグマ"と読む。

±3σ （プラスマイナスさんシグマ） plus minus three sigmas

多くのデータがしたがっているとされる「正規分布」を想定して考えると、平均値を μ、標準偏差を σ とする正規分布 $N(\mu, \sigma^2)$ のデータは $\mu-\sigma \sim \mu+\sigma$ の間（つまり $\mu \pm \sigma$）に *68.27%* があり、$\mu-2\sigma \sim \mu+2\sigma$ の間（つまり $\mu \pm 2\sigma$）に *95.45%* があり、$\mu-3\sigma \sim \mu+3\sigma$ の間（つまり $\mu \pm 3\sigma$）に *99.73%* がある。したがって、$\mu-3\sigma$ 以下あるいは $\mu+3\sigma$ 以上のデータが観察された場合、それが出現する確率は $100-99.73=0.27\%$ に過ぎず、確率論・統計学では、"滅多に起きないこと"が起こったか、あるいは、母集団に"変化"が起こった！と考える。⇒　**正規分布**（せいきぶんぷ）、**標準偏差**（ひょうじゅんへんさ）、**品質管理**（ひんしつかんり）

📖【読み方】「μ」は、英字の m に当たるギリシャ文字の小文字で"ミュー"と読む。「σ」は、英字の s に当たり"シグマ"と、「σ^2」は"シグマ自乗"と読む。

☞【（ブートストラップ法）小演習の正解】"実際"のデータが $(1,1,3,4,5)$ から"重複を許して"標本抽出した $(3,1,5,4,4)$, $(5,4,5,1,3)$, $(1,1,4,3,5)$, $(3,1,5,1,1)$, $(1,3,4,1,1)$ などの「第3四分位数」（5件中の小さい方から4番目）はそれぞれ $4,5,4,3,3$ などとなり、ソートすると $3,3,4,4,5$ という分布をしていることが分かる。この分布から、下から *2.5%* に相当する値は 3、上から *2.5%* に相当する値は $5-\dfrac{5-4}{10}=4.9$ となるので、95%の信頼区間は $3 \sim 4.9$ ということになる。☺

ブラックボックス black box

内部の構造や仕組みが"分からない"対象。直訳すると「黒い箱」。最近は、システムにしても、装置にしても、その内部の構造や仕組みを知らずとも、使い方さえ知っていればよい、といった傾向がある。しかし、システムや装置に何かの不具合が生じた場合には、内部の構造や仕組みが分からないので、どうにもできない。それだけでなく、そもそも不具合が生じたのかどうかさえも分からない。

「統計」についても同様で、コンピューターの統計ソフトや統計手法は「ブラックボックス」化し、つまり処理する内容が分からなくても、統計ソフトや統計手法に（機械的に）データを入れて、（エラーにならず、）何かの結果が出ると、（訳も分からず）それを信じる！という立場を採る者が多い。しかし、これではダメだ。これでは結果が使えない。そして、そういう教え方もダメだ。統計ソフトあるいはもっと広く統計手法を使う場合には、少なくともどういうデータをどういう前提条件でどう処理するのか、そして、その結果はどう解釈すべきか、どう解釈してはいけないか、といったことをきちんと理解しておくべきだ。ちなみに、内部の構造が"分かっている"対象は「**ホワイトボックス**」（白い箱）である。

📖【ブラックボックス】自動制御装置や（航空機に搭載している）フライトレコーダーなど大きな装置の構成ユニットとなる独立した電子装置のことも「ブラックボックス」と呼ばれているようだ。

プールデータ pooled data

"同じ"対象の"同じ"特性を調査した"複数"の結果を1つにまとめて、標本数を大きくしたデータ。標本数を大きくすることによって、信頼度のより高い結果を得ようとするも

の。ただし、"複数"の調査結果が"同じ"対象の"同じ"特性を調査したもの！といってよいか否かの確認が大事である。そして、そのためには、"複数"の調査のどこがどう違うのかを明らかにし、分析の目的から考えて、その違いが小さいものであることを確認することが大事である。⇒ **クロスセクションデータ**、**層別**（そうべつ）

> 📖【英和辞典】「pool」は、水たまり、小さな池、ため池、貯水池、たまったもの、（川などの）よど、ふち、とろ、（意識・記憶・静けさなどの）たまり、深み、日だまりなど。

ブロック block

塊（かたまり）。"均一な"条件で実験できる機会の塊のことである。実験（含、調査、測定）をするときには、実験に取り上げた因子（要因）の水準の違い"以外"の条件は均一にすることによって、因子の効果を精度よく測定したい。このため、実験の曜日、時間、天気、気温、湿度、場所、観測・測定の道具などの環境条件を含む"以外"の条件が均一の「ブロック」という塊に分割し、ブロックごとに取り上げた因子の水準を変えて、多く（できればすべて）の実験をする。「ブロック」で実験できる実験の回数が「ブロックの大きさ（サイズ）」である。ブロックの違いは「ブロック因子」と、ブロック因子が実験に及ぼす影響は「ブロック効果」と呼ばれる。⇒ **実験計画法**（じっけんけいかくほう）、**フィッシャーの三原則**（フィッシャーのさんげんそく）、**乱塊法**（らんかいほう）

> 📖【英和辞典】「block」は、①（木・石・金属などの）大きな塊、角材、建築用のブロック、②（米・カナダ）都市の一区画、街区、（英）（事務所・商店・住居などを含む一棟の）大建築物、③心理的障害、（緊張などによる言語や思考の）中断、相手の行動に対する妨害、④（交通・進行の）妨害（物）、障害（物）、⑤台木、作業台、（靴みがきの）足台、版木、⑥（株券・座席券などの）一組、一揃い、⑦（米）（おもちゃの）積み木、⑧文字・数字などの一組、など。

ブロック因子 （ブロックいんし） block factor ⇒ **ブロック**、**乱塊法**（らんかいほう）

ブロック化 （ブロックか） blocking ⇒ **ブロック**、**乱塊法**（らんかいほう）

プロビット probit, probability unit

「正規分布」の累積確率密度関数の"逆関数"（関数の $y=f(x)$ の x と y を入れ替えた $x=f(y)$ のこと）。z を変数とすると、平均値 0、分散 1^2 の標準正規分布 $N(0,1^2)$ に対する「プロビット」関数は $\Phi(z)$ と書く。具体的には、$z=p(x)=\int_{-\infty}^{x}\frac{1}{\sqrt{2\pi}}e^{-\frac{t^2}{2}}dt=\int_{-\infty}^{x}\frac{1}{\sqrt{2\pi}}\exp\left(-\frac{t^2}{2}\right)dt$（∫ は"積分"）（$\exp(x)$ は「e^x」と同じ"e の x 乗"）（e は"自然対数の底（てい）"という定数）となるときの x、つまり、$x=p^{-1}(z)=\Phi(z)$、$z=p(x)$ の"逆関数"である。$\Phi(z)$ の定義域は $z=0\sim1$ で、値域は $\Phi(z)=-\infty\sim+\infty$ で、$z=0$ のときは $\Phi(0)=-\infty$、$z=0.5$ のときは $\Phi(0.5)=0$、$z=1$ のときは $\Phi(1)=+\infty$ の"単調増加"（z が増加すれば $\Phi(z)$ も増加する）の関数である。従属変数（被説明変数）が 0 か 1 かのいずれかを取る"二項変数"あるいは $0\sim1$ の値を取る"確率変数"の「二項選択モデル」に使われるが、「プロビット」に比べて、「ロジット」の方が関数形が簡単なので、より広く使われているようだ。⇒ **二項選択モデル**（にこうせんたくモデル）、**ロジスティック回帰分析**（ロジスティックかいきぶんせき）、**ロジット**

📖 【読み方】「ϕ」は、ギリシャ文字の大文字で"ファイ"と読む。対応する英字はない。

📖 【人】「プロビット」は、1934年に米国の生物学者・計量生物学者のチェスター・ブリス（Chester Ittner Bliss, 1899-1979）が、殺虫剤による虫の死亡率のデータを"プロビット"に変換して、殺虫剤の投与量に対してプロットすると線形式（一次式）の関係になることを例に提案した。

プロビット分析 （プロビットぶんせき） probit analysis, probability unit ⇒ プロビット
プロビット変換 （プロビットへんかん） probit transformation, probability unit ⇒ プロビット
分位数 （ぶんいすう） quantile

$m(≧2)$ を正の整数として、データの値を小さい順に並べた分布を m 等分する値。「分位値」や「分位点」と同じ。$m=2$ のときは「二分位数」、$m=3$ のときは「三分位数」、$m=4$ のときは「四分位数」、$m=5$ のときは「五分位数」など、また、$m=100$ のときは「パーセンタイル」（百分位数）である(注1)。データの分布を m 等分する値のうち、下から i $(i=1,\cdots,(m-1))$ 番目の値を「第i-m 分位数」という。

例えば、「四分位数」でデータの分布を4等分する値はそれぞれ「第1四分位数」、「第2四分位数」、「第3四分位数」である。第1四分位数は「下側ヒンジ」ともいい、下から 25% に位置する値である。第3四分位数は「上側ヒンジ」ともいい、下から 75% に位置する値である。第2四分位数は「中央値（メディアン）」と同じだ。データの分布の状況を最小値と最大値を合わせたこれらの5つの統計量で表すことを「五数要約」といい、「箱ひげ図」に描かれることが多い。⇒ 四分位数 （しぶんいすう）

📖 【英和辞典】「hinge(ヒンジ)」は、①（ドアなどの）蝶番、蝶番状のもの（膝の関節・二枚貝の蝶番など）、②切手ヒンジ、切手をアルバムに貼るとき使うパラフィン紙片、③（米俗）見ること。

(注1) 【分割の数によって】「二分位数」はメディアン（median）、「三分位数」はタータイル（tertiles）、「四分位数」はクォタイル（quartiles）、「五分位数」はクィンタイル（quintiles）、「六分位数」はセクスタイル（sextiles）、「十分位数」はデサル（deciles）、「十二分位数」はデュオデサル（duo-deciles）、「二十分位数」はヴィジンタイル（vigintiles）、「百分位数」はパーセンタイル（percentiles）、「千分位数」はパーマイル（permilles）などの名前が付いている。

Excel【関数】QUARTILE or QUARTILE.INC or QUARTILE.EXC（四分位数）、PERCENTILE（パーセンタイル）

☞ 【（分数）小演習の正解】① $\frac{1}{2}+\frac{3}{4}=\frac{2}{4}+\frac{3}{4}=\frac{5}{4}=1\frac{1}{4}$

② $\frac{2}{3}+\frac{4}{5}-\frac{6}{7}=\frac{2\times 5\times 7+4\times 3\times 7-6\times 3\times 5}{3\times 5\times 7}=\frac{70+84-90}{3\times 5\times 7}=\frac{64}{105}$

③ $1\frac{2}{3}+4\frac{5}{6}=\frac{5}{3}+\frac{29}{6}=\frac{10}{6}+\frac{29}{6}=\frac{39}{6}=\frac{13}{2}=6\frac{1}{2}$

④ $2\frac{3}{4}-5\frac{6}{7}+8\frac{9}{10}=\frac{11}{4}-\frac{41}{7}+\frac{89}{10}=\frac{11\times 7\times 10-41\times 4\times 10+89\times 4\times 7}{4\times 7\times 10}$
$=\frac{770-1640+2492}{4\times 7\times 10}=\frac{1622}{4\times 7\times 10}=\frac{811}{140}=5\frac{111}{140}$

⑤ $\frac{1}{2}-\frac{3}{4}\times\frac{5}{6}=\frac{1}{2}-\frac{5}{8}=\frac{4}{8}-\frac{5}{8}=-\frac{1}{8}$

⑥ $\frac{1}{2}\div\frac{3}{4}\times\frac{5}{6}=\frac{1}{2}\times\frac{4}{3}\times\frac{5}{6}=\frac{1}{3}\times\frac{5}{3}=\frac{5}{9}$

⑦ $\frac{1}{2} \times \frac{3}{4} \div \frac{5}{6} = \frac{1}{2} \times \frac{3}{4} \times \frac{6}{5} = \frac{3}{4} \times \frac{3}{5} = \frac{9}{20}$

⑧ $1\frac{2}{3} \times 4\frac{5}{6} = \frac{5}{3} \times \frac{29}{6} = \frac{5 \times 29}{3 \times 6} = \frac{145}{18} = 8\frac{1}{18}$

⑨ $1\frac{2}{3} \div 4\frac{5}{6} = \frac{5}{3} \div \frac{29}{6} = \frac{5}{3} \times \frac{6}{29} = 5 \times \frac{2}{29} = \frac{10}{29}$　できましたか？　☺

分位値（ぶんいち）quantile ⇒ **分位数**（ぶんいすう）

分位点（ぶんいすうてん）quantile ⇒ **分位数**（ぶんいすう）

分割区法（ぶんかつくほう）split-plot design

　「実験計画法」の実験の割り当ての方法の1つ。1つの因子（要因）A の水準を割り付けた実験単位を"分割"して、他の因子 B の水準を割り付ける方法である。"無作為化"を何回かに分けて行うため、「完全無作為化法」に比べて、水準変更の回数が少なくなるのがポイント。このとき、因子 A は「一次因子」、因子 B は「二次因子」と呼ばれる。例えば、因子 A の3つの水準と因子 B の3つの水準では、交互作用 $A \times B$ がある可能性があるので、繰り返しを2回、合計で18回の実験が必要である。これをすべて無作為化すると、最悪17回の水準の変更が必要になる。しかし、水準の変更が大きな労力や時間や費用が掛かる場合には、これはとても大変であろう。「分割区法」では、因子 A の3つの水準を無作為化し、そのそれぞれに因子 B の3つの水準を無作為化して割り付ける。そして、これを2回繰り返す。この場合、因子 A の水準の変更は多くても5回となり、大幅な削減ができ、実用的に重要である。ブロックによって行う実験の組み合わせを変える"不完全ブロック"を用いる方法の1つといえる。「分割区配置法」や「分割法」ともいう。⇒ **実験計画法**（じっけんけいかくほう）、**乱塊法**（らんかいほう）

分割相関（ぶんかつそうかん）correlation in stratified sampling

　全体のデータを何かの基準で分割した群（グループ）ごとに「相関」が違っている場合、その群ごとの「相関」のこと。「層別相関」と同じ。ここで、「相関」とは、"対応のある"（つまり、組になっている）2つの変数を (x,y) とすると、一方の変数 x が増えると、もう一方の変数 y も増えるあるいは減る"共変関係"で、x と y が1つの直線の上に乗っている程度のことだ。例えば、男性と女性で相関が"反対"の場合、男女のデータを一緒にして相関を取ると"無相関"になってしまうが、データを層別（分割）して相関を取ると、男性では"正の相関"、女性では"負の相関"といったことになる。⇒ **相関分析**（そうかんぶんせき）、**層別**（そうべつ）

分割表（ぶんかつひょう）contingency table ⇒ **クロス集計**（クロスしゅうけい）

分割法（ぶんかつほう）split-plot design ⇒ **分割区法**（ぶんかつくほう）

分散（ぶんさん）variance

　データの分布の"バラツキ"の大きさを表す統計量の1つ。母集団については「母分散」、標本については「**標本分散**」、さらに、母分散の"不偏推定量"の「**不偏分散**」がある。変数を x とすると、variance の頭文字を取って、$V(x)$ あるいは $var(x)$ と表す。また、「母分散」は σ^2 で、「標本分散」は s^2 で、「不偏分散」は u^2 で表す。分散の平方根が標準偏差であり、標準偏差の自乗が分散である。

　n 件のデータ $x_1, \cdots, x_n$ があり、その平均値を $\bar{x} = \frac{1}{n}\sum_{i=1}^{n} x_i = \frac{1}{n}(x_1 + \cdots + x_n)$ としたときに、

データ x_i と平均値 $\bar{x}$ の差（つまり偏差）$(x_i-\bar{x})$ の自乗の平均値 $s^2 = \frac{1}{n}\sum_{i=1}^{n}(x_i-\bar{x})^2 = \frac{1}{n}((x_1-\bar{x})^2 + \cdots + (x_n-\bar{x})^2)$ が「標本分散」である（この値は $s^2 = \frac{1}{n}\sum_{i=1}^{n}x_i^2 - \bar{x}^2 = \frac{1}{n}(x_1^2 + \cdots + x_n^2) - \bar{x}^2$ の形に変形できる）。この値の平方根が「標準偏差」s で、この値はデータが標本平均からどのくらいばらついているかを示す。m を（母集団の）真の平均値（母平均）とすると、母分散 $\sigma^2 = \frac{1}{n}\sum_{i=1}^{n}(x_i-m)^2 = \frac{1}{n}((x_1-m)^2 + \cdots + (x_n-m)^2)$ の"不偏推定値"として、データ x_i と標本平均 $\bar{x}$ の差 $(x_i-\bar{x})$ の自乗和をデータの数 n で割るのではなく、これから 1 を引いた $(n-1)$ で割った値の $u^2 = \frac{1}{n-1}\sum_{i=1}^{n}(x_i-\bar{x})^2 = \frac{1}{n-1}((x_1-\bar{x})^2 + \cdots + (x_n-\bar{x})^2)$ の方がより適切であることが分かっている[注1]。この値が「不偏分散」である。⇒ **標準偏差**（ひょうじゅんへんさ）、**不偏分散**（ふへんぶんさん）

📖 【読み方】「σ」は、英字の s に当たるギリシャ文字の小文字で"シグマ"と、「σ^2」は"シグマ自乗"と読む。また、「$\bar{x}$」は"エックスバー"と読む。

(注1) 【偏差自乗和は $x=\bar{x}$ で最小！】「任意の値 x からの偏差」の自乗和の $f(x) = \sum_{i=1}^{n}(x_i-x)^2 = (x_1-x)^2 + \cdots + (x_n-x)^2$ の値は、$\frac{df(x)}{dx} = 0$（$\frac{d}{dx}$ は"微分"）になる x のときに"最小"（正確には"極小"）の値になる。つまり、$\frac{df(x)}{dx} = -2\sum_{i=1}^{n}(x_i-x) = -2\left(\sum_{i=1}^{n}x_i - x\sum_{i=1}^{n}1\right) = -2\left(\sum_{i=1}^{n}x_i - n\times x\right) = 0$ なので、$x = \frac{1}{n}\sum_{i=1}^{n}x_i = \frac{1}{n}(x_1+x_2+\cdots+x_n) = \bar{x}$ となる。つまり、$f(x)$ は、$x=\bar{x}$ のときに"最小"の値になる。当然、「標本分散」の $\frac{1}{n}f(x)$ と「標準偏差」の $\sqrt{\frac{1}{n}f(x)}$ も、$x=\bar{x}$ のときに"最小"の値になる。☺ ⇒ **平均値**（へいきんち）

Excel【関数】VARP or VAR.P（標本分散）、VAR or VAR.S（不偏分散）

分散共分散行列（ぶんさんきょうぶんさんぎょうれつ）variance-covariance matrix

複数（n 件）の確率変数 $X_1, \cdots, X_n$ の分散 $S_{11}, \cdots, S_{nn}$ と共分散 $S_{ij}(i \neq j)$ を並べた行列。確率変数 $X_1, \cdots, X_n$ の平均値を $E(X_1) = \mu_1, \cdots, E(X_n) = \mu_n$ としたとき、X_i と X_j の共分散は $S_{ij} = E((X_i - \mu_i) \times (X_j - \mu_j)) = E(X_i \times X_j) - E(X_i) \times E(X_j)$ となり、「分散共分散行列」は $\begin{pmatrix} S_{11} & \cdots & S_{n1} \\ \vdots & & \vdots \\ S_{1n} & \cdots & S_{nn} \end{pmatrix}$ となる。当然のことながら、X_i と X_j の共分散は $S_{ij} = S_{ji}(i \neq j)$ である。また、X_i と X_j が互いに"独立"であれば、$S_{ij} = S_{ji} = 0$ だ。1つの値（スカラー）である「分散」の概念を多次元に"拡張"したものといえる。⇒ **主成分分析**（しゅせいぶんぶんせき）

分散分析（ぶんさんぶんせき）analysis of variance, ANOVA

1つあるいは2つ以上の要因（因子）のいくつかの違った水準の群（グループ）で"平均値"に差があるか否かの統計的仮説検定（検定）。省略して「ANOVA（アノーヴァ）」ともいう。「フィッシャーの分散分析」と同じ。一定の有意水準（「第1種の誤り」を犯す確率＝危険率）の下で、群間の"分散"と群内の"分散"のどちらが大きいかについて（つまり「分散比」の）F 検定を行って、「すべての群の母平均は等しい！」という帰無仮説が棄却できるか否かを検定する。要因が1つの場合の「一元配置分散分析（一要因分散分析）」、2つの場合の「二元配置分散分析」（二要因分散分析）、それ以上の場合の「多元配置分散分析」（多要因分散分析）がある。「二元配置分散分析」はさらに、"繰り返しのない"二元配置分散分析」や"繰り返しのある"二元配置分散分析」の区別がある。繰り返しになるが、「分散分析」は「分散」の違いを検定する

のではなく、「平均値」が同じ！といえるか否かの検定であることに注意！

例えば、要因Aの複数の水準についての「一元配置分散分析」では、全データの変動（偏差平方和）を"群間"の変動（これが「主効果」）と"群内"の変動（これが「残差」）に分けて、群内変動に対する群間変動が大きければ、水準の間の平均値には差がある！と考える。また、要因Aと要因Bのそれぞれいくつかの群の「"繰り返しのない"二元配置分散分析」では、全データの変動（偏差平方和）を要因Aの"群間"変動（主効果）、要因Bの"群間"変動（主効果）、残差の変動（残差）に分けて、残差の変動に対する要因AとBの"群間"変動が大きければ、水準の間の平均値には差がある！と考える。「"繰り返しのある"二元配置分散分析」では、この他、要因AとBの組み合わせについての「交互作用」が検討される。「分散分析」の結果は「分散分析表」の形にまとめられる。なお、群の数nが多い場合は、違いが検出されにくい傾向があるので、注意！　また、帰無仮説が棄却されたときも、どの群とどの群に違いがあったのかは分からない。どの群とどの群に違いがあったのかは「多重比較」を行うことになる。

ちなみに、2つの群（水準）の平均値の差の検定には「t検定」が使われ、a, b, cの3つの群の間で「平均値に差があるか否かの検定」を行おうとすると、aとb、bとc、cとaの3回の「t検定」を行うことになる。有意水準$5\% = 0.05$で検定するとすると、帰無仮説が棄却できないのに棄却してしまう「第1種の誤り」を犯す危険性が$1-(1-0.05)^3 = 1-0.95^3 = 1-0.85375 = 0.142625 = 14.2625\%$となってしまう。このため、3つ以上の群の間での「平均値に差があるか否かの検定」は、「t検定」ではなく、「分散分析」を使うことになる。⇒　**一元配置分散分析**（いちげんはいちぶんさんぶんせき）、**共分散分析**（きょうぶんさんぶんせき）、**構造モデル**（こうぞうモデル）、**繰り返しのない二元配置分散分析**（くりかえしのないにげんはいちぶんさんぶんせき）、**実験計画法**（じっけんけいかくほう）、**二元配置分散分析**（にげんはいちぶんさんぶんせき）、**分散分析表**（ぶんさんぶんせきひょう）

- 【計算例】は⇒　一元配置分散分析（いちげんはいちぶんさんぶんせき）、二元配置分散分析（にげんはいちぶんさんぶんせき）
- 【共分散分析】従属変数が"量的"で、複数の独立変数のなかに"質的な"変数と"量的な"変数が混在している場合には、「共分散分析」を行うことが必要になる。この場合、"質的な"独立変数は「要因」、"量的な"独立変数は「共変量」と呼ばれる。

Excel【ツール】ツールバー⇒データ⇒分析⇒データ分析（分散分析：一元配置、分散分析：繰り返しのない一元配置or 分散分析：繰り返しのある二元配置）

- 【人】「分散分析」の方法は、「実験計画法」や「統計的推測」で大きな貢献をした英国の統計学者・進化生物学者の**ロナルド・フィッシャー**（Ronald Aylmer Fisher, 1890-1962）による。このため、「フィッシャーの分散分析」とも呼ばれる。

分散分析表 (ぶんさんぶんせきひょう) ANOVA table, analysis of variance

「分散分析」の結果の偏差平方和（変動）、自由度、平均平方（分散）、分散比（F値）などをまとめた表。例えば、「一元配置分散分析」の分散分析表には、行方向に、変動要因として、群間、群内、全体を、列方向には、偏差平方和（変動）、自由度、平均平方（分散）、分散比（F値）を並べる。必要ならば、分散比の実現確率（p値）、有意水準（「第1種の誤り」を犯す確率＝危険率）と自由度に対応するF値（境界値）を並べる（表1）。

また、繰り返し数が等しい「"繰り返しのある"二元配置分散分析」の分散分析表には、行方向に、要因A、要因B、要因AとBの交互作用、残差、全体を、列方向には、偏差平方和（変動）、自由度、平均平方（分散）、分散比（F値）を並べる。必要ならば、分散比の実現確率（p値）、有意水準と自由度に対応するF値（境界値）を並べる（表2）。ちなみに、表2は、それぞれの変動の「構造モデル」として、水準の設定を"固定的"に考える「母数モデル」を採用したときの例だが、「変量モデル」や「混合モデル」の場合は"分散比"の定義が異なってくることに注意！⇒ **構造モデル**（こうぞうモデル）、**分散分析**（ぶんさんぶんせき）

表1　一元配置分散分析の「分散分析表」

変動要因	偏差平方和	自由度	平均平方	F値	p値	F境界値
群間	S_A	$df_A = k-1$	$U_A = \frac{S_A}{df_A}$	$F = \frac{U_A}{U_W}$	$p_0(F)$	$F_a(df_A, df_W)$
群内	S_W	$df_W = n-k$	$U_W = \frac{S_W}{df_W}$			
全体	$S_T = S_A + S_W$	$df_T = n-1$	$U_T = \frac{S_T}{df_T}$			

表2　繰り返しのある二元配置分散分析の「分散分析表」

変動要因	偏差平方和	自由度	平均平方	F値	p値	F境界値
A	S_A	$df_A = a-1$	$U_A = \frac{S_A}{df_A}$	$F_A = \frac{U_A}{U_R}$	$p_0(F_A)$	$F_a(df_A, df_R)$
B	S_B	$df_B = b-1$	$U_B = \frac{S_B}{df_B}$	$F_B = \frac{U_B}{U_R}$	$p_0(F_B)$	$F_a(df_B, df_R)$
$A \times B$	$S_{A \times B}$	$df_{A \times B} = (a-1) \times (b-1)$	$U_{A \times B} = \frac{S_{A \times B}}{df_{A \times B}}$	$F_{A \times B} = \frac{U_{A \times B}}{U_R}$	$p_0(F_{A \times B})$	$F_a(df_{A \times B}, df_R)$
残差	S_R	$df_R = a \times b \times (n-1)$	$U_R = \frac{S_R}{df_R}$			
全体	S_T	$df_T = a \times b \times n - 1$	$U_T = \frac{S_T}{df_T}$			

分数 (ぶんすう) fraction

2つの数aとbの比（比率）。値は$a \div b$で、$\frac{a}{b}$あるいはa/bとも書く。aは「**分子**」、bは「**分母**」で、その間の線は「**括線**」という。"b分のa"と読み、英語では（aとbの順序を逆に）a over bである。$\frac{2}{3}$は two thirds、$\frac{3}{4}$は three fourths や three quarters などとも読む。分数の用語として、「**真分数**」は$\frac{1}{2}(=0.5)$, $\frac{3}{7}(=0.4285\cdots)$, $\frac{10}{12}(=0.8333\cdots)$, …のように分子が分母より小さい分数、「**仮分数**」は$\frac{3}{2}(=1.5)$, $\frac{8}{7}(=1.1428\cdots)$, $\frac{13}{12}(=1.0833\cdots)$, …のように分子が分母より大きい分数だ。また、「**既約分数**」は$\frac{1}{2}(=0.5)$, $\frac{3}{4}(=0.75)$, $\frac{11}{12}(=0.9166\cdots)$, …のように分子と分母に共通の素因数がない分数、「**帯分数**」は$1\frac{1}{2}\left(=1+\frac{1}{2}=\frac{3}{2}(=1.5)\right)$, $3\frac{3}{7}\left(=3+\frac{3}{7}=\frac{24}{7}(=3.4285\cdots)\right)$, $4\frac{7}{12}\left(=4+\frac{7}{12}=\frac{55}{12}(=4.5833\cdots)\right)$, …のように整数と真分数の和になっている分数だ。そして、「**約分**」は$\frac{6}{9} = \frac{2 \times 3}{3 \times 3} = \frac{2}{3}$のように分子と分母を公約数（共通の約数）で割ること、「**通分**」は$\frac{1}{2} + \frac{2}{5} = \frac{1 \times 5}{2 \times 5} + \frac{2 \times 2}{5 \times 2} = \frac{5}{10} + \frac{4}{10} = \frac{9}{10}$のように足し算や引き算のときに分母を共通にすることだ。

いずれも"小学校"で勉強することなので、しっかりと理解し、分数の計算ができるようになってほしい。統計では、n件のデータ$x_1, \cdots, x_n$の平均値の$\bar{x} = \frac{1}{n}\sum_{i=1}^{n} x_i = \frac{1}{n}(x_1 + \cdots + x_n)$

$= \frac{x_1 + \cdots + x_n}{n}$、分散の $s^2 = \frac{1}{n}\sum_{i=1}^{n}(x_i - \bar{x})^2 = \frac{1}{n}((x_1 - \bar{x})^2 + \cdots + (x_n - \bar{x})^2) = \frac{(x_1 - \bar{x})^2 + \cdots + (x_n - \bar{x})^2}{n}$、(母平均 μ、母標準偏差 σ の正規分布の) 平均値の検定統計量の $z = \frac{\bar{x} - \mu}{\frac{\sigma}{\sqrt{n}}} = (\bar{x} - \mu) \div \frac{\sigma}{\sqrt{n}}$

$= (\bar{x} - \mu) \div (\sigma \div \sqrt{n})$ ($\sqrt{}$ は"平方根")、適合性検定の検定統計量の $\chi^2 = \sum_{i=1}^{n} \frac{(o_i - e_i)^2}{e_i} = \frac{(o_1 - e_1)^2}{e_1} + \cdots + \frac{(o_n - e_n)^2}{e_n}$ など、「分数」は頻繁に登場するが、その意味と手順を理解すれば、決してむずかしくないので、しっかりと勉強してほしい[注1]。

📖【読み方】「μ」は、英字の m に対応するギリシャ文字の小文字で"ミュー"と読む。「σ」は、英字の s に当たり"シグマ"と読む。「χ」は、ギリシャ文字の小文字で"カイ"と読む。対応する英字はないので英語ではchiと書く。「χ^2」は"カイ自乗"と読む。また、「$\bar{x}$」は"エックスバー"と読む。

(注1)【繁分数】は、$\frac{\frac{a}{b}}{c} = \frac{a}{b/c}$、$\frac{\frac{a}{b}}{c} = \frac{a/b}{c}$、$\frac{\frac{a}{b}}{\frac{c}{d}} = \frac{a/b}{c/d}$ など、分子や分母の一方あるいは両方が分数の分数である。それぞれの分数の意味は、$\frac{a}{\frac{b}{c}} = \frac{a}{b/c} = a \div \frac{b}{c} = a \div (b \div c) = a \div b \times c$、$\frac{\frac{a}{b}}{c} = \frac{a/b}{c} = \frac{a}{b} \div c = (a \div b) \div c = a \div b \div c$、$\frac{\frac{a}{b}}{\frac{c}{d}} = \frac{a/b}{c/d} = \frac{a}{b} \div \frac{c}{d} = (a \div b) \div (c \div d) = a \div b \div c \times d$ だ。"数式に慣れない"読者は、こういった見慣れない式でも、その1つ1つの計算ルールを確認すれば、その意味と計算の手順が分かるはずだ。頑張れ！☺

📖【ビックリ】$\frac{1}{2} + \frac{1}{3} = \frac{1 \times 3}{2 \times 3} + \frac{1 \times 2}{2 \times 3} = \frac{3}{6} + \frac{2}{6} = \frac{5}{6}$ なのだが、これを (分子は分子同士で、分母は分母同士で足し算して) $\frac{1}{2} + \frac{1}{3} = \frac{1+1}{2+3} = \frac{2}{5}$ と計算する"大学生"がいた！これには本当に驚いた。☹

✂【小演習】簡単なので"いますぐ"やってみよう！ ① $\frac{1}{2} + \frac{3}{4} =$ ② $\frac{2}{3} + \frac{4}{5} - \frac{6}{7} =$ ③ $1\frac{2}{3} + 4\frac{5}{6} =$ ④ $2\frac{3}{4} - 5\frac{6}{7} + 8\frac{9}{10} =$ ⑤ $\frac{1}{2} - \frac{3}{4} \times \frac{5}{6} =$ ⑥ $\frac{1}{2} \div \frac{3}{4} \times \frac{5}{6} =$ ⑦ $\frac{1}{2} \times \frac{3}{4} \div \frac{5}{6} =$ ⑧ $1\frac{2}{3} \times 4\frac{5}{6} =$ ⑨ $1\frac{2}{3} \div 4\frac{5}{6} =$ (正解は⇒「分位数（ぶんいすう）」の項に！)

分布によらない統計手法 (ぶんぷによらないとうけいしゅほう) non-parametric method ⇒ **ノンパラメトリックな手法** (ノンパラメトリックなしゅほう)

平均値 (へいきんち) mean or average[注1]

　"量的"なデータの分布の"中心"[注2]を表す代表的な統計値の1つ。「平均値」とはデータを平らに均した値という意味だ。n 件のデータが母集団の"すべて"の場合は「母平均」、"一部"つまり母集団から抽出された標本の場合は「標本平均」という。普通、母平均は μ で、標本平均は $\bar{x}$ で表す。n 件のデータ $x_1, \cdots, x_n$ があった場合、データの総和の $S = \sum_{i=1}^{n} x_i = x_1 + \cdots + x_n$ をデータの件数 n で割った値つまり $\bar{x} = \frac{S}{n} = \frac{1}{n}\sum_{i=1}^{n} x_i = \frac{1}{n}(x_1 + \cdots + x_n)$ をいう。他の平均値と区別する場合には、「算術平均」、あるいは「相加平均」や「単純平均」とい

い、概念的には"重心"と考えればよい。

　一部のデータが他のデータから飛び離れているつまりデータの中に"外れ値"が含まれていると、これらに引っ張られて、平均値は必ずしもデータの分布の"中心"を表せなくなる。こういった場合には、外れ値を除いて平均値を計算する。通常、n 件のデータ $x_1, x_2, \cdots, x_n$ の値の大きい方と小さい方からそれぞれ $k\left(<\frac{n}{2}\right)$ 件のデータを除いて $T = \frac{1}{n-2k}\sum_{i=k+1}^{n-k} x_i = \frac{1}{n-2k}(x_{k+1} + \cdots + x_{n-k})$ である。これが「**トリム平均**」、「**刈り込み平均**」、「**調整平均**」と呼ばれる平均値だ。そして、とくに上下の 25% ずつを取り除いたものは「**中央平均**」という。また、データを除くのではなく、小さい方の t 個のデータを x_t に、大きい方の t 個のデータを x_{n-t+1} に置き換えて平均値を計算する「**ウィンソー化平均**」、具体的には $W = \frac{1}{n}\left(t \times x_t + \sum_{i=t+1}^{n-t+1} x_i + t \times x_{n-t+1}\right) = \frac{1}{n}(t \times x_t + (x_{t+1} + \cdots + x_{n-t+1}) + t \times x_{n-t+1})$ つまり $W = \frac{1}{n}\left(t \times (x_t + x_{n-t+1}) + \sum_{i=t+1}^{n-t+1} x_i\right) = \frac{1}{n}(t \times (x_t + x_{n-t+1}) + (x_{t+1} + \cdots + x_{n-t+1}))$ という平均値もある。

　さらに、例えば、データごとに精度が異なるなどといった場合に、それぞれのデータに重み $w_1, \cdots, w_n$（ここで、$\sum_{i=1}^{n} w_i = w_1 + \cdots + w_n = 1$）を付けて計算した $W = \frac{1}{n}\sum_{i=1}^{n} w_i \times x_i = \frac{1}{n}(w_1 \times x_1 + \cdots + w_n \times x_n)$ が使われている。これが「**加重平均**」である。⇒ **x̄**（エックスバー）、**幾何平均**（きかへいきん）、**四分位数**（しぶんいすう）、**調和平均**（ちょうわへいきん）、**標準偏差**（ひょうじゅんへんさ）

　📖 **【読み方】**「μ」は、英字の m に当たるギリシャ文字の小文字で"ミュー"と読む。また、「$\bar{x}$」は"エックスバー"と読む。

（注1）📖 **【average】** という言葉は、平均、普通、並みという意味で、「海洋貿易で出た損失をみんなで均等に負担する」という仕組みを意味するアラビア語のawārīyaが語源らしい。mean が、"すべて"のデータの算術平均を意味することが多いのに対して、average は、データに外れ値などが含まれていた場合には、"並み"に当たる「中央値（メディアン）」を意味することもあり、また、数値データではない場合、"並み"に当たる「最頻値」を意味することもある。通常、英語のaverageは、mean（平均値）、median（中央値）、mode（最頻値）をさすようだ。

📖 **【「平均」の理解】** 社団法人日本数学会は、2011（平成23）年4〜7月にかけて全国の国公私立48大学の1年生（回生）を中心とした5,934人を対象に、高等教育を受ける前提となる数学的素養と論理力を大学生がどの程度身につけているのか、その実態を把握するため、テスト形式の「大学生数学基本調査」を行った。この結果として、大学生の4人に1人が、「平均」の意味を正しく理解していなかった。☹ テストの問題は、100人の平均身長が163.5センチの場合、①163.5センチより高い人と低い人はそれぞれ50人ずついる。②全員の身長を足すと1万6,350センチになる。③10センチごとに区分けすると160センチ以上170センチ未満の人が最も多い。もちろん、①は×、②は○、③は×だが、全問正答率は76%に留まった。ちなみに、筆者が在籍していた"超下位"の大学では、全問正答率は10%にも届かなかった。☹

（注2）**【分布の中心】** を表す代表的な統計値には、「平均値」の他に、データのうち中央に位置するデータの「中央値（メディアン）」、最も頻繁に観測されたデータの「最頻値（モード）」がある。データの分布が左右対称の場合は、平均値≒中央値≒最頻値であり、左（下）に偏っている場合は、最頻値＜中央値＜平均値であり、右（上）に偏っている場合は、平均値＜中央値＜最頻値である。

へいき

Excel【関数】 AVERAGE（算術平均）、AVERAGEIF（条件を満たすデータの算術平均）、AVERAGEIFS（複数の条件を満たすデータの算術平均）、TRIMMEAN（トリム平均）

平均値の標準偏差（へいきんちのひょうじゅんへんさ）standard error, S.E. ⇒ **標準誤差**（ひょうじゅんごさ）

平均偏差（へいきんへんさ）mean deviation

データ（標本）の分布のバラツキの大きさを表す要約（記述）統計量の1つ。n件のデータ $x_1, \cdots, x_n$ がある場合、データ x_i とその標本平均 $\bar{x} = \frac{1}{n}\sum_{i=1}^{n} x_i = \frac{1}{n}(x_1 + \cdots + x_n)$ の差の絶対値 $|x_i - \bar{x}|$ の平均値 $d = \frac{1}{n}\sum_{i=1}^{n}|x_i - \bar{x}| = \frac{1}{n}(|x_1 - \bar{x}| + \cdots + |x_n - \bar{x}|)$（$|a|$は"$a$の絶対値"）で定義される。$s = \sqrt{\frac{1}{n}\sum_{i=1}^{n}(x_i - \bar{x})^2} = \sqrt{\frac{1}{n}((x_1 - \bar{x})^2 + \cdots + (x_n - \bar{x})^2)}$（$\sqrt{}$は"平方根"）で定義される「標準偏差」が、データ x_i と標本平均 $\bar{x}$ の差を自乗で評価するのに対して、「平均偏差」では差の絶対値で評価するため、私たちが感じる実感に近いようである[注1][注2]。しかし、絶対値（の計算）は数学的な扱いがむずかしいことから、通常の基礎統計学で扱われることは必ずしも多くはない。

例として、表1のデータで計算すると、$\bar{x} = \frac{1}{100}(16 + 2 + 20 + 5 + 11 + \cdots + 13 + 15 + 12 + 4 + 16) = 11.45$ となるので、「平均偏差」は

$$d = \frac{1}{100}\begin{pmatrix} |16-11.45| + |2-11.45| + |20-11.45| + |5-11.45| + |11-11.45| + \cdots \\ + |13-11.45| + |15-11.45| + |12-11.45| + |4-11.45| + |16-11.45| \end{pmatrix} = 3.543$$

となる。ちなみに、「標準偏差」は

$$s = \sqrt{\frac{1}{100}\begin{pmatrix} (16-11.45)^2 + (2-11.45)^2 + (20-11.45)^2 + (5-11.45)^2 + (11-11.45)^2 + \cdots \\ + (13-11.45)^2 + (15-11.45)^2 + (12-11.45)^2 + (4-11.45)^2 + (16-11.45)^2 \end{pmatrix}} = 4.357$$

である。⇒ **標準偏差**（ひょうじゅんへんさ）

表1 データ

16	2	20	5	11	16	5	12	12	14	11	8	9	11	9	17	14	12	6
6	19	6	3	9	18	13	16	14	11	7	8	4	6	9	9	11	19	18	15
6	2	12	3	15	13	13	8	12	8	9	14	13	8	12	7	15	15	18	15
13	17	7	13	16	17	14	4	14	6	10	11	18	12	14	1	12	10	11	16	7
17	11	11	10	15	10	13	10	10	17	14	19	7	13	15	12	4	16

📖 **【読み方】**「$\bar{x}$」は"エックスバー"と読む。

(注1)【平均偏差を"最小"に】任意の値 x からの偏差の"絶対値"$|x_i - x|$の和の$g(x) = \sum_{i=1}^{n}|x_i - x| = |x_1 - x| + \cdots + |x_n - x|$を最小にする$x$は「中央値（メディアン）」だ。まずは、$x_1 \leq \cdots \leq x_n$であるとして、$x_k \leq x \leq x_{k+1}$とすると、$g(x) = \sum_{i=1}^{n}|x_i - x| = \sum_{i=1}^{k}(x - x_i) + \sum_{i=k+1}^{n}(x_i - x) = \sum_{i=1}^{k}(x - x_i) + \left(\sum_{i=1}^{n}(x_i - x) - \sum_{i=1}^{k}(x_i - x)\right) = 2 \times \sum_{i=1}^{k}(x - x_i) + \sum_{i=1}^{n}(x_i - x)$となり、$g(x) = 2 \times \left(kx - \sum_{i=1}^{k}x_i\right) + n \times (\bar{x} - x) = 2 \times \left(k - \frac{n}{2}\right) \times x - 2 \times \sum_{i=1}^{k}x_i + n \times \bar{x}$となる。$n \times \bar{x}$は一定なので、$g(x)$を最小にするには、$h(x, k) = \left(k - \frac{n}{2}\right) \times x - \sum_{i=1}^{k}x_i$を最小にする$k$と$x$を決めればよい。この式の第1項を見れば$k - \frac{n}{2} \geq 0$つまり$k \geq \frac{n}{2}$ならば$x$は$x_k \leq x \leq x_{k+1}$の範囲でできるだけ小さければよく、$x = x_k$ということになる。反対に、$k - \frac{n}{2} \leq 0$つまり$k \leq \frac{n}{2}$ならば$x$は$x_k \leq x \leq x_{k+1}$の範囲でできるだけ大きければよく、$x = x_{k+1}$という

ことになる。前者の場合、この式は、$h(k) = \left(k - \frac{n}{2}\right) \times x_k - \sum_{i=1}^{k} x_i$ となり、(以下、厳密には正確な説明ではないが、) この式の値を最小にするには ($\frac{dg(k)}{dk}$ に相当する) $h(k+1) - h(k)$ を 0 にする k を求めればよい。つまり、$h(k+1) - h(k) = \left(\left((k+1) - \frac{n}{2}\right) \times x_{k+1} - \sum_{i=1}^{k+1} x_i\right) - \left(\left(k - \frac{n}{2}\right) \times x_k + \sum_{i=1}^{k} x_i\right) = \left(k - \frac{n}{2}\right) \times (x_{k+1} - x_k)$ となるので、$k = \frac{n}{2}$ となる。つまり、$g(x)$ を最小にするのは $x = x_{\frac{n}{2}}$ つまり中央値 (メディアン) である。

(注2)【標準平均偏差】n 件のデータ $x_1, \cdots, x_n$ が正規分布にしたがっていれば、「大数の法則」と「中心極限定理」によって、標本数 n が大きくなれば、標本標準偏差 $s = \sqrt{\frac{1}{n}\sum_{i=1}^{n}(x_i - \bar{x})^2} = \sqrt{\frac{1}{n}((x_1 - \bar{x})^2 + \cdots + (x_n - \bar{x})^2)}$ は、母標準偏差の σ に近づく。これに対して、標本平均偏差 $d = \frac{1}{n}\sum_{i=1}^{n}|x_i - \bar{x}| = \frac{1}{n}(|x_1 - \bar{x}| + \cdots + |x_n - \bar{x}|)$ は、$\sqrt{\frac{2}{\pi}} \times \sigma$ に近づくことが分かっている。

Excel【関数】AVEDEV (平均偏差)

ベイズ統計学 (ベイズとうけいがく) Baysian statistics

"事前確率" を観察されたデータによって "事後確率" に修正する「ベイズの定理」を基礎にした検定・推論の体系。「ベイズの定理」とは、A の確率を $p(A)$、B の確率を $p(B)$、B の下での A の条件付き確率を $p_B(A)$、A の下での B の条件付き確率を $p_A(B)$ としたとき、$p_B(A) = \frac{p_A(B) \times p(A)}{p(B)} = p_A(B) \times p(A) \div p(B)$ という関係式である。ここで、$p(A)$ が "事前確率"、$p_B(A)$ が "事後確率" である。A を仮説 (原因) の H、B をデータ (結果) の D に置き換えると、$p_D(H) = \frac{p_H(D) \times p(H)}{p(D)} = p_H(D) \times p(H) \div p(D)$ となり、$p_H(D)$ は (条件としての) 仮説 H の下での (結果である) データ D の「結果の確率」であり、$p_D(H)$ は (条件としての) データ D の下での (原因である) 仮説 H の「原因の確率」である。

「古典的な統計学」では、何かの仮説 H を設定して、この仮説の下で (結果である) 観察されたデータ D が生起する「結果の確率」の $p_H(D)$ を計算して検定・推定を行う。このため、(仮説である) 母集団を規定する母数 (パラメーター) は "定数" として扱い、その定数で規定された確率分布からデータが生起する確率を計算して、その母数の値の妥当性を判断する "母数" を中心とするアプローチである。これに対して、「ベイズ統計学」は、観察されたデータ D を基にして、このデータの下で (原因である) 仮説の H が成り立つ「原因の確率」の $p_D(H)$ を計算して検定・推定を行う "データ" を中心とするアプローチである。このため、母数は (分布を持つ) "確率変数" として扱う。母数の推定では、(分布の中で) その尤度が最も大きい値を最尤値として選択する (これが「MAP 推定」)。

観察されたデータ D という条件付きの母数 θ の「事後分布」$\pi_D(\theta)$ (この π は "円周率" ではない！念のため) は、θ という条件付きの D の「尤度」$f_\theta(D)$ と母数 θ の「事前分布」$\pi(\theta)$ の積 (掛け算の結果) である。つまり、$k = \frac{1}{\int f_\theta(D) \times \pi(\theta) d\theta}$ ($\int$ は "積分") を定数として、$\pi_D(\theta) = k \times f_\theta(D) \times \pi(\theta)$ である (ちなみに、$\int \pi_D(\theta) d\theta = 1$ である)。この式が「ベイズ統計学の基本公式」だ。簡単な例題として、「表が出る確率」が θ (つまり、事前分布は $\pi(\theta) = 1$) のコインを 4 回投げたところ、"表表裏裏" (1110) が出たとき、その尤度は、表 (1) が 3 回出る確率の θ^3 と裏 (0) が 1 回出る確率 $(1 - \theta)$ を掛け算して、$f_\theta(1110) = \theta^3 \times (1 - \theta)$ となる。$\int_0^1 f_\theta(1110) d\theta = \int_0^1 \theta^3 \times (1 - \theta) d\theta = \left[\frac{1}{4}\theta^4 - \frac{1}{5}\theta^5\right]_0^1 = \frac{1}{20}$ であるので、事後分布の定数項は $k = 20$ となり、

事後分布は $\pi_{1110}(\theta) = k \times f_\theta(1110) \times \pi(\theta) = 20 \times \theta^3(1-\theta) \times 1 = 20 \times \theta^3(1-\theta)$ となる。ちなみに、事後分布の値を最大にする θ の推定値 $\hat{\theta}$ は、$\pi_{1110}(\theta)$ を微分した $\dfrac{d\pi_{1110}(\theta)}{d\theta}$ $= 20 \times \theta^2 \times (3-4\theta) = 0$($\dfrac{d}{d\theta}$ は"微分")の解なので、$\hat{\theta} = \dfrac{3}{4}$ となる。ちなみに、この結果は「古典的な統計学」で行った結果 $\hat{\theta} = \dfrac{1+1+1+0}{4} = \dfrac{3}{4}$ と一致する(注1)(注2)。☺

　現在、大学などで教えられている「古典的な統計学」の方法は「ネイマン・ピアソン流の考え方」とも呼ばれ、とてもよくできた方法で、「品質管理」などにはとても強力ではあるが、以下の問題点を指摘する人もいる。つまり、(1)本当に主張したいのは「帰無仮説」ではなく「対立仮説」であるのに、「帰無仮説」だけを検討している。(2)「帰無仮説」が棄却されることで「対立仮説」を採択としている。(3)「帰無仮説」を棄却することができても、積極的に「対立仮説」を支持することはできない、など。つまり、その仮説や条件は"現実"とは少し違うところがある。データも見通しも予想もすべて確率の演算で一貫するのがベイズ統計学の基本発想である。現在の米国では、統計学者の約半数はベイズ統計学者なのだそうだ。☺ ⇒ **主観的確率**(しゅかんてきかくりつ)、**ネイマン・ピアソン流の仮説検定**(ネイマン・ピアソンりゅうのかせつけんてい)、**ベイズの定理**(ベイズのていり)

📖 【読み方】「θ」は、ギリシャ文字の小文字で"シータ"と読む。英字は対応がなく、音写はthだ。角度や無声歯摩擦音の音声記号としても使われている。「$\hat{\theta}$」は"シータハット"と読む。「π」は、英字のpに当たり"パイ"と読む。

(注1) 【コイン投げの例題】コインを投げる前の「事前確率」は、「理由不十分の原理」から、$\pi(\theta) = 1(0 \leq \theta \leq 1)$ だ。1回目の"表"の「尤度」は $f_\theta(1) = \theta$ なので、「事後分布」は $\pi(\theta) = 2 \times f_\theta(1) \times \pi(\theta) = 2 \times \theta \times 1 = 2\theta$ となる。2回目の"表"の「尤度」は $f_\theta(1) = \theta$ なので、「事後分布」は $\pi(\theta) = \dfrac{3}{2} \times f_\theta(1) \times \pi(\theta) = \dfrac{3}{2} \times \theta \times 2\theta = 3\theta^2$ となる。3回目の"表"の「尤度」は $f_\theta(1) = \theta$ なので、「事後分布」は $\pi(\theta) = \dfrac{4}{3} \times f_\theta(1) \times \pi(\theta) = \dfrac{4}{3} \times \theta \times 3\theta^2 = 4\theta^3$ となる。そして、4回目の"裏"の「尤度」は $f_\theta(0) = 1-\theta$ なので、「事後分布」は $\pi(\theta) = \dfrac{20}{3} \times f_\theta(0) \times \pi(\theta) = \dfrac{20}{3} \times (1-\theta) \times 3\theta^3 = 20 \times \theta^3 \times (1-\theta)$ となる。

(注2) 【正規分布】の"例題"。「ある製品の重さxグラム(g)は、平均値μ、分散1^2の("自然な共役分布"の1つの)正規分布$N(\mu, 1^2)$にしたがう。製品を3回無作為に抽出したらそれぞれ$99, 101, 103$グラムだった。この製品の平均値μの確率分布はどんなものか?」この問題では、「事前分布」を"仮に"(="適当に")平均値100、分散$2^2 = 4$の正規分布$N(100, 2^2)$ つまり $\lambda(\mu) = \dfrac{1}{\sqrt{2\pi} \times 2} e^{-\frac{(\mu-100)^2}{2 \times 4}}$($e$ は"自然対数の底"という定数)と想定して、3つのデータ$99, 101, 103$の「尤度」の $f_\mu(x) = \dfrac{1}{\sqrt{2\pi}} e^{-\frac{(99-\mu)^2}{2}} \times \dfrac{1}{\sqrt{2\pi}} e^{-\frac{(101-\mu)^2}{2}} \times \dfrac{1}{\sqrt{2\pi}} e^{-\frac{(103-\mu)^2}{2}} \propto e^{-\frac{(101-\mu)^2}{2 \times \frac{1}{3}}}$($\propto$ は"比例する")を掛け算すると、「事後分布」は、$\lambda(\mu) \propto e^{-\frac{(\mu-100)^2}{2 \times 4}} \times e^{-\frac{(101-\mu)^2}{2 \times \frac{1}{3}}} \propto e^{-\frac{(\mu - \frac{1312}{13})^2}{2 \times \frac{4}{13}}}$ となる。これから、事後分布の平均値の"MAP推定値"は $\hat{\mu} = \dfrac{1312}{13} \fallingdotseq 100.9$ となる。なお、「古典的な統計学」では $\hat{\mu} = \dfrac{99+101+103}{3} = \dfrac{303}{3} = 101$、近い値だが、少しだけ違った結果になる。☺

📖 【歴史】「ベイズの定理」を発見したのは、18世紀の英国スコットランドの長老協会派の牧師でアマチュアの数学者でもあった**トーマス・ベイズ**(Thomas Bayse, 1701-61)で、1761年に「偶然の学説における問題解決のための小論」(Essay Towards Solving a Problem in the Doctrine of Chances)をまとめたが、この定理を使えば、ある意味で将来が分かってしまうことになり、これが"神を超えてしまう"という理由で、生前、ベイズはこの定理を公表しなかった。ベイズの死後の1763年、ベイズの友人で神

学者のリチャード・プライス（Richard Price, 1723-91）が公表し、その後1774年にフランスの数学者のピエール・ド・ラプラス（Pierre Simon de Laplace, 1749-1827）が、（結果の確率ではなく）原因の確率である「逆確率」を求めるために「逆算法の原理」として再発見し、これを近代的な表現に直した。ベイズの業績は、ベイズの死後約200年の間忘れられていたが、1950〜60年代にかけて、米国イエール大学の**レオナード・サベージ**（Leonard Jimmie Savage, 1917-71）が著書『the Foundation of Statistics』で個人確率や主観的確率などを論じ、これをきっかけにベイズ理論の復権に向けた活動が始まった。本格的な復権は1990年代に入ってからで、現在は、古典的な統計学に代わって、統計学の"主流"となり、また、人工知能（AI）の技術の最も強力な技法の1つとなっている。

ベイズの規則（ベイズのきそく）Bayse' rule ⇒ **ベイズの定理**（ベイズのていり）
ベイズの定理（ベイズのていり）Bayse' theorem
　主観的確率に関して、ある仮説の正しさに対する「事前確率」とその仮説の下でデータが得られる「条件付き確率」から、あるデータが得られた場合に、元の仮説の正しさ（事後確率）を求める定理。「事前確率」は"事前の確信"、「条件付き確率」は"尤度"（尤もらしさ）、「事後確率」は"事後の確信"と言い換えてもよい。
　数式で説明すると、条件Bの下でのAの条件付きの確率$p_B(A)$は、AとBの同時確率$p(A \cap B)$（$A \cap B$は"AかつB"）をBの生起確率$p(B)$で割り算した値の$p_B(A) = \frac{p(A \cap B)}{p(B)}$ $= p(A \cap B) \div p(B)$である。つまり、AとBの同時確率$p(A \cap B)$は、条件Bの下でのAの条件付き確率$p_B(A)$にBの生起確率$p(B)$を掛け算した$p(A \cap B) = p_B(A) \times p(B)$となり、また、条件$A$の下での$B$の条件付き確率$p_A(B)$に$A$の生起確率$p(A)$を掛け算した$p(A \cap B) = p_A(B) \times p(A)$でもあるので、$p_B(A) \times p(B) = p_A(B) \times p(A)$となる。この式の両辺を$p(B)$で割り算すると、$p_B(A) = \frac{p_A(B) \times p(A)}{p(B)} = p_A(B) \times p(A) \div p(B)$となる。これが「ベイズの定理」。定理と呼ぶほど複雑な内容ではないため、「ベイズの規則」と呼ぶ人もいる。
　また、B_iが標本空間の"排他的な"分割つまり$\sum_{\forall i} B_i = 1$（$\forall_i$は"すべてのiについて"）のとき、任意のAに対して$p(A) = \sum_{\forall i} p(A \cap B_i) = \sum_{\forall i} p_{B_i}(A) \times p(B_i)$が成り立つ（この式は「全確率の定理」と呼ばれている）。「ベイズの定理」の式にこれを代入すると、条件Aの下でのB_iの条件付き確率$p_A(B_i)$は、$p_A(B_i) = \frac{p(B_i \cap A)}{p(A)} = \frac{p_B(A) \times p(B_i)}{\sum_{\forall k} p_{B_k}(A) \times p(B_k)} = p_B(A) \times p(B_i) \div \left(\sum_{\forall k} p_{B_k}(A) \times p(B_k)\right)$となる。これは「ベイズの定理」のもう1つの形だ。$p(Bi)$は"事前確率"、$p_A(B_i) = p(B_i|A)$は"事後確率"であり、「ベイズの定理」を利用して、結果がAであったという情報が与えられたときに、それがどの要因（原因）で生じた可能性が高いかを推定できる[注1][注2][注3][注4]。これが「ベイズ推定」で、「主観的ベイズの方法」とも呼ばれる。ちなみに、ここでいう確率（事前確率と事後確率）は、過去に起こった事実の（客観的な）頻度によるものではなく、問題としている仮説がどの程度尤もらしいか（尤度）つまり主観的なものを表していることに注意！ ⇒ **事前確率**（じぜんかくりつ）、**ベイズ統計学**（ベイズとうけいがく）

　📖【読み方】"または"（or）を意味する「∪」は"カップ"と、"かつ"（and）を意味する「∩」は"キャップ"と読む。いずれもその形だからだ。

(注1)【簡単な例】「ある病気 M にかかっている割合は $\frac{5}{100} = 5\%$ である。検査 T をすると、M にかかっている人は $\frac{80}{100} = 80\%$ の割合で陽性反応 E が出るが、M にかかっていない人でも $\frac{15}{100} = 15\%$ の割合で陽性反応が出てしまう。ある人がこの検査を受けて陽性反応 E が出たとき、この人が病気 M にかかっている確率はいくらか？」を考えてみよう。検査 T で陽性反応 E が出る確率は、$p(E) = p(M \cap E) + p(\overline{M} \cap E) = \frac{5}{100} \times \frac{80}{100} + \frac{95}{100} \times \frac{15}{100} = \frac{1825}{10000} = 18.25\%$ である。また、M にかかっていて検査 T で陽性反応 E が出る確率は、$p(M \cap E) = \frac{5}{100} \times \frac{80}{100} \times = \frac{4}{10000} = 0.04\%$ であるので、検査 T で陽性反応 E が出た場合に病気 M にかかっている確率は、$p_E(M) = \frac{p(M \cap E)}{p(E)} = \frac{\frac{400}{10000}}{\frac{1825}{10000}} = \frac{400}{1825} ≒ 21.9\%$ で、案外に小さい約22％となる。なお、検査 T を2回行って2回共に陽性反応 E が出た場合には、$p(E^2) = p(M \cap E^2) + p(M \cap E^2) = \frac{5}{100} \times \left(\frac{80}{100}\right)^2 + \frac{95}{100} \times \left(\frac{15}{100}\right)^2 = \frac{533750}{10000000} = 5.3375\%$ である。また、M にかかっていて検査 T で陽性反応 E が出る確率は、$P(M \cap E^2) = \frac{5}{100} \times \left(\frac{80}{100}\right)^2 = \frac{320000}{10000000} = 3.2\%$ であるので、検査 T で陽性反応 E が出た場合に病気 M にかかっている確率は、$p_{E^2}(M) = \frac{p(M \cap E^2)}{p(E^2)} = \frac{320000}{533750} ≒ 60.0\%$ となり、60％に上昇する。

(注2)【入試問題】昔、W大学の入学試験に出た"有名な"問題の「5回に1回の割合で帽子を忘れる癖のあるK君が、正月にA,B,Cの3軒を順に年始周りをして家に帰ったとき、帽子を忘れてきたことに気がついた。2軒目のBの家に忘れてきた確率を求めよ？」を考えてみよう。「帽子を忘れる」という事象を E とすると、$p(E) = p(E \cap A) + p(E \cap B) + p(E \cap C) = \frac{1}{5} + \frac{4}{5} \times \frac{1}{5} + \frac{4}{5} \times \frac{4}{5} \times \frac{1}{5} = \frac{61}{125} = 48.8\%$ であり、また、$p(E \cap B) = \frac{4}{5} \times \frac{1}{5} = \frac{4}{25} = 16\%$ であるので、2軒目のBの家に忘れてきた確率は $p_E(B) = p(B|E) = \frac{p(E \cap B)}{p(E)} = \frac{4/25}{61/125} = \frac{20}{61} ≒ 32.7\%$ となる。

(注3)【ベンジアンフィルター】は、「ベイズ推定」の方法を利用して、情報の選別や検索などを行うもので、最近は、Spamメール（迷惑メール）の選別や、インターネットの検索エンジンの検索精度の向上などにも応用されている。例えば、商品やサービスの宣伝を目的としたSpamメールには、それに含まれる単語に一定の特徴があるので、過去のSpamメールに含まれる単語の特徴を分析して、ある単語wが含まれているメールがSpamメールである確率を計算できる。あるメールクライアントでは、過去のデータとして、Spamメールの総数を M、Spamではないメールの総数を N、Spamメールに単語wが含まれていた回数を b、Spamではないメールに単語wが含まれていた回数を g としたときに、単語wが含まれるメールがSpamメールである確率は、$p_w(S) = \frac{p(S \cap w)}{p(w)} = \frac{p(S \cap w)}{p(S \cap w) + p(\overline{S} \cap w)} = \frac{p_S(w)p(S)}{p_S(w)p(S) + p_{\overline{S}}(w)p(\overline{S})}$ のようになる。ここで、Spamメールであるかないかの確率 $p(S) = 1 - p(\overline{S})$ を $\left(\frac{M}{M+N}\right.$ と考えることもできるが、これを$\left.\right)$ 0.5と考えると、$p_w(S) = \frac{p(S \cap w)}{p(S \cap w) + p(\overline{S} \cap w)} = \frac{\frac{M}{M}}{\frac{b}{M} + \frac{g}{N}}$ となる。この確率が0.5から離れている単語a、b、cの3つをとると、この3つの単語が含まれているメールがSpamメールである複合確率は $p(a,b,c) = \frac{a \times b \times c}{a \times b \times c + (1-a) \times (1-b) \times (1-c)}$ となる。この確率が、例えば0.9を超えたメールがSpamメールと判定する。

(注4)【ベイジアンフィルター2】インターネットの検索エンジンの最大手の「Google」や情報検索ツールベンダーのAutonomy社なども、同様のベイジアンフィルターを利用して、非常に高い確率で、利用者（ユーザー）の要求に合ったホームページなどの情報

を探し当てるサービスやアプリケーションを提供している。また、オンライン書店最大手のアマゾンドットコム社も、嗜好の似た顧客の購入データをベースに個々の顧客に"お勧め"を行う機能を実現しているようだ。また、パソコンソフト最大手のマイクロソフト社は、多くの製品にベイズ理論を採用する戦略を採っており、現在までに、社内のヘルプデスクアプリケーションで、ベイズ理論を利用した文脈依存型の検索エンジンや自然言語構文解析システムなどを実用化している。2001年のACM（米国コンピューター学会）SIGCHI 2001での講演で、マイクロソフト社のビル・ゲイツ（William Henry "Bill" Gates, 1955-）が「21世紀のマイクロソフト社の戦力はベイズテクノロジーだ！」と述べたことから、コンピューター分野だけでなく、広くベイズの理論が知られるようになったようである。

平方根 (へいほうこん) square root or root

平方つまり自乗（二乗）すると、元の数になる数。「ルート」、「自乗根」、「二乗根」と同じ。$\sqrt{}$ や $\sqrt[n]{}$ という記号で表す。正方形の面積 S に対する一辺の長さ$\sqrt{S}$ である。$\frac{1}{2}$ 乗つまり **0.5 乗つまり $S^{\frac{1}{2}} = S^{0.5}$ でもある**。具体的には、$\sqrt{4} = \sqrt{2^2} = 2$, $\sqrt{9} = \sqrt{3^2} = 3$, $\sqrt{16} = \sqrt{4^2} = 4$, $\sqrt{25} = \sqrt{5^2} = 5$, $\sqrt{36} = \sqrt{6^2} = 6$ などである。また、$\sqrt{2} = 1.41421356...$, $\sqrt{3} = 1.7320508075...$, $\sqrt{5} = 2.2360679...$, $\sqrt{7} = 2.64575...$ などである。[注1] これらは（分数で表せない）"無理数"だ。いうまでもないが、$(\sqrt{x})^2 = x$ である。ちなみに、$\frac{1}{3}$ 乗つまり"立方根"は $\sqrt[3]{x} = x^{\frac{1}{3}}$ で、3 乗すると元の数になる、つまり $(\sqrt[3]{x})^3 = x$ だ。また、$\frac{1}{n}$ 乗つまり"n 乗根"は $\sqrt[n]{x} = x^{\frac{1}{n}}$ で、n 乗すると元の数になる、つまり $(\sqrt[n]{x})^n = x$ だ。

(注1)【平方根の覚え方】$\sqrt{2} = 1.41421356...$（一夜一夜に人見頃）、$\sqrt{3} = 1.7320508075...$（人並みに奢れやおなご）、$\sqrt{5} = 2.2360679...$（富士山麓鸚鵡鳴）、$\sqrt{7} = 2.64575...$（（菜）に虫来ない）など。

【人】「$\sqrt{}$」の記号は、英語の root に当たるラテン語の radix（根、根源）の頭文字の r を変形したものらしい。1525年にドイツの数学者クリストッフ・ルドルフ（Christoff Rudolff, 1499-1545）の著作『Coss』（代数）に載っているそうだ。上に横棒を引くのは、1637年に"近世哲学の祖"とも呼ばれるフランスの哲学者ルネ・デカルト（René Descartes, 1596-1650）による。

Excel【関数】SQRT（平方根）

【小演習】簡単なので"いますぐ"やってみよう！ ①$\sqrt{121} =$ ②$\sqrt{441} =$ ③$\sqrt{2.25} =$ ④$\sqrt{8} + \sqrt{32} =$ ⑤$\sqrt{2} + \sqrt{3} + \sqrt{8} =$ ⑥$\sqrt{2} + \sqrt{3} - \sqrt{12} =$ ⑦$\sqrt{10} \times \sqrt{40} =$ ⑧$\sqrt{8} \div \sqrt{2} =$ ⑨$\sqrt{20} \div \sqrt{5} \times \sqrt{7} =$ （正解は⇒「ベルヌーイ事象（ベルヌーイじしょう）」の項に！）

平方根変換 (へいほうこんへんかん) square root transformation

「変数変換」の1つ。「開平変換」と同じ。変数 x の"平方根"（ルート）をとった新しい変数 y に変換すること、つまり、元の変数を x、変換後の変数を y としたとき、$y = \sqrt{x} = x^{\frac{1}{2}} = x^{0.5}$（$\sqrt{}$ は"平方根"）とする変換である。"離散型"の確率分布の1つである「ポアソン分布」にしたがう確率変数は、ある事象の単位時間中の発生回数の平均値を $\lambda (>0)$ としたとき、分散も λ で、平均値＝分散となり、「平均値の差の検定」や「一元配置の分散分析」などの

前提条件が満たされていない。

そこで、この確率変数を「平方根変換」すると、変換した新しい確率変数は"近似的に"「正規分布」にしたがうことが分かっている（この証明はむずかしいので"省略"）。これを利用して、「ポアソン分布」にしたがう変数の統計的仮説検定や推定を行うことができる。なお、平均値が $\lambda = 2 \sim 10$ のときは、$y = \sqrt{x+0.5}$ や $y = \sqrt{x} + \sqrt{x+1}$ とする方がよいとされ、また、$\lambda \leq 2$ のときは、この変換ではなく、"ノンパラメトリックな"方法の適用を検討した方がよいとされているようだ。⇒ **変数変換**（へんすうへんかん）、**ポアソン分布**（ポアソンぶんぷ）

📖【読み方】「λ」は、英字の l に当たるギリシャ文字の小文字で"ラムダ"と読む。

平方平均 (へいほうへいきん) square mean

データの分布の"バラツキ"を表す統計量の1つ。n 件のデータ $x_1, \cdots, x_n$ の自乗和の $\sum_{i=1}^{n} x_i^2 = x_1^2 + \cdots + x_n^2$ をデータの件数 n で割り算した値の平方根つまり $x_{rms} = \sqrt{\frac{1}{n}\sum_{i=1}^{n} x_i^2} = \sqrt{\frac{1}{n}(x_1^2 + \cdots + x_n^2)}$（$\sqrt{\ }$ は"平方根"）のことである。相加平均の $\bar{x} = \frac{1}{n}\sum_{i=1}^{n} x_i = \frac{1}{n}(x_1 + \cdots + x_n)$、分散の $s_x^2 = \frac{1}{n}\sum_{i=1}^{n}(x_i - \bar{x})^2 = \frac{1}{n}((x_1 - \bar{x})^2 + \cdots + (x_n - \bar{x})^2)$ との間には、$x_{rms}^2 = \bar{x}^2 + s_x^2$ という関係がある。これは分散が $s_x^2 = \frac{1}{n}\sum_{i=1}^{n}(x_i - \bar{x})^2 = \frac{1}{n}\sum_{i=1}^{n}(x_i^2 - 2x_i\bar{x} + \bar{x}^2) = \frac{1}{n}\sum_{i=1}^{n} x_i^2 - \frac{2\bar{x}}{n}\sum_{i=1}^{n} x_i + \frac{1}{n}\sum_{i=1}^{n} \bar{x}^2 = \frac{1}{n}\sum_{i=1}^{n} x_i^2 - 2\bar{x}^2 + \bar{x}^2 = \frac{1}{n}\sum_{i=1}^{n} x_i^2 - \bar{x}^2 = x_{rms}^2 - \bar{x}^2$（展開形式での計算は省略！）であるからだ。なお、この統計量は「自乗平均平方根」とも呼ばれ、変化するデータの"強度"を表し、電気工学や物理学などでも使われている。⇒ **標準偏差**（ひょうじゅんへんさ）、**平均値**（へいきんち）

📖【読み方】$\bar{x}$ は"エックスバー"と読む。

Excel【関数】"自乗"を計算し、AVERAGE（算術平均）とSQRT（平方根）で計算する。

平方和 (へいほうわ) sum of squares

変動。「偏差」の"自乗（二乗）和"のことである。ある要因（因子）の水準が m 件あり（つまり m 個の群（グループ）があり）、それぞれ群のデータの数が $n_1, \cdots, n_m$ で、データが $(x_{11}, \cdots, x_{1n_1}), \cdots, (x_{m1}, \cdots, x_{mn_m})$ のとき、それぞれの群 $i (i = 1, \cdots, m)$ の平均値は $\bar{x}_{i\times} = \frac{1}{n_i}\sum_{j=1}^{n_i} x_{ij} = \frac{1}{n}(x_{i1} + \cdots + x_{in_i})$、全体の平均値は $\bar{x} = \frac{1}{\sum_{i=1}^{m} n_i}\sum_{i=1}^{m}\sum_{j=1}^{n_i} x_{ij} = \frac{1}{n_1 + \cdots + n_m}((x_{i1} + \cdots + x_{in_i}) + \cdots + x_{m1} + \cdots + x_{mn_m})$ となる。そこで、全平方和（全変動）は $S_T = \sum_{i=1}^{m}\sum_{j=1}^{n_i}(x_{ij} - \bar{x})^2 = ((x_{11} - \bar{x})^2 + \cdots + (x_{1n_1} - \bar{x})^2) + \cdots + ((x_{m1} - \bar{x})^2 + \cdots + (x_{mn_m} - \bar{x})^2)$、群間平方和（群間変動）は $S_A = \sum_{i=1}^{m} n_i \times (\bar{x}_{i\times} - \bar{x})^2 = n_1 \times (\bar{x}_{1\times} - \bar{x})^2 + \cdots + n_m \times (\bar{x}_{m\times} - \bar{x})^2$、郡内平方和（郡内変動）は $S_E = \sum_{i=1}^{m}\sum_{j=1}^{n_i}(x_{ij} - \bar{x}_{i\times})^2 = (x_{11} - \bar{x}_{1\times})^2 + \cdots + (x_{mn_m} - \bar{x}_{m\times})^2$ で、$S_T = S_A + S_E$ つまり $\sum_{i=1}^{m}\sum_{j=1}^{n_i}(x_{ij} - \bar{x})^2 = \sum_{i=1}^{m} n_i \times (\bar{x}_{i\times} - \bar{x})^2 + \sum_{i=1}^{m}\sum_{j=1}^{n_i}(x_{ij} - \bar{x}_{i\times})^2$ である[注1]。この関係を利用して、「分散分析」を行う。⇒ **分散分析**（ぶんさんぶんせき）

📖【読み方】$\bar{x}$ は"エックスバー"と読む。

(注1)【計算のプロセス】$(x_{ij} - \bar{x})^2 = ((\bar{x}_{i\times} - \bar{x}) + (x_{ij} - \bar{x}_{i\times}))^2 = (\bar{x}_{i\times} - \bar{x})^2 + 2(\bar{x}_{i\times} - \bar{x})(x_{ij} - \bar{x}_{i\times}) + (x_{ij} - \bar{x}_{i\times})^2$

なので、$\sum_{i=1}^{m}\sum_{j=1}^{n_i}(x_{ij}-\bar{x})^2 = \sum_{i=1}^{m}\sum_{j=1}^{n_i}(\bar{x}_{i\times}-\bar{x})^2 + \sum_{i=1}^{m}\sum_{j=1}^{n_i}2(\bar{x}_{i\times}-\bar{x})(x_{ij}-\bar{x}_{i\times}) + \sum_{i=1}^{m}\sum_{j=1}^{n_i}(x_{ij}-\bar{x}_{i\times})^2$ となるが、この式の第2項は $\sum_{i=1}^{m}\sum_{j=1}^{n_i}2(\bar{x}_{i\times}-\bar{x})(x_{ij}-\bar{x}_{i\times}) = 2\sum_{i=1}^{m}(\bar{x}_{i\times}-\bar{x})\left(\sum_{j=1}^{n_i}(x_{ij}-\bar{x}_{i\times})\right)$ で、$\sum_{j=1}^{n_i}(x_{ij}-\bar{x}_{i\times})=0$ なので、この項は 0 となる。また、第1項は $\sum_{i=1}^{m}\sum_{j=1}^{n_i}(\bar{x}_{i\times}-\bar{x})^2 = \sum_{i=1}^{m}(\bar{x}_{i\times}-\bar{x})^2\left(\sum_{j=1}^{n_i}1\right) = \sum_{i=1}^{m}n_i(\bar{x}_{i\times}-\bar{x})^2$ となる。したがって、$\sum_{i=1}^{m}\sum_{j=1}^{n_i}(x_{ij}-\bar{x})^2 = \sum_{i=1}^{m}\sum_{j=1}^{n_i}(\bar{x}_{i\times}-\bar{x})^2 + \sum_{i=1}^{m}\sum_{j=1}^{n_i}(x_{ij}-\bar{x}_{i\times})^2 = \sum_{i=1}^{m}n_i(\bar{x}_{i\times}-\bar{x})^2 + \sum_{i=1}^{m}\sum_{j=1}^{n_i}(x_{ij}-\bar{x}_{i\times})^2$ となり、$S_T = S_A + S_E$ ということになる。

βエラー （ベータエラー）beta error ⇒ **第2種の誤り**（だいにしゅのあやまり）

ベータ関数 （ベータかんすう）beta function

$B(x,y) = \int_0^1 t^{x-1} \times (1-t)^{y-1} dt$ （$\int$ は "積分"）と定義される特殊関数。「ガンマ関数」つまり $\Gamma(z) = \int_0^\infty t^{z-1} \times e^{-t} dt = \int_0^\infty t^{z-1} \times \exp(-t) dt$ （$\exp(-t)$ は「e^{-t}」と同じ "e の $-t$ 乗"）（e は "自然対数の底" という定数）は、階乗つまり（nを非負の整数$n(\geq 0)$として）$n! = 1 \times \cdots \times n$ を拡張した関数で、n が正の整数 $n(\geq 1)$ ならば $\Gamma(n) = (n-1)!$ である。この関数を使うと、「ベータ関数」は $B(x,y) = \frac{\Gamma(x) \times \Gamma(y)}{\Gamma(x+y)}$ と表すことができる。この関数の定義から、その性質として、$B(x,y) = B(y,x)$ であり、$x \times B(x, y+1) = y \times B(x+1, y)$ であり、$B(x,y) = B(x+1, y) + B(x, y+1)$ であり、$(x+y) \times B(x, y+1) = y \times B(x,y)$ である。当然のことながら、$x = m$（整数）であり $y = n$（整数）ならば、$B(m,n) = \frac{\Gamma(m) \times \Gamma(n)}{\Gamma(m+n)} = \frac{(m-1)! \times (n-1)!}{(m+n-1)!}$ である。⇒ **n!**（エヌのかいじょう）、**ベータ分布**（ベータぶんぷ）

- 【読み方】「Γ」は、英字の G に当たるギリシャ文字の大文字で "ガンマ" と読む。
- 【人】この関数は、統計学、数論、代数学、解析学で様々な功績を残し、中でも整数論や楕円積分に大きく貢献した、フランスの数学者アドリアン＝マリ・ルジャンドル（Adrien-Marie Legendre, 1752-1833）による。

ベータ分布 （ベータぶんぷ）beta distribution

"連続型" の確率分布の1つ。普通、$Be(p,q)$ と書く。$k = \frac{1}{B(p,q)}$（$B(p,q)$ は "ベータ関数"）を定数、p と q を正の定数、$x(0 \leq x \leq 1)$ を確率変数とすると、確率密度関数は $f(x) = k \times x^{p-1} \times (1-x)^{q-1}$ である。その平均値は $\mu = \frac{p}{p+q}$、分散は $\sigma^2 = \frac{p \times q}{(p+q)^2 \times (p+q+1)}$ だ。また、（確率密度関数を最大化する）最頻値（モード）は $M = \frac{p-1}{p+q-2}$ で、これは「**ベイズ推定**（MAP推定）」に使うのに便利だ。ちなみに、$p=1$ で $q=1$ のとき、確率密度関数は $f(x) = k \times x^0 \times (1-x)^0 = k$（一定）で、平均値は $\mu = \frac{1}{1+1} = \frac{1}{2}$、分散は $\sigma^2 = \frac{1 \times 1}{(1+1)^2 \times (1+1+1)} = \frac{1}{2^2 \times 3} = \frac{1}{12}$ で、「一様分布」になる。「ベータ分布」は、「ベイズ統計学」で事前分布と事後分布が同じ形式の確率分布になる "自然な共役分布" の1つとしてよく使われる。⇒ **二項分布**（にこうぶんぷ）、**ベイズ統計学**（ベイズとうけいがく）

- 【読み方】「μ」は、英字の m に当たるギリシャ文字の小文字で "ミュー" と読む。また、「σ」は、英字の s に当たり "シグマ" と、「σ^2」は "シグマ自乗" と読む。

ベルカーブ Bell curve ⇒ **正規分布**（せいきぶんぷ）

ベルヌーイ試行 （ベルヌーイしこう）Bernoulli trial

A か B か、表か裏か、0 か 1 か、Yes か No かなど、2つのうちのどちらかしか起こらない「ベルヌーイ事象」を起こす試行。厳密にいうと、以下の5つの条件を満たす試行である。つまり、①試行の結果は2つの結果しかない（二値性）。②試行の繰り返しで、試行での

事象の起きる確率は同じである（等確率性）。③試行の繰り返しで、試行は同じ条件で行われる（定常性）。④試行の繰り返しで、試行での結果は互いに独立である（独立性）。⑤試行回数は無限ではなく、有限な n 回である（有限性）。

　例えば、コイン投げは（②の条件を除いて）これらの条件を満たしており、コインを投げたときに表が出る確率を $p(0≦p≦1)$、裏が出る確率を $(1-p)$ とすると、n 回のうち k 回表が出る組み合わせの数は ${}_nC_k = \binom{n}{k} = \frac{n!}{k!×(n-K)!}$（$n!$ は "n の階乗"）通りだ。ここで、k 回が表である確率は p^k、残りの $(n-k)$ 回が裏である確率は $(1-p)^{n-k}$ なので、コイン投げ n 回のうちで k 回が表で $(n-k)$ 回が裏である確率は $p(X=k) = \frac{n!}{k!×(n-k)!} × p^k × (1-p)^{n-k}$ となる。これは「二項分布（ベルヌーイ分布）」の確率質量関数 $B(n,p)$ である。（第2の条件を入れた）$p = \frac{1}{2} = 0.5$ の場合には、$p(X=k) = \frac{n!}{k!×(n-k)!} × \left(\frac{1}{2}\right)^n$ となる。⇒ **二項分布**（にこうぶんぷ）

　📖 **【人】**「ベルヌーイ試行」、「ベルヌーイ事象」、「ベルヌーイ分布」の名前は、スイスの数学者・物理学者で、「大数の法則」など確率論にも業績を残した**ヤコブ・ベルヌーイ**（Jacob/Jack Bernoulli, 1654-1705）の名前に因んだもの。ベルヌーイ家は、ヤコブの弟のヨハン・ベルヌーイ（Johann Bernoulli, 1667-1748）、その息子のダニエル・ベルヌーイ（Daniel Bernoulli, 1700-82）など、17～18世紀に8名の著名な数学者を輩出した名門。

ベルヌーイ事象 (ベルヌーイじしょう) Bernoulli event

　A か B か、表か裏か、0 か 1 か、Yes か No かなど、2つのうちのどちらかしか起こらない事象。「A か B か」を例にとると、"A" か "B" かのいずれで、"A かつ B" や "A でも B でもない" はない、互いに排他的な結果の事象である。「**ベルヌーイ型の事象**」ともいう。この事象を起こさせる試行が「ベルヌーイ試行」だ。⇒ **ベルヌーイ試行**（ベルヌーイしこう）

　☞ **【（平方根）小演習の正解】** ① $\sqrt{121} = \sqrt{11^2} = 11$　② $\sqrt{441} = \sqrt{21^2} = 21$　③ $\sqrt{2.25} = \sqrt{1.5^2} = 1.5$　④ $\sqrt{8} + \sqrt{32} = 2\sqrt{2} + 4\sqrt{2} = 6\sqrt{2}$　⑤ $\sqrt{2} + \sqrt{3} + \sqrt{8} = \sqrt{2} + \sqrt{3} + 2\sqrt{2} = 3\sqrt{2} + \sqrt{3}$　⑥ $\sqrt{2} + \sqrt{3} - \sqrt{12} = \sqrt{2} + \sqrt{3} - 2\sqrt{3} = \sqrt{2} - \sqrt{3}$　⑦ $\sqrt{10} × \sqrt{40} = \sqrt{400} = \sqrt{20^2} = 20$　⑧ $\sqrt{8} ÷ \sqrt{2} = \sqrt{4} = 2$　⑨ $\sqrt{20} ÷ \sqrt{5} × \sqrt{7} = \sqrt{4} × \sqrt{7} = 2\sqrt{7}$　☺

ベルヌーイ分布 (ベルヌーイぶんぷ) Bernoulli distrbution

　"離散型"の確率分布の1つ。コイン（硬貨）を投げたときの結果のように、結果が 1 か 0 かの2種類しかない「ベルヌーイ試行」で、確率 $p(0≦p≦1)$ で 1 の値を、確率 $(1-p)$ で 0 の値を取る分布である。普通、$Be(p)$ と書く。その平均値は $p×1+(1-p)×0=p$、分散は $(1-p)^2×p+(0-p)^2×(1-p)=p×(1-p)$、標準偏差は $\sqrt{p×(1-p)}$（$\sqrt{}$ は "平方根"）となる。「ベルヌーイの分布」という人もいる。「ベルヌーイ試行」を "独立" して k 回行ったときの値の合計（つまり 1 が出た回数）がしたがう二項分布 $B(k,p)$ で、$k=1$ の場合でもある。⇒ **二項分布**（にこうぶんぷ）

　📖 **【人】**「ベルヌーイ試行」、「ベルヌーイ事象」、「ベルヌーイ分布」の名前は、スイスの数学者・物理学者で、「大数の法則」など確率論にも業績を残した**ヤコブ・ベルヌーイ**（Jacob/Jack Bernoulli, 1654-1705）の名前に因んだもの。ベルヌーイ家は、ヤコブの弟のヨハン・ベルヌーイ（Johann Bernoulli, 1667-1748）、その息子のダニエル・ベルヌーイ（Daniel Bernoulli, 1700-82）など、17～18世紀に8名の著名な数学者を

輩出した名門。

偏回帰係数 (へんかいきけいすう) partial regression coefficient

n 個 ($n≧2$) の独立変数（説明変数）$x_1,\cdots,x_n$ で1つの従属変数（被説明変数）y を説明しようとする重回帰式（重回帰方程式＝回帰平面）の $y = a + \sum_{i=1}^{n} b_i \times x_i = a + b_1 \times x_1 + \cdots + b_n \times x_n$ で、各独立変数 $x_1,\cdots,x_n$ にかかる係数の $b_1,\cdots,b_n$ のこと。それぞれの独立変数の変域が同じならば、この係数が大きいほど、従属変数の変化への影響が大きい。独立変数が1つだけの「単回帰分析」での「回帰係数」に当たる。⇒ **回帰係数**（かいきけいすう）

変換 (へんかん) transformation ⇒ **変数変換**（へんすうへんかん）

偏差 (へんさ) deviation

（データ "全体" の）平均値からの "個々" のデータの偏り。偏りは、ズレ（擦れ）といってもよい。「平均値からの偏差」と同じ。「平均偏差」は、この値の絶対値の平均値のことである。「分散」は、この値の自乗の平均値のことだ。そして、分散の平方根が「標準偏差」である。また、「ある値 x からの偏差」は、"個々" のデータの値とある値 x との差、つまり "個々" のデータのある値からのズレのことである。⇒ **標準偏差**（ひょうじゅんへんさ）、**平均偏差**（へいきんへんさ）

 Excel【関数】AVEDEV（平均偏差）、STDEV.P（母集団の標準偏差）、STDEV.S（母集団の標準偏差の推定値）

偏差値 (へんさち) standard score

データの分布が「正規分布」に近い場合、ある値が全体の中でどれくらいの位置にいるかを表した指標。「T 得点」と同じ。具体的には、平均が 50、標準偏差が 10 になるように標準化した "無次元"（つまり単位なし）の値である。例えば、「学力偏差値」は、学力試験で使われ、大学のランクづけや受験の合否の可能性の判定などにも使われている。ちなみに、偏差値が 20 以下は全体の 0.135%、30 以下は 2.275%、40 以下は 15.866%、50 以下は 50% いる。もちろん 50 以上も 50%、60 以上は 15.866%、70 以上は 2.275%、20 以上は 0.135% いる。データの分布が「正規分布」と大きく異なる場合には、こうはならず、適切な指標とはならないので注意が必要である。

偏差平方和 (へんさへいほうわ) sum of squared deviation

n 件のデータ $x_1,\cdots,x_n$ の平均値を $\bar{x} = \frac{1}{n}\sum_{i=1}^{n} x_i = \frac{1}{n}(x_1+\cdots+x_n)$ としたとき、「偏差」（平均値からの偏差）は $(x_i - \bar{x})$ でその自乗 $(x_i - \bar{x})^2$ の総和。つまり、$S = \sum_{i=1}^{n}(x_i - \bar{x})^2 = (x_1 - \bar{x})^2 + \cdots + (x_n - \bar{x})^2$ である。この値をデータの件数 n で割り算したものが「標準分散」、データの件数から 1 を引き算した $(n-1)$ で割り算したものが「不偏分散」だ。

 (注1)【読み方】「$\bar{x}$」は "エックスバー" と読む。

 Excel【関数】DEVSQ（標本の平均値からの偏差平方和）

ベン図 (ベンず) Venn diagram

論理命題の間の関係を集合の間の関係として "視覚的に" 表す図。(発音の通り)「ヴェン図」ともいう。厳密には少し違うのだが[注1]、「オイラー図」と呼ぶ人もいる。(論理命題の存在する)論理空間全体 Ω を一枚の紙として、特定の論理命題 A はその上の閉じた領域（通常は円）で

表し、この命題を否定した命題 $\overline{A}$ は空間全体からその閉じた領域を除いた領域で表す。より複雑な論理命題は複数の領域の「交わり」（共通部分）、「結び」（和）、「包含」などの関係として表すことで、論理命題の論理的な関係を直感的に理解できる。例えば、2つの集合 A と B の範囲のそれぞれを閉領域で表すと、2つの空間の共通部分つまり「交わり」の $A \cap B$ は、$x \in A \cap B$ ならば $x \in A$ かつ $x \in B$（$y \in C$ は"y は C の要素"）で、これは「**論理積**」（logical product）だ。また、2つの集合の和集合つまり「結び」の $A \cup B$ は、$x \in A$ あるいは $x \in B$ ならば $A \cup B$ で、これは「**論理和**」（logical sum）だ。「ベン図」は、例えば、「条件付き確率」の値の計算で、その条件の論理的な関係の整理などに使う。⇒ **条件付き確率**（じょうけんつきかくりつ）

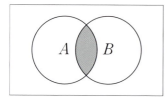 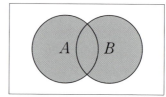 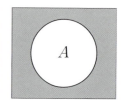

図1　A∩B　　　　　　　図2　A∪B　　　　　　　図3　$\overline{A}$

📖 【読み方】「Ω」は、ギリシャ文字の大文字で"オメガ"と読む。「$\overline{A}$」は"エイバー"と読む。また、「∪」は"カップ"と、「∩」は"キャップ"と読む。いずれもその形からだ。

📖 【人】「ベン図」は、英国の論理学者のジョン・ベン（John Venn, 1834-1923）が考案した。「オイラー図」は、人類史上最も多くの論文を書いたといわれる18世紀のスイスの数学者のレオンハルト・オイラー（Leonhard Euler, 1707-83）が提案した。

(注1) 【例えば】$A \subset B$（集合 A が集合 B に含まれる）の場合は、「ベン図」では、全体を①$A \cap B$（A かつ B）、②$A \cap \overline{B}$（A かつ $\overline{B}$）、③$\overline{A} \cap B$（$\overline{A}$ かつ B）、④$\overline{A} \cap \overline{B}$（$\overline{A}$ かつ $\overline{B}$）の4つの領域に分け、このうちの②は $A \cap \overline{B} = 0$ つまり $A \cap \overline{B}$ は 0（空）であると描く（ちなみに、①は $A \cap B = A$、④は $\overline{A} \cap \overline{B} = \overline{B}$ だ）。これに対して、「オイラー図」では、全体は①A、③$\overline{A} \cap B$、④$\overline{A} \cap \overline{B} = \overline{B}$ の3つの領域だけを描き、②$A \cap \overline{B} = 0$ は描かない。通常は、「ベン図」として「オイラー図」が使われている。

図4　A⊂B

変数（へんすう）variable

　　変化する数や値、いろいろな値を取る数。変化しない、いろいろな値を取らない一定の

数や値の「定数」（常数）の対義語である。ちなみに、国語辞典には、「変数」は、「数を代表する文字がその値をいろいろ取り得るとき，その文字をいう。x, y, z, …などで示されることが多い。」と、「変量」は「統計で、調査の対象としている性質を数量で表したもの。身長の測定値、種の発芽数、交通事故の件数など。」と説明されている。「変数」は数学で定数に対して使い、「変量」は統計でその対象（要素）の数量が変化する、といった使い方をするようだが、それほど区別をする必要はない！と筆者は思う。⇒ **確率変数**（かくりつへんすう）、**従属変数**（じゅうぞくへんすう）、**独立変数**（どくりつへんすう）

変数変換（へんすうへんかん）transformation of variable

　目的とする統計処理ができるように、変数に数学的変換を加えて新しい変数に直すこと。統計処理の多くは、例えば、変数の（母）分布が正規分布にしたがっていること、それぞれの群（グループ）の分散が等しいことを前提条件としている。しかし、対数正規分布、ポアソン分布、二項分布などにしたがう変数はこういった条件を満たしていない。そこで、例えば、"対数正規分布"にしたがう変数ならば、これに「**対数変換**」をほどこし、"正規分布"にしたがう変数に変換することによって、統計的仮説検定（検定）や推定を行うことができる。

　また、"ポアソン分布"にしたがう変数ならば、「**平方根変換**」をほどこして、"正規分布"に近似的にしたがう変数に変換すれば、検定や推定ができる。もちろん、元の変数が必要な条件を満たしていなければ、「変数変換」しても、目的とする統計処理ができないことは当然のことである。こういった場合には、「変数変換」に頼らずに、"ノンパラメトリックな"方法の適用を検討した方がよいかもしれない。⇒ **スチューデント化**（スチューデントか）、**z変換**（ゼットへんかん）、**対数変換**（たいすうへんかん）、**ダミー変数**（ダミーへんすう）、**フィッシャーのz変換**（フィッシャーのゼットへんかん）、**プロビット変換**（プロビットへんかん）、**平方根変換**（へいほうこんへんかん）

偏相関係数（へんそうかんけいすう）partial correation coefficient

　例えば、3つの変数x, y, zがある場合、zの影響を取り除いた2つの変数xとyの相関係数。yとz、zとxの間に相関関係があり、xとyの相関係数がzによって変化する場合、その影響を取り除いた相関係数である。正確には「zを制御変数とするxとyの偏相関係数」という。3つの変数x, y, zのうちのそれぞれ2つずつの変数の間の相関係数をr_{xy}, r_{yz}, r_{zx}とした場合、zの影響を取り除いた2つの変数xとyの偏相関係数は $r_{xy|z} = \frac{r_{xy} - r_{yz} \times r_{zx}}{\sqrt{1 - r_{yz}^2} \times \sqrt{1 - r_{zx}^2}} = (r_{xy} - r_{yz} \times r_{zx}) \div (\sqrt{1 - r_{yz}^2} \times \sqrt{1 - r_{zx}^2})$ （$\sqrt{}$は"平方根"）となる。$r_{yz} = 0$ ならば $r_{xy|z} = \frac{r_{xy}}{\sqrt{1 - r_{zx}^2}} = r_{xy} \div \sqrt{1 - r_{zx}^2}$ であり、$r_{zx} = 0$ ならば $r_{xy|z} = \frac{r_{xy}}{\sqrt{1 - r_{yz}^2}} = r_{xy} \div \sqrt{1 - r_{yz}^2}$ である。もちろん、$r_{yz} = r_{zx} = 0$ ならば $r_{xy|z} = r_{xy}$ である。「**擬似相関**」（見せかけの相関）を見分けるための方法の1つでもある。4つ以上の変数がある場合も、ほぼ同じ考え方だ。⇒ **擬似相関**（ぎじそうかん）、**相関分析**（そうかんぶんせき）

変動（へんどう）variation ⇒ **平方和**（へいほうわ）

変動係数（へんどうけいすう）coefficient of variation or variation coefficient, CV

　標準偏差を平均値で割り算した値。「母集団」の標準偏差をσ、平均値をμとすると、変動係数は $cv = \frac{\sigma}{\mu} = \sigma \div \mu$ である。「標本」の標準偏差をs、平均値を$\bar{x}$とすると、変動係数は $cv = \frac{s}{\bar{x}} = s \div \bar{x}$ である。「**ピアソンの変動係数**」ともいう。例えば、経済格差がある2つ

の国の人たちの収入のバラツキを比較するなど、スケールの異なるデータのバラツキをその"絶対値"ではなく、平均値で割り算した"相対値"で比較するときに使う。この値に100を掛け算したパーセントで表すこともある。⇒ **四分位散布係数**（しぶんいさんぷけいすう）

 📖【読み方】「σ」は、英字の s に当たるギリシャ文字の小文字で"シグマ"と読む。「μ」は、英字の m に相当し"ミュー"と読む。「$\bar{x}$」は"エックスバー"と読む。

 📖【人】この係数は、「記述統計学」を大成した英国の統計学者**カール・ピアソン**（Karl E.Pearson, 1857-1936）による。

偏微分（へんびぶん）partial differentiation

複数の変数を持つ関数について、1つの変数だけを可変に（つまり"変数"に）、他の変数は固定して（つまり"定数"と見なして）"微分"すること。「偏」は、"部分的に"という意味だ。もちろん、変数の間の関係がない、つまり独立であることが前提である。例えば、2つの変数 x と y による関数 $f(x,y)$ では、x による偏微分は $\frac{\partial}{\partial x}f(x,y)$ や $\frac{\partial f(x,y)}{\partial x}$ (注1) と書く。また、y による偏微分は $\frac{\partial}{\partial y}f(x,y)$ や $\frac{\partial f(x,y)}{\partial y}$ と書く。具体的には、$f(x,y) = x + x \times y + y^2$ の場合だと、x による偏微分は $\frac{\partial}{\partial x}f(x,y) = \frac{\partial}{\partial x}(x + x \times y + y^2) = 1 + y$ であり、y による偏微分は $\frac{\partial}{\partial y}f(x,y) = \frac{\partial}{\partial y}(x + x \times y + y^2) = x + 2 \times y$ となる。「偏微分」によって得られた結果は、「**偏微分係数**」や「**偏導関数**」という。⇒ **微分**（びぶん）、**フィッシャー情報量**（フィッシャーじょうほうりょう）

 (注1)【∂】は、"デル"（del）、"ディー"（d）、"パーシャルディー"（partial d）、"ラウンドディー"（rounded d）などと読むようだ。英字の d に当たるギリシャ文字の小文字の「δ」に相当する数学記号である。

変量（へんりょう）variate ⇒ **変数**（へんすう）

変量モデル（へんりょうモデル）radom effects model ⇒ **構造モデル**（こうぞうモデル）

ほ

ポアソン分布（ポアソンぶんぷ）Poisson distribution

"離散型"の確率分布の1つ。例えば、客の到着がランダムで、それまでの到着の状況に依存しない場合、単位時間に到着する客の数がしたがう確率分布(注1)である。つまり、単位時間中のある事象の平均発生回数を $\lambda = \frac{1}{\theta} = 1 \div \theta\ (>0)$ とする（θ は事象の平均的な時間間隔）とき、その事象が単位時間中に k 回（k は"自然数"）発生する確率 $p(X=k)$ はこの分布にしたがう。数式で書けば、確率質量関数は $p(X=k) = \frac{\lambda^k \times e^{-\lambda}}{k!} = \lambda^k \times e^{-\lambda} \div k!$ だ（$k!$ は"k の階乗"）（$e^{-\lambda}$ は"e の $-\lambda$ 乗"）（e は"自然対数の底"という定数）。その平均値は $E(X) = \lambda$、分散は $V(X) = \lambda$ である。

例えば、ある事象が平均で2分間に1回起こる場合、10分間に事象が発生する回数は、(10分間で平均 $\frac{1}{2} \times 10 = 5.0$ なので、) $\lambda = 5.0$ の「ポアソン分布」、つまり、その確率質量関数の式 $p(X=k) = \frac{5^k \times e^{-5}}{k!}$ で計算できる。つまり、$k=0$ のときは $p(X=0) = \frac{5^0 \times e^{-5}}{0!} = e^{-5} \fallingdotseq 0.00674 = 0.674\%$、$k=1$ のときは $p(X=1) = \frac{5^1 \times e^{-5}}{1!} \fallingdotseq 0.03369 = 3.369\%$、$k=2$

のときは $p(X=2) = \frac{5^2 \times e^{-5}}{2!} \fallingdotseq 0.08422 = 8.422\%$、$k=3$ のときは $p(X=3) = \frac{5^3 \times e^{-5}}{3!}$ $\fallingdotseq 0.14037 = 14.037\%$ などとなる。

ちなみに、「ポアソン分布」が、ある事象が単位時間内に起こる確率を表しているのに対して、同じ事象について、事象と事象の起こる時間間隔に注目して、その確率密度を表しているのが"連続的な"確率分布である「指数分布」だ。事象と事象の起こる時間間隔を $t(>0)$ とすると、その確率密度関数は $p(t) = \lambda \times e^{-\lambda t} = \lambda \times \exp(-\lambda t)$、その平均値は $\frac{1}{\lambda} = \theta$、分散は $\frac{1}{\lambda^2} = \theta^2$、標準偏差は $\frac{1}{\lambda} = \theta$ となる。⇒ **指数分布**（しすうぶんぷ）

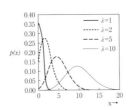

図1　ポアソン分布の確率質量関数

- 【読み方】「λ」は、英字の l に当たるギリシャ文字の小文字で"ラムダ"と読む。また、「θ」は"シータ"と読む。英字は対応がなく、音写は th だ。角度や無声歯摩擦音の音声記号としても使われている。

- （注1）【待ち行列】とは、顧客がサービスを受けるために並ぶ"行列"のことだ。「**待ち行列理論**」（queueing theory）は、顧客がランダムに到着し、サービスに必要な時間もランダムに決まる場合、例えば、平均的な待ち時間、平均的な待ち行列の長さ、待たずにサービスを受けられる確率、一定以下の待ち時間でサービスが受けられる確率などを評価して、よりよいサービスのシステムを検討する理論である。顧客とサービスの関係があれば適用でき、サービスと待合室、顧客とコールセンター、自動車と道路、アクセスとインターネットサイト、顧客と従業員など、適用事例は非常に多い。顧客の到着は「ポアソン分布」にしたがい、サービスは「指数分布」にしたがった時間がかかるとすることが多い。

- 【歴史的な事例】「プロイセンの14の騎兵連隊で1875〜94年の20年間で馬に蹴られて死亡する兵士の数は、1年当たりの事故の発生件数の分布がパラメーター0.61の"ポアソン分布"によくしたがっている！」がある。プロイセンは、1701〜1918年に現在のドイツ北部からポーランド西部を領土としベルリンを首都としたプロイセン王国のことだ。これは、ロシア生まれの経済学者・統計学者のボルトキーヴィッチ（Ladislaus von Bortkewitsch, 1868-1931）が著書『Das Gesetz der kleinen Zahlen』（英訳すると The Law of Small Numbers）で明らかにした。

- 【人】この分布は、フランスの数学者・地理学者・物理学者のシメオン・ドニ・ポアソン（Siméon Denis Poisson, 1781-1840）が、1838年に「確率論」と共に発表した。

Excel【関数】POISSON（ポアソン確率）

棒グラフ（ぼうグラフ） bar chart or bar graph

データの値の大きさを棒の長さで表したグラフ。「柱状グラフ」、「バーチャート」と同じ。

"対応のある" 2つの変量 (x,y) で、変量 y は "量的な" データとして、変量 x が "質的な" データならば、その分布の状況を、変量 x が "量的な" データならば、そのバラツキ（散らばり）の状況を視覚的に見えるようにする。変量 x の並べ方（順序）によって、また、まとめ方（分類やクラスの取り方）によって、見え方が違うので注意が必要である。変数 y の値を長方形の棒の長さで表すだけでなく、その内訳があれば、同じ長方形の中に内訳を示すこともできる（これは「積み上げ棒グラフ」という）。縦棒グラフと横棒グラフがあるが、見かけが違うだけである。「**度数分布図**」（ヒストグラム）も、「棒グラフ」の1つ。⇒ **円グラフ**（えんグラフ）、**帯グラフ**（おびグラフ）、**度数分布図**（どすうぶんぷず）

> 【**波線**】棒グラフの棒の長さの "違い" を強調するために、棒の下部あるいは途中の部分を「波線」で省略して描くことがあるが、こういう場合には、全体としては違いが小さい！のに、違いが大きい！と "誤解" する向きもあるので、しっかりとした説明を付けることが必要である！

> Excel【**グラフ**】（必要に応じて、「ソート」などの後、）ツールバー⇒挿入⇒グラフメニュー（縦棒グラフと横棒グラフ）

方程式 （ほうていしき） equation

（値が分からない）"未知数" を含み、その未知数が特定の値をとるときにだけ成り立つ等式。等式とは、2つの数量を＝（等号）（equal）で関係づけた式である。ここで、特定の値は「**解**」（solution）と呼ばれ、1つあるいは複数の確定した値、あるいは1つあるいは複数の確定した範囲のことがある。例えば、未知数を x、定数を a, b, c, d として、方程式 $x - a = 0$ の解は $x = a$ である。方程式 $a \times x + b = c \times x + d (a \neq c)$ の解は $x = \frac{d-b}{a-c} = (d-b) \div (a-c)$ である。未知数の自乗の項を含む二次方程式 $a \times x^2 + b \times x + c = 0 (a \neq 0)$ の解は $x = \frac{-b \pm \sqrt{b^2 - 4 \times c \times a}}{2 \times a} = (-b \pm \sqrt{b^2 - 4 \times c \times a}) \div (2 \times a)$（$\sqrt{\ }$ は "平方根"）（$\pm$ は "＋あるいは－"）である。方程式 $[x] = 2$（$[x]$ は "x を超えない最大の整数"）の解は $2 \leq x < 3$（2以上で3未満）だ。方程式の一般的な解き方として、方程式の両辺（左辺と右辺）に同じ数値を足し算・引き算・掛け算・割り算しても等式は成り立つことを利用する。つまり、a, b, c を定数として、等式を $a = b$ とすると、$a + c = b + c$ であり、$a - c = b - c$ であり、$a \times c = b \times c$ であり、$a \div c = b \div c (c \neq 0)$ つまり $\frac{a}{c} = \frac{b}{c} (c \neq 0)$ である。

"未知数" が2つ以上の場合は、（独立した）方程式も未知数の数だけ必要で、この場合は「**連立方程式**」（simultaneous equations）という。例えば、未知数を x, y、定数を a, b として、方程式 $x + y = a$ と $x - y = b$ の解は、$x = \frac{a+b}{2} = (a+b) \div 2$ と $y = \frac{a-b}{2} = (a-b) \div 2$ である。また、例えば、$(x+1)^2 = x^2 + 2x + 1$ などのように、未知数にどんな値を入れても成り立つ等式は「**恒等式**」（identity）と呼ばれる。

訪問留め置き調査 （ほうもんとめおきちょうさ） leaving survey ⇒ **留め置き調査**（とめおきちょうさ）

補間 （ほかん） interpolation ⇒ **内挿**（ないそう）

母集団 （ぼしゅうだん） population

調査や観察などの対象となるものの集団の "全体"。標本（サンプル）を抽出するときの元の集団のことである。母集団に含まれる要素の数が有限個の場合は「**有限母集団**」、無限個の場合は「**無限母集団**」という。母集団のデータの統計量は「全数調査」によって調べられるが、無限母集団の場合には全数調査ができないので、「標本調査」によって推定すること

になる。母集団のデータの統計量は、母平均、母分散、母標準偏差、母相関係数などのように、頭に"母"を付けて表す。⇒ **標本**（ひょうほん）

母数 （ぼすう） parameter

母集団のデータの分布を記述する数値。「母平均」、「母分散」、「母標準偏差」などのことである。「パラメーター」ともいう。母集団のデータの統計量は、母平均は μ、母分散は σ^2、母標準偏差は σ、母相関係数は ρ などのように、ギリシャ文字で表すのが普通である。標本（サンプル）から計算される標本平均、標本分散、標本標準偏差などの「統計値」は、標本の分布を記述する数値で、「母数」の推定に用いられる。⇒ **母分散**（ほぶんさん）、**母平均**（ほへいきん）

【読み方】「μ」は、英字の m に当たるギリシャ文字の小文字で"ミュー"と読む。「σ」は、英字の s に当たり"シグマ"と、「σ^2」は"シグマ自乗"と読む。また、「ρ」は、英字の r に当たり"ロー"と読む。

母数モデル （ぼすうモデル） fixed-effects model ⇒ **構造モデル** （こうぞうモデル）

母相関係数 （ぼそうかんけいすう） population correlation coefficient

母集団の"対応のある"2つの変量のデータ (x, y) の相関係数。母集団のデータつまり調査・観察などの対象"全体"のデータの真の相関係数である。一般に、ρ の文字で表す。ちなみに、標本（サンプル）のデータの相関係数は「**標本相関係数**」といい、r の文字で表す。
⇒ **相関係数** （そうかんけいすう）

【読み方】「ρ」は、英字の r に当たるギリシャ文字の小文字で"ロー"と読む。

ボックス・ジェンキンスモデル Box Jenkins model ⇒ **ARMAモデル** （アーマモデル）

母比率の信頼区間 （ぼひりつのしんらいくかん） confidential interval of population ratio

試行数 n、成功数 s の結果から母比率の信頼区間を推定する方法。最も簡単な「ワルド（ウォールド）法」では、成功比を $\bar{p} = \frac{s}{n} = s \div n$、その標準偏差を $\sigma_{\bar{p}}$ とすると、$\bar{p} - 1.96 \times \sigma_{\bar{p}} \leq p \leq \bar{p} + 1.96 \times \sigma_{\bar{p}}$ となる。ここで、1回の成功比の標準偏差は $\sigma = \sqrt{\bar{p}(1-\bar{p})}$（$\sqrt{}$ は"平方根"）なので、n 回の成功比の標準偏差は $\sigma_{\bar{p}} = \sqrt{\frac{\bar{p}(1-\bar{p})}{n}} = \sqrt{\bar{p}(1-\bar{p})} \div \sqrt{n}$ となり、成功比の信頼区間は $\bar{p} - 1.96 \times \sqrt{\frac{\bar{p}(1-\bar{p})}{n}} \leq p \leq \bar{p} + 1.96 \times \sqrt{\frac{\bar{p}(1-\bar{p})}{n}}$ となる。この下限値が 0 を下回ったときには 0 に、上限値が 1 を上回ったときには 1 に読み替える。ただし、この方法では、成功数 $s = 0$ や $s = n$ の場合は、計算できないので、成功比を $p' = \frac{s+2}{n+4} = (s+2) \div (n+4)$ として、成功比の信頼区間は $p' - 1.96 \times \sqrt{\frac{p'(1-p')}{n+4}} \leq p \leq p' + 1.96 \times \sqrt{\frac{p'(1-p')}{n+4}}$ と修正し、精度の高い結果が得られる「アグレスティ・クール法」が開発されている。

【読み方】「σ」は、英字の s に当たるギリシャ文字の小文字で"シグマ"と読む。また、「$\bar{p}$」は"ピーバー"、「p'」は"ピーダッシュ"と読む。

【人】「ワルド法」は、ハンガリー（現在はルーマニア）・トランシルヴァニア出身の統計学者エイブラハム・ワルド（ウォールド）（Abraham Wald, 1902-50）による。これを修正した「アグレスティ・クール法」は、米国ハーヴァード大学の統計学者のアラン・アグレスティ（Alan Agresti）とブレント・クール（Brent A.Coull）によ

る。

母分散 (ぼぶんさん) population variance
母集団のすべてのデータの分散。母集団つまり調査・観察などの対象"全体"のデータの（真の）分散のことで、一般に、σ^2 で表す。母集団から抽出された標本のデータの分散は「標本分散」s^2 である。⇒ **分散** (ぶんさん)

📖 【読み方】「σ」は、英字の s に当たるギリシャ文字の小文字で"シグマ"と、「σ^2」は"シグマ自乗"と読む。

母平均 (ぼへいきん) population mean
母集団のすべてのデータの平均値。母集団つまり調査・観察などの対象"全体"のデータの（真の）平均値のことで、一般に、μ で表す。母集団から抽出された標本のデータの平均値は「標本平均」m あるいは $\bar{x}$ である。⇒ **平均値** (へいきんち)

📖 【読み方】「μ」は、英字の m に当たるギリシャ文字の小文字で"ミュー"と読む。また、「$\bar{x}$」は"エックスバー"と読む。

ホルムの修正 (ホルムのしゅうせい) Holm correction ⇒ **ボンフェローニの修正** (ボンフェローニのしゅうせい)

ホルム・ボンフェローニの修正 (ホルム・ボンフェローニのしゅうせい) Holm-Bonferroni correction
⇒ **ボンフェローニの修正** (ボンフェローニのしゅうせい)

ボンフェローニの修正 (ボンフェローニのしゅうせい) Bonferroni correction
3つ以上の群（グループ）の平均値に違いがあるか否かを検定する「分散分析」の結果、有意な差がある！となったとき、どの群とどの群に違いがあるかを見つける「多重比較」の方法の1つ[注1]。最も簡単かつ最も保守的な「多重比較」の方法で、（統計量そのものではなく、）統計量から算出された p 値（有意確率）を調整（修正）する方法で、どのような検定（統計的仮説検定）にも利用できるのが特徴である。「ボンフェローニの補正」や「ボンフェローニの多重比較」ともいう。

具体的には、検定"全体"の有意水準（「第1種の誤り」を犯す確率＝危険率）α を落とさないために、必要な検定の数が $n(\geq 2)$ であれば、"個々"の検定の有意水準を $\frac{\alpha}{n} = \alpha \div n$ にするという"修正"である。これによって、検定を何回繰り返しても、"全体"の有意水準は設定された値の α を超えないようにする！という理屈である。例えば、検定"全体"の有意水準が $\alpha = 0.05 = 5\%$ ならば、2つの仮説の検定の"個々"の検定の有意水準は $\frac{\alpha}{2} = 0.025 = 2.5\%$ にすることになる。なお、n 個の群の中から（個々に検定する）2つの群を選ぶ組み合わせの数は $_nC_2 = \binom{n}{2} = \frac{n \times (n-1)}{2}$ となり、例えば、$n=3$ ならば $\frac{3 \times (3-1)}{2} = 3$、$n=4$ ならば $\frac{4 \times (4-1)}{2} = 6$、$n=5$ ならば $\frac{5 \times (5-1)}{2} = 10$ と爆発的に大きくなる。このため、個々の検定の有意水準は $\frac{\alpha}{n} = \alpha \div n$ と非常に小さくなり、有意差が出にくくなってしまうのが問題点だ（このため、この方法は特別な理由がある場合を除いて使わないのがよい、と筆者は思っている）。

この問題点を解決するため、この方法を"ステップ的に"適用し、少しずつ有意水準を大きくする「**ホルムの修正**（ホルム・ボンフェローニの修正）」という（近似的な）"改良"が開発

されている。具体的には、n 件の帰無仮説をその p 値の小さい順に並べ、まずはその第1番目つまり p 値の最も小さい仮説を有意水準を $\frac{\alpha}{n} = \alpha \div n$ にして検定する。そして、$p > \frac{\alpha}{n}$ ならば、すべての仮説を棄却せず（保留し）、$p < \frac{\alpha}{n}$ ならば、この仮説を棄却する。第1番目の仮説が棄却された場合には、第2番目つまり p 値の次に小さい仮説の有意水準を $\frac{\alpha}{n-1}$ $= \alpha \div (n-1)$ にして検定する。そして、この仮説が棄却された場合には、今度は第3番目つまり p 値のその次に小さい帰無仮説の有意水準を $\frac{\alpha}{n-2} = \alpha \div (n-2)$ にする、などというものだ。いずれにしても、（繰り返しになるが、）検定を何回繰り返しても、全体の有意水準は一定の α を超えないようにする！というのがこれらの方法のポイントである。⇒ **FWER**（エフダブリュイーアール）、**多重比較**（たじゅうひかく）、**有意水準**（ゆういすいじゅん）

　　📖 **【読み方】**「α」は、英字の a に当たるギリシャ文字の小文字で"アルファ"と読む。

　(注1)　**【ボンフェローニの不等式】**は、2つの事象 A と B の和の $A \cup B$ の確率はそれぞれの事象の確率の和を超えない！つまり $p(A \cup B) \leq p(A) + p(B)$ をその基礎としたものだ。$A \cup B$ の確率は A の確率と B の確率から A と B の重なりの確率を引いたもの、つまり $p(A \cup B) = p(A) + p(B) - p(A \cap B)$ であり、$p(A \cap B) \geq 0$ だからだ。ちなみに、$p(A \cap B) = 0$ のときは、$p(A \cup B) = p(A) + p(B)$ となる。ここで、「$\cup$」は"または"（or）で、その形から"カップ"と読む。また、「$\cap$」は"かつ"（and）で、その形から"キャップ"と読む。「確率論」を研究したイタリアの数学者の**カルロ・ボンフェローニ**（Carlo Emilio Bonferroni, 1892-1960）が提案した「ボンフェローニの修正」は、この不等式に基づいたものだ。

　　📖 **【人】**「ホルムの修正」は、1979年にスウェーデンの統計学者のスカパー・ホルム（Skapar Sture Holm）が提案したもの。

ボンフェローニの多重比較（ボンフェローニのたじゅうひかく）Bonferroni's multiple comparison ⇒ **ボンフェローニの修正**（ボンフェローニのしゅうせい）

ま

増山の棄却限界 (ますやまのききゃくげんかい) Masyama's critical value

「棄却検定」、つまり、データ（標本）が"外れ値"であるか否かの統計的検定（検定）の1つ。「このデータは母集団から得られたものとは考えられない！」と判断してよいか否かの"限界"を決めて、そのデータがこの限界を超えていた場合にはそのデータを棄却する。具体的には、n 件のデータ $x_1,\cdots,x_n$ とした場合、その標本平均を $\bar{x}=\frac{1}{n}\sum_{i=1}^{n}x_i=\frac{1}{n}(x_1+\cdots+x_n)$、標本標準偏差を $S.D.=\sqrt{\frac{1}{n-1}\sum_{i=1}^{n}(x_i-\bar{x})^2}=\sqrt{\frac{1}{n-1}((x_1-\bar{x})^2+\cdots+(x_n-\bar{x})^2)}$ （$\sqrt{}$ は"平方根"）、標準誤差を $S.E.=S.D.\times\sqrt{\left(1+\frac{1}{n}\right)}$ (注1) とすると、x は自由度 $(n-1)$ の t 分布にしたがうことを利用する（この証明はむずかしいので"省略"）。つまり、自由度 $(n-1)$、（両側検定の）有意水準 α の t 値を $t_\alpha(n-1)$ とすると、データは"下"の棄却限界 $\bar{x}-S.E.\times t_\alpha(n-1)=\bar{x}-\left(S.D.\times\sqrt{\left(1+\frac{1}{n}\right)}\right)\times t_\alpha(n-1)$ と"上"の棄却限界 $\bar{x}+S.E.\times t_\alpha(n-1)=\bar{x}+\left(S.D.\times\sqrt{\left(1+\frac{1}{n}\right)}\right)\times t_\alpha(n-1)$ の間に入り、この限界値の間に入らないデータは"外れ値"だ！ということになる(注2)。あるいは、$x_1,\cdots,x_n$ のうち"外れ値"の可能性があるデータを x_n としたとき、上のすべての手続きから x_n を除いて、$(n-1)$ を $(n-2)$ に代えることもある。

計算例の1つとして、10件のデータ $57,52,54,52,48,53,48,53,52,49$ であるとき、まず、標本平均値は $\bar{x}=\frac{1}{10}(57+52+54+52+48+53+48+53+52+49)=\frac{518}{10}=51.8$、不偏分散は $u^2=\frac{1}{10-1}\left(\begin{array}{l}(57-51.8)^2+(52-51.8)^2+(54-51.8)^2+(52-51.8)^2+(48-51.8)^2\\+(53-51.8)^2+(48-51.8)^2+(53-51.8)^2+(52-51.8)^2+(49-51.8)^2\end{array}\right)=\frac{71.6}{9}=7.956$、その平方根（標本標準偏差）は $S.D.=\sqrt{\frac{71.6}{9}}=\sqrt{7.956}=2.821$ なので、標準誤差は、$S.E.=S.D.\times\sqrt{1+\frac{1}{n}}=2.821\times\sqrt{1+\frac{1}{10}}=2.821\times1.0488=2.958\cdots$ となる。ここで、自由度は $df=(10-1)=9$、（両側検定の）有意水準は $\alpha=0.05$ の $t_{0.05}(9)=2.262$ なので、"下"の限界値は $\bar{x}-S.E.\times t_\alpha(n-1)=51.8-2.958\times2.262=45.108$、"上"の限界値は $\bar{x}+S.E.\times t_\alpha(n-1)=51.8+2.958\times2.262=58.492$ ということになる。⇒ **棄却検定** （ききゃくけんてい）、**外れ値** （はずれち）

📖 **【読み方】** 「$\bar{x}$」は"エックスバー"と読む。

(注1) **【計算】** 母分散を σ^2 とすると、$(x-\bar{x})$ の"分散"は $V(x-\bar{x})=V(x)+V(\bar{x})=\sigma^2+\frac{\sigma^2}{n}=\left(1+\frac{1}{n}\right)\times\sigma^2$ となり、"標準偏差"は $S.E.=\sqrt{V(x-\bar{x})}=\sqrt{\left(1+\frac{1}{n}\right)\times\sigma^2}$ となる。つまり、$t_0=\frac{x-\bar{x}}{S.E.}=(x-\bar{x})\div S.E.$ つまり $t_0=\frac{x-\bar{x}}{S.D.\times\sqrt{1+\frac{1}{n}}}=(x-\bar{x})\div\left(S.D.\times\sqrt{1+\frac{1}{n}}\right)$ である。

(注2) **【検定統計量】** $t_0=\frac{x-\bar{x}}{S.E.}=(x-\bar{x})\div S.E.$ つまり $t_0=\frac{x-\bar{x}}{S.D.\times\sqrt{\left(1+\frac{1}{n}\right)}}=(x-\bar{x})\div\left(S.D.\times\sqrt{1+\frac{1}{n}}\right)$ の値を計算して、この値の絶対値が、自由度 $(n-2)$、有意水準 α の値を超えている、つまり $|t_0|\geq t_\alpha(n-2)$ であれば、そのデータは母集団から得られたものとは考えられな

い！ということになる。反対に、$|t_0|<t_\alpha(n-2)$であれば、そのデータは母集団から得られたものと考えられる！ということになる。

📖 【人】この方法は、日本の推測統計学の確立に努めた**増山元三郎**（1912-2005）による。増山は、社会的問題の解決に統計学的手法を適用し、とくに1971年の「サリドマイド訴訟」では、原告側の証人として催奇（ある物質が生物の発生段階において奇形を生じさせる性質・作用）の因果関係があることを統計学的に立証したことはよく知られている。英語では、MasuyamaよりもMasyamaと書かれることが多いようだ。

MAP推定 (マップすいてい) MAP estimation, maximum a posteriori

最大事後確率推定。実際に観察されたデータに基づいて、未知の母数（パラメーター）の"点推定"を行うときに、"事前確率"を参考にして、"事後確率"を最も大きくする推定値を採用する方法である。「ベイズ推定」と同じ。「**最尤推定（ML推定）**」に対比している。「最尤推定」では、母集団の母数を θ、データを D、そのデータの尤度を $p(D|\theta)$（条件 θ のときのデータ D の確率）としたとき、この尤度を最大化するパラメーター θ を選ぶ。つまり、$\hat{\theta}$ = arg max $p(D|\theta)$ だ（arg max は"関数の値を最大にする変数の値"）。これに対して、「MAP推定」では、通常は、"事前確率" $p(\theta)$ が"一様分布"であることを想定して、観測データ D が与えられたときの母数 θ の"事後確率"の $p(\theta|D) = p(D|\theta) \times p(\theta)$ を最大化する母数 θ を求める。つまり、$\hat{\theta}$ = arg max $p(\theta|D)$ だ。

計算の例として、コインを5回投げて5回共に表が出た！とする。この結果は"偶然"だったのかもしれないが、「最尤推定」では、このデータが得られる尤度 $p(D|\theta) = \theta^5$ を最大化する母数として、コインの表が出る確率は $\hat{\theta} = \frac{5}{5} = 1 = 100\%$ と推定する。これに対して、「MAP推定」では、事前確率を（私たちの"常識"にしたがって）$\theta = \frac{1}{2} = 0.5 = 50\%$ として、事前確率の分布として、確率密度関数が $p(\theta) \propto \theta \times (1-\theta)$（∝は"比例する"）の（「ベイズ統計学」で事前分布と事後分布が同じ形式の確率分布になる"自然な共役分布"の1つとしてよく使われる）ベータ分布 $Be(2,2)$ を仮定する。こうすると、事後確率の分布は $p(\theta|D) = p(D|\theta) \times p(\theta) \propto \theta^5 \times \theta \times (1-\theta) = \theta^6 \times (1-\theta)$ となり、ベータ分布 $Be(7,2)$ となる。このとき、事後確率の分布を最大にする母数は $\hat{\theta} = \frac{6}{7} \doteqdot 0.8571$ となる。⇒ **arg max**（アーグマックス）、**最尤推定法**（さいゆうすいていほう）、**ベイズの定理**（ベイズのていり）、**ベータ分布**（ベータぶんぷ）

📖 【読み方】「θ」は、ギリシャ文字の小文字で"シータ"と読む。英字は対応がなく、音写は*th*だ。角度や無声歯摩擦音の音声記号としても使われている。「$\hat{\theta}$」は"シータハット"と読む。

マルチコ multicolinearity ⇒ **多重共線性**（たじゅうきょうせんせい）

マン・ホイットニー・ウィルコクソン検定 (マン・ホイットニー・ウィルコクソンけんてい) Mann-Whitney-Wilcoxon test, MWW ⇒ **マン・ホイットニーの U 検定**（マン・ホイットニーのユーけんてい）

マン・ホイットニーの U 検定 (マン・ホイットニーのユーけんてい) Mann-Whitney U test

"対応のない"2つの群（グループ）の代表値に差があるか否かの"ノンパラメトリックな"統計的仮説検定（検定）の1つ。「U 検定」と同じ。2つの群のデータの"重なり具合"が偶然で期待されるよりも小さいか否かを、「2つの群のデータが同じ母集団から抽出された！」という帰無仮説に基づいて検定する。

具体的には、データ数が少ない場合は、$m \leq n$ として、(データ数のより少ない) 群1の m 件のデータを $x_1, \cdots, x_m$、(データ数のより多い) 群2の n 件のデータを $y_1, \cdots, y_n$ として、群1のそれぞれのデータ x_i について、群2のデータのうち、$x_i > y_j$ であるデータの件数 z_i を数えて、この件数を合計したものが検定統計量の $U = \sum_{i=1}^{m} z_i = z_1 + \cdots + z_m$ だ。データ数が少し多い場合は、2つの群のデータを"こみ"にして、データの値が小さい順に並べ、小さい方から順位を付ける。同じ順位があるときは、平均順位を付ける。それぞれの群ごとのデータの順位の合計を R_1 と R_2 として、$U_1 = m \times n + \frac{m \times (m+1)}{2} - R_1$ と $U_2 = m \times n + \frac{n \times (n+1)}{2} - R_2$ としたとき、検定統計量は $U = \min(U_1, U_2)$ である。「マン・ホイットニーの棄却限界値表」で、2つの群のデータ数が m と n で有意水準(「第1種の誤り」を犯す確率=危険率)5% あるいは 1% のときの"棄却限界値" U_0 を参照して、$U_0 < U$ ならば、帰無仮説は棄却されず、$U_0 > U$ ならば、帰無仮説は棄却される(注1)。

データ数が十分に多ければ、群1のデータの順位の合計を R としたとき、検定統計量の $U = R - \frac{m \times (m+1)}{2}$ は、平均値が $\frac{m \times n}{2}$、分散が $\frac{m \times n \times (m+n+1)}{12}$ の正規分布に"近似的に"したがうことが分かっている(証明はむずかしいので"省略")ので、これを利用して検定することもできる。

「マン・ホイットニーの U 検定」は、(正規分布の混合といった)"非正規分布"については、「t 検定」よりも有効性が高く、"正規分布"についても「t 検定」に近い有効性を示すことが知られている。また、「ウィルコクソンの順位和検定」と同じ結論が得られるので、まとめて「マン・ホイットニー・ウィルコクソン検定」とも呼ばれる。⇒ ウィルコクソンの順位和検定(ウィルコクソンのじゅんいわけんてい)

(注1) 【Wikipedia】に載っている例題である。カメとウサギの競走でカメが勝ったことについて疑問を持って、6匹のカメ(T)と6匹のウサギ(H)に競走させた(つまり、$m = n = 6$)ところ、ゴールに達した順序はTHHHH HTTTT THだった。つまり、カメの順位は1, 7, 8, 9, 10, 11、ウサギの順位は2, 3, 4, 5, 6, 12だった。それぞれのカメが負かしたウサギの数は、それぞれ6, 1, 1, 1, 1, 1なので、$U = 6 + 1 + 1 + 1 + 1 + 1 = 11$ となる。あるいは、それぞれのカメの順位は1,7,8,9,10,11なので、その合計は $1 + 7 + 8 + 9 + 10 + 11 = 46$ で、$U = 6 \times 6 + \frac{6 \times (6+1)}{2} - 46 = 36 + 21 - 46 = 11$ となる。「マン・ホイットニーの棄却限界値表」によると、有意水準5%、$m = 6$、$n = 6$ のときの"棄却限界値"は、両側検定で $U_0 = 5$ つまり $U_0 = 5 < 11 = U$ なので、片側検定でも $U_0 = 7$ つまり $U_0 = 7 < 11 = U$ なので、帰無仮説は棄却できない!

また、19匹ずつのカメとウサギを競走させた(つまり、$m = n = 19$)ところ、ゴールに達した順序はHHHHH HHHHT TTTTT TTTTH HHHHH HHHHT TTTTT TTTだった。このとき、カメの順位は10, 11, 12, 13, 14, 15, 16, 17, 18, 19, 30, 31, 32, 33, 34, 35, 36, 37, 38 なので、$R_1 = \binom{10+11+12+13+14+15+16+17+18+19}{+30+31+32+33+34+35+36+37+38}$ $= 451$ となり、$U_1 = 19 \times 19 + \frac{19 \times (19+1)}{2} - 451 = 361 + 190 - 451 = 100$ となる。ウサギの順位は1, 2, 3, 4, 5, 6, 7, 8, 9, 20, 21, 22, 23, 24, 25, 26, 27, 28, 29 で、$R_2 = \binom{1+2+3+4+5+6+7+8+9+20+21}{+22+23+24+25+26+27+28+29} = 290$ となり、$U_2 = 19 \times 19 + \frac{19 \times (19+1)}{2} - 290$ $= 361 + 190 - 290 = 261$ となるので、検定統計量は $U = \min(100, 261) = 100$ となる。

「マン・ホイットニーの棄却限界値表」によると、有意水準5%、$m=19$、$n=19$のときの"棄却限界値"は、両側検定で$U_0=113$つまり$U_0=113>100=U$なので、また、片側検定でも$U_0=123$つまり$U_0=123>100=U$なので、帰無仮説は棄却される！

あるいは、データ数が十分に多いとして、検定統計量の値を計算すると$U=451-\frac{19\times(19+1)}{2}=451-190=261$となる。この$U$が、平均値が$\frac{19\times 19}{2}=180.5$、分散が$\frac{19\times 19\times(19+19+1)}{12}=1173.25$（標準偏差は$\sqrt{1173.25}\fallingdotseq 34.25$）の正規分布に"近似的に"したがうとすれば、有意水準5%として、$180.5-1.96\times 34.25=113.37$〜$180.5+1.96\times 34.25=247.63$の範囲にあるはずだが、$247.63<261$なので、帰無仮説は棄却される！

📖 **【数表】**「マン・ホイットニーの棄却限界値表」は"巻末"に掲載！

📖 **【人】** この検定は、米国の統計学者の**ヘンリー・マン**（Henry Berthold Mann, 1905-2000）とマンの学生だった**ドナルド・ホイットニー**（Donald Ransom Whitney, 1915-2001）が1947年に提案したもの。

み

見える化 (みえるか) transparency or visualization

普通ならば"見えない"あるいは"見えづらい"ものを"見える"ようにすること。対象を"見える"ようにして、その問題を発見し理解し、できるのならば解決するのが狙いである。調査、観察、測定、記録、分析などを含め、「統計」は、適切なデータから必要な情報を導き出すという意味で、"見える化"のための道具・方法だ！ともいえる。「見える化」は、トヨタ自動車のTPS（トヨタ生産システム）のキーとなる方法の1つで、「経営」の分野で使われることが多いが、「統計」の分野でも使える言葉である。意味は「可視化」と同じだが、より一般的に使われている言葉である。⇒ **五回のなぜ**（ごかいのなぜ）

幹葉図 (みきはず) stem and leaf plot

データの"概数（凡その数）"を横軸にとり、これを"樹"と見なし、データの端数を"葉"と考えて描いた度数分布を表す図（数値を並べたもの）。「樹葉図」あるいは（英語のまま）「ステムアンドリーフ」という人もいる。例えば、48件のデータが（分かりやすくソートすると）6, 7, 19, 27, 29, 35, 39, 39, 46, 49, 49, 49, 55, 57, 58, 59, 60, 63, 64, 69, 71, 72, 76, 77, 78, 79, 79, 80, 81, 83, 84, 85, 86, 87, 87, 87, 88, 89, 89, 90, 90, 91, 93, 96, 97, 98, 98, 99のとき、データを10ごとに区切ると、"幹"は0* 1* 2* 3* 4* 5* 6* 7* 8* 9*あるいは0 1 2 3 4 5 6 7 8 9で、0*の"葉"には0〜9のデータの6, 7を67と、1*には10〜19のデータの19を（頭を取って）9と、2*には20〜29のデータの27, 29を（頭を取って）79と、3*には30〜39のデータの35, 39, 39を（頭を取って）599などとなり、図1のようになる。図1の右端は度数だ。普通の「**度数分布図**」（ヒストグラム）では、それぞれのクラス（階級）に入っているデータの情報がなくなってしまうので、これを補ったもの。⇒ **度数分布図**（どすうぶんぷず）

```
0* 67          2
1* 9           1
2* 79          2
3* 599         3
4* 6999        4
5* 5789        4
6* 0349        4
7* 1267899     7
8* 013456777899 12
9* 001367889   9
```

図1　幹葉図

📖【2ごとの区切りの場合】0〜1は0*、2〜3は（twoとthreeの意味で）0t、4〜5は（fourとfiveで）0f、6〜7は（sixとsevenで）0s、8〜9は0.と書くようだ。

みせかけの相関 （みせかけのそうかん） spurious correlation ⇒ 擬似相関 （ぎじそうかん）

ミッドヒンジ mid-hinge

データの分布の"中心"を表す統計量の1つ。具体的には、データをその値が小さい順に並べて（ソートして）四分割し、下から $\frac{1}{4} = 25\%$ に位置する第1四分位数を Q_1、下から $\frac{3}{4} = 75\%$ に位置する第3四分位数を Q_3 としたとき、その平均値の $mh = \frac{Q_1 + Q_3}{2}$ と定義される。⇒ 四分位数 （しぶんいすう）、ミッドレンジ

📖【英和辞典】「hinge」は、①（ドアなどの）蝶番、蝶番状のもの（膝の関節・二枚貝の蝶番など）、②切手ヒンジ、切手をアルバムに貼るとき使うパラフィン紙片、③（米俗）見ること。

📖【人】この統計量は、（「仮説検定」ばかり重視される風潮に反対して、）「探索的データ解析」を提案し、この統計量を普及させた米国の統計学者ジョン・テューキー（John Wilder Tukey, 1915-2000）による。

Excel【関数】QUARTILE（四分位数）を使って計算する。

ミッドミーン mid-mean ⇒ 中央平均 （ちゅうおうへいきん）

ミッドレンジ mid-range

データの分布の"中心"を表す統計量の1つ。具体的には、データの件数を n、データを $x_1, \cdots, x_n$ としたとき、最小値 $\min_{\forall i} x_i$（$\forall i$ は"すべての i について"）と最大値 $\max_{\forall j} x_j$ の平均値の $x_{mr} = \frac{\min_{\forall i} x_i + \max_{\forall j} x_j}{2} = \left(\min_{\forall i} x_i + \max_{\forall j} x_j \right) \div 2$ と定義される。最小値と最大値を使うため、他のデータから飛び離れた"外れ値"があると値が安定しないことがあるので注意！⇒ 四分位数 （しぶんいすう）、範囲 （はんい）

Excel【関数】MIN（最小値）とMAX（最大値）を使って計算する。

μ （ミュー） mu ⇒ 平均値 （へいきんち）

『民力』 （みんりょく） Minryoku

朝日新聞社（東京都中央区）が1964年から刊行している地域データ集。『民力2015』（8,640円（税込））の目次は、①ブロック・エリア紹介・都市圏民力指数、②エリア・都市圏・市区町

村別主要指標（住民基本台帳人口（2014年）、民営総事業所数（2012年）ほか）、③都道府県別民力指数（民力指数と1人当たり民力水準（2015年）、民力個別指数（30指標）（2015年）ほか）、④都道府県別資料集（人口・世帯、土地ほか）、⑤**参考資料**（主要指標の伸び率、年齢別人口、世帯別にみたマーケット・セグメンテーションほか）。1998年からCD-ROMのデータ集、2008年からweb版をリリースしている。DVD-ROM版は69,120円（税込）。web民力完全版は、『民力2015』のデータ＋2012年度以前のデータが閲覧できるライセンス料が64,800円（税込）だ。⇒ **統計データ**（とうけいデータ）

む

無限大（むげんだい）infinity ⇒ ∞（むげんだい）

∞（むげんだい）infinity

無限大、つまり、変数 x の絶対値 $|x|$ が限りなく大きいこと。変数 x が正の方向に限りなく大きくなることを「$x \to +\infty$」と、負の方向に限りなく大きくなることを「$x \to -\infty$」と表す[注1]。"極限値"の記号を使えば、$\lim_{x \to +\infty}$ や $\lim_{x \to -\infty}$ である。当然のことながら、$\frac{1}{\infty}=0$ または $\lim_{x \to \infty}\frac{1}{x}=0$ だ。普通はこういった計算はしないが、$\infty + \infty = \infty$ だ。また、$\infty - \infty$ は"不定"（つまり、値を決めることができない）だ。ちなみに、「∞」の形の起源にはいろいろな説があるが、ローマ数字で $1,000$ を表す"CD"あるいはギリシャ文字の ω（オメガ）を基に作られたものらしい。

(注1)【∞】という記号は、1655年、（「微積分学」への貢献で知られる）英国イングランドの数学者ジョン・ウォリス（John Wallis, 1616-1703）が著書『De sectionibus conicis』で使ったそうだ。

📖 【**無限小**】は、（$-\infty$のことではなく、）変数 x の絶対値 $|x|$ が限りなく小さい、つまり 0 に近づくことだ。

無限母集団（むげんぼしゅうだん）infinite population

"無限個"の要素から構成される母集団。「無限母集団」から標本を抽出しても、母集団の要素の数は減らず、母集団の性質は変わらないので、繰り返し抽出した標本の性質は同じである。これに対して、"有限"の要素から構成される「有限母集団」から標本を抽出すると、母集団の要素の数が減ってしまい、母集団の性質は次第に変わってしまう。このため、標本を抽出した後、これを母集団に戻して、母集団の性質を変えない「復元抽出」という方法が採られる。⇒ **母集団**（ぼしゅうだん）

無作為化（むさくいか）randomization

ランダム化。「無作為」とは、作為（故意）がないこと、偶然に任せることで、例えば、母集団からの標本（サンプル）の抽出を「無作為化」することで、標本は"確率標本"として扱うことができ、偶然を扱う確率論に基づいて、標本から算出される統計値の誤差を"偶然誤差"とできるようになる。具体的には、（出鱈目に出現する）乱数を利用して、どの標本を抽出するかを決める。また、同じ理由から、"反復"や"局所管理"と共に、実験の効率的な割り付けをする「実験計画法」の"フィッシャーの三原則"の1つにもなっている。⇒ **完**

無作為化法(かんぜんむさくいかほう)、**フィッシャーの三原則**(フィッシャーのさんげんそく)、**乱数**(らんすう)

無作為抽出法 (むさくいちゅうしゅつほう) random sampling

確率抽出法。英語のまま「ランダムサンプリング」ともいう。母集団から標本(サンプル)を抽出する「標本抽出法」の1つである。最も単純な「単純無作為抽出法」では、調査対象の母集団を"均質"なものとみなして、この中から"無作為"(ランダム)に標本抽出(サンプリング)する。具体的には、母集団に含まれるすべての要素に通し番号を付け、サイコロや乱数などを用いて、抽出する標本の番号を決める。抽出方法が無作為つまり偶然つまり確率的であることから、その結果は(数学の1つである)「確率論」の方法を用いて分析できる。無作為抽出された標本は「**無作為標本**」や「**確率標本**」と呼ばれる。「推測統計学」の方法は、無作為抽出された標本に対するものだ。母集団が別々の特性(性質)の層に分割してそれぞれの層から標本を無作為に抽出する「層化抽出法」(層別抽出法)の他、「系統抽出法」(等間隔抽出法)、「集落抽出法」、「二段階抽出法」(多段抽出法)、「層別二段抽出法」などもこの抽出法の1つだ。⇒ **標本抽出**(ひょうほんちゅうしゅつ)

無作為標本 (むさくいひょうほん) random sample ⇒ **確率標本**(かくりつひょうほん)

無差別の原理 (むさべつのげんり) principle of indifference ⇒ **理由不十分の原理**(りゆうふじゅうぶんのげんり)

無相関 (むそうかん) no correlation

"対応のある"2つの量的な変数 (x,y) の間で、2つの変数の関係が直線の上に並ぶ程度を表す「相関係数」の値が 0(つまり $r=0$)であること。ここで、相関係数は、変量の一方が増えるとそれにしたがって他方も増えるあるいは減るといった関係の強さのことである。例えば、"対応のある"2つの変数が、一次式で関係づけられる、つまり直線の上に乗っていれば、2つの変数は、バラツキなく完全な相関関係があるのに対して、「半円」の上に乗っている2つの変数(つまり、$x^2+y^2=1 (y≧0)$)は、バラツキはないが「無相関」であることに注意してほしい。なお、標本からの計算結果の信頼性を考えると、実際には、(これよりも"小さい"数値を示唆する人もいるが、)相関係数では $-0.5≦r≦+0.5$、寄与率(決定係数)では $r^2≦0.25$ ならば「無相関」ということができる。⇒ **相関係数**(そうかんけいすう)、**無相関検定**(むそうかんけんてい)

表1 データ

x	0	1	2	2	3	3	4	4	5	5	6	6	6	7	7	8	8	9	9	10
y	5	3	7	4	6	8	3	5	4	3	2	3	5	2	7	4	6	5	4

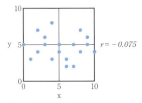

図1 表1のデータの散布図

無相関検定 (むそうかんけんてい) test for significance of correlation coefficient

相関係数の有意性の統計的仮説検定(検定)。設定した有意水準(つまり「第1種の誤り」を犯す確率=危険率)α の下で、相関係数の値 r の有意性、つまりその値が"確実に"正あるいは

負だといえるか否かを検定する。データの件数を n として、母相関係数が $\rho=0$ のとき、統計量 $t = \dfrac{|r|\times\sqrt{n-2}}{\sqrt{1-r^2}} = |r|\times\sqrt{n-2}\div\sqrt{1-r^2}$（$\sqrt{}$ は"平方根"）が自由度 $n-2$ の t 分布にしたがうことを利用する方法と、母相関係数が $\rho\neq 0$ のとき、統計量 $z = \dfrac{1}{2}\log_e\dfrac{1+r}{1-r} = \dfrac{1}{2}\log_e((1+r)\div(1-r))$（$\log_e$ は"自然対数"）が"近似的に"正規分布にしたがう（これらの証明はむずかしいので"省略"）ことを利用する方法がある。後者は、「フィッシャーの z 変換」の項で詳細に説明する。この項では、前者を説明する。

表1のデータ（「相関係数」の項のデータと同じ）（図1はその散布図）を使うと、有意水準 $2\alpha=0.05$（両側検定）のとき、$n=10$ で $r=0.753$ なので、$t = \dfrac{0.753\times\sqrt{10-2}}{\sqrt{1-0.753^2}} = 0.753\times\sqrt{10-2}\div\sqrt{1-0.753^2} = 3.236$ である。自由度は $10-2=8$ で、$p(|t|\geq t_0)=0.05$（$|t|$ は"t の絶対値"）となるのは $t_0=2.306$ で、$2.306 = t_0 < t = 3.236$ となる。この結果、母相関係数が $\rho=0$ という「帰無仮説」は棄却され、$\rho>0$ という「対立仮説」が採択されることになる。

⇒ **相関分析**（そうかんぶんせき）、**フィッシャーの z 変換**（フィッシャーのゼットへんかん）

表1　10名の社員の"入社試験の成績"と"仕事の評価"のデータ

社員	A	B	C	D	E	F	G	H	I	J	平均
試験成績	10	9	9	8	7	7	6	5	5	4	7.0
仕事評価	8	7	6	7	6	6	5	4	3	6	5.8

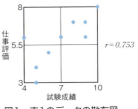

図1　表1のデータの散布図

📖 **【読み方】**「ρ」は、英字の r に相当するギリシャ文字の小文字で"ロー"と読む。

📖 **【数表】**「無相関検定表」は"巻末"に掲載！

め

名義尺度 (めいぎしゃくど) nominal scale

例えば、性別、血液型、電話番号、背番号などのように、何かの性質、区別、分類の記号として名前の代わりに（数値ではなく）数字で表したデータの種類（尺度）。データが同じ数字であれば、それらは同じ値である。他のデータとの比較は同じか否かだけで、データの大小や間隔という概念はなく、また、データの順序づけやデータ同士の演算もない。自動車のナンバー（登録番号）、学生の学籍番号、基礎年金番号なども「名義尺度」である。「カテゴリーデータ」と同じ。"質的"なデータの1つである。ちなみに、データの分布の"代表値"としては、「最頻値（モード）」はあるが、「平均値」や「中央値」（メディアン）は定義されない。⇒ **尺度基準**（しゃくどきじゅん）

📖 **【冗談！】**授業で、「札幌、仙台、東京、名古屋、京都、大阪、神戸、広島、福岡、熊本、鹿児島、那覇の"平均値"はどこだろう？」あるいは「また、"中央値"はどこだろう？」と聞くと、最初は筆者と目を合わせないように俯いているが、一人一人を当てて答えさせると、「岐阜の辺り！」と答える者が結構いる。しかし、「名義尺度」

のデータは、足し算も引き算のないので、そもそも"平均値"や"中央値"という概念はない！のだ。☺

メディアン median ⇒ **中央値**（ちゅうおうち）

メディアン検定（メディアンけんてい）median test ⇒ **中央値検定**（ちゅうおうちけんてい）

も

目的変数（もくてきへんすう）response variable ⇒ **従属変数**（じゅうぞくへんすう）

模型（もけい）model ⇒ モデル

モデル model

　模型。国語辞典では、「問題とする事象（対象や諸関係）を模倣し、類比・単純化したもの。また、事象の構造を抽象化して論理的に形式化したもの。ことに後者は、予想・発見の機能を持ち、作業仮説の創出を促すので、科学方法論的に有益。模型。」と説明されている。これをもう少し丁寧に説明すると、「モデルとは、ひな形（雛形）、（原型の）塑像、原形、（理解などの）モデル、（自動車などの）型、模範、手本、（画家や写真家などの）モデル、（文学作品などの）モデル、ファッションモデル、マネキンなどのことで、私たちが何かの対象・問題について"考える"ときの"ひな形"である」。

　例えば、「重回帰分析（重回帰モデル）」では、"結果"の変数（従属変数）zの値をその"原因"と考えられる2つの変数（独立変数）xとyの値で説明しようとする、つまり、結果zを固定的な成分aと原因xに比例的な成分$b \times x$と原因yに比例的な成分$c \times y$と誤差ε_iの足し算、数式で書くと、$z_i = a + b \times x_i + c \times y_i + \varepsilon_i$となる。この「線形モデル」では、原因は$x$と$y$の2つだけで他にはない、また、原因$x$と$y$の"相乗効果"の$x \times y$（非線形成分）などといったものはないあるいは小さいと想定している。このモデルが、対象としている問題やデータに合っていれば、"適切な"説明ができるであろうが、そうではない場合には、説明は"適切な"ものとはならないであろう(注1)。「統計学」のすべての方法は、それぞれの「前提条件」と「モデル」に基づいたものだ。⇒ **確率モデル**（かくりつモデル）、**構造モデル**（こうぞうモデル）、**統計モデル**（とうけいモデル）

　📖【読み方】「ε」は、英字のeに当たるギリシャ文字の小文字で"イプシロン"と読む。

（注1）【適切なモデル】例えば、$0 \leq x \leq 1$として、$y_1 = x^2$の上のすべてのデータを、$y_2 = a + b \times x$というモデルで説明しようとすると、その変動は$V = \int_0^1 (y_1 - y_2)^2 dx = \int_0^1 (x^2 - a - b \times x)^2 dx$となり、これを計算すると、$V = \int_0^1 (x^4 - 2bx^3 + (b^2 - 2a)x^2 + 2abx + a^2) dx = a^2 + ab + \frac{1}{3}b^2 - \frac{2}{3}a - \frac{1}{2}b + \frac{1}{5}$となる。この変動$V$を最小にするには、$\frac{\partial V}{\partial a} = 2a + b - \frac{2}{3} = 0$、$\frac{\partial V}{\partial b} = a + \frac{2}{3}b - \frac{1}{2} = 0$（$\frac{\partial}{\partial a}, \frac{\partial}{\partial b}$は"偏微分"）となる$a = -\frac{1}{6}, b = 1$、つまり、モデルは$y_2 = -\frac{1}{6} + x$となる。しかし、モデルを$y_3 = a + b \times x + c \times x^2$とすると、その変動$V = \int_0^1 (y_1 - y_3)^2 dx$を最小にするには、$a = 0, b = 0, c = 1$つまり$y_3 = x^2$となる。"適切な"モ

デル！とは、そういう意味だ。

📖 【筆者の説明】私たちが何かの対象・問題を「考える」とき、それまでに学んだ知識・経験・情報を「ひな形」にして、その対象・問題を「認識・理解」し「考える」であろう。「説明」、「分析・検討」、「再現」、「予想」、「計画」などのために「考える」であろう。それぞれの目的に対応して利用できる知識・経験・情報を「ひな形」として参照し、その説明にしたがって「考え」、その説明と実際の対象・問題を比較し、これらが一致する点・共通する点、類似する点、あるいは相違する点を検討・整理する。そして、相違する点をうまく説明できる新たな「ひな形」を探し出していく。「考える」というのは、こういうプロセスのことである。そして、この「ひな形」となる知識・経験・情報が「モデル」で、「概念」、「枠組み」、「分類」、「特徴」、「関係」、「パターン」、「傾向」、「周期」などというと、よりよく理解できるかもしれない。繰り返しになるが、私たちは、「考える」ときに、「ただ考える」のではなく、「モデルで考える」、「モデルを利用して考える」のである。通常、「モデル」は、それを利用する目的に応じて、実際の対象・問題の中から、その目的に応じた本質的な部分を残し（模倣・抽象化し）、そうではない部分は省略して単純化して、物理的にあるいは論理的に作成される。したがって、「モデル」に残された部分と省いた部分が、その対象・問題に対して適切でないと、「考える」目的を達成することができず、その「モデル」の説明には限界があるということになる。ある対象・問題をある目的で「考える」場合には、適切なモデルを選択することが何より大切である。そして、「モデル」は、飽くまでも「実物」の代わりであって、「モデル」が「実物」を模倣している範囲でしか有効ではないことにも注意が必要である。

✍ 【小演習】以下の「モデル」は、どんなもので、何のために使われるものかを説明してみよ。①ファッションモデル、②プラスチックモデル、③エントリーモデル、④ビジネスモデル　とくに、「正解」は示さないので、自分でよ〜く考えてみてほしい！ ☺

モード mode ⇒ 最頻値（さいひんち）

モンティー・ホールジレンマ Monty Hall dilenma ⇒ モンティー・ホール問題（モンティー・ホールもんだい）

モンティー・ホール問題（モンティー・ホールもんだい）Monty Hall problem
　確率論で、直感で正しいと思える答えと論理的に正しい答えに"食い違い"がある例題の1つ。「モンティー・ホールジレンマ」（Monty Hall dilenma）や「三ドア問題」（three doors problem）と同じ。その内容は、ゲームショウ番組[注1]で、3つのドアが用意され、そのうちの1つには自動車が、残りの2つにはヤギが隠れている。"正解を知らない"回答者が自動車が隠れているドアを当てれば、この自動車がもらえる。回答者が、3つのドアのうちから1つのドアを選ぶと、"正解を知っている"司会者が残りの2つのドアのうちからヤギが隠れているドアを開いて、回答者にもう一度"残り"の2つのドアのうちのどちらを選ぶかを尋ねる。回答者は、最初に選んだドアを再び選ぶべきか（これが「stick」）、あるいは考えを変えて別のドアを選ぶべきか（これが「switch」）。
　読者は、最初は $\frac{1}{3}$ だった確率が、司会者がドアを開いた結果として"残り"の選択肢が2つであることから、確率が $\frac{1}{2}$ に増えたように感じるのではないか。しかし、最初に選んだドアを再び選ぶ（つまり「stick」）と、当たる確率は $\frac{1}{3}$ のまま変わらないのだ。具体的に、ドア 1, 2, 3 に隠れている自動車とヤギの組み合わせには、①自動車、ヤギ、ヤギ、②ヤギ、

自動車、ヤギ、③ヤギ、ヤギ、自動車の3つがある。例えば、回答者が最初の選択で《ドア3》を選んだ場合、司会者が開けるドアに○印を付けると、①自動車、○ヤギ、☞ヤギ、②○ヤギ、自動車、☞ヤギ、③ヤギ、○ヤギ、☞自動車という組み合わせになる。回答者が"考えを変えず"（stick）に《ドア3》を選んだ場合、①、②、③のうち③だけ自動車が当たるので、当たる確率は$\frac{1}{3}$となる。しかし、回答者が"考えを変えて"（switch）司会者が開かなかった《ドア1》や《ドア2》を選んだ場合も、①、②、③のうち①と②で自動車が当たるので、当たる確率は$\frac{2}{3}$となる(注2)(注3)。

- 📖 【英和辞典】「stick」は、（ピンなどで）留める、固定する、（針などを）突き刺す、などのこと。「switch」は、交換する、取り替える、移す、スイッチを入れる（switch on）あるいは切る（switch off）、などのこと。

(注1) 【ゲームショウ番組】の名前は「Let's Make a Deal !」（取り引きしよう！）で、モンティー・ホール（Monty Hall, 本名Monte Halperin, 1921-）は、カナダ生まれの俳優・歌手・スポーツキャスターで、この番組の司会者。この番組は1963-77年、1980-81年、1984-86年、1990年に放送された。

(注2) 【マリリンに聞こう！】1990年9月、（知能指数が228で"世界一頭がよい"とギネスブックに登録されている）コラムニストのマリリン・ヴォス・サバント（Marilyn vos Savant, 1946-）が米国の大衆誌『パレード』（Parade Magazine）のコラムの「マリリンに聞こう！」（Ask Marilyn !）で、読者の質問に応じてこの問題を取り上げ「選択を変えた方がよい！」という回答を書いた。これに対して、この回答を受け入れることができなかった約1万人の読者から非難や中傷の投書が殺到した。この中には数学を専門とする大学教授や博士号を持った研究者も数百人含まれていた。ヴォス・サバントは、コラムで4回にわたって詳細に説明をし、その後、全米のいろいろな教育機関で実際にやってみることでも確認された。この"騒ぎ"の状況は、ニューヨークタイムズ紙の一面でも報じられた。

(注3) 【三囚人問題】（three prisoners problem）は、3人の囚人A、B、Cがおり、このうち2人は"処刑"され、1人は"釈放"されることになっている。囚人Aが、誰が釈放されるかを知っている看守に「BとCのうちどちらかは必ず処刑されるので、処刑される1人の名前を教えてくれても、情報を漏らしたことにはならない」といって、処刑される囚人を教えてくれるように頼んだ。看守はこの理屈に納得して「Cが処刑される」と教えた。Aは、この情報を教えてもらう前には、自分が釈放される確率（可能性）は$\frac{1}{3}$だったが、この情報を教えてもらって、その確率は$\frac{1}{2}$になった！と喜んだが、よ～く考えてみると、釈放される確率は$\frac{1}{3}$で変わらないのだ。😊

モンテカルロ法 （モンテカルロほう） Monte Carlo method

　乱数を利用してコンピューターの中で"モデル実験"をしてその結果を分析・検討する方法。対象とする現象のある（重要な）部分が"確率的"である場合、この現象の「結果」を解析的に記述してこれを分析・検討するのではなく、この現象が起こる「メカニズム（構造）」を記述した数学モデル（確率モデル）をコンピューターの中に作り、これを数値的に計算して、その"確率的な"結果を得て、これを分析・検討して解、正確にいえば"近似的な"解を得る方法である。当然のことながら、確率的な部分は、想定する確率分布にしたがった"乱数"を使う(注1)。

例えば、サービスと待合室、顧客とコールセンター、自動車と道路、アクセスとインターネットサイト、顧客と従業員など、"顧客"がサービスを受けるために並ぶ「**待ち行列**」では、顧客がランダムに到着し、顧客が受けるサービスの時間もランダムに決まる。こういった状況は、例えば、顧客は「ポアソン分布」にしたがって到着し、「指数分布」にしたがった時間のサービスを受けるといった"簡単な"（論理の）モデルで記述でき、乱数で"モデル実験"することによって、"顧客"の平均的な待ち時間、平均的な待ち行列の長さ、待たずにサービスを受けられる確率、一定以下の待ち時間でサービスが受けられる確率などを評価することができる。

　この方法の問題点は、十分な精度が得られるまでの収束が遅い（つまり、信頼性の高い結果を得るには、多数回やらなければならない）ことで、このため「**分散減少法**」と呼ばれる方法が考案されている。具体的には、値の変化が大きい部分を細かく分割し重点的にサンプリングする「**重点サンプリング法**」や、全体を小区間に分割しそのそれぞれから平等にサンプリングする「**層別サンプリング法**」などのアルゴリズムがある。「**メトロポリス法**（メトロポリス・モンテカルロ法）」は、確率分布 $p(x)$ にしたがう確率変数 x の「重点サンプリング」を行うもので、まったくランダムなつまり均一な乱数の場合に、関数の値の変化が少ないところに無駄打ちして精度が上がらない、といった問題点を解決できる。その後、この方法を一般化し、単純マルコフ過程に基づくマルコフ連鎖サンプリングを利用した「**メトロポリス・ヘイスティングス・アルゴリズム（MHアルゴリズム）**」が開発された。

　この方法は、「ベイズの理論」に基づいたもので、「ベイズの理論」の普及と共に、1990年ころから急速に研究が進み、経済学や社会学などの分野の大規模シミュレーションに実際に使われるようになっている。「ベイズの理論」は、頻度主義をベースにした従来の統計学に比べて理論的に優れている点が多いが、必要な計算量が多く、複雑なモデルになると実際には計算できない、という問題点を抱えていたが、この「**マルコフ連鎖モンテカルロ法**」（MCMC）の登場によって、この問題点は克服され、「ベイズの理論」や「ベイズ統計学」の利用範囲は飛躍的に広がった。

　現在、「モンテカルロ法」は、統計学を含め、物理学、半導体工学、通信工学、生物学、生態学、経済学、マーケティング、社会心理学、交通工学、金融工学などの分野で欠かすことができない有力なツールになっている。「確率論」の分野の例として、例えば、表計算ソフトのExcel（エクセル）を使って、コンピュータの中で、それぞれ $0.5 = 50\%$ の確率で表と裏が出るコインを何回も投げてみれば、次第に表の出る確率が $0.5 = 50\%$ であること、つまり「**大数の法則**」が確認できる。また、多数（例えば10個）の $0\sim1$ の一様乱数の平均値を何回も計算して、その分布を描いてみれば、次第に正規分布に近づいていく、つまり「**中心極限定理**」が確認できる。☺「統計学」の分野の例としては、「ブートストラップ法」が挙げられる。⇒　**計算機統計学**（けいさんきとうけいがく）、**ブートストラップ法**（ブートストラップほう）、**乱数**（らんすう）

　　📖　**【国語辞典】**では、「偶然現象の経過をシミュレーションする場合に、乱数を用いて数値計算を行い、問題の近似解を得る方法。コンピュータの発達によって広い分野で利用されている。」と説明されているが、これでは"確定的な"問題に対する応用が抜けてしまっているので、「解析的には解くことができないあるいは解くことがむず

かしい、偶然の現象や確定的な現象や問題を、乱数とコンピューターを利用して"実験的"つまり"数値的に"解く方法」と説明した方がより正確である。

- 【モンテカルロ積分】は、例えば、多重定積分の計算や複雑な形状の図形の面積の値を求める問題など"確定的な"対象に関する問題を、計算量を減らすあるいは計算の精度を上げるために「モンテカルロ法」を適用するもので、コンピューターの高速化によって広い分野で利用されている。

(注1) 【ビュフォンの針】18世紀のフランスの博物学者で後にビュフォン伯爵となったジョルジュ・ルイ・ルクレール（George-Louis Leclerc, Comte de Buffon, 1707-88）は、紙の上に間隔が$2a$の平行線を沢山引いておき、この上に長さ$2L (L<a)$の針を"ランダムに"落としたときに、この針が平行線と交わる確率が$p = \frac{2 \times L}{a \times \pi} = 2 \times \frac{L}{a} \div \pi$であることを利用して、実験的に$\pi = \frac{2 \times L}{a \times p} = 2 \times \frac{L}{a} \div p$の値を求めた。いろいろな人がこの方法による円周率の近似値の計算を試みているが、とくに有名なものとして、1901年にイタリアの数学者のマリオ・ラッツェリーニ（Mario Lazzerini）は$\frac{L}{a} = \frac{5}{6}$として、3,408回針を落として1,808回針が平行線に触れ、πの近似値として$\pi = \frac{2 \times L}{a \times p} = 2 \times \frac{L}{a} \div p$つまり$\pi = 2 \times \frac{5}{6} \div \frac{1,808}{3,408} = 2 \times \frac{5}{6} \div \frac{113}{213} = \frac{355}{113} \fallingdotseq 3.1415929...$を得たそうだ。しかし、これはかなりうまくいき過ぎで、多分、これは実際に行われたものではなく、たまたまこの分数がπの近似値になることを発見して"作った話"と考えるのがよいだろう。☺

- 【登場】この方法は、コンピューターの登場によって実用化されたもので、米国の数学者で、ポーランド生まれのスタニスラフ・ウラム（Stanislaw Marcin Ulam, 1909-84）やハンガリー生まれのジョン・フォン・ノイマン（John von Neuman, 1903-57）らが第二次世界大戦の当時、原子爆弾の開発（マンハッタン計画）に当たって核分裂での中性子のランダムな拡散現象を調べるため、具体的には「フェルミの年齢方程式（中性子と減速密度の関係式）」を解くために提案した。この方法を利用して、解析的には解けない物理現象の問題をコンピューターを利用して数値的に解く「計算物理学」といった新しい研究分野が生まれた。「モンテカルロ法」という名前は、フォン・ノイマンが付けたらしい。

- 【モンテカルロ】とは、世界で2番目に小さな国モナコ公国（Principality of Monaco）（総面積1.95平方キロメートル、人口約3万人）の都市の名前である。モンテカルロには、多くの賭博場があることから、「モンテカルロ法」という名前が付いたようだ。

や

ゆ

有意 (ゆうい) significance

　結果が"確率的に"(つまり"偶然に")起こると考えたとき、その結果が"偶然に"つまり"たまたま"起こった！とは考えにくいということ。別のいい方をすれば、その結果は、"滅多に"起こらない！ことだということだ。通常は、統計的仮説検定（検定）をするときに、帰無仮説は「その結果は偶然でも起こる！」、対立仮説は「その結果は偶然で起こったのではない！」とし、帰無仮説を想定して、その結果が起こる確率を計算する。そして、その値が一定の値よりも小さかったときに、その結果は"滅多に"起こらないことが起こった！つまり帰無仮説が誤っていた！と考えることになる。これが「意味が有る」つまり「有意」だ！ということだ。「有意差がある」ともいう。検定は「有意差検定」とも呼ばれる。確率がそれを下回ると、「有意」だ！と判断するその値は「**有意水準**」と呼ばれ、「**第1種の誤り**」を犯す確率（危険率）と同じである。⇒ **帰無仮説**（きむかせつ）、**第1種の誤り**（だいいっしゅのあやまり）、**統計的仮説検定**（とうけいてきかせつけんてい）

有意差 (ゆういさ) significant difference ⇒ **有意** (ゆうい)
有意差検定 (ゆういさけんてい) significance test ⇒ **有意** (ゆうい)
有意水準 (ゆういすいじゅん) significance level

　危険率。統計的仮説検定（検定）で、棄却できない帰無仮説を"あわてて"棄却してしまうつまり「第1種の誤り」を犯す確率である。普通、α で表す。確率分布での「棄却域」に相当する確率でもある。一般には、$\alpha = 0.05$ つまり $5\% = \frac{1}{20}$、20回に1回、そういうことが起こる危険をとるとすることが多い。また、人の命に関わる問題の場合は、$\alpha = 0.01$ つまり $1\% = \frac{1}{100}$、100回に1回とすることがある。⇒ **第1種の誤り**（だいいっしゅのあやまり）、**統計的仮説検定**（とうけいてきかせつけんてい）

　📖【読み方】「α」は、英字の a に相当するギリシャ文字の小文字で"アルファ"と読む。

有意抽出法 (ゆういちゅうしゅつほう) purposive sampling

　「標本抽出法」のうちの「非確率抽出法」の1つ。つまり、母集団から"無作為に"標本を抽出するのではなく、調査の目的に応じて、"意図的に"（つまり有意に）母集団を代表する（と考えられる）標本を抽出する方法である。母集団から"無作為に"標本を抽出する「無作為抽出法」（確率抽出法）に対比していう。とくに、抽出する標本数が少ない場合、「無作為抽出法」で抽出すると、標本誤差が大きくなってしまうので、これを避けるために、この方法が使われる。「**判断**（による）**抽出法**」と呼ぶ人もいる。

　代表的な方法として、あらかじめ"典型的"といえる条件を設定してこれにしたがって標本を抽出する「典型法」や、例えば、対象者を"性別×年代"に分けてそのそれぞれから

必要な標本を抽出する「クォータ法」(割当法)などがある。この方法の問題点は、必ずしも標本が母集団を代表しているという保証がないこと。しかし、「無作為抽出法」では"無作為に"抽出された標本が必ずしも調査に協力してくれる訳ではないなどの限界から、標本の代替がきく「クォータ法」を採用する例が多いようだ。⇒ **標本抽出法**(ひょうほんちゅしゅつほう)

有限母集団(ゆうげんぼしゅうだん) finite population

"**有限個**"の要素から構成される母集団。「有限母集団」から標本(データ)を抽出すると、抽出する度に母集団の要素が減ってしまい、母集団の性質が変わってしまうので注意が必要だ。例えば、赤玉5個と白玉5個が入ったツボから、赤玉を1個取り出したら、ツボの中は赤玉4個と白玉5個となり、続いて玉を1個取り出すときには、最初のときとは条件(性質)が違ってしまう。このため、こういった例では、玉を取り出してその色を確認したら、その玉をツボに戻すという工夫つまり「復元抽出」が必要になる。ちなみに、"無限個"の要素から構成される「無限母集団」に対してはこういった配慮は必要ないことは、自ずと分かるであろう。⇒ **母集団**(ぼしゅうだん)

有効推定量(ゆうこうすいていりょう) efficient estimator ⇒ **有効性**(ゆうこうせい)

有効数字(ゆうこうすうじ) significant figures

測定値で信頼できる桁数の数字。「有効桁数」と同じ。例えば、123 グラムという測定値は、これ以上細かくは測定できなかった(つまり四捨五入した)とすれば、その"真の値"は $123±0.5=122.50〜123.49$ グラムで、信頼できるのは 1 の位までである。しかし、123.0 グラムならば"真の値"は $123.0±0.05=122.95〜123.04$ グラムで、信頼できるのは 0.1 の位までである。こう考えると、例えば、足し算の $123+67.8$ では、123 の有効数字は 1 の位まで、67.8 のそれは 0.1 の位までなので、全体は 1 の位までが有効となる。つまり、67.8 は四捨五入した 68 が有効数字となり、結果は $123+68=191$ となる。$123.0+67.8$ ならば、123.0 も 67.8 も有効数字は 0.1 の位までなので、全体も 0.1 の位までが有効となり、結果は $123.0+67.8=190.8$ となる。

「統計」でも、計算の対象となる測定値には有効数字つまり"意味のある"精度がある(通常は2〜3ケタ)ので、いたずらに"意味のない"多くのケタ数の数値を弄ぶことは避けてもらいたい。「確率」なども"意味のある"数値は、せいぜい2ケタであることに注意!

【掛け算】測定値同士の掛け算の $12.3×45$ は、12.3 は"有効数字"が3ケタ、45 のそれは2ケタなので、掛け算の結果も"有効数字"が2ケタになる。つまり、"有効数字"を考えると、掛け算の結果は $12.3×45=553.5$ ではなく、$12×45=540=5.4×10^2$ になる。割り算も同様だ。☺

【小演習】簡単なので"いますぐ"やってみよう! ①$1.23+4.56=$ ②$12.3+4.56=$ ③$12.30+4.56-7.89=$ ④$1.23×4.56=$ ⑤$1.23×4.5=$ ⑥$12.3÷4.56=$ ⑦$1.23÷4.5=$ ⑧$1.23×4.56÷7.8=$ (正解は⇒「四件法(よんけんほう)」の項に!)

有効性(ゆうこうせい) efficiency

「点推定量」の持つべき望ましい性質の1つ。母数(パラメーター)の"不偏推定量"(は複数存在するが、そ)のうち、標本分散が最も小さいものがあれば、その不偏推定量は「有効性」を持つといい、その推定量を「**有効推定量**」という(「一様最小分散不偏推定量」という言葉もあ

る)。"不偏推定量"には"下限"があり、これを「**クラメール・ラオの下限**」という。つまり、"不偏推定量"の分散がこの下限値に一致するとき、その不偏推定量は「有効推定量」となる。ちなみに、「点推定量」の持つべき望ましい性質には、この他に「不偏性」、「十分性」、「一致性」がある。⇒ **クラメール・ラオの不等式**（クラメール・ラオのふとうしき）、**推定量**（すいていりょう）

郵送調査（ゆうそうちょうさ）mail survey

回答者に調査票を郵送し、回答を記入した後に郵便で返送してもらうというやり方の調査。一般的に、回答者があらかじめ固定されたパネルであったり、回答に謝金が出るなどの場合を除いて、訪問調査や集合調査などに比べて、回収率は低いようだが、コストが抑えられるのが大きな特徴だ。最近はインターネットの普及で、ネット調査に置き換えられつつあるようだが、試供品（サンプル）を同封するなどの場合にはとても有効な方法である。⇒ **アンケート調査**（アンケートちょうさ）

尤度（ゆうど）likelyhood

観測値が与えられたとき、それを説明するモデルや分布などの母数（パラメーター）の値の"尤もらしさ"。ある前提条件××の下で確率変数の結果が出現する場合、観察された結果から考えて、前提条件は××だった！と推測するときの"尤もらしさ"ともいえる。因果関係があると考えられる2つの確率的な事象についての「条件付き確率」を、ある事象が起こったという条件の下での確からしさを表す尺度と見なしたものともいえる。あるいは、「この確率計算のモデルにどの位当てはまっているか」を確率で表した値ということもできる。「尤度」を、観測値から推定する母数の関数として捉えて、「**尤度関数**」ともいう。"連続的な"確率分布の場合は、確率変数に観測値を代入して、確率密度を観測値で評価した値である。

ごく簡単な例を挙げると、表が出る確率が $p = \frac{2}{3} = 66.7\%$ のコイン（硬貨）を2回投げて2回共に表だったとき、その出現確率の ${}_2C_2 \times \left(\frac{2}{3}\right)^2 \times \left(\frac{1}{3}\right)^0 = \binom{2}{2} \times \left(\frac{2}{3}\right)^2 \times \left(\frac{1}{3}\right)^0 = \frac{4}{9} = 44.4\%$ （${}_2C_2 = \binom{2}{2} = \frac{2!}{2! \times (2-2)!} = \frac{2!}{2! \times 0!} = 1$ は、"2つから2つを選ぶ組み合わせの数"）が「尤度」である。1回だけだったときは、${}_2C_1 \times \left(\frac{2}{3}\right)^1 \times \left(\frac{1}{3}\right)^1 = \binom{2}{1} \times \left(\frac{2}{3}\right)^1 \times \left(\frac{1}{3}\right)^1 = \frac{4}{9} = 44.4\%$、0回だけだったときは、${}_2C_0 \times \left(\frac{2}{3}\right)^0 \times \left(\frac{1}{3}\right)^2 = \binom{2}{0} \times \left(\frac{2}{3}\right)^0 \times \left(\frac{1}{3}\right)^2 = \frac{1}{9} = 11.1\%$ ということになる。

回帰分析や判別分析などで母数を推定するとき、尤度を最大化する点推定値は「最尤推定値」（ML推定）と呼ばれ、標本数 n が多くなるにしたがって、"漸近的に"（標本数 n が大きくなれば"大体"という意味）母数の真の値に一致するようになる。しかし、通常、「尤度」をそのままで計算することはむずかしいので、その自然対数を取った「対数尤度」を最大化して、「最尤推定値」を求めることが多い（自然対数は"単調増加[注1]"なので、「尤度」を最大化する母数と「対数尤度」を最大化する母数は同じである）。ちなみに、「対数尤度」を微分したものを「スコア関数」といい、（最尤推定法で観測値から分布の母数を特定するとき、観測する確率変数が母数について持つ"情報量"の）「フィッシャー情報量」は、この"スコア関数"の2次モーメントつまり分散として定義される。⇒ **最尤推定法**（さいゆうすいていほう）、**条件付き確率**（じょうけんつきかくりつ）

(注1)【単調増加】とは、$x_1<x_2$ならば、$f(x_1)<f(x_2)$ということだ。自然対数$f(x)=\log_e x$の場合、$0<x_1<x_2$ならば、$\log_e x_1<\log_e x_2$となる。

【人】「尤度」の考察は、デンマークの数学者・天文学者の**トルバルド・ティエレ**(Thorvald Nicolai Thiele, 1838-1910) の1889年の著書が最も古いものらしい。「尤度」の完全な考察は、推計統計学を確立した、英国の統計学者・進化生物学者の**ロナルド・フィッシャー**(Ronald Aylmer Fisher, 1890-1962) による1922年の "On the mathematical foundations of theoretical statistics" が初めてのようで、フィッシャーは、この論文で「最尤法」(maximum likelihood estimation) という言葉を初めて用いた。フィッシャーは、推定の基礎として「事後確率」を使うことに反対し、代わりに「尤度」に基づく推定を提案した。

尤度比 (ゆうどひ) likelihood ratio, LR

観測値が与えられたとき、それを説明するモデルや分布などの母数 (パラメーター) の値の"尤もらしさ"を表す「尤度」の比。例えば、母数θの「尤度」を$L(\theta)$としたとき、θの2つの値θ_1とθ_2があった場合、$\lambda=\frac{L(\theta_1)}{L(\theta_2)}=L(\theta_1)\div L(\theta_2)$が「尤度比」だ。この比は、$\theta_1$と$\theta_2$の"相対的な"尤度を表す。母数$\theta$の最尤推定値を$\hat{\theta}$としたとき、帰無仮説$H_0:\theta=\theta_0$ (θ_0は"帰無仮説のときの母数")が成り立つとした場合の尤度$L(\theta_0)$を尤度の最大値$L(\hat{\theta})=\max_\theta L(\theta)$で割り算した値つまり$\lambda=\frac{L(\theta_0)}{L(\hat{\theta})}=\frac{L(\theta_0)}{\max_\theta L(\theta)}=L(\theta_0)\div \max_\theta L(\theta)$をいうことも多い。この場合、$L(\theta_0)\leq L(\hat{\theta})=\max_\theta L(\theta)$なので、$0\leq\lambda\leq 1$である。帰無仮説が成り立つとき、この比$\lambda$は$1$に近い値を取り、帰無仮説が成り立たないとき、この比λは0に近い値を取る。また、この比λは、普通の確率分布族に対して、統計量の$-2\times\log_e\lambda$ ($\log_e$は"自然対数")がとくに便利な漸近的な (標本数nが大きくなれば"大体"という意味) 分布になる。「F検定」や「χ^2検定」などの多くの検定は、「尤度比」の対数に対する検定あるいはその近似ということができる。⇒ **尤度** (ゆうど)、**尤度比検定** (ゆうどひけんてい)

【読み方】「θ」は、ギリシャ文字の小文字で"シータ"と読む。英字は対応がなく、音写はthだ。角度や無声歯摩擦音の音声記号としても使われている。「$\hat{\theta}$」は"シータハット"と読む。また、「λ」は、英字のlに当たり"ラムダ"と読む。「χ」は、ギリシャ文字の小文字で"カイ"と読む。対応する英字はないので、英語ではchiと書く。「χ^2」は"カイ自乗"と読む。

尤度比検定 (ゆうどひけんてい) likelihood ratio test, LR test

「尤度比」を検定統計量として行う統計的仮説検定 (検定)。英語の頭文字を取って「LR検定」ともいう。「尤度」$L(\theta)$は、観測値が与えられたとき、それを説明するモデルや分布などの母数 (パラメーター) θの値の"尤もらしさ"のことで、2つの母数θ_0とθ_1があったとき、そのそれぞれの尤度$L(\theta_0)$と$L(\theta_1)$の比の$\lambda=\frac{L(\theta_1)}{L(\theta_0)}=L(\theta_1)\div L(\theta_0)$が「尤度比」である。母数$\theta_0$が尤度$L(\theta)$を"最大"にする値の場合、$L(\theta_1)\leq L(\theta_0)=\max L(\theta)$となるので、$0\leq\lambda\leq 1$となる。「尤度比検定」の検定統計量は$T=2\times\log_e\lambda=2\times\log_e\frac{L(\theta_1)}{L(\theta_0)}=2\times(\log_e L(\theta_1)-\log_e L(\theta_0))$だ (ちなみに、自然対数は"単調増加"なので、「尤度」を最大化する母数と「対数尤度」を最大化する母数は同じである)。この検定統計量は、データが大標本であるなどの条件を満たせば、自由度1のχ^2分布に"漸近的に" (標本数nが大きくなれば"大体"という意味) したがうことが分かっているので、これを利用して行う検定である。なお、「z検定」、

「F 検定」、「χ^2 検定」など多くの検定は、尤度比の自然対数（つまり「対数尤度」）$\log_e L(\theta)$ を用いた検定あるいはその近似とみることができる。統計モデルの相対的な当てはまり具合が評価できるので、「2つのモデルを比較し、どちらのモデルが優れているか」といった判定にも使うことができる。

具体的な例として、等分散 σ^2 の正規分布にしたがう（それぞれ n 件の）群1のデータ $x_{11},\cdots,x_{1n}$ と群2のデータ $x_{21},\cdots,x_{2n}$ について、それぞれの平均値 μ_1 と μ_2 が等しいといえるか否かを「尤度比検定」してみよう。ここで、帰無仮説を $H_0: \mu_1=\mu_2(=\mu)$、対立仮説を $H_1: \mu_1\neq\mu_2$ とし、帰無仮説 H_0 の下での最尤推定値を $\hat{\mu},\hat{\sigma}_0^2$、対立仮説 H_1 の下での最尤推定値を $\hat{\mu}_1,\hat{\mu}_2,\hat{\sigma}_1^2$ とする。帰無仮説 H_0 の下での尤度関数を $L_0(\hat{\mu},\hat{\sigma}_0^2|X)$（$|X$ は "X という条件付き"）、対立仮説 H_1 の下での尤度関数を $L_1(\hat{\mu}_1,\hat{\mu}_2,\hat{\sigma}_1^2|X)$ とすると、「尤度比」は $\lambda = \frac{L_1(\hat{\mu}_1,\hat{\mu}_2,\hat{\sigma}_1^2|X)}{L_0(\hat{\mu},\hat{\sigma}_0^2|X)}$ となる。そして、データの件数 n が大きい（大標本の）とき、検定統計量の $T=2\times\log_e\lambda=2\times\log_e\frac{L_1(\hat{\mu}_1,\hat{\mu}_2,\hat{\sigma}_1^2|X)}{L_0(\hat{\mu},\hat{\sigma}_0^2|X)}$（$\log_e$ は "自然対数"）は "漸近的に" 自由度1の χ^2 分布にしたがう。自由度は H_0 のパラメーター数（つまり $\hat{\mu},\hat{\sigma}_0^2$ の2つ）と H_1 のパラメーター数（つまり $\hat{\mu}_1,\hat{\mu}_2,\hat{\sigma}_1^2$ の3つ）の差で、$3-2=1$ である。データの数が多ければ、$T>\chi^2_{0.95}(1)$ で、帰無仮説を棄却すれば、有意水準5％の両側検定になる[注1]。⇒ **スコア型検定**（スコアがたけんてい）、**ネイマン・ピアソンの補題**（ネイマン・ピアソンのほだい）、**ワルド型検定**（ワルドがたけんてい）

📖 【読み方】「θ」は、ギリシャ文字の小文字で "シータ" と読む。英字は対応がなく、音写は th だ。角度や無声歯摩擦音の音声記号としても使われている。「μ」は、英字の m に当たるギリシャ文字の小文字で "ミュー" と読む。「$\hat{\mu}$」は "ミューハット" と読む。「σ」は、英字の s に当たり "シグマ" と読む。「σ^2」は "シグマ自乗"、「$\hat{\sigma}^2$」は "シグマ自乗ハット" と読む。「π」は、英字の p に当たり "パイ" と読む。"円周率" を表すことが多い。「χ」は、ギリシャ文字の小文字で "カイ" と読む。対応する英字はないので、英語では chi と書く。「χ^2」は "カイ自乗" と読む。

(注1) 【計算例】（実は、この例は "大標本" とはいえないのだが、）それぞれ5件の群1のデータが $10,13,14,8,15$、群2のデータが $13,21,18,25,13$ のとき、群1のデータの平均値と群2のそれが等しいといってよいか否かの「尤度比検定」である。まず、帰無仮説 H_0 の下では群1と群2の10件のデータのすべてが $N(\mu,\sigma^2)$ にしたがい、その最尤推定値は、$\hat{\mu}=\frac{1}{10}\sum_{i=1}^{2}\sum_{j=1}^{5}x_{ij}=\frac{1}{10}((10+13+14+8+15)+(13+21+18+25+13))$
$=15$、$\hat{\sigma}_0^2=\frac{1}{10}\sum_{i=1}^{2}\sum_{j=1}^{5}(x_{ij}-\hat{\mu})^2=\frac{1}{10}\left(\begin{array}{l}(10-15)^2+(13-15)^2+(14-15)^2+(8-15)^2+(15-15)^2\\+(13-15)^2+(21-15)^2+(18-15)^2+(25-15)^2+(13-15)^2\end{array}\right)$
$=23.2$ となる。また、対立仮説 H_1 の下では、群1のデータは $N(\mu_1,\sigma_1^2)$ に、群2のデータは $N(\mu_2,\sigma_1^2)$ にしたがい、その最尤推定値は、$\hat{\mu}_1=\frac{1}{5}\sum_{j=1}^{5}x_{1j}=\frac{1}{5}(10+13+14+8+15)=12$、$\hat{\mu}_2=\frac{1}{5}\sum_{j=1}^{5}x_{2j}=\frac{1}{5}(13+21+18+25+13)=18$ および $\hat{\sigma}_1^2=\frac{1}{10}\left(\sum_{j=1}^{5}(x_{1j}-\hat{\mu}_1)^2+\sum_{j=1}^{5}(x_{2j}-\hat{\mu}_2)^2\right)=\frac{1}{10}\left(\begin{array}{l}(10-12)^2+(13-12)^2+(14-12)^2+(8-12)^2+(15-12)^2\\+(13-18)^2+(21-18)^2+(18-18)^2+(25-18)^2+(13-18)^2\end{array}\right)=14.2$ となる。正規分布の確率密度関数は $f(x)=\frac{1}{\sqrt{2\pi}\sigma}\times\exp\left(-\frac{(x-\mu)^2}{2\sigma^2}\right)$（$\pi$ は "円周率"）なので、H_0 の「尤度関数」は、$L_0(\hat{\mu},\hat{\sigma}_0^2|X)=\prod_{i=1}^{2}\prod_{j=1}^{5}\left(\frac{1}{\sqrt{2\pi}\hat{\sigma}_0}\times\exp\left(-\frac{(x_{ij}-\hat{\mu})^2}{2\hat{\sigma}_0^2}\right)\right)=\left(\frac{1}{\sqrt{2\pi}\hat{\sigma}_0}\right)^{10}\times\exp\left(-\frac{1}{2\hat{\sigma}_0^2}\sum_{i=1}^{2}\sum_{j=1}^{5}(x_{ij}\times\hat{\mu})^2\right)$ となり、その自然対数の値は $\log_e L_0(\hat{\mu},\hat{\sigma}_0^2|X)=-\frac{10}{2}$

$\times \log_e(2\pi\hat{\sigma}_0^2) - \frac{1}{2\hat{\sigma}_0^2}\sum_{i=1}^{2}\sum_{j=1}^{5}(x_{ij}-\hat{\mu})^2 = -5\times\log_e(2\pi\hat{\sigma}_0^2) - 5$ (なぜならば $\frac{1}{10}\sum_{i=1}^{2}\sum_{j=1}^{5}(x_{ij}-\hat{\mu})^2 = \hat{\sigma}_0^2$) となる。これに最尤推定値の値 $\hat{\sigma}_0^2 = 23.2$ を入れると、$\log_e L_0(\hat{\mu},\hat{\sigma}_0^2|X) = -5\times\log_e(46.4\pi) - 5$ となる。これに対して、H_1 の「尤度関数」は、$L_1(\hat{\mu}_1,\hat{\mu}_2,\hat{\sigma}^2|X)$
$= \prod_{j=1}^{5}\left(\frac{1}{\sqrt{2\pi}\sigma}\times\exp\left(-\frac{(x_{1j}-\mu_1)^2}{2\sigma^2}\right)\right) \times \prod_{j=1}^{5}\left(\frac{1}{\sqrt{2\pi}\sigma}\times\exp\left(-\frac{(x_{2j}-\mu_2)^2}{2\sigma^2}\right)\right) = \left(\frac{1}{\sqrt{2\pi}\sigma}\right)^{10}$
$\times \exp\left(-\frac{1}{2\sigma^2}\left(\sum_{j=1}^{5}(x_{1j}-\mu_1)^2 + \sum_{j=1}^{5}(x_{2j}-\mu_2)^2\right)\right)$ となり、その自然対数の値は $\log_e L_1(\hat{\mu}_1,\hat{\mu}_2,\hat{\sigma}^2|X)$
$= -\frac{10}{2}\times\log_e(2\pi\hat{\sigma}_1^2) - \frac{1}{2\hat{\sigma}_1^2}\left(\sum_{j=1}^{5}(x_{1j}-\hat{\mu}_1)^2 + \sum_{j=1}^{5}(x_{2j}-\hat{\mu}_2)^2\right) = -5\times\log_e(2\pi\hat{\sigma}_1^2)$
-5 (∵ $\frac{1}{10}\left(\sum_{j=1}^{5}(x_{1j}-\hat{\mu}_1)^2 + \sum_{j=1}^{5}(x_{2j}-\hat{\mu}_2)^2\right) = \hat{\sigma}_1^2$) となる。これに最尤推定値の値 $\hat{\sigma}_1^2 = 14.2$ を入れると、$\log_e L_1(\hat{\mu}_1,\hat{\mu}_2,\hat{\sigma}^2|X) = -5\times\log_e(28.4\pi) - 5$ となる。したがって、検定統計量は $T = 2\times((-5\times\log_e(28.4\pi)-5) - (-5\times\log_e(46.4\pi)-5)) = 10\times\log_e\frac{46.4\pi}{28.4\pi}$
$= 10\times\log_e 16.338 = 4.91$ で、$T \fallingdotseq 4.91 > 3.84 \fallingdotseq \chi^2_{0.95}(1)$ となり、帰無仮説 H_0 は棄却される！ことになる。☺

- 【人】ポーランド出身の数理統計学者のイェジ（イェルジー）・ネイマン（Jerzy Neyman, 1894-1981）と英国の数理統計学者のエゴン・ピアソン（Egon Sharpe Pearson, 1895-1980）は、現代の推計統計学の中心的理論を確立した。なお、ピアソンは、「記述統計学」を大成した英国の統計学者カール・ピアソン（Karl E.Pearson, 1857-1936）の息子である。

雪だるま式サンプリング (ゆきだるましきサンプリング) snowball sampling

標本抽出法のうちの「非確率抽出法」の1つ。対象とする母集団から"無作為に"回答者（標本）を数名選び回答してもらい、この回答者に同じ母集団から次の回答者数名を指名（紹介）してもらう。これを繰り返すことで、必要な数に達するまで、回答者を増やしていく。標本の数が"雪だるま式"に増えていくことから、このようにいう。標本は、母集団から偏ることなく抽出されていることが望ましいが、「雪だるま式サンプリング」では、何かの偏りが入る可能性が否定できない。しかし、最近は、社会での"人的なネットワーク"の重要性が認識されるようになり、社会や組織などでの人と人との関係、口コミを含む情報の伝達・共有、意思決定や行動の伝播などの調査で使われるようになっている。英語のまま「スノーボールサンプリング」ともいう。⇒ **標本調査** (ひょうほんちょうさ)

U検定 (ユーけんてい) U test ⇒ マン・ホイットニーのU検定 (マン・ホイットニーのユーけんてい)

ユールのQ (ユールのキュー) Yule's Q ⇒ ユールの連関係数 (ユールのれんかんけいすう)

ユールの連関係数 (ユールのれんかんけいすう) Yule's coefficient of association

2×2 分割表（クロス集計表）のデータの"連関"の指標。「ユールのQ」と同じ。具体的には、分割表のデータを $\begin{pmatrix} x_{11} & x_{12} \\ x_{21} & x_{22} \end{pmatrix}$ としたとき、$Q = \frac{x_{11}x_{22}-x_{12}x_{21}}{x_{11}x_{22}+x_{12}x_{21}} = (x_{11}x_{22}-x_{12}x_{21}) \div (x_{11}x_{22} + x_{12}x_{21})$ で表され、この指標は $-1 \le Q \le +1$ で、その絶対値が0に近いほど"連関"は弱く、1に近いほど"連関"は強い。ただし、4つのデータのうち1つが0だと $Q = \pm 1$ になってしまうので、$Q = \pm 1$ だからといって完全な"連関"があるとはいえないことに注意。計算例として、表1の 2×2 分割表のデータで計算すると、$Q = \frac{42\times 4 - 11\times 43}{42\times 4 + 11\times 43} = \frac{-305}{641}$
$= -305 \div 641 = -0.476$ となる。

表1　男女別の"利き腕"のデータ

	右利き	左利き	合計
男性	42	11	53
女性	43	4	47
合計	85	15	100

【人】この方法は、英国の統計学者のジョージ・ユール（George Udny Yule, 1871-1951）による。

よ

要約統計量（ようやくとうけいりょう）summary statistics

　　データの分布の特徴を要約して表す統計量。「基本統計量」や「記述統計量」と同じ。「位置」ならば、平均値、中央値（メディアン）、最頻値（モード）、最大値、最小値、第1四分位数、第3四分位数など、「バラツキ」ならば、分散、標準偏差、平均偏差、範囲、四分位範囲など、「形」ならば、尖度、歪度などがある。⇒　**代表値**（だいひょうち）

　　Excel【ツール】ツールバー⇒データ⇒分析⇒データ分析（基本統計量）※平均、標準誤差、中央値、最頻値、標準偏差、分散、尖度、歪度、範囲、最小、最大、合計、標本数、k番目に小さい値、k番目に大きい値、信頼区間の幅

四件法（よんけんほう）question with four answers

　　「よい」、「ややよい」、「ややよくない」、「よくない」など4つの選択肢から選択・回答させるアンケート調査の方法。「二件法」「三件法」などと比べて、選択肢の幅が広く、回答者が選択・回答しやすい。「五件法」のように、真ん中に「普通」や「どちらでもない」の選択肢がないので、「よい」、「ややよい」か「ややよくない」、「よくない」かのどちらかに"決断"させるのが特徴。⇒　**アンケート調査**（アンケートちょうさ）、**三件法**（さんけんほう）、**二件法**（にけんほう）

　　☞【（有効数字）小演習の正解】①$1.23 + 4.56 = 5.79$　②$12.3 + 4.56 = 16.9$　③$12.30 + 4.56 - 7.89 = 8.97$　④$1.23 \times 4.56 = 5.61$　⑤$1.23 \times 4.5 = 5.4$　⑥$12.3 \div 4.56 = 2.70$　⑦$1.23 \div 4.5 = 0.27$　⑧$1.23 \times 4.56 \div 7.8 = 0.71$　できましたか。☺

四分位数（よんぶんいすう）quartile ⇒　**四分位数**（しぶんいすう）

四分位範囲（よんぶんいはんい）interquartile range, IQR ⇒　**四分位範囲**（しぶんいはんい）

ら

ラオのスコア検定（ラオのスコアけんてい）Rao's scoring test ⇒ **スコア型検定**（スコアがたけんてい）

ラグランジュ乗数検定（ラグランジュじょうすうけんてい）Lagrange multiplier test, LM test ⇒ **スコア型検定**（スコアがたけんてい）

ラテン方格法（ラテンほうかくほう）Latin square design
「実験計画法」の実験の割り付けの方法の1つ[注1]。$n \times n$（つまりn行n列）の表の各行・各列に（n種類の）各記号がそれぞれ1回だけ現れるように並べたもの。「ラテン方陣」と同じ。図1は、$n=3$のラテン方格で、各行・各列とも、aとbとcが1回だけ現れる。図2は、$n=4$のラテン方格で、各行・各列とも、aとbとcとdが1回だけ現れる。例えば、$n=3$の場合、第1日目にはa,b,cの順序で、第2日目にはb,c,aの順序で、第3日目にはc,a,bの順序で行えばよいことになる。ちなみに、もう1つの割り付けの方法である「乱塊法」では、第1日目にはa,b,cを任意の順序で、第2日目にもa,b,cを任意の順序で、第3日目にもa,b,cを任意の順序で行えばよい。その意味で、「乱塊法」が1種類のブロック因子を取り上げるのに対して、「ラテン方格法」では2種類のブロック因子を取り上げるものともいえる。⇒ **実験計画法**（じっけんけいかくほう）、**乱塊法**（らんかいほう）

$$\begin{bmatrix} a & b & c \\ b & c & a \\ c & a & b \end{bmatrix}$$

図1　$n=3$のラテン方格

$$\begin{bmatrix} a & b & c & d \\ b & c & d & a \\ c & d & a & b \\ d & a & b & c \end{bmatrix}$$

図2　$n=4$のラテン方格

（注1）【ラテン方格】という"名前"は、記号としてラテン文字（ローマ字）を用いたことにより、スイスの数学者・物理学者・天体物理学者で、微積分成立以後の18世紀の数学の中心であった**レオンハルト・オイラー**（Leonhard Euler, 1707-83）が名づけたそうだ。

ラプラスの原理（ラプラスのげんり）Laplace's principle ⇒ **理由不十分の原理**（りゆうふじゅうぶんのげんり）

ラプラスの算術的確率（ラプラスのさんじゅつてきかくりつ）Laplace's arithmetic probability ⇒ **理由不十分の原理**（りゆうふじゅうぶんのげんり）

ラプラスの定義（ラプラスのていぎ）Laplace's definition ⇒ **理由不十分の原理**（りゆうふじゅうぶんのげんり）

ラプラスの定理（ラプラスのていり）Laplace's theorem ⇒ **二項分布**（にこうぶんぷ）

乱塊法（らんかいほう）randomized block design
「実験計画法」の実験の割り付けの方法の1つ。実験の結果は、実験の因子（要因）とその

水準の組み合わせの他に、実験日時、場所、実験装置などの"環境条件の違い"によることがある。この場合、これらの環境条件の違いも1つの因子（「ブロック因子」と呼ぶ）と考えて、その違いを「ブロック化」つまりそれぞれの（環境条件が同じ）ブロックの中では、実験の因子とその水準の"すべて"の組み合わせを1回だけ含むようにして、その繰り返し数の分だけ反復するという方法である。「層別無作為配置法」と同じ。

この方法では、ブロック内の変動は、「無作為化」によって、"誤差"に転化することができ、また、ブロック間の変動は、ブロック内の条件を均一にする「局所管理」によって、除去できる。さらに、「反復」によって、実験の結果が実験の因子とその水準の組み合わせによるものか、あるいは、偶然のバラツキなのかを判別できる。つまり、実験計画で必要とされる「反復」、「無作為化」、「局所管理」の「フィッシャーの三原則」を完全に満たしているのが大きな特徴の1つである。

ちなみに、実験の"すべて"を無作為化する「完全無作為化法」では、変動のすべてを誤差と考えるのに対して、「乱塊法」では、実験の大きな変動をブロック因子と考えるため、誤差が小さくできるのも大きな特徴である。なお、「乱塊法」という名前は、「農業研究」における"伝統的な"名前でもある。⇒ **完全無作為化法**（かんぜんむさくいかほう）、**実験計画法**（じっけんけいかくほう）、**層別**（そうべつ）、**フィッシャーの三原則**（フィッシャーのさんげんそく）、**ラテン方格法**（ラテンほうかくほう）

📖 【英和辞典】「block」とは、①かたまり、②コンクリートブロック、③積み木、④市街地の一区域、⑤鉄道で、安全確保のため列車間に一定の距離を保たせるための、信号を備えた小区画、⑥印刷の版木、⑦防御すること。妨害すること。多く、スポーツでいう。ブロッキング。

乱数 （らんすう） random number

出現する値に規則性（周期性）のない数。出鱈目（ランダム）に出現する数ともいえる（「出鱈目」は「出たらその目」の当て字で、筋の通らないこと、いい加減なこと）。例えば、「サイコロ」を振って出る1から6までの目は出鱈目にかつ（回数が多くなればほぼ）均等に出現するであろうし、「コイン投げ」の結果も、表か裏が出鱈目にかつ（回数が多くなればほぼ）均等に出現するであろう。このように、生起する事象が"均等に"つまり"一様に"出現する乱数、つまり乱数の分布が一様なものが「**一様乱数**」である。この他、生起する事象の出現の仕方の統計的な性質（つまり分布の形状）によって、正規分布に対応する「**正規乱数**[注1]」、指数分布に対応する「**指数乱数**」、ポアソン分布に対応する「**ポアソン乱数**」、二項分布に対応する「**二項乱数**」などといったものがある。

「一様乱数」を得る最も簡単な方法は、統計数値表や統計学の教科書に収録されている「乱数表」を参照することである。「乱数表」は、精巧な装置で作成された0〜9までの数字を何の規則性もなく無作為に並べたもので、通常は、見やすいように、2桁、4桁あるいは5桁ずつに区切られているが、数字は1桁ずつ独立しているので、必要な桁数を抜き出して利用すればよい。「**JIS乱数表**」（正式には「日本工業規格（JIS）Z9031 ランダム抽取法」の付表「乱数表」）には、40ページにわたって合計4万個の乱数が収録されており、6通りの無作為性の検定を行った結果も収録されている。

また、もう1つの簡単な方法は「**乱数サイコロ**」を振ることである。普通のサイコロは

立方体（正六面体）の6つの面に1～6までの数字を書き込んだものだが、この他に、正四面体、正八面体、正一二面体、正二〇面体[注2]の各面に数字を書き込んだものがある（図1）。さらに、数学的な計算（アルゴリズム）によって統計的な意味で乱数に似た数列を自動的に生成する「**擬似乱数**[注3]」があり、これはコンピューターで使われている（この他、物理現象によって発生する音（ノイズ）を利用して乱数を生成する「**物理乱数**」がある）。

ちなみに、ある確率分布にしたがった乱数を作るには、まずは一様乱数を生成し、これをその確率分布の累積確率密度関数で変換すればよい。あるいは、その確率分布の確率密度関数に近似した確率密度関数を見つけ出し、生成した一様乱数が目的の確率分布の確率密度関数とこの関数の比より大きいか小さいかで受容し棄却する「棄却サンプリング」という方法もある。これは頻繁に使われる方法だ。

「乱数」は、個々の事象の生起については不確定であるがその全体については確率分布が分かっている、あらゆる「確率現象」に関して、その数値実験（シミュレーション）のために利用される。また、事象の生起については確定的ではあるがその規模が非常に大きい現象についても、その数値評価のために利用されている。乱数を利用した計算法として「モンテカルロ法」があり、その利用領域は、物理現象、金融工学、心理学、ゲームなどあらゆる分野にわたる。「統計」では、母集団からの標本の「無作為抽出法」や計算機統計学の方法の1つの「ブートストラップ法」などに使われる。⇒　**無作為化**（むさくいか）、**モンテカルロ法**（モンテカルロほう）

図1　乱数サイコロ

(注1)　【**正規乱数**】「中心極限定理」によって、確率変数 x がどんな確率分布にしたがっていても、そのデータの件数 n が十分に大きくなれば、その確率変数の和（あるいは平均値）は「正規分布」に近づく！　そこで、多数の一様乱数を足し算しその数で割り算する、つまり算術平均すると、その結果は「正規乱数」となる。例えば、$0 \leq x \leq 1$ の一様乱数 $x_1, \cdots, x_6$（平均値は $\frac{1}{2} = 0.5$、分散は $\frac{1}{12} = 0.0833$）を生成し、その算術平均つまり $y = \frac{1}{6} \sum_{i=1}^{6} x_i = \frac{1}{6}(x_1 + \cdots + x_6)$ を計算すれば、y は（平均値は $\frac{1}{2} = 0.5$、分散は $\frac{1}{12} \div 6 = \frac{1}{72} = 0.0139$）"ほぼ"「正規乱数」となる。表計算ソフトのExcelでは、例えば、A1＝RAND(),…,A6＝RAND() として、A7＝AVERAGE(A1:A6) とすれば、A7は"ほぼ"「正規乱数」となる。読者も実際にやってみると、「中心極限定理」の"すごさ"が分かるだろう。☺

(注2)　【**正n面体**】が5種類しか存在しないことは、古代ギリシャの哲学者プラトン（Platon, 前427–前347）の頃から知られていたようだ。

(注3)【擬似乱数】の生成アルゴリズムのうち、「乗算合同法」では、ある値（大きな整数）x_nに一定の数aを掛け算し、Mで割り算してその余りを次の値x_{n+1}とする、つまり、$x_{n+1} \equiv a \times x_n (mod\ M)$を繰り返す。$x$を8桁の整数とし、$a=23, M=10^8+1=100,000,001$とすると、乱数の周期は5,882,352となる。これを改良した「混合合同法」では、これに一定の数cを加えて、Mで割り算してその余りを次の値x_{n+1}とする、つまり、$x_{n+1} \equiv a \times x_n + c (mod\ M)$を繰り返す。C言語の標準乱数の$rand$は、この方法で$a=1,103,515,245, c=12,345, M=2^{31}=2,147,483,648$とし、この整数列を$0 \leq x < 1$に正規化したものだ。乱数の周期は$2^{31}$だ。現在、最も高性能な擬似乱数は、1996-8年に日本の数学者の松本眞（1965-）と西村拓士が開発した「メルセンヌツイスター」で、最新版のMT19937では、623次元の空間に均等に分布する乱数を生成できる。周期は$2^{19937}-1 \fallingdotseq 4.315 \cdots \times 10^{6001}$と"超"長い。

【乱数の検定法】乱数が一様分布しているか否かは、乱数の定義区間を等分割し、それぞれの小区間に落ちた乱数の頻度を、適合度検定である「χ^2検定」してみればよい。また、並べられた乱数と、それを一定個数だけずらした同じ区間で「自己相関分析」をすれば、周期性があるか否かが分かる。この他、乱数が出鱈目であるか否かの検定として、並べられた乱数を5個ずつ区切って、その組み合わせの頻度がトランプのポーカーの上がり手の出現確率と同じか否かを検定する「ポーカーテスト」、乱数の値の増減の長さ（つまり連）を検定する「連テスト」などがある。

【数表】「一様乱数表」と「二項乱数表」は"ネット"に掲載！

Excel【関数】RAND（$0 \leq x < 1$の"実数"の一様乱数）、RANDBETWEEN（指定範囲の"整数"の一様乱数）【ツール】ツールバー⇒データ⇒分析⇒データ分析（乱数発生）

ランダムサンプリング random sampling ⇒ **無作為抽出法**（むさくいちゅうしゅつほう）

ランダムプロセス random process ⇒ **確率過程**（かくりつかてい）

り

離散型分布（りさんがたぶんぷ）discrete probability distribution

"離散型"変数の確率分布。"離散型"変数とは、"連続的"ではない"とびとび"の値を取る変数で、①1枚のコイン（硬貨）投げならば裏(0)か表(1)か、②1ケのサイコロの目ならば1〜6、③n枚のコイン投げで表が出る枚数ならば0〜nが変数のとる値だ。このうち、1枚のコイン投げと1ケのサイコロの目は「一様分布」である。n枚のコイン投げの結果は、有名な「二項分布」と呼ばれる分布だ。この他、「ポアソン分布」なども"離散型"の確率分布の1つである。確率の値は「確率質量関数」で定義される。「連続型"分布」に対比していう。⇒ **確率質量関数**（かくりつしつりょうかんすう）、**二項分布**（にこうぶんぷ）、**連続型分布**（れんぞくがたぶんぷ）

$\lim_{x \to \infty}$（リミット）lim, limit

「$x \to \infty$」は"連続的な変数xを限りなく∞（無限大）に近づける"という意味で、「$\lim$」はそのときの極限値。一般に、"極限"とは、連続的な変数xを限りなくある値x_0に近づけること（これを「$x \to x_0$」と書く）で、"極限値"は、その変数xの関数$f(x)$のそのときの値のこ

とだ。これを、頭に"極限"の意味のlimitを付けて$\lim_{x \to x_0} f(x)$と書く。連続的な関数の$y=f(x)$の場合、xを限りなくx_0に近づけたとき、xの関数である$y=f(x)$は$y_0=f(x_0)$に近づく。つまり、$\lim_{x \to x_0} f(x)=f(x_0)=y_0$である。しかし、例えば、$x<0$のとき$y=x-1$、$x=0$のとき$y=0$、$0<x$のとき$y=x+1$のような"不連続な"関数の場合、$x_0<0$ならば、$\lim_{x \to x_0} f(x)=f(x_0)=y_0$、$x_0>0$ならば、$\lim_{x \to x_0} f(x)=f(x_0)=x_0+1$であり、$\lim_{x \to x_0} f(x)$は1つには決まらない。つまり、$x$を$x<0$の側から$x_0=0$に近づけていくと（$\lim_{x \to 0-}$はそういう意味だ）、$\lim_{x \to 0-} f(x)=-1$になり、$x$を$x>0$の側から$x_0=0$に近づけていくと（$\lim_{x \to 0+}$はそういう意味だ）、$\lim_{x \to 0+} f(x)=1$になる。いずれも$f(x)=0$とは異なる。

流行値（りゅうこうち）mode ⇒ **最頻値**（さいひんち）

留置法（りゅうちほう）leaving method ⇒ **留め置き調査**（とめおきちょうさ）

理由不十分の原理（りゆうふじゅうぶんのげんり）principle of insufficient reason

例えば、（偏りのない）サイコロの1〜6の目の出る可能性が等しい！と考えるのは、サイコロを振ったときに1〜6のそれぞれの目が他の目より多くあるいは少なく出る特別な理由がないからだ！とする考え方。「ラプラスの原理」や「ラプラスの定義」と同じ。「理由不十分の原理」や「無差別の原理」とも呼ばれる。この原理つまり考え方によって、"ある"事象が起こる「確率」pは、起こり得る事象の集まりnを分母に、"ある"事象が起こり得る集まりrを分子にして割り算をすれば$p=\frac{r}{n}=r \div n$と計算できるということになる。これが「古典的確率」、「理論的確率」、「ラプラスの算術的確率」とも呼ばれる"確率"の最も基本的な考え方だ。ちなみに、「ベイズ統計学」で、特別な情報がない場合の"事前分布"として、「一様分布」を採用するのは、この「理由不十分の原理」による。⇒ **一様分布**（いちようぶんぷ）、**確率**（かくりつ）

【人】「ラプラスの原理」は、（二項分布に関する「ラプラスの定理」でも知られる）フランスの偉大な数学者・物理学者のピエール＝シモン・ラプラス（Pierre-Simon Laplace, 1749-1827）の提案による。「理由不十分の原理」の名前は、「ベルヌーイ試行」などに名を残すスイスの数学者ヤコブ・ベルヌーイ（Jacob/Jacques Bernoulli, 1654-1705）による。「無差別の原理」の名前は、「マクロ経済学」を創始した英国の経済学者ジョン・メイナード・ケインズ（John Maynard Keynes, 1883-1946）による。

両側確率（りょうがわかくりつ）two-sided probability ⇒ **両側検定**（りょうがわけんてい）

両側検定（りょうがわけんてい）two-sided test or two-tailed test

「帰無仮説」の採択域の"両側"つまり下側と上側の両方に「棄却域」を設けた統計的仮説検定（検定）。例えば、「抽出された標本xはある"連続的な"確率分布にしたがっている母集団からのものだ！」を「帰無仮説」として、有意水準（「第1種の誤り」を犯す確率＝危険率）5％で統計的仮説検定を行うとき、（$x_1<x_2$として、）$x_1 \leq x \leq x_2$となる確率$p(x_1 \leq x \leq x_2)$が$100-5=95\%$となる、つまり、$x \leq x_1$となる確率$p(x \leq x_1)$と$x_2 \leq x$となる確率$p(x_2 \leq x)$の和が5％（通常は$p(x \leq x_1)=p(x_2 \leq x)=5\% \div 2=2.5\%$）になるように検定する。これが「両側検定」。有意水準の5％は「**両側確率**」、x_1は「下側パーセント点」、x_2は「上側パーセント点」と呼ばれる。ちなみに、$x \leq x_1$となることがない！ことが分かっている場合は、$x_2 \leq x$となる確率$p(x_2 \leq x)$が5％になるように検定する。これは「片側検定」である。⇒ **片側検定**（かたがわ

けんてい)、**パーセント点**（パーセントてん）

両側パーセント点（りょうがわパーセントてん）two-sided percent point ⇒ **パーセント点**（パーセントてん）

量的調査（りょうてきちょうさ）quantitative survey ⇒ **定性調査**（ていせいちょうさ）

量的データ（りょうてきデータ）quantitative data

（スティーブンスの）**尺度基準**でいえば、「比例尺度」や「間隔尺度」のデータ。"数値的な" データであり、足し算や引き算ができる他、掛け算や割り算にもその意味が定義できるのが 特徴である。「質的データ」の「名義尺度」や「順序尺度」のデータに対比してこういう。
⇒ **尺度基準**（しゃくどきじゅん）

リリフォース検定（リリフォースけんてい）Lillifors test ⇒ **コルモゴロフ・スミルノフ検定**（コルモゴロフ・スミルノフけんてい）

理論的確率（りろんてきかくりつ）theoretical probability ⇒ **古典的確率**（こてんてきかくりつ）

る

累積確率密度関数（るいせきかくりつみつどかんすう）cumulative probability density function ⇒ **確率密度関数**（かくりつみつどかんすう）

累積度数分布（るいせきどすうぶんぷ）cumulative frequency distribution

累積度数の分布。変数の値やクラス（階級）とその度数を対応させた「度数分布」で、その値やクラス $i(i=1,\cdots,n)$（n は値やクラスの数）に対してその値やそのクラス以下の度数 f_1, $\cdots$, f_i の "総和" $\sum_{k=1}^{i} f_k = f_1 + \cdots + f_i$ を対応させた分布のことである。最小の値やクラス $i=1$ はその度数の f_1、その次の値やクラス $i=2$ はそれにその度数 f_2 を加えた f_1+f_2、その次の値やクラス $i=3$ はさらにそれにその度数 f_3 を加えた $f_1+f_2+f_3$、などを対応させた度数分布である。普通の度数分布（の数え方）では、たまたまヘンな値（度数）があり、値やクラスの変化に対応した度数の変化が凸凹になる分布でも、この「累積度数分布」では、値やクラスの変化に対応した累積度数の変化がより滑らかになり、例えば、四分位数や中央値などの分布の性質や特徴を的確に把握できることが多い。⇒ **四分位数**（しぶんいすう）、**度数分布**（どすうぶんぷ）

ルート root or square root ⇒ **平方根**（へいほうこん）

れ

レーベンの検定（レーベンのけんてい）Levene's test

複数の群（グループ）の分散が等しいといってよいか否かの統計的仮説検定（検定）、つまり「等分散の検定」の1つ。具体的には、群の数を k、そのそれぞれの群 $i(i=1,\cdots,k)$ のデータ（標本）の数を $n_1,\cdots,n_k$（ここで、$\sum_{i=1}^{k} n_i = n_1 + \cdots + n_k = n$）、群 i のデータを $y_{i1},\cdots,y_{in_i}$ とすると、群 i のデータの平均値は $\bar{y}_{i\times} = \frac{1}{n_i}\sum_{j=1}^{n_i} y_{ij} = \frac{1}{n_i}(y_{i1} + \cdots + y_{in_i})$ となる。ここで、それぞれのデー

タの偏差の絶対値を $z_{ij}=|y_{ij}-y_{i×}|$ とすると、群 i のデータのそれつまり $z_{i1},\cdots,z_{in_i}$ の平均値は $z_{i×}=\frac{1}{n_i}\sum_{j=1}^{n_i}z_{ij}=\frac{1}{n_i}(z_{i1}+\cdots+z_{in_i})$ 、また、"すべて"の z_{ij} の平均値は $z_{××}=\frac{1}{n}\sum_{i=1}^{k}\sum_{j=1}^{n_i}z_{ij}=\frac{1}{n}((z_{11}+\cdots+z_{1n_1})+\cdots+(z_{k1}+\cdots+z_{kn_k}))$ となる。

このとき、検定統計量の $W=\frac{n-k}{k-1}\times\frac{\sum_{i=1}^{k}n_i\times(z_{i×}-z_{××})^2}{\sum_{i=1}^{k}\sum_{j=1}^{n_i}(z_{ij}-z_{i×})^2}=((n-k)\div(k-1))\times(\sum_{i=1}^{k}n_i\times(z_{i×}-z_{××})^2\div\sum_{j=1}^{n_i}(z_{ij}-z_{i×})^2)$ つまり $W=\frac{n-k}{k-1}\times\frac{n_1\times(z_{1×}-z_{××})^2+\cdots+n_k\times(z_{k×}-z_{××})^2}{((z_{11}-z_{1×})^2+\cdots+(z_{1n_1}-z_{1×})^2)+\cdots+((z_{k1}-z_{k×})^2+\cdots+(z_{kn_k}-z_{k×})^2)}$

は、自由度 $(k-1, n-k)$ の F 分布にしたがう（この証明はむずかしいので "省略"）ことを利用する。つまり、W の値が、自由度 $(k-1, n-k)$ の F 分布の上側確率（有意水準）α に当たる値の $F_\alpha(k-1, n-k)$ を超えていれば（つまり $F_\alpha(k-1, n-k) < F$ ならば）、帰無仮説は棄却され（対立仮説が採択され）、そうでなければ、帰無仮説は棄却されない（採択される）。⇒ **等分散の検定**（とうぶんさんのけんてい）、**バートレットの検定**（バートレットのけんてい）

- 📖 【人】この方法は、米国の生物統計学者のハワード・レーベン（Howard Levene, 1914-2003）による。なお、Leveneは、レーヴィン、リーベン、リーヴィン、ルーベン、ルービンなどと書くこともあるようだ。☺
- 📖 【ブラウン・フォーサイス検定】（Brown-Forsythe test）は、上記の説明で、それぞれのデータの偏差の絶対値を $z_{ij}=|y_{ij}-\tilde{y}_{i×}|$ の平均値 $\bar{y}_{i×}$ を中央値 $\tilde{y}_{i×}$ に置き換えて行う検定である。検定統計量は $F=\frac{n-k}{k-1}\times\frac{\sum_{i=1}^{k}n_i\times(\tilde{z}_{i×}-\tilde{z}_{××})^2}{\sum_{i=1}^{k}\sum_{j=1}^{n_i}(z_{ij}-\tilde{z}_{i×})^2}$ つまり $F=\frac{n-k}{k-1}\times\frac{n_1\times(\tilde{z}_{1×}-\tilde{z}_{××})^2+\cdots+n_k\times(\tilde{z}_{k×}-\tilde{z}_{××})^2}{((z_{11}-\tilde{z}_{1×})^2+\cdots+(z_{1n_1}-\tilde{z}_{1×})^2)+\cdots+((z_{k1}-\tilde{z}_{k×})^2+\cdots+(z_{kn_k}-\tilde{z}_{k×})^2)}$ で、これが自由度 $(k-1, n-k)$ の F 分布にしたがうことを利用する。データが "正規分布" にしたがっていない場合などにも使える "ロバストな" 方法である。この方法は、米国の数学者のモートン・ブラウン（Morton B.Brown, 1931-）と生物統計学者のアラン・フォーサイス（Alan B. Forsythe）による。

連関 （れんかん） association

2つの要素をそれぞれ行と列に割り当てた「クロス集計表（分割表）」の行方向の要素と列方向の要素の属性が "独立" ではない、つまり "相互に関連" があること。

連関係数 （れんかんけいすう） association coefficient

クロス集計表の行方向の要素と列方向の要素の "連関" の程度を表す係数。「クラメールのV」や「ユールの連関係数」や「φ係数」などがある。⇒ クラメールの連関係数（クラメールのれんかんけいすう）、**ユールの連関係数**（ユールのれんかんけいすう）

連関表 （れんかんひょう） contingency table ⇒ **クロス集計表**（クロスしゅうけいひょう）

レンジ range ⇒ **範囲**（はんい）

連続型分布 （れんぞくがたぶんぷ） continuous distribution

"連続型" 変数の確率分布。確率変数 x が "連続的な" 値つまり実数をとる確率分布である。その確率の値は「確率密度関数」$f(x)$ で表される。具体的には、Δa をごく [2] 小さな値として、確率変数 x が $a \sim a+\Delta a$ にある確率は $f(a)\times\Delta a$ であり、$a<b$ として、確率変数 x が $a \sim b$ にある確率は $\int_a^b f(x)dx$（∫ は "積分"）である。「**正規分布**」、「**t 分布**」、「**χ^2 分布**」、「**F 分布**」、「**指数分布**」、「**ベータ分布**」などが "連続型" の確率分布である。"離散型" の確率

分布」に対比していう。⇒ **確率密度関数**（かくりつみつどかんすう）、**離散的分布**（りさんてきぶんぷ）

📖 【読み方】「χ」は、ギリシャ文字の小文字で"カイ"と読む。対応する英字はないので、英語ではchiと書く。「χ^2」は"カイ自乗"と読む。

ろ

$\log_e x$（ログイー・エックス）$\log_e$ x, logarithm ⇒ **対数**（たいすう）
$\log x$（ログ・エックス）$\log$ x, logarithm ⇒ **対数**（たいすう）
log nat x（ログナット・エックス）log nat x, logarithm natural ⇒ **対数**（たいすう）
ロジスティック回帰分析（ロジスティックかいきぶんせき）logistic regression analysis

ロジット分析。結果が1か0かの2種類しかない「ベルヌーイ試行」で、確率$p (0≦p≦1)$で1の値を、確率$(1-p)$で0の値を取る「ベルヌーイ分布」（"離散型"確率分布の1つ）にしたがう変数の回帰モデルの1つである。「ベルヌーイ試行」を続けて行ったときにi回目で1が出る確率をp_iとして、その"ロジット"の$\log_e \frac{p_i}{1-p_i} = \log_e(p_i \div (1-p_i))$（$\log_e$は"自然対数"）を一次式（線形式）で説明しようとするモデルである。最も簡単なものは、aとbを定数、x_iをp_iの独立変数（説明変数=原因）として、$\log_e \frac{p_i}{1-p_i} = a + b \times x_i$である（これを「ロジットモデル」と呼ぶ）。$a$と$b$は、観測されたデータを使って「最尤推定法」によって推定する。ちなみに、これをp_iについて解くと、"ロジスティック関数"の$p_i = \frac{1}{1+e^{-(a+b \times x_i)}} = \frac{1}{1+\frac{1}{e^{a+b \times x_i}}} = 1 \div (1 + (1 \div e^{a+b \times x_i}))$となる。つまり、ロジットとロジスティック関数は互いに"逆関数"（関数を$y=f(x)$とすると、そのxとyを入れ替えた$x=f(y)$のこと）の関係にあることが分かる。

一般には、$a, b_1, \cdots, b_k$を定数、$x_1, \cdots, x_{ki}$をp_iの説明変数として、$\log_e \frac{p_i}{1-p_i} = a + \sum_{j=1}^{k} b_j \times x_{ji} = a + b_1 \times x_{1i} + \cdots + b_k \times x_{ki}$となる。この関数の"逆関数"は、$pi = \frac{1}{1+e^{-(a+\sum_{j=1}^{k} \beta_j \times x_j)}} = \frac{1}{1+e^{-(a+\beta_1 \times x_{1i} + \cdots + \beta_k \times x_{ki})}} = 1 \div (1 + e^{-(a+\beta_1 \times x_{1i} + \cdots + \beta_k \times x_{ki})})$である。$p_i$を"質的な"従属変数（被説明変数）、$x_{1i}, \cdots, x_{ki}$を"量的な"独立変数とする回帰モデルということもできる。金融工学や医学などの分野でよく使われている。ちなみに、「ロジスティック回帰モデル」は、学習能力を持ちパターン認識などにも使われるニューラルネットワーク（神経回路網）のうち、入力層と出力層だけから構成される「単純パーセプトロン」と"等価"であることが分かっている[注1]。⇒ **二項選択モデル**（にこうせんたくモデル）、**ロジスティック曲線**（ロジスティックきょくせん）、ロジット

📖 【バリエーション】「二項ロジスティック回帰分析」や「多重ロジスティック回帰分析」の他に、従属変数が3項（カテゴリー）以上の「多項ロジスティック回帰分析」、順序変数の場合の「順序ロジスティック回帰分析」、ケースコントロール研究の分析に用いる「条件付きロジスティック回帰分析」といったものがある。

(注1) 【パーセプトロン】二次元平面の上の2つの点の集合を一本の直線で分離できること

を「線形分離可能」、できないことを「線形分離不可能」という。入力層と出力層だけの「単純パーセプトロン」は、線形分離不可能な問題を解くことができないが、入力層と出力層の間に中間層を設けた「多層パーセプトロン」は、こういった問題を解くことができる可能性がある。

ロジスティック曲線 （ロジスティックきょくせん） logistic curve

"人口の成長"の説明に用いられる曲線（つまり関数）の1つ[注1][注2]。「生物の個体数の増える速さは現在の個体数に比例する！」、つまり、個体数y、時間tのときに、$\frac{dy}{dt}=k \times y$（$\frac{d}{dt}$は"微分"）というモデルに、個体数が増加したときに、個体数の増加を抑制する力が働く！という条件を考慮したモデルだ。**具体的には、人口（個体数）をP、時間をt、人口増加率をr、人口の上限をKとしたとき、人口増加の速度は、$\frac{dP}{dt}=r \times P \times \left(1-\frac{P}{K}\right) = r \times P \times (1-P \div K)$で表される。**

これによれば、tが小さくPも小さいうちは、$\left(1-\frac{P}{K}\right)=(1-P \div K)$の変化に比べて$P$の変化が大きいので、$P$の増分$dP$はこれにしたがって増加し、$P$は下に凸の形で増加していく。$t$が大きく$P$も大きくなると、今度は$P$の変化に比べて$\left(1-\frac{P}{K}\right)$の変化が大きいので、$dP$はこれにしたがって増加し、$P$は上に凸の形で増加し、最終的に一定値$K$に漸近し、全体としてS字を描く曲線となる。人口の初期値をP_0とすると、この方程式の解は$P=\frac{K \times P_0 \times e^{rt}}{K+P_0 \times (e^{rt}-1)}=K \times P_0 \times e^{rt} \div (K+P_0 \times (e^{rt}-1))$（$e$は"自然対数の底"という定数）となり、$t=0$のときには$P=P_0$となり、$t$が十分大きくなると$K$に収束する（つまり、$\lim_{t \to \infty} P = K$）（$\lim_{t \to \infty}$は"$t$が無限に大きくなったときに"）。⇒ **時系列分析**（じけいれつぶんせき）、**プロビット**、**ロジスティック回帰分析**（ロジスティックかいきぶんせき）

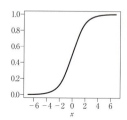

図1　ロジスティック曲線

(注1) 【成長曲線】この曲線は、人の身長や体重の"成長"プロセスをよく表すことから「成長曲線」とも呼ばれている。また、製品の普及のプロセスなどにも適用できる。コンピューターの分野では、「ソフトウェア信頼度成長モデル」の1つとしても使われて、テスト工程でのバグ（プログラムの誤り）収束の判定にも利用されている。ちなみに、もう1つの成長曲線として、「ゴンペルツ曲線」というものもある。

(注2) 【人口論】で有名な英国の人口学者・政治経済学者のトーマス・マルサス（Thomas Robert Malthus, 1766-1834）は、「生物の個体数の増える速さは現在の個体数に比例する！」と主張した。

　📖【人】1838年に ベルギーの数学者のピエール・ベルハルスト（Pierre François Verhulst, 1804-49）が、マルサスの『人口論』を読み、その不自然さを解消するため

にこの曲線（関数）を開発した。1920年にジョンホプキンス大学の生物学者**レイモンド・パール**（Raymond Pearl, 1879-1940）と**ローウェル・リード**（Lowell J.Reed, 1886-1966）が、ベルハルストとは独立に再開発し、米国の人口の予測に適用した。このため、「ベルハルスト・パールの式」とも呼ばれる。1925年には米国の数学者・物理化学者で人口動学を研究したアルフレッド・J・ロトカ（Alfred James Lotka, 1880-1949）がこの方程式を研究して「人口成長の法則」と呼んだ。ちなみに、ロジスティック曲線の「ロジスティックス」は、軍需品の補給・兵員の輸送などを扱う兵站（へいたん）、後方支援、物流などのことで、ベルハルストが兵站学の教官であったためらしいが、筆者はこの話を確認できていない。☹

ロジット logit

ある事象が起きる確率（あるいは何かの比率）$p(0 \leq p \leq 1)$ の"オッズ[注1]" $\frac{p}{1-p} = p \div (1-p)$ の「対数」（自然対数）つまり $\log_e \frac{p}{1-p} = \log_e (p \div (1-p))$ のこと。logit(p) と書く。ここで、対数の底（てい）は何でもよいが、普通は"自然対数の底"e（定数）を使う。「ロジット変換」は p を $\log_e \frac{p}{1-p}$ に変換すること。また、「ロジットモデル」は、事象 i についての確率（あるいは比率）p_i の「ロジット」が母数の一次式（線形式）で表されるモデルのことである。最も簡単なものは $\mathrm{logit}(p_i) = \log_e \frac{p_i}{1-p_i} = a + b \times x_i$ で、p_i は、結果が0か1かの2つしかない「ベルヌーイ試行」を続けて行ったときに i 回目で成功する確率、x_i はその成否が依存する何かの数値（原因）である。つまり、「ロジットモデル」は、一般線形モデルを"拡張"した「一般化線形モデル」（GLM）の1つでもある。⇒ **一般化線形モデル**（いっぱんかせんけいモデル）、**ロジスティック曲線**（ロジスティックきょくせん）

（注1）【オッズ】とは"見込み"のことで、ある結果が起こる確率 p と起こらない確率 $(1-p)$ の比率 $\frac{p}{1-p} = p \div (1-p)$ のことだ。競馬の「オッズ」は、馬券の払い戻し金額の"倍率"のことで、オッズが3.4の場合、この馬券を100円で買って的中したとすれば、340円の払い戻しが受けられる。

ロジット分析（ロジットぶんせき）logit analysis ⇒ **ロジスティック回帰分析**（ロジスティックかいきぶんせき）

ロジットモデル logit model ⇒ **ロジット**

ローデータ raw data ⇒ **生データ**（なまデータ）

ロバスト推定（ロバストすいてい）robust estimation

データの中に他のデータから飛び離れている"外れ値"が含まれている場合には、これを取り除いてしまうのではなく、これから受ける影響を小さくすることによって、ロバスト（頑健）な結果を推定しようとする方法。あるいは、適用したい統計手法が想定されている仮説や条件が満たされていないなどの場合にも、これらから受ける影響を小さくして、ロバストな結果を推定する方法である。「L 推定量」、「R 推定量」、「M 推定量」などといった方法が開発されている。

例えば、図1は、「最小自乗法」で求めた回帰直線である。この回帰直線で、観測値と予測値の誤差が大きい"外れ値"などのデータには小さな"重み"を付けて、その影響をより少なくして、再び「最小自乗法」で回帰直線を求める。新しい回帰直線は前の回帰直線よりも"外れ値"の誤差は小さくなる。これでもまだ誤差が大きいデータがある場合には、同じ

プロセスを繰り返すことで、誤差をより小さくしていく。この結果として、図2のような"外れ値"の影響が少ない結果が得られる。⇒ **R 推定量**（アールすいていりょう）、**M 推定量**（エムすいていりょう）、**L 推定量**（エルすいていりょう）、**外れ値**（はずれち）

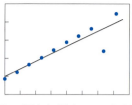
図1 「最小自乗法」による回帰直線

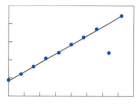
図2 「ロバスト推定」による回帰直線

ロバスト統計学 (ロバストとうけいがく) robust statistics

"ロバストな"（頑健な）結果を得るための統計学の考え方と方法。「外れ値」の多いデータに向いた統計学という説明もある。それぞれの統計手法が前提としている条件の一部が満たされていない場合でも、妥当な結果が得られる方法でもある。ロバストな結果を得るための方法として、"最尤推定法"に基づく「M 推定量」、"順序統計量"に基づく「R 推定量」、同じく"順序統計量"に基づきその線形結合（一次結合）による「L 推定量」といった概念と方法がある。「ロバスト統計学」の方法を用いると、例外値をある程度含むようなデータからでも比較的安定にモデルのパラメーターを推定できる。⇒ **R 推定量**（アールすいていりょう）、**M 推定量**（エムすいていりょう）、**L 推定量**（エルすいていりょう）

📖 【以前】は、「ロバスト統計学」は、周辺輝度値を大きさの順に並べ、その"中央値"を領域の中心の輝度に置き換えて、ごま塩状のノイズを除去する「メディアンフィルター」などの画像のノイズの除去以外ではほとんど利用されていなかった。しかし、1990年代に入って、様々な用途で使われるようになり、"最近"は、「画像処理」や（ロボットの視覚を作る）「コンピュータービジョン」などの分野で、「モデル推定」のための標準的な手法とみなされるようになっている。

ロバストネス robustness

ロバスト性。「頑健性」と訳す。データの"誤差"やモデルからの"ズレ"や設定したり仮定した条件からの"乖離"などに影響されずに、結果が妥当なことである。例えば、データの位置を示す統計量では、"外れ値"の影響を受けやすい「平均値」や「最大値」などに比べて、"外れ値"の影響を受けにくい「中央値」や「四分位数」などはロバストである。データのバラツキを示す統計量では、"外れ値"の影響を受けやすい「範囲」や「標準偏差」などに比べて、"外れ値"の影響を受けにくい「四分位範囲」などはロバストである。また、"外れ値"の影響を受けやすい「ピアソンの積率相関係数」に比べて、"外れ値"の影響を受けにくい「順位相関係数」はロバストである。⇒ **ロバスト推定**（ロバストすいてい）

📖 【英和辞典】「robust」の意味とは、①強い、元気盛んな、〈体格などが〉がっしりとした、〈意見などが〉確固たる、②体力を要する, 骨のおれる、③荒々しい、騒がしい、④〈量が〉豊富な、⑤豊醇な、こくがある。語源は、ラテン語のrōbus（オークの木）+ -tusで、robustus（オークの木のように強い）らしい。

ローレンツ曲線 (ローレンツきょくせん) Lorenz curve

所得分配などの不平等さの度合いを示す下に凸な (膨らんだ) 弓形のグラフ。例えば、すべての世帯を所得の低い方から高い方に並べ、所得の低い世帯から順番に所得を積み重ねて描く、つまり横軸 (x軸) に累積世帯数を、縦軸 (y軸) に累積所得の値をとって描いた曲線である。この曲線によって、例えば、「国民のわずか 5% の富裕層が所得の 60% を占めている」、「国民の 80% は貧しくその所得は全体の 5% に過ぎない」など、下から $x\%$ を占める世帯数が全体の $y\%$ の所得を得ていることを意味し、所得分配の不平等さの度合いを知ることができる。**具体的には、横軸、縦軸共に比率 ($0\sim1$) で表した場合、「ローレンツ曲線」が所得の分配が完全に平等であることを意味する 45 度線から離れれば離れるほど不平等さの度合いは大きい。**

横軸に累積の世帯数を、縦軸に累積の資産やエネルギー消費などをとれば、これらの不平等さを評価することができ、また、横軸に累積の企業数、縦軸に累積の売上高をとれば、市場の集中度を評価することができる。ちなみに、「不平等さ」とは、人々の間で所得や資産などが「等しくないこと」であり、道徳的な基準に照らして正しくないという意味の「**不公平さ**」とは異なることに注意！⇒ **ジニ係数** (ジニけいすう)、**パレートの法則** (パレートのほうそく)

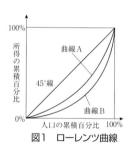

図1　ローレンツ曲線

【人】この曲線は、1905年に米国ウィスコンシン大学の博士課程の院生だった**マックス・ローレンツ** (Max Otto Lorenz, 1880-1962) が所得の不平等さを記述するために開発し、翌1906年に『鉄道料金の経済理論』(The Economic Theory of Railroad Rates) と題する論文で公表した。「ローレンツ曲線」という言葉は、1912年に刊行された『統計的方法の要素』(The Elements of Statistical Method) という教科書の中に使われているそうだ。

わ

歪度（わいど）skewness

データの分布の"形"の特徴を表す統計値の1つで、データの分布の歪み、つまり、データの分布が下（左）あるいは上（右）に偏っている程度を表す指標。非対称性つまり対称からのズレを表す指標といってもよい。「歪み度」という人もいる。具体的には、n件のデータを$x_1,\cdots,x_n$として、その算術平均を$\bar{x}=\frac{1}{n}\sum_{i=1}^{n}x_i=\frac{1}{n}(x_1+\cdots+x_n)$、標準偏差を$s=\sqrt{\frac{1}{n}\sum_{i=1}^{n}(x_i-\bar{x})^2}=\sqrt{\frac{1}{n}\left((x_1-\bar{x})^2+\cdots+(x_n-\bar{x})^2\right)}$（$\sqrt{}$は"平方根"）としたとき、$sk=\frac{1}{n}\sum_{i=1}^{n}\left(\frac{x_i-\bar{x}}{s}\right)^3=\frac{1}{n}\left(\left(\frac{x_1-\bar{x}}{s}\right)^3+\cdots+\left(\frac{x_n-\bar{x}}{s}\right)^3\right)$ つまり $sk=\frac{1}{n}\sum_{i=1}^{n}((x_i-\bar{x})\div s)^3=\frac{1}{n}(((x_1-\bar{x})\div s)^3+\cdots+((x_n-\bar{x})\div s)^3)$ の式で計算できる。3次元のモーメント（積率）を標準偏差で正規化した値で、無次元つまり単位はない。

この値が負$(sk<0)$ならば、分布の形は上（右）に偏っており、下（左）に裾を引いている。この値が$(sk=0)$ならば、分布の形は左右対称で、左右（上下）に裾を引いている。この値が正$(sk>0)$ならば、分布の形は下（左）に偏っており、上（右）に裾を引いているといったことが分かる。⇒ **尖度**（せんど）

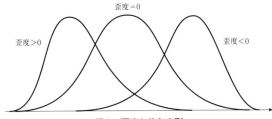

図1 歪度と分布の形

📖 【読み方】「$\bar{x}$」は"エックスバー"と読む。

Excel【関数】SKEW関数で計算でき、その意味は同じだが、計算の内容と値は$sk=\frac{n}{(n-1)\times(n-2)}\times\sum_{i=1}^{n}\left(\frac{x_i-\bar{x}}{s}\right)^3=\frac{n}{(n-1)\times(n-2)}\times\left(\left(\frac{x_1-\bar{x}}{s}\right)^3+\cdots+\left(\frac{x_n-\bar{x}}{s}\right)^3\right)$なので注意！

ワインとソムリエ wine by sommeliers ⇒ **多重比較**（たじゅうひかく）

割当法（わりあてほう）quota sampling ⇒ **クォータ法**（クォータほう）

ワルド型検定（ワルドがたけんてい）Wald-type test or Wald test

未知の母数（パラメーター）θについて、最尤推定値$\hat{\theta}$がある値θ_0と"有意に"異なっているか否かについての統計的仮説検定（検定）の方法の1つ。具体的には、帰無仮説を$H_0:\theta=\theta_0$、対立仮説を$H_1:\theta\neq\theta_0$、母数θの推定値を$\hat{\theta}$として、その標準偏差を$SE(\hat{\theta})$としたとき、検定統計量の$T=\frac{\theta-\theta_0}{SE(\theta)}$で、$\theta$を推定値の$\hat{\theta}$としたものが「ワルド型検定」である。簡

単に「**ワルド検定**」ともいう。この検定統計量は、帰無仮説 H_0 の下で自由度 1 の χ^2 分布にしたがうことが分かっているので、これを利用して検定する。統計モデル（一般化線形モデル）の解析では、帰無仮説 H_0 のしたがうモデルと対立仮説 H_1 のしたがうモデルを比較して、2つのモデルに違いがあるか否か、どちらのモデルが優れているのかといったことを検定する方法としても用いられる。母数 θ にある値 θ_0 を入れた「**スコア型検定**」や尤度比を検定統計量にした「**尤度比検定**」に対比して用いられる。

例として、2つの群（グループ）の平均値 μ_1 と μ_2 の比較を考える。このとき、帰無仮説 H_0 を $\mu_1 = \mu_2$、対立仮説 H_1 を $\mu_1 \neq \mu_2$ として、「対立仮説 H_1 の下での"最尤推定量"を考えるとき、もし帰無仮説 H_0 が正しければ、$\mu_1 \fallingdotseq \mu_2$ になるはずだ。こういったときには帰無仮説 H_0 を棄却しないでおこう。しかし、$\mu_1 \neq \mu_2$ だったならば、帰無仮説 H_0 を棄却しよう！」というのが「**ワルド型検定**」だ。大事なことは、最尤推定量はすべて対立仮説 H_0 の下で考えるということだ。

一般に、検定は「帰無仮説 H_0 が正しい！」として検定統計量の分布を考えるが、「ワルド型検定」では対立仮説 H_1 の下での最尤推定量を構成するため、分散が小さめに評価され、帰無仮説 H_0 が過剰に棄却されやすくなる可能性があるので、「**ワルド型検定**」よりも「**スコア型検定**」の方が、検定統計量としての性質がよいことが多いようだ[注1]。☺ ⇒ **スコア型検定**（スコアがたけんてい）、**尤度比検定**（ゆうどひけんてい）

📖 【**読み方**】「θ」は、ギリシャ文字の小文字で"シータ"と読む。英字は対応がなく、音写は th だ。角度や無声歯摩擦音の音声記号としても使われている。「$\hat{\theta}$」は"シータハット"と読む。また、「λ」は、英字の l に当たり"ラムダ"と読む。「χ」は、ギリシャ文字の小文字で"カイ"と読む。対応する英字はないので、英語では chi と書く。「χ^2」は"カイ自乗"と読む。「μ」は英字の m に当たりギリシャ文字の小文字で"ミュー"と読む。「$\hat{\mu}$」は"ミューハット"と読む。

(注1) 【**3つの検定の違い**】"一般化線形モデル"（GLM）の解析で、帰無仮説にしたがうモデルと対立仮説にしたがうモデルが求められたとき、両者に違いがあるか否かを検定する方法として、「尤度比検定」、「ワルド型検定」、「スコア型検定」がある。「**尤度比検定**」では、母数の値に対する2つのモデルの対数尤度の差を考えるのに対して、「**ワルド型検定**」では、2つのモデルの対数尤度の最大値に対応する母数の差を考える。そして、「**スコア型検定**」では、母数の値に対する対数尤度の一次微分つまり接線の傾きの差を考える、というのが主な"違い"。3つの検定の統計量は"漸近的に"（n が大きくなれば"大体"という意味）同等なのだが、有限標本では必ずしも同じにはならない。

📖 【**人**】ハンガリー（現在はルーマニア）のトランシルバニア生まれの米国の数理統計学者**アブラハム・ワルド**（ウォールド）（Abraham Wald, 1902-50）は、「逐次検定法」を開発してSQC（統計的品質管理）の充実に寄与するとともに、検定や推定の問題をより一般的な決定問題として扱う「統計的決定関数」の理論を展開し、推計学の理論的拡充に貢献した。

付録　統計数表

以下の数表は、インターネット上のオンラインストレージ http://yahoo.jp/box/62P33M に掲載してあるので、ここからダウンロードして使ってください！☺　このストレージには、より詳細な数表1～19を掲載している他、この辞典に掲載できなかった（※印を付けた）数表20～31も掲載している。

1　標準正規分布表1（パーセント点 z_0 → 確率 $p(0 \leq z \leq z_0)$）
2　χ^2分布表（自由度 v ／上側確率 α → 上側パーセント点 $\chi^2_\alpha(v)$）
3　t分布表（自由度 v ／両側検定の有意水準 2α（片側検定の有意水準 α）→ パーセント点 $t_\alpha(v)$）
4　F分布表（自由度 v_1, v_2 ／上側確率 α → 上側パーセント点 $F_\alpha(v_1, v_2)$）
5　二項分布表（試行回数 n ／成功した回数 k ／成功率 p → 累積確率 P）
6　ポアソン分布表（発生回数 x ／発生回数の平均 λ → 累積確率 $P(X \leq x)$）
7　スミルノフ・グラブスの検定の棄却限界値（データ数 N ／有意水準 α → 棄却限界値 T_0）
8　コルモゴロフ・スミルノフ検定（一標本）の棄却限界値表（自由度 v ／有意水準 α → 棄却限界値 T_0）
9　シャピロ・ウィルク検定の係数表（標本の数 n → 標本の数に応じた重みの係数 $a_1, \cdots, a_n$）
10　シャピロ・ウィルク検定の棄却限界値表（標本の数 n ／危険率 $P(= 1 - \alpha)$ → 棄却限界値 W_0）
11　クラスカル・ウォリスの棄却限界値表（3～4群の場合、それぞれの群の水準の数 n_1, n_2, n_3 あるいは n_1, n_2, n_3, n_4 ／有意水準 α → 棄却限界値 H_0）
12　マン・ホイットニーの棄却限界値表（2つの群のデータの数 m, n ／有意水準 α → 棄却限界値 U_0）
13　スチューデント化された範囲の分布の q 表／テューキーの方法のための q 表（有意水準（上側確率）α ／自由度 f ／群の数 k → 棄却限界値（上側パーセント点）q）
14　ダネットの多重比較の数表（片側検定の有意水準 α あるいは両側検定の有意水準 2α ／誤差の自由度 $f = m \times (n - 1)$ ／群の数 m → 棄却限界値 $d_\alpha(m, f)$）
15　無相関検定表（相関係数の有意性の検定）（標本の数 n ／両側検定の有意水準 2α → 棄却限界値 t_0）（標本の数 n ／標本相関係数 r → 検定統計量 t）
16　フィッシャーの z 変換表（相関係数 $r \to z$ 値 $= \frac{1}{2} \log_e \frac{1+r}{1-r}$）
17　相関係数の信頼区間（標本の数 n ／有意水準 α ／相関係数 r → 信頼区間の下限値 ρ_1 と上限値 ρ_2）
18　スピアマンの順位相関係数の計算表（標本の数 n ／"対応のある"データの順位の差の自乗和 $D = \sum_{i=1}^{n}(x_i - y_i)^2$ → スピアマンの順位相関係数 ρ）
19　ケンドールの順位相関係数の計算表（標本の数 n ／"対応のある"データの順位の大小関係が一致する組の数 p → ケンドールの順位相関係数 τ）

※20　標準正規分布表2（パーセント点 z_0 → 確率 $p(z \leq z_0)$）
※21　標準正規分布表3（パーセント点 z_0 → 確率 $p(z_0 \leq z)$）
※22　標準正規分布表4（確率 $p(0 \leq z \leq z_0)$ → パーセント点 z_0）
※23　標準正規分布表5（確率 $p(z \leq z_0)$ → パーセント点 z_0）
※24　標準正規分布表6（確率 $p(z_0 \leq z)$ → パーセント点 z_0）
※25　常用対数表（変数 x → 常用対数 $\log_{10} x$）
※26　自然対数表（変数 x → 自然対数 $\log_e x = \ln x$）
※27　常用対数の逆関数表（変数 x → 10 を底とする指数関数 10^x）
※28　自然対数の逆関数表（変数 x → e を底とする指数関数 e^x）
※29　一様乱数
※30　二進乱数
※31　フィッシャーのあやめのデータ

1 標準正規分布表1（パーセント点 z_0 →確率 $p(0≦z≦z_0)$）

この表は、$z_0 = 0.00 \sim 4.49$ に対して、標準正規分布 $N(0, 1^2)$ にしたがう変数 z が $0 \sim z_0$ の間の値をとる"確率" $p(0≦z≦z_0)$ の値を与える。例えば、$z_0 = 1.96 = 1.9 + 0.06$ として、変数 z が $0 \sim z_0$ の間の値をとる確率 $p(0≦z≦z_0)$、1.9 の《行》と 0.06 の《列》の交点の値から $p(0≦z≦1.96) = 0.4750$ だ。Excelでは、$NORMSDIST(1.96) - 0.5$ で計算できる。ちなみに、$z_0 ≧ 0$ のとき、$p(0≦z≦z_0) = p(-\infty < z ≦ z_0) - 0.5 = 0.5 - p(z_0 ≦ z < +\infty)$ である。

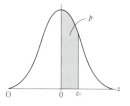

z	0.00	0.01	0.02	0.03	0.04	0.05	0.06	0.07	0.08	0.09
0.0	0.0000	0.0040	0.0080	0.0120	0.0160	0.0199	0.0239	0.0279	0.0319	0.0359
0.1	0.0398	0.0438	0.0478	0.0517	0.0557	0.0596	0.0636	0.0675	0.0714	0.0753
0.2	0.0793	0.0832	0.0871	0.0910	0.0948	0.0987	0.1026	0.1064	0.1103	0.1141
0.3	0.1179	0.1217	0.1255	0.1293	0.1331	0.1368	0.1406	0.1443	0.1480	0.1517
0.4	0.1554	0.1591	0.1628	0.1664	0.1700	0.1736	0.1772	0.1808	0.1844	0.1879
0.5	0.1915	0.1950	0.1985	0.2019	0.2054	0.2088	0.2123	0.2157	0.2190	0.2224
0.6	0.2257	0.2291	0.2324	0.2357	0.2389	0.2422	0.2454	0.2486	0.2517	0.2549
0.7	0.2580	0.2611	0.2642	0.2673	0.2704	0.2734	0.2764	0.2794	0.2823	0.2852
0.8	0.2881	0.2910	0.2939	0.2967	0.2995	0.3023	0.3051	0.3078	0.3106	0.3133
0.9	0.3159	0.3186	0.3212	0.3238	0.3264	0.3289	0.3315	0.3340	0.3365	0.3389
1.0	0.3413	0.3438	0.3461	0.3485	0.3508	0.3531	0.3554	0.3577	0.3599	0.3621
1.1	0.3643	0.3665	0.3686	0.3708	0.3729	0.3749	0.3770	0.3790	0.3810	0.3830
1.2	0.3849	0.3869	0.3888	0.3907	0.3925	0.3944	0.3962	0.3980	0.3997	0.4015
1.3	0.4032	0.4049	0.4066	0.4082	0.4099	0.4115	0.4131	0.4147	0.4162	0.4177
1.4	0.4192	0.4207	0.4222	0.4236	0.4251	0.4265	0.4279	0.4292	0.4306	0.4319
1.5	0.4332	0.4345	0.4357	0.4370	0.4382	0.4394	0.4406	0.4418	0.4429	0.4441
1.6	0.4452	0.4463	0.4474	0.4484	0.4495	0.4505	0.4515	0.4525	0.4535	0.4545
1.7	0.4554	0.4564	0.4573	0.4582	0.4591	0.4599	0.4608	0.4616	0.4625	0.4633
1.8	0.4641	0.4649	0.4656	0.4664	0.4671	0.4678	0.4686	0.4693	0.4699	0.4706
1.9	0.4713	0.4719	0.4726	0.4732	0.4738	0.4744	0.4750	0.4756	0.4761	0.4767
2.0	0.4772	0.4778	0.4783	0.4788	0.4793	0.4798	0.4803	0.4808	0.4812	0.4817
2.1	0.4821	0.4826	0.4830	0.4834	0.4838	0.4842	0.4846	0.4850	0.4854	0.4857
2.2	0.4861	0.4864	0.4868	0.4871	0.4875	0.4878	0.4881	0.4884	0.4887	0.4890
2.3	0.4893	0.4896	0.4898	0.4901	0.4904	0.4906	0.4909	0.4911	0.4913	0.4916
2.4	0.4918	0.4920	0.4922	0.4925	0.4927	0.4929	0.4931	0.4932	0.4934	0.4936
2.5	0.4938	0.4940	0.4941	0.4943	0.4945	0.4946	0.4948	0.4949	0.4951	0.4952
2.6	0.4953	0.4955	0.4956	0.4957	0.4959	0.4960	0.4961	0.4962	0.4963	0.4964
2.7	0.4965	0.4966	0.4967	0.4968	0.4969	0.4970	0.4971	0.4972	0.4973	0.4974
2.8	0.4974	0.4975	0.4976	0.4977	0.4977	0.4978	0.4979	0.4979	0.4980	0.4981
2.9	0.4981	0.4982	0.4982	0.4983	0.4984	0.4984	0.4985	0.4985	0.4986	0.4986
3.0	0.4987	0.4987	0.4987	0.4988	0.4988	0.4989	0.4989	0.4989	0.4990	0.4990
3.1	0.4990	0.4991	0.4991	0.4991	0.4992	0.4992	0.4992	0.4992	0.4993	0.4993
3.2	0.4993	0.4993	0.4994	0.4994	0.4994	0.4994	0.4994	0.4995	0.4995	0.4995
3.3	0.4995	0.4995	0.4995	0.4996	0.4996	0.4996	0.4996	0.4996	0.4996	0.4997
3.4	0.4997	0.4997	0.4997	0.4997	0.4997	0.4997	0.4997	0.4997	0.4997	0.4998
3.5	0.4998	0.4998	0.4998	0.4998	0.4998	0.4998	0.4998	0.4998	0.4998	0.4998
3.6	0.4998	0.4998	0.4999	0.4999	0.4999	0.4999	0.4999	0.4999	0.4999	0.4999
3.7	0.4999	0.4999	0.4999	0.4999	0.4999	0.4999	0.4999	0.4999	0.4999	0.4999
3.8	0.4999	0.4999	0.4999	0.4999	0.4999	0.4999	0.4999	0.4999	0.4999	0.4999
3.9	0.5000	0.5000	0.5000	0.5000	0.5000	0.5000	0.5000	0.5000	0.5000	0.5000
4.0	0.5000	0.5000	0.5000	0.5000	0.5000	0.5000	0.5000	0.5000	0.5000	0.5000
4.1	0.5000	0.5000	0.5000	0.5000	0.5000	0.5000	0.5000	0.5000	0.5000	0.5000
4.2	0.5000	0.5000	0.5000	0.5000	0.5000	0.5000	0.5000	0.5000	0.5000	0.5000
4.3	0.5000	0.5000	0.5000	0.5000	0.5000	0.5000	0.5000	0.5000	0.5000	0.5000
4.4	0.5000	0.5000	0.5000	0.5000	0.5000	0.5000	0.5000	0.5000	0.5000	0.5000

2　χ²分布表（自由度 ν／上側確率 α → 上側パーセント点 $\chi^2_\alpha(\nu)$）

この表は、上側確率 $\alpha = 0.995 \sim 0.005$、自由度 $\nu = 1 \sim 500$ に対して、χ^2 分布の上側確率 α に対応する"上側パーセント点" χ^2_0 の値を与える。例えば、$\alpha = 0.05$ かつ $\nu = 10$ に対する"上側パーセント点" $\chi^2_{0.05}(10)$ の値は、$\nu = 10$ の《行》と $\alpha = 0.05$ の《列》の交点の値

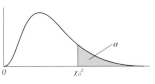

から $\chi^2_{0.05}(10) = 18.307$ だ。Excel では、$CHIINV(0.05, 10)$ で計算できる。表に掲載していない部分は、Excel で計算してほしい。

ν＼α	0.995	0.99	0.975	0.95	0.9	0.1	0.05	0.025	0.01	0.005
1	0.000	0.000	0.001	0.004	0.016	2.706	3.841	5.024	6.635	7.879
2	0.010	0.020	0.051	0.103	0.211	4.605	5.991	7.378	9.210	10.597
3	0.072	0.115	0.216	0.352	0.584	6.251	7.815	9.348	11.345	12.838
4	0.207	0.297	0.484	0.711	1.064	7.779	9.488	11.143	13.277	14.860
5	0.412	0.554	0.831	1.145	1.610	9.236	11.070	12.833	15.086	16.750
6	0.676	0.872	1.237	1.635	2.204	10.645	12.592	14.449	16.812	18.548
7	0.989	1.239	1.690	2.167	2.833	12.017	14.067	16.013	18.475	20.278
8	1.344	1.646	2.180	2.733	3.490	13.362	15.507	17.535	20.090	21.955
9	1.735	2.088	2.700	3.325	4.168	14.684	16.919	19.023	21.666	23.589
10	2.156	2.558	3.247	3.940	4.865	15.987	18.307	20.483	23.209	25.188
11	2.603	3.053	3.816	4.575	5.578	17.275	19.675	21.920	24.725	26.757
12	3.074	3.571	4.404	5.226	6.304	18.549	21.026	23.337	26.217	28.300
13	3.565	4.107	5.009	5.892	7.042	19.812	22.362	24.736	27.688	29.819
14	4.075	4.660	5.629	6.571	7.790	21.064	23.685	26.119	29.141	31.319
15	4.601	5.229	6.262	7.261	8.547	22.307	24.996	27.488	30.578	32.801
16	5.142	5.812	6.908	7.962	9.312	23.542	26.296	28.845	32.000	34.267
17	5.697	6.408	7.564	8.672	10.085	24.769	27.587	30.191	33.409	35.718
18	6.265	7.015	8.231	9.390	10.865	25.989	28.869	31.526	34.805	37.156
19	6.844	7.633	8.907	10.117	11.651	27.204	30.114	32.852	36.191	38.582
20	7.434	8.260	9.591	10.851	12.443	28.412	31.410	34.170	37.566	39.997
21	8.034	8.897	10.283	11.591	13.240	29.615	32.671	35.479	38.932	41.401
22	8.643	9.542	10.982	12.338	14.041	30.813	33.924	36.781	40.289	42.796
23	9.260	10.196	11.689	13.091	14.848	32.007	35.172	38.076	41.638	44.181
24	9.886	10.856	12.401	13.848	15.659	33.196	36.415	39.364	42.980	45.559
25	10.520	11.524	13.120	14.611	16.473	34.382	37.652	40.646	44.314	46.928
26	11.160	12.198	13.844	15.379	17.292	35.563	38.885	41.923	45.642	48.290
27	11.808	12.879	14.573	16.151	18.114	36.741	40.113	43.195	46.963	49.645
28	12.461	13.565	15.308	16.928	18.939	37.916	41.337	44.461	48.278	50.993
29	13.121	14.256	16.047	17.708	19.768	39.087	42.557	45.722	49.588	52.336
30	13.787	14.953	16.791	18.493	20.599	40.256	43.773	46.979	50.892	53.672
31	14.458	15.655	17.539	19.281	21.434	41.422	44.985	48.232	52.191	55.003
32	15.134	16.362	18.291	20.072	22.271	42.585	46.194	49.480	53.486	56.328
33	15.815	17.074	19.047	20.867	23.110	43.745	47.400	50.725	54.776	57.648
34	16.501	17.789	19.806	21.664	23.952	44.903	48.602	51.966	56.061	58.964
35	17.192	18.509	20.569	22.465	24.797	46.059	49.802	53.203	57.342	60.275
36	17.887	19.233	21.336	23.269	25.643	47.212	50.998	54.437	58.619	61.581
37	18.586	19.960	22.106	24.075	26.492	48.363	52.192	55.668	59.893	62.883
38	19.289	20.691	22.878	24.884	27.343	49.513	53.384	56.896	61.162	64.181
39	19.996	21.426	23.654	25.695	28.196	50.660	54.572	58.120	62.428	65.476
40	20.707	22.164	24.433	26.509	29.051	51.805	55.758	59.342	63.691	66.766
50	27.991	29.707	32.357	34.764	37.689	63.167	67.505	71.420	76.154	79.490
60	35.534	37.485	40.482	43.188	46.459	74.397	79.082	83.298	88.379	91.952
70	43.275	45.442	48.758	51.739	55.329	85.527	90.531	95.023	100.425	104.215
80	51.172	53.540	57.153	60.391	64.278	96.578	101.879	106.629	112.329	116.321
90	59.196	61.754	65.647	69.126	73.291	107.565	113.145	118.136	124.116	128.299
100	67.328	70.065	74.222	77.929	82.358	118.498	124.342	129.561	135.807	140.169
110	75.550	78.458	82.867	86.792	91.471	129.385	135.480	140.917	147.414	151.948
120	83.852	86.923	91.573	95.705	100.624	140.233	146.567	152.211	158.950	163.648
130	92.222	95.451	100.331	104.662	109.811	151.045	157.610	163.453	170.423	175.278
140	100.655	104.034	109.137	113.659	119.029	161.827	168.613	174.648	181.840	186.847
150	109.142	112.668	117.985	122.692	128.275	172.581	179.581	185.800	193.208	198.360
200	152.241	156.432	162.728	168.279	174.835	226.021	233.994	241.058	249.445	255.264
300	240.663	245.972	253.912	260.878	269.068	331.789	341.395	349.874	359.906	366.844
400	330.903	337.155	346.482	354.641	364.207	436.649	447.632	457.305	468.724	476.606
500	422.303	429.388	439.936	449.147	459.926	540.930	553.127	563.852	576.493	585.207

3　t分布表（自由度ν／有意水準α→パーセント点$t_\alpha(\nu)$）

この表は、自由度$\nu=1\sim\infty$、上側確率$\alpha=0.1\sim0.001$（つまり両側確率$2\alpha=0.2\sim0.002$）に対して、自由度νのt分布の上側確率α／両側確率2αに対応する"パーセント点"t_0の値を与える。例えば、自由度$\nu=10$の"上側5パーセント点"$t_{\alpha=0.05}(10)$は、$\nu=10$の《行》

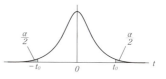

と片側$\alpha=0.05$（両側$2\alpha=0.1$）の《列》の交点の値から$t_{\alpha=0.05}(10)=t_{2\alpha=0.1}(10)=1.812$だ。Excelでは、TINV(0.1,10)で計算できる。また、"両側確率5パーセント点"$t_{2\alpha=0.05}(10)$は、$\nu=10$の《行》と両側$2\alpha=0.05$の《列》の交点の値から$t_{2\alpha=0.05}(10)=2.228$だ。Excelでは、TINV(0.05,10)で計算できる。表に掲載していない部分は、Excelで計算してほしい。

α	0.1	0.05	0.025	0.01	0.005	0.001
ν 　2α	0.2	0.1	0.05	0.02	0.01	0.002
1	3.078	6.314	12.706	31.821	63.657	318.309
2	1.886	2.920	4.303	6.965	9.925	22.327
3	1.638	2.353	3.182	4.541	5.841	10.215
4	1.533	2.132	2.776	3.747	4.604	7.173
5	1.476	2.015	2.571	3.365	4.032	5.893
6	1.440	1.943	2.447	3.143	3.707	5.208
7	1.415	1.895	2.365	2.998	3.499	4.785
8	1.397	1.860	2.306	2.896	3.355	4.501
9	1.383	1.833	2.262	2.821	3.250	4.297
10	1.372	1.812	2.228	2.764	3.169	4.144
11	1.363	1.796	2.201	2.718	3.106	4.025
12	1.356	1.782	2.179	2.681	3.055	3.930
13	1.350	1.771	2.160	2.650	3.012	3.852
14	1.345	1.761	2.145	2.624	2.977	3.787
15	1.341	1.753	2.131	2.602	2.947	3.733
16	1.337	1.746	2.120	2.583	2.921	3.686
17	1.333	1.740	2.110	2.567	2.898	3.646
18	1.330	1.734	2.101	2.552	2.878	3.610
19	1.328	1.729	2.093	2.539	2.861	3.579
20	1.325	1.725	2.086	2.528	2.845	3.552
21	1.323	1.721	2.080	2.518	2.831	3.527
22	1.321	1.717	2.074	2.508	2.819	3.505
23	1.319	1.714	2.069	2.500	2.807	3.485
24	1.318	1.711	2.064	2.492	2.797	3.467
25	1.316	1.708	2.060	2.485	2.787	3.450
26	1.315	1.706	2.056	2.479	2.779	3.435
27	1.314	1.703	2.052	2.473	2.771	3.421
28	1.313	1.701	2.048	2.467	2.763	3.408
29	1.311	1.699	2.045	2.462	2.756	3.396
30	1.310	1.697	2.042	2.457	2.750	3.385
31	1.309	1.696	2.040	2.453	2.744	3.375
32	1.309	1.694	2.037	2.449	2.738	3.365
33	1.308	1.692	2.035	2.445	2.733	3.356
34	1.307	1.691	2.032	2.441	2.728	3.348
35	1.306	1.690	2.030	2.438	2.724	3.340
36	1.306	1.688	2.028	2.434	2.719	3.333
37	1.305	1.687	2.026	2.431	2.715	3.326
38	1.304	1.686	2.024	2.429	2.712	3.319
39	1.304	1.685	2.023	2.426	2.708	3.313
40	1.303	1.684	2.021	2.423	2.704	3.307
50	1.299	1.676	2.009	2.403	2.678	3.261
60	1.296	1.671	2.000	2.390	2.660	3.232
70	1.294	1.667	1.994	2.381	2.648	3.211
80	1.292	1.664	1.990	2.374	2.639	3.195
90	1.291	1.662	1.987	2.368	2.632	3.183
100	1.290	1.660	1.984	2.364	2.626	3.174
110	1.289	1.659	1.982	2.361	2.621	3.166
120	1.289	1.658	1.980	2.358	2.617	3.160
130	1.288	1.657	1.978	2.355	2.614	3.154
140	1.288	1.656	1.977	2.353	2.611	3.149
150	1.287	1.655	1.976	2.351	2.609	3.145
160	1.287	1.654	1.975	2.350	2.607	3.142
170	1.287	1.654	1.974	2.348	2.605	3.139
180	1.286	1.653	1.973	2.347	2.603	3.136
190	1.286	1.653	1.973	2.346	2.602	3.134
∞	1.282	1.645	1.960	2.326	2.576	3.090

4 F分布表 (自由度 v_1, v_2／上側確率 α → 上側パーセント点 $F_\alpha(v_1, v_2)$)

この表は、上側確率 $\alpha = 0.05, 0.01$、分子の自由度 $v_1 = 1 \sim \infty$、分母の自由度 $v_2 = 1 \sim \infty$ に対して、F 分布の上側確率 α に対応する"上側 100α パーセント点" $F_0 = F_\alpha(v_1, v_2)$ の値を与える。例えば、有意水準 $\alpha = 0.05 = 5\%$ のとき、自由度 $v_1 = 4, v_2 = 10$ の"上側5パーセント点" $F_{0.05}(4, 10)$ は、$\alpha = 0.05 = 5\%$ の《表》で、$v_2 = 10$ の《行》と $v_1 = 4$ の《列》の交点の値から $F_{0.05}(4, 10) = 3.478$ だ。Excelでは、$FINV(0.05, 4, 10)$ で計算できるので、表に掲載していない部分は、Excelで計算してほしい。なお、次ページには有意水準 $\alpha = 0.01 = 1\%$ における表を掲載した。

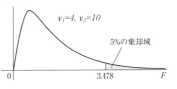

$\alpha = 0.05 = 5\%$

v_2 \ v_1	1	2	3	4	5	6	7	8	9	10	12	15	20	30	40	50	∞
1	161.448	199.500	215.707	224.583	230.162	233.986	236.768	238.883	240.543	241.882	243.906	245.950	248.013	250.095	251.143	251.774	254.313
2	18.513	19.000	19.164	19.247	19.296	19.330	19.353	19.371	19.385	19.396	19.413	19.429	19.446	19.462	19.471	19.476	19.496
3	10.128	9.552	9.277	9.117	9.013	8.941	8.887	8.845	8.812	8.786	8.745	8.703	8.660	8.617	8.594	8.581	8.526
4	7.709	6.944	6.591	6.388	6.256	6.163	6.094	6.041	5.999	5.964	5.912	5.858	5.803	5.746	5.717	5.699	5.628
5	6.608	5.786	5.409	5.192	5.050	4.950	4.876	4.818	4.772	4.735	4.678	4.619	4.558	4.496	4.464	4.444	4.365
6	5.987	5.143	4.757	4.534	4.387	4.284	4.207	4.147	4.099	4.060	4.000	3.938	3.874	3.808	3.774	3.754	3.669
7	5.591	4.737	4.347	4.120	3.972	3.866	3.787	3.726	3.677	3.637	3.575	3.511	3.445	3.376	3.340	3.319	3.230
8	5.318	4.459	4.066	3.838	3.687	3.581	3.500	3.438	3.388	3.347	3.284	3.218	3.150	3.079	3.043	3.020	2.928
9	5.117	4.256	3.863	3.633	3.482	3.374	3.293	3.230	3.179	3.137	3.073	3.006	2.936	2.864	2.826	2.803	2.707
10	4.965	4.103	3.708	3.478	3.326	3.217	3.135	3.072	3.020	2.978	2.913	2.845	2.774	2.700	2.661	2.637	2.538
11	4.844	3.982	3.587	3.357	3.204	3.095	3.012	2.948	2.896	2.854	2.788	2.719	2.646	2.570	2.531	2.507	2.405
12	4.747	3.885	3.490	3.259	3.106	2.996	2.913	2.849	2.796	2.753	2.687	2.617	2.544	2.466	2.426	2.401	2.296
13	4.667	3.806	3.411	3.179	3.025	2.915	2.832	2.767	2.714	2.671	2.604	2.533	2.459	2.380	2.339	2.314	2.206
14	4.600	3.739	3.344	3.112	2.958	2.848	2.764	2.699	2.646	2.602	2.534	2.463	2.388	2.308	2.266	2.241	2.131
15	4.543	3.682	3.287	3.056	2.901	2.790	2.707	2.641	2.588	2.544	2.475	2.403	2.328	2.247	2.204	2.178	2.066
16	4.494	3.634	3.239	3.007	2.852	2.741	2.657	2.591	2.538	2.494	2.425	2.352	2.276	2.194	2.151	2.124	2.010
17	4.451	3.592	3.197	2.965	2.810	2.699	2.614	2.548	2.494	2.450	2.381	2.308	2.230	2.148	2.104	2.077	1.960
18	4.414	3.555	3.160	2.928	2.773	2.661	2.577	2.510	2.456	2.412	2.342	2.269	2.191	2.107	2.063	2.035	1.917
19	4.381	3.522	3.127	2.895	2.740	2.628	2.544	2.477	2.423	2.378	2.308	2.234	2.155	2.071	2.026	1.999	1.878
20	4.351	3.493	3.098	2.866	2.711	2.599	2.514	2.447	2.393	2.348	2.278	2.203	2.124	2.039	1.994	1.966	1.843
21	4.325	3.467	3.072	2.840	2.685	2.573	2.488	2.420	2.366	2.321	2.250	2.176	2.096	2.010	1.965	1.936	1.812
22	4.301	3.443	3.049	2.817	2.661	2.549	2.464	2.397	2.342	2.297	2.226	2.151	2.071	1.984	1.938	1.909	1.783
23	4.279	3.422	3.028	2.796	2.640	2.528	2.442	2.375	2.320	2.275	2.204	2.128	2.048	1.961	1.914	1.885	1.757
24	4.260	3.403	3.009	2.776	2.621	2.508	2.423	2.355	2.300	2.255	2.183	2.108	2.027	1.939	1.892	1.863	1.733
25	4.242	3.385	2.991	2.759	2.603	2.490	2.405	2.337	2.282	2.236	2.165	2.089	2.007	1.919	1.872	1.842	1.711
26	4.225	3.369	2.975	2.743	2.587	2.474	2.388	2.321	2.265	2.220	2.148	2.072	1.990	1.901	1.853	1.823	1.691
27	4.210	3.354	2.960	2.728	2.572	2.459	2.373	2.305	2.250	2.204	2.132	2.056	1.974	1.884	1.836	1.806	1.672
28	4.196	3.340	2.947	2.714	2.558	2.445	2.359	2.291	2.236	2.190	2.118	2.041	1.959	1.869	1.820	1.790	1.654
29	4.183	3.328	2.934	2.701	2.545	2.432	2.346	2.278	2.223	2.177	2.104	2.027	1.945	1.854	1.806	1.775	1.638
30	4.171	3.316	2.922	2.690	2.534	2.421	2.334	2.266	2.211	2.165	2.092	2.015	1.932	1.841	1.792	1.761	1.622
40	4.085	3.232	2.839	2.606	2.449	2.336	2.249	2.180	2.124	2.077	2.003	1.924	1.839	1.744	1.693	1.660	1.509
50	4.034	3.183	2.790	2.557	2.400	2.286	2.199	2.130	2.073	2.026	1.952	1.871	1.784	1.687	1.634	1.599	1.438
60	4.001	3.150	2.758	2.525	2.368	2.254	2.167	2.097	2.040	1.993	1.917	1.836	1.748	1.649	1.594	1.559	1.389
70	3.978	3.128	2.736	2.503	2.346	2.231	2.143	2.074	2.017	1.969	1.893	1.812	1.722	1.622	1.566	1.530	1.353
80	3.960	3.111	2.719	2.486	2.329	2.214	2.126	2.056	1.999	1.951	1.875	1.793	1.703	1.602	1.545	1.508	1.325
90	3.947	3.098	2.706	2.473	2.316	2.201	2.113	2.043	1.986	1.938	1.861	1.779	1.688	1.586	1.528	1.491	1.302
100	3.936	3.087	2.696	2.463	2.305	2.191	2.103	2.032	1.975	1.927	1.850	1.768	1.676	1.573	1.515	1.477	1.283
∞	3.842	2.996	2.605	2.372	2.214	2.099	2.010	1.939	1.880	1.831	1.752	1.666	1.571	1.459	1.394	1.350	1.010

$\alpha = 0.01 = 1\%$

v_2 \ v_1	1	2	3	4	5	6	7	8	9	10	12	15	20	30	40	50	∞
1	4052.181	4999.500	5403.352	5624.583	5763.650	5858.986	5928.356	5981.070	6022.473	6055.847	6106.321	6157.285	6208.730	6260.649	6286.782	6302.517	6365.833
2	98.503	99.000	99.166	99.249	99.299	99.333	99.356	99.374	99.388	99.399	99.416	99.433	99.449	99.466	99.474	99.479	99.499
3	34.116	30.817	29.457	28.710	28.237	27.911	27.672	27.489	27.345	27.229	27.052	26.872	26.690	26.505	26.411	26.354	26.125
4	21.198	18.000	16.694	15.977	15.522	15.207	14.976	14.799	14.659	14.546	14.374	14.198	14.020	13.838	13.745	13.690	13.463
5	16.258	13.274	12.060	11.392	10.967	10.672	10.456	10.289	10.158	10.051	9.888	9.722	9.553	9.379	9.291	9.238	9.021
6	13.745	10.925	9.780	9.148	8.746	8.466	8.260	8.102	7.976	7.874	7.718	7.559	7.396	7.229	7.143	7.091	6.880
7	12.246	9.547	8.451	7.847	7.460	7.191	6.993	6.840	6.719	6.620	6.469	6.314	6.155	5.992	5.908	5.858	5.650
8	11.259	8.649	7.591	7.006	6.632	6.371	6.178	6.029	5.911	5.814	5.667	5.515	5.359	5.198	5.116	5.065	4.859
9	10.561	8.022	6.992	6.422	6.057	5.802	5.613	5.467	5.351	5.257	5.111	4.962	4.808	4.649	4.567	4.517	4.311
10	10.044	7.559	6.552	5.994	5.636	5.386	5.200	5.057	4.942	4.849	4.706	4.558	4.405	4.247	4.165	4.115	3.909
11	9.646	7.206	6.217	5.668	5.316	5.069	4.886	4.744	4.632	4.539	4.397	4.251	4.099	3.941	3.860	3.810	3.603
12	9.330	6.927	5.953	5.412	5.064	4.821	4.640	4.499	4.388	4.296	4.155	4.010	3.858	3.701	3.619	3.569	3.361
13	9.074	6.701	5.739	5.205	4.862	4.620	4.441	4.302	4.191	4.100	3.960	3.815	3.665	3.507	3.425	3.375	3.166
14	8.862	6.515	5.564	5.035	4.695	4.456	4.278	4.140	4.030	3.939	3.800	3.656	3.505	3.348	3.266	3.215	3.004
15	8.683	6.359	5.417	4.893	4.556	4.318	4.142	4.004	3.895	3.805	3.666	3.522	3.372	3.214	3.132	3.081	2.869
16	8.531	6.226	5.292	4.773	4.437	4.202	4.026	3.890	3.780	3.691	3.553	3.409	3.259	3.101	3.018	2.967	2.753
17	8.400	6.112	5.185	4.669	4.336	4.102	3.927	3.791	3.682	3.593	3.455	3.312	3.162	3.003	2.920	2.869	2.653
18	8.285	6.013	5.092	4.579	4.248	4.015	3.841	3.705	3.597	3.508	3.371	3.227	3.077	2.919	2.835	2.784	2.566
19	8.185	5.926	5.010	4.500	4.171	3.939	3.765	3.631	3.523	3.434	3.297	3.153	3.003	2.844	2.761	2.709	2.489
20	8.096	5.849	4.938	4.431	4.103	3.871	3.699	3.564	3.457	3.368	3.231	3.088	2.938	2.778	2.695	2.643	2.421
21	8.017	5.780	4.874	4.369	4.042	3.812	3.640	3.506	3.398	3.310	3.173	3.030	2.880	2.720	2.636	2.584	2.360
22	7.945	5.719	4.817	4.313	3.988	3.758	3.587	3.453	3.346	3.258	3.121	2.978	2.827	2.667	2.583	2.531	2.306
23	7.881	5.664	4.765	4.264	3.939	3.710	3.539	3.406	3.299	3.211	3.074	2.931	2.781	2.620	2.535	2.483	2.256
24	7.823	5.614	4.718	4.218	3.895	3.667	3.496	3.363	3.256	3.168	3.032	2.889	2.738	2.577	2.492	2.440	2.211
25	7.770	5.568	4.675	4.177	3.855	3.627	3.457	3.324	3.217	3.129	2.993	2.850	2.699	2.538	2.453	2.400	2.170
26	7.721	5.526	4.637	4.140	3.818	3.591	3.421	3.288	3.182	3.094	2.958	2.815	2.664	2.503	2.417	2.364	2.132
27	7.677	5.488	4.601	4.106	3.785	3.558	3.388	3.256	3.149	3.062	2.926	2.783	2.632	2.470	2.384	2.330	2.097
28	7.636	5.453	4.568	4.074	3.754	3.528	3.358	3.226	3.120	3.032	2.896	2.753	2.602	2.440	2.354	2.300	2.064
29	7.598	5.420	4.538	4.045	3.725	3.499	3.330	3.198	3.092	3.005	2.868	2.726	2.574	2.412	2.325	2.271	2.034
30	7.562	5.390	4.510	4.018	3.699	3.473	3.304	3.173	3.067	2.979	2.843	2.700	2.549	2.386	2.299	2.245	2.006
40	7.314	5.179	4.313	3.828	3.514	3.291	3.124	2.993	2.888	2.801	2.665	2.522	2.369	2.203	2.114	2.058	1.805
50	7.171	5.057	4.199	3.720	3.408	3.186	3.020	2.890	2.785	2.698	2.562	2.419	2.265	2.098	2.007	1.949	1.683
60	7.077	4.977	4.126	3.649	3.339	3.119	2.953	2.823	2.718	2.632	2.496	2.352	2.198	2.028	1.936	1.877	1.601
70	7.011	4.922	4.074	3.600	3.291	3.071	2.906	2.777	2.672	2.585	2.450	2.306	2.150	1.980	1.886	1.826	1.541
80	6.963	4.881	4.036	3.563	3.255	3.036	2.871	2.742	2.637	2.551	2.415	2.271	2.115	1.944	1.849	1.788	1.494
90	6.925	4.849	4.007	3.535	3.228	3.009	2.845	2.715	2.611	2.524	2.389	2.244	2.088	1.916	1.820	1.759	1.458
100	6.895	4.824	3.984	3.513	3.206	2.988	2.823	2.694	2.590	2.503	2.368	2.223	2.067	1.893	1.797	1.735	1.427
∞	6.635	4.605	3.782	3.319	3.017	2.802	2.640	2.511	2.408	2.321	2.185	2.039	1.878	1.697	1.592	1.523	1.015

5 二項分布表（試行回数 n ／成功した回数 k ／成功率 p →累積確率 P）

この表は、試行回数 $n=2\sim30$、成功した回数 $k=0\sim n$、成功率 $p=0.01\sim0.50$ に対して、二項分布にしたがう"累積確率" $P=\binom{n}{k}\times p^k\times(1-p)^{n-k}=\frac{n!}{k!\times(n-k)!}\times p^k\times(1-p)^{n-k}$ の値を与える。例えば、$n=10, k=3, p=0.5$ に対する"累積確率" P は、$n=10, k=3$ の《行》と $p=0.5$ の《列》の交点の値から $P=0.172$ だ。Excel では、$BINOMDIST(3,10,0.5,TRUE)$ で計算できる。

n	k \ p	0.01	0.05	0.1	0.15	0.2	0.25	0.3	0.35	0.4	0.45	0.5
2	0	0.980	0.903	0.810	0.723	0.640	0.563	0.490	0.423	0.360	0.303	0.250
	1	1.000	0.998	0.990	0.978	0.960	0.938	0.910	0.878	0.840	0.798	0.750
	2	1.000	1.000	1.000	1.000	1.000	1.000	1.000	1.000	1.000	1.000	1.000
3	0	0.970	0.857	0.729	0.614	0.512	0.422	0.343	0.275	0.216	0.166	0.125
	1	1.000	0.993	0.972	0.939	0.896	0.844	0.784	0.718	0.648	0.575	0.500
	2	1.000	1.000	0.999	0.997	0.992	0.984	0.973	0.957	0.936	0.909	0.875
	3	1.000	1.000	1.000	1.000	1.000	1.000	1.000	1.000	1.000	1.000	1.000
4	0	0.961	0.815	0.656	0.522	0.410	0.316	0.240	0.179	0.130	0.092	0.063
	1	0.999	0.986	0.948	0.890	0.819	0.738	0.652	0.563	0.475	0.391	0.313
	2	1.000	1.000	0.996	0.988	0.973	0.949	0.916	0.874	0.821	0.759	0.688
	3	1.000	1.000	1.000	0.999	0.998	0.996	0.992	0.985	0.974	0.959	0.938
	4	1.000	1.000	1.000	1.000	1.000	1.000	1.000	1.000	1.000	1.000	1.000
5	0	0.951	0.774	0.590	0.444	0.328	0.237	0.168	0.116	0.078	0.050	0.031
	1	0.999	0.977	0.919	0.835	0.737	0.633	0.528	0.428	0.337	0.256	0.188
	2	1.000	0.999	0.991	0.973	0.942	0.896	0.837	0.765	0.683	0.593	0.500
	3	1.000	1.000	1.000	0.998	0.993	0.984	0.969	0.946	0.913	0.869	0.813
	4	1.000	1.000	1.000	1.000	1.000	0.999	0.998	0.995	0.990	0.982	0.969
	5	1.000	1.000	1.000	1.000	1.000	1.000	1.000	1.000	1.000	1.000	1.000
6	0	0.941	0.735	0.531	0.377	0.262	0.178	0.118	0.075	0.047	0.028	0.016
	1	0.999	0.967	0.886	0.776	0.655	0.534	0.420	0.319	0.233	0.164	0.109
	2	1.000	0.998	0.984	0.953	0.901	0.831	0.744	0.647	0.544	0.442	0.344
	3	1.000	1.000	0.999	0.994	0.983	0.962	0.930	0.883	0.821	0.745	0.656
	4	1.000	1.000	1.000	1.000	0.998	0.995	0.989	0.978	0.959	0.931	0.891
	5	1.000	1.000	1.000	1.000	1.000	1.000	0.999	0.998	0.996	0.992	0.984
	6	1.000	1.000	1.000	1.000	1.000	1.000	1.000	1.000	1.000	1.000	1.000
7	0	0.932	0.698	0.478	0.321	0.210	0.133	0.082	0.049	0.028	0.015	0.008
	1	0.998	0.956	0.850	0.717	0.577	0.445	0.329	0.234	0.159	0.102	0.063
	2	1.000	0.996	0.974	0.926	0.852	0.756	0.647	0.532	0.420	0.316	0.227
	3	1.000	1.000	0.997	0.988	0.967	0.929	0.874	0.800	0.710	0.608	0.500
	4	1.000	1.000	1.000	0.999	0.995	0.987	0.971	0.944	0.904	0.847	0.773
	5	1.000	1.000	1.000	1.000	1.000	0.999	0.996	0.991	0.981	0.964	0.938
	6	1.000	1.000	1.000	1.000	1.000	1.000	1.000	0.999	0.998	0.996	0.992
	7	1.000	1.000	1.000	1.000	1.000	1.000	1.000	1.000	1.000	1.000	1.000
8	0	0.923	0.663	0.430	0.272	0.168	0.100	0.058	0.032	0.017	0.008	0.004
	1	0.997	0.943	0.813	0.657	0.503	0.367	0.255	0.169	0.106	0.063	0.035
	2	1.000	0.994	0.962	0.895	0.797	0.679	0.552	0.428	0.315	0.220	0.145
	3	1.000	1.000	0.995	0.979	0.944	0.886	0.806	0.706	0.594	0.477	0.363
	4	1.000	1.000	1.000	0.997	0.990	0.973	0.942	0.894	0.826	0.740	0.637
	5	1.000	1.000	1.000	1.000	0.999	0.996	0.989	0.975	0.950	0.912	0.855
	6	1.000	1.000	1.000	1.000	1.000	1.000	0.999	0.996	0.991	0.982	0.965
	7	1.000	1.000	1.000	1.000	1.000	1.000	1.000	0.999	0.999	0.998	0.996
	8	1.000	1.000	1.000	1.000	1.000	1.000	1.000	1.000	1.000	1.000	1.000
9	0	0.914	0.630	0.387	0.232	0.134	0.075	0.040	0.021	0.010	0.005	0.002
	1	0.997	0.929	0.775	0.599	0.436	0.300	0.196	0.121	0.071	0.039	0.020
	2	1.000	0.992	0.947	0.859	0.738	0.601	0.463	0.337	0.232	0.150	0.090
	3	1.000	0.999	0.992	0.966	0.914	0.834	0.730	0.609	0.483	0.361	0.254
	4	1.000	1.000	0.999	0.994	0.980	0.951	0.901	0.828	0.733	0.621	0.500
	5	1.000	1.000	1.000	0.999	0.997	0.990	0.975	0.946	0.901	0.834	0.746
	6	1.000	1.000	1.000	1.000	1.000	0.999	0.996	0.989	0.975	0.950	0.910
	7	1.000	1.000	1.000	1.000	1.000	1.000	1.000	0.999	0.996	0.991	0.980
	8	1.000	1.000	1.000	1.000	1.000	1.000	1.000	1.000	1.000	0.999	0.998
	9	1.000	1.000	1.000	1.000	1.000	1.000	1.000	1.000	1.000	1.000	1.000
10	0	0.904	0.599	0.349	0.197	0.107	0.056	0.028	0.013	0.006	0.003	0.001
	1	0.996	0.914	0.736	0.544	0.376	0.244	0.149	0.086	0.046	0.023	0.011
	2	1.000	0.988	0.930	0.820	0.678	0.526	0.383	0.262	0.167	0.100	0.055
	3	1.000	0.999	0.987	0.950	0.879	0.776	0.650	0.514	0.382	0.266	0.172
	4	1.000	1.000	0.998	0.990	0.967	0.922	0.850	0.751	0.633	0.504	0.377
	5	1.000	1.000	1.000	0.999	0.994	0.980	0.953	0.905	0.834	0.738	0.623
	6	1.000	1.000	1.000	1.000	0.999	0.996	0.989	0.974	0.945	0.898	0.828
	7	1.000	1.000	1.000	1.000	1.000	1.000	0.998	0.995	0.988	0.973	0.945
	8	1.000	1.000	1.000	1.000	1.000	1.000	1.000	0.999	0.998	0.995	0.989
	9	1.000	1.000	1.000	1.000	1.000	1.000	1.000	1.000	1.000	1.000	0.999
	10	1.000	1.000	1.000	1.000	1.000	1.000	1.000	1.000	1.000	1.000	1.000

次ページへ ➡

➡ 前ページから

n	k	p=0.01	0.05	0.1	0.15	0.2	0.25	0.3	0.35	0.4	0.45	0.5
15	0	0.860	0.463	0.206	0.087	0.035	0.013	0.005	0.002	0.000	0.000	0.000
	1	0.990	0.829	0.549	0.319	0.167	0.080	0.035	0.014	0.005	0.002	0.000
	2	1.000	0.964	0.816	0.604	0.398	0.236	0.127	0.062	0.027	0.011	0.004
	3	1.000	0.995	0.944	0.823	0.648	0.461	0.297	0.173	0.091	0.042	0.018
	4	1.000	0.999	0.987	0.938	0.836	0.686	0.515	0.352	0.217	0.120	0.059
	5	1.000	1.000	0.998	0.983	0.939	0.852	0.722	0.564	0.403	0.261	0.151
	6	1.000	1.000	1.000	0.996	0.982	0.943	0.869	0.755	0.610	0.452	0.304
	7	1.000	1.000	1.000	0.999	0.996	0.983	0.950	0.887	0.787	0.654	0.500
	8	1.000	1.000	1.000	1.000	0.999	0.996	0.985	0.958	0.905	0.818	0.696
	9	1.000	1.000	1.000	1.000	1.000	0.999	0.996	0.988	0.966	0.923	0.849
	10	1.000	1.000	1.000	1.000	1.000	1.000	0.999	0.997	0.991	0.975	0.941
	11	1.000	1.000	1.000	1.000	1.000	1.000	1.000	0.999	0.998	0.994	0.982
	12	1.000	1.000	1.000	1.000	1.000	1.000	1.000	1.000	1.000	0.999	0.996
	13	1.000	1.000	1.000	1.000	1.000	1.000	1.000	1.000	1.000	1.000	1.000
	14	1.000	1.000	1.000	1.000	1.000	1.000	1.000	1.000	1.000	1.000	1.000
	15	1.000	1.000	1.000	1.000	1.000	1.000	1.000	1.000	1.000	1.000	1.000
20	0	0.818	0.358	0.122	0.039	0.012	0.003	0.001	0.000	0.000	0.000	0.000
	1	0.983	0.736	0.392	0.176	0.069	0.024	0.008	0.002	0.001	0.000	0.000
	2	0.999	0.925	0.677	0.405	0.206	0.091	0.035	0.012	0.004	0.001	0.000
	3	1.000	0.984	0.867	0.648	0.411	0.225	0.107	0.044	0.016	0.005	0.001
	4	1.000	0.997	0.957	0.830	0.630	0.415	0.238	0.118	0.051	0.019	0.006
	5	1.000	1.000	0.989	0.933	0.804	0.617	0.416	0.245	0.126	0.055	0.021
	6	1.000	1.000	0.998	0.978	0.913	0.786	0.608	0.417	0.250	0.130	0.058
	7	1.000	1.000	1.000	0.994	0.968	0.898	0.772	0.601	0.416	0.252	0.132
	8	1.000	1.000	1.000	0.999	0.990	0.959	0.887	0.762	0.596	0.414	0.252
	9	1.000	1.000	1.000	1.000	0.997	0.986	0.952	0.878	0.755	0.591	0.412
	10	1.000	1.000	1.000	1.000	0.999	0.996	0.983	0.947	0.872	0.751	0.588
	11	1.000	1.000	1.000	1.000	1.000	0.999	0.995	0.980	0.943	0.869	0.748
	12	1.000	1.000	1.000	1.000	1.000	1.000	0.999	0.994	0.979	0.942	0.868
	13	1.000	1.000	1.000	1.000	1.000	1.000	1.000	0.998	0.994	0.979	0.942
	14	1.000	1.000	1.000	1.000	1.000	1.000	1.000	1.000	0.998	0.994	0.979
	15	1.000	1.000	1.000	1.000	1.000	1.000	1.000	1.000	1.000	0.998	0.994
	16	1.000	1.000	1.000	1.000	1.000	1.000	1.000	1.000	1.000	1.000	0.999
	17	1.000	1.000	1.000	1.000	1.000	1.000	1.000	1.000	1.000	1.000	1.000
	18	1.000	1.000	1.000	1.000	1.000	1.000	1.000	1.000	1.000	1.000	1.000
	19	1.000	1.000	1.000	1.000	1.000	1.000	1.000	1.000	1.000	1.000	1.000
	20	1.000	1.000	1.000	1.000	1.000	1.000	1.000	1.000	1.000	1.000	1.000
30	0	0.740	0.215	0.042	0.008	0.001	0.000	0.000	0.000	0.000	0.000	0.000
	1	0.964	0.554	0.184	0.048	0.011	0.002	0.000	0.000	0.000	0.000	0.000
	2	0.997	0.812	0.411	0.151	0.044	0.011	0.002	0.000	0.000	0.000	0.000
	3	1.000	0.939	0.647	0.322	0.123	0.037	0.009	0.002	0.000	0.000	0.000
	4	1.000	0.984	0.825	0.524	0.255	0.098	0.030	0.008	0.002	0.000	0.000
	5	1.000	0.997	0.927	0.711	0.428	0.203	0.077	0.023	0.006	0.001	0.000
	6	1.000	0.999	0.974	0.847	0.607	0.348	0.160	0.059	0.017	0.004	0.001
	7	1.000	1.000	0.992	0.930	0.761	0.514	0.281	0.124	0.044	0.012	0.003
	8	1.000	1.000	0.998	0.972	0.871	0.674	0.432	0.225	0.094	0.031	0.008
	9	1.000	1.000	1.000	0.990	0.939	0.803	0.589	0.358	0.176	0.069	0.021
	10	1.000	1.000	1.000	0.997	0.974	0.894	0.730	0.508	0.291	0.135	0.049
	11	1.000	1.000	1.000	0.999	0.991	0.949	0.841	0.655	0.431	0.233	0.100
	12	1.000	1.000	1.000	1.000	0.997	0.978	0.916	0.780	0.578	0.359	0.181
	13	1.000	1.000	1.000	1.000	0.999	0.992	0.960	0.874	0.715	0.502	0.292
	14	1.000	1.000	1.000	1.000	1.000	0.997	0.983	0.935	0.825	0.645	0.428
	15	1.000	1.000	1.000	1.000	1.000	0.999	0.994	0.970	0.903	0.769	0.572
	16	1.000	1.000	1.000	1.000	1.000	1.000	0.998	0.988	0.952	0.864	0.708
	17	1.000	1.000	1.000	1.000	1.000	1.000	0.999	0.995	0.979	0.929	0.819
	18	1.000	1.000	1.000	1.000	1.000	1.000	1.000	0.999	0.992	0.967	0.900
	19	1.000	1.000	1.000	1.000	1.000	1.000	1.000	1.000	0.997	0.986	0.951
	20	1.000	1.000	1.000	1.000	1.000	1.000	1.000	1.000	0.999	0.995	0.979
	21	1.000	1.000	1.000	1.000	1.000	1.000	1.000	1.000	1.000	0.998	0.992
	22	1.000	1.000	1.000	1.000	1.000	1.000	1.000	1.000	1.000	1.000	0.997
	23	1.000	1.000	1.000	1.000	1.000	1.000	1.000	1.000	1.000	1.000	0.999
	24	1.000	1.000	1.000	1.000	1.000	1.000	1.000	1.000	1.000	1.000	1.000
	25	1.000	1.000	1.000	1.000	1.000	1.000	1.000	1.000	1.000	1.000	1.000
	26	1.000	1.000	1.000	1.000	1.000	1.000	1.000	1.000	1.000	1.000	1.000
	27	1.000	1.000	1.000	1.000	1.000	1.000	1.000	1.000	1.000	1.000	1.000
	28	1.000	1.000	1.000	1.000	1.000	1.000	1.000	1.000	1.000	1.000	1.000
	29	1.000	1.000	1.000	1.000	1.000	1.000	1.000	1.000	1.000	1.000	1.000
	30	1.000	1.000	1.000	1.000	1.000	1.000	1.000	1.000	1.000	1.000	1.000

6　ポアソン分布表（発生回数 x ／発生回数の平均 λ →累積確率 $P(X \leq x)$）

この表は、発生回数の平均 $\lambda = 0.001 \sim 21.0$、発生回数 $x = 0 \sim 38$ に対して、ポアソン分布にしたがう"累積確率" $P(X \leq x) = \sum_{k=0}^{x} \frac{\lambda^k}{k!} e^{-\lambda} = \frac{\lambda^0}{0!} e^{-\lambda} + \cdots + \frac{\lambda^x}{x!} e^{-\lambda}$ の値を与える。例えば、$x = 3, \lambda = 1.1$ に対する"累積確率" P は、$x = 3$ の《行》と $\lambda = 1.1$ の《列》の交点の値から $P = 0.974$ だ。Excel では、$POISSON(3, 1.1, TRUE)$ で計算できる。

x \ λ	0.001	0.005	0.01	0.05	0.1	0.2	0.3	0.4	0.5	0.6	0.7
0	0.999	0.995	0.990	0.951	0.905	0.819	0.741	0.670	0.607	0.549	0.497
1	1.000	1.000	1.000	0.999	0.995	0.982	0.963	0.938	0.910	0.878	0.844
2	1.000	1.000	1.000	1.000	1.000	0.999	0.996	0.992	0.986	0.977	0.966
3	1.000	1.000	1.000	1.000	1.000	1.000	1.000	0.999	0.998	0.997	0.994
4	1.000	1.000	1.000	1.000	1.000	1.000	1.000	1.000	1.000	1.000	0.999
5	1.000	1.000	1.000	1.000	1.000	1.000	1.000	1.000	1.000	1.000	1.000
6	1.000	1.000	1.000	1.000	1.000	1.000	1.000	1.000	1.000	1.000	1.000

x \ λ	0.8	0.9	1.0	1.1	1.2	1.3	1.4	1.5	1.6	1.7	1.8
0	0.449	0.407	0.368	0.333	0.301	0.273	0.247	0.223	0.202	0.183	0.165
1	0.809	0.772	0.736	0.699	0.663	0.627	0.592	0.558	0.525	0.493	0.463
2	0.953	0.937	0.920	0.900	0.879	0.857	0.833	0.809	0.783	0.757	0.731
3	0.991	0.987	0.981	0.974	0.966	0.957	0.946	0.934	0.921	0.907	0.891
4	0.999	0.998	0.996	0.995	0.992	0.989	0.986	0.981	0.976	0.970	0.964
5	1.000	1.000	0.999	0.999	0.998	0.998	0.997	0.996	0.994	0.992	0.990
6	1.000	1.000	1.000	1.000	1.000	1.000	0.999	0.999	0.999	0.998	0.997
7	1.000	1.000	1.000	1.000	1.000	1.000	1.000	1.000	1.000	1.000	0.999
8	1.000	1.000	1.000	1.000	1.000	1.000	1.000	1.000	1.000	1.000	1.000
9	1.000	1.000	1.000	1.000	1.000	1.000	1.000	1.000	1.000	1.000	1.000

x \ λ	1.9	2.0	2.5	3.0	4.0	5.0	6.0	7.0	8.0	9.0	10.0
0	0.150	0.135	0.082	0.050	0.018	0.007	0.002	0.001	0.000	0.000	0.000
1	0.434	0.406	0.287	0.199	0.092	0.040	0.017	0.007	0.003	0.001	0.000
2	0.704	0.677	0.544	0.423	0.238	0.125	0.062	0.030	0.014	0.006	0.003
3	0.875	0.857	0.758	0.647	0.433	0.265	0.151	0.082	0.042	0.021	0.010
4	0.956	0.947	0.891	0.815	0.629	0.440	0.285	0.173	0.100	0.055	0.029
5	0.987	0.983	0.958	0.916	0.785	0.616	0.446	0.301	0.191	0.116	0.067
6	0.997	0.995	0.986	0.966	0.889	0.762	0.606	0.450	0.313	0.207	0.130
7	0.999	0.999	0.996	0.988	0.949	0.867	0.744	0.599	0.453	0.324	0.220
8	1.000	1.000	0.999	0.996	0.979	0.932	0.847	0.729	0.593	0.456	0.333
9	1.000	1.000	1.000	0.999	0.992	0.968	0.916	0.830	0.717	0.587	0.458
10	1.000	1.000	1.000	1.000	0.997	0.986	0.957	0.901	0.816	0.706	0.583
11	1.000	1.000	1.000	1.000	0.999	0.995	0.980	0.947	0.888	0.803	0.697
12	1.000	1.000	1.000	1.000	1.000	0.998	0.991	0.973	0.936	0.876	0.792
13	1.000	1.000	1.000	1.000	1.000	0.999	0.996	0.987	0.966	0.926	0.864
14	1.000	1.000	1.000	1.000	1.000	1.000	0.999	0.994	0.983	0.959	0.917
15	1.000	1.000	1.000	1.000	1.000	1.000	0.999	0.998	0.992	0.978	0.951
16	1.000	1.000	1.000	1.000	1.000	1.000	1.000	0.999	0.996	0.989	0.973
17	1.000	1.000	1.000	1.000	1.000	1.000	1.000	1.000	0.998	0.995	0.986
18	1.000	1.000	1.000	1.000	1.000	1.000	1.000	1.000	0.999	0.998	0.993
19	1.000	1.000	1.000	1.000	1.000	1.000	1.000	1.000	1.000	0.999	0.997
20	1.000	1.000	1.000	1.000	1.000	1.000	1.000	1.000	1.000	1.000	0.998
21	1.000	1.000	1.000	1.000	1.000	1.000	1.000	1.000	1.000	1.000	0.999
22	1.000	1.000	1.000	1.000	1.000	1.000	1.000	1.000	1.000	1.000	1.000

x \ λ	11.0	12.0	13.0	14.0	15.0	16.0	17.0	18.0	19.0	20.0	21.0
0	0.000	0.000	0.000	0.000	0.000	0.000	0.000	0.000	0.000	0.000	0.000
1	0.000	0.000	0.000	0.000	0.000	0.000	0.000	0.000	0.000	0.000	0.000
2	0.001	0.001	0.000	0.000	0.000	0.000	0.000	0.000	0.000	0.000	0.000
3	0.005	0.002	0.001	0.000	0.000	0.000	0.000	0.000	0.000	0.000	0.000
4	0.015	0.008	0.004	0.002	0.001	0.000	0.000	0.000	0.000	0.000	0.000
5	0.038	0.020	0.011	0.006	0.003	0.001	0.001	0.000	0.000	0.000	0.000
6	0.079	0.046	0.026	0.014	0.008	0.004	0.002	0.001	0.001	0.000	0.000
7	0.143	0.090	0.054	0.032	0.018	0.010	0.005	0.003	0.002	0.001	0.000
8	0.232	0.155	0.100	0.062	0.037	0.022	0.013	0.007	0.004	0.002	0.001
9	0.341	0.242	0.166	0.109	0.070	0.043	0.026	0.015	0.009	0.005	0.003
10	0.460	0.347	0.252	0.176	0.118	0.077	0.049	0.030	0.018	0.011	0.006
11	0.579	0.462	0.353	0.260	0.185	0.127	0.085	0.055	0.035	0.021	0.013
12	0.689	0.576	0.463	0.358	0.268	0.193	0.135	0.092	0.061	0.039	0.025
13	0.781	0.682	0.573	0.464	0.363	0.275	0.201	0.143	0.098	0.066	0.043
14	0.854	0.772	0.675	0.570	0.466	0.368	0.281	0.208	0.150	0.105	0.072
15	0.907	0.844	0.764	0.669	0.568	0.467	0.371	0.287	0.215	0.157	0.111
16	0.944	0.899	0.835	0.756	0.664	0.566	0.468	0.375	0.292	0.221	0.163
17	0.968	0.937	0.890	0.827	0.749	0.659	0.564	0.469	0.378	0.297	0.227
18	0.982	0.963	0.930	0.883	0.819	0.742	0.655	0.562	0.469	0.381	0.302
19	0.991	0.979	0.957	0.923	0.875	0.812	0.736	0.651	0.561	0.470	0.384
20	0.995	0.988	0.975	0.952	0.917	0.868	0.805	0.731	0.647	0.559	0.471
21	0.998	0.994	0.986	0.971	0.947	0.911	0.861	0.799	0.725	0.644	0.558
22	0.999	0.997	0.992	0.983	0.967	0.942	0.905	0.855	0.793	0.721	0.640
23	1.000	0.999	0.996	0.991	0.981	0.963	0.937	0.899	0.849	0.787	0.716
24	1.000	0.999	0.998	0.995	0.989	0.978	0.959	0.932	0.893	0.843	0.782
25	1.000	1.000	0.999	0.997	0.994	0.987	0.975	0.955	0.927	0.888	0.838
26	1.000	1.000	1.000	0.999	0.997	0.993	0.985	0.972	0.951	0.922	0.883
27	1.000	1.000	1.000	0.999	0.998	0.996	0.991	0.983	0.969	0.948	0.917
28	1.000	1.000	1.000	1.000	0.999	0.998	0.995	0.990	0.980	0.966	0.944
29	1.000	1.000	1.000	1.000	1.000	0.999	0.997	0.994	0.988	0.978	0.963
30	1.000	1.000	1.000	1.000	1.000	0.999	0.999	0.997	0.993	0.987	0.976
31	1.000	1.000	1.000	1.000	1.000	1.000	0.999	0.998	0.996	0.992	0.985
32	1.000	1.000	1.000	1.000	1.000	1.000	1.000	0.999	0.998	0.995	0.991
33	1.000	1.000	1.000	1.000	1.000	1.000	1.000	1.000	0.999	0.997	0.994
34	1.000	1.000	1.000	1.000	1.000	1.000	1.000	1.000	0.999	0.999	0.997
35	1.000	1.000	1.000	1.000	1.000	1.000	1.000	1.000	1.000	0.999	0.998
36	1.000	1.000	1.000	1.000	1.000	1.000	1.000	1.000	1.000	1.000	0.999
37	1.000	1.000	1.000	1.000	1.000	1.000	1.000	1.000	1.000	1.000	0.999
38	1.000	1.000	1.000	1.000	1.000	1.000	1.000	1.000	1.000	1.000	1.000

付録

7 スミルノフ・グラブスの検定の棄却限界値（データ数N／有意水準α→棄却限界値τ_0）

この表は、"棄却検定"の1つである「スミルノフ・グラブスの検定」で、データ数$N=3\sim20$、有意水準$\alpha=0.1, 0.05, 0.025, 0.01$に対する棄却限界値$T_0$を与える。例えば、データ数$N=10$、有意水準$\alpha=0.05$に対する棄却限界値$T_0$は、$N=10$の《行》と$\alpha=0.05$の《列》の交点の値から$T_0=2.176$と分かる。

N＼α	0.1	0.05	0.025	0.01
3	1.148	1.153	1.154	1.155
4	1.425	1.462	1.481	1.493
5	1.602	1.671	1.715	1.749
6	1.729	1.822	1.887	1.944
7	1.828	1.938	2.020	2.097
8	1.909	2.032	2.127	2.221
9	1.977	2.110	2.215	2.323
10	2.036	2.176	2.290	2.410
11	2.088	2.234	2.355	2.484
12	2.134	2.285	2.412	2.549
13	2.176	2.331	2.462	2.607
14	2.213	2.372	2.507	2.658
15	2.248	2.409	2.548	2.705
16	2.279	2.443	2.586	2.747
17	2.309	2.475	2.620	2.785
18	2.336	2.504	2.652	2.821
19	2.361	2.531	2.681	2.853
20	2.385	2.557	2.708	2.884

8　コルモゴロフ・スミルノフ検定（一標本）の棄却限界値表（自由度 v ／有意水準 α → 棄却限界値 T_0）

　この表は、"適合性検定"の1つである「コルモゴロフ・スミルノフ検定（一標本）」で、自由度 $n=1\sim 40$、片側検定の有意水準 $\alpha=0.1, 0.05, 0.025, 0.01, 0.005$ に対する棄却限界値 T_0 を与える。例えば、自由度 $n=10$、片側検定の有意水準 $\alpha=0.05$ に対する棄却限界値 T_0 は、$n=10$ の《行》と $\alpha=0.05$ の《列》の交点の値から $T_0=0.3687$ と分かる。$n>40$ の場合は、《表》の最下行の片側検定の有意水準 α に対応した"近似式"で計算できる。

	片側検定　有意水準 α				
n	0.1	0.05	0.025	0.01	0.005
1	0.9000	0.9500	0.9750	0.9900	0.9950
2	0.6838	0.7764	0.8419	0.9000	0.9293
3	0.5648	0.6360	0.7076	0.7846	0.8290
4	0.4927	0.5652	0.6239	0.6889	0.7342
5	0.4470	0.5094	0.5633	0.6272	0.6685
6	0.4104	0.4680	0.5193	0.5774	0.6166
7	0.3815	0.4361	0.4834	0.5384	0.5758
8	0.3583	0.4096	0.4543	0.5065	0.5418
9	0.3391	0.3875	0.4300	0.4796	0.5133
10	0.3226	0.3687	0.4092	0.4566	0.4889
11	0.3083	0.3524	0.3912	0.4367	0.4677
12	0.2958	0.3382	0.3754	0.4192	0.4490
13	0.2847	0.3255	0.3614	0.4036	0.4325
14	0.2748	0.3142	0.3489	0.3897	0.4176
15	0.2659	0.3040	0.3376	0.3771	0.4042
16	0.2578	0.2947	0.3273	0.3657	0.3920
17	0.2504	0.2863	0.3180	0.3553	0.3809
18	0.2436	0.2785	0.3094	0.3457	0.3706
19	0.2373	0.2714	0.3014	0.3369	0.3612
20	0.2316	0.2647	0.2941	0.3287	0.3524
21	0.2262	0.2586	0.2872	0.3210	0.3443
22	0.2212	0.2528	0.2809	0.3139	0.3367
23	0.2165	0.2475	0.2749	0.3073	0.3295
24	0.2120	0.2424	0.2693	0.3010	0.3229
25	0.2079	0.2377	0.2640	0.2952	0.3166
26	0.2040	0.2332	0.2591	0.2896	0.3106
27	0.2003	0.2290	0.2544	0.2844	0.3050
28	0.1968	0.2250	0.2499	0.2794	0.2997
29	0.1935	0.2212	0.2457	0.2747	0.2947
30	0.1903	0.2176	0.2417	0.2702	0.2899
31	0.1873	0.2141	0.2379	0.2660	0.2853
32	0.1844	0.2108	0.2342	0.2619	0.2809
33	0.1817	0.2077	0.2308	0.2580	0.2768
34	0.1791	0.2047	0.2274	0.2543	0.2728
35	0.1766	0.2018	0.2242	0.2507	0.2690
36	0.1742	0.1991	0.2212	0.2473	0.2653
37	0.1719	0.1965	0.2183	0.2440	0.2618
38	0.1697	0.1939	0.2154	0.2409	0.2584
39	0.1675	0.1950	0.2127	0.2379	0.2552
40	0.1655	0.1891	0.2101	0.2349	0.2521
$n>40$	$\dfrac{1.07}{\sqrt{n}}$	$\dfrac{1.22}{\sqrt{n}}$	$\dfrac{1.36}{\sqrt{n}}$	$\dfrac{1.52}{\sqrt{n}}$	$\dfrac{1.63}{\sqrt{n}}$

9 シャピロ・ウィルク検定の係数表（標本の数n→標本の数に応じた"重み"の係数$a_1,\cdots,a_n$）

この表は、正規分布への"適合性検定"の1つである「シャピロ・ウィルク検定」で、標本の数$n=2\sim50$に対して、標本の数に応じた（その値の大きさでソートした）データの"重み"の係数$a_1,\cdots,a_n$（ここで、$\sum_{i=1}^{n}a_i=a_1+\cdots+a_n=1$）を与える。例えば、標本数が$n=10$のとき、バラツキを表す$5(=\frac{n}{2})$件のデータ$i=1, 2, 3, 4, 5$に対する"係数"は、それぞれ$n=10$の《列》の値から$a_1=0.5739, a_2=0.3291, a_3=0.2141, a_4=0.1224, a_5=0.0399$だ。

i \ n	2	3	4	5	6	7	8	9	10
1	0.7071	0.7071	0.6872	0.6646	0.6431	0.6233	0.6052	0.5885	0.5739
2		0.0000	0.1667	0.2413	0.2806	0.3031	0.3164	0.3244	0.3291
3				0.0000	0.0875	0.1401	0.1743	0.1976	0.2141
4						0.0000	0.0561	0.0947	0.1224
5								0.0000	0.0399

i \ n	11	12	13	14	15	16	17	18	19	20
1	0.5601	0.5475	0.5359	0.5251	0.5150	0.5056	0.4968	0.4886	0.4808	0.4734
2	0.3315	0.3325	0.3325	0.3318	0.3306	0.3290	0.3273	0.3253	0.3232	0.3211
3	0.2260	0.2347	0.2412	0.2460	0.2495	0.2521	0.2540	0.2553	0.2561	0.2565
4	0.1429	0.1586	0.1707	0.1802	0.1878	0.1939	0.1988	0.2027	0.2059	0.2085
5	0.0695	0.0922	0.1099	0.1240	0.1353	0.1449	0.1524	0.1587	0.1641	0.1686
6	0.0000	0.0303	0.0539	0.0727	0.0880	0.1005	0.1109	0.1197	0.1271	0.1334
7			0.0000	0.0240	0.0433	0.0593	0.0725	0.0837	0.0932	0.1013
8					0.0000	0.0196	0.0359	0.0496	0.0612	0.0711
9							0.0000	0.0163	0.0303	0.0422
10									0.0000	0.0140

i \ n	21	22	23	24	25	26	27	28	29	30
1	0.4643	0.4590	0.4542	0.4493	0.4450	0.4407	0.4366	0.4328	0.4291	0.4254
2	0.3185	0.3156	0.3126	0.3098	0.3069	0.3043	0.3018	0.2992	0.2968	0.2944
3	0.2578	0.2571	0.2563	0.2554	0.2543	0.2533	0.2522	0.2510	0.2499	0.2487
4	0.2119	0.2131	0.2139	0.2145	0.2148	0.2151	0.2152	0.2151	0.2150	0.2148
5	0.1736	0.1764	0.1787	0.1807	0.1822	0.1836	0.1848	0.1857	0.1864	0.1870
6	0.1399	0.1443	0.1480	0.1512	0.1539	0.1563	0.1584	0.1601	0.1616	0.1630
7	0.1092	0.1150	0.1201	0.1245	0.1283	0.1316	0.1346	0.1372	0.1395	0.1415
8	0.0804	0.0878	0.0941	0.0997	0.1046	0.1089	0.1128	0.1162	0.1192	0.1219
9	0.0530	0.0618	0.0696	0.0764	0.0823	0.0876	0.0923	0.0965	0.1002	0.1036
10	0.0263	0.0368	0.0459	0.0539	0.0610	0.0672	0.0728	0.0778	0.0822	0.0862
11	0.0000	0.0122	0.0228	0.0321	0.0403	0.0476	0.0540	0.0598	0.0650	0.0697
12			0.0000	0.0107	0.0200	0.0284	0.0358	0.0424	0.0483	0.0537
13					0.0000	0.0094	0.0178	0.0253	0.0320	0.0381
14							0.0000	0.0084	0.0159	0.0227
15									0.0000	0.0076

次ページに続く ➡

➡ 前ページから

i \ n	31	32	33	34	35	36	37	38	39	40
1	0.4220	0.4188	0.4156	0.4127	0.4096	0.4068	0.4040	0.4015	0.3989	0.3964
2	0.2910	0.2898	0.2876	0.2854	0.2834	0.2813	0.2794	0.2774	0.2755	0.2737
3	0.2475	0.2462	0.2451	0.2439	0.2427	0.2415	0.2403	0.2391	0.2380	0.2368
4	0.2145	0.2141	0.2137	0.2132	0.2127	0.2121	0.2116	0.2110	0.2104	0.2098
5	0.1874	0.1878	0.1880	0.1882	0.1883	0.1833	0.1883	0.1881	0.1880	0.1878
6	0.1641	0.1651	0.1660	0.1667	0.1673	0.1678	0.1683	0.1686	0.1689	0.1691
7	0.1433	0.1449	0.1463	0.1475	0.1487	0.1496	0.1505	0.1513	0.1520	0.1526
8	0.1243	0.1265	0.1284	0.1301	0.1317	0.1331	0.1344	0.1356	0.1366	0.1376
9	0.1066	0.1093	0.1118	0.1140	0.1160	0.1179	0.1196	0.1211	0.1225	0.1237
10	0.0899	0.0931	0.0961	0.0988	0.1013	0.1036	0.1056	0.1075	0.1092	0.1108
11	0.0739	0.0777	0.0812	0.0844	0.0873	0.0900	0.0924	0.0947	0.0967	0.0986
12	0.0585	0.0629	0.0669	0.0706	0.0739	0.0770	0.0798	0.0824	0.0848	0.0870
13	0.0435	0.0485	0.0530	0.0572	0.0610	0.0645	0.0677	0.0706	0.0733	0.0759
14	0.0289	0.0344	0.0395	0.0441	0.0484	0.0523	0.0559	0.0592	0.0622	0.0651
15	0.0144	0.0206	0.0262	0.0314	0.0361	0.0404	0.0444	0.0481	0.0515	0.0546
16	0.0000	0.0068	0.0131	0.0187	0.0239	0.0287	0.0331	0.0372	0.0409	0.0444
17			0.0000	0.0062	0.0119	0.0172	0.0220	0.0264	0.0305	0.0343
18					0.0000	0.0057	0.0110	0.0158	0.0203	0.0244
19							0.0000	0.0053	0.0101	0.0146
20									0.0000	0.0049

i \ n	41	42	43	44	45	46	47	48	49	50
1	0.3940	0.6917	0.3894	0.3872	0.3850	0.3830	0.3808	0.3789	0.3770	0.3751
2	0.2719	0.2701	0.2684	0.2667	0.2651	0.2635	0.2620	0.2604	0.2589	0.2574
3	0.2357	0.2345	0.2334	0.2323	0.2313	0.2302	0.2291	0.2281	0.2271	0.2260
4	0.2091	0.2085	0.2078	0.2072	0.2065	0.2058	0.2052	0.2045	0.2038	0.2032
5	0.1876	0.1874	0.1871	0.1868	0.1865	0.1862	0.1859	0.1855	0.1851	0.1847
6	0.1693	0.1694	0.1695	0.1695	0.1695	0.1695	0.1695	0.1693	0.1692	0.1691
7	0.1531	0.1535	0.1539	0.1542	0.1545	0.1548	0.1550	0.1551	0.1553	0.1554
8	0.1384	0.1392	0.1398	0.1405	0.1410	0.1415	0.1420	0.1423	0.1427	0.1430
9	0.1249	0.1259	0.1269	0.1278	0.1286	0.1293	0.1300	0.1306	0.1312	0.1317
10	0.1123	0.1136	0.1149	0.1160	0.1170	0.1180	0.1189	0.1197	0.1205	0.1212
11	0.1004	0.1020	0.1035	0.1049	0.1062	0.1073	0.1085	0.1095	0.1105	0.1113
12	0.0891	0.0909	0.0927	0.0943	0.0959	0.0972	0.0986	0.0998	0.1010	0.1020
13	0.0782	0.0804	0.0824	0.0842	0.0860	0.0876	0.0892	0.0906	0.0919	0.0932
14	0.0677	0.0701	0.0724	0.0745	0.0765	0.0783	0.0801	0.0817	0.0832	0.0846
15	0.0575	0.0602	0.0628	0.0651	0.0673	0.0694	0.0713	0.0731	0.0748	0.0764
16	0.0476	0.0506	0.0534	0.0560	0.0584	0.0607	0.0628	0.0648	0.0667	0.0685
17	0.0379	0.0411	0.0422	0.0471	0.0497	0.0522	0.0546	0.0568	0.0588	0.0608
18	0.0283	0.0318	0.0352	0.0383	0.0412	0.0439	0.0465	0.0489	0.0511	0.0532
19	0.0188	0.0227	0.0263	0.0296	0.0328	0.0357	0.0385	0.0411	0.0436	0.0459
20	0.0094	0.0136	0.0175	0.0211	0.0245	0.0277	0.0307	0.0355	0.0361	0.0386
21	0.0000	0.0045	0.0087	0.0126	0.0163	0.0197	0.0229	0.0259	0.0288	0.0314
22			0.0000	0.0042	0.0081	0.0118	0.0153	0.1850	0.0215	0.0244
23					0.0000	0.0039	0.0076	0.0111	0.0143	0.0174
24							0.0000	0.0037	0.0071	0.0104
25									0.0000	0.0035

10. シャピロ・ウィルク検定の棄却限界値表（標本の数 n／危険率 $p(=1-\alpha)$ → 棄却限界値 W_0）

この表は、正規分布への"適合性検定"の1つである「シャピロ・ウィルク検定」で、標本の数 $n=3\sim50$、危険率 $p(=1-\alpha)=0.01\sim0.99$ に対して、検定統計量 W の棄却限界値 W_0 を与える。例えば、標本数が $n=10$、$p=0.95$ のときは、$n=10$ の《行》と $p=0.95$ の《列》の交点の値から $W_0(p=0.95)=0.978$ だ。

n＼p	0.01	0.02	0.05	0.10	0.50	0.90	0.95	0.98	0.99
3	0.753	0.756	0.767	0.789	0.959	0.998	0.999	1.000	1.000
4	0.387	0.707	0.748	0.792	0.935	0.987	0.992	0.996	0.997
5	0.386	0.715	0.762	0.806	0.927	0.979	0.986	0.991	0.993
6	0.713	0.743	0.788	0.826	0.927	0.974	0.981	0.986	0.989
7	0.730	0.760	0.803	0.838	0.928	0.972	0.979	0.985	0.988
8	0.749	0.778	0.818	0.851	0.932	0.972	0.978	0.984	0.987
9	0.764	0.791	0.829	0.859	0.935	0.972	0.978	0.984	0.986
10	0.781	0.806	0.842	0.869	0.938	0.972	0.978	0.983	0.986
11	0.792	0.817	0.850	0.876	0.940	0.973	0.979	0.984	0.986
12	0.805	0.828	0.859	0.883	0.943	0.973	0.979	0.984	0.986
13	0.814	0.837	0.866	0.889	0.945	0.974	0.979	0.984	0.986
14	0.825	0.846	0.874	0.895	0.947	0.975	0.980	0.984	0.986
15	0.835	0.855	0.881	0.901	0.950	0.975	0.980	0.984	0.987
16	0.844	0.863	0.887	0.906	0.852	0.976	0.981	0.985	0.987
17	0.851	0.869	0.892	0.910	0.954	0.977	0.981	0.985	0.987
18	0.858	0.874	0.897	0.914	0.956	0.978	0.982	0.986	0.988
19	0.863	0.879	0.901	0.917	0.957	0.978	0.982	0.986	0.988
20	0.868	0.884	0.905	0.920	0.959	0.979	0.983	0.986	0.988
21	0.873	0.888	0.908	0.923	0.960	0.980	0.983	0.987	0.989
22	0.878	0.892	0.911	0.926	0.961	0.980	0.984	0.987	0.989
23	0.881	0.895	0.914	0.928	0.962	0.981	0.984	0.987	0.989
24	0.884	0.898	0.916	0.930	0.963	0.981	0.984	0.987	0.989
25	0.888	0.901	0.918	0.931	0.964	0.981	0.985	0.988	0.989
26	0.891	0.904	0.920	0.933	0.965	0.982	0.985	0.988	0.989
27	0.894	0.906	0.923	0.935	0.965	0.982	0.985	0.988	0.990
28	0.896	0.908	0.924	0.936	0.966	0.982	0.985	0.988	0.990
29	0.898	0.910	0.926	0.937	0.966	0.982	0.985	0.988	0.990
30	0.900	0.912	0.927	0.939	0.967	0.983	0.985	0.988	0.990
31	0.902	0.914	0.929	0.940	0.967	0.983	0.986	0.988	0.990
32	0.904	0.915	0.930	0.941	0.968	0.983	0.986	0.988	0.990
33	0.906	0.917	0.931	0.942	0.968	0.983	0.986	0.989	0.990
34	0.908	0.919	0.933	0.943	0.969	0.983	0.986	0.989	0.990
35	0.910	0.920	0.934	0.944	0.969	0.984	0.986	0.989	0.990
36	0.912	0.922	0.935	0.945	0.970	0.984	0.986	0.989	0.990
37	0.914	0.924	0.936	0.946	0.970	0.984	0.987	0.989	0.990
38	0.916	0.925	0.938	0.947	0.971	0.984	0.987	0.989	0.990
39	0.917	0.927	0.939	0.948	0.971	0.984	0.987	0.989	0.991
40	0.919	0.928	0.940	0.949	0.972	0.985	0.987	0.989	0.991
41	0.920	0.929	0.941	0.950	0.972	0.985	0.987	0.989	0.991
42	0.922	0.930	0.942	0.951	0.972	0.985	0.987	0.989	0.991
43	0.923	0.932	0.943	0.951	0.973	0.985	0.987	0.990	0.991
44	0.924	0.933	0.944	0.952	0.973	0.985	0.987	0.990	0.991
45	0.926	0.934	0.945	0.953	0.973	0.985	0.988	0.990	0.991
46	0.927	0.935	0.945	0.953	0.974	0.985	0.988	0.990	0.991
47	0.928	0.936	0.946	0.954	0.974	0.985	0.988	0.990	0.991
48	0.929	0.937	0.947	0.954	0.974	0.985	0.988	0.990	0.991
49	0.929	0.937	0.947	0.955	0.974	0.985	0.988	0.990	0.991
50	0.930	0.938	0.947	0.955	0.974	0.985	0.988	0.990	0.991

11 クラスカル・ウォリスの棄却限界値表 (それぞれの群の水準の数 n_1, n_2, n_3, n_4 /有意水準 α →棄却限界値 H_0)

この表は、"一元配置分散分析"に対応するノンパラメトリックな統計的仮説検定の方法である「クラスカル・ウォリス検定」で、3群（グループ）の場合、それぞれの群のデータ数 n_1, n_2, n_3 に対する有意水準 $\alpha = 0.05$ と $\alpha = 0.01$ に対する棄却限界値を与える。4群の場合は、それぞれの群のデータ数 n_1, n_2, n_3, n_4 に対する有意水準 $\alpha = 0.05$ と $\alpha = 0.01$ に対する棄却限界値を与える。例えば、有意水準 $\alpha = 0.05$, $n_1 = 3$, $n_2 = 4$, $n_3 = 5$ のときは、$H_{0.05}(3,4,5) = 5.656$ であり、有意水準 $\alpha = 0.01$ のときは、$H_{0.01}(3,4,5) = 7.445$ だ。

3群の場合

n_1	n_2	n_3	$\alpha=0.05$	$\alpha=0.01$
2	2	3	4.714	
2	2	4	5.333	
2	2	5	5.160	6.533
2	2	6	5.346	6.655
2	2	7	5.143	7.000
2	2	8	5.356	6.664
2	2	9	5.260	6.897
2	2	10	5.120	6.537
2	2	11	5.164	6.766
2	2	12	5.173	6.761
2	2	13	5.199	6.792
2	3	3	5.361	0.000
2	3	4	5.444	6.444
2	3	5	5.251	6.909
2	3	6	5.349	6.970
2	3	7	5.357	6.839
2	3	8	5.316	7.022
2	3	9	5.340	7.006
2	3	10	5.362	7.042
2	3	11	5.374	7.094
2	3	12	5.350	7.134
2	4	4	5.455	7.036
2	4	5	5.273	7.205
2	4	6	5.340	7.340
2	4	7	5.376	7.321
2	4	8	5.393	7.350
2	4	9	5.400	7.364
2	4	10	5.345	7.357
2	4	11	5.365	7.396
2	5	5	5.339	7.339
2	5	6	5.339	7.376
2	5	7	5.393	7.450
2	5	8	5.415	7.440
2	5	9	5.396	7.447
2	5	10	5.420	7.514
2	6	6	5.410	7.467
2	6	7	5.357	7.491
2	6	8	5.404	7.522
2	6	9	5.392	7.566
2	7	7	5.398	7.491
2	7	8	5.403	7.571

3群の場合

n_1	n_2	n_3	$\alpha=0.05$	$\alpha=0.01$
3	3	3	5.600	7.200
3	3	4	5.791	6.746
3	3	5	5.649	7.079
3	3	6	5.615	7.410
3	3	7	5.620	7.228
3	3	8	5.617	7.350
3	3	9	5.589	7.422
3	3	10	5.588	7.372
3	3	11	5.583	7.412
3	4	4	5.599	7.144
3	4	5	5.656	7.445
3	4	6	5.610	7.500
3	4	7	5.623	7.550
3	4	8	5.623	7.585
3	4	9	5.652	7.614
3	4	10	5.661	7.617
3	5	5	5.706	7.578
3	5	6	5.602	7.591
3	5	7	5.607	7.697
3	5	8	5.614	7.706
3	5	9	5.670	7.733
3	6	6	5.625	7.725
3	6	7	5.689	7.756
3	6	8	5.678	7.796
3	7	7	5.688	7.810
4	4	4	5.692	7.654
4	4	5	5.657	7.760
4	4	6	5.681	7.795
4	4	7	5.650	7.814
4	4	8	5.779	7.853
4	4	9	5.704	7.910
4	5	5	5.666	7.823
4	5	6	5.661	7.936
4	5	7	5.733	7.931
4	5	8	5.718	7.992
4	6	6	5.724	8.000
4	6	7	5.706	8.039
5	5	5	5.780	8.000
5	5	6	5.729	8.028
5	5	7	5.708	8.108
5	6	6	5.765	8.124

4群の場合

n_1	n_2	n_3	n_4	$\alpha=0.05$	$\alpha=0.01$
2	2	2	2	6.167	6.667
2	2	2	3	6.333	7.133
2	2	2	4	6.546	7.391
2	2	2	5	6.564	7.773
2	2	2	6	6.539	7.923
2	2	2	7	6.565	8.053
2	2	2	8	6.571	8.207
2	2	3	3	6.527	7.636
2	2	3	4	6.621	7.871
2	2	3	5	6.664	8.203
2	2	3	6	6.703	8.363
2	2	3	7	6.718	8.407
2	2	4	4	6.731	8.346
2	2	4	5	6.725	8.473
2	2	4	6	6.743	8.610
2	2	5	5	6.777	8.634
2	3	3	3	6.727	8.015
2	3	3	4	6.795	8.333
2	3	3	5	6.822	8.607
2	3	3	6	6.876	8.695
2	3	4	4	6.874	8.621
2	3	4	5	6.926	8.802
2	4	4	4	6.957	8.871
3	3	3	3	7.000	8.539
3	3	3	4	6.984	8.659
3	3	3	5	7.019	8.848
3	3	4	4	7.038	8.876

12 マン・ホイットニーの棄却限界値表（2つの群のデータの数 m,n／有意水準 α →棄却限界値 U_0）

この表は、"対応のない" 2つの群（グループ）の代表値に差があるか否かの"ノンパラメトリックな"統計的仮説検定の方法である「マン・ホイットニーの U 検定」で、2つの群のデータの数 m,n、両側検定の有意水準 2α（片側検定の有意水準 α）に対して、検定統計量 $U = min(U_1, U_2) = min\left(m \times n + \dfrac{m \times (m+1)}{2} - R_1, m \times n + \dfrac{n \times (n+1)}{2} - R_2\right)$ の棄却限界値 U_0 を与える。例えば、2つの群のデータの数 $m=8, n=10$、両側検定の有意水準 $2\alpha=0.05$ に対して、検定統計量 $U = min(U_1, U_2)$ の棄却限界値 U_0 は、$2\alpha=0.05$ の《表》で、$m=8$ の《行》と $n=10$ の《列》の交点の値から棄却限界値 $U_0 = 17$ と分かる。

両側確率 $0.05 = 5\%$（片側確率 $0.025 = 2.5\%$）

m \ n	5	6	7	8	9	10	11	12	13	14	15	16	17	18	19	20
1	–	–	–	–	–	–	–	–	–	–	–	–	–	–	–	–
2	–	–	–	0	0	0	0	1	1	1	1	1	2	2	2	2
3	0	1	1	2	2	3	3	4	4	5	5	6	6	7	7	8
4	1	2	3	4	4	5	6	7	8	9	10	11	11	12	13	13
5	2	3	5	6	7	8	9	11	12	13	14	15	17	18	19	20
6	3	5	6	8	10	11	13	14	16	17	19	21	22	24	25	27
7	5	6	8	10	12	14	16	18	20	22	24	26	28	30	32	34
8	6	8	10	13	15	17	19	22	24	26	29	31	34	36	38	41
9	7	10	12	15	17	20	23	26	28	31	34	37	39	42	45	48
10	8	11	14	17	20	23	26	29	33	36	39	42	45	48	52	55
11	9	13	16	19	23	26	30	33	37	40	44	47	51	55	58	62
12	11	14	18	22	26	29	33	37	41	45	49	53	57	61	65	69
13	12	16	20	24	28	33	37	41	45	50	54	59	63	67	72	76
14	13	17	22	26	31	36	40	45	50	55	59	64	67	74	78	83
15	14	19	24	29	34	39	44	49	54	59	64	70	75	80	85	90
16	15	21	26	31	37	42	47	53	59	64	70	75	81	86	92	98
17	17	22	28	34	39	45	51	57	63	67	75	81	87	93	99	105
18	18	24	30	36	42	48	55	61	67	74	80	86	93	99	106	112
19	19	25	32	38	45	52	58	65	72	78	85	92	99	106	113	119
20	20	27	34	41	48	55	62	69	76	83	90	98	105	112	119	127

両側確率 $0.01 = 1\%$（片側確率 $0.005 = 0.5\%$）

m \ n	5	6	7	8	9	10	11	12	13	14	15	16	17	18	19	20
1	–	–	–	–	–	–	–	–	–	–	–	–	–	–	–	–
2	–	–	–	–	–	–	–	–	–	–	–	–	–	–	0	0
3	–	–	–	0	0	0	1	1	1	2	2	2	2	3	3	3
4	–	0	0	1	1	2	2	3	3	4	5	5	6	6	7	8
5	0	1	1	2	3	4	5	6	7	7	8	9	10	11	12	13
6	1	2	3	4	5	6	7	9	10	11	12	13	15	16	17	18
7	1	3	4	6	7	9	10	12	13	15	16	18	19	21	22	24
8	2	4	6	7	9	11	13	15	17	18	20	22	24	26	28	30
9	3	5	7	9	11	13	16	18	20	22	24	27	29	31	33	36
10	4	6	9	11	13	16	18	21	24	26	29	31	34	37	39	42
11	5	7	10	13	16	18	21	24	27	30	33	36	39	42	45	46
12	6	9	12	15	18	21	24	27	31	34	37	41	44	47	51	54
13	7	10	13	17	20	24	27	31	34	38	42	45	49	53	56	60
14	7	11	15	18	22	26	30	34	38	42	46	50	54	58	63	67
15	8	12	16	20	24	29	33	37	42	46	51	55	60	64	69	73
16	9	13	18	22	27	31	36	41	45	50	55	60	65	70	74	79
17	10	15	19	24	29	34	39	44	49	54	60	65	70	75	81	88
18	11	16	21	26	31	37	42	47	53	58	64	70	75	81	87	92
19	12	17	22	28	33	39	45	51	56	63	69	74	81	87	93	99
20	13	18	24	30	36	42	46	54	60	67	73	79	88	92	99	105

13 スチューデント化された範囲の分布の q 表／テューキーの方法のための q 表（有意水準（上側確率）α／自由度 f／群の数 k →棄却限界値（上側パーセント点） q）

この表は、最も一般的な"多重比較"の方法である「テューキーの範囲検定（テューキーの HSD 検定）」で、有意水準（上側確率）$\alpha = 0.05$ と $\alpha = 0.01$、自由度 f、群の数 k に対する棄却限界値（上側パーセント点） q を与える。例えば、有意水準 $\alpha = 0.05$、自由度 $f = 9$、群の数 $k = 3$ のときは、$\alpha = 0.05$ の《表》の $f = 9$ の《行》と $k = 3$ の《列》の交点から $q_{0.05}(9, 3) = 3.95$ だ。また、有意水準 $\alpha = 0.01$ のときは、$q_{0.01}(9, 3) = 5.43$ だ。

危険率 0.05 = 5%

f \ k	2	3	4	5	6	8	10	15	20	30
1	17.97	26.98	32.82	37.08	40.41	45.40	49.07	55.36	59.56	65.15
2	6.08	8.33	9.80	10.88	11.73	13.03	13.99	15.65	16.77	18.27
3	4.50	5.91	6.82	7.50	8.04	8.85	9.46	10.52	11.24	12.21
4	3.93	5.04	5.76	6.29	6.71	7.35	7.83	8.66	9.23	10.00
5	3.64	4.60	5.22	5.67	6.03	6.58	6.99	7.72	8.21	8.87
6	3.46	4.34	4.90	5.30	5.63	6.12	6.49	7.14	7.59	8.19
7	3.34	4.16	4.68	5.06	5.36	5.82	6.16	6.76	7.17	7.73
8	3.26	4.04	4.53	4.89	5.17	5.60	5.92	6.48	6.87	7.40
9	3.20	3.95	4.41	4.76	5.02	5.43	5.74	6.28	6.64	7.14
10	3.15	3.88	4.33	4.65	4.91	5.30	5.60	6.11	6.47	6.95
12	3.08	3.77	4.20	4.51	4.75	5.12	5.39	5.88	6.21	6.66
14	3.03	3.70	4.11	4.41	4.64	4.99	5.25	5.71	6.03	6.46
16	3.00	3.65	4.05	4.33	4.56	4.90	5.15	5.59	5.90	6.31
18	2.97	3.61	4.00	4.28	4.49	4.82	5.07	5.50	5.79	6.20
20	2.95	3.58	3.96	4.23	4.45	4.77	5.01	5.43	5.71	6.10
24	2.92	3.53	3.90	4.17	4.37	4.68	4.92	5.32	5.59	5.97
30	2.89	3.49	3.85	4.10	4.30	4.60	4.82	5.21	5.48	5.83
40	2.86	3.44	3.79	4.04	4.23	4.52	4.73	5.11	5.36	5.70
60	2.83	3.40	3.74	3.98	4.16	4.44	4.65	5.00	5.24	5.57
120	2.80	3.36	3.68	3.92	4.10	4.36	4.56	4.90	5.13	5.43
∞	2.77	3.31	3.63	3.86	4.03	4.29	4.47	4.80	5.01	5.30

危険率 0.01 = 1%

f \ k	2	3	4	5	6	8	10	15	20	30
1	90.02	135.04	64.26	185.58	202.21	227.17	225.54	277.00	298.00	325.97
2	14.04	19.02	22.29	24.72	26.63	29.53	31.69	35.43	37.94	41.32
3	8.26	10.62	12.17	13.32	14.24	15.64	16.69	18.52	19.76	21.44
4	6.51	8.12	9.17	9.96	10.58	11.54	12.26	13.53	14.39	15.57
5	5.70	6.98	7.80	8.42	8.91	9.67	10.24	11.24	11.93	12.87
6	5.24	6.33	7.03	7.56	7.97	8.61	9.10	9.95	10.54	11.34
7	4.95	5.92	6.54	7.01	7.37	7.94	8.37	9.12	9.65	10.36
8	4.75	5.64	6.20	6.62	6.96	7.47	7.86	8.55	9.03	9.68
9	4.60	5.43	5.96	6.35	6.66	7.13	7.49	8.13	8.57	9.18
10	4.48	5.27	5.77	6.14	6.42	6.87	7.21	7.81	8.23	8.79
12	4.32	5.05	5.50	5.84	6.10	6.51	6.81	7.36	7.73	8.25
14	4.21	4.89	5.32	5.63	5.88	6.26	6.54	7.05	7.39	7.87
16	4.13	4.79	5.19	5.49	5.72	6.08	6.35	8.82	7.15	7.60
18	4.07	4.70	5.09	5.38	5.60	5.94	6.20	6.65	6.97	7.40
20	4.02	4.64	5.02	5.29	5.51	5.84	6.09	6.52	6.82	7.24
24	3.96	4.55	4.91	5.17	5.37	5.69	5.92	6.33	6.61	7.00
30	3.89	4.45	4.80	5.05	5.24	5.54	5.76	6.14	6.41	6.77
40	3.82	4.37	4.70	4.93	5.11	5.39	5.60	5.96	6.21	6.55
60	3.76	4.28	4.59	4.82	4.99	5.25	5.45	5.78	6.01	6.33
120	3.70	4.20	4.50	4.71	4.87	5.12	5.30	5.61	5.83	6.12
∞	3.64	4.12	4.40	4.60	4.76	4.99	5.16	5.45	5.65	5.91

14　ダネットの多重比較の数表（片側検定の有意水準 α あるいは両側検定の有意水準 2α ／誤差の自由度 $f = m \times (n-1)$ ／群の数 m → 棄却限界値 $d_\alpha(m, f)$）

この表は、「ダネットの多重比較」で、片側検定の有意水準 $\alpha = 0.01, 0.05$、両側検定の有意水準 $2\alpha = 0.01, 0.05$、誤差の自由度 $f = m \times (n-1) = 3 \sim \infty$、群（グループ）の数 $m = 2 \sim 10$ に対して、「ダネットの多重比較」の棄却限界値（臨界値） $d_\alpha(m, f)$ を与える。例えば、片側検定の有意水準 $\alpha = 0.05$、誤差の自由度 $f = 9$、群の数 $m = 4$ のときの"棄却限界値"は $d_\alpha(m, f)$ は、片側検定、$\alpha = 0.05$ の《表》で、$f = 9$ の《行》、$m = 4$ の《列》の交点の値から $d_\alpha(m, f) = 2.37$ だ。

片側検定　0.01 = 1%

$f \ \backslash \ m$	2	3	4	5	6	7	8	9	10
3	4.54	5.45	5.98	6.35	6.63	6.86	7.05	7.21	7.36
4	3.75	4.40	4.78	5.04	5.24	5.41	5.54	5.66	5.76
5	3.37	3.90	4.21	4.43	4.60	4.73	4.85	4.94	5.03
6	3.14	3.61	3.88	4.07	4.21	4.33	4.43	4.51	4.59
7	3.00	3.42	3.66	3.83	3.96	4.07	4.15	4.23	4.30
8	2.90	3.29	3.51	3.67	3.79	3.88	3.96	4.03	4.09
9	2.82	3.19	3.40	3.55	3.66	3.75	3.82	3.89	3.94
10	2.76	3.11	3.31	3.45	3.56	3.64	3.71	3.78	3.83
11	2.72	3.06	3.25	3.38	3.48	3.56	3.63	3.69	3.74
12	2.68	3.01	3.19	3.32	3.42	3.50	3.56	3.62	3.67
13	2.65	2.97	3.15	3.27	3.37	3.44	3.51	3.56	3.61
14	2.62	2.94	3.11	3.23	3.32	3.40	3.46	3.51	3.56
15	2.60	2.91	3.08	3.20	3.29	3.36	3.42	3.47	3.52
16	2.58	2.88	3.05	3.17	3.26	3.33	3.39	3.44	3.48
17	2.57	2.86	3.03	3.14	3.23	3.30	3.36	3.41	3.45
18	2.55	2.84	3.01	3.12	3.21	3.27	3.33	3.38	3.42
19	2.54	2.83	2.99	3.10	3.18	3.25	3.31	3.36	3.40
20	2.53	2.81	2.97	3.08	3.17	3.23	3.29	3.34	3.38
24	2.49	2.77	2.92	3.03	3.11	3.17	3.22	3.27	3.31
30	2.46	2.72	2.87	2.97	3.05	3.11	3.16	3.21	3.24
40	2.42	2.68	2.82	2.92	2.99	3.05	3.10	3.14	3.18
60	2.39	2.64	2.78	2.87	2.94	3.00	3.04	3.08	3.12
120	2.36	2.60	2.73	2.82	2.89	2.94	2.99	3.03	3.06
∞	2.33	2.56	2.68	2.77	2.84	2.89	2.93	2.97	3.00

片側検定　0.05 = 5%

$f \ \backslash \ m$	2	3	4	5	6	7	8	9	10
3	2.35	2.91	3.23	3.45	3.62	3.76	3.87	3.96	4.04
4	2.13	2.60	2.86	3.05	3.16	3.30	3.39	3.47	3.54
5	2.02	2.44	2.68	2.85	2.98	3.08	3.16	3.24	3.30
6	1.94	2.34	2.56	2.71	2.83	2.92	3.00	3.07	3.12
7	1.89	2.27	2.48	2.62	2.73	2.82	2.89	2.95	3.01
8	1.86	2.22	2.42	2.55	2.66	2.74	2.81	2.87	2.92
9	1.83	2.18	2.37	2.50	2.60	2.68	2.75	2.81	2.86
10	1.81	2.15	2.34	2.47	2.56	2.64	2.70	2.76	2.81
11	1.80	2.13	2.31	2.44	2.53	2.60	2.67	2.72	2.77
12	1.78	2.11	2.29	2.41	2.50	2.58	2.64	2.69	2.74
13	1.77	2.09	2.27	2.39	2.48	2.55	2.61	2.66	2.71
14	1.76	2.08	2.25	2.37	2.46	2.53	2.59	2.64	2.69
15	1.75	2.07	2.24	2.36	2.44	2.51	2.57	2.62	2.67
16	1.75	2.06	2.23	2.34	2.43	2.50	2.56	2.61	2.65
17	1.74	2.05	2.22	2.33	2.42	2.49	2.54	2.59	2.64
18	1.73	2.04	2.21	2.32	2.41	2.48	2.53	2.58	2.62
19	1.73	2.03	2.20	2.31	2.40	2.47	2.52	2.57	2.61
20	1.72	2.03	2.19	2.30	2.39	2.46	2.51	2.56	2.60
24	1.71	2.01	2.17	2.28	2.36	2.43	2.48	2.53	2.57
30	1.70	1.99	2.15	2.25	2.33	2.40	2.45	2.50	2.54
40	1.68	1.97	2.13	2.23	2.31	2.37	2.42	2.47	2.51
60	1.67	1.95	2.10	2.21	2.28	2.35	2.39	2.44	2.48
120	1.66	1.93	2.08	2.18	2.26	2.32	2.37	2.41	2.45
∞	1.64	1.92	2.06	2.16	2.23	2.29	2.34	2.38	2.42

次ページ ➡

➡ 前ページから

両側検定　$0.01 = 1\%$

$f \backslash m$	2	3	4	5	6	7	8	9	10
3	5.84	6.98	7.64	8.11	8.46	8.75	8.98	9.19	9.37
4	4.61	5.37	5.81	6.12	6.36	6.56	6.72	6.86	6.98
5	4.03	4.63	4.98	5.22	5.41	5.56	5.69	5.80	5.89
6	3.71	4.21	4.51	4.71	4.87	5.00	5.10	5.20	5.28
7	3.50	3.95	4.21	4.39	4.53	4.64	4.74	4.82	4.89
8	3.36	3.77	4.00	4.17	4.29	4.40	4.48	4.56	4.62
9	3.25	3.63	3.85	4.01	4.12	4.22	4.30	4.37	4.43
10	3.17	3.53	3.74	3.88	3.99	4.08	4.16	4.22	4.28
11	3.11	3.45	3.65	3.79	3.89	3.98	4.05	4.11	4.16
12	3.05	3.39	3.58	3.71	3.81	3.89	3.96	4.02	4.07
13	3.01	3.33	3.52	3.65	3.74	3.82	3.89	3.94	3.99
14	2.98	3.29	3.47	3.59	3.69	3.76	3.83	3.88	3.93
15	2.95	3.25	3.43	3.55	3.64	3.71	3.78	3.83	3.88
16	2.92	3.22	3.39	3.51	3.60	3.67	3.73	3.78	3.83
17	2.90	3.19	3.36	3.47	3.56	3.63	3.69	3.74	3.79
18	2.88	3.17	3.33	3.44	3.53	3.60	3.66	3.71	3.75
19	2.86	3.15	3.31	3.42	3.50	3.57	3.63	3.68	3.72
20	2.85	3.13	3.29	3.40	3.48	3.55	3.60	3.65	3.69
24	2.80	3.07	3.22	3.32	3.40	3.47	3.52	3.57	3.61
30	2.75	3.01	3.15	3.25	3.33	3.39	3.44	3.49	3.52
40	2.70	2.95	3.09	3.19	3.26	3.32	3.37	3.41	3.44
60	2.66	2.90	3.03	3.12	3.19	3.25	3.29	3.33	3.37
120	2.62	2.85	2.97	3.06	3.12	3.18	3.22	3.26	3.29
∞	2.58	2.79	2.92	3.00	3.06	3.11	3.15	3.19	3.22

両側検定　$0.05 = 5\%$

$f \backslash m$	2	3	4	5	6	7	8	9	10
3	3.18	3.87	4.26	4.54	4.75	4.92	5.06	5.18	5.28
4	2.78	3.31	3.62	3.83	4.00	4.13	4.24	4.33	4.41
5	2.57	3.03	3.29	3.48	3.62	3.73	3.82	3.90	3.97
6	2.45	2.86	3.10	3.26	3.39	3.49	3.57	3.64	3.71
7	2.36	2.75	2.97	3.12	3.24	3.33	3.41	3.47	3.53
8	2.31	2.67	2.88	3.02	3.13	3.22	3.29	3.35	3.41
9	2.26	2.61	2.81	2.95	3.05	3.14	3.20	3.26	3.32
10	2.23	2.57	2.76	2.89	2.99	3.07	3.14	3.19	3.24
11	2.20	2.53	2.72	2.84	2.94	3.02	3.08	3.14	3.19
12	2.18	2.50	2.68	2.81	2.90	2.98	3.04	3.09	3.14
13	2.16	2.48	2.65	2.78	2.87	2.94	3.00	3.06	3.10
14	2.14	2.46	2.63	2.75	2.84	2.91	2.97	3.02	3.07
15	2.13	2.44	2.61	2.73	2.82	2.89	2.95	3.00	3.04
16	2.12	2.42	2.59	2.71	2.80	2.87	2.92	2.97	3.02
17	2.11	2.41	2.58	2.69	2.78	2.85	2.90	2.95	3.00
18	2.10	2.40	2.56	2.68	2.76	2.83	2.89	2.94	2.98
19	2.09	2.39	2.55	2.66	2.75	2.81	2.87	2.92	2.96
20	2.09	2.38	2.54	2.65	2.73	2.80	2.86	2.90	2.95
24	2.06	2.35	2.51	2.61	2.70	2.76	2.81	2.86	2.90
30	2.04	2.32	2.47	2.58	2.66	2.72	2.77	2.82	2.86
40	2.02	2.29	2.44	2.54	2.62	2.68	2.73	2.77	2.81
60	2.00	2.27	2.41	2.51	2.58	2.64	2.69	2.73	2.77
120	1.98	2.24	2.38	2.47	2.55	2.60	2.65	2.69	2.73
∞	1.96	2.21	2.35	2.44	2.51	2.57	2.61	2.65	2.69

15 無相関検定表（相関係数の有意性の検定）（標本の数 n ／両側検定の有意水準 2α →棄却限界値 t_0）（標本の数 n ／標本相関係数 r →検定統計量 t）

　この表は、「相関係数の有意性の検定」で、標本の数 $n=3\sim50$ と両側検定の有意水準 $2\alpha=0.10, 0.05, 0.02, 0.01$ に対して、自由度 $(n-2)$ の t 分布で、$p(|X|\geq t_0)=p(X\leq -t_0)+p(+t_0\leq X)=2\alpha$ となる"棄却限界値" t_0 の値と相関係数 $r=0.01\sim0.99$ に対する"検定統計量" $t=\dfrac{r\times\sqrt{n-2}}{\sqrt{1-r^2}}$ の値を与える。例えば、$n=10$ と $2\alpha=0.05$ に対する"棄却限界値" t_0 は、$2\alpha=0.05$ の《行》と $n=10$ 列《列》の交点の値から $t_0=2.306$ である。また、$r=0.65$ に対する"検定統計量" t は、$r=0.65$ の《行》と $n=10$ の《列》の交点の値から $t=2.419$ である。

棄却限界値

2α \ n	3	4	5	6	7	8	9	10	11	12	13	14	15	16	17
0.10	6.314	2.920	2.353	2.132	2.015	1.943	1.895	1.860	1.833	1.812	1.796	1.782	1.771	1.761	1.753
0.05	12.706	4.303	3.182	2.776	2.571	2.447	2.365	2.306	2.262	2.228	2.201	2.179	2.160	2.145	2.131
0.02	31.821	6.965	4.541	3.747	3.365	3.143	2.998	2.896	2.821	2.764	2.718	2.681	2.650	2.624	2.602
0.01	63.657	9.925	5.841	4.604	4.032	3.707	3.499	3.355	3.250	3.169	3.106	3.055	3.012	2.977	2.947

検定統計量

r \ n	3	4	5	6	7	8	9	10	11	12	13	14	15	16	17
0.01	0.010	0.014	0.017	0.020	0.022	0.024	0.026	0.028	0.030	0.032	0.033	0.035	0.036	0.037	0.039
0.05	0.050	0.071	0.087	0.100	0.112	0.123	0.132	0.142	0.150	0.158	0.166	0.173	0.181	0.187	0.194
0.10	0.101	0.142	0.174	0.201	0.225	0.246	0.266	0.284	0.302	0.318	0.333	0.348	0.362	0.376	0.389
0.15	0.152	0.215	0.263	0.303	0.339	0.372	0.401	0.429	0.455	0.480	0.503	0.526	0.547	0.568	0.588
0.20	0.204	0.289	0.354	0.408	0.456	0.500	0.540	0.577	0.612	0.645	0.677	0.707	0.736	0.764	0.791
0.25	0.258	0.365	0.447	0.516	0.577	0.632	0.683	0.730	0.775	0.816	0.856	0.894	0.931	0.966	1.000
0.30	0.314	0.445	0.545	0.629	0.703	0.770	0.832	0.889	0.943	0.994	1.043	1.089	1.134	1.177	1.218
0.35	0.374	0.528	0.647	0.747	0.835	0.915	0.989	1.057	1.121	1.182	1.239	1.294	1.347	1.398	1.447
0.40	0.436	0.617	0.756	0.873	0.976	1.069	1.155	1.234	1.309	1.380	1.447	1.512	1.574	1.633	1.690
0.45	0.504	0.713	0.873	1.008	1.127	1.234	1.333	1.425	1.512	1.593	1.671	1.746	1.817	1.885	1.952
0.50	0.577	0.816	1.000	1.155	1.291	1.414	1.528	1.633	1.732	1.826	1.915	2.000	2.082	2.160	2.236
0.55	0.659	0.931	1.141	1.317	1.473	1.613	1.742	1.863	1.976	2.083	2.184	2.281	2.374	2.464	2.551
0.60	0.750	1.061	1.299	1.500	1.677	1.837	1.984	2.121	2.250	2.372	2.487	2.598	2.704	2.806	2.905
0.65	0.855	1.210	1.481	1.711	1.913	2.095	2.263	2.419	2.566	2.705	2.837	2.963	3.084	3.200	3.313
0.70	0.980	1.386	1.698	1.960	2.192	2.401	2.593	2.772	2.941	3.100	3.251	3.395	3.534	3.668	3.796
0.75	1.134	1.604	1.964	2.268	2.535	2.777	3.000	3.207	3.402	3.586	3.761	3.928	4.088	4.243	4.392
0.80	1.333	1.886	2.309	2.667	2.981	3.266	3.528	3.771	4.000	4.216	4.422	4.619	4.807	4.989	5.164
0.85	1.614	2.282	2.795	3.227	3.608	3.952	4.269	4.564	4.841	5.103	5.352	5.590	5.818	6.037	6.249
0.90	2.065	2.920	3.576	4.129	4.617	5.058	5.463	5.840	6.194	6.529	6.848	7.152	7.445	7.726	7.997
0.95	3.042	4.303	5.270	6.085	6.803	7.452	8.050	8.605	9.127	9.621	10.091	10.539	10.970	11.384	11.783
0.99	7.018	9.925	12.155	14.036	15.693	17.190	18.568	19.850	21.054	22.193	23.276	24.311	25.303	26.259	27.180

棄却限界値

2α \ n	18	19	20	21	22	23	24	25	26	27	28	29	30	40	50
0.10	1.746	1.740	1.734	1.729	1.725	1.721	1.717	1.714	1.711	1.708	1.706	1.703	1.701	1.686	1.677
0.05	2.120	2.110	2.101	2.093	2.086	2.080	2.074	2.069	2.064	2.060	2.056	2.052	2.048	2.024	2.011
0.02	2.583	2.567	2.552	2.539	2.528	2.518	2.508	2.500	2.492	2.485	2.479	2.473	2.467	2.429	2.407
0.01	2.921	2.898	2.878	2.861	2.845	2.831	2.819	2.807	2.797	2.787	2.779	2.771	2.763	2.712	2.682

検定統計量

r \ n	18	19	20	21	22	23	24	25	26	27	28	29	30	40	50
0.01	0.040	0.041	0.042	0.044	0.045	0.046	0.047	0.048	0.049	0.050	0.051	0.052	0.053	0.062	0.069
0.05	0.200	0.206	0.212	0.218	0.224	0.229	0.235	0.240	0.245	0.250	0.255	0.260	0.265	0.309	0.347
0.10	0.402	0.411	0.426	0.438	0.449	0.461	0.471	0.482	0.492	0.503	0.512	0.522	0.532	0.620	0.696
0.15	0.607	0.626	0.644	0.661	0.678	0.695	0.712	0.728	0.743	0.759	0.774	0.789	0.803	0.935	1.051
0.20	0.816	0.842	0.866	0.890	0.913	0.936	0.957	0.979	1.000	1.021	1.041	1.061	1.080	1.258	1.414
0.25	1.033	1.065	1.095	1.125	1.155	1.183	1.211	1.238	1.265	1.291	1.317	1.342	1.366	1.592	1.789
0.30	1.258	1.297	1.334	1.371	1.406	1.441	1.475	1.508	1.541	1.572	1.604	1.634	1.664	1.939	2.179
0.35	1.495	1.541	1.585	1.629	1.671	1.712	1.752	1.792	1.830	1.868	1.905	1.941	1.977	2.303	2.589
0.40	1.746	1.799	1.852	1.902	1.952	2.000	2.047	2.093	2.138	2.182	2.225	2.268	2.309	2.690	3.024
0.45	2.016	2.078	2.138	2.196	2.254	2.309	2.364	2.417	2.469	2.520	2.569	2.618	2.666	3.106	3.491
0.50	2.309	2.380	2.449	2.517	2.582	2.646	2.708	2.769	2.828	2.887	2.944	3.000	3.055	3.559	4.000
0.55	2.634	2.715	2.794	2.871	2.945	3.018	3.089	3.158	3.226	3.293	3.358	3.422	3.485	4.060	4.563
0.60	3.000	3.092	3.182	3.269	3.354	3.437	3.518	3.597	3.674	3.750	3.824	3.897	3.969	4.623	5.196
0.65	3.421	3.527	3.629	3.728	3.825	3.920	4.012	4.102	4.190	4.277	4.361	4.444	4.526	5.273	5.926
0.70	3.921	4.041	4.159	4.273	4.384	4.492	4.598	4.701	4.802	4.901	4.998	5.093	5.187	6.042	6.791
0.75	4.536	4.675	4.811	4.943	5.071	5.196	5.318	5.438	5.555	5.669	5.782	5.892	6.000	6.990	7.856
0.80	5.333	5.497	5.657	5.812	5.963	6.110	6.254	6.394	6.532	6.667	6.799	6.928	7.055	8.219	9.238
0.85	6.454	6.653	6.846	7.033	7.216	7.394	7.568	7.738	7.905	8.068	8.228	8.384	8.538	9.947	11.179
0.90	8.259	8.513	8.760	9.000	9.234	9.462	9.684	9.902	10.115	10.324	10.528	10.729	10.926	12.728	14.305
0.95	12.170	12.544	12.908	13.262	13.606	13.942	14.270	14.591	14.905	15.212	15.513	15.809	16.099	18.755	21.079
0.99	28.072	28.936	29.775	30.590	31.385	32.160	32.917	33.657	34.381	35.090	35.785	36.466	37.135	43.261	48.622

16　フィッシャーの z 変換表 (相関係数 r → z 値 $z = \frac{1}{2}\log_e\frac{1+r}{1-r}$)

　この表は、相関係数 $r = 0.00 \sim 0.99$ に対して、"フィッシャーの z 変換"の結果 $z = \frac{1}{2}\log_e\frac{1+r}{1-r}$ の値を与える。ここで、$\log_e x$ は"自然対数"である。例えば、$r = 0.05$ に対する"フィッシャーの z 変換"の結果 z は、0.5 の《行》と 0.05 の《列》の交点の値から $z = 0.618$ である。r が負 (<0) の場合は、r の符号を取った絶対値 $(|r| = -r)$ を上の式に入れて、z の値を求め、それにマイナスの符号を付ければよい。

r	0.00	0.01	0.02	0.03	0.04	0.05	0.06	0.07	0.08	0.09
0.0	0.000	0.010	0.020	0.030	0.040	0.050	0.060	0.070	0.080	0.090
0.1	0.100	0.110	0.121	0.131	0.141	0.151	0.161	0.172	0.182	0.192
0.2	0.203	0.213	0.224	0.234	0.245	0.255	0.266	0.277	0.288	0.299
0.3	0.310	0.321	0.332	0.343	0.354	0.365	0.377	0.388	0.400	0.412
0.4	0.424	0.436	0.448	0.460	0.472	0.485	0.497	0.510	0.523	0.536
0.5	0.549	0.563	0.576	0.590	0.604	0.618	0.633	0.648	0.662	0.678
0.6	0.693	0.709	0.725	0.741	0.758	0.775	0.793	0.811	0.829	0.848
0.7	0.867	0.887	0.908	0.929	0.950	0.973	0.996	1.020	1.045	1.071
0.8	1.099	1.127	1.157	1.188	1.221	1.256	1.293	1.333	1.376	1.422
0.9	1.472	1.528	1.589	1.658	1.738	1.832	1.946	2.092	2.298	2.647

17　相関係数の信頼区間 (標本の数 n / 有意水準 α / 相関係数 r → 信頼区間の下限値 ρ_1 と上限値 ρ_2)

　この表は、「相関係数の信頼区間」の計算で、標本の数 $n = 4 \sim 50$、両側検定の有意水準 $\alpha = 0.05$ に対して、相関係数 $r = -0.99 \sim 0.99$ の値に対する"信頼区間の下限値"ρ_1 と"上限値"ρ_2 の値を与える。ここで、$z_0 = \frac{1}{2}\log_e\frac{1+r}{1-r}$ (フィッシャーの z 変換) であり、$z_1 \sim z_2 = \left(z_0 - z_{\frac{\alpha}{2}} \times \frac{1}{\sqrt{n-3}}\right) \sim \left(z_0 + z_{\frac{\alpha}{2}} \times \frac{1}{\sqrt{n-3}}\right)$ であり、$\rho_1 \sim \rho_2 = \frac{e^{2z_1}-1}{e^{2z_1}+1} \sim \frac{e^{2z_2}-1}{e^{2z_2}+1}$ である。例えば、$n = 10$、$\alpha = 0.05$、$r = 0.60$ に対する"信頼区間の下限値"ρ_1 と"上限値"ρ_2 は、$n = 10$、$\alpha = 0.05$ の《表》の $r = 0.60$ の《行》と ρ_1 と ρ_2 の《列》の交点の値から $\rho_1 = -0.048$ と $\rho_2 = 0.892$ である。

$n = 4$

r	ρ_1	ρ_2
-0.99	-1.000	-0.596
-0.90	-0.998	0.452
-0.80	-0.996	0.697
-0.70	-0.993	0.798
-0.60	-0.990	0.853
-0.50	-0.987	0.888
-0.40	-0.983	0.911
-0.30	-0.979	0.929
-0.20	-0.974	0.942
-0.10	-0.968	0.953
0.00	-0.961	0.961
0.10	-0.953	0.968
0.20	-0.942	0.974
0.30	-0.929	0.979
0.40	-0.911	0.983
0.50	-0.888	0.987
0.60	-0.853	0.990
0.70	-0.798	0.993
0.80	-0.697	0.996
0.90	-0.452	0.998
0.99	0.596	1.000

$n = 5$

r	ρ_1	ρ_2
-0.99	-0.999	-0.851
-0.90	-0.993	-0.086
-0.80	-0.986	0.280
-0.70	-0.978	0.477
-0.60	-0.969	0.600
-0.50	-0.959	0.684
-0.40	-0.948	0.745
-0.30	-0.935	0.792
-0.20	-0.920	0.828
-0.10	-0.903	0.858
0.00	-0.882	0.882
0.10	-0.858	0.903
0.20	-0.828	0.920
0.30	-0.792	0.935
0.40	-0.745	0.948
0.50	-0.684	0.959
0.60	-0.600	0.969
0.70	-0.477	0.978
0.80	-0.280	0.986
0.90	0.086	0.993
0.99	0.851	0.999

$n = 6$

r	ρ_1	ρ_2
-0.99	-0.999	-0.908
-0.90	-0.989	-0.328
-0.80	-0.977	0.033
-0.70	-0.964	0.258
-0.60	-0.949	0.412
-0.50	-0.933	0.524
-0.40	-0.915	0.609
-0.30	-0.894	0.676
-0.20	-0.870	0.730
-0.10	-0.843	0.774
0.00	-0.812	0.812
0.10	-0.774	0.843
0.20	-0.730	0.870
0.30	-0.676	0.894
0.40	-0.609	0.915
0.50	-0.524	0.933
0.60	-0.412	0.949
0.70	-0.258	0.964
0.80	-0.033	0.977
0.90	0.328	0.989
0.99	0.908	0.999

$n = 7$

r	ρ_1	ρ_2
-0.99	-0.999	-0.931
-0.90	-0.985	-0.456
-0.80	-0.969	-0.118
-0.70	-0.951	0.112
-0.60	-0.932	0.279
-0.50	-0.910	0.406
-0.40	-0.886	0.505
-0.30	-0.859	0.585
-0.20	-0.828	0.651
-0.10	-0.793	0.706
0.00	-0.753	0.753
0.10	-0.706	0.793
0.20	-0.651	0.828
0.30	-0.585	0.859
0.40	-0.505	0.886
0.50	-0.406	0.910
0.60	-0.279	0.932
0.70	-0.112	0.951
0.80	0.118	0.969
0.90	0.456	0.985
0.99	0.931	0.999

$n = 8$

r	ρ_1	ρ_2
-0.99	-0.998	-0.944
-0.90	-0.982	-0.534
-0.80	-0.962	-0.219
-0.70	-0.941	0.009
-0.60	-0.917	0.181
-0.50	-0.891	0.316
-0.40	-0.862	0.424
-0.30	-0.829	0.513
-0.20	-0.793	0.587
-0.10	-0.752	0.651
0.00	-0.705	0.705
0.10	-0.651	0.752
0.20	-0.587	0.793
0.30	-0.513	0.829
0.40	-0.424	0.862
0.50	-0.316	0.891
0.60	-0.181	0.917
0.70	-0.009	0.941
0.80	0.219	0.962
0.90	0.534	0.982
0.99	0.944	0.998

$n = 9$

r	ρ_1	ρ_2
-0.99	-0.998	-0.951
-0.90	-0.979	-0.586
-0.80	-0.956	-0.290
-0.70	-0.931	-0.067
-0.60	-0.904	0.107
-0.50	-0.874	0.246
-0.40	-0.841	0.360
-0.30	-0.804	0.455
-0.20	-0.763	0.535
-0.10	-0.717	0.604
0.00	-0.664	0.664
0.10	-0.604	0.717
0.20	-0.535	0.763
0.30	-0.455	0.804
0.40	-0.360	0.841
0.50	-0.246	0.874
0.60	-0.107	0.904
0.70	0.067	0.931
0.80	0.290	0.956
0.90	0.586	0.979
0.99	0.951	0.998

$n = 10$

r	ρ_1	ρ_2
-0.99	-0.998	-0.957
-0.90	-0.976	-0.624
-0.80	-0.951	-0.343
-0.70	-0.923	-0.126
-0.60	-0.892	0.048
-0.50	-0.859	0.189
-0.40	-0.822	0.307
-0.30	-0.782	0.406
-0.20	-0.737	0.492
-0.10	-0.686	0.565
0.00	-0.630	0.630
0.10	-0.565	0.686
0.20	-0.492	0.737
0.30	-0.406	0.782
0.40	-0.307	0.822
0.50	-0.189	0.859
0.60	-0.048	0.892
0.70	0.126	0.923
0.80	0.343	0.951
0.90	0.624	0.976
0.99	0.957	0.998

$n = 11$

r	ρ_1	ρ_2
-0.99	-0.997	-0.961
-0.90	-0.974	-0.652
-0.80	-0.946	-0.385
-0.70	-0.915	-0.173
-0.60	-0.882	0.000
-0.50	-0.846	0.143
-0.40	-0.806	0.263
-0.30	-0.763	0.366
-0.20	-0.714	0.454
-0.10	-0.660	0.532
0.00	-0.600	0.600
0.10	-0.532	0.660
0.20	-0.454	0.714
0.30	-0.366	0.763
0.40	-0.263	0.806
0.50	-0.143	0.846
0.60	0.000	0.882
0.70	0.173	0.915
0.80	0.385	0.946
0.90	0.652	0.974
0.99	0.961	0.997

$n = 12$

r	ρ_1	ρ_2
-0.99	-0.997	-0.964
-0.90	-0.972	-0.674
-0.80	-0.942	-0.418
-0.70	-0.909	-0.211
-0.60	-0.873	-0.040
-0.50	-0.834	0.104
-0.40	-0.792	0.226
-0.30	-0.746	0.331
-0.20	-0.694	0.422
-0.10	-0.637	0.503
0.00	-0.574	0.574
0.10	-0.503	0.637
0.20	-0.422	0.694
0.30	-0.331	0.746
0.40	-0.226	0.792
0.50	-0.104	0.834
0.60	0.040	0.873
0.70	0.211	0.909
0.80	0.418	0.942
0.90	0.674	0.972
0.99	0.964	0.997

$n = 13$

r	ρ_1	ρ_2
-0.99	-0.997	-0.966
-0.90	-0.970	-0.692
-0.80	-0.938	-0.445
-0.70	-0.903	-0.243
-0.60	-0.865	-0.073
-0.50	-0.824	0.070
-0.40	-0.779	0.194
-0.30	-0.730	0.301
-0.20	-0.676	0.394
-0.10	-0.617	0.477
0.00	-0.551	0.551
0.10	-0.477	0.617
0.20	-0.394	0.676
0.30	-0.301	0.730
0.40	-0.194	0.779
0.50	-0.070	0.824
0.60	0.073	0.865
0.70	0.243	0.903
0.80	0.445	0.938
0.90	0.692	0.970
0.99	0.966	0.997

$n = 14$

r	ρ_1	ρ_2
-0.99	-0.997	-0.968
-0.90	-0.968	-0.707
-0.80	-0.934	-0.468
-0.70	-0.897	-0.270
-0.60	-0.858	-0.102
-0.50	-0.815	0.042
-0.40	-0.768	0.166
-0.30	-0.717	0.274
-0.20	-0.660	0.370
-0.10	-0.599	0.455
0.00	-0.531	0.531
0.10	-0.455	0.599
0.20	-0.370	0.660
0.30	-0.274	0.717
0.40	-0.166	0.768
0.50	-0.042	0.815
0.60	0.102	0.858
0.70	0.270	0.897
0.80	0.468	0.934
0.90	0.707	0.968
0.99	0.968	0.997

$n = 15$

r	ρ_1	ρ_2
-0.99	-0.997	-0.969
-0.90	-0.967	-0.719
-0.80	-0.931	-0.488
-0.70	-0.892	-0.293
-0.60	-0.851	-0.127
-0.50	-0.806	0.016
-0.40	-0.757	0.141
-0.30	-0.704	0.251
-0.20	-0.646	0.348
-0.10	-0.582	0.435
0.00	-0.512	0.512
0.10	-0.435	0.582
0.20	-0.348	0.646
0.30	-0.251	0.704
0.40	-0.141	0.757
0.50	-0.016	0.806
0.60	0.127	0.851
0.70	0.293	0.892
0.80	0.488	0.931
0.90	0.719	0.967
0.99	0.969	0.997

$n = 16$

r	ρ_1	ρ_2
-0.99	-0.997	-0.971
-0.90	-0.965	-0.730
-0.80	-0.928	-0.504
-0.70	-0.888	-0.313
-0.60	-0.845	-0.148
-0.50	-0.798	-0.006
-0.40	-0.747	0.119
-0.30	-0.693	0.230
-0.20	-0.633	0.328
-0.10	-0.568	0.416
0.00	-0.496	0.496
0.10	-0.416	0.568
0.20	-0.328	0.633
0.30	-0.230	0.693
0.40	-0.119	0.747
0.50	0.006	0.798
0.60	0.148	0.845
0.70	0.313	0.888
0.80	0.504	0.928
0.90	0.730	0.965
0.99	0.971	0.997

$n = 17$

r	ρ_1	ρ_2
-0.99	-0.996	-0.972
-0.90	-0.964	-0.739
-0.80	-0.925	-0.519
-0.70	-0.883	-0.331
-0.60	-0.839	-0.168
-0.50	-0.791	-0.025
-0.40	-0.739	0.100
-0.30	-0.682	0.211
-0.20	-0.621	0.310
-0.10	-0.554	0.400
0.00	-0.481	0.481
0.10	-0.400	0.554
0.20	-0.310	0.621
0.30	-0.211	0.682
0.40	-0.100	0.739
0.50	0.025	0.791
0.60	0.168	0.839
0.70	0.331	0.883
0.80	0.519	0.925
0.90	0.739	0.964
0.99	0.972	0.996

$n = 18$

r	ρ_1	ρ_2
-0.99	-0.996	-0.973
-0.90	-0.962	-0.747
-0.80	-0.922	-0.532
-0.70	-0.879	-0.346
-0.60	-0.833	-0.185
-0.50	-0.784	-0.043
-0.40	-0.730	0.082
-0.30	-0.673	0.194
-0.20	-0.610	0.294
-0.10	-0.542	0.385
0.00	-0.467	0.467
0.10	-0.385	0.542
0.20	-0.294	0.610
0.30	-0.194	0.673
0.40	-0.082	0.730
0.50	0.043	0.784
0.60	0.185	0.833
0.70	0.346	0.879
0.80	0.532	0.922
0.90	0.747	0.962
0.99	0.973	0.996

$n = 19$

r	ρ_1	ρ_2
-0.99	-0.996	-0.974
-0.90	-0.961	-0.754
-0.80	-0.920	-0.543
-0.70	-0.876	-0.360
-0.60	-0.828	-0.200
-0.50	-0.778	-0.059
-0.40	-0.723	0.066
-0.30	-0.664	0.179
-0.20	-0.600	0.280
-0.10	-0.530	0.371
0.00	-0.454	0.454
0.10	-0.371	0.530
0.20	-0.280	0.600
0.30	-0.179	0.664
0.40	-0.066	0.723
0.50	0.059	0.778
0.60	0.200	0.828
0.70	0.360	0.876
0.80	0.543	0.920
0.90	0.754	0.961
0.99	0.974	0.996

$n = 20$

r	ρ_1	ρ_2
-0.99	-0.996	-0.974
-0.90	-0.960	-0.760
-0.80	-0.918	-0.553
-0.70	-0.872	-0.373
-0.60	-0.824	-0.214
-0.50	-0.772	-0.074
-0.40	-0.716	0.052
-0.30	-0.655	0.164
-0.20	-0.590	0.266
-0.10	-0.520	0.358
0.00	-0.443	0.443
0.10	-0.358	0.520
0.20	-0.266	0.590
0.30	-0.164	0.655
0.40	-0.052	0.716
0.50	0.074	0.772
0.60	0.214	0.824
0.70	0.373	0.872
0.80	0.553	0.918
0.90	0.760	0.960
0.99	0.974	0.996

$n = 21$

r	ρ_1	ρ_2
-0.99	-0.996	-0.975
-0.90	-0.959	-0.766
-0.80	-0.916	-0.563
-0.70	-0.869	-0.385
-0.60	-0.819	-0.227
-0.50	-0.766	-0.087
-0.40	-0.709	0.038
-0.30	-0.648	0.151
-0.20	-0.581	0.254
-0.10	-0.510	0.347
0.00	-0.432	0.432
0.10	-0.347	0.510
0.20	-0.254	0.581
0.30	-0.151	0.648
0.40	-0.038	0.709
0.50	0.087	0.766
0.60	0.227	0.819
0.70	0.385	0.869
0.80	0.563	0.916
0.90	0.766	0.959
0.99	0.975	0.996

$n = 25$

r	ρ_1	ρ_2
-0.99	-0.996	-0.977
-0.90	-0.955	-0.783
-0.80	-0.908	-0.592
-0.70	-0.858	-0.421
-0.60	-0.804	-0.269
-0.50	-0.747	-0.131
-0.40	-0.687	-0.006
-0.30	-0.621	0.108
-0.20	-0.552	0.212
-0.10	-0.476	0.307
0.00	-0.395	0.395
0.10	-0.307	0.476
0.20	-0.212	0.552
0.30	-0.108	0.621
0.40	0.006	0.687
0.50	0.131	0.747
0.60	0.269	0.804
0.70	0.421	0.858
0.80	0.592	0.908
0.90	0.783	0.955
0.99	0.977	0.996

$n = 30$

r	ρ_1	ρ_2
-0.99	-0.995	-0.979
-0.90	-0.952	-0.799
-0.80	-0.901	-0.618
-0.70	-0.847	-0.454
-0.60	-0.790	-0.306
-0.50	-0.729	-0.170
-0.40	-0.665	-0.046
-0.30	-0.596	0.068
-0.20	-0.523	0.173
-0.10	-0.444	0.270
0.00	-0.360	0.360
0.10	-0.270	0.444
0.20	-0.173	0.523
0.30	-0.068	0.596
0.40	0.046	0.665
0.50	0.170	0.729
0.60	0.306	0.790
0.70	0.454	0.847
0.80	0.618	0.901
0.90	0.799	0.952
0.99	0.979	0.995

$n = 35$

r	ρ_1	ρ_2
-0.99	-0.995	-0.980
-0.90	-0.949	-0.810
-0.80	-0.895	-0.636
-0.70	-0.838	-0.478
-0.60	-0.778	-0.333
-0.50	-0.714	-0.200
-0.40	-0.647	-0.077
-0.30	-0.576	0.037
-0.20	-0.500	0.143
-0.10	-0.419	0.241
0.00	-0.333	0.333
0.10	-0.241	0.419
0.20	-0.143	0.500
0.30	-0.037	0.576
0.40	0.077	0.647
0.50	0.200	0.714
0.60	0.333	0.778
0.70	0.478	0.838
0.80	0.636	0.895
0.90	0.810	0.949
0.99	0.980	0.995

$n = 40$

r	ρ_1	ρ_2
-0.99	-0.995	-0.981
-0.90	-0.946	-0.818
-0.80	-0.890	-0.651
-0.70	-0.830	-0.497
-0.60	-0.768	-0.355
-0.50	-0.702	-0.223
-0.40	-0.633	-0.101
-0.30	-0.559	0.013
-0.20	-0.482	0.119
-0.10	-0.399	0.218
0.00	-0.312	0.312
0.10	-0.218	0.399
0.20	-0.119	0.482
0.30	-0.013	0.559
0.40	0.101	0.633
0.50	0.223	0.702
0.60	0.355	0.768
0.70	0.497	0.830
0.80	0.651	0.890
0.90	0.818	0.946
0.99	0.981	0.995

$n = 45$

r	ρ_1	ρ_2
-0.99	-0.995	-0.982
-0.90	-0.944	-0.824
-0.80	-0.886	-0.662
-0.70	-0.824	-0.512
-0.60	-0.760	-0.372
-0.50	-0.692	-0.242
-0.40	-0.621	-0.121
-0.30	-0.545	-0.007
-0.20	-0.466	0.099
-0.10	-0.382	0.199
0.00	-0.294	0.294
0.10	-0.199	0.382
0.20	-0.099	0.466
0.30	0.007	0.545
0.40	0.121	0.621
0.50	0.242	0.692
0.60	0.372	0.760
0.70	0.512	0.824
0.80	0.662	0.886
0.90	0.824	0.944
0.99	0.982	0.995

$n = 50$

r	ρ_1	ρ_2
-0.99	-0.994	-0.982
-0.90	-0.942	-0.829
-0.80	-0.882	-0.671
-0.70	-0.819	-0.524
-0.60	-0.753	-0.386
-0.50	-0.683	-0.257
-0.40	-0.610	-0.137
-0.30	-0.534	-0.024
-0.20	-0.453	0.083
-0.10	-0.368	0.183
0.00	-0.278	0.278
0.10	-0.183	0.368
0.20	-0.083	0.453
0.30	0.024	0.534
0.40	0.137	0.610
0.50	0.257	0.683
0.60	0.386	0.753
0.70	0.524	0.819
0.80	0.671	0.882
0.90	0.829	0.942
0.99	0.982	0.994

18 スピアマンの順位相関係数の計算表（標本の数 n ／ "対応のある" データの順位の差の自乗和 $D = \sum_{i=1}^{n}(x_i - y_i)^2 \to$ スピアマンの順位相関係数 ρ ）

　この表は、「スピアマンの順位相関係数」の計算で、標本の数 $n = 2 \sim 14$ に対して、"対応のある" データの順位の差の自乗和 $D = \sum_{i=1}^{n}(x_i - y_i)^2$ の値に対する "スピアマンの順位相関係数" $\rho = 1 - 6 \times \dfrac{D}{n \times (n^2 - 1)}$ の値を与える。例えば、$n = 10$、$D = 72$ に対する "スピアマンの順位相関係数" ρ は、$n = 10$ の表の $D = 72$ の《行》を見れば $\rho = 0.564$ と分かる。

$n = 2$

D	ρ
0	1.000
2	−1.000

$n = 3$

D	ρ
0	1.000
2	0.500
6	−0.500
8	−1.000

$n = 4$

D	ρ
0	1.000
2	0.800
4	0.600
6	0.400
8	0.200
10	0.000
12	−0.200
14	−0.400
16	−0.600
18	−0.800
20	−1.000

$n = 5$

D	ρ
0	1.000
2	0.900
4	0.800
6	0.700
8	0.600
10	0.500
12	0.400
14	0.300
16	0.200
18	0.100
20	0.000
22	−0.100
24	−0.200
26	−0.300
28	−0.400
30	−0.500
32	−0.600
34	−0.700
36	−0.800
38	−0.900
40	−1.000

$n = 6$

D	ρ
0	1.000
2	0.943
4	0.886
6	0.829
8	0.771
10	0.714
12	0.657
14	0.600
16	0.543
18	0.486
20	0.429
22	0.371
24	0.314
26	0.257
28	0.200
30	0.143
32	0.086
34	0.029
36	−0.029
38	−0.086
40	−0.143
42	−0.200
44	−0.257
46	−0.314
48	−0.371
50	−0.429
52	−0.486
54	−0.543
56	−0.600
58	−0.657
60	−0.714
62	−0.771
64	−0.829
66	−0.886
68	−0.943
70	−1.000

$n = 7$

D	ρ
0	1.000
4	0.929
8	0.857
12	0.786
16	0.714
20	0.643
22	0.607
24	0.571
26	0.536
28	0.500
30	0.464
32	0.429
34	0.393
36	0.357
38	0.321
40	0.286
42	0.250
44	0.214
46	0.179
48	0.143
50	0.107
52	0.071
54	0.036
56	0.000
58	−0.036
60	−0.071
62	−0.107
64	−0.143
66	−0.179
68	−0.214
70	−0.250
72	−0.286
74	−0.321
76	−0.357
78	−0.393
80	−0.429
82	−0.464
84	−0.500
86	−0.536
88	−0.571
90	−0.607
94	−0.679
98	−0.750
102	−0.821
106	−0.893
110	−0.964
112	−1.000

$n = 8$

D	ρ
0	1.000
4	0.952
8	0.905
12	0.857
16	0.810
20	0.762
24	0.714
28	0.667
32	0.619
36	0.571
40	0.524
44	0.476
48	0.429
52	0.381
56	0.333
60	0.286
64	0.238
68	0.190
72	0.143
76	0.095
78	0.071
80	0.048
82	0.024
84	0.000
86	−0.024
88	−0.048
90	−0.071
94	−0.119
98	−0.167
102	−0.214
106	−0.262
110	−0.310
114	−0.357
118	−0.405
122	−0.452
126	−0.500
130	−0.548
134	−0.595
138	−0.643
142	−0.690
146	−0.738
150	−0.786
154	−0.833
158	−0.881
162	−0.929
166	−0.976
168	−1.000

$n = 9$

D	ρ
0	1.000
8	0.933
16	0.867
24	0.800
32	0.733
40	0.667
48	0.600
56	0.533
60	0.500
64	0.467
68	0.433
72	0.400
76	0.367
80	0.333
84	0.300
88	0.267
92	0.233
96	0.200
100	0.167
104	0.133
108	0.100
112	0.067
116	0.033
120	0.000
124	−0.033
128	−0.067
132	−0.100
136	−0.133
140	−0.167
144	−0.200
148	−0.233
152	−0.267
156	−0.300
160	−0.333
164	−0.367
168	−0.400
172	−0.433
176	−0.467
180	−0.500
184	−0.533
192	−0.600
200	−0.667
208	−0.733
216	−0.800
224	−0.867
232	−0.933
240	−1.000

$n=10$		$n=11$		$n=12$		$n=13$		$n=14$	
D	ρ	D	ρ	D	ρ	D	ρ	D	ρ
0	1.000	0	1.000	0	1.000	0	1.000	0	1.000
8	0.952	8	0.964	8	0.972	16	0.956	16	0.965
16	0.903	16	0.927	16	0.944	32	0.912	32	0.930
24	0.855	24	0.891	24	0.916	48	0.868	48	0.895
32	0.806	32	0.855	32	0.888	64	0.824	64	0.859
36	0.782	40	0.818	40	0.860	80	0.780	80	0.824
40	0.758	48	0.782	48	0.832	96	0.736	96	0.789
44	0.733	56	0.745	56	0.804	112	0.692	112	0.754
48	0.709	64	0.709	64	0.776	128	0.648	128	0.719
52	0.685	72	0.673	72	0.748	136	0.626	144	0.684
56	0.661	80	0.636	80	0.720	144	0.604	160	0.648
60	0.636	88	0.600	88	0.692	152	0.582	176	0.613
64	0.612	96	0.564	96	0.664	160	0.560	192	0.578
68	0.588	104	0.527	104	0.636	168	0.538	208	0.543
72	0.564	112	0.491	112	0.608	176	0.516	224	0.508
76	0.539	120	0.455	120	0.580	184	0.495	240	0.473
80	0.515	128	0.418	128	0.552	192	0.473	256	0.437
84	0.491	136	0.382	136	0.524	200	0.451	272	0.402
88	0.467	140	0.364	144	0.497	208	0.429	288	0.367
92	0.442	144	0.345	152	0.469	216	0.407	304	0.332
96	0.418	148	0.327	160	0.441	224	0.385	312	0.314
100	0.394	152	0.309	168	0.413	232	0.363	320	0.297
104	0.370	156	0.291	176	0.385	240	0.341	328	0.279
108	0.345	160	0.273	184	0.357	248	0.319	336	0.262
112	0.321	164	0.255	192	0.329	256	0.297	344	0.244
116	0.297	168	0.236	200	0.301	264	0.275	352	0.226
120	0.273	172	0.218	208	0.273	272	0.253	360	0.209
124	0.248	176	0.200	216	0.245	280	0.231	368	0.191
128	0.224	180	0.182	224	0.217	288	0.209	376	0.174
132	0.200	184	0.164	232	0.189	296	0.187	384	0.156
136	0.176	188	0.145	240	0.161	304	0.165	392	0.138
140	0.152	192	0.127	248	0.133	312	0.143	400	0.121
144	0.127	196	0.109	256	0.105	320	0.121	408	0.103
148	0.103	200	0.091	264	0.077	328	0.099	416	0.086
152	0.079	204	0.073	272	0.049	336	0.077	424	0.068
156	0.055	208	0.055	276	0.035	344	0.055	432	0.051
160	0.030	212	0.036	280	0.021	352	0.033	440	0.033
164	0.006	216	0.018	284	0.007	360	0.011	448	0.015
166	−0.006	220	0.000	288	−0.007	368	−0.011	456	−0.002
170	−0.030	224	−0.018	292	−0.021	376	−0.033	464	−0.020
174	−0.055	228	−0.036	296	−0.035	384	−0.055	472	−0.037
178	−0.079	232	−0.055	300	−0.049	392	−0.077	480	−0.055
182	−0.103	236	−0.073	308	−0.077	400	−0.099	488	−0.073
186	−0.127	240	−0.091	316	−0.105	408	−0.121	496	−0.090
190	−0.152	244	−0.109	324	−0.133	416	−0.143	504	−0.108
194	−0.176	248	−0.127	332	−0.161	424	−0.165	512	−0.125
198	−0.200	252	−0.145	340	−0.189	432	−0.187	520	−0.143
202	−0.224	256	−0.164	348	−0.217	440	−0.209	528	−0.160
206	−0.248	260	−0.182	356	−0.245	448	−0.231	536	−0.178
210	−0.273	264	−0.200	364	−0.273	456	−0.253	544	−0.196
214	−0.297	268	−0.218	372	−0.301	464	−0.275	552	−0.213
218	−0.321	272	−0.236	380	−0.329	472	−0.297	560	−0.231
222	−0.345	276	−0.255	388	−0.357	480	−0.319	568	−0.248
226	−0.370	280	−0.273	396	−0.385	488	−0.341	576	−0.266
230	−0.394	284	−0.291	404	−0.413	496	−0.363	584	−0.284
234	−0.418	288	−0.309	412	−0.441	504	−0.385	592	−0.301
238	−0.442	292	−0.327	420	−0.469	512	−0.407	608	−0.336
242	−0.467	296	−0.345	428	−0.497	520	−0.429	624	−0.371
246	−0.491	304	−0.382	436	−0.524	528	−0.451	640	−0.407
250	−0.515	312	−0.418	444	−0.552	536	−0.473	656	−0.442
254	−0.539	320	−0.455	452	−0.580	544	−0.495	672	−0.477
258	−0.564	328	−0.491	460	−0.608	552	−0.516	688	−0.512
262	−0.588	336	−0.527	468	−0.636	560	−0.538	704	−0.547
266	−0.612	344	−0.564	476	−0.664	568	−0.560	720	−0.582
270	−0.636	352	−0.600	484	−0.692	576	−0.582	736	−0.618
274	−0.661	360	−0.636	492	−0.720	584	−0.604	752	−0.653
278	−0.685	368	−0.673	500	−0.748	592	−0.626	768	−0.688
282	−0.709	376	−0.709	508	−0.776	600	−0.648	784	−0.723
286	−0.733	384	−0.745	516	−0.804	616	−0.692	800	−0.758
290	−0.758	392	−0.782	524	−0.832	632	−0.736	816	−0.793
294	−0.782	400	−0.818	532	−0.860	648	−0.780	832	−0.829
302	−0.830	408	−0.855	540	−0.888	664	−0.824	848	−0.864
310	−0.879	416	−0.891	548	−0.916	680	−0.868	864	−0.899
318	−0.927	424	−0.927	556	−0.944	696	−0.912	880	−0.934
326	−0.976	432	−0.964	564	−0.972	712	−0.956	896	−0.969
330	−1.000	440	−1.000	572	−1.000	728	−1.000	910	−1.000

19　ケンドールの順位相関係数の計算表（標本の数 n ／ "対応のある" データの順位の大小関係が一致する組の数 P → ケンドールの順位相関係数 τ）

　この表は、「ケンドールの順位相関係数」の計算で、標本の数 $n = 2 \sim 16$ に対して、"対応のある" データの順位の大小関係が一致する組の数 P の値に対する "ケンドールの順位相関係数" $\tau = \dfrac{4P}{n \times (n-1)} - 1$ の値を与える。例えば、$n=10$、$P=37$ に対する "ケンドールの順位相関係数" τ は、$n=10$ の《表》の $P=37$ の《行》を見れば、$\tau = 0.644$ と分かる。

$n = 2$

P	τ
0	−1.000
1	1.000

$n = 3$

P	τ
0	−1.000
1	−0.333
2	0.333
3	1.000

$n = 4$

P	τ
0	−1.000
1	−0.667
2	−0.333
3	0.000
4	0.333
5	0.667
6	1.000

$n = 5$

P	ρ
0	−1.000
1	−0.800
2	−0.600
3	−0.400
4	−0.200
5	0.000
6	0.200
7	0.400
8	0.600
9	0.800
10	1.000

$n = 6$

P	τ
0	−1.000
1	−0.867
2	−0.733
3	−0.600
4	−0.467
5	−0.333
6	−0.200
7	−0.067
8	0.067
9	0.200
10	0.333
11	0.467
12	0.600
13	0.733
14	0.867
15	1.000

$n = 7$

P	τ
0	−1.000
1	−0.905
2	−0.810
3	−0.714
4	−0.619
5	−0.524
6	−0.429
7	−0.333
8	−0.238
9	−0.143
10	−0.048
11	0.048
12	0.143
13	0.238
14	0.333
15	0.429
16	0.524
17	0.619
18	0.714
19	0.810
20	0.905
21	1.000

$n = 8$

P	τ
0	−1.000
1	−0.929
2	−0.857
3	−0.786
4	−0.714
5	−0.643
6	−0.571
7	−0.500
8	−0.429
9	−0.357
10	−0.286
11	−0.214
12	−0.143
13	−0.071
14	0.000
15	0.071
16	0.143
17	0.214
18	0.286
19	0.357
20	0.429
21	0.500
22	0.571
23	0.643
24	0.714
25	0.786
26	0.857
27	0.929
28	1.000

$n = 9$

P	τ
0	−1.000
1	−0.944
2	−0.889
3	−0.833
4	−0.778
5	−0.722
6	−0.667
7	−0.611
8	−0.556
9	−0.500
10	−0.444
11	−0.389
12	−0.333
13	−0.278
14	−0.222
15	−0.167
16	−0.111
17	−0.056
18	0.000
19	0.056
20	0.111
21	0.167
22	0.222
23	0.278
24	0.333
25	0.389
26	0.444
27	0.500
28	0.556
29	0.611
30	0.667
31	0.722
32	0.778
33	0.833
34	0.889
35	0.944
36	1.000

$n = 10$

P	ρ
0	−1.000
1	−0.956
2	−0.911
3	−0.867
4	−0.822
5	−0.778
6	−0.733
7	−0.689
8	−0.644
9	−0.600
10	−0.556
11	−0.511
12	−0.467
13	−0.422
14	−0.378
15	−0.333
16	−0.289
17	−0.244
18	−0.200
19	−0.156
20	−0.111
21	−0.067
22	−0.022
23	0.022
24	0.067
25	0.111
26	0.156
27	0.200
28	0.244
29	0.289
30	0.333
31	0.378
32	0.422
33	0.467
34	0.511
35	0.556
36	0.600
37	0.644
38	0.689
39	0.733
40	0.778
41	0.822
42	0.867
43	0.911
44	0.956
45	1.000

$n = 11$

P	τ
0	−1.000
1	−0.964
2	−0.927
3	−0.891
4	−0.855
5	−0.818
6	−0.782
7	−0.745
8	−0.709
9	−0.673
10	−0.636
11	−0.600
12	−0.564
13	−0.527
14	−0.491
15	−0.455
16	−0.418
17	−0.382
18	−0.345
19	−0.309
20	−0.273
21	−0.236
22	−0.200
23	−0.164
24	−0.127
25	−0.091
26	−0.055
27	−0.018
28	0.018
29	0.055
30	0.091
31	0.127
32	0.164
33	0.200
34	0.236
35	0.273
36	0.309
37	0.345
38	0.382
39	0.418
40	0.455
41	0.491
42	0.527
43	0.564
44	0.600
45	0.636
46	0.673
47	0.709
48	0.745
49	0.782
50	0.818
51	0.855
52	0.891
53	0.927
54	0.964
55	1.000

$n = 12$

P	τ
0	−1.000
2	−0.939
4	−0.879
6	−0.818
8	−0.758
10	−0.697
12	−0.636
14	−0.576
15	−0.545
16	−0.515
17	−0.485
18	−0.455
19	−0.424
20	−0.394
21	−0.364
22	−0.333
23	−0.303
24	−0.273
25	−0.242
26	−0.212
27	−0.182
28	−0.152
29	−0.121
30	−0.091
31	−0.061
32	−0.030
33	0.000
34	0.030
35	0.061
36	0.091
37	0.121
38	0.152
39	0.182
40	0.212
41	0.242
42	0.273
43	0.303
44	0.333
45	0.364
46	0.394
47	0.424
48	0.455
49	0.485
50	0.515
51	0.545
52	0.576
53	0.606
55	0.667
57	0.727
59	0.788
61	0.848
63	0.909
65	0.970
66	1.000

$n = 13$

P	τ
0	−1.000
2	−0.949
4	−0.897
6	−0.846
8	−0.795
10	−0.744
12	−0.692
14	−0.641
16	−0.590
18	−0.538
20	−0.487
22	−0.436
24	−0.385
26	−0.333
27	−0.308
28	−0.282
29	−0.256
30	−0.231
31	−0.205
32	−0.179
33	−0.154
34	−0.128
35	−0.103
36	−0.077
37	−0.051
38	−0.026
39	0.000
40	0.026
41	0.051
42	0.077
43	0.103
44	0.128
45	0.154
46	0.179
47	0.205
48	0.231
49	0.256
50	0.282
51	0.308
52	0.333
53	0.359
54	0.385
56	0.436
58	0.487
60	0.538
62	0.590
64	0.641
66	0.692
68	0.744
70	0.795
72	0.846
74	0.897
76	0.949
78	1.000

$n = 14$

P	τ
0	−1.000
2	−0.956
4	−0.912
6	−0.868
8	−0.824
10	−0.780
12	−0.736
14	−0.692
16	−0.648
18	−0.604
20	−0.560
22	−0.516
24	−0.473
26	−0.429
28	−0.385
30	−0.341
32	−0.297
34	−0.253
36	−0.209
38	−0.165
40	−0.121
41	−0.099
42	−0.077
43	−0.055
44	−0.033
45	−0.011
46	0.011
47	0.033
48	0.055
49	0.077
50	0.099
51	0.121
52	0.143
53	0.165
54	0.187
55	0.209
57	0.253
59	0.297
61	0.341
63	0.385
65	0.429
67	0.473
69	0.516
71	0.560
73	0.604
75	0.648
77	0.692
79	0.736
81	0.780
83	0.824
85	0.868
87	0.912
89	0.956
91	1.000

$n = 15$

P	ρ
0	−1.000
2	−0.962
4	−0.924
6	−0.886
8	−0.848
10	−0.810
12	−0.771
14	−0.733
16	−0.695
18	−0.657
20	−0.619
22	−0.581
24	−0.543
26	−0.505
28	−0.467
30	−0.429
32	−0.390
34	−0.352
36	−0.314
38	−0.276
40	−0.238
42	−0.200
44	−0.162
46	−0.124
48	−0.086
50	−0.048
52	−0.010
53	0.010
54	0.029
56	0.067
58	0.105
60	0.143
62	0.181
64	0.219
66	0.257
68	0.295
70	0.333
72	0.371
74	0.410
76	0.448
78	0.486
80	0.524
82	0.562
84	0.600
86	0.638
88	0.676
90	0.714
92	0.752
94	0.790
96	0.829
98	0.867
100	0.905
102	0.943
104	0.981
105	1.000

$n = 16$

P	τ
0	−1.000
2	−0.967
4	−0.933
6	−0.900
8	−0.867
10	−0.833
12	−0.800
14	−0.767
16	−0.733
18	−0.700
20	−0.667
22	−0.633
24	−0.600
26	−0.567
28	−0.533
30	−0.500
32	−0.467
34	−0.433
36	−0.400
38	−0.367
40	−0.333
42	−0.300
44	−0.267
46	−0.233
48	−0.200
50	−0.167
52	−0.133
54	−0.100
56	−0.067
58	−0.033
60	0.000
62	0.033
64	0.067
66	0.100
68	0.133
70	0.167
72	0.200
74	0.233
76	0.267
78	0.300
80	0.333
82	0.367
84	0.400
86	0.433
88	0.467
90	0.500
92	0.533
94	0.567
96	0.600
98	0.633
100	0.667
102	0.700
104	0.733
106	0.767
108	0.800
110	0.833
112	0.867
114	0.900
116	0.933
118	0.967
120	1.000

■大澤　光（おおさわ　みつる）

1945年千葉県生まれ。67年東京大学工学部卒業、69年東京大学大学院工学系研究科修士課程を修了。日本専売公社、富士通などを経て、2002～08年都立科学技術大学工学部／首都大学東京システムデザイン学部・教授。09～13年京都橘大学現代ビジネス学部・特任教授。03年～放送大学・客員教授(計量心理学、心理統計法）。北海道大学博士（文学）。

企業では、「統計学」を使って、ICT（情報通信技術）、経営情報システム、社会システムなどの研究や開発に携わる。大学では、ビジネスでの知見を元に、「統計学」の基礎と使い方を学生に指導。長きにわたり「統計学」を使ってきた経験から、基礎知識をわかりやすく伝えること、仕事にどう利用するかのサポートの必要性を痛感している。

主な著書に『最新コンピューター用語の意味がわかる辞典』『テレワーキング革命』(以上、日本実業出版社)、『インターネット・通信・ＬＡＮ重要語辞典』（ダイヤモンド社）、『感性工学と情報社会』(編著・森北出版)、『「印象の工学」とはなにか』(編著・丸善プラネット)、『インターネットストリーミング』（編著・共立出版)、『計量心理学』『心理統計法』（以上、共著、放送大学教育振興会)、『社会システム工学の考え方』（オーム社）などがある。

わかる＆使える　統計学用語

2016年4月10日　初版発行

- ■著　者　大澤　光
- ■発行者　川口　渉
- ■発行所　株式会社アーク出版
  〒162-0843　東京都新宿区市谷田町2-23　第2三幸ビル
  TEL.03-5261-4081
  FAX.03-5206-1273
  ホームページ http://www.ark-gr.co.jp/shuppan/
- ■印刷・製本所　新灯印刷株式会社

ⓒ 2016 Printed in Japan
落丁・乱丁の場合はお取り替えいたします。
ISBN978-4-86059-159-5

アーク出版の本　好評発売中

巨大ダムの"なぜ"を科学する

完成したダムの姿はご存知のとおり。だが「基礎はどうなっているのか」「どのようにして巨大建造物となっていくのか」「なぜ水が漏れないのか」「環境に対して、どんな配慮がなされているのか」…。素朴な疑問に答えながら「ダムのなぜ」を解き明かす。

西松建設「ダム」プロジェクトチーム [著]

A5判　並製　本体価格1800円

最新！ トンネル工法の"なぜ"を科学する

多くの人がクルマや電車で利用するトンネル。だが「どうやって掘り進めたのか」「トンネル同士がぶつかったりしないのか」「トンネルは、どのように維持・管理されているのか」など、素朴な疑問をわかりやすく解説。多くの図版や写真も掲載。

大成建設「トンネル」研究プロジェクトチーム [著]

A5判　並製　本体価格1800円

人工衛星の"なぜ"を科学する

人工衛星は秒速7kmという超高速で飛んでいる？　なぜ3万6000kmも離れた宇宙空間から地球の写真が撮れるのか。「はやぶさ」が60億kmもの宇宙の旅を実現できた秘密とは？　天気予報から衛星放送、GPSまで暮らしと密接にかかわる人工衛星の魅力に迫る！

NEC「人工衛星」プロジェクトチーム [著]

A5判　並製　本体価格1600円

価格変更の場合はご了承ください。